Rainer Klimek-Winter
Andromedatragödien

Beiträge zur Altertumskunde

Herausgegeben von
Ernst Heitsch, Ludwig Koenen,
Reinhold Merkelbach, Clemens Zintzen

Band 21

B. G. Teubner Stuttgart

Andromedatragödien

Sophokles Euripides Livius Andronikos
Ennius Accius

Text, Einleitung und Kommentar

Von
Rainer Klimek-Winter

B. G. Teubner Stuttgart 1993

Die Deutsche Bibliothek – CIP-Einheitsaufnahme

Klimek-Winter, Rainer:
Andromedatragödien: Sophokles, Euripides, Livius Andronikos, Ennius, Accius; Text, Einleitung und Kommentar / von Rainer Klimek-Winter. – Stuttgart: Teubner, 1993
(Beiträge zur Altertumskunde; Bd. 21)
Zugl.: Tübingen, Univ., Diss., 1990
ISBN 3-519-07470-2
NE: GT

Printed in Germany
Druck und Bindung: Röck, Weinsberg

parentibus
carissimaeque uxori

Vorwort

Vorliegender Band der »Beiträge zur Altertumskunde« publiziert in überarbeiteter, im Wesentlichen aber unveränderter Form meine Arbeit, die im Februar 1990 von der Fakultät für Kulturwissenschaften der Eberhard-Karls-Universität Tübingen als Doktordissertation angenommen wurde. Das Manuskript wurde im Sommer 1989 abgeschlossen, danach erschienene Literatur wurde nicht berücksichtigt. Insbesondere konnte der jüngst erschienene Kommentar zur 'Andromeda' des Euripides von Frank Bubel (Palingenesia 34. Wiesbaden 1991) nicht mehr kritisch gewürdigt oder verarbeitet werden.

Angeregt, betreut, gefördert und begutachtet wurde diese Dissertation von meinem verehrten akademischen Lehrer in Tübingen, Professor Dr. Richard Kannicht, dem ich nicht nur für sein großes Vertrauen und sein freizügiges Entgegenkommen zu danken habe, welches er mir bei der Abfassung der Arbeit in Freiburg gewährt hat, sondern im Besonderen auch dafür, daß er mich in die Anfangsgründe philologischen Arbeitens eingeführt und damit die Begeisterung für die Philologie im eigentlichen Sinne erst geweckt hat. Dank schulde und sage ich auch Professor Dr. Joachim Dingel, der sich bereitwillig der Mühe der Begutachtung der Arbeit unterzogen und einige hilfreiche Hinweise gegeben hat.

Zur Anlage der Arbeit sei zweierlei bemerkt: 1. Die Textedition der Fragmente der 'Andromeda'-Tragödien beschränkt sich bewußt auf einen nur knappen textkritischen Apparat, der die Überlieferung dokumentiert; alles für die Textherstellung Relevante ist ausführlich im Kommentar präsentiert und diskutiert und mußte deshalb nicht in der Edition des Fragmenttextes ebenfalls dokumentiert werden.

2. Der Kommentar ist so angelegt, daß bei jedem Fragment zuerst dessen Bezeugung, dann die Begründung des zu lesenden Textes und die Restitution des Metrums diskutiert werden und darauf die inhaltlich-sachliche Erklärung und die vermutete Einordnung des Fragments in den Gang der Handlung des verlorenen Dramas geboten werden. Dieses Vorgehen erscheint mir hermeneutisch notwendig, da die Vergewisserung über die Bezeugung das von der Sachlogik gegebene Fundament für die Diskussion der Textherstellung und für die sachliche und ästhetische Erklärung darstellt.

Die Widmung der Arbeit kann nur andeutungsweise zum Ausdruck bringen, wieviel diese Arbeit in materieller und in immaterieller Hinsicht meinen Eltern und insbesondere meiner Frau verdankt.

Zu danken ist auch den Herausgebern, namentlich Herrn Professor Dr. Reinhold Merkelbach, für die Aufnahme meiner Dissertation in die »Beiträge zur Altertumskunde«, dem Verlag für die Geduld und die verständnisvolle Zusammenarbeit, und all denen, die bei der schwierigen Herstellung der Reproduktionsvorlage geholfen haben: dem Freund Dr. Lutz Käppel, Sabine und Dietmar Klimek, Dirk Kottke vom Rechenzentrum der Universität Tübingen und insbesondere Wolfgang Lorenz, der die in den Computer eingelesene Arbeit korrigiert und mit dem Satzprogramm von Tustep veröffentlichungsfähig gemacht hat: maximas gratias ago.

Benningen, im Februar 1993

Inhaltsverzeichnis

Zweiter Teil: Die 'Andromeda' des Euripides

A. Testimonien und Fragmente

B. Kommentar

AAPat	Atti e Memorie dell' Accademia Patavina di Scienze, Lettere ed Arti, Classe di Scienze morali. Lettere ed Arti, Padova
AICA	Annali dell' Istituto di correspondenza archeologica, Roma
AJA	American Journal of Archeology, Princeton
AJPh	American Journal of Philology, Baltimore
APF	Archiv für Papyrusforschung und verwandte Gebiete, Berlin
BICS	Bulletin of the Institute of Classical Studies, London
BIEH	Boletin del Instituto de Estudios Hellenicos, Barcelona
BIFG	Bolletino dell' Istituto di Filologia greca dell' Università di Padova, Roma
CAF	Comicorum Atticorum Fragmenta, edidit Th. Kock, 3 voll., Lipsiae 1880-88
CAG	Commentaria in Aristotelem Graeca, edita consilio et auctoritate Academiae Litterarum Regiae Borussicae, Berolini 1883-1909
CChrL	Corpus Christianorum. Series Latina, Turnholti 1953ff.
CGF	Comicorum Graecorum Fragmenta, edidit G. Kaibel, vol. I fasc. 1, Berolini 1899
CGFPap.	Comicorum Graecorum Fragmenta in papyris reperta. Edidit C. Austin, Berolini et Novi Eboraci 1973
CGlL	Corpus Glossariorum Latinorum, a G. Loewe incohatum, auspiciis Academiae Litterarum Saxoniis composuit, recensuit, edidit G. Goetz, 7 voll., Lipsiae et Berolini 1889-1923
ClJ	The Classical Journal, Chicago/Ill.
ClPh	Classical Philology, Chicago/Ill.
ClQ	The Classical Quarterly, Oxford
ClR	The Classical Review, Oxford
CMG	Corpus Medicorum Graecorum, Leipzig/Berlin 1908ff.
CRF^3	Comicorum Romanorum praeter Plautum et Syri quae feruntur sententias fragmenta tertiis curis recognovit O. Ribbeck, Lipsiae 1898
DLZ	Deutsche Literaturzeitung, Berlin
Dict. Spir.	Dictionaire de Spiritualité Ascetique et Mystique, Doctrine et Histoire, fondé par M. Viller, F. Cavallera, J. de

	Guibert, continue par A. Rayez, A. Derville et A. Solignac, . . . Paris 1937ff.
Ep. Gr.	Epigrammata Graeca, edidit D. L. Page, Oxford 1975
FCG	Fragmenta Comicorum Graecorum, collegit et disposuit A. Meineke. 5 voll., Berolini 1839–57
FD	Ecole Francaise d' Athènes. Fouilles des Delphes, Paris
FGrHist	F. Jacoby, Die Fragmente der griechischen Historiker, Berlin 1923–30, Leiden 1940–58
FPL	Fragmenta Poetorum Latinorum Epicorum et Lyricorum praeter Ennium et Lucilium. Post W. Morel novis curis adhibitis edidit K. Büchner, Leipzig 1982
FS	Festschrift
Gl	Glotta, Göttingen
GL	Grammatici Latini ex recensione H. Keili, 7 voll., Lipsiae 1857–80
Gn	Gnomon, München
GPN	P. M. Frazer - E. Matthews, A Lexicon of Greek Personal Names, vol. I, Oxford 1987
GR	Greece and Rome, Oxford
GRBS	Greek, Roman and Byzantine Studies, Durham
H	Hermes, Wiesbaden
Hs., hs.	Handschrift, handschriftlich
JbAC	Jahrbuch für Antike und Christentum, Münster
Jbb.cl.Philol.	Jahrbücher für classische Philologie, Leipzig
JClSP	The Journal of Classical and Sacred Philology
JDAI	Jahrbuch des Deutschen Archäologischen Instituts, Berlin
JdS	Journal des Savants, Paris
JHS	Journal of Hellenic Studies, London
JÖByz	Jahrbuch der Österreichischen Byzantinistik, Wien
JPh	The Journal of Philology, Cambridge
JRS	Journal of Roman Studies, London
KB	R. Kühner - F. Blass, Ausführliche Grammatik der Griechischen Sprache. Erster Teil: Formenlehre, 2 Bde., Hannover/Leipzig [3]1890
KG	R. Kühner - B. Gerth, Ausführliche Grammatik der Griechischen Sprache, Zweiter Teil: Satzlehre, 2 Bde., Hannover/Leipzig [3]1898 (Ndr. 1983)
KH	R. Kühner - F. Holzweissig, Ausführliche Grammatik der lateinischen Sprache. Erster Teil: Elementar-, For-

	men- und Wortlehre, Hannover 1912 (Ndr. Darmstadt 1986)
KP	Der kleine Pauly. Lexikon der Antike. Auf der Grundlage von Paulys Realencyclopädie der classischen Altertumswissenschaft ... hgg. von K. Ziegler, W. Sontheimer, H. Gärtner, 5 Bde., Ndr. München 1979
KS	R. Kühner - C. Stegmann, Ausführliche Grammatik der lateinischen Sprache. Zweiter Teil: Satzlehre, 2 Bde., Hannover 1914 (Ndr. Darmstadt 1988)
LIMC	Lexicon Iconographicum Mythologiae Classicae, Zürich/München 1981ff.
LSJ	A Greek - English Lexicon. Compiled by H. G. Liddell and R. Scott. Revised ... by H. St. Jones ... With a supplement, Oxford 1968
MAL	Memorie della Classe di Scienze morali e storiche dell' Accademia Nazionale dei Lincei, Roma
MH	Museum Helveticum, Basel
Mn	Mnemosyne, Leiden
Myth. Lex.	Ausführliches Lexikon der griechischen und römischen Mythologie ... hg. von W. H. Roscher, 6 Bde., Leipzig/Berlin 1884-1937
NJb	Neue Jahrbücher für das klassische Altertum, Geschichte und deutsche Literatur, Leipzig/Berlin
OLD	Oxford Latin Dictionary. Edited by P. G. W. Glare, Oxford 1968-82
PCG	Poetae Comici Graeci. Ediderunt R. Kassel et C. Austin voll. III 2 - V, Berolini et Novi Eboraci 1983-6
PCPS	Proceedings of the Cambridge Philological Society, Cambridge
PG	Patrologiae cursus completus ..., edidit J. P. Migne, Series Graeca, 161 voll., Parisiis 1857-66
Ph	Philologus, Berlin
PLG	Poetae Lyrici Graeci, recensuit Th. Bergk. Editio quarta, 3 voll., Lipsiae 1878-82
PMG	Poetae Melici Graeci, edidit D. L. Page, Oxford 1962
PO	J. Kirchner, Prosopographia Attica, 2 voll., Berolini 1901-3
RAAN	Rendiconti della Accademia di Archeologia, Lettere e Belle Arti di Napoli, Napoli
RE	Paulys Realencyclopädie der classischen Altertumswis-

	senschaft. Neue Bearbeitung, begonnen von G. Wissowa, fortgeführt von W. Kroll und K. Mittelhaus, hg. v. K. Ziegler und W. John, Stuttgart 1893-1978
REG	Revue des Etudes Grecques. Paris
RFIC	Rivista di Filologia e di Istruzione Classica, Torino
Rhet. Gr.	Rhetores Graeci, edidit L. Spengel. 3 voll., Lipsiae 1853-6
	Rhetores Graeci, edidit Chr. Walz, 9 voll., Stuttgardiae/Tubingae 1832-6
RhM	Rheinisches Museum für Philologie, Frankfurt
RHT	Revue d' Histoire des Textes, Paris
ROL	Remains of Old Latin, newly edited and translated by E. H. Warmington, 4 voll., London/Cambridge, Mass. 1935-40
SB	Sitzungsberichte der Akademie der Wissenschaften, philologisch-historische Klasse
SCO	Studi Classici e Orientali, Pisa
SVF	Stoicorum Veterum Fragmenta collegit I. ab Arnim, 4 voll., Lipsiae 1905-24
TF	Scaenicorum Romanorum Fragmenta. Vol. I: Tragicorum Fragmenta ... edidit A. Klotz, Monachii 1953
TGF^1	Tragicorum Graecorum Fragmenta. Recensuit A. Nauck, Lipsiae 1856
TGF^2	Tragicorum Graecorum Fragmenta. Recensuit A. Nauck. Editio secunda, Lipsiae 1889. Supplementum ... adiecit B. Snell, Hildesheim 1964
ThLL	Thesaurus Linguae Latinae, Lipsiae 1900ff.
TrGF	Tragicorum Graecorum Fragmenta. Vol. I editor B. Snell, editio correctior et addendis aucta curavit R. Kannicht. Vol. II ediderunt R. Kannicht et B. Snell. Voll. III et IV edidit St. Radt, Göttingen 1977-86
TRF^1	Tragicorum Latinorum Reliquiae. Recensuit O. Ribbeck, Lipsiae 1852
TRF^2	Tragicorum Romanorum Fragmenta. Secundis curis recensuit O. Ribbeck, Lipsiae 1871
TRF^3	Tragicorum Romanorum Fragmenta. Tertiis curis recognovit O. Ribbeck, Lipsiae 1897
Vorsokr.	Die Fragmente der Vorsokratiker. Griechisch und Deutsch von H. Diels. Hg. v. W. Kranz, 3 Bde., Berlin ^{6}1951-2

WSt	Wiener Studien, Wien
ZfA	Zeitschrift für die Altertumswissenschaft, Wetzlar

Einleitung

I. Der Stoff der Andromedasage

a. Der Name Andromeda hat in dem umfangreichen Reservoir traditioneller Erzählungen der Hellenen, welches wir als den griechischen Mythos bezeichnen (vgl. Kirk, Gr. Mythen 20-26; Burkert, Mythisches Denken 17; Graf, Gr. Mythologie 7-14), seinen Platz in der Gruppe von Erzählungen, die sich um die Person des Gorgo- und Drachentöters Perseus ranken: Andromeda ist die von ihren Eltern dem Tod preisgegebene Königstochter, welche von Perseus durch die Tötung des Andromeda bedrohenden Ungeheuers zur Frau gewonnen wird und so zur Stammutter des peloponnesischen Persidengeschlechts wird. (Andromedas Funktion als Stammutter der Herrscher von Mykene dürfte den Anwendungsaspekt dieser Erzählung abdekken; vgl. Burkert, Mythisches Denken 29: »Mythos ist angewandte Erzählung«.) Die Erzählung von der Rettung der Königstochter durch die Tötung eines sie bedrohenden Ungeheuers verarbeitet ein häufig anzutreffendes Motiv traditioneller oder märchenhafter Erzählungen, nämlich den Typus des »dragon-slayer. Rescue of a princess« (Aarne-Thompson, The Types of Folk-tale 88, Nr. 300; unter II differenzieren Aarne-Thompson diesen Typus: »The Sacrifice. (a) A princess is demanded as a sacrifice and (b) exposed to a dragon. She is offered to her rescuer in marriage«; zur Verbreitung dieses Typus Aarne-Thompson, aaO. 89; z. vgl. auch Thompson, Motif-Index unter B 11.11.4 und R 111.1.3, und Hetzner, Andromeda und Tarpeia, passim). Möglicherweise ist dieses traditionelle Märchenmotiv ein Hinweis auf das hohe Alter der Andromedaerzählung; doch wird uns Andromedas Rettung durch Perseus in ikonographischen Zeugnissen wie in literarischen Anspielungen in Hellas nicht vor dem 6. Jhdt. v. Chr. greifbar (s. u.).

Dagegen ist das hohe Alter der Erzählung von der Tötung der Gorgo Medusa durch Perseus durch Erwähnungen bei Homer (XIV 320) und Hesiod (Th. 280) erwiesen (s. Catterall, RE XIX [1937] 978f. für die literarische Bezeugung des Perseus); in hellenistischer Zeit wurde der Name Περσεύς in einer bedenklichen Etymologie (s. Catterall, aaO. 978) als der 'Töter, Verderber' schlechthin gedeutet, als sein typisches Charakteristikum also seine an der Gorgo Medusa bewiesenen 'Drachentöterqualitäten' betrachtet. Seit dem 7. Jhdt. v. Chr. ist der Gorgotöter Perseus prominentes Thema der Bildkunst (s. Kuhnert, Myth. Lex. III [1897-1909] 2028ff.; Catterall, aaO. 978ff.: Schauenburg, Perseus, passim).

b. In der im 6. Jhdt. v. Chr. einsetzenden literarischen Bezeugung des Andromedastoffes heißt der Vater der Königstochter Andromeda Kepheus. In einem Bruchstück des Chorlyrikers Alkman von Sardes hat Neumann (teste Robert, Erat. Cat. Rell. 246 A. 17) den Namen Kepheus durch Konjektur hergestellt (PMG fr. 74 Page = fr. 101 Calame): ἦσκέ τις Καφεὺς (σκαφεύς cod.) ἀνάσσων: 'es war ein gewisser Kepheus König . . .'; zwar sind fünf Träger dieses Namens bezeugt (s. Tümpel, Myth. Lex. II [1890-7] 1107-14), doch ist ein Bezug auf den (Aithiopen-) König Kepheus, Vater der Andromeda, nicht gänzlich ausgeschlossen (s. Calame, Alcman 496, der allerdings den Bezug auf Kepheus von Tegea favorisiert). Da weiterhin die Gestalt des Aithiopenkönigs Kepheus nur im Kontext der Erzählung von der Aussetzung und Rettung seiner Tochter Andromeda begegnet, steckt u. U. in diesem Alkmanfragment ein Hinweis auf die Kenntnis und Verbreitung der Andromedaerzählung schon im 7. Jhdt. v. Chr. (zur Datierung Alkmans s. Page, Alcman Parth. 164ff.; Calame, Alcman XIVf.).

c. Das älteste sichere Zeugnis des Andromedamythos bietet eine in Cerveteri gefundene, heute in Ost-Berlin aufbewahrte (Nr. F 1652; Schauenburg. LIMC I [1981] Nr. 1) spätkorinthische Amphora, die Perseus und Andromeda im Kampf mit einem wolfsähnlichen Ungeheuer abbildet; Perseus und Andromeda sind durch Namensbeischriften identifiziert, Perseus darüberhinaus durch Kibisis, Hadeskappe, Flügelschuhe eindeutig charakterisiert; das Vasenbild hält eine Szene fest, in welcher Perseus mit Steinen das Ungheuer bekämpft, während ihm Andromeda weiteres Wurfmaterial herbeiträgt; zu datieren ist die Amphora in die Mitte des 6. Jhdts. v. Chr. (Schauenburg, LIMC I [1981] 775).

In die gleiche Zeit fällt auch das älteste literarische Zeugnis für die Existenz einer Erzählung, in welcher Andromeda als die Frau des Gorgotöters Perseus begegnet; in den pseudo-hesiodeischen Frauenkatalogen (zu deren Datierung: West, Catalogue 130-7) wird folgendes kurzes genealogisches Resümee gegeben (P. Cair. 45624; Pack[2] 521: fr. 135, 2-7 Merkelbach-West):

]Ἄβας· ὁ̣ δ' ἄ̣ρ' Ἀκρίσιον τε̣ [κεθ' υἱόν.
Πε]ρσῆα, τὸν εἰς ἅλα λά[ρνακι
ἀ]νέτειλε Διὶ χρυσει[
].η Περσῆα φίλον τ̣[

τοῦ δ' καὶ]Ἀνδρομέδας Κηφη̣[ίδος ἐξεγένοντο
Ἀλκαῖος Σ]θένελός τε βίη τ' [Ἠλεκτρυωνείη.

Wenn die Gewinnung Andromedas zur Frau in der Perseuserzählung immer schon mit dem Motiv der Tötung eines Ungeheuers verbunden war, dann greifen wir in dieser genealogischen Angabe, daß Perseus mit der Kepheustochter Andromeda die Kinder Alkaios, Sthenelos und Elektryone zeugte, auch einen Reflex der Erzählung von Andromedas Aussetzung und Rettung.

Der editor princeps der beiden Berliner Papyri inv. nr. 9870 und 9871, Francesco Della Corte (in: RFIC 64 [1936] 385ff.), hat die beiden Papyrusbruchstücke ebenfalls für die pseudo-hesiodeischen Frauenkataloge in Anspruch genommen; im zweiten dieser Fragmente (P. Berol. inv. nr. 9871) sind folgende Reste epischer Hexameter zu lesen (alle Ergänzungen von Della Corte):

]ο̣ς ν[.]κτ̣ε[..]σεν ἐν̣νε[άμυκλος
]σα γυναικῶν καλλι[παρήων
]ρ̣ ἐμ πεδιῶι κήτει θε[οπέμπτωι
]εκπαγλος ἐπειγόμεν[ος
]πεδιῶ[ι] μενέηι Κηφῆ[ος

Die Verknüpfung der Erwähnung eines Ketos mit dem Namen des Kepheus legt den Schluß nahe, daß in diesem Text der tödlichen Bedrohung der Tochter des Kepheus, Andromeda, durch ein Meerungeheuer gedacht war bzw. der näheren Umstände, die zu ihrer Aussetzung führten. Ob allerdings die von Della Corte postulierte Herkunft des Papyrusfetzens aus einem Buch, welches die pseudo-hesiodeischen Frauenkataloge enthielt, richtig ist, ist zweifelhaft; Merkelbach, Gn 27 (1955) 5 sprach sich gegen diese Annahme aus (in der Rezension von Traversa, Hes. Catalogi, der die beiden Berliner Papyri als CAT 88. 89 unter die Fragmente der ps.-hes. Frauenkataloge aufgenommen hatte; Merkelbach-West entschieden sich dagegen, diese Papyrusfetzen in ihre Ausgabe der Fragmenta Hesiodea aufzunehmen).

d. Das umfangreichste Zeugnis für die Perseuserzählung stellt, neben dem apollodorischen Bericht in der Bibliotheke 2,4,2-4, das nur noch in seinen Resten greifbare genealogische Werk des Pherekydes von Athen dar (zu datieren in die 1. H. d. 5. Jhdts. v. Chr.: v. Fritz, Gr. Geschichtsschreibung 2,62); in den Scholien zu A. R. 4,1091 und 4,1515 (= FGrHist 3 F 4.10-12 [1,60.61ff. Jacoby]) wird ausführlich aus Pherekydes' Perseuserzählung zitiert; allerdings fehlen die Teile von Pherekydes' Bericht, die Aussetzung, Befreiung und Heirat der Andromeda behandelt haben müssen; daß die Andromedaerzählung berücksichtigt war, ist aus FGrHist 3 F 12 (1, 62f. Jacoby) zu erschließen: μετὰ τὴν ἀπολίθωσιν Πολυδέκτου καὶ τῶν σὺν αὐτῶι ἐκ τῆς κεφαλῆς τῆς Γοργόνος Δίκτυν μὲν Περσεὺς ἀπολείπει ἐν τῆι Σεριφῶι βασιλεύειν τῶν λελειμμένων Σεριφίων, αὐτὸς δὲ ἔβη πλέων εἰς Ἄργος σὺν τοῖς Κύκλωψι καὶ τῆι Δανάηι καὶ τῆι Ἀνδρομέδαι (vgl. Jacoby, FGrHist 1,391).

Herodot erwähnt die Nachkommenschaft des Perseus aus Andromeda im Kontext seiner Beschreibung der Perser; die seien früher von den Hellenen Kephenen genannt worden: ἐπεὶ δὲ Περσεὺς ὁ Δανάης τε καὶ Διὸς ἀπίκετο παρὰ Κηφέα τὸν Βήλου καὶ ἔσχε αὐτοῦ τὴν θυγατέρα Ἀνδρομέδην, γίνεται αὐτῶι παῖς τῶι οὔνομα ἔθετο Πέρσην, τοῦτον δὲ αὐτοῦ καταλείπει ... ἐπὶ τούτου δὴ τὴν ἐπωνυμίην ἔσχεν (Hdt. 7,61,3).

e. Dieser kurze Überblick über die sicheren (und die eher nur wahrscheinlichen) Zeugnisse für die Existenz einer Erzählung von Aussetzung und Rettung Andromedas seit dem 6. Jhdt. v. Chr. (oder dem 7. Jhdt.?) macht zweierlei evident: 1. der Andromedamythos war im 5. Jhdt. gut bekannt und gehörte zum Repertoire der Stoffe, welche die Tradition zur Gestaltung bereitstellte: soviel vermögen sowohl das Vasenbild als auch die Erwähnungen Andromedas in den Katalogen, bei Pherekydes und Herodot zu belegen; 2. welche Bestandteile der Erzählung über das (zu supplierende) Motiv: 'Aussetzung einer Königstochter, Rettung durch den Helden und schließliche Verheiratung beider' hinaus schon fest vorgegeben waren, ist nicht zu erkennen; das bedeutet, daß uns die Voraussetzungen für die Gestaltung des Stoffes in der attischen Tragödie des 5. Jhdts. v. Chr. unbekannt sind, wir somit die genuine Leistung der attischen Tragödie in ihrer Arbeit an diesem Mythos nicht ermessen können. (Unter Zugrundelegung des spärlichen Befundes wird man vermuten dürfen, daß diese eine beträchtliche war.)

II. Andromeda im antiken Drama

Der ausführlichen Behandlung der in Fragmenten greifbaren 'Andromeda'-Tragödien des Sophokles, Euripides, Andronikos, Ennius und Accius, die hier mit Text und Kommentar vorgelegt wird, ist ein kurzer Blick vorauszuschicken auf die Bezeugung weiterer Andromeda-Dramen, von deren Existenz (bzw. mutmaßlicher Existenz) wir aus lexikalischen Quellen wissen.

a. Der Sudaartikel λ 827 (3,299,10 Adler) = TrGF I 100 F 1c = T 3 listet unter den Werken des Dichters der alexandrinischen tragischen Pleias Lykophron von Chalkis auch eine Tragödie 'Andromeda' auf (zu Lykophron vgl. Schramm, Trag. graec. hell. frgm. 25ff.; die Informationen des Sudaartikels gehen auf Hesychius von Milet zurück).

b. Ein ebenfalls aus Hesychius geschöpfter Sudaartikel (φ 765 [4,767,1 Adler] = TrGF I 212 T 1) setzt uns in Kenntnis von der Existenz einer 'Andromeda'-Tragödie eines Phrynichos, der jedoch nicht mit dem Athener Phrynichos, Sohn des Polyphradmon, TrGF I 3, identisch ist; vielleicht beziehen sich auf diesen Phrynichos die Buchstabenreste in der attischen Liste von Dionysiensiegern, IG II/III^2 2325, col. IV,14 = Mette, Urkunden V A 1 = TrGF I DID A 3a,65, die den Anfang eines Namens Φρ[bewahrt hat (= TrGF I 108); die Liste ist 278 v. Chr. gemeißelt worden, der Dichter Φρ[ύνιχος müßte nach der Lokalisierung auf der Liste seinen Sieg an Dionysien errungen haben, die im 3. Jhdt. v. Chr. stattgefunden haben. Auf jeden Fall ist dieser zweite Phrynichos nicht identisch mit dem Träger des gleichen Namens, auf den Aristophanes in den 'Wolken' anspielt (Ar. Nub. 555f.: Χορ.: ... προσθεὶς αὐτῶι γραῦν μεθύσην τοῦ κόρακος οὕνεχ', ἣν ' Φρύνιχος πάλαι πεπόηχ', ἣν τὸ κῆτος ἤσθιεν), wie aus den Scholien zur Stelle hervorgeht (Σ EM et R Ar. Nub. 555/6b [126 Holwerda]; deshalb sind die Annahmen von Fedde, Pers. Andr. 5f. und Robert, Arch. Ztg. 36 [1878] 16 verfehlt): der von Aristophanes verspottete Phrynichos war der Komiker gleichen Namens (vgl. Suda φ 763 [4,766,25 Adler]; CAF 1,369ff. Kock; Nr. 205 Austin, ZPE 14 [1974] 219).

c. Manfred Fuhrmann (Poetik und Hermeneutik IV 121 A. 2) hat vermutet, daß das 'Perseus'-Drama des Pratinas (TrGF I 4 T 2: bezeugt durch die Hypothesis zu Aischylos' 'Septem', TrGF III T 58a) die Andromedasage zum Inhalt gehabt habe; da aus dem Perseus betreffenden Sagenkreis auch andere Erzählungen Handlungsvorlage einer Tragödie waren (so z. B. Aischylos' 'Perseus'-Tetralogie: 'Polydektes', 'Phorkides', 'Diktyoulkoi'; Euripides' 'Diktys'), ist diese Vermutung von Fuhrmann nicht überzeugend.

Vielleicht kann man die Darstellung auf einer zwischen 475 und 450 v. Chr. bemalten attischen Lekythos (Louvre CA 1728:

TrGF II F 8g) mit Pratinas' 'Perseus' in Verbindung bringen: der Maler des Vasenbildes läßt Satyrn Perseus' Harpe und Kibisis entwenden, während Perseus andere Satyrn mit dem Haupt der Gorgo erschreckt. Über den Inhalt des u. U. als Vorlage gewählten Satyrspiels gewinnen wir aus dem Vasenbild aber sonst nichts.

d. Das einzige (und sehr unsichere) Zeugnis für die Existenz einer 'Andromeda'-Komödie bietet das zweite der von Immanuel Bekker in den Anecdota Graeca edierten Lexica Segueriana; der Antiatticista enthält p. 106,24 folgende Glosse: λείψας. ἀντὶ τοῦ λιπών. Ἀριστοφάνης Ἀνδρομέδαι. Diese Notiz findet in den Katalogen aristophanischer Komödien keinen Anhalt (s. PCG III2 T 2): der Dichter der Alten Komödie Aristophanes kommt also als Dichter dieser 'Andromeda' schwerlich in Frage. Kock wies die Glosse deshalb den aristophanischen Pseudepigrapha zu (Aristophanes CAF fr. 965 [1,600 Kock]; von Kassel-Austin nicht berücksichtigt), nahm sie gleichzeitig jedoch auch unter die Fragmente des Komikers Antiphanes auf (dem Vorbild Meinekes folgend: FCG 1,325f.; Antiphanes CAF fr. 32 [2,23 Kock]); für Antiphanes ist anderweitig ebenfalls keine 'Andromeda'-Komödie bezeugt, so daß ganz ungewiß ist, wer wann λείψας in einem 'Andromeda'-Drama verwendet hat.

III. Die Andromedasage außerhalb des Dramas

a. Der fragmentarische Erhaltungszustand der 'Andromeda'-Tragödien und der (vermutliche) Verlust der literarischen Gestaltung der Andromedaerzählung im Werk des Pherekydes von Athen (s. Einl. I d.) macht es notwendig, den (mutmaßlichen) Stoff der hier zu kommentierenden 'Andromeda'-Tragödien aus literarischen Bearbeitungen der Andromedasage zu rekonstruieren, die erst weit nach den Tragödien des Sophokles, Euripides, Andronikos, Ennius und Accius entstanden sind.

Methodisch ist dieses Verfahren dadurch gerechtfertigt, daß 1. diese späteren Bearbeitungen der Andromedasage stofflich-inhaltlich in der Nachfolge der attischen Tragödien des 5. Jhdts. v. Chr. stehen, wie an verschiedenen Details gezeigt werden kann (und suo loco gezeigt werden wird); 2. die mythographischen Handbücher des Apollodoros und des Hyginus das Ergebnis der Kollation verschiedener Bearbeitungen einer Sage darstellen und damit die von der attischen Tragödie formulierte Sagenversion in diesen Nacherzählungen immanent präsent ist.

Die hier vorgelegte Präsentation bzw. Nacherzählung der relevanten Texte dient aber nur dazu, gleichsam die 'mythologische Normalform' der Andromedasage zu ermitteln, also die Elemente zu eruieren, die als notwendige Konstituentien des Andromedastoffes anzusprechen und damit auch für die 'Andromeda'-Tragödien vorauszusetzen sind. Es muß jedoch explizit jeder Versuch zurückgewiesen werden, eine bestimmte dieser Andromedaerzählungen als ausschließlich von einer bestimmten 'Andromeda'-Tragödie abhängig zu behaupten. (So wurde Apollodoros' Bericht einfach als »Hypothesis« [Robert, Arch. Ztg. 36 (1878) 19] der 'Andromeda' des Euripides verwendet: so von Welcker, Gr. Trag. 2,646; Hartung, Eur. rest. 2,344; Fedde, Pers. Andr. 14; Vogel, Scenen eurip. Trag. 39; Wernicke, RE I [1894] 2155; Decharme, Euripide 286; Séchan, Etudes 264 A. 5; entschieden dagegen aber Robert, l. c.; ähnlich auch die Verwendung von Ov.Met. 4,668ff., s. u.; Müller, Ph 66 [1907] 48ff. versuchte die Abhängigkeit des Manilius von Euripides zu erweisen.) Diese Texte sollen also nicht zur Rekonstruktion der Handlung einer Tragödie, sehr wohl aber zur Rekonstruktion des die Handlung strukturierenden Stoffes herangezogen werden.

b. Der Darstellung der verschiedenen literarischen Bearbeitungen des Andromedastoffes außerhalb der Tragödie werden die Resümees der Sage in den mythographischen Handbüchern vorangestellt:

1. Apollod. Bibl. 2,4,3 (2,43f. Wagner; voraus geht die Erzählung von Perseus' Geburt, von Danaes Aussetzung, beider Ankunft auf Seriphos, der Anschläge des Polydektes auf Mutter und Sohn, von Perseus' Gorgoabenteuer): ... παραγενόμενος δὲ εἰς Αἰθιοπίαν ἧς ἐβασίλευε Κηφεύς, εὗρε τὴν τούτου θυγατέρα Ἀνδρομέδαν παρακειμένην βορὰν θαλασσίωι κήτει. Κασσιέπεια γὰρ ἡ Κηφέως γυνὴ Νηρηίσιν ἤρισε περὶ κάλλους, καὶ πασῶν εἶναι κρείσσων ηὔχησεν· ὅθεν αἱ Νηρηίδες ἐμήνισαν, καὶ Ποσειδῶν αὐταῖς συνοργισθεὶς πλήμμυράν τε ἐπὶ τὴν χώραν ἔπεμψε καὶ κῆτος. Ἄμμωνος δὲ χρήσαντος τὴν ἀπαλλαγὴν τῆς συμφορᾶς, ἐὰν ἡ Κασσιεπείας θυγάτηρ Ἀνδρομέδα προτεθῆι τῶι κήτει βορά, τοῦτο ἀναγκασθεὶς ὁ Κηφεὺς ὑπὸ τῶν Αἰθιόπων ἔπραξε, καὶ προσέδησε τὴν θυγατέρα πέτραι. ταύτην θεασάμενος ὁ Περσεὺς καὶ ἐρασθεὶς ἀναιρήσειν ὑπέσχετο Κηφεῖ τὸ κῆτος, εἰ μέλλει σωθεῖσαν αὐτὴν αὐτῶι δώσειν γυναῖκα. ἐπὶ τούτοις γενομένων ὅρκων, ὑποστὰς τὸ κῆτος ἔκτεινε καὶ τὴν Ἀνδρομέδαν ἔλυσεν. ἐπιβουλεύοντος δὲ αὐτῶι Φινέως, ὅς ἦν ἀδελφὸς τοῦ Κηφέως ἐγγεγυημένος (R: ἐγγενόμενος cett.) πρῶτος

τὴν Ἀνδρομέδαν, μαθὼν τὴν ἐπιβουλήν, τὴν Γοργόνα δείξας μετὰ τῶν συνεπιβουλευόντων αὐτὸν ἐλίθωσε παραχρῆμα.

2. Hygin. fab. 64 (p. 49 Rose): (1) Cassiope filiae suae Andromedae formam Nereidibus anteposuit. ob id Neptunus expostulavit ut Andromeda Cephei filia ceto obiceretur. (2) quae cum esset obiecta, Perseus Mercurii talaribus volans eo dicitur venisse et eam liberasse a periculo; quam cum adducere vellet, Cepheus pater cum Agenore, cuius sponsa fuit, Perseum clam interficere voluerunt. (3) ille cognita re caput Gorgonis eis ostendit omnesque ab humana specie sunt informati in saxum. Perseus cum Andromeda in patriam redit.

Apollodoros' Erzählung der Andromedasage gliedert sich in drei große Teile, nämlich 1. in die 'Vorgeschichte', wie es zur Aussetzung Andromedas an das Ketos kam (Kassiepeias Brüskierung der Nereiden, Poseidons Zorn und dessen Folgen, Ammonorakel, Aussetzung), 2. in die Geschichte der Befreiung Andromedas durch die Tötung des Ketos durch Perseus unter der Bedingung, daß die Gerettete die Frau des Retters werden solle, und 3. in die 'Nachgeschichte' von der Bedrohung der versprochenen Heirat durch den Anschlag des Phineus auf Perseus.

Hyginus' sehr viel kürzerer Bericht enthält ebenfalls drei Teile: 1. die Aussetzung Andromedas an das Ketos wegen Kassiepeias Streit mit den Nereiden; 2. ihre Rettung durch Perseus und als Lohn für den Retter die Heirat; 3. die Anfechtung der Heirat durch den früheren Verlobten Andromedas, Agenor. In einigen Details weicht Hyginus' Erzählung von der des Apollodoros ab: Gegenstand von Kassiepeias Ruhmsucht ist nicht die eigene, sondern die Schönheit der Tochter; den Anschlag auf Perseus' Leben verüben Kepheus und Andromedas Verlobter Agenor; Hyginus erwähnt nicht die Verwüstung des Landes, das Ammonorakel, die Abmachungen bezüglich der Ehe als Lohn für die Rettung, ebenso fehlen Einzelheiten wie der von den Aithiopen ausgeübte Zwang, der Felsen, die Liebe des Perseus.

Die mythologische Vulgata kennt somit Übereinstimmung in den folgenden wenigen zentralen Handlungselementen: 1. Kassiepeias Ruhmsucht; 2. Poseidons Zorn; 3. Aussetzung Andromedas an ein Ketos; 4. Rettung Andromedas durch Perseus; 5. die Ehe mit Andromeda als Lohn für ihre Rettung; 6. Widerstände gegen die Vereinigung von Perseus mit Andromeda.

In welchem Verhältnis steht nun die in den Handbüchern greifbare Andromedasage zum Inhalt der 'Andromeda'-Tragödien?

1. Für die 'Andromeda' des Sophokles ist bezeugt. a. daß die Ruhmsucht Kassiepeias Voraussetzung (oder Bestandteil) der Handlung des Dramas war; b. daß Poseidon das Land durch das Ketos verwüstete (s. z. S. T I).

2. Die Handlung der 'Andromeda' des Euripides setzte erst ein als Andromeda schon am Felsen dem Ketos zum Fraß ausgesetzt war (s. z. E. F 114); der hier als 'Vorgeschichte' bezeichnete Teil des Apollodoros-Berichts stellt für die Tragödie des Euripides in der Tat nur die (zu erschließende) Handlungsvoraussetzung dar und war nicht Gegenstand der dramatischen Handlung; bezeugt ist für Euripides in Übereinstimmung mit Apollodoros die Fesselung Andromedas an einen Felsen und die zentrale Bedeutung des Liebesmotivs.

Reflexe des Inhalts der 'Andromeda'-Tragödien des 5. vchr. Jhdts. sind in der Apollodoroserzählung also greifbar und im Licht des Wissens von Apollodoros' Quellenbenutzung auch plausibel (vgl. grundsätzlich Söder, Quellenuntersuchung 165ff.), insofern Apollodoros die Sammlung der Hypotheseis euripideischer Tragödien verwendet hat. Das erlaubt andererseits aber nicht den Schluß, daß aus Apollodoros' Nacherzählung der Andromedasage naiv die in der jeweiligen Tragödie nicht bezeugten Handlungselemente suppliert werden dürften, da Apollodoros nicht nur einer einzigen Leitquelle (hier also beispielsweise den Euripideshypotheseis) folgte, sondern mehrere Fassungen heranzog und miteinander vereinigte (vgl. beispielshalber Apollod. Bibl. 1,9,28: Apollodoros resümiert die Handlung der euripideischen 'Medea', schließt dann aber eine weitaus weniger bekannte Alternativversion an).

Im Licht der Wirkungsgeschichte der 'Andromeda' des Euripides (s. z. E. T IV) ist die Wahrscheinlichkeit allerdings recht groß, daß in Apollodoros' Bericht mehrere Handlungsdetails der euripideischen Tragödie verarbeitet sind.

Apollodoros und Hyginus erzählen übereinstimmend nach der Rettung Andromedas von der Anfechtung der Hochzeit zwischen Andromeda und Perseus durch einen früheren Verlobten Andromedas, Phineus bzw. Agenor, der gegenüber Perseus ältere Rechte geltend macht und ihn deshalb beseitigen will. In keinem Fragment der 'Andromeda'-Tragödien ist ein Anhaltspunkt dafür zu finden, daß diese Infragestellung der ehelichen Verbindung zwischen Andromeda und Perseus durch ein früher gegebenes Eheversprechen, dessen Einhaltung eingeklagt wurde, thematisch war (bei Euripides wurde die Ehe vermutlich durch die Eltern Andromedas selbst angefochten: s. z. E. T III): da eine solche Intrige jedoch genuin dramatischen Charakter hat, ist die Herkunft aus einem Drama wohl wahrscheinlich (vielleicht aus Sophokles?).

c. Die ihrem Umfang nach bedeutendste der uns erhaltenen Bearbeitungen des Andromedastoffes liegt uns in Ovids Metamorphosen vor, die ungefähr ein Jahrhundert jünger ist als die jüngste (uns bekannte) dramatische Behandlung des Stoffes durch Accius (als Ovid 8 n. Chr. nach Tomi verbannt wurde, waren die Metamorphosen abgeschlossen: Ov. Trist. 1,7,10ff.).

Ov. Met. 4,668-5,238: Perseus kommt ins Land der Aithiopen und findet Andromeda auf Geheiß Ammons zur Sühne für die mütterliche Redseligkeit unschuldig an den Felsen gefesselt vor: nisi quod levis aura capillos ' moverat et tepido manabant lumina fletu, ' marmoreum ratus esset opus (Vv. 673-5); er verliebt sich sofort, sucht Andromedas Namen und Geschick zu erfahren, doch sie zögert und gibt erst spät seinem Drängen nach; die Ankunft des Ketos unterbricht ihren Bericht; zur gegebenen Zeit sind jetzt die Eltern Andromedas zur Stelle, Perseus eröffnet ihnen seine Herkunft, seine Bereitschaft Andromeda zu retten unter der Bedingung, daß er die Gerettete zur Frau erhalte: accipiunt legem (quis enim dubitaret?) et orant ' promittuntque super regnum dotale parentes (Vv. 704/5). Das Ketos nähert sich der Küste, Perseus bekämpft es aus der Luft und bringt es schließlich mit dem Schwert zur Strecke. Die Zuschauer empfangen den siegreichen Helden mit Beifall; Perseus löst Andromeda vom Felsen: resoluta catenis ' incedit virgo, pretiumque et causa laboris (738/9). Er verbirgt das Gorgohaupt (eingeschaltet ist die Metamorphose von Ästen in Korallen), und errichtet drei Dankaltäre für Merkur, Minerva und Juppiter. Andromeda und Perseus werden in den Palast des Cepheus geführt, die Befreiung Andromedas wird in einem Festmahl gefeiert, in dessen Verlauf Perseus aufgefordert wird, die Geschichte von der Tötung der Gorgo Medusa zu erzählen. In diese Erzählung bricht unvermittelt Phineus mit zahlreichen Gefolgsleuten ein und reklamiert die Hand Andromedas für sich; trotz der Erwiderung des Cepheus, daß Phineus mit der Aussetzung Andromedas schon längst jedes Recht auf ihre Hand verloren habe, sucht Phineus Perseus zu töten und löst damit eine ungheure Saalschlacht zwischen seinen Anhängern und den Anhängern des Cepheus und

Perseus aus, die erst durch Perseus' Griff zum Gorgoneion beendet wird, der die Widersacher versteinert.

Verschiedene Einzelzüge der ovidischen Andromedaerzählung berühren sich mit Fragmenten vor allem der euripideischen 'Andromeda'-Tragödie: 1. die Vv. 4, 673-5 (nisi - marmoreum ratus esset opus) sind mit großer Wahrscheinlichkeit in Kenntnis oder unter dem Eindruck von E. F 125 formuliert (παρθένου τ' εἰκὼ - χειρός); 2. das Motiv der Liebe auf den ersten Blick (quam simul ... religatam ... vidit ... trahit inscius ignes: Vv. 4,672f., 675) als Auslöser der Rettungshandlung ist auch für Euripides' Tragödie anzunehmen (dies ist zu erschließen aus der Stückexposition und den Fragmenten 124, 125, 136); 3. die in weiblicher Zurückhaltung schweigende Andromeda Ovids (Vv. 4,681f.: primo silet illa nec audet ' appellare virum virgo) wird gewöhnlich mit E. F 126 (σιγᾶις; σιωπὴ δ' ἄπορος ἑρμηνεὺς λόγων; vgl. jedoch den Kommentar zur Stelle) in Verbindung gebracht; 4. Andromeda am Felsen verdankt Ovid der 'Andromeda' des Euripides; 5. die Fortbewegung des Perseus vermittels der Flügelschuhe ist in Sophokles' 'Andromeda' vermutlich ebenso thematisiert worden (s. z. S. F 127) wie im Drama des Euripides (E. F 124,2ff.: διὰ μέσου αἰθέρος ' τέμνων κέλευθον πόδα τίθημ' ὑπόπτερον); 6. die Lokalisierung des Geschehens in Aithiopien (V. 4.669: Aethiopum populos Cepheaque conspicit arva) ist für Euripides' 'Andromeda' sicher bezeugt (s. E. T III); 7. die ausführliche Kampfschilderung Ovids (Vv. 4.711-734) ist den vermutlich aus einer Kampfschilderung eines Boten stammenden Fragmenten III, V, VI, VII der 'Andromeda' des Ennius vergleichbar, aber wörtliche Parallelen oder Anklänge gibt es nicht (gegen Ziegler, Archiv f. Relwiss. 24 [1926] 12); 8. mit Sophokles' 'Andromeda' hat Ovids Erzählung die Verursachung von Poseidons Zorn durch die Prahlerei der Kassiepeia gemein (V.4,687).

Kenntnis und aneignende Auseinandersetzung mit der 'Andromeda' des Euripides ist damit für Ovid evident, im übrigen in Übereinstimmung mit dem an den Papyrusbruchstücken kontrollierbaren Befund der Auseinandersetzung Ovids (Met. 1,750-2, 333) mit dem 'Phaethon' des Euripides (s. dazu Diggle, Phaethon 200; zu den Quellen Ovids: Kraus, Ovidius Naso 106ff.). Andererseits weist Ovids Erzählung Elemente auf, die nachweisbar nicht mit Euripides' 'Andromeda' übereinstimmen: 1. die Klagen der euripideischen Heldin am Felsen, offenbar ein Charakteristikum des Euripidesdramas, haben, aus erzählpraktischen Gründen, bei Ovid keinen Niederschlag gefunden; 2. die für Euripides' 'Andromeda' zu erschließende Anfechtung der geplanten Ehe von Perseus und Andromeda durch die Eltern (s. z. E. T III) fehlt; statt dessen bedroht ein Bruder des Kepheus als früherer Verlobter Andromedas die unter Billigung der Eltern geplante Verbindung und provoziert so eine gigantische Saalschlacht.

Zieht man ein vorläufiges Fazit, ist festzustellen: Ovid kennt und benutzt Elemente der euripideischen 'Andromeda' (auf Grund unserer fragmentarischen Kenntnis der anderen 'Andromeda'- Tragödien ist das Verhältnis Ovids zu diesen Gestaltungen der Andromedasage nicht mehr auszumachen); gleichzeitig ist evident, daß Ovid nicht nur Euripides' Tragödie zur Vorlage hatte: in der Erzählung der weiteren Schicksale von Perseus und Andromeda nach der Rettung Andromedas setzte er sich ganz sicher von Euripides ab (vgl. Ziegler, aaO. 9); die Metamorphosen, die in die Andromedaerzählung eingeschoben sind (Blut der Gorgo zu Giftschlangen: 4,615-20; Äste zu Korallen: 4,740-52; Menschen in Steine: 5,184-209), verdanken sich an ihrem jeweiligen Ort dem umfassenden ovidischen Darstellungsschema des Kosmos als einer einzigen fortwährenden Metamorphose, stellen also genuin ovidische Erweiterungen der traditionellen Erzählung dar (s. a. Bömer z. Met. IV 663-803); es liegt nahe zu vermuten, daß Ovids Erzählung noch andere, nicht traditionelle Züge enthält.

Obwohl Ovids Erzählung mit dem apollodorischen Bericht zusammen die wichtigste, weil detailreichste, Darstellung des Andromedastoffes bietet, und obwohl sie obendrein Berührungen mit den dramatischen Gestaltungen des Stoffes aufweist, taugt sie bezüglich der Wiederherstellung verlorener 'Andromeda'-Tragödien nicht als Repertorium für Einzelzüge der Andromedasage, weil Ovid in der Gestaltung des ihm vorgegebenen Motivkomplexes so souverän und meisterhaft an seinem eigenen Darstellungsziel orientiert verfuhr, daß eine plausible Rekonstruktion eines verlorenen 'Andromeda'-Dramas aus Ovid aus grundsätzlichen methodischen Erwägungen heraus unmöglich ist.

Damit ist auch der Versuch von Wecklein, SB München 1888, 87ff. grundsätzlich verfehlt, aus Ovid die Handlungsstruktur der euripideischen 'Andromeda' zu extrapolieren; dasselbe Verdikt betrifft auch die Präsentation der Fragmente durch August Nauck in TGF^2, weil Nauck Weckleins Rekonstruktion seiner Ausgabe zugrundelegte (derselbe Einwand ist auch Wernicke, RE I [1894] 2155 und Petersen, JHS 24 [1904] 100 = Att. Trag. 608 zu machen).

d. Im fünften Buch seiner Astronomica weitet Manilius die Behandlung der spezifischen astrologischen Valenz der Sternbilder des Tierkreises, des ζωιδιακός, auch auf die Sternbilder aus, die nicht zum Zodiacus zählen, sondern als παρανατέλλοντα (sc. ἄστρα) bezeichnet werden, d. h. auf Sternbilder, die in einem regelmäßigen und nahen Bezug zu zodiakalen Bildern stehen, weil sie gleichzeitig mit bestimmten Tierkreiszeichen aufgehen oder deren Aufgang in einem definierten Zusammenhang zum Aufgang von Tierkreisbildern steht. Alle Sternbilder der Andromedasage gehören zur Gruppe der Paranatellonten; sein besonderes Interesse widmet Manilius dem Sternbild, das den Namen Andromedas trägt, welches im Tierkreiszeichen der Fische παρανατέλλει (Astr. 5, 538f.: Andromedae sequitur sidus, quae Piscibus ortis ' bis sex in partes caelo venit aurea dextro), indem er ganz singulär zum Sternbild die dazugehörende aitiologische Sage erzählt, bevor er näher auf die mit dem Erscheinen des Sternbildes verknüpften Konsequenzen für die natale Konstellation eingeht (Astr. 5,619-30). Der Grund für die Einschaltung der Andromedaerzählung in den Gang der Betrachtung der einzelnen Sternbilder liegt vermutlich einmal in der poetischen Auseinandersetzung mit der Epyllioneinlage in Vergils Georgica, 4,453-527 (Proteus singt von Orpheus' Wiedergewinnung und zweitem Verlust Eurydikes; diese Vermutung wurde von Goold, M. Manilii Astr. V ausgesprochen), zum anderen auch in der gesuchten Konkurrenz zur nicht lange vorher von Ovid vorgelegten Andromedadichtung: Manilius' Andromedaeinlage nähme also Bezug auf die beiden wichtigsten vorhergehenden Vertreter römischer Lehrdichtung. (Die Datierung der Astronomica ergibt sich ausschließlich aus Anhaltspunkten im Gedicht selbst: Astr. 1,899 weist das erste Buch als kurz nach 9 n. Chr., Astr. 4,764 das vierte Buch als nach 14 n. Chr. verfaßt aus; die Abfassung des Werkes muß demnach zwischen 9 und ungefähr 20 n. Chr. erfolgt sein: so v. Wageningen, RE XIV [1928] 1116, vgl. Goold, Manilius Astr. XII; ders. M. Manilii Astr. V).

Manil. Astr. 5,540-618: Andromeda ist, als Strafe für die Verfehlung der Eltern, einem Meerungeheuer zum Fraß ausgesetzt, nachdem das Königreich unter Wasser gesetzt worden war; sie wird bräutlich geschmückt mit ausgebreiteten Armen an einen Felsen gefesselt: servatur tamen in poena vultusque pudorque (V. 553); deshalb wird sie von der gesamten Kreatur bemitleidet. Endlich kommt per Zufall Perseus des Weges, und der victor Medusae ' victus in Andromeda est

(Vv. 571/2): er ist sofort in Andromeda verliebt und ist entschlossen, in thalamos per bellum vadere ponti (V. 575); er sichert den Eltern die Rettung der Tochter zu und erhält im Gegenzug die Tochter versprochen. Das Ungeheuer nähert sich unter gewaltigem Getöse der Küste, Perseus bekämpft es aus der Luft mit dem Schwert: spectabat pugnam pugnandi causa puella. ' iamque oblita sui metuit pro vindice tali (Vv. 605/6); endlich verlassen das Ungeheuer nach vielen gezielten Hieben des Helden die Lebenskräfte, es stirbt und treibt leblos im Meer. Perseus beseitigt die Spuren des Kampfes fliegt zurück zur Küste und befreit Andromeda von ihren Fesseln, die künftig seine Frau sein werde.

In Manilius' Erzählung sind die wichtigsten Elemente der Andromedasage enthalten: 1. der Grund für die Aussetzung Andromedas: die culpa parentum (V. 540); 2. die Strafe: die Flut (Vv. 541f.. 514); 3. Beendigung der Flut durch die Aussetzung Andromedas an ein Meerungeheuer (Vv. 543-66); 4. Perseus' Ankunft: Liebe auf den ersten Blick, Rettungsangebot (Vv. 567-76); 5. Abmachungen mit Andromedas Eltern (Vv. 577-9); 6. Kampfschilderung (Vv. 579-611); 7. Lösung Andromedas vom Felsen (Vv. 613-5).

Eine sprachliche oder über die allgemein im Stoff selbst mitgegebene Beziehung hinausweisende Verbindung dieser Andromedaerzählung mit Fragmenten der 'Andromeda'-Tragödien ist nicht erkennbar (bemerkenswert immerhin Manilius' Interesse an der Liebesgeschichte. welches er mit Euripides und Ovid teilt); dagegen greifen wir verschiedene Darstellungselemente, die bildlichen Darstellungen der Andromedasage verdankt zu sein scheinen: die Ausstattung Andromedas als Braut (s. z. E. F 122, zur 'Hadesbraut'); ihre teilweise oder gänzliche Entblößung (zu vgl. sind die römischen Gemmen und Kameen Nrr. 45-7. 51. 52 Schauenburg, desgleichen die römischen Reliefs Nrr. 53. 55-8. 60-3 Schauenburg).

Neben der Übereinstimmung des Manilius mit Ovid in Bezug auf das Liebesmotiv ist an Manilius' Erzählung auffallend die entschiedene Differenz seiner Schilderung von Perseus' Kampf mit dem Ketos zu der des Ovid: hier wird die Konkurrenz beider Dichter offensichtlich. Ob, und wenn, welche Beziehung Manilius' Kampfschilderung zu der des Ennius hatte, ist wegen der Geringfügigkeit dieser Reste des Botenberichts von Ennius' 'Andromeda'-Tragödie nicht erkennbar.

Die kunstreiche Eigenständigkeit der Andromedaerzählung des Manilius macht sie als Zeugin für die Wiedergewinnung von Elementen der Handlungsstruktur der verlorenen 'Andromeda'-Tragödien untauglich: auch scheint die Rezeption der dramatischen 'Andromeda'-Dichtungen bei Manilius über den Umweg über die bildende Kunst und in Auseinandersetzung mit Ovid zu erfolgen, so daß eine direkte Evidenz für die Nachwirkung der 'Andromeda'-Tragödien aus Manilius nicht zu gewinnen ist. (Dies vorwiegend gegen Müller, Ph 66 [1907] 64ff., der Manilius' Kenntnis der euripideischen 'Andromeda' behauptet hat; Müller begründete dies 1. mit dem Fehlen der Gestalt des Phineus bei Manilius; 2. mit Andromeda als Hadesbraut; 3. mit Andromedas Hellhäutigkeit; 4. mit dem Echo. Alle vier Gründe sind gegenstandslos: 1. Phineus brauchte bei Manilius gar nicht aufzutreten, weil Manilius' vorher abbricht; sein Fehlen ist also überhaupt nicht bemerkenswert, die Ablehnung eines Auftretens des Phineus bei Euripides kann also nicht mit Müller mit Manilius begründet werden, sondern muß sich auf andere Argumente stützen, s. z. E. T III; 2. Andromeda als Hadesbraut bei Euripides ist Gelehrtenpostulat und hat keinen Anhalt im Text, s. z. E. F 122; 3. Andromedas Hellhäutigkeit bei Euripides ist ebenfalls ein [rassistisches] Gelehrtenpostulat: über die äußere Erscheinung Andromedas bei Euripides wissen wir nichts: 4. während die Echowirkung in der Tat von Euripides dramatisch wirkungsvoll ins Spiel gebracht wird, ist dagegen bei Manilius nicht vom Echo die Rede: der von Müller gemeinte V. 565f. spricht von der aura, die resonavit, d. h. es ist vom Wind die Rede, der um die Felsen pfeift, nicht vom Echo.)

e. Da in dieser Arbeit eine weitgehend vollständige Dokumentation der Texte intendiert ist, die sich in literarischer Form in grösserem Umfang der Andromedasage angenommen haben, werden im folgenden auch drei Andromedaerzählungen präsentiert, die in keinem erkennbaren Zusammenhang zu den hier zu kommentierenden 'Andromeda'-Tragödien stehen (sieht man von der grundsätzlich zu postulierenden Wirkung der Tragödie des 5. Jhdts auf die weitere Entwicklung einer Sage ab; die Dokumentation ist vollständig, nimmt man zu den hier resümierten oder präsentierten Andromedaerzählungen die Beschreibung von Andromedagemälden hinzu, die möglicherweise von der 'Andromeda' des Euripides inspiriert wurden, s. z. E. T V b.).

1. Konon, Narrationes 4

Die διηγήσεις des Konon kennen wir nur aus dem Referat des Patriarchen von Konstantinopel, Photios (Phot. bibl. cod. 186 [3,8-39 Henry]; FGrHist 26 F 1 [1,190-211 Jacoby]), der auch den einzigen Anhaltspunkt für die Datierung des Konon bietet; nach Phot. bibl. cod. 186 (3,8 Henry) widmete Konon sein Werk Ἀρχελάωι φιλοπάτορι βασιλεῖ, welcher von 36 v. bis 17 n. Chr. König von Kappadokien war (Wilcken, RE II [1895] 451); das bedeutet, daß Konon um die Zeitenwende (also ungefähr gleichzeitig zur Abfassung der Metamorphosen durch Ovid) seine fünfzig Erzählungen ἐκ πολλῶν ἀρχαίων (Photios) zusammengesammelt haben muß (zu den Quellen vgl. Höfer, Konon 106ff.; Jacoby, FGrHist 1,499) bzw. aus mythographischen Handbüchern (s. v. Geisau, KP III [1969] 294f.) kompiliert hat. Die Quelle der Andromedaerzählung des Konon war einer euhemeristischen, d. h. den Mythos rationalisierenden Tradition verpflichtet, so daß Konons Nacherzählung für die Ermittlung einer etwaigen Abhängigkeit von 'Andromeda'-Dramen untauglich ist; die Abweichung der Erzählung vom normalen Gang der Andromedasage hält Photios ausdrücklich fest.

Conon narr. 40 (Phot. bibl. cod. 186 [3,29f. Henry]; FGrHist 26 F 1 [1,204f. Jacoby]): ἡ μ̄ ἱστορία τὰ περὶ Ἀνδρομέδας ἱστορεῖ ἑτέρως ἢ ὡς ὁ Ἑλλήνων μῦθος. ἀδελφοὺς μὲν γὰρ δύο γενέσθαι (φασι M: om. A) Κηφέα καὶ Φινέα, καὶ εἶναι τὴν τοῦ Κηφέως βασιλείαν τότε ἐν τῆι μετονομασθείσηι μέν ὕστερον Φοινικίηι, τηνικαῦτα δ' Ἰόππαι ἀπὸ Ἰόππης τῆς ἐπιθαλασσιδίου πόλεως τοὔνομα λαβούσηι ... εἶναι δὲ τῶι Κηφεῖ θυγατέρα πάνυ καλὴν Ἀνδρομέδαν, καὶ αὐτὴν μνᾶσθαι Φοίνικα τε καὶ τὸν ἀδελφὸν Κηφέως Φινέα. Κηφεὺς δὲ μετὰ πολλοὺς τοὺς ἐφ' ἑκατέρωι λογισμοὺς ἔγνω δοῦναι μὲν Φοίνικι, ἁρπαγῆι δὲ τοῦ μνηστῆρος τὸ αὐτοῦ ἑκούσιον ἀποκρύπτειν· καὶ ἁρπάζεται ἀπό τινος νησῖδος ἐρήμου ἡ Ἀνδρομέδα, ἐν ὧι εἰώθει ἀπιοῦσα θυσίας τῆι Ἀφροδίτηι θύειν. Φοίνικος δ' ἁρπάσαντος νηΐ (κῆτος δ' αὕτη ἐκαλεῖτο, ἢ μίμησιν ἔχουσα τοῦ ζώιου ἢ κατὰ τύχην), ἡ Ἀνδρομέδα, ὡς κατὰ ἄγνοιαν τοῦ πατρὸς ἁρπαζομένη, ἀνωλοφύρατό τε καὶ μετ' οἰμωγῆς τοὺς βοηθήσαντας ἀνεκαλεῖτο. Περσεὺς δ' ὁ Δανάης κατὰ δαίμονα παραπλέων κατίσχει, καὶ πρὸς τὴν πρώτην ὄψιν τῆς κόρης οἴκτωι καὶ ἔρωτι συσχεθεὶς τό τε πλοῖον, τὸ κῆτος, διαφθείρει καὶ τοὺς ἐμπλέοντας (ἐμπεσόντας M: A) ὑπὸ ἐκπλήξεως μόνον οὐχὶ λιθωθέντας ἀναίρει. καὶ τοῦτο Ἕλλησι τὸ τοῦ μύθου κῆτος καὶ οἱ παγέντες εἰς λίθους ἄνθρωποι τῆς Γοργόνος τῆι κεφαλῆι. ἄγεται δ' οὖν γυναῖκα τὴν Ἀνδρομέδαν, καὶ οἴχεται αὐτὴ συμπλέουσα εἰς τὴν Ἑλλάδα τῶι Πέρσει, καὶ βασιλεύοντος τὸ Ἄργος οἰκεῖται.

2. Lukian, Meergöttergespräche 14

Bei Lucian. D. mar. 14 (die Abfassungszeit ist unsicher; sind sie vor den D. mort. entstanden, wurden sie vor 166/7 n. Chr. verfaßt: Helm, RE XIII [1927] 1738) greifen wir (mehr noch als bei Apollodoros) so etwas wie eine 'Normalfassung' des Mythos von Andromeda, die jeglichen Hinweis auf individuelle Quellen vermissen und sich in gleicher Weise von literarischen wie bildlichen Darstellungen herleiten läßt (vgl. Bompaire, Lucien 737ff: Ekphrasis eines Andromedagemäldes Lucian. Dom. 22 = E. T V b.i). Die Darstellungsabsicht der Meergötterdialoge, die längst bekannte vertraute Mythologie unter einem neuen, nämlich dem Meergöttergesichtspunkt, präsentieren wollen, begünstigt die 'Uniformierung' des Mythos. Wenn in D.mar. 14 wie Helm, Lucian u. Menipp 177; ders. RE XIII (1927) 1739; Bompaire, aaO. 732f. annahmen, tatsächlich eine im Stil sophistischer Ekphraseis gehaltene Darstellung intendiert und somit ein Gemälde Quelle dieser Andromedaschilderung ist, ist über die bloße Möglichkeit der Abhängigkeit Lukians von 'Andromeda'-Tragödien (und da wohl nur der 'Andromeda' des Euripides, die er nachweislich kennt: s. E. T IV b.1 und E. F 136) nicht hinauszukommen. Daß die 'Andromeda'-Tragödien des Sophokles und Euripides auf die Bildkunst nachdrücklich gewirkt haben, ist evident (s. z. E. T V; S. T II); welche Details aber der jeweiligen Vorlage eines Gemäldes einer literarischen oder einer anderen bildlichen Quelle entstammen, und damit welche Details Lukian aus der Tradition der Bildkunst oder einer literarischen Tradition entnahm, ist nicht mehr festzustellen. Im Gegensatz zu den Ekphraseis E. T V b.ii und iii enthält die Andromedaerzählung in D. mar. 14 keinen Zug, der sich als Reflex eines bestimmten Fragments einer 'Andromeda'-Tragödie deuten ließe.

Lucian. D. mar. 14,3: ein Triton unterhält sich mit den Nereiden; er hat ihnen von der Tötung des Ketos durch Perseus erzählt und von Perseus' Gorgoabenteuer berichtet; dann fährt er fort: ἐπεὶ δὲ κατὰ τὴν παράλιον ταύτην τῆς Αἰθιοπίας ἐγένετο, ἤδη πρόσγειος πετόμενος, ὁρᾶι τὴν Ἀνδρομέδαν προκειμένην ἐπί τινος πέτρας προβλῆτος προσπεπατταλευμένην, καλλίστην, ὦ θεοί, καθειμένην τὰς κόμας, ἡμίγυμνον πολὺ ἔνερθε τῶν μασθῶν. καὶ τὸ μὲν πρῶτον οἰκτείρας τὴν τύχην αὐτῆς, ἀνηρώτα τὴν αἰτίαν τῆς καταδίκης, κατὰ μικρὸν δὲ ἁλοὺς ἔρωτι - ἐχρῆν γὰρ σεσῶσθαι τὴν παῖδα - βοηθεῖν διέγνω. καὶ ἐπειδὴ τὸ κῆτος ἐπήιει μάλα φοβερὸν ὡς καταπιόμενον τὴν Ἀνδρομέδαν, ὑπεραιωρηθεὶς ὁ νεανίας πρόκωπον ἔχων τὴν ἅρπην τῆι μὲν καθικνεῖται, τῆι δὲ προδείκνυσι τὴν Γοργόνα καὶ λιθοποιεῖ αὐτό, τὸ δὲ τέθνηκεν ὁμοῦ καὶ πέπηγεν αὐτοῦ τὰ πολλά, ὅσα εἶδεν τὴν Μέδουσαν. ὁ δὲ λύσας τὰ δεσμὰ τῆς παρθένου, ὑποσχὼν τὴν χεῖρα ὑπεδέξατο ἀκροποδητὶ κατιοῦσαν ἐκ τῆς πέτρας ὀλισθηρᾶς οὔσης, καὶ νῦν γαμεῖ ἐν τοῦ Κηφέως καὶ ἀπάξει αὐτὴν εἰς Ἄργος, ὥστε ἀντὶ θανάτου γάμον οὐ τὸν τυχόντα εὕρετο.

3. Lactantius Placidus, Narrationes IV 19

Als von Ovids Metamorphosen abhängig bezeichnen sich anonyme, erst seit der Renaissance unter dem Namen eines spätantiken Statiuskommentators, Lactantius Placidus (der ins 6. Jhdt. n. Chr. zu datieren ist: Wessner, RE XII [1924] 360; vgl. Schmidt, KP III [1969] 439f.) überlieferte Narrationes fabularum Ovidianarum (sowohl in Ovidhss. vor den einzelnen Büchern, oder als Scholien, als auch separat tradiert; herausgegeben von Slater, Text Met. Ovid), deren Abfassungszeit ebenso unbekannt ist, wie ihr Autor. Sie erzählen Ovids Verwandlungssagen in sehr knapper Form nach, z. T. unter ausdrücklicher Heranziehung anderer Quellen; namentlich genannt werden auch Hesiod und Euripides (z. B. narr. I 1; II 2.3). Es ist jedoch evident, daß die Nacherzählung des Andromedastoffes ganz von Ovid abhängt.

Lact. Plac. narr. IV 19: Perseus per Aethiopiam iter faciens, postquam Andromedan propter superbiam matris, quae se Nympharum pulchritudini praetulerat, saxo adligatam ac marinae beluae obiectam vidit, captus specie eius exarsit pactusque a Cepheo et Cassiopia parentibus virginis, ut sibi matrimonio eam cederent, si beluam interemisset, voti compos factus est. Interfecto igitur monstro cupiens requiescere, ne caput Gorgonis laederet, virgulas lectas in litore subiecit .... narr. V 1: Andromedan, Cephei et Cassiopes filiam, in Aethiopia propositum beluae marinae, Perseus, Iovis et Danaes filius, Medusae Gorgonis caput ferens paciscitur coniugem, si eam periculo liberasset. Causa autem prostituendae exstiterat ob Nereidum iram, quarum pulchritudini mater se praetulerat. Perfecto igitur a Perseo pollicito cum fides promissa a Cepheo esset praestita et nuptiarum coniugalium epulis regalibus principes interessent, Phineus Cephei frater ... animos pugna confudit ...

Diese Nacherzählung der Aussetzung und Rettung Andromedas ist so knapp, daß die Ermittlung von Einzelzügen, die für eine bestimmte, von Ovid abweichende Fassung der Erzählung sprechen würden, unmöglich ist.

Die Narrationes fabularum Ovidianarum berühren sich eng mit dem ersten der drei sogenannten Mythographi Vaticani (zuerst ediert von Angelo Mai 1831, zuletzt 1987 von Peter Kulcsár, CChrL 91c), der in ähnlicher Weise wie das Fabelbuch des Hyginus in 233 Kapiteln griechische und römische mythologische Erzählungen bietet; zu datieren ist die Kompilation des Mythogr. Vat. I wohl ins 12. Jhdt. (Bühler, Ph 105 [1961] 134 A.3; ebda. auch das Referat anderer Datierungsansätze); der Mythogr. Vat. I hat entweder die Narrationes als Quelle benutzt, oder beiden liegt eine gemeinsame Quelle zugrunde (vgl. Schulz, Mythogr. Vat. font. 46f.). Die Andromedaerzählung bietet das Kap. 73 unter der Überschrift Perseus, welche nahezu wörtlich mit der Kombination von Lact. Plac. narr. IV 19 und V 1 übereinstimmt.

Mythogr. Vat. I 73 (Scriptores rerum myth. Lat. 1,24f. Bode): Perseus per Aethiopiam iter faciens, postquam Andromedam propter superbiam matris, quae se Nympharum pulchritudini praetulerat, saxo illigatam ac marinae beluae obiectam vidit, captus specie eius exarsit; pactusque est a Cepheo et Cassiopeia, parentibus virginis, ut sibi matrimonio iungerent, si beluam interemisset. Perfecto igitur Perseus pollicito, cum fides promissa a Cepheo esset praestita, et nuptiarum coniugalium epulis principes interessent, Phineus, cui Andromeda ante fuerat desponsata, contumeliam sibi existimans gravissimam iniunctam, quod advenae consanguineus postpositus esset, vescentium animos pugna confudit. Et cum res miserabilis dimicantium ageretur in regia, ac multi ex utraque parte armis, quae casus obtulisset, occidissent, novissime Perseus pertimescens multitudinem adversariorum caput Gorgonis extulit. Quo viso Phineus cum auxiliantibus diriguit.

IV. Die Andromedasage am Himmel

Der älteste Zeuge für die Benennung von Sternbildern mit den Namen Andromeda, Kepheus, Kassiepeia, Perseus und Ketos ist Eudoxos von Knidos (1. H. d. 4. Jhdts. v. Chr.; vgl. Lasserre, Eudoxos 137-9: 395-342/1 v. Chr.), für dessen ἔνοπτρον Hipparchos von Nikaia (2. Jhdt. v. Chr.) diese Sternbildernamen belegt (Eudoxos F 33-6.52.66.89.108 Lasserre). Von Eudoxos hängt, nach dem Zeugnis desselben Hipparchos, Aratos von Soloi in seiner Darstellung der Sternbilder und Tierkreiszeichen ab (pace Erren, Phaenomena 192ff.; ders. Aratos 131ff.; s. Ludwig, RE Suppl. X [1965] 32f.; Lasserre, Eudoxos 184.186; Ludwig/Pingree, Gn 43 [1971] 346-50). Da in Arats Phainomena (»das einzig feste Datum im Leben A.'s ist 276: die Berufung an den Hof des Antigonos Gonatas«: Ludwig, RE Suppl. X [1965] 27; vgl. Erren, Aratos 112f.: geb. um 310 v. Chr.) Kepheus, Kassiepeia, Andromeda (Vv. 179-204), Perseus (Vv. 248-53) und das Ketos (Vv. 353-7) schon als eine miteinander in sachlicher Beziehung stehende Gruppe von Sternbildern behandelt sind, kann geschlossen werden, daß schon im 4. Jhdt. diese Sternbilder als eine durch Sage verbundene Gruppe bekannt und benannt waren. Zu vermuten ist deshalb, daß »die fertige Sage auf den Himmel übertragen wurde« (Boll-Gundel, Myth. Lex. VI [1924-37] 910; vgl. Rehm, Mythogr. Unters. 43; Gundel, RE III A [1929] 2419) und nicht umgekehrt einzelne Sternbilder durch die Erfindung einer Sage zu einer Gruppe zusammengefaßt wurden. Das bedeutet, daß die 'Verstirnung' der Andromedagruppe ein bewußter schöpferischer Akt und keine allmählich sich vollziehende Entwicklung darstellte.

Im Allgemeinen wird angenommen, daß die Figur des Perseus schon am Himmel präsent war, bevor die Sternbilder mit den Namen der Andromedafamilie bezeichnet wurden; dafür spricht die Darstellung des Perseus am Himmel im von archaischen Vasenbildern vertrauten Knielaufschema: der Gorgotöter entkommt rennend den den Tod der Schwester rächen wollenden Gorgonen (vgl. Schauenburg, Perseus 31ff.); wenn vom Alter der Vasenbilder auf die Vorstellung der Himmelsbilder zurückgeschlossen werden darf, müßte Perseus schon im 7./6. Jhdt. v. Chr. einem Sternbild seinen Namen gegeben haben (vgl. Windisch, Pers. 59; Bethe, RhM 55 [1900] 433f.; Boll-Gundel, l. c.; Rathmann, RE XIX [1937] 995); bei größerer Verbreitung der Andromedasage im 6./5. Jhdt. v. Chr. (s. Einl. I) wären dann die an Aussetzung und Rettung Andromedas beteiligten Personen dem Perseus an den Himmel gefolgt.

Da Eudoxos der älteste Zeuge für die erfolgte Aufnahme der Andromedasage an den Himmel ist, stellt sich zwangsläufig die Frage nach dem sachlichen und chronologischen Zusammenhang der tragischen Bearbeitungen der Andromedasage im 5. Jhdt. v. Chr. und der Verstirnung der in der Sage involvierten Personen.

Ausgangspunkt dieser Frage ist das Zeugnis in den verschiedenen Rezensionen des eratosthenischen Sternbuchs, daß in Sophokles' 'Andromeda' die Verstirnung der Kassiepeia und des Ketos, in Euripides' 'Andromeda' die Verstirnung von Andromeda und Kepheus behandelt/erwähnt waren (woran allerdings Robert, Arch Ztg. 36 [1878] 19; Windisch, Pers. 67; Robert, Heldensage I 1,239 zweifeln).

Dies läßt prinzipiell zwei Möglichkeiten der Entstehung der Sage von der Verstirnung der Andromedafamilie zu: nämlich Entstehung a. vor Sophokles und Euripides, oder b. durch/nach Sophokles und Euripides. Zu a: diese erste Möglichkeit geht davon aus, daß im Lauf des 6./5. Jhdts. allmählich alle größeren Sternbilder mit griechischen Bezeichnungen versehen wurden und nach dem Abschluß dieser Entwicklung im 5. Jhdt. die fertige Andromedasage einschließlich des Motivs des Katasterismos von Sophokles und Euripides für ihre Tragödien verwendet wurde (s. Robert, l. c.; ders. Erat. Cat. Rel. 246; Bethe, aaO. 424. 426; Müller, Ph 66 [1907] 50 A.15; Gundel, aaO. 2416). Zu b: die zweite Möglichkeit rechnet damit, daß der Andromedastoff zuerst von Sophokles und Euripides bearbeitet wurde und von diesen dann die Sternbildernamen inauguriert wurden, oder daß erst danach unter dem Eindruck der Tragödie die Namen der dramatis personae auf Sternbilder übertragen wurden (so Windisch, Pers. 66; Erren, Aratos 76; vgl. auch Wilamowitz, Herakles 1,34 A.64).

Auch wenn eine sichere Entscheidung nicht möglich ist, wird man, ist dem eratosthenischen Zeugnis Glauben zu schenken, dennoch eine Benennung der Sternbilder erst im 4. Jhdt., durch Eudoxos etwa (so Windisch; doch s. Gundel, aaO. 2417), auszuschließen haben. Aus der Nennung der Sophokles- und Euripidestragödie im Referat der die Sternbilder begründenden Sage im Sternbuch des Eratosthenes wird man wohl schließen dürfen, daß diese Tragödien an der Verbreitung der Sage und der Vorstellung der Verstirnung der wichtigsten Personen des Andromedamythos, einschließlich des Ketos, nicht unbeteiligt waren: aber eher als Vulgarisatoren einer fertigen Erzählung, und nicht als Schöpfer der Vorstellung der Verstirnung von Andromeda, Kepheus, Kassiepeia, Perseus und des Ketos.

Erster Teil: Die 'Andromeda' des Sophokles

A. Testimonien und Fragmente

Einführung

Unser Wissen bezüglich der Datierung und des Inhalts der 'Andromeda'-Tragödie des Sophokles stützt sich nur auf die verschiedenen Rezensionen des eratosthenischen Sternbuchs (S. T I), auf Vasenbilder (S. T II) und auf die zwölf für diese Tragödie bezeugten Bruchstükke bzw. auf deren Testimonien. Diesen Quellen ist folgendes zu entnehmen:

a. Aus den drei Vasenbildern, die mit gutem Recht (s. z. S. T II) mit der 'Andromeda' des Sophokles in Verbindung gebracht werden, ergibt sich, daß Sophokles seine Tragödie in der 1. H. / in der Mitte des 5. Jhdts. v. Chr. zur Aufführung brachte (als Fest, an welchem die Tragödie zur Aufführung kam, sind die Städtischen Dionysien sicher, s. Müller, Datierung Soph. Oed. 61 A. 162).

b. Von den die Dramenhandlung motivierenden Ereignissen wissen wir (im Gegensatz zu Euripides) immerhin so viel, daß die Mutter Andromedas, Kassiepeia, sich gegenüber den Nereiden ihrer eigenen Schönheit derart gerühmt hatte, daß die Nereiden zornig auf eine Bestrafung drangen, die Poseidon mit der Sendung des Ketos ins Werk setzte, welches das Land verwüstete (vielleicht bezieht sich S. F 132 hierauf).

c. Zur Befriedung von Poseidons Zorn wurde Andromeda dem Ketos zum Fraß ausgesetzt; in Sophokles' Tragödie wurde diese Aussetzung (wie aus dem Vasenbild S. T IIa ersichtlich) szenisch präsentiert; Perseus erscheint vor oder nach der Aussetzung der Titelheldin; er hat Mitleid mit ihrem Los (S. F 128a) und sichert mutig zu, Hilfe zu bringen (S. F 128). Wahrscheinlich war Perseus auch bei Sophokles, wie der euripideische Perseus (s. E. F 124), vermittels der Flügelschuhe in das von Kepheus beherrschte Land gekommen (s. z. S. F 127).

d. Perseus bekämpfte erfolgreich das Ketos und brachte es zur Strekke; ob innerhalb des Dramas die Vermählung des Perseus mit Andromeda vollzogen wurde, ist ungewiß.

e. Vielleicht spielte bei Sophokles die durch die Verwüstung des Landes bewirkte Wut der Einheimischen gegen die königliche Familie eine besondere Rolle; die Fragmente 133. 134. 135 könnten eine entsprechende Szene andeuten (s. a. z. S. F 128), in welcher die Einwohner des Landes eine Beendigung ihrer Notlage durch die Aussetzung Andromedas erzwangen (vgl. Apoll. bibl. 2,4,3: ... τοῦτο ἀναγκασθεὶς ὁ Κηφεὺς ὑπὸ τῶν Αἰθιοπῶν ἔπραξε, καὶ προσέδησε τὴν θυγατέρα πέτραι).

f. Die Erwähnung der Verstirnung der Kassiepeia und des Ketos im Zusammenhang mit der sophokleischen 'Andromeda' ist möglicherweise auf ein entsprechendes Handlungselement dieser Tragödie zurückzuführen. (Bei Euripides wurde plausibel vermutet, daß Athene als dea ex machina auftrat, die den Streit zwischen Andromeda und ihren Eltern schlichtete. Welche Funktion bei Sophokles eine Erwähnung der Fortexistenz als Sternbild haben könnte, wage ich nicht zu vermuten.)

T I

a. Σ S Arat. 188 (175,3 Martin): ταύτην τὴν Κασσιέπειαν ἱστορεῖ Σοφοκλῆς τῶν τραγωιδῶν ποιητὴς ἐν τῆι Ἀνδρομέδαι ἐρίσασαν περὶ κάλλους καὶ ἐλθεῖν εἰς τὸ σύμπτωμα. καὶ τὸν Ποσειδῶνα δι' αὐτὴν τὴν χώραν διαφθεῖραι τὸ κῆτος ἐπιπέμψαντα (-πέμψαι cod.: corr. Radt). ὅθεν ὡς εἴρηται ἐν τοῖς ἄστροις ἐτέθη.

b. 1. Hygin. astr. 2,10 (37 Le Boeuffle): Cassiepia. De hac Euripides et Sophocles et alii complures (plures EAP) dixerunt ut gloriata sit se forma Nereidas praestare. Pro quo facto inter sidera sedens in siliquastro constituta est. Quae propter impietatem, vertente se mundo, resupinato capite ferri (ferre BMO, fieri CL) videtur.

2. Σ AP German. Arat. p. 77, 12 Breysig: Hanc (sc. Cass.) refert Sofocles praeposuisse formam suam Nereidibus, ob quod ira Neptuni ceto inmissa vastabatur eorum terra. Expostulatamque (expostolatamque AP: Breysig) Andromedam et ceto propositam.

c. 1. Eratosth. Cat. 16 (20,3 Olivieri = 215 b 7 Maass): Κασσιέπειας· ταύτην ἱστορεῖ Σοφοκλῆς ὁ τῆς τραγωιδίας ποιητὴς ἐν Ἀνδρομέδαι ἐρίσασαν περὶ κάλλους ταῖς Νηρηίσιν εἰσελθεῖν εἰς τὸ σύμπτωμα, καὶ Ποσειδῶνα διαφθεῖραι τὴν χώραν κῆτος ἐπιπέμψαντα. δι' ἣν αἰτίαν (αἰτ. add. Fell) πρόκειται τῶι κήτει ἡ θυγάτηρ.

2. Eratosth. Cat. 36 (12 Rehm = 42,1 Olivieri = 257 b 7 Maass): Κήτους· τοῦτό ἐστιν, ὃ Ποσειδῶν ἔπεμψε Κηφεῖ διὰ τὸ Κασσιέπειαν ἐρίσαι ταῖς Νηρηίσι περὶ κάλλους. Περσεὺς δ' αὐτὸ ἀνεῖλε, καὶ διὰ τοῦτο εἰς τὰ ἄστρα ἐτέθη ὑπόμνημα τῆς πράξεως ταύτης. ἱστορεῖ δὲ ταῦτα Σοφοκλῆς ὁ τῶν τραγωιδιῶν ποιητὴς ἐν τῆι Ἀνδρομέδαι.

d. 1. i. Σ BP Arat. lat. p. 215 a 7 Maass: Hanc (sc. Cass.) historialiter profert Sophocles carminum vates propter invidiam Andromedae seu Neraidis et earum pulchritudinem pervenisse ad ruinam, et Neptunum propter ipsam omnem regionem disperdere caetum transmittens. unde, ut dictum est, inter astra ponitur iuxtra alterutrum. | Conferendum Σ GG^aG^b German. Arat. p. 138,21 Breysig.

ii. Σ BP Arat. lat. p. 257 a 7 Maass: Hic (sc. Cetus) est quem Neptunus misit aput Caepheum, eo quod Cassiepia contendebat Neraidis se pulchritudine. Perseus quidem illum interemit et propter hoc inter astra positus est memoriale de hac eius actione. conpingit autem haec Sophocles carminum poeta ad Andromedam.

2. Σ SV German. Arat. p. 138,9 Breysig: Cassiepia in terra (interea V; intera etiam Σ GG^aG^b), ut refert Sophocles, carminum vates, dicitur praeposuisse formam suam Nereidibus. ob quod ira Neptuni ceto transmisso vastabatur eorum terra. expostulatamque Andromedam et ceto propositam.

T II

Vasenbilder, die möglicherweise von der Aufführung der 'Andromeda' des Sophokles inspiriert sind:

a. attische Hydria aus Vulci, British Museum London Nr. E 169 (Schauenburg Nr. 3); um 450/440 v. Chr.;

b. Krater, Agrigento Museo pubblico (Schauenburg Nr. 5); Namensbeischrift: Andromeda, Perseus;

c. Krater des Kleophonmalers, Antikenmuseum Basel Nr. 403 (Schauenburg Nr. 6).

F 126

†ἡμιουτὸν† κούρειον ἡιρέθη πόλει·
νόμος γάρ ἐστι βαρβάροις θυηπολεῖν
†βρότειον ἀρχῆθεν γένος†.

F 127

ἵπποισιν ἢ κύμβαισι ναυστολεῖς χθόνα;

F 128

μηδὲν φοβεῖσθε προσφάτους ἐπιστολάς.

126: Hesych. κ 3859 (2,521 Latte): κούρειον (κουρίον cod.: κουρεῖον Scaliger, κούρ. Schmidt, fortasse post Musurum)· Σοφοκλῆς Ἀνδρομέδαι· »†ἡμιουτὸν† – γένος, τῶι Κρόνωι« (τῶι Κρ. Sophocli abiudicavit Casaubonus, postea Latte).

127: Athen. 11,64, 482 D (agitur de nominibus poculorum): ὅτι δὲ καὶ πλοῖον ἡ κύμβη Σοφοκλῆς ἐν Ἀνδρομέδαι φησίν· »ἵπποισιν – χθόνα;« | Ex Athenaeo versum hausit Eustath. ad Hom. XX 221, 1205,56 (4,399 van der Valk): τοιοῦτον καὶ τὸ Σοφοκλέους τὸ »ἵπποισιν – χθόνα«, τουτέστιν ἱππότης ἥκεις ἢ διὰ πλοίου. | Phot. Galean. 187,3 Porson: κύνβη (κυνβη cod.: Porson)· πλοίου εἶδος· Σοφοκλῆς.

128: Phryn. Ecloga 351 (SGLG 1,98,91 Fischer): πρόσφατον· καὶ περὶ τούτου πολλὴν διατριβὴν ἐποιησάμην (ἐποι. διατρ. c: VXb) ἐπισκοπούμενος, εἰ μόνον λέγεται πρόσφατος νεκρὸς καὶ μὴ (μὴ om. c) πρόσφατον πρᾶγμα. εὑρίσκετο (εὑρίσκεται VXEF: bC) δὲ Σοφοκλῆς (-ῆν W: Nu.BcXV) ἐν τῆι Ἀνδρομέδαι τιθεὶς οὕτω· »μηδὲν – ἐπιστολάς«. (corripuit totam glossam B sic: πρόσφατος· νεκρὸς καὶ πρᾶγμα.)

---

126 1 κόριον cod.: Musurus | ἠρέθη cod.: Scaliger || 2 τοῖς βαρβ. cod.: del. metri causa Latte, quem secutus sum || 128 φοβεῖσθαι Xbc.

F 128a

ἡ δυστυχὴς ἀθῶιος ἐκκρεμωμένη

F 129

δίδου δαφοινὸν μάσθλητα δίγονον metr.: incertum

128a: Hdn. καθολικὴ προσωιδία fr. 18 Hunger (Jb.ÖByz.Ges. 16 [1967] 7): ἀθῶιος προσπερισπᾶται τρισυλλαβικόν, ὥσπερ καὶ παρὰ Σοφοκλεῖ ἐν Ἀνδρομέδαι (Ἀνδρομέδας cod.: corr. Hunger)· »ἡ - ἐκκρ.«.

129: Phot. δ 509 (1,412 Theodoridis): δίγονος μάσθλης· διπλοῦς ἱμάς. ἢ ὅτι οὐ μόνον κατὰ τὴν βαφὴν ἦν τοιοῦτος, ἀλλὰ καὶ ὑπὸ τοῦ αἵματος ἐκέχρωστο. Σοφοκλῆς Ἀνδρομέδαι· »δίδου - δίγονον«. || Et. Gen. AB s. v. δίγονος μάσθλης = Et. M. 272,3 (782 Gaisford) Et. Sym. V: δίγονος μάσθλης· διπλοῦς ἱμάς Σοφοκλῆς Ἀνδρομέδαι· »ἴδου - δίγονον«. ἐκ τοῦ ῥητορικοῦ. || Hesych. μ 333 (2. 631 Latte; e Diogen.): μάσθλητα δίτομον· τὰς (μάσθλητα· τὰς τομουτὰς cod.: corr. Latte; alii alia) ἡνίας. καὶ γὰρ ⟨ὁ μάσθλης καὶ⟩ (add. Latte) ἡ μάσθλη. Σοφοκλῆς Ἀνδρομέδαι καὶ Συνδείπνοις (F 571). cf. Hesych. δ 1485 (1,447 Latte; e Diogen.: cf. Et. M. 272,7): δίγονος μάσθλης· ὁ διπλοῦς. ἢ δυσὶ χρώμασι κεχρωμένος (ὁ δύο χρ. κεχρ. Et. M.).

128a ενκρεμανομενη cod.: West || 129 ἴδου Et. Gen., Et. M. | δὲ φοινὸν Et. Gen., Et. M. | δίτομον Hesych. ut videtur.

F 130

αὐτοχειλέσι ληκύθοις metr.: glyc ?

F 131

ἀμφίπρυμνον

F 132

ἀμβλύσκει

130: Pollux 10,120 (2,226,9 Bethe): λέγοιτο δ' ἂν καὶ λήκυθος μυρηρά· σὺ δ' ἂν εἴποις καὶ μυροφορεῖον. ἐν δὲ Βατράχοις Ἀριστοφήνους εἴρηται καὶ τὸ ληκύθιον. Σοφοκλῆς δ' ἐν Ἀνδρομέδαι αὐτοχειλέσι ληκύθοις ἔφη, δηλῶν ἀλαβάστους (ἀναλαβαστους [-τρους Φ] FS) μονολίθους.

131: Hesych. α 4090 (1,143 Latte; e Diogen.): ἀμφίπρυμνον· πλοῖον ἑκατέρωθεν πρύμνας ἔχον. Σφοκλῆς Ἀνδρομέδαι καὶ τὰ ἐπὶ σωτηρίαι παρελκόμενα πλοῖα (πελωπομενα πλοια cod.: Latte).

132: Hesych. α 3511 (1,123 Latte; e Diogen.): ἀμβλύσκει· ἐξαμβλοῖ (ἐξαπλοῖ cod.: Salmasius). κυρίως δὲ ἐπὶ ἀμπέλου. καὶ ἐκτιτρώσκει· Σοφοκλῆς Ἀνδρομέδαι.

---

130 λίθοις C || 131 πλοῖον e Hesychii explicatione fragmento addidit Nauck.

F 133

] ειτου [
] ανα . [
] . . ρατ' ε [
] . σσαιω [
] εισι . [.]
] ζευξ[ί]λεως [
] τῶι λιβυκῶι [
] τελ [.] . [

F 134

οἰήτας

133: 1–8 P. Oxy. 2453 fr. 49: papyrum primum edidit Turner, The Oxyrhynchus Papyri XXVII (1962) 23, iterum ediderunt Carden, The Papyrus Fragments of Sophocles (1974) 157 et Radt TrGF IV 159sq. | Frustulum papyraceum Sophocli tribuendum videtur ob verbum v. 6 ζευξίλεως. || 6 Hesych. ζ 127 (2,260 Latte; e Diogen.): ζευξιλέως· ζευκτὸς λάος (ζευκτῆς λαοῦ Ellendt). ἢ ὧι ὑπεζευγμένοι εἰσὶ λαοί. Σοφοκλῆς Ἀνδρομέδαι. | Cf. etiam Et. Gen. AB = Phot. Galean. 53,8 (p. 47 Porson) = Suda ζ 36 (2,503 Adler) = Zonaras 953 Tittmann: ζευξίλεως· ὧι ὑπεζευγμένοι (ὑποζ- Et. Gen.) εἰσιν λαοί. | Eustath. ad Hom. III 183, 401,12 (1, 632 van der Valk) <Ael. Dion. ζ 2 (p. 121 Erbse, Unters. att. Lex): ἰστέον δέ, ὅτι ἐκ τοῦ »δέδμηνταί σοι κοῦροι« ζευξίλεως εἴρηται παρὰ τοῖς μεθ' Ὅμηρον ὁ βασιλεύς, ὧι ὑπέζευκται λεώς, ταὐτόν δ' εἰπεῖν »δεδμήαται κοῦροι«.

134: Phot. Galean. 317,7 (p. 272 Porson): οἰήτας (οἴητας cod.: corr. Porson)· τοὺς κωμήτας. Σοφοκλῆς Ἀνδρομέδαι. | Cf. Hesych. ο 185 (2,738 Latte; e Diogen.): οἰατᾶν· κωμητῶν. οἶαι γὰρ αἱ κῶμαι. Hesych. ο 221 (2,739 Latte; e Diogen.): οἰητᾶν. κωμητῶν.

F 135

σάρητον

F 136

Πᾶνες

135: Hesych. σ 110 (4,6 Schmidt): σαλητόν· Σοφοκλῆς Ἀνδρομέδαι †ἀντίπατρος† ἢ βαρβαρικὸν χιτῶνα. οἱ δὲ καὶ μεσόλευκον αὐτὸν εἶναί φασι. | Cf. Hesych. σ 208 (4,11 Schmidt): σάρητον. ὁ σάραπις. καὶ εἶδος χιτῶνος. Phot. Galean. 501,24 Porson: σάρητον· βαρβαρικὸς χιτών.

136: Σ KGUEA Theocr. 4,62/63d (153,9 Wendel): ἢ Σατυρίσκοις ἐγγύθεν ἢ Πάνεσσι (lemma deest in codd., e verbis codicum GUEA καὶ Σατυρίσκους restituit, ἐγγ. ἢ Π. addidit Wendel): τοὺς Πᾶνας πλείους (οἱ πλείους GUEA: corr. Ahrens) φησὶν ὡς καὶ τοὺς Σειληνοὺς καὶ τοὺς Σατύρους, ὡς Αἰσχύλος μὲν ἐν Γλαύκωι (F 25b), Σοφοκλῆς δὲ ἐν Ἀνδρομέδαι. | Σ PT Theocr. 4.62/63e (154,4 Wendel): ἢ Σατυρίσκοις ἢ Πάνεσσι (ἢ Π. add. Wendel): τοὺς Πᾶνας πλείους φησὶν ὡς καὶ τοὺς Σειληνοὺς καὶ τοὺς Σατύρους (τοὺς Σατ .... φησὶν ... Πᾶνας codd.: corr. Ahrens), ὡς Αἰσχύλος μὲν ἐν Γλαύκωι. Σοφοκλῆς δὲ ἐν Ἀνδρομέδαι.

---

135 σάρητον Hsch. σ 208, Phot.: σαλητόν Hsch σ 110

B. Kommentar

T I

(1) Für die Handlungsstruktur der verlorenen 'Andromeda' des Sophokles bieten uns einzig die verschiedenen griechischen und lateinischen Rezensionen des zum Aratkommentar umgearbeiteten Sternbuchs des Eratosthenes einigen Aufschluß (s. z. E. T III). Sie bezeugen für Sophokles' 'Andromeda' folgende Handlungselemente: a. Kassiepeia brüstet sich ihrer Schönheit, die die Schönheit der Nereiden übertreffe; b. Poseidon ist über die Beleidigung der Meermädchen durch Kassiepeia erzürnt und schickt zur Strafe ein Meerungeheuer, welches das Land verwüstet; c. um diese Heimsuchung zu beenden, wird Andromeda dem Meerungeheuer zum Fraß ausgesetzt; d. Perseus tötet das Meerungeheuer; e. Kassiepeia und das Ketos sind wegen der heldenhaften Tat des Perseus als Sternbilder am Himmel plaziert.
(2) Diese Züge fallen zum Großteil mit der in der apollodorischen Bibliothek greifbaren Vulgata des Andromedamythos zusammen (Apollod. Bibl. 2,4,3): a. Κασσιέπεια γὰρ ... Νηρηίσιν ἤρισε περὶ κάλλους, καὶ πασῶν εἶναι κρείσσων ηὔχησεν. ὅθεν αἱ Νηρηίδες ἐμήνισαν. b. καὶ Ποσειδῶν αὐταῖς συνοργισθεὶς πλήμμυράν τε ἐπὶ τὴν χώραν ἔπεμψε καὶ κῆτος ... c. ὁ Κηφεὺς ... προσέδησεν τὴν θυγατέρα πέτραι. d. ὁ Περσεὺς ... τὸ κῆτος ἔκτεινε.
(3) Im apollodorischen Bericht begegnen andererseits Elemente, die uns nicht für Sophokles' 'Andromeda' bezeugt sind; dies sind a. die Überschwemmung; im eratosthenischen Sternbuch war offenbar nur von der Sendung des Ketos die Rede; b. das Ammonorakel; c. die Fesselung Andromedas an den Felsen; d. das Liebesmotiv und die Ehe mit Andromeda als Lohn für ihre Rettung durch Perseus. Da für die Andromedaerzählung des Apollodoros sicher nicht nur die 'Andromeda' des Sophokles als Quelle gedient hat, ist es nicht möglich, die Lücken in unserem Wissen von der Handlung dieser Tragödie aus Apollodor zu füllen (Berührungen mit anderen nachsophokleischen Erzählungen der Andromedasage lassen sich nicht feststellen). Was die Nichterwähnung der Ehe zwischen Perseus und Andromeda angeht, darf in diesem Fall davon ausgegangen werden, daß auch bei Sophokles die Ehe mit Andromeda der Preis für ihre Rettung durch Perseus darstellte, weil dieser Zug des Mythos zu den unverzichtbaren Ingredienzien einer Andromedaerzählung zu rechnen ist und die vor-

sophokleische Fassung der Sage dieses Faktum nachweislich schon enthielt (s. Einl. I).

(4) Im apollodorischen Bericht fehlt die Erwähnung einer Verstirnung der von der Aussetzung und Rettung Andromedas betroffenen Personen bzw. des Ketos, während die auf das eratosthenische Sternbuch zurückgehenden Zeugen aus naheliegenden Gründen die himmlische Präsenz von Kepheus, Kassiepeia, Andromeda und des Ketos sowohl für Euripides wie für Sophokles erwähnen: man kann vermuten, daß diese Verstirnung der sicher in einer 'Andromeda'-Tragödie auftretenden Personen in geeigneter Weise erwähnt oder thematisiert war (so kann für Euripides der Auftritt einer dea ex machina Athena angenommen werden s. z. E. T III); wie dies bei Sophokles u. U. gemacht war, ist nicht feststellbar.

T II

(1) Ausschlaggebend für die Beanspruchung der drei Vasenbilder als Illustrationen der sophokleischen 'Andromeda' sind zwei Sachverhalte: a. die Personen auf der Londoner Hydria sind mit Kleidern abgebildet, die als tragische Kostüme erkennbar sind (s. z. E. T V a.); b. alle drei Vasen sind in der Mitte des 5. Jhdts. v. Chr. gemalt worden. Hängen diese Bilder also von einer tragischen 'Andromeda'-Aufführung ab, was die Kostüme der Londoner Hydria nahelegen, muß die die Darstellung inspirierende Aufführung in der 1. H. oder in der Mitte des 5. Jhdts. stattgefunden haben; da die euripideische 'Andromeda' im Jahr 412 v. Chr. aufgeführt wurde (s. z. E. T II), kommt ein Bezug der Bilder auf diese Aufführung nicht in Frage; damit kann nur die Aufführung der sophokleischen 'Andromeda' die Vasenmaler zu ihren Bildern motiviert haben.

(2) Übereinstimmend bilden die drei Vasenmaler Andromeda als an Pfählen hängend oder an Pfähle festzubinden ab. Aus der am Ende des 5. Jhdts. gemalten Andromedadarstellung des Berliner Andromedakraters (E. T V a.) und aus den Fragmenten E. F 118 und 125 wissen wir, daß die euripideische Andromeda an den Felsen gefesselt war. Mit den Pfählen dieser Vasenbilder greifen wir offenbar ein Charakteristikum der sophokleischen 'Andromeda', welches zwar auf späteren Vasenbildern noch begegnet, literarisch jedoch keinen Nachhall gefunden hat (vgl. dagegen Andromeda am Felsen: s. z. E. T V b.)

(3) Das Bild der Londoner Hydria zeigt Andromeda, wie sie zu Pfählen geleitet wird, die zu ihrer Aussetzung vorbereitet werden; damit

ist für dieses Vasenbild sicher, daß es mit den in der euripideischen 'Andromeda' vorauszusetzenden Verhältnissen nichts zu tun hat (s. z. E. F 114), inhaltlich also dem chronologischen Befund zur Seite tritt, nach welchem die Londoner Hydria mit der euripideischen 'Andromeda' in keinerlei Verbindung gebracht werden kann (gegen Engelmann, Arch. Stud. 62ff.; ders. JDAI 19 [1904] 143ff.). - Dafür greifen wir vermutlich in diesem Vasenbild ein Element der Handlung der sophokleischen 'Andromeda', das von der des Euripides abweicht: bei Euripides war zu Beginn des Stückes die Heldin schon an den Felsen gefesselt, während bei Sophokles die Fesselung der Titelheldin offenbar erst im Laufe der dramatischen Handlung inszeniert wurde. Es ist dann zu vermuten, daß der Grund für die Aussetzung Andromedas dialogisch exponiert worden war, bevor Andromeda selbst auf die Bühne kam; dann hätten die vom eratosthenischen Sternbuch für die 'Andromeda' des Sophokles bezeugten Elemente a. Schönheitspreis Kassiepeias, b. Poseidons Zorn, die Sendung des Ketos ihren Platz in dieser Exposition der Handlung der Tragödie gehabt.
(4) a. Auf der Deutung des Vasenbildes der Londoner Hydria basiert die Rekonstruktion, die Petersen, JHS 24 (1904) 99ff. (wieder: Att. Trag. 606ff.) vorgeschlagen hat: er deutete die zentrale Figur des Bildes nicht, wie die übrigen Forscher, als Andromeda, sondern als ihren aus Ovid, Apollodor, Hyginus (s. Einl. III) bekannten Verlobten Phineus (bei Hyginus heißt er Agenor), der auf dem Bild als ein verweichlichter Aithiopenprinz erscheine, der seiner Braut, statt der Rettung vor dem Tode, nur Geschenke bringe; Petersen schloß an diese Deutung des Bildes weitreichende Rekonstruktionsvorschläge an: Kepheus als Prologsprecher, der im Gespräch mit Perseus die Handlungsvoraussetzungen exponierte; dann die Parodos des Chores; Auftritt des Phineus nach dem Muster der auf der Vase abgebildeten Szene; Auseinandersetzung zwischen Phineus und Perseus, wobei möglicherweise Kepheus für Perseus, Kassiepeia für Phineus Partei ergriff; und dann erst Auftritt Andromedas, die gefesselt, ausgesetzt und schließlich von Perseus gerettet worden sei. b. Petersens Verdienst liegt sicher darin, den bislang umfassendsten Versuch einer Rekonstruktion der 'Andromeda' des Sophokles unternommen zu haben; dennoch ist zu konstatieren, daß seine Rekonstruktion an folgenden Mängeln scheitert: 1. die Deutung der zentralen Figur des Vasenbildes auf Phineus ist sehr unwahrscheinlich: die Figur ist m. E. nur als eine Frau deutbar; 2. Petersen extrapoliert methodisch falsch den Handlungszusammenhang aus seiner Deutung des Vasen-

bildes und füllt den so gewonnenen Rahmen mit den literarisch bezeugten Fragmenten; hermeneutisch richtig ist das umgekehrte Verfahren; dies hat zur Folge, daß 3. einige der von Petersen vorgelegten Deutungen von Fragmenten nachprüfbar falsch sind (s. z. S. F 129.131.133.135). Petersens Deutung ist deshalb in summa abzulehnen.

F 126

I. (1) Der Text der im Lexikon des Hesychios von Alexandreia unter dem Lemma κούρειον (während der Codex κουρίον bietet, was von Scaliger berichtigt wurde) überlieferten drei Verse aus der 'Andromeda' des Sophokles muß korrupt sein: a. sicher falsch ist in V. 1 ἡμιουτὸν: das ist eine vox nihili; zudem ist das Metrum von V. 1 gestört. Von den zahlreichen (von Radt ausführlich dokumentierten) Verbesserungsvorschlägen sind metrisch und inhaltlich nur folgende tolerabel: αἱμόρρυτον (Scaliger), ἡμῖν τόδ' οὖν (Jebb), ἦδ' αἴσιον (Gomperz), ἡμῖν θυτόν (Campbell), ἡ δ' ἔκθυτον (Pearson, als Korrektur von Campbells Vorschlag; von Latte in den Hesychtext aufgenommen; Pearson selbst übernahm Tuckers Neologismus δημιόθυτον, der zwar metrisch tolerabel ist, inhaltlich aber nur das πόλει verdoppelt). Mit Radt wird man jedoch konstatieren müssen, daß wir an der Herstellung des Textes ohne Kenntnis des Kontextes scheitern müssen (wofür die Vielzahl der Emendationsvorschläge ein beredtes Indiz ist). b. Der Hesychcodex akzentuiert das Lemma κουρίον, was, korrigiert, auf κουρεῖον führen müßte; die einzige Stelle in klassischer Literatur, wo κούρειον in dem vom Fragment nahegelegten Sinn begegnet (Is. 6,22), überliefern die Hss. κούριον; korrigiert man die itazistische Verschreibung, ergibt sich κούρειον. Die Richtigkeit dieser Akzentuierung bestätigt Herodian, καθολικὴ προσωιδία XIII (1,372,17 Lentz): κουρεῖον τὸ κοινῶς λεγόμενον. τὸ δ' ἰδίως παρ' Ἀθηναίοις προπαροξύνεται· οὕτω γὰρ καλεῖται ἐν Ἀττικῆι τὸ ἱερεῖον θυόμενον, ἡνίκα ἐγράφοντο οἱ κοῦροι εἰς τοὺς φράτορας. c. In V. 2/3 ist die Wortfolge gestört; der Codex überliefert: νόμος γὰρ ἐστι τοῖς βαρβάροις ' θυηπολεῖν βρότειον ἀρχῆθεν γένος τῶι Κρόνωι. Dieser Text ist metrisch unmöglich und hat deshalb eine Reihe von Konjekturen provoziert; die geringsten Eingriffe in den überlieferten Wortlaut nahmen Scaliger (dessen Vorschlag von Radt übernommen wurde) und Pearson vor, die nur überlieferte Worte umstellten: Scaliger versetzte plausibel (unter Auslassung von τῶι und Änderung in τοῖσι β.) Κρόνωι vom Ende von V. 3 ans Ende von V. 2, Pearson änderte γένος in γέρας und schrieb: τοῖς βαρβάροις γὰρ ἐστιν ἀρχῆθεν νόμος, γέρας βρότειον τῶι Κρόνωι θυηπολεῖν; unklar ist, wie diese Konfusion entstanden sein soll. Vielleicht ist deshalb die von Latte übernommene Vermutung von Casaubonus richtig, daß τῶι Κρόνωι eine Randglosse darstellt, die nicht zum Sophokleszitat gehört; der dann verbleibende Text macht metrisch aber keinen Sinn. (Menschenopfer für Kronos sind außerhalb Griechenlands bezeugt: s. Pohlenz, RE XI [1922] 1993ff.; was Kronos hier zu suchen hat, ist auf jeden Fall unklar.) d. Fragwürdig ist auch ἀρχῆθεν; die erweiterte συναγωγή (Anecd. Gr. Bekker 1,450,4 = Anecd. Gr. Bachmann 1,149,21) = Photios α 2928 (1,270 Theodoridis) gibt an: ἀρχῆθεν. οὐκ ἔστι παρὰ τοῖς Ἀττικοῖς, πλὴν παρ' Αἰσχύλωι. παρ' Ἡροδότωι δ' ἔστι καὶ τοῖς Ἴωσιν; vgl. aber Phryn. Ecloga 66 (SGLG 1,66 Fischer): ἀρχῆθεν ποιηταὶ λέγουσιν, τῶν δὲ καταλογάδην δοκίμων οὐδείς, ἀλλ' ἐξ ἀρχῆς. (2) Die Korruption der Verse betrifft offenbar nicht nur, wie von Radt angenommen, ἡμιουτὸν, sondern auch die V. 2/3; abweichend von Radt muß man deshalb auch den dritten Vers in Cruces setzen, während in V. 2 τοῖς weggelassen werden muß, um das Metrum zu restituieren.

II. 1 (1) κούρειον heißt nach Is. 6,22 und Pollux 8,107 (s. auch Herodian, oben) das Haaropfer, das am dritten Tag der Apaturien, Κουρεῶτις, dargebracht wurde, »wenn der junge Athener als vollgültiges Mitglied in die Phratrie eintrat« (Latte, Kl. Schr. 429 [= 1941]: κούρειον <κείρειν, nicht κόρος). Da die κουρεῖον akzentuierte Alternative den Ort des κείρειν angibt, liegt es näher, die Erklärung des Hesychios auf κούρειον zu beziehen; damit müßte κούρειον von Sophokles aber übertragen gebraucht sein, da gewöhnlich ein solches 'Haaropfer' nicht πόλει (für/von der Stadt: es ist sowohl der dativus commodi wie auctoris möglich) dargebracht wurde, sondern im Kreis der jeweils zuständigen Phratrie. (2) Deshalb wird hier entweder κούρειον als συνεκδοχή im Sinn von 'Opfer' zu verstehen sein, oder es wird von Sophokles mit falschem etymologischem Bezug als 'Opfer eines κοῦρος / einer κόρη' gebraucht, was im Horizont einer 'Andromeda'-Tragödie dann nur auf die Aussetzung Andromedas an das Ketos bezogen werden kann (so dachte wohl auch Latte, Hesych 2,521: »scl. virgo pro piaculo oblata«). 2 (1) Inwiefern unter dieser Voraussetzung von einem νόμος Menschen zu opfern gesprochen werden kann, ist unklar, da es sich bei der Aussetzung Andromedas ja auf jeden Fall um ein durch den Zorn des Poseidon verursachtes singuläres Geschehen handelte; vielleicht dient die Erwähnung des Usus von Menschenopfern bei Barbaren als Negativfolie für das gegenwärtige singuläre Opfer der Königstochter im Sinne: 'so wie Barbaren opfert ihr ...'. (2) Der Hinweis auf barbarische Praxis von Menschenopfern erlaubt keinen Rückschluss auf die Identität der Barbaren, da im Altertum der Brauch von Menschenopfern für Ägypter, Phöniker, Karthager, Kelten bezeugt ist (vgl. Cic. rep. 3,9,15). (3) Diese drei Verse vermögen sich demnach a. konkret auf die Situation der Aussetzung Andromedas zu beziehen, wobei dann vermutlich irgend ein vituperativer Sinn in Vv. 2/3 stecken muß, oder b. sind als Relikt eines mythologischen Exemplums zu betrachten, das der Aussetzung Andromedas vom Sprecher parallelisiert wurde.

III. (1) Die offenbare Korruption des Textes hat die Mehrzahl der Forscher daran gehindert, eine Einordnung dieser Verse in die 'Andromeda' des Sophokles zu versuchen (s. Fedde, Pers. Andr. 9; Kuhnert, Myth. Lex. III [1902-9] 1995). Welcker, Gr. Trag. 1,350 dachte sich das Fragment zu einer Einleitung gehörig, »um überzugehen auf die Opferung der Andromeda« (also eine Deutung des Fragments im Sinne der Alternative b.); Petersen, Att. Trag. 610 und Marijoan, BIEH II 2 (1968) 65.67 bezogen das Fragment auf die Aussetzung Andromdas (Alternative a.); Rispoli, RAAN 47 (1972) 193 A. 33 teilte die drei Verse zwei verschiedenen Sprechern zu: ein Einwohner des Landes soll in V. 1 Perseus die Gründe für die Aussetzung Andromedas erklären, worauf Perseus mit Vv. 2/3 auf die Barbarei dieses Vorgangs hingewiesen habe (ebenfalls Alternative a.). (2) Ich halte alle Vorschläge für denkbar; Welcker und Rispoli tragen aber weit eher den sachlichen Problemen wirklich Rechnung als es die oberflächliche Zuweisung von Petersen und Marijoan tut.

F 127

I. (1) Im 11. Buch seiner 'Deipnosophistai' sammelt Athenaios alle nur erdenklichen Bezeichnungen für Trinkgefäße; im Kapitel 64 handelt er vom κύμβιον genannten Becher und erwähnt dabei, daß κύμβη (nicht κύμβιον!) auch als Bezeichnug eines Wasserfahrzeugs begegne und zitiert als Beleg den Vers aus der 'Andromeda' des Sophokles. Da im Kapitel 63,481 F schon einmal von der Ähnlichkeit des κύμβιον mit einem Schiff die Rede war (φησὶ δὲ ὁ Δίδυμος ὁ γραμματικός ἐπίμηκες εἶναι τὸ ποτήριον καὶ στένον τῶι σχήματι, παρόμοιον πλοίωι; Egenolf ergänzte hier unter Heranziehung von Anecd. Gr. Bekker 1,274,28 [s. u.] ⟨ὁ καλεῖται κύμβη⟩), vermutete Kaibel plausibel, daß die Erwähnung von κύμβη im 64. Kapitel, 482 D nach Kapitel 63,481 F zu versetzen sei; daraus wiederum darf geschlossen werden, daß der Sophoklesvers der einzige Beleg für die Bedeutung 'Boot, Nachen' von κύμβη in klassischer Literatur war. - Von κύμβη als Trinkgefäß handelt Athenaios im Kapitel 65,483 A (s. u.). (2) Eustathios hängt in seiner Erwähnung vom κύμβη als πλοίου εἶδος sicher von Athenaios ab (pace Pearson z. St.), da er im selben handschriftlichen Nachtrag, in welchem er den Sophoklesvers zitiert, anfangs den Athenaios (wenn auch in anderem Zusammenhang) erwähnt; der ganze Duktus weist auf eingehende Bekanntschaft des Eustathios mit Athenaios' Becherbuch hin (s. z. E. F 146). (3) Daß sich die (sicher verschriebene) κύνβη-Glosse im Photioslexikon auf vorliegendes Sophoklesfragment bezieht ist zwar nicht sicher, aber nach dem unter (1) Dargelegten sehr wahrscheinlich.

II. (1) Torr, Ancient Ships 112 betrachtete ἵπποι als Bezeichnung für einen phönizischen Schiffstyp mit Pferdeköpfen am Bug; dieser Gedanke geht hier sicherlich fehl. Die Frage lautet: kommst du zu Land oder zu Wasser zu uns? ἵπποι und κύμβαι werden, als συνεκδοχή für die alternativen Möglichkeiten der Fortbewegung genannt. (2) κύμβη als Bezeichnung für ein Wasserfahrzeug begegnet in der erhaltenen griechischen Literatur nur in diesem Fragment; κύμβη als Trinkgefäß ist dagegen häufiger belegt (vgl. Athen. 11,65,483 A: κύμβη· Φιλήμων ἐν ταῖς Ἀττικαῖς Φωναῖς κυλίκος εἶδος, Ἀπολλόδωρος δ' ἐν τῶι περὶ Ἐτυμολογίων Παφίους τὸ ποτήριον καλεῖν κύββα.). Die vom griechischen κύμβη hergeleitete lateinische Bezeichnung cumba (zur Etymologie: Walde-Hofmann 1,210) bedeutet nur 'Nachen, Boot' (s. OLD, cumba). Es läßt sich somit nicht entscheiden, ob der Gefäßtyp als Namensgeber für das Boot oder der Bootstyp als Namensgeber für das Trinkgefäß gewirkt hat. Vielleicht stammt die Bezeichnung jedoch aus dem Phönizischen, wenn Plinius recht hat, der in NH 7,208 die Phönizier als Erfinder des cumba genannten Bootstyps anführt. (3) ναυστολεῖν heißt im wörtlichen Sinn 'zu Schiff fahren' bei Sophokles Ph. 245.279.249.550; nach Ellendt-Genthe 464 soll es hier im F 127 jedoch »tralate de quolibet itinere« gesagt sein (sie verweisen als Parallele auf E. Med. 682; vgl. aber Page z. St.). Die Verwendung von ναυστολεῖν χθόνα bei Euripides (Med. 682; Hipp. 36) zeigt jedoch, daß ein solcher Gebrauch von ναυστολεῖν für Euripides weniger wahrscheinlich ist als die Annahme, daß χθόνα jeweils als accusativus termini zu deuten, mithin ναυστολεῖν bei Euripides immer absolut verwendet ist (s. auch z. E. **123). (4) Pearson deutete χθόνα hier (wie es bei den genannten Euripidesstellen getan werden muß) als accusativus termini; bei Euripides steht jedoch jeweils ein deiktisches τήν (Med.) bzw. τήνδε (Hipp.), das den Bezug des ναυστολεῖν auf das Ziel der darin ausgedrückten Bewegung verdeutlicht. Hier fehlt der Artikel und wir haben es überdies mit einem Zeugma zu tun, so daß die Verhältnisse nicht exakt den euripideischen Formulierungen entsprechen, bei denen der gewöhnliche Gebrauch des Akkusativs ausgeschlossen war. Hier könnte die zeugmatische Formulierung aber auch die Möglichkeit offen lassen, daß der Akkusativ Objekt des ναυστολεῖν mit Pferden ist: '... bereist du mit Schiffen oder Pferden das Land ...'. Mit Pearson halte ich den accusativus termini aber für plausibler.

III. (1) Es besteht in der Forschung Einigkeit, daß diese Frage an Perseus gerichtet war: so Welcker, Gr. Trag. 1,351; Fedde, Pers. Andr. 9; Ribbeck, Röm. Trag. 163 A. 169; Robert, Arch. Ztg. 36 (1878) 17; Petersen, Att. Trag. 610; Kuhnert, Myth. Lex. III (1902-9) 1994; Marijoan, BIEH II 2 (1968) 65. Mit Robert kann dann geschlossen werden, daß der Fragende Perseus nicht ins Land kommen sah; der Auftritt des Perseus vermittels der μηχανή dürfte deshalb ein Einfall des Euripides gewesen sein (s. z. E. F 124). (2) Welcker und Robert haben weiter vermutet, daß Kepheus diese Frage an Perseus richtete; dafür gibt es genauso wenig Anhaltspunkte wie für die Annahme von Pearson und Nauck (die in der Nummerierung der Fragmente zum Ausdruck kommt), daß dieses Fragment nicht lange nach der Exposition (F 126) gesprochen worden sei: wir können für die 'Andromeda' des Sophokles nicht sagen, wann Perseus die Bühne betrat und mit wem er dann zusammentraf.

IV. Es kann vermutet werden, daß diese Frage ihre Pointe darin fand, daß der angesprochene Perseus angab, weder auf dem Land- noch dem Seeweg ins Land gekommen zu sein, sondern daß er durch die Luft geflogen sei. Ob aus der Frage dann jedoch geschlossen werden darf, daß die Flügelschuhe des Hermes nicht zum Kostüm des sophokleischen Perseus gehört haben können, ist nicht sicher; diese Frage könnte ja erst recht die szenische Präsentation der Flügelschuhe provozieren.

F 128

I. Der attizistische Lexikograph Phrynichos Arabios (2. H. 2. Jhdt. n. Chr.) listet in seinem als Hilfsbuch für die rhetorische Praxis gedachten Werk 'Ekloge' unsystematisch eine Reihe von Worten auf, die der stilbewußte Redner als nichtattisch meiden müsse; häufig nennt er für ein inkriminiertes Wort eine attische Alternative. Das seit dem 4. Jhdt. v. Chr. mit der Bedeutug 'frisch, neu' geläufige Wort πρόσφατος (s. LSJ, πρόσφατος 2.3) verdächtigte Phrynichos, nicht dem attischen Sprachgebrauch zu entsprechen; die Verwendung von πρόσφατος in einem Trimeter aus Sophokles' 'Andromeda' genügte ihm jedoch als hinlänglicher Beweis, daß schon klassisch πρόσφατος nicht mehr nur von Toten, sondern übertragen auch von Gegenständen/Sachverhalten gesagt werden konnte. Pearson z. St. wunderte sich, daß Phrynichos »have had so much difficulty in finding an example of πρόσφατος in the metaphorical sense«, da ein entsprechender Gebrauch von πρόσφατος schon bei Pindar, P. 4,299 (auf Arkesilaos von Kyrene: 462 v. Chr.) und Aischylos, Ch. 805 zu belegen ist; allerdings handelt es sich bei beiden Stellen um lyrischen Sprachgebrauch, der älteste Beleg für πρόσφατος in nichtlyrischer Sprache dürfte mithin der Sophoklesvers gewesen sein; dies erklärt auch, warum Phrynichos die jüngeren Zeugen Lysias und Demosthenes nicht berücksichtigte (Lys. 18,19: verfaßt um 396 v. Chr.; D. 21,112): ausschlaggebend war Phrynichos offenbar, ob der Ausdruck durch den Sprachgebrauch eines Autors des 5. Jhdts. gedeckt war.

II. (1) Die Hs. V (Laurentianus plut. 91 cod. 10, XIV. Jhdt.), die Fischer mit dem Codex Vaticanus graecus 2226 (U: Anfang XIV. Jhdt.) zur Hs.-Familie d rechnet, schreibt als einziger Codex den Imperativ φοβεῖσθε (U hat an dieser Stelle eine Lücke: Fischer, Ekloge 11); die Hs.-Familien b und c und der zur Hs.-Familie x zählende Codex Ambrosianus graecus 482 (X: Ende des XIV. Jhdts.) haben übereinstimmend den Infinitiv φοβεῖσθαι (die zu x zählenden codices Y und Z, Fischer, Ekloge 23f., haben die Glosse nicht: y beginnt erst mit Glosse 374, während Z von den 69 Glossen, die in x gestanden haben müssen, weitere 19 ausläßt: Fischer, Ekloge 25). (2) Die Alternative der Hss. ist unter dem Gesichtspunkt der Orthographie nur eine unterschiedliche Deutung der Überlieferung; da auch inhaltlich der Imperativ in gleicher Weise befriedigt wie der Infinitiv, gibt es weder grammatisch, noch inhaltlich, noch überlieferungsgeschichtlich ein

Indiz, welche der beiden Schreibweisen die richtige ist (die Hs.-Familien b und c stammen vom Hyparchetyp γ, x und d von δ). Gegen Nauck und Pearson, mit Fischer und Radt schreibe ich φοβεῖσθε einzig wegen der vermuteten Einordnung des Fragments in den Stückkontext (s. u.).

III. (1) πρόσφατος ist in seiner Grundbedeutung im Ω der Ilias verwendet: Hekabe klagt über der Leiche Hektors (Hom. XXIV 757f.): νῦν δέ μοι ἑρσήεις καὶ πρόσφατος ἐν μεγάροισι' κεῖσαι. Mit Phot. Galean. 463,8 (p. 399 Porson): πρόσφατος: κυρίως μὲν ὁ νεωστὶ ἀνῃρημένος. φάσαι γὰρ τὸ φονεῦσαι. ἀφ' οὗ καὶ φάσγανον. καταχρηστικῶς δὲ καὶ πᾶν ὅτι οὖν ἄρτι συμβεβηκός, ist es von einem Verb φάσαι (nur bei Hesychios und Photios bezeugt) mit den homerischen Formen πέφαται, πέφανται, πεφήσεται etc. (immer Passiv) herzuleiten; homerisch und poetisch sind auch die Komposita Ἀρείφατος, πυρίφατος (dazu s. Friis Johansen-Whittle z. Supp. 633) von diesem Verbum hergeleitet (s. LSJ, θείνω II). Die Bedeutung von πρόσφατος ist also »recently killed« (Garvie z. Ch. 805): so schon richtig Photios: die Vorstellung des φάσαι schwächte sich im Kompositum πρόσφατος allmählich ab, oder wurde übertragen für andere Daseinsbereiche verwendet; jedenfalls ist die Bedeutung 'frisch, neu' häufiger anzutreffen als die Grundbedeutung 'gerade erschlagen' (zur Etymologie und zur Wortbildung von πρόσφατος: Frisk 2,601f.; Chantraine 426; νεκρὸς πρόσφατος auch noch bei Hdt. 2,29.121 ε4).
(2) ἐπιστολαί bezeichnen als das, was man einem anderen ἐπι-στέλλει, entweder das Medium oder den Inhalt des Vorgangs des ἐπιστέλλειν: »litterae« oder »mandata« (Ellendt-Genthe 266). Hier können damit nur, wie auch S. Aj. 781; Tr. 493; OC 1601; E. An. 964; IT 786; Hel. 1649; Ba. 442; IA 111, »mandata« gemeint sein: der Sprecher fordert eine Mehrzahl von Angesprochenen auf, keine Furcht zu empfinden angesichts neueingetroffener Weisungen.

IV. (1) Worauf sich diese Weisungen beziehen, kann nur vermutet werden; Welcker, Gr. Trag. 1,351 dachte sich Perseus als den Sprecher des Verses, der von seinen Abenteuern berichtete und mit diesem Vers »die unerhörte Aufgabe, die ihn hierher geführt hatte« bezeichnete. In der Zuweisung des Verses an Perseus stimmten Petersen JHS 24 (1904) 109 = Att. Trag. 610 und Marijoan, BIEH II 2 (1968) 65 mit Welcker überein, doch beschränkten sie sich darauf, das Fragment für eine »worthy expression of the courage of Perseus« (Petersen, JHS 24 [1904] 109; Marijoan, l. c.: das Fragment »pulabras de animo de

Perseo«) zu halten. (2) Welckers Vermutung ist nicht abwegig, aber nicht überzeugend; zwar ist es plausibel, mit Welcker, Petersen, Marijoan Perseus für den Sprecher des Verses zu halten, doch ist es weniger wahrscheinlich, daß die erwähnten Weisungen ein vergangenes Ereignis als die Gegenwart der Angesprochenen betrifft. Ich vermute daher, daß die 'neueingetroffenen Weisungen' die Modalitäten der Aussetzung Andromedas betreffen. Dem Vasenbild der Londoner Hydria (s. z. S. T II) war zu entnehmen, daß die Fesselung Andromedas in der sophokleischen 'Andromeda' szenisch präsentiert wurde. Somit könnte ein Teil dessen, was zur Vorgeschichte der Handlung der euripideischen 'Andromeda' gehörte, Inhalt der Sophoklestragödie gewesen sein. (3) Wenn Perseus Sprecher dieses Verses ist, müßte er schon zu einem Zeitpunkt auf die Bühne gekommen sein, als Andromeda noch nicht dem Ketos ausgesetzt war: diese Möglichkeit kann nicht ausgeschlossen werden. Es ist jedoch auch ein Sprecher Kepheus denkbar, der die über die neuen Bedingungen zur Beendigung der Heimsuchung des Landes verstörten Aithiopen (den Chor?) dadurch zu beruhigen versuchte, daß er Abhilfe in ihrer Not durch die Aussetzung seiner Tochter versprach.

F 128a

I. (1) Die Palimpsesths. cod. Vind. Hist. Gr. 10 war, wie Herbert Hunger entdeckt hat, zuerst mit der καθολικὴ προσωιδία ('Umfassende Akzentlehre') des Grammatikers (des Sohnes des Grammatikers Apollonios Dyskolos) Herodianos von Alexandreia (2. Jhdt. n. Chr.) beschrieben; die Bearbeiter des Pergaments waren im Fall dieses Codex mit ihrem Kratzen so erfolgreich, daß der Herodiantext nur an wenigen Stellen so lesbar gemacht werden kann, daß sich ein zusammenhängender Text ergibt (so Hunger, JÖByz. 16 [1967] 2f.). Deshalb konnte Hunger nur Fragmente veröffentlichen. Im von Hunger als fr. 18 bezeichneten Textstück aus dem fünften Buch der καθ. προσ. wird ein bis 1967 noch unbekannter Vers aus Sophokles' 'Andromeda' zitiert: 'Die Unglückliche, die da schuldlos hängt'. Im Zusammenhang mit dem Stücktitel liegt es nahe, die in diesem Vers genannte weibliche Person mit Andromeda zu identifizieren (so schon Hunger, aaO. 7). (2) Herodian zitiert den Vers wegen des Akzents von ἀθῷιος im Unterschied zu Ἄθῳος (vgl. S. 'Thamyras' F 237; A. Ag. 258). Damit ist nicht nur sicher, daß das Herodianfragment ins fünfte Buch zu setzen ist (in welchem die ὀνόματα εἰς ῷς behandelt sind), sondern auch, daß es in den Kontext der Adjektive auf -ῷος gehört; in der Ausgabe von Lentz hätte das fr. 18 also seinen Platz 1,128,12 (der von Lentz 12ff. abgedruckte Text aus Stephanos von Byzanz wäre also jetzt durch die frr. 18-20 Hunger zu ersetzen).

II. Hunger las ἐνκρεμανομένη, was er in ἐκκρεμαμένη verbesserte; metrisch ist beides unmöglich und nur Wests ἐκκρεμωμένη tolerabel, weshalb es mit Radt in den Text aufzunehmen ist.

III. (1) ἀθῷος ist bislang für Sophokles sonst nicht belegt, dafür jedoch für Euripides: Med. 1300; Ba. 672; F 67,5; es ist eine Adjektivbildung zum Nomen θωή, 'Strafe'. Hier heißt ἀθῷος 'ohne Schuld'. Das erinnert daran, daß auch bei Euripides Andromeda beteuert, an ihrer Aussetzung selbst nicht Schuld zu sein (vgl. E. F 120). (2) Der aristophanische Euripides/Perseus sagt zu Andromeda/dem Verwandten: ὦ παρθέν' οἰκτίρω σε κρεμαμένην ὁρῶν (Ar. Thesm. 1110 = E. F **127,1). Vielleicht ist es in der sophokleischen 'Andromeda' ebenfalls Perseus, der voll Mitleid der Ausgesetzten bestätigt, daß sie schuldlos gefesselt sei. (3) Die Londoner Hydria (S. T II a) legt es nahe zu vermuten, daß bei Sophokles Andromeda an Pfähle gebunden wurde; dieser Vers sichert zumindest die Tatsache der Fesselung.

F 129

I. (1) Die Aufforderung des Sprechers an eine andere Person wird von den Hss. der Etymologika mit ἴδου, von den Photioshss. mit δίδου überliefert; sachlich, grammatisch, metrisch sind beide Möglichkeiten denkbar, überlieferungsgeschichtlich ist ebenfalls keine Entscheidung zwingend zu machen. Da der Text des Photios eine interessante Alliteration enthält (»parhomoeon«: Lausberg, Hdb. lit. Rhet. 478), wurde ihm hier der Vorzug gegeben (Pearson und Radt entschieden sich für ἴδου). (2) Pearson z. St. hat darauf hingewiesen, daß Begriffe wie δίγονος, τρίγονος, διφυής etc. immer nur eine »natural multiplication« bezeichnen würden, somit auf eine leblose Sache wie ein μάσθλης nicht angewendet werden könnten (Pearson favorisierte das paläographisch ausgezeichnete δίτονον Herwerdens, das allerdings sachlich weniger plausibel erscheint): δίγονος müsse deshalb emendiert werden. Pearson hat darin Recht, daß δίγονος μάσθλης keine gewöhnliche Ausdrucksweise darstellt; aber eine unter Abschwächung des zweiten Bestandteils des Wortes zustandegekommene Bedeutung 'zweifach' für δίγονος halte ich schon für möglich.

II. Pearson hat durch Änderung des von den Etymologikahss. gebotenen δὲ φοινόν in δὲ φοίνιον (Brunck) einen iambischen Duktus in den erhaltenen Wortlaut gebracht; ohne Änderung ist dem Text kein sinnvolles Metrum zu entnehmen; da uns der Kontext verloren und δαφοινός sonst untadelig ist, erscheint eine Restitution des Metrums auf diesem Weg aussichtslos.

III. (1) δαφοινός ist eine homerische Vokabel (Hom. II 308; X 23; XI 474; h. Hom. 3,304; 19,23), die im hs. überlieferten Oeuvre des Sophokles sonst nicht begegnet (aber Hes. Sc. 250; Pi. N. 3,81; in der Tragödie: A. Pr. 1022; Ch. 607; E. Alc. 581); das Wort ist gebildet aus der verstärkenden Vorsilbe δα- und dem Adjektiv φοινός (vgl. Frisk 1,337; Schwyzer 1,330) und bedeutet wohl ursprünglich 'ganz und gar blutrot'; allerdings wird es schon bei Homer auch im Sinne von 'sehr blutig', 'sehr blutrünstig' verwendet (vgl. Griffith z. A. Pr. 1022; Garvie z. Ch. 607). Hier ist es sicher ein Wort für die Farbe des μάσθλης. (2) Unklar ist, ob die Farbe durch das Gerben des Leders oder durch vergossenes Blut zustande kommt; davon abhängig ist die Lösung der schon von den Lexikographen formulierten Alternative, daß δίγονος aufgefaßt werden kann als 1. doppelt, 2. zweifarbig. Es besteht jedoch der Verdacht, daß diese Alternative aus dem Sophoklesvers selbst herausgesponnen wurde, d. h. die Erwähnung des Farbterminus δαφοινός im Zusammenhang mit δίγονος μάσθλης erst die Vorstellung begründet hat, daß δίγονος auch zweifarbig heißen könne; damit wäre als Bedeutung von δίγονος μάσθλης 'doppelter Lederriemen' gesichert. (3) Im Kontext einer 'Andromeda'-Tragödie lassen sich zwei Situationen denken, wo ein durch das Gerben oder durch das Vergießen von Blut 'doppelter Lederriemen von roter Farbe' erwähnt sein konnte: a. bei der Fesselung Andromedas an die Pfähle, b. im Zusammenhang der Tötung des Ketos. (Falsch ist auf jeden Fall die Idee von Petersen, JHS 24 [1904] 110, daß dieses Fragment »may refer to the incident which Ovid v. 722 describes as falcato verberat ense«; merkwürdig ebenfalls Welckers, Gr. Trag. 1,351 geäußerter Vorschlag, das Fragment auf Andromedas Hochzeitsfest zu beziehen.)

F 130

I. Pearson hat gesehen, daß αὐτοχειλέσι ληκύθοις einen Glykoneus ergibt; damit ist die Herkunft dieser beiden Worte aus einer trimetrischen Rhesis wenig wahrscheinlich. (2) Deshalb kann Petersens

Vermutung (JHS 24 [1904] 109 = Att. Trag. 610) als nichtzutreffend zurückgewiesen werden, daß es sich bei diesen Worten um eine »blundering remark of the Ethiop prince« (d. h. Phineus,) handele und mit den λήκυϑοι die Begräbnisvasen gemeint seien, die nach Petersens Vorstellung Phineus seiner Verlobten Andromeda an den Aussetzungsort brachte. Diese Worte wurden höchstwahrscheinlich vom Chor gesungen und sind mit gleichem Recht auf die Salbgefäße zu beziehen, mit denen Andromeda in früheren Zeiten umzugehen pflegte, wie auf Geschenke, die sie vielleicht aktuell erhält. Eine Festlegung auf einen bestimmten Kontext ist unmöglich.

II. (1) αὐτοχειλής ist ein sophokleischer Neologismus; zum Typus dieser Neubildung vergleicht Pearson z. St. αὐτοκτίστοι δόμοι (S. F 332), αὐτόξυλον ἔκπωμα (Ph. 35; αὐτόπετρον βῆμα OC 193 ist eine Konjektur von Musgrave für ἀντίπετρος) und αὐτόκωπα βέλη (A. Ch. 163: »with hilt and blade cast in one piece«: Garvie z. St.). αὐτοχειλής meint dann, daß entgegen der sonst üblichen Praxis, den λήκυϑοι einen Rand aus Silber oder Gold aufzusetzen, diese λήκυϑοι aus einem Stück gearbeitet sind, der Rand aus dem selben Material besteht wie der Körper des Gefäßes. Ähnliche Bildungen wie αὐτοχειλής begegnen schon bei Homer (XXIII 826), Hesiod (Th. 813: Op. 433) und im aischyleischen 'Prometheus' (Pr. 300f.). (2) Verwendung fand das λήκυϑος genannte Gefäß zur Aufbewahrung von Salben. Die Erwähnung von Salbgefäßen in einem Drama, dessen Titelheldin eine junge Frau ist, erscheint in vielerlei Weise möglich, so daß für die Rekonstruktion der verlorenen Tragödie aus diesen beiden Worten nichts zu gewinnen ist.

F 131

I. Den Text des Hesychioslexikons lasen Nauck und Pearson so, daß sie die Worte ἀμφίπρυμνον πλοῖον für das Lemma, die folgenden Worte ἑκατέρωϑεν - ἔχον richtig als Glossierung betrachteten. Latte teilte den überlieferten Wortlaut jedoch so ab, daß nur ἀμφίπρυμνον als Lemma und πλοῖον schon der Erklärung des Lemmas zugehörig zu betrachten sei. Diese Interpretation der Überlieferung leuchtet im Horizont der Lemmatisierung des Hesychios ein, und wird deshalb mit Radt auch hier zugrundegelegt, was zur Folge hat, daß nur das Lemma ἀμφίπρυμνον als Fragment der 'Andromeda' des Sophokles anzusehen ist.

II. (1) ἀμφίπρυμνος wird von Hesychios glossiert als 'an beiden Seiten mit einem Heck versehen'; die Vokabel begegnet in klassischer Literatur nur noch übertragen verwendet im Euripidesfragment F 955d (aus Photios α 1361 [1,142 Theodoridis]: ὡς ἀμφιπρύμνω δύο μ' ἐλέγχετον λόγω). (2) Pearson z. St. suchte den Begriff und die gemeinte Sache zu erklären durch den Hinweis auf die bei D. C. 74,11 (= 75,11 Carey); Tac. Hist. 3,47,3; Germ. 44,2 erwähnten Schiffe, die zur besseren Beweglichkeit in der Schlacht zusätzliche Steuervorrichtungen am Bug (oder überhaupt nur zwei Buge) besessen haben sollen; da jedoch ausdrücklich für diese (umgerüsteten) Wasserfahrzeuge die Existenz von Bug und Heck (in einem Fall sogar das Fehlen jeglichen Hecks) bezeugt ist, dürfte man sie kaum als ἀμφίπρυμνος bezeichnen. Bei Athenaios 5,36,204 A ist der Bericht des Kallixeinos von Rhodos zitiert (FGrHist 627 F 1 [3 C,162 Jacoby]) über das Prachtschiff des Ptolemaios Philopator, das δίπρωιρος und δίπρυμνος gewesen sein soll; Pearsons Hinweis auf diesen Bericht trägt ebenfalls nicht zur Klärung des sachlichen Gehalts von ἀμφίπρυμνος bei, als, wie Casson, Ships 110f. aufgewiesen hat, dieses riesige Wasserfahrzeug des Ptolemaios als Katamaran konstruiert war, mithin dieses Gefährt über Doppelbug und Doppelheck, nicht aber über 'ein Heck an beiden Seiten' verfügte. (3) Welches antike Wasserfahrzeug mit diesem Epitheton belegt werden konnte, ist unbekannt; man wird jedoch kaum an ein Schiff denken dürfen, sondern eher an einen Kahn. Da antike Schiffe mit dem Heck vertäut wurden, liegt es nahe zu vermuten, daß dieses Wasserfahrzeug für den Fährverkehr verwendet wurde, weil es ohne zu wenden hin- und herfahren und jeweils festgemacht werden konnte. (4) Petersen, JHS 24 (1904) 109 = Att. Trag. 610 und Pearson z. St. haben unabhängig voneinander vermutet, daß dieser Begriff metaphorisch für die Bewegungen des Ketos während des Kampfes mit Perseus verwendet worden sei (ähnlich auch Marijoan, BIEH II 2 [1968] 65). In der Tat vergleicht Ovid, Met. 4,706 das Ketos mit einem Schiff: ecce velut navis praefixo concita rostro ' sulcat aquas etc.; der Vergleich bezieht sich aber auf die vom Ketos hervorgerufene Bugwelle; es sind Zweifel angebracht, ob ἀμφίπρυμνος sinnvoll vom Ketos gesagt sein kann. Plausibler erschiene ein (wie auch immer gearteter Bezug) auf die κύμβη von S. F 127.

F 132

I. In klassischer Literatur begegnet nur ἀμβλίσκειν, nicht ἀμβλύσκειν (dieses erst bei Procop. Arc. 17,16); vielleicht ist also mit Schmidt, Hesych 1,141 (der aber im Text ἀμβλύσκει beibehält) auch hier ἀμβλίσκει zu schreiben (ἀμβλύσκει wäre dann eine itazistische Verschreibung). An der Bedeutung des Wortes ändert sich auch bei veränderter Schreibung nichts.

II. (1) Hesychios glossiert ἀμβλύσκει mit der vom selben Stamm abgeleiteten Vokabel ἐξαμβλοῖ (die Etymologie von ἀμβλίσκω, ἀμβλύσκω, ἀμβλόω ist ungeklärt: Frisk 1,89): 'er/sie/es verursacht eine Mißgeburt'. Die lexikalische Behandlung von ἀμβλύσκει erfolgt jedoch wegen der übertragenen Verwendung des Begriffes; nach Hesychios kann ἀμβλύσκειν auch gesagt werden in Hinsicht auf das Mißraten der Weinernte oder überhaupt 'verletzen' bedeuten. Ungewiß ist, ob der Verweis auf die Anwendung von ἀμβλύσκει in der 'Andromeda' des Sophokles auf beide Bedeutungsangaben oder nur auf eine der beiden zu beziehen ist. Die Bedeutung ἐκτιτρώσκειν für ἀμβλίσκειν und Verwandtes findet sich in zwei weiteren Lexikonglossen: Hesych. ε 3559 (2,117 Latte): ἐξαναβλοῦμεν (ἐξαμβλῶμεν Latte collato E. An. 356). ἐκτιτρώσκομεν; Suda ε 1531 (2,300,16 Adler): ἐξαμβλίσκειν. ἐκτιτρώσκειν. Αἰλιανός· καὶ τὴν τετραπόδων ἀγέλην ἐξαμβλίσκειν ἔφασαν (Ael. Fr. 49). Vielleicht darf man daraus schließen, daß die erste der unter ἀμβλύσκει von Hesychios vermerkten Bedeutungen auf die sophokleische 'Andromeda' zurückgeht. (2) Träfe dies zu, ergäbe sich für die Handlung der verlorenen 'Andromeda'-Tragödie folgendes Element: die Rezensionen des eratosthenischen Sternbuchs (S. T I) bezeugen die Sendung des Ketos durch Poseidon zur Verwüstung des Landes; vielleicht berichtete jemand (dem Perseus?) von den durch das Ketos angerichteten Schäden, die auch darin bestanden, daß die Weinstöcke keine Frucht mehr trugen; ist dieser Bezug gegeben, wäre dieses Fragment wohl irgendwo an den Stückanfang zu plazieren. - Unter der Voraussetzung, daß ἀμβλύσκει aber nur ἐκτιτρώσκει bedeutet, ist mit Nauck und Pearson ein Bezug auf die Tötung des Ketos durch Perseus anzunehmen.

F 133

I. (1) Eric Turner veröffentlichte 1962 27 Papyrusfetzen als P. Oxy. 2453, die Edgar Lobel als zum schon 1911 von Arthur Hunt veröffentlichten P. Oxy. 1083 gehörig erkannt hatte (die frr. 38-43 waren schon von Hunt selbst als zu P. Oxy. 1083 gehörig erkannt worden). Der P. Oxy. 1083 überliefert in fr. 1 20 zusammenhängende Verse aus einem an den Personenbezeichnungen kenntlichen Satyrdrama: Vv. 1f.: Schluß einer Chorstrophe; Vv. 3-5: Aufforderung einer dramatis persona an den Chor, sich vorzustellen; Vv. 6-18: Selbstvorstellung des Satyrchores: Personenbezeichnung χο(ρὸς) σατύ(ρων) am linken Rand; Vv. 19f.: Antwort der dramatis persona: Personenbezeichnung Οἰνεύς (oder Σχ]οινεύς ?). In den frr. 4 und 14 begegnet der Personenname Φοῖνιξ (ebenso in der Anmerkung zum Text auf fr. 19); weiter ist erkennbar, daß fr. 4 Teil einer Stichomythie war, d. h. daß auch für die weiteren Fragmente Herkunft aus einem Drama wahrscheinlich ist. Auf Grund des Vorhandenseins eines Chorliedes und aus sprachlichen Erwägungen heraus hat Hunt, The Oxy. Pap. VIII 61 angenommen, daß der P. Oxy. 1083 Reste der dramatischen Produktion des 5. Jhdts. v. Chr. überliefert; Hunt selbst schloß aischyleische und euripideische Verfasserschaft aus, befürwortete aber die Autorschaft des Sophokles; Wilamowitz dagegen vertrat, laut Hunt, die Ansicht, daß diese Reste dem Tragiker Ion von Chios (TrGF I 19) zuzuweisen seien, da für diesen Dichter zwei 'Phoinix'-Dramen bezeugt sind (TrGF I 19 F 36-41b; F 42. 43; F 41 wird von den Σ vett. Ar. Ra. 706 für Ion bezeugt: τοῦτο Ἴωνός ἐστιν ἐκ Φοίνικος ἢ καὶ Οἰνέως; andere Zuweisungsvorschläge referiert Radt, TrGF IV 637). Hunts These von der sophokleischen Autorschaft der Verse des P. Oxy. 1083 fr. 1 erhielt durch Turners Edition der Papyrusfetzen P. Oxy. 2453 insofern eine Bestätigung, als 1. das fr. 44 auf dem linken Rand die Personenangabe Πολύιδ(ος) überliefert, 2. im fr. 49 die Vokabel ζευξίλεως zu lesen ist, die bislang nur für Sophokles' 'Andromeda' durch Hesychios (s. u.) bezeugt ist; 'Polyidos'-Dramen sind für Sophokles und Euripides bezeugt, mithin ein Bezug auf den sophokleischen 'Polyidos' in fr. 44 im Lichte von fr. 49 wahrscheinlich (und Urheberschaft des Ion von Chios so gut wie ausgeschlossen; euripideische Verfasserschaft von P. Oxy. 1083 fr. 1 dagegen ist wiederum auszuschließen). Mit Turner, Carden, Radt wird man also die Oxyrhynchus-Papyri 1083 und 2453 dem Sophokles zuweisen dürfen. Der Befund, daß in P. Oxy. 1083 fr. 1 eine dramatis persona Oineus (oder Schoineus) redend auftritt, in P. Oxy. 1083 frr. 4. 14. 19 der Personenname Phoinix fällt (in fr. 4 Phoinix sogar angeredet ist), daß in P. Oxy. 2453 fr. 44 die dramatis persona Polyidos spricht und in P. Oxy. 2453 fr. 49 schließlich ein Wort begegnet, das für die 'Andromeda' des Sophokles belegt ist, macht es sicher, daß dieser Papyrus nicht nur ein Sophoklesdrama enthielt, sondern mehrere (bzw. Teile von mehreren), da es keinen mythischen Stoff gibt, in welchem diese Personennamen in eine sinnvolle Verbindung miteinander gebracht werden könnten. (2) Die spärlichen Buchstabenreste, die von Turner als fr. 49 gezählt wurden, bieten neben ζευξίλεως nur mehr τῶι λιβυκῶι als erkennbare Worte: Hesychios' Zeugnis, daß in Sophokles' 'Andromeda' ζευξίλεως verwendet war, erfährt durch τῶι λιβυκῶι zumindest keinen Widerspruch (»τῶι λιβυκῶι ... might well be found in that play«: Lloyd-Jones, Gn 35 [1963] 437), so daß man davon ausgehen darf, daß dieser Papyrusfetzen Reste der sophokleischen 'Andromeda' transportiert. (3) Die Zusammengehörigkeit der P. Oxy. 1083 und 2453 wirft für die sophokleische 'Andromeda' erneut die Frage auf, ob die 'Andromeda' ein Satyrspiel gewesen ist. Isaac Casaubonus hatte dies auf Grund des Fragments 136 Πᾶνες postuliert (s. z. S. F 136); P. Oxy. 1083 fr. 1 stammt zweifelsfrei aus einem Satyrspiel, bei P. Oxy. 2453 fr. 45 hält Lloyd-Jones, l. c., die Herkunft aus einem Satyrspiel für möglich: damit könnte geschlossen werden, daß die Papyri Auszüge aus sophokleischen Satyrspielen enthalten. Diese Annahme ist aber nicht zwingend, und außer der handgreiflichen Evidenz von P. Oxy. 1083 fr. 1 nichts sicher.

II. (1) In der Hesychglosse hat Ellendt (Ellendt-Genthe 297) das vom Hesychcodex überlieferte ζευκτὸς λαός in ζευκτῆς λαοῦ geändert; diese Änderung haben Latte und Radt in ihre Editionen übernommen. (2) Ellendt begründete seine Änderung mit der Eustathiosbemerkung, daß bei den Dichtern/Autoren 'nach Homer' der König ζευξίλεως genannt werde (zur möglichen Bedeutung von οἱ μεθ' Ὅμηρον s. Carden Pap. Fragm. 158); die in der Hesychglosse ausgesprochene Alternative: ζευξίλεως bedeute 1. unterjochtes Volk oder 2. den Unterjocher des Volkes, wurde von Ellendt im Lichte der eusthathianischen Äußerung auf die zweite Möglichkeit verengt. (3) Deshalb sind Zweifel an der Änderung Ellendts angebracht: 1. Eustathios interpretiert die Überlieferung und ist obendrein unpräzise, muß also nicht Recht haben; 2. der Hesychtext selbst ist untadelig; 3. Ellendts ζευκτής ist lexikalisch nicht belegt im Gegensatz zu ζευκτός. Mit Pearson ist ζευκτὸς λαός beizubehalten.

III. (1) Ungeachtet der Entscheidung, ob die von Hesychios gebotene Alternative zugunsten der aktivischen ('Unterjocher des Volkes') oder der passivischen ('unterjochtes Volk') Bedeutung entschieden wird, steht fest, daß das Wort ζευξίλεως Herrschaftsverhältnisse bezeichnet, die aus dem Blickwinkel der Hellenen orientalische oder persische, auf jeden Fall nicht hellenische, sondern barbarische sind (vgl. Pearson z. St.: »the description refers to an oriental despotism, where the subjects were crusted beneath the yoke of slavery«; Pearson zitiert als Belege für orientalischen Despotismus Isoc. 4,151; Pl. Mx. 204 a); das Wort beschreibt damit einen Sachverhalt, der in hellenischen Ohren mit δουλεία äquivalent ist. (2) Der metaphorische Gebrauch von ζυγόν zur Bezeichnung eines Zustandes verminderter persönlicher Freiheit des Menschen ist in der Tragödie ganz geläufig (ζεύγνυμι dagegen wird mehr für die Ehemetapher gebraucht; ζυγόν/ ζεύγνυμι können ebenfalls als Metapher für Not und Elend gebraucht werden: so schon h. Cer. 217; zum metaphorischen Gebrauch von ζυγόν s. LSJ, ζυγόν II): A. Pers. 50. 594 (Groeneboom z. St. verweist auf ζευξίλεως); Th. 75. 471. 793; Ag. 953; S. Aj. 944 (z. vgl. Jebb z. St.); F 591,5 (Verknüpfung der Metaphern: . . . τοὺς δὲ δουλείας ζυγὸν ἔσχεν ἀνάγκας); E. An. 301; Tr. 600. 678. Die Metapher Knechtschaft = Joch ist offenbar für die Bildung (durch Sophokles?) des Wortes ζευξίλεως Pate gestanden. (3) Wenn die von Hesychios formulierte Bedeutungsalternative in der von Ellendt unter Eustathios' Einfluß gewählten Richtung entschieden wird, liegt die Vermutung nahe, daß ζευξίλεως eine in der Tragödie begegnende Herrschergestalt charakterisiert. Läßt man die Möglichkeit eines mythologischen Exempels beiseite, muß man an Kepheus denken, der in der Tragödie als 'Unterjocher des Volkes' bezeichnet war (oder sich selbst bezeichnete). Vielleicht fassen wir in ζευξίλεως also einen Hinweis auf eine dramatische Szene, in welcher Kepheus in eine Auseinandersetzung mit einer anderen dramatis persona verstrickt ist, in welcher er als ein ζευξίλεως tituliert wird (exempli gratia sei erwogen: die von der zerstörerischen Heimsuchung des Ketos betroffenen Landbewohner beschweren sich bei Kepheus, weil er seiner Tochter zuliebe die Verwüstungen des Ketos lieber dulden als durch die Opferung der Tochter das Übel abstellen will?). (4) Abwegig ist auf jeden Fall der Versuch von Petersen, in der auf der Londoner Hydria mit Hosen abgebildeten Person, die sich auf zwei Diener stützt, während andere Diener Pfähle in den Boden rammen, nicht Andromeda, sondern ihren Verlobten Phineus erkennen zu wollen, »who places his arms like a yoke on the necks of his subjects that they may carry or push him forward« (JHS 24 [1904] 110 ~ Att. Trag. 612); denn nach Petersen soll ζευξίλεως »litterally« bzw. »buchstäblich« genau auf diese Darstellung passen. Davon kann im Lichte der Glossierung durch Hesychios nicht die Rede sein, da ζευξίλεως nicht »buchstäblich« aufzufassen ist, sondern nur metaphorisch verstanden werden kann.

F 134

(1) Photios bezeugt für die sophokleische 'Andromeda' das Vorkommen des Wortes οἰήτας, das, außer in zwei Hesychglossen, in griechischer Literatur nicht vorkommt. Übereinstimmend glossieren Hesychios und Photios οἰῆται mit κωμῆται, und Hesychios gibt an, daß das Substantiv οἴη, zu welchem οἰήτης als nomen agentis gebildet ist, bedeutungsgleich mit κώμη sei. οἴη selbst hinwiederum findet sich in klassischer Literatur genauso wenig belegt wie οἰήτης (erstmals auf einer Inschrift von Chios, 4. Jhdt. [Gr. Dialektinschr. 5661. 46]; dann A. R. 2,139; Theognost. can. 64,11 [p. 105 Alpers: aus dem Kyrillglossar: Alpers, Theognostos περὶ ὀρθογραφίας 48ff.]); Frisk 2,359 vermutete jedoch, daß οἴη vielleicht in alten attischen Demennamen wie Οἰνόη als Hinterglied greifbar und damit οἴη als Vokabel auch in klassischer Zeit geläufig gewesen sei. Ob uns mit οἰήτας ein gesuchter sophokleischer Neologismus oder eine eher geläufige Sprechweise vorliegt, läßt sich auf diesem Hintergrund nicht entscheiden; daß dieses Wort Aufnahme in die wichtigsten spätantiken und byzantinischen Lexika fand und in der erhaltenen Literatur nicht begegnet, spricht eher für einen bewußten Rückgriff des Sophokles auf eine (vielleicht archaische, zumindest aber) ungewöhnliche Sprechweise.
(2) Im Handlungszusammenhang einer 'Andromeda'-Tragödie kann (von mythischen Exempla und Metaphern u. dgl. abgesehen) die Erwähnung von Dorfbewohnern in folgendem Zusammenhang erfolgen: 1. die Zerstörung des Landes durch das Ketos provozierte den Zorn der davon betroffenen ländlichen Bevölkerung, die beim Herrscher vorstellig wurden, er solle das Übel abwenden; oder: 2. wie in der euripideischen 'Andromeda' brachten die Bauern der Umgebung dem siegreichen Helden Perseus zum Dank Erquickung und Geschenke (s. z. E. F 146). Welcker, Gr. Trag. 1,351 bezog dieses Fragment mit F 129 und 135 »auf das von den Barbaren gefeierte Hochzeitsfest der Andromeda«.

F 135

I. Im Lexikon des Hesychios gibt es zwei Glossen, die das Wort σάρητον bzw. σαλητόν erklären; da die einzige Hesychhs. (cod. Marc. Gr. 622, XV. Jhdt.) das Wort an beiden Stellen je unterschiedlich bietet, das Wort außer bei Hesychios und Photios nicht belegt ist, ist eine sichere Entscheidung zwischen den Schreibweisen σαλ- oder σάρητον nicht möglich. Die Glossierung des Wortes σαλ-/σάρητον mit σάραπις könnte ein Indiz für die Richtigkeit der Schreibweise σάρητον sein.

II. (1) Die beiden Lexika des Hesychios und des Photios erklären einhellig σάρητον als ein nicht bei den Griechen gebräuchliches Untergewand, das dem griechischen χιτών ähnlich sei. Hesych σ 208 erklärt σάρητον durch den Begriff σάραπις, welchen wiederum Pollux 7,61 (2,69 Bethe) definiert als einen πορφυροῦς μεσόλευκος χιτών, wie auch Hesych σ 110 den σάρητον als μεσόλευκον beschreibt: damit ist σάρητον als ein zweifarbiges Untergewand gekennzeichnet, dessen Grundfarbe rot war, mit weißen Streifen. Ein solches Gewand trägt der xenophontische Kyros, X. Cyr. 8,3,13: προυφαίνετο ὁ Κῦρος ἐφ' ἅρματος ὀρθὴν ἔχων τὴν τιάραν καὶ χιτῶνα πορφυροῦν μεσόλευκον, ἄλλωι δ' οὐκ ἔξεστι μεσόλευκον ἔχειν. (2) Offenbar waren σάρητον/σάραπις Gewänder, die im persischen Hofzeremoniell gebraucht waren (zu vergleichen auch Plu. Alex. 51; Athen. 12,53,537 E: Alexander trägt als persische Herrschertracht einen διά- bzw. μεσόλευκον χιτῶνα); ebenfalls jedoch charakterisiert ein rotes Gewand mit weißen Streifen eine besonders herausragende Stellung des Trägers, ohne daß er persischer Großkönig ist: so trägt Alexander in Lukians 'Alexandros' als eine Verkleidung, die ihn περίβλεπτος τε καὶ λαμπρός erscheinen lassen soll, einen μεσόλευκον χιτῶνα πορφυροῦν (Lucian. Alex. 11), ebenso der Tyrann von Tarsos, der epikureische Philosoph Lysias (Athen. 5, 54,215 C: . . . ἀλλ' ἐξ ἱματίου τύραννος ἦν, πορφυροῦν μὲν μεσόλευκον χιτῶνα ἐνδεδυκώς.). (3) Da σάρητον als eine Form des χιτών definiert ist, haben Furtwängler und Schauenburg (erwähnt bei Radt) sicherlich Unrecht, die Beinkleider, die Andromeda auf den Vasenbildern der Londoner Hydria und des Kraters in Agrigento (S. T II a. und b.: Schauenburg Nrr. 3 und 5) trägt, mit dem Wort σάρητον in Verbindung zu bringen. (4) Kuhnert, Myth. Lex. III (1902-9) 1995 bezog σάρητον ebenfalls auf das Kostüm der Heroine Andromeda, aber in Übereinstimmung mit den Lexika hielt er ihr Kostüm für einen βαρβαρικός χιτών. Petersen, JHS 24 (1904) 109 =

Att. Trag. 612 meinte in σάρητον (wie in αὐτοχειλέσι ληκύθοις, F 130) einen Reflex jener Geschenke zu erkennen, die der Verlobte Andromedas Phineus der zum Tode Bestimmten als bräutliche Gaben (als der 'Hadesbraut') darbrachte. Welcker, Gr. Trag. 1,350 wollte das Fragment auf das Hochzeitsfest Andromedas beziehen (und σάρητον als Festkleid betrachten?). Gänzlich auszuschließen ist keine dieser drei Möglichkeiten (das Geschenk, an welches Petersen dachte, muß ja nicht von Phineus stammen; zur Ablehnung der Rekonstruktion von Petersen s. z. S. T II); auf dem Hintergrund des oben Dargelegten ist es m. E. viel wahrscheinlicher, daß σάρητον das Gewand des Königs Kepheus bezeichnet oder einer anderen geeigneten Person herausragender Stellung.

F 136

I. (1) Theokritos führt im vierten Idyll den Kuhhirten Korydon im Gespräch mit dem Ziegenhirten Battos vor; Korydon hütet die Herde des Aigon, der an den Boxwettkämpfen in Olympia teilnimmt; Battos macht abschätzige Bemerkungen über den Zustand der von Korydon gehüteten Herde; die Erwähnung von Amaryllis weckt in Battos die Trauer über den Tod der von ihm ehemals Geliebten; die Kühe sind indessen in die Olivenschößlinge eingedrungen, woraus Korydon und Battos sie wieder vertreiben; zum Schluß erkundigt sich Battos nach dem Liebesleben des alten Vaters des Aigon und quittiert die Nachricht von dessen ungebrochener sexueller Regsamkeit mit den Worten: εὖ γ' ὤνθρωπε φιλοῖφα. τό τοι γένος ἢ Σατυρίσκοις ' ἔγγυθεν ἢ Πάνεσσι κακοκνάμοισιν ἐρίσδει (Theoc. 4,62f.). (2) Dem Scholiasten sind Πᾶνες in der Mehrzahl auffällig oder zumindest hinweisbedürftig, und er rechtfertigt Theokrits Πᾶνες mit dem Aufweis, daß Pane in der Mehrzahl schon bei Aischylos (im 'Glaukos': F 25b; da handelt es sich aber wohl nur um zwei Pane, s. Radt z. St.) und in der 'Andromeda' des Sophokles zu belegen seien. Aus der attischen Literatur des 4. Jhdts. könnte man diesen Belegen Ar. Ec. 1069 und Pl. Lg. 7,815 c 3 hinzufügen.

II. (1) Πᾶνες im Plural sind dem Scholiasten wohl deshalb hinweisbedürftig, weil Pan seit dem 5. Jhdt. v. Chr. (von Hdt. 2,145 mit Herakles und Dionysos zu den νεώτατοι τῶν θεῶν gerechnet) fest im hellenischen Pantheon als Individualgottheit etabliert war; bedeutsam für diesen Vorgang ist die Tatsache, daß Pan seit der 1. H. d.

5. Jhdts. in Athen am Fuß der Akropolis kultische Verehrung genoß (die 'Kultlegende' bei Hdt. 6,105). Ihren literarischen Niederschlag hat dieser Abschluß der Inthronisation des Individualgottes Pan (neben Erwähnungen bei Pi. P. 3,78; frr. 95-100 Sn.-M.; A. Pers. 448f.) im homerischen Panhymnus gefunden, der eine Individualisierung und Differenzierung dieser Gottheit voraussetzt (s. Cassola, Inni om. 361ff.) (2) Sehr wahrscheinlich ist Πᾶνες aber ursprünglich die Bezeichnung für eine den Silenen und Satyrn verwandte Gattung von dämonischen Naturwesen (Ussher z. Ar. Ec. 1069: »Πᾶνες: generic plural«), aus welcher ein Dämon als Gott Pan ausdifferenziert wurde (so Pearson z. St.; Nilsson, Gr. Religion 236), womit die pluralische Verwendung des Namens das Primäre wäre. Wie die Beispiele zeigen, hat sich Name und Sache der pluralen Πᾶνες aber nie ganz verloren; besonders in der hellenistischen Kunst »boy Pans and even female Pans appear« (Gow z. Theoc. 4,63, unter Hinweis auf Wernicke, Myth. Lex. III [1897-1902] 1436-9). (3) Aus dem Theokritscholion hatte Casaubonus, Satyrica Graec. poesis 138 den Schluß gezogen, »satyricam fuisse hanc fabulam«; Ribbeck, Röm. Trag. 163 A. 169 hat sich der Ansicht von Casaubonus angeschlossen, während Welcker, Gr. Trag. 1,350; Fedde, Pers. Andr. 8; Robert, Arch. Ztg. 36 (1878) 17 A. 17; Wernicke, RE I (1894) 2155; Kuhnert, Myth. Lex. III (1902-9) 1996 diese Auffassung zurückgewiesen haben. In der Tat gibt es keinen sachlichen, stilistischen, metrischen Hinweis darauf, daß Sophokles' 'Andromeda' ein Satyrspiel gewesen sein könnte, ganz zu schweigen von der unhaltbaren Herleitung der Satyrspielannahme von der Erwähnung von Πᾶνες. (Rispoli, RAAN 47 [1972] 207 vertrat erneut die Auffassung, daß die sophokleische 'Andromeda' ein Satyrspiel gewesen sei, rechtfertigte diese Annahme ebenfalls mit dem Theokritscholion, meinte aber, daß im Text des Scholions »all' Andromeda spettano i Satiri e i Sileni«: es ist zuzugeben, daß der Text des Scholions korrupt ist; die Deutung von Rispoli macht der Text dennoch nicht möglich.)

Appendix: P. Oxy. 213 (Pack2 1700)

(1) B. Grenfell und A. Hunt edierten im zweiten Band der Oxyrhynchus Papyri 1899 als »tragic fragment« zwei Papyrusbruchstücke, die mit den Resten von 12 bzw. 10 tragischen Trimetern beschrieben sind. Grenfell-Hunt deuteten diese Fetzen als Relikte einer 'Niobe'-Tragödie: Niobes Vater Tantalos klage über die Versteinerung seiner Tochter

und den Verlust seines Königreiches. Ausschlaggebend für diese Deutung sind fr. 1 col. I 3f.:

]θουργὲς εἰκόνισμα †ειδητερα
]αι κωφαῖσιν εἴκελον πέτραις

(2) Carden, Pap. Fragm. 236ff. (s. dort für die relevante Literatur) hat den Bezug auf ein 'Niobe'-Drama bestritten und geltend gemacht, daß ebenfalls die petrifizierende Macht der Medusa in diesen Versen thematisiert sein und somit die Papyrusstücke aus einem den Perseusmythos behandelnden Drama stammen könnten. Insbesondere brachte er die Verse mit E. F 125 (ἔα, τίν' ὄχθον τόνδ' ὁρῶι περίρρυτον ' ἀφρῶι θαλάσσης, παρθένου τ' εἰκώ τίνα ...) in Verbindung: »P(erseus) catches sight of Andromeda, and at first takes her for an εἰκόνισμα, which he surmises to be, or compares with, the work of Medusa« (aaO. 240). Von den in Frage kommenden 'Andromeda'-Tragödien betrachtete er Sophokles' Tragödie als »a candidate for this piece«. (3) Ungeachtet der weiteren Implikationen von Cardens Vermutung sei hier nur darauf hingewiesen, daß ein Bezug dieser Papyrusfetzen auf Sophokles' 'Andromeda' wenig wahrscheinlich ist: a. das Bild vom statuengleichen Aussehen Andromedas ist bei Euripides abhängig vom Ort der Aussetzung Andromedas, dem Felsen nämlich; dieser Felsen fehlt jedoch bei Sophokles. weil Andromeda bei diesem an Pfähle gefesselt war. Es fällt überhaupt schwer, bei einem εἰκόνισμα ... κωφαῖσιν εἴκελον πέτραις an eine Statue von menschlicher Größe zu denken, da ja nur eine solche für eine Verwechslung mit lebendigen Menschen in Frage kommt; b. für Euripides ist es sicher, daß Perseus erst dann die Bühne betrat, als Andromeda schon gefesselt war; für Sophokles kann dies nicht einfach vorausgesetzt werden; c. daß Aristophanes gerade die Ankunftsszene des euripideischen Perseus parodierte, könnte ein Hinweis auf ihre typisch euripideische Gestaltung sein: damit wäre ein sophokleisches Vorbild für eine fälschliche Identifizierung der Andromeda als Marmorbild nur schwer in Einklang zu bringen. - Der P. Oxy. 213 ist deshalb (unabhängig von der Entscheidung, ob er überhaupt mit Sophokles, oder mit einer 'Niobe'-Tragödie in Verbindung zu bringen ist) nicht unter die Fragmente der sophokleischen 'Andromeda' zu zählen.

Zweiter Teil: Die 'Andromeda' des Euripides

A. Testimonien und Fragmente

Einführung

(1)
Die Handlung der 'Andromeda' des Euripides ist aus sekundären Zeugnissen (s. E. T III) und den Bruchstücken und deren Bezeugung zu rekonstruieren. Die wichtigste Quelle sowohl für Nachrichten wie auch für Bruchstücke stellen die im Jahre 411 v. Chr. aufgeführten 'Thesmophoriazusai' des Aristophanes dar: diese Komödie ist planvoll und konsequent auf die Parodie der im Jahr zuvor von Euripides am gleichen Fest und am gleichen Ort zur Aufführung gebrachten Tragödien 'Helena' und 'Andromeda' hin angelegt. Damit bieten die 'Thesmophoriazusai' 1. das früheste Zeugnis der beachtlichen Wirkung der Uraufführung der 'Andromeda' an den Dionysien des Jahres 412 v. Chr. (s. E. T II); 2. enthält die Parodie der 'Andromeda' in den 'Thesmophoriazusai' zahlreiche wörtliche Zitate, die die gelehrten Scholien zum Text im Einzelnen ausweisen (F 114-139); 3. erlaubt uns die Anlage der Parodie sowohl Rückschlüsse auf die stoffliche Grundlage der Handlung als auch auf die Handlung selbst der 'Andromeda' und macht so die Rekonstruktion eines Teils der verlorenen Tragödie möglich (s. u. 2. a.; zu den 'Thesmophoriazusai' im Ganzen s. z. E. F 114. 115. 117 usw.). - Für die stoffliche Voraussetzung der Tragödie ist das Zeugnis des eratosthenischen Sternbuches (E. T III, s. u. 2. b.) von Bedeutung, während wir die größte Zahl von wörtlichen Zitaten dem Gnomologium des Johannes Stobaios verdanken (F 130-154), die ihres allgemeinen gnomologischen Charakters wegen in aller Regel nur schwer in den Gang der Handlung der Tragödie eingeordnet werden können (s. u. 2. d.).

(2)
a. Die Andromedaparodie in den aristophanischen 'Thesmophoriazusai' läßt sich in drei Teile gliedern: a. in die Arie des Verwandten als Andromeda (Vv. 1016-55); b. die Echoszene (Vv. 1056-97); c. den Auftritt des Perseus (Vv. 1098-1135). Die Scholien im Codex Ravennas bezeugen uns, daß Verse in der Echoszene den Anfang der Tragödie bildeten: die an den Felsen gefesselte Andromeda invozierte in

Anapästen die Nacht, nannte ihren Namen und ihr Schicksal (F 114. 115) und gab ihrer Verlassenheit beredten Ausdruck, die Euripides durch das Echo, welches Andromedas Klagen widerhallen ließ, wirksam unterstrich. Die Verse, mit denen Andromeda das Auftreten des Chores begleitete bzw. unter welchen der Chor einzog, hatte Aristophanes in der Soloarie des Verwandten als Andromeda verarbeitet; mit F 116 betrat wohl der Chor die Orchestra, Andromeda begrüßte freudig die ihr vertrauten jungen Frauen des Chores (F 117) und forderte das Echo auf, nun still zu sein (F 118), um mit den Frauen zusammen klagen zu können: die Parodos des Chores war somit als Amoibaion zwischen Andromeda und dem einziehenden Chor gestaltet (F 119-122). - Die Auftrittsverse des Perseus in der 'Andromeda' hat Aristophanes dazu verwendet, um in den 'Thesmophoriazusai' die dramatis persona Euripides als Retter des Verwandten auftreten zu lassen; Perseus kam auf dem Weg von der Tötung der Gorgo Medusa zurück nach Argos am Felsgestade vorbei, an welchem Andromeda angefesselt ihres Todes harrte (F 124); er erkennt anfangs die gefesselte Frau nicht, hält sie für eine Statue (F 125), realisiert dann ihre lebendige Menschlichkeit, verliebt sich und will die Ausgesetzte retten (F 126-128).

b. Die vom Sternbuch des Eratosthenes von Kyrene abhängigen Texte bezeugen für die 'Andromeda' des Euripides, daß der Vater Andromedas, Kepheus, seine Tochter einem Seeungeheuer zum Fraß aussetzte; Perseus errettete Andromeda, indem er das Ketos tötete; die gerettete Andromeda zog es vor, statt bei den Eltern zu bleiben mit Perseus nach Argos zu gehen; Athene veranlaßte die Verstirnung von Kepheus und Andromeda.

Über das von Aristophanes Bezeugte hinaus sichert uns Eratosthenes 1. das Vorkommen der Person des Kepheus im 'Andromeda'-Drama des Euripides; 2. Schauplatz der Tragödienhandlung ist ein Felsgestade in Aithiopien am Atlantik (vgl. E. F 145); 3. Andromeda ist mit ausgebreiteten Armen an den Felsen gefesselt; 4. die Tötung des Ketos war ein Bestandteil der Handlung der 'Andromeda'; 5. offenbar waren Andromedas Eltern nicht mit der von der Tochter mit Perseus getroffenen Vereinbarung einverstanden, daß Andromeda mit Perseus als Lohn für die Rettung als Gattin nach Argos gehen wollte; 6. das Zerwürfnis zwischen Andromeda/Perseus und Andromedas Eltern scheint von Athene als dea ex machina durch Ankündigung der Wiedervereinigung der Kepheusfamilie am Himmel geschlichtet worden zu sein. Trifft es zu, daß in Euripides' 'Andromeda' die Eltern Andromedas Eheversprechen ablehnten, ist das Auftreten einer zusätzlichen, die geplante Ehe zwischen Andromeda und Perseus störenden Person, nämlich des von vielen Gelehrten aus Ovid und Apollodor (s. o. Einl. IV) supplierten Phineus, unwahrscheinlich.

c. In das durch Aristophanes und Eratosthenes bezeugte Handlungsgerüst der 'Andromeda' des Euripides lassen sich einige (der nicht von den 'Thesmophoriazusai' des Aristophanes überlieferten) Fragmente einfügen: 1. Perseus fragt Andromeda: 'Junge Frau, wirst du mir Dank wissen, wenn ich dich rette?'. Andromeda antwortet: 'Nimm mich, Fremder, sei es, daß du mich als Dienstmagd willst, als eheliche Bettgenossin, oder als Sklavin' (E. F 129 und 132): dieser Dialog gehört in den Kontext des Gesprächs zwischen den beiden Protagonisten des Dramas nach dem Auftritt des Perseus; 2. die Tötung des Ketos erfolgt aus dem Motiv der Rettung der Geliebten; dies legt es nahe, das Gebet des Perseus an Eros, ihm gefälligst hilfreich beizustehen (E. F 136), unmittelbar vor den Abgang des Perseus zur Tötung des Ketos zu plazieren; 3. aus dem Botenbericht von der Tötung des Ketos stammt das F 145: 'Ich sah das Seeungeheuer herbeieilen aus der atlantischen Salzflut, um die junge Frau zu verschlingen'; 4. wohl auf die Situation unmittelbar nach Beendigung des Kampfes bezieht sich F 146: 'Ein jeder aus dem Hirtenvolk war unterwegs: der eine bringt einen hölzernen Becher voll mit Milch als Erfrischung für die Strapazen, ein anderer des Weinstocks funkelndes Naß'; mit den erwähnten Strapazen sind sehr wahrscheinlich Perseus' Anstrengungen, das Ketos zu überwinden, gemeint.

d. Die von Stobaios überlieferten Bruchstücke der 'Andromeda' des Euripides scheinen a. Perseus' Entscheidung zur Rettung Andromedas und ihre Begründung zu betreffen und b. die Auseinandersetzung um die von Perseus angestrebte, von den Eltern abgelehnte Ehe. So stammen vermutlich die von Stobaios überlieferten Zitate aus dem Teil der verlorenen Tragödie, den Aristophanes nicht parodiert hat.
1. In die Szene, in welcher Perseus Andromeda sein Rettungsangebot unterbreitet, gehören vermutlich F 130 (Ablehnung von Hybris gegenüber Leuten, denen es schlecht geht) und F 131 (Ablehnung unbegründeter Hoffnung). 2. Zwei Fragmente reden von πόνοι (F 133 und 134): entweder gehören sie zur Selbstvorstellung des Perseus bei der Unterbreitung des Rettungsangebots, oder in den Zusammenhang der Verteidigung seines Anspruchs auf die Ehe mit Andromeda ge-

genüber deren Eltern. 3. Den hohen Wert einer standesgemäßen ehelichen Verbindung thematisieren F 137 und 138, F 141 und 142 argumentieren gegen nicht echtbürtige Herkunft und Armut: mit großer Wahrscheinlichkeit gehören diese Äusserungen in den Kontext der Auseinandersetzung um die angestrebte Ehe. 4. F 151, welches auf die jeder Verfehlung folgende Vergeltung hinweist, ist gut als wütende Reaktion des Perseus auf das Eheverbot anzusprechen. 5. Mehrere Fragmente schließlich, die den raschen Wechsel des Schicksals zum Inhalt haben, entziehen sich einer sicheren Einordnung, unterstreichen aber das tragische Hauptmotiv der Tragödienhandlung: die mehrfache Peripetie, das wiederholte Umschlagen von Verzweiflung in Hoffnung, von Hoffnung in Verzweiflung, von Verzweiflung zur endgültigen Rettung.

(3)
Die vermutliche Rekonstruktion der Handlung ergibt, daß eine gewisse Koinzidenz besteht zwischen dem Alter des Überlieferungsträgers und der sicheren oder wahrscheinlichen Stellung eines Bruchstücks im verlorenen Stück: die von Aristophanes, dem ältesten Zeugen, gebotenen Zitate stammen aus dem ersten Teil des Dramas bis zur Rettung Andromedas, die von Stobaios überlieferten Bruchstücke setzen wohl erst bei der Entscheidung zur Rettung Andromedas ein und stammen überwiegend aus dem Teil der Tragödie nach der Tötung des Ketos. - In vorliegender Arbeit wird versucht dieser Beobachtung dadurch Rechnung zu tragen daß die Fragmente in einer z. T. von der von Nauck[2] hergestellten Abfolge abweichenden, überwiegend chronologischen Folge nach dem Alter der Überlieferungsträger dargeboten werden. Dieses Verfahren bringt zwar den Nachteil des Verlusts der herkömmlichen Reihenfolge mit sich, hat aber den Vorteil, daß schon in der Präsentation der Fragmente so etwas wie die Geschichte des allmählichen Verlustes der Tragödie sichtbar wird, als Prozeß der zunehmenden Verwertung des Textcorpus der Tragödie als Zitatenreservoir statt Benutzung des Textes um seiner selbst willen.

(4)
Der Versuch der Rekonstruktion der Handlung der 'Andromeda' kann ergänzt werden durch eine Skizzierung der szenischen Realisierung des Textes, die ebenfalls aus der Andromedaparodie und einigen Fragmenten gewonnen werden kann: 1. Das Bühnenbild stellte wohl eine Felsenlandschaft dar mit dem Felsen, an welchem Andromeda

schon zu Beginn der Aufführung gefesselt stand, und dem Eingang zu einer Höhle im Hintergrund an der Stelle der Zentraltür des Skenegebäudes, aus welcher vielleicht das Echo agierte (F 118. 125). 2. Perseus schwebte vermittels des Bühnenkrans auf die Bühne (Ar. Thesm. 1015; s. z. E. F 124). 3. An Requisiten sind zu belegen für Perseus die Kibisis in welcher er das Gorgonenhaupt transportierte (F 124), und die Flügelschuhe, mit deren Hilfe er sich durch die Luft bewegt; für Andromeda sind als Requisit die Fesseln, mit welchen sie an den Felsen gebunden ist, zu erschließen.

(5)
Das dramaturgisch Neue der 'Andromeda' des Euripides ist - auf dem Hintergrund dessen, was für die 'Andromeda' des Sophokles festgestellt werden konnte (s. o., Einführung z. Soph.) - sicher die Idee, die Tragödienhandlung zu dem Zeitpunkt beginnen zu lassen, wo Andromeda schon dem Ketos ausgesetzt ist: für Andromeda kann es schlimmer nicht mehr kommen, in eindrucksvollen Klagen, die Euripides durch die Invokation der Nacht, das Echo, das Klageamoibaion statt der Parodos wirksam unterstreicht, macht sie ihrer Verzweiflung Luft. In diesem Moment erscheint der nie erhoffte Retter, den Euripides göttergleich vermittels des Krans einschweben läßt: einen überraschenderen Auftritt konnte man sich sicherlich nicht ausdenken. Dieser späte Einsatz der Dramenhandlung hat aber auch zur Konsequenz, daß die Rettung nicht das Ende der Tragödie sein kann; folgerichtig läßt Euripides die Handlung, wie schon im 'Herakles', erneut umschlagen: das Drama der Rettung Andromedas beginnt erst, indem sich der Held die Hand Andromedas nicht nur durch sein Schwert, sondern noch einmal mit Argumenten erstreiten muß. Es darf vermutet werden, daß Euripides die Diskussion zwischen den heiratswilligen Kindern und den eheunwilligen Eltern einen, weil ins Grundsätzliche ausholenden (wohl die Aussetzung Andromedas an das Ketos thematisierend), so hohen Grad von Bitterkeit auf beiden Seiten erzeugenden Verlauf nehmen ließ, daß eine menschliche Verständigung nicht mehr möglich und deshalb das Eingreifen der Göttin Athena als dea ex machina nötig war.

T I

IG XIV 1152,8: Ἀνδρομέδα.

T II

a. Ar. Av. 347/8 (actae Dion. a. 414 a. Chr. n.): Χορ.: ... ὡς δεῖ τῶδ' οἰμώζειν ἄμφω ' καὶ δοῦναι ῥύγχει φορβάν. | Σ VGΓ³ P Ar. Av. 348: καὶ δοῦναι ῥύγχει φορβάν· παρὰ τὸ Εὐριπίδου ἐξ Ἀνδρομέδας »ἐκθεῖναι κήτει φορβάν« (F 121), ὡς Ἀσκληπιάδης φησί, τὰ ἐκ τῆς μηδέπω διδαχθείσης τραγῳδίας παρατιθέμενος (vide etiam ad F 121).

b. 1. Ar. Thesm. 1010–3 (actae a. 411 a. Chr. n.): Κηδ.: ... ἀλλά μοι ' σημεῖον ὑπεδήλωσε Περσεὺς ἐκδραμών, ' ὅτι δεῖ με γίγνεσθ' Ἀνδρομέδαν. Πάντως δέ μοι ' τὰ δέσμ' ὑπάρχει. | Σ R Ar. Thesm. 1012: πιθανῶς· συν⟨δε⟩δίδακται γὰρ τῆι Ἑλένηι. | Cf. Ar. Thesm. 850: Κηδ.: ... τὴν καινὴν Ἑλένην μιμήσομαι. Σ ad locum: ὑπόγυον δεδιδαγμένην.
2. Ar. Thesm. 1059–61: Εὐρ.: Ἠχὼ λόγων ἀντωιδὸς ἐπικοκκάστρια, ' ἥπερ πέρυσιν ἐν τῶιδε ταὐτῶι χωρίωι, Εὐριπίδηι καὐτὴ ξυνηγωνιζόμην. | Σ R Ar. Thesm. 1060: ἐπεὶ πέρυσιν ἐδιδάχθη ⟨ἡ⟩ Ἀνδρομέδα.

c. Ar. Ra. 52–67 (actae Len. a. 405 a. Chr. n.): Διόν.: καὶ δῆτ' ἐπὶ τῆς νεὼς ἀναγιγνώσκοντι μοι ' τὴν Ἀνδρομέδαν πρός ἐμαυτὸν ἐξαίφνης πόθος ' τὴν καρδίαν ἐπάταξε ... ' Εὐριπίδου. | Σ RV Ar. Ra. 53: τὴν Ἀνδρομέδαν· τῶν καλλίστων Εὐριπίδου δρᾶμα ἡ Ἀνδρομέδα (τῶν – Ἀνδρ. om. R). διὰ τί δὲ μὴ ἄλλο τι τῶν πρὸ ὀλίγου διδαχθέντων καὶ καλῶν, Ὑψιπύλην, Φοινίσσας, Ἀντιόπην; ἡ δὲ Ἀνδρομέδα ὀγδόωι ἔτει προῆκται (προσῆκται V, προσῆλθεν R, προεισῆκται et προεισῆλθεν Dindorf: Fritzsche). ἀλλ' οὐ συκοφαντητέα (συκοφαντεῖται R: V) ἦν (δὴν R: V) τὰ τοιαῦτα.

T III

a. 1. Σ S Arat. 171 (164,5 Martin): οὗτος (sc. ὁ Κηφεὺς) ἐστὶν ἐν τῆι τάξει τέταρτος ... ἦν δὲ ὡς Εὐριπίδης φησὶν Αἰθιόπων βασιλεύς, Ἀνδρομέδου δὲ πατήρ. τὴν δὲ ἑαυτοῦ θυγατέρα τῶι κήτει δοκεῖ προθεῖναι. δι' ἣν Περσεὺς ὁ Διὸς γεγονώς ...

2. Σ S Arat. 198 (178,9 Martin): Ἀνδρομέδης: αὕτη κεῖται διὰ τὴν ⟨Ἀθηνᾶν⟩ ἐν τοῖς ἄστροις τὸ Περσέως ἄθλοις ὑπόμνημα. διατεταμένας δὲ ἔχει τὰς χεῖρας, ὡς καὶ προετέθη τῶι κήτει ἀνθ' ὧν ἐσώθη ὑπὸ Περσέως ... φησὶ δὲ καὶ Εὐριπίδης ἐν τῶι αὐτῶι δράματι.

b. 1. i. Hyg. astr. 2,9 (37 Le Boeuffle): Cepheus. Hunc Euripides cum ceteris Phoenicis filium, Aethiopum regem esse demonstravit, Andromedae patrem, quam ceto propositam notissimae historiae dixerunt. Hanc autem Perseum a periculo (periculis EAP) liberatam uxorem duxisse. Itaque ut totum genus eorum perpetuo maneret, ipsum quoque Cephea inter sidera superiores numerasse.

ii. Hyg. astr. 2,11 (38 Le Boeuffle): Andromeda. Haec dicitur Minervae beneficio inter astra conlocata, propter Persei virtutem, quod eam a ceto propositam periculo liberarat. Nec enim ab ea minorem animi benevolentiam pro beneficio accepit. Nam neque pater Cepheus neque Cassiepia mater ab ea potuerunt impetrare quin parentes ac patriam relinquens Persea sequeretur. Sed de hac Euripides hoc eodem nomine fabulam commodissime scribit.

iii. Hyg. astr. 2,10 = S. T I b. 1.

2. i. Σ AP German. Arat. p. 77,4 Breysig: Iasides etiam] Hic in ordine quarto loco situs ... ut Euripides dicit, hic Aethiopum rex pater Andromedae, cuius filia obiecta ceto a Perseo servata eiusque causa et ipse pater sit astris inlatus beneficio Minervae.

ii. Σ AP German. Arat. p. 78,8 Breysig: Nec procul Andromedae] Haec quoque in sideribus recepta dicitur beneficio Minervae, ut labor Persei aeternus pareret, manibus eius passis quem ad modum ceto fuit proposita. quae cum a Perseo esset liberata neque patri neque matri voluit commorari, sed continuo cum Perseo Argis est profecta. ita autem Euripides profert.

c. 1. Eratosth. Cat. 15 (19,12 Olivieri = 214 b 1 Maass): Κηφέως· οὗτος ἐν τάξει τέτακται τέταρτος ... ἦν δέ, ὡς Εὐριπίδης φησίν, Αἰθιόπων βασιλεύς, Ἀνδρομέδας δὲ πατήρ, τὴν δὲ αὐτοῦ θυγατέρα δοκεῖ παραθεῖναι (προθεῖναι proposuit Nauck) τῶι κήτει βοράν, ἣν Περσεὺς ὁ Διὸς διέσωσε, δι' ἣν καὶ αὐτὸς ἐν τοῖς ἄστροις ἐτέθη Ἀθηνᾶς γνωμῆι.

2. Eratosth. Cat. 17 (21,2 Olivieri = 216 b 20 Maass): Ἀνδρομέδας· αὕτη κεῖται ἐν τοῖς ἄστροις διὰ τὴν Ἀθηνᾶν, τῶν Περσέως ἄθλων ὑπόμνημα, διατεταμένη τὰς χεῖρας, ὡς καὶ προετέθη

(προσετέθη codd.: corr. Kopp) τῶι κήτει (διατεταμένη - κήτει plur. codd.: δεδεμένην γὰρ οὖσαν καὶ προδιδομένην τῶι κήτει ὁ Περσεὺς ἐλθὼν ἐρρύσατο S). ἀνθ' ὧν σωθεῖσα ὑπὸ Περσέως οὐχ εἵλετο τῶι πατρὶ συμμένειν οὐδὲ τῆι μητρί, ἀλλ' αὐθαίρετος εἰς τὸ Ἄργος ἀπῆλθε μετ' ἐκείνου, εὐγενές τι φρονήσασα. λέγει δὲ καὶ Εὐριπίδης σαφῶς ἐν τῶι περὶ αὐτῆς γεγραμμένωι δράματι (δράμματι codd.: corr. Fell).

d. 1. i. Σ BP Arat. lat. p. 214 a 1 Maass: Fuit ergo, sicut Euripedes ait, Aethiopum rex, Andromedae autem pater, qui filiam suam ad caetum dicitur adposuisse, quam Perseus divus salvavit. per quem et ipse inter astra factus est Athineorum scientia. | Σ GG^aG^b German. Arat. p. 137,21 Breysig (= 214 Maass): Cepheus ... hic est in ordine quartus ... fuit ergo, sicut Euripides ait, Aethiopum rex, Andromedae pater, qui filiam suam ad cetum dicitur adposuisse, quam Perseus salvavit. per quem et ipse inter astra conlocatus est.

ii. Σ BP Arat. lat. p. 216 a 20 Maass: Haec autem inter astra ponitur propter inmortalem Persei certaminis memoriam. extensas quidem habet manus, qualiter et ipsa adposita est caeto, pro eo quod salvata a Perseo noluit patri commanere neque matri, sed spontanea voluntate in templum abiit cum illo, nobiliter agens. dicit quidem et Euripedes veraciter in quo de ea conscriptum est textum. | Σ GG^aG^b German. Arat. p. 139,23 Breysig (= 216 Maass): Andromedam namque Euripides dicit inter astra conlocatam esse propter aeternam Persei certaminis memoriam. quae cetui adposita et a Perseo salvata contempsit habitare cum parentibus, sed sponte cum eo in templum abiit.

2. i. Σ SV German. Arat. p. 137,10 Breysig: Iasides etiam] Cepheus in ordine quarto loco situs ... fuit ergo, sicut Euripides dicit, Aethiopum rex, Andromedae pater, qui filiam suam ad cetum dicitur adposuisse. quam Perseus salvavit. eiusque causa et ipse pater beneficio Minervae est astris inlatus.

ii. Σ SV German. Arat. p. 139,11 Breysig: Nec procul Andromede] Andromeda filia fuit Cephei et Cassiepiae, quae adamata est a Cupidine, et datum est responsum, ut traderetur cetui ad devorandum. quae suspensa inter duos montes et exposita cetui cum omnibus ornamentis. a Perseo autem liberata est ob id Perseo addicta beneficioque Minervae sideribus recepta est. Euripides namque dicit inter astra collocatam esse, ut labor Persei aeternus pareret manibusque eius expansis, quemadmodum cetui opposita est. quae cum a Perseo esset liberata, neque patri neque matri voluit commorari, sed continuo cum Perseo est Argis profecta.

T IV

a. Athen. 12,537 D: Νικοβούλη δέ φησιν (FGrHist 127 F 2 [2,667 Jacoby]) ὅτι παρὰ τὸ δεῖπνον πάντες οἱ ἀγωνισταὶ ἐσπούδαζον τέρπειν τὸν βασιλέα (sc. τὸν Ἀλέξανδρον) καὶ ὅτι ἐν τῶι τελευταίωι δείπνωι αὐτὸς ὁ Ἀλέξανδρος ἐπεισόδιόν τι μνημονεύσας (ἀπομνημονεύσας Kaibel) ἐν τῆς Εὐριπίδου Ἀνδρομέδας ἠγωνίσατο καὶ τὸν ἄκρατον προθύμως προπίνων καὶ τοὺς ἄλλους ἠνάγκαζεν.

b. 1. Lucian. Hist. conscr. 1 (3,287,1 Macleod): Ἀβδηρίταις φασὶ Λυσιμάχου ἤδη βασιλεύοντος ἐμπεσεῖν τι νόσημα ... τοιοῦτο· ... ἐς γελοῖον δέ τι πάθος περιίστη τὰς γνώμας αὐτῶν· ἅπαντες γὰρ ἐς τραγωιδίαν παρεκίνουν καὶ ἰαμβεῖα ἐφθέγγοντο καὶ μέγα ἐβόων· μάλιστα δὲ τὴν Εὐριπίδου Ἀνδρομέδαν ἐμονώιδουν καὶ τὴν τοῦ Περσέως ῥῆσιν ἐν μέλει διεξήιεσαν. καὶ μέστη ἦν ἡ πόλις ὠχρῶν ἁπάντων καὶ λεπτῶν τῶν ἑβδομαίων ἐκείνων τραγωιδῶν, »συ δ' ὦ θεῶν τύραννε κἀνθρώπων Ἔρως« (F 136,1), καὶ τὰ ἄλλα μεγάληι τῆι φωνῆι ἀναβοώντων καὶ τοῦτο ἐπὶ πολύ, ἄχρι δὴ χειμὼν καὶ κρύος δὲ μέγα γενόμενον ἔπαυσε ληρῶντας αὐτούς. αἰτίαν δέ μοι δοκεῖ τοῦ τοιούτου παρασχεῖν Ἀρχέλαος ὁ τραγωιδός, εὐδοκίμων τότε (cf. Ghiron-Bistagne 163. 315), μέσουντος θέρους ἐν πολλῶι τῶι φλογμῶι τραγωιδήσας αὐτοῖς τὴν Ἀνδρομέδαν (v. TrGF I 18), ὡς πυρέξαι τε ἀπὸ τοῦ θεάτρου τοὺς πολλοὺς καὶ ἀναστάντας ὕστερον ἐς τὴν τραγωιδίαν παρολισθαίνειν, ἐπὶ πολὺ ἐμφιλοχωρούσης τῆς Ἀνδρομέδας τῆι μνήμηι αὐτῶν καὶ τοῦ Περσέως ἔτι σὺν τῆι Μεδούσηι τὴν ἑκάστου γνώμην περιπετομένου.

2. Eunapius fr. 54, Hist. Gr. min. 1,246,26 Dindorf = fr. 52, Excerpta hist. Porphyr. IV 87,21 Boissevain = fr. 48 Blockley, The Fragmentary Classicising Historians of the Later Roman Empire 2,72. 74: τοιοῦτον δέ τι ἱστόρηται γενέσθαι κατὰ τὴν Νέρωνος βασιλείαν, ἀλλὰ περὶ μίαν πόλιν. φάσι γὰρ τραγωιδόν τινα ... πλανᾶσθαι, ... καὶ τὸ τῆς φωνῆς πλεονέκτημα πρὸς ἀνθρώπους ἡμιβαρβάρους ἐπιδεικνύναι, καὶ παρελθεῖν εἰς τοιαύτην

(Ταρσόν Niebuhr, Ἱσπαλίν Bernays, Τάπην Meineke) μεγάλην πόλιν καὶ πολυάνθρωπον, συναγεῖραί τε αὐτοὺς ἐς θέατρον. καὶ συνελθόντων τὴν μὲν πρώτην ἡμέραν σφαλῆναι τῆς ἐπιδείξεως. οὐδὲ γὰρ τὴν ὄψιν ὑπομείναντας τοὺς θεατάς ... τὸ μὲν πρῶτον ἐπιεικῶς καὶ μετρίως τῆς φωνῆς αὐτοὺς διέγευσε καὶ τοῦ μέλους - Εὐριπίδου δὲ τὴν Ἀνδρομέδαν ὑπεκρίνετο -, προιὼν δὲ σφοδρότερόν τε ἤχησε καὶ ὑφῆκεν αὖθις, εἶτα ἐπήγαγεν ἁρμονίαν σύντονον, ἐπὶ ταύτηι δὲ πάλιν ἐς τὴν γλυκεῖαν περιήνεγκεν. ὥρα ἦν θέρους, ὅτι περ ἀκμαιότατον καὶ τὸ θέατρον κατείχετο (κατεποίγετο cod.: Dindorf). καὶ ὁ τραγωιδὸς ἀναπαυσαμένους ἠξίου σφᾶς φοιτᾶν ἐπὶ τὴν ἀκρόασιν περὶ λήγουσαν καὶ ἀποψύχουσαν ἡμέραν· οἱ δὲ πρὸ ποδῶν πέσοντες καὶ καλινδούμενοι πάσας ἠφίεσαν φωνὰς μήποτε αὐτοὺς ἀποστερῆσαι τοιαύτης μακαριότητος καὶ ἡδονῆς ... μετὰ δὲ τὴν ἑβδόμην τῆς ἐπιδείξεως ἡμέραν νόσημα κατέσκηψεν ἐς τὴν πόλιν, καὶ πάντες οὐ τὰς λέξεις σαφῶς, ἀλλὰ τὸ μέλος, ὡς ἕκαστος εἶχε δυνάμεως καὶ φύσεως, ἐκβοῶντες, καὶ διαρροίας ἀκρατοὺς ἅμα ἐπιπιπτούσης ἐν τοῖς στενωποῖς παρεθέντες ἔκειντο, κακῶς ὑπὸ τῆς Ἀνδρομέδας ἐπιτριβόμενοι, καὶ ἐχηρώθη ἀνδρῶν τε καὶ γυναικῶν ἡ πόλις, ὥστε ἐκ τῶν προσοίκων ἐποικισθῆναι. ἀλλ' ἐπ' ἐκείνων μὲν εὐφωνίαν τε ἦν αἰτιάσασθαι καὶ ἀέρος ὑπερβάλλουσαν θερμότητα ...

T V

a. Das Bild des attischen Kalyxkrater, welches Andromeda am Felsen darstellt, ist mit großer Wahrscheinlichkeit unter dem Eindruck oder als Reaktion auf die Aufführung der 'Andromeda' des Euripides entstanden; die Darstellung der Andromedasage ist durch Namensbeischriften gesichert; der Krater soll um 400 v. Chr. bemalt worden sein; gefunden in Capua, heute in Berlin: 'Berliner Andromedakrater' (Berlin Nr. 3237; Schauenburg Nr. 8; Trendall-Webster, Illustrations III. 3. 10).

b. Lukianos, Philostratos und Achilleus Tatios beschreiben Andromedagemälde, die möglicherweise in Anlehnung an die Tragödie des Euripides gemalt oder beschrieben sind.

i. Lucian. Dom. 22 (1,66 Macleod): ἐν δεξιᾶι μὲν οὖν εἰσιόντι Ἀργολικῶι μύθωι ἀναμέμικται πάθος Αἰθιοπικόν. ὁ Περσεὺς τὸ κῆτος φονεύει καὶ τὴν Ἀνδρομέδαν καθαιρεῖ, καὶ μετὰ μικρὸν γαμήσει καὶ ἄπεισιν αὐτὴν ἄγων· πάρεργον τοῦτο τῆς ἐπὶ Γοργόνας πτήσεως. ἐν βραχεῖ δὲ πολλὰ ὁ τεχνίτης ἐμιμήσατο, αἰδῶ παρθένου καὶ φόβον - ἐπισκοπεῖ γὰρ μάχην ἄνωθεν ἐκ τῆς πέτρας - καὶ νεανίου τόλμαν ἐρωτικὴν καὶ θηρίου ὄψιν ἀπρόσμαχον. καὶ τὸ μὲν ἔπεισι πεφρικός ταῖς ἀκάνθαις καὶ δεδιττόμενον τῶι χάσματι, ὁ Περσεὺς δὲ τῆι λαιᾶι μὲν προσδείκνυσι τὴν Γοργόνα, τῆι δεξιᾶι δὲ καθικνεῖται τῶι ξίφει· καὶ τὸ μὲν ὅσον τοῦ κήτους εἶδε τὴν Μέδουσαν, ἤδη λίθος ἐστίν, τὸ δ' ὅσον ἔμψυχον μένει, τῆι ἅρπηι κόπτεται. (23) ἑξῆς δὲ μετὰ τήνδε τὴν εἰκόνα ἕτερον δρᾶμα γέγραπται δικαιότατον ...

ii. Ach. Tat. 3,7: ὀρώρυκται μὲν οὖν εἰς τὸ μέτρον τῆς κόρης ἡ πέτρα. θέλει δὲ τὸ ὄρυγμα λέγειν ὅτι μή τις αὐτὸ πεποίηκε χείρ, ἀλλ' ἔστιν αὐτόχθον· ἐτράχυνε γὰρ τοῦ λίθου τὸν κόλπον ὁ γραφεύς, ὡς ἔτεκεν αὐτὸν ἡ γῆ. (2) ἡ δὲ ἐνίδρυται τῆι σκέπηι καὶ ἔοικε τὸ θέαμα, εἰ μὲν εἰς τὸ κάλλος ἀπίδοις, ἀγάλματι καινῶι, εἰ δὲ εἰς τὰ δέσμα καὶ τὸ κῆτος, αὐτοσχεδίωι τάφωι ... οὕτως αὐτὴν ἐκόσμησεν ὁ ζωγράφος εὐμόρφωι φόβωι. (4) τὰς δὲ χεῖρας εἰς τὴν πέτραν ἐξεπέτασεν, ἄγχει δὲ ἄνω δεσμὸς ἑκατέραν συνάπτων τῆι πέτραι· οἱ καρποὶ δὲ ὥσπερ ἀμπέλου βότρυες κρέμανται ... (5) δέδεται μὲν οὖν οὕτω τὸν θάνατον ἐκδεχομένη· ἕστηκε δὲ νυμφικῶς ἐστολισμένη, ὥσπερ Ἀιδωνεῖ νύμφη κεκοσμένη ... (6) τὸ δὲ κῆτος ἀντιπρόσωπον τῆς κόρης κάτωθεν ἀναβαῖνον ἀνοίγει τὴν θάλασσαν· καὶ τὸ μὲν πολὺ τοῦ σώματος περιβέβληται τῶι κύματι, μόνηι τῆι κεφαλῆι τὴν θάλασσαν ἀποδύεται ... (7) γένυς πολλὴ καὶ μακρά. ἀνέωικτο δὲ πᾶσα μέχρι τῆς τῶν ὤμων συμβολῆς, καὶ εὐθὺς ἡ γαστήρ. μεταξὺ δὲ τοῦ κήτους καὶ τῆς κόρης ὁ Περσεὺς ἐγέγραπτο καταβαίνων ἐξ ἀέρος· καταβαίνει δὲ ἐπὶ τὸ θηρίον γυμνὸς τὸ πᾶν· χλαμὺς ἀμφὶ τοῖς ὤμοις μόνον καὶ πέδιλον περὶ τὼ πόδε πλησίον τοῦ πτεροῦ· πῖλος δὲ αὐτοῦ τὴν κεφαλὴν καλύπτει· ὁ πῖλος δὲ ὑπηνίττετο τὴν Ἄιδος κυνέην. τῆι λαιᾶι τὴν τῆς Γοργοῦς κεφαλὴν κρατεῖ καὶ προβέβληται δίκην ἀσπίδος· ... (8) ... ὥπλισται δὲ καὶ τὴν δεξιὰν διφυεῖ σιδήρωι εἰς δρέπανον καὶ ξίφος ἐσχισμένωι ... (9) ... τὸ μὲν τῆς Ἀνδρομέδας δρᾶμα τοῦτο.

iii. Philostr. Im. 1,29: ἀλλ' οὐκ Ἐρυθρά γε αὕτη θάλασσα οὐδ' Ἰνδοὶ ταῦτα, Αἰθίοπες δὲ καὶ ἀνὴρ Ἕλλην ἐν Αἰθιοπίαι. καὶ ἆθλος τοῦ ἀνδρός, ὃν ἑκὼν ἔτλη κατὰ ἔρωτα, οἶμαί σε, ὦ παῖ, μὴ ἀνήκοον εἶναι τοῦ Περσέως, ὅν φασιν Ἀτλαντικὸν ἀποκτεῖναι κῆτος ἐν Αἰθιοπίαι πεζεῦον ἐπὶ τὰς ἀγέλας καὶ τοὺς ἐν γῇ ἀνθρώπους. (2) ταῦτ' οὖν ἐπαινῶν ὁ ζωγράφος καὶ οἰκτείρων τὴν Ἀνδρομέδαν, ὅτι κήτει ἐξεδόθηι, τετέλεσται ἤδη ὁ ἆθλος, καὶ τὸ μὲν κῆτος ἔρριπται πρὸ τῆς ἠιόνος ἐμπλημμυροῦν πηγαῖς αἵματος, ὑφ' ὧν ἐρυθρὰ ἡ θάλασσα, τὴν δὲ Ἀνδρομέδαν ἀπαλλάττει τοῦ δεσμοῦ ὁ Ἔρως ... καὶ γὰρ εὐχὴν ἀνεβάλετο τῶι Ἔρωτι ὁ Περσεὺς πρὸ τοῦ ἔργου παρεῖναι αὐτὸν καὶ κατὰ τοῦ θηρίου συμπετέσθαι, ὁ δὲ ἀφίκετο καὶ ἤκουσε τοῦ Ἕλληνος. (3) ἡ κόρη δὲ ἡδεία μέν, ὅτι λευκὴ ἐν Αἰθιοπίαι, ἡδὺ δὲ αὐτὸ τὸ εἶδος ... κεκαλλώπισται δὲ ἀπὸ τοῦ καιροῦ· καὶ γὰρ ἀριστεῖν ἔοικε καὶ χαίρει μετ' ἐκπλήξεως καὶ τὸν Περσέα βλέπει μειδίαμά τι ἤδη ἐς αὐτὸν πέμπουσα. ὁ δὲ οὐ πόρρω τῆς κόρης ἐν ἡδείαι καὶ λιβανώδει πόαι κεῖται στάζων ἐς τὴν γῆν ἱδρῶτα καὶ τὸ δεῖγμα τῆς Γοργοῦς ἔχων ἀπόθετον, μὴ ἐντυχόντες αὐτῶι λαοὶ λίθοι γένωνται. πολλοὶ οἱ βουκόλοι γάλα ὀρέγοντες καὶ οἴνου ἐπισπάσαι ... (4) ὁ Περσεὺς δὲ ἀσπάζεται μὲν καὶ ταῦτα, στηρίζων ἑαυτὸν ἐπὶ τοῦ ἀριστεροῦ ἀγκῶνος ἀνέχει τὸν θώρακα ἔμπνουν ὑπὸ ἄσθματος, ἐμβλέπων τῆι κόρηι ... πολλὰ καὶ παρὰ τῆς κόρης ἄρνυται.

F 114

Ἀνδρ.:	Ὦ νὺξ ἱερά,	metr.: an ‖
2	ὡς μακρὸν ἵππευμα διώκεις	2an^ ‖
	ἀστεροειδέα νῶτα διφρεύουσ' αἰθέρος ἱερᾶς	an | an | an ¦
4	τοῦ σεμνοτάτου δι' Ὀλύμπου.	2an^ ¦

**F 114a

Ἠχώ:	Ἠχὼ λόγων ἀντῳδός	metr.: ia

114: 1-4 Ar. Thesm. 1065-9: Κηδ.: ὦ νύξ - δι' Ὀλύμπου | Σ R Ar. Thesm. 1065: ὁ Μνησίλοχος ὡς Ἀνδρομέδα· τοῦ προλόγου Ἀνδρομέδας εἰσβολή. || 1-3 Σ K Theocr. 2,165/166b (p. 293,15 Wendel): ἐπὶ γὰρ ἅρματος ὀχεῖται ἡ Νύξ. Εὐριπίδης· »ὦ νὺξ ἱερά, ὡς μακρὸν ἵππευμα (ἵππωμα cod.) - διφρεύουσα.« || 1/2 Σ F Oreibasius coll. med. lib. inc. 42,1 (CMG VI 2,2, p. 148 Raeder): (epilepsiam) καὶ μεγάλην νόσον ... ἐκάλουν. ἱερὰν δὲ νόσον ἔνιοι κατὰ ψευδῆ δόξαν ὠνόμασεν ὡς ἐν θείου χόλου γινομένην. ἱερὸν γὰρ πέλαγος τὸ μέγα ἔλεγεν. ὅθεν καὶ παρὰ τῶι ποιήτηι· »ἱερὴ ἶς Τηλεμάχοιο« (Hom. 2,409) καὶ παρὰ τῶι τραγικῶι· »νὺξ ἱερά«. ἐπιφέρει γοῦν· »ὡς μακρὸν ἵππευμα διώκεις«. || 1 Σ ex. (T) Hom. Ω 12/13 Erbse: οὐδέ μιν ἠώς ' φαινομένη ⟨λήθεσκεν⟩: ἐμφαίνει ἀδημονεῖν αὐτὸν (ἄδηλον εἶναι τὸν T: Wil.) ἐπὶ τῶι μήκει τῆς νυκτός, ὡς καὶ ἡ Ἀνδρομέδα· »ὦ νὺξ ἱερά«. || 1 Caelius Aurelianus morb. chron. 1,4,60 (p. 478 Drabkin): epilepsia vocabulum sumpsit, quod sensum atque mentem pariter apprehendat. appellatur etiam ... sacra ... ob magnitudinem passionis: maiora enim vulgus sacra vocavit - sacrum dictum mare, sacra domus, velut tragicus poeta sacram noctem, hoc est magnam. | Conferendum locum Oreibasii supra allatum.

114a: Ar. Thesm. 1059: Εὐρ.: Ἠχὼ λόγων ἀντῳδὸς ἐπικοκκάστρια, ' ἥπερ πέρυσιν ἐν τῷδε ταὐτῶι χωρίωι ' Εὐριπίδηι καὐτὴ ξυνηγωνιζόμην. | Hanc partem iambici versus post Hartung etiam Papageorgios et Wilamowitz fragmentum Euripideum esse suspicati sunt; inter fragmenta numeravit dubitanter Snell: non recipiendum puto.

---

114 3 ἀστροειδέα Σ Theocr.

F 115

Ἀνδρ.: metr.:

τί ποτ' Ἀνδρομέδα περίαλλα κακῶν μέρος ἐξέλαχον, an | an | an |

2 θανάτου τλήμων μέλλουσα τυχεῖν; an | an |

F 116

ποῖαι λιβάδες, ποία σειρήν. metr.: an | an |

F 117

Ἀνδρ.: φίλαι παρθένοι, φίλαι μοι δ | ba |

115: Ar. Thesm. 1070–2 (praecedit F 114 et Echous responsio δι' Ὀλύμπου): Κηδ.: τί ποτ' – ἐξέλαχον. Ἠχώ: μέρος ἐξέλαχον. | Σ R Ar. Thesm. 1070: καὶ τοῦτο ἐκ τοῦ προλόγου. | pergit Κηδ.: θανάτου τλήμων. Ἠχώ: θανάτου τλήμων. | Σ R Ar. Thesm. 1072: λείπει μέλλουσα τυχεῖν.

116: Σ RΓ Ar. Lys. 963 (p. 37,16 Stein): ποῖα ψυχή (om. R)· παρὰ τὸ (τὰ R) ἐξ Ἀνδρομέδας »ποῖαι λιβάδες (ποία λιβάς Γ, αἱ λιβάδες R), ποία σειρήν«.

117: Ar. Thesm. 1016: Κηδ.: φίλαι παρθένοι, φίλαι ' πῶς ἂν ἀπέλθοιμι κτλ. | Σ R Ar. Thesm. 1016: παρὰ τὰ ἐξ Ἀνδρομέδας Εὐριπίδου· φίλαι – μοι. τὰ δὲ ἐπιφερόμενα πρὸς τὸ αὑτῶι (αὐτό R: scripsi c. Roemer) χρήσιμον (παρὰ τὸ αὐτὸ χορικόν Wil., παρὰ τὸν αὐτὸν χορόν Rutherford, πρὸς τὸ αὑτῶι χρήσιμον ⟨μετέθηκεν⟩ Roemer).

F 118

Ἀνδρ.:		κλύεις ὦ, metr.:	ba|
	2	†προσαιδουσσαι τας† ἐν ἄντροις,	δ ba|
		ἀπόπαυσον, ἔα-	δ
	4	σον Ἀχοῖ με σὺν φίλαις γόου πόθον λαβεῖν.	δ 2ia|

F 119

Ἀνδρ.:		συνάλγησον, ὡς ὁ κάμνων metr.:	δ|ba|
	2	δακρύων μεταδοὺς	an|
		ἔχει κουφότητα μόχθων.	δ ba|

118: 1 Ar. Thesm. 1018: Κηδ.: ... κλύεις ὦ\| Σ R Ar. Thesm. 1018: πάλιν ἐξ Ἀνδρομέδας. \|\| 2-4 Σ R Ar. Thesm. 1019: πρὸς τὴν ἠχὼ Ἀνδρομέδα λέγει· †προσαιδουσσαι τας† ἐν ἄντροις - λαβεῖν.\| Ar. Thesm. 1019-21: Κηδ.: .. προσαυδῶ σὲ τὰν (προσαιδοῦσσαι τὰς R: Hermann; προσίδουσα τὰς Scaliger, προσαυδῶσα Brunck, προσαυδῶσ' ἀϋτὰς Burges, πρὸς αἰδοῦς σὲ τὰν Seidler, προσίζουσα τοῖσδ' ἐν ἄντρ. Tyrwhitt, προσάιδουσαν τὰν Thiersch, πρὸς Αἰδοῦς σὺ Velsen, προσάιδουσα [Dobree] ταῖς Rogers, προσάιδουσα [Dobree] τἄμ' [Willems] Coulon) ἐν ἄντροις, ' κατάνευσον, ἔασον ὡς ' τὴν γυναῖκα μ' ἐλθεῖν.

119: Stob. 4,48,17 (5,1012,6 W.-H.): sub titulo ὅτι οἱ ἀτυχοῦντες χρῄζουσι τῶν συμπασχόντων eclogam cum lemmate Εὐριπίδου (τοῦ αὐτοῦ A) Ἀνδρομέδας praebent SMA. Notam χορ. in extremo margine solus addidit S: immo Andromedae tribuendum videtur.

---

118 3 ἀπόπασον R: corr. Seidler \|\| 4 πόθου R: corr. Seidler \|\| 119 3 ἔχει τινὰ A.

F 120

		metr.:
Χορ.:	ἄνοικτος ὃς τεκών σε τὴν πολυπονωτάτην	ia ¦ ia ¦ δ ¦
2	βροτῶν μεθῆκεν Ἅιδαι πατρὸς ὑπερθανεῖν.	ia ba ¦ δ ¦

F 121

Ἀνδρ.: ἐκθεῖναι κήτει φορβάν metr.: 2an‸ ||

120: Ar. Thesm. 1022/3: Κηδ.: ... ἄνοικτος ὅς μ' ἔδησε τὸν ' πολυπονώτατον βροτῶν | Σ R Ar. Thesm. 1022: παρὰ τὸ τοῦ χοροῦ ἐν Ἀνδρομέδαι· ἄνοικτος – πατρὸς ὑπερθανεῖν.

121: Σ VGΓ[3] P Ar. Av. 348 (actae Dion. a. 414 a. Chr. n.): καὶ δοῦναι ῥύγχει φορβάν: παρὰ τὸ Εὐριπίδου ἐξ Ἀνδρομέδας· »ἐκθεῖναι κήτει φορβάν«, ὡς Ἀσκληπιάδης φησί, τὰ ἐκ τῆς (ἐκ τῆς supplevit White) μηδέπω διδαχθείσης τραγωιδίας παρατιθέμενος, ὡς καὶ τό· »σὰ γάρ πάντα ταῦτα καὶ ' τὸ τῆιδε καὶ τὸ κεῖσε καὶ ' τὸ δεῦρο« (Av. 424–6) παρὰ τὰ ἐκ τῶν μηδέπω διδαχθείσων Φοινισσῶν φησι· »κἀκεῖσε καὶ τὸ δεῦρο, μὴ δόλος τις ἦι« (E. Pho. 266). καὶ ὅλως πολὺ παραπλήσιον τὸ τοιοῦτον. | Ar. Av. 344–8: Χορ.: ἰὼ ἰώ· ἔπαγ' ἔπιθ ἐπίφερε πολέμιον ὁρμὰν ' φονίαν, πτέρυγά τε παντᾶι περίβαλε περί τε κύκλωσαι· ' ὡς δεῖ τώδ' οἰμώζειν ἄμφω ' καὶ δοῦναι ῥύγχει φορβάν.

F 122

Ἀνδρ.:		Ar. Thesm.
ὁρᾶις; οὐ χοροῖσιν οὐδ'	metr.: ba | ia |	1029
ὑφ' ἡλίκων νεανίδων . . .	2ia |	1030
* *		
γαμηλίωι μὲν οὐ ξὺν	ia ⁝ ba	1034
παιῶνι, δεσμίωι δὲ	ia ba	1035
γοᾶσθε μ' . . .		1036
* *		
. . . ὡς μέλεα μὲν πέπονθα, μέλεος,	- 2tr	1037
. . . ἀπὸ δὲ συγγόνων ἄλλ' ἄνομα πάθεα,	δ | hδ	1039
φῶτα λιτομένα, πολυδάκρυτον Ἀίδα γόον φλέγουσα . . .	hδ | δ | ith ||	1040

122: Ar. Thesm. 1029-41: Κηδ.: . . . ὁρᾶις; οὐ χοροῖσιν οὐδ' ' (1030) ὑφ' ἡλίκων (ἡλίκων ὑπὸ Hermann, quem secutus est Velsen) νεανίδων ' κημὸν (ψῆφον κημὸν R: glossema ψῆφον agnovit Hermann) ἕστηκ' ἔχουσ' ' ἀλλ ἐν πύκνοις δεσμοῖσιν ἐμπεπλεγμένη ' κήτει βορὰ Γλαυκέτηι πρόκειμαι. ' γαμηλίωι μὲν οὐ ξὺν ' (1035) παιῶνι, δεσμίωι δὲ ' γοᾶσθε μ', ὦ γυναῖκες, ὡς ' μέλεα μὲν πέπονθα μέλεος, ' ὦ τάλας ἐγὼ τάλας, ' (1040) ἀπὸ δὲ συγγόνων ἄλλ' (ἄλλαν R: Scaliger) ἄνομα πάθεα, ' φῶτα λιτομένα (λιτομέναν R: Enger), πολυδάκρυτον Ἀίδα γόον φλέγουσα (φεύγουσαν R: -σαν Musgrave, -σα Enger). || 1/2 Σ R Ar. Thesm. 1029: πάλιν ἐξ Ἀνδρομέδας· τὸ δὲ ἐπιφερόμενον σκώπτοντός ⟨ἐστι⟩ τοὺς Ἀθηναίους ὡς φιλοδίκους. | 3-5 Σ R Ar. Thesm. 1034: καὶ τοῦτο ἐξ Ἀνδρομέδας. | 6-8 Σ R Ar. Thesm. 1040: ἀπὸ κοινοῦ λάβωμεν πέπονθα ἄνομα πάθεα. καὶ ταῦτα ἐξ Ἀνδρομέδας.

---

122 7 ἄλλαν R: Scaliger || 8 λιτομένα] v. l. ἀντομένα Σ R.

**F 123

Περσ.: Περσεὺς πρὸς Ἄργος ναυστολῶν τὸ Γοργόνος
2 κάρα κομίζων.

F 124

Περσ.: ὦ θεοί, τίν' ἐς γῆν βαρβάρων ἀφίγμεθα
2 ταχεῖ πεδίλωι; διὰ μέσου γὰρ αἰθέρος
τέμνων κέλευθον πόδα τίθημ' ὑπόπτερον,
4 ὑπέρ τε πόντου χεῦμ' ὑπέρ τε Πλειάδα.

123: Ar. Thesm. 1101/2: Εὐρ.: ὦ θεοί - ὑπόπτερον (F 124), Περσεὺς - κομίζων. | Σ R Ar. Thesm. 1098: εἰς Περσέα ἐξ Ἀνδρομέδας τρία τὰ πρῶτα (i. e. F 124). καὶ λοιπὸν ἐπέζευξεν τὰ ἑξῆς. || Non inter fragmenta Andromedae Euripidis recipiendum puto.

124: 1-3 Ar. Thesm. 1098-1100: ὦ θεοί - ὑπόπτερον. | Σ R Ar. Thesm. 1098: εἰς Περσέα (ἔστι Περσέως Fritzsche) ἐξ Ἀνδρομέδας τρία τὰ πρῶτα. καὶ λοιπὸν ἐπέζευξεν τὰ ἑξῆς. || 4 Eus. PE 15,62,8 (2,424 Mras): μετὰ δὲ αὐτὸν (sc. Σωκράτην) οἱ περὶ Ἀρίστιππον τὸν Κυρηναῖον, ἔπειθ' ὕστερον οἱ περὶ Ἀρίστωνα τὸν Χίον ἐπεχείρησεν λέγειν, ὡς δέοι μόνα τὰ ἠθικὰ φιλοσοφεῖν. εἶναι γὰρ δὴ ταῦτα μὲν δυνατὰ καὶ ὠφέλιμα, τοὺς μέντοι περὶ τῆς φύσεως λόγους πᾶν τοὐναντίον μήτε καταληπτοὺς εἶναι μήτε, καὶ εἰ ὀφθεῖεν, ὀφέλος ἔχειν τι. μηδὲν γὰρ ἡμῖν ἔσεσθαι πλέον, ἄλλ' οὐδ', εἰ μετεωρότεροι τοῦ Περσέως ἀρθέντες »ὑπέρ τε πόντου χεῦμ' ὑπέρ τε Πλειάδα« αὐτοῖς τοῖς ὄμμασι κατίδοιμεν τὸν πάντα κόσμον καὶ τὴν τῶν ὄντων φύσιν, ἥτις δή ποτέ ἐστιν.

---

123 1 ναυτολῶν R: edd.

F 125

Περσ.: ἔα, τίν' ὄχθον τόνδ' ὁρῶ περίρρυτον
2 ἀφρῶι θαλάσσης παρθένου τ' εἰκώ τινα
ἐξ αὐτομόρφων λαΐνων τυκισμάτων,
4 σοφῆς ἄγαλμα χειρός - ⏓ - ⏑ - ;

**F 125a

ναῦν ὅπως ὡρμισμένην

125: 1/2 Σ R Ar. Thesm. 1105: πάλιν ἐξ Ἀνδρομέδας· ἔα - εἰκώ τινα. | Ar. Thesm. 1105/6: Εὐρ.: ἔα· τίν' ὄχθον τόνδ' ὁρῶ καὶ παρθένον ' θεαῖς ὁμοίαν ναῦν ὅπως ὡρμισμένην; | ναῦν ὅπως ὡρμισμένην verba Euripidis esse multi existimabant: v. F 125a et comm. ad locum. - 2b-4 Maximus Confessor, Scholia in opera Dionysii Areopagitae 234 (PG IV 424 A Migne): αὐτοφυὲς δὲ ἄγαλμά φησιν, ὃ γίνεται ἐν ὕληι ἀτμήτωι, οἷον ἐν πέτραι ὁλοκλήρωι, ἐν ὅσωι ἕστηκεν, ὅταν γλύψηι τις ζῶιόν τι, ὡς δηλοῖ καὶ Εὐριπίδης ἐν Ἀνδρομέδαι· παρθένον - χειρός. αὐτόμορφον γὰρ ἄγαλμα τῆς πέτρας τὸ αὐτοφυὲς εἶπεν. || 3/4 A Maximo pendet Georgius Pachymeres, Paraphrasis Dionysii Areopagitae de mystica theologia libri 2 (PG III 1029 C Migne): αὐτοφυὲς γὰρ ἄγαλμά φησιν, ὃ γίνεται ἐν ὕληι ἀτμήτωι, οἷον ἐν πέτραι ὁλοκλήρωι, ἐν ἧι τις γλύψειε τι ζώδιον, ὡς δηλοῖ καὶ Εὐριπίδης ἐν Ἀνδρομέδαι (Ἀνδρομάχηι libri: corr. ed.) ἐξ αὐτομόρφων - χειρὸς λέγων. αὐτόμορφον γὰρ ἄγαλμα τὸ τῆς πέτρας αὐτοφυὲς εἶπεν .

125a: Ar. Thesm. 1106: Εὐρ.: (praecedit F 125,1) . . . ὁρῶ . . . παρθένον, θεαῖς ὁμοίαν ναῦν - ὡρμ. | Σ Ar. Thesm. 1105: πάλιν ἐξ Ἀνδρομέδας, proferens F 125,1/2. Cf. E. HF 1094sqq.: Ἡρακλ.: . . . ἰδού, τί δεσμοῖς ναῦς ὅπως ὡρμισμένος ' νεανίαν θώρακα καὶ βραχίονα ' πρὸς ἡμιθραύστωι λαΐνωι τυκίσματι ' ἧμαι κτλ. | Non inter Euripidis fragmenta numerandum esse mihi persuasum est.

---

125 2 εἰκόνα Max. || 3 τειχισμάτων libri Max., τειχνισμάτων Georg.: Jacobs.

F 126

Περσ.: σιγᾶις; σιωπὴ δ' ἄπορος ἑρμηνεὺς λόγων.

**F 127

Περσ.: ὦ παρθέν', οἰκτίρω σε κρεμαμένην ὁρῶν.
Ἀνδρ.: σὺ δ', εἶ τίς, ὅστις τοὐμὸν ᾤκτιρας πάθος;

**F 128

Ἀνδρ.: ὦ ξένε, κατοίκτιρόν με, τὴν παναθλίαν·
2 λῦσόν με δεσμῶν.

126: Stob. 3,34,12 (3,684,10 W.-H.): sub titulo περὶ τοῦ εὐκαίρως λέγειν eclogam cum lemmate Εὐριπίδου ἐν Ἀνδρομέδαι praebent SM.

127: 1 Ar. Thesm. 1110: Εὐρ.: ὦ παρθέν' - ὁρῶν. || 2 Ar. Thesm. 1058: Κηδ.: σύ - πάθος. Sequitur F 114a. Teste Matthiae versus olim coniunxit et Euripidis Andromedae tribuit Barnes. Utrumque versum non inter Andromedae fragmenta recipiendum puto.

128: Ar. Thesm. 1107/8: Κηδ.: ὦ ξένε - δεσμῶν. | Euripidis Andromedae hos versus praeeunte Bothe tribuere videtur Matthiae, fragmentum recepit Nauck: versus expellendos esse puto.

---

126 λόγου M || 127 1 οἰκτείρω R: corr. Herwerden || 2 ἥτις Ar.: edd. fragm. Eur. | ᾤκτειρας R: corr. Herwerden || 128 1 κατοίκτειρόν R: corr. Herwerden.

**F 139

Περσ.:? αἰαῖ· τί δράσω; πρὸς τίνας στρεφθῶ λόγους;
2 ἀλλ' οὐκ ἂν ἐνδέξαιτο βάρβαρος φύσις.

F 129

Περσ.: ὦ παρθέν', εἰ σώσαιμί σ', εἴσηι μοι χάριν;

139: Ar. Thesm. 1128/9: Εὐρ.: αἰαῖ - φύσις. | Euripidis Andromedae versus tribuit Matthiae; non inter fragmenta Euripidea recipiendos puto.

129: Diog. L. 4,29: ἔπειτα μετῆλθεν (sc. Ἀρκεσίλαος Πιταναῖος τῆς Αἰολίδος) εἰς Ἀκαδημίαν πρὸς Κράντορα· Μοιρέας μὲν γὰρ ὁ προειρημένος ἀδελφὸς ἦγεν αὐτὸν ἐπὶ ῥητορικήν· ὁ δὲ φιλοσοφίας ἤρα, καὶ αὐτοῦ Κράντωρ ἐρωτικῶς διατεθεὶς ἐπύθετο τὰ ἐξ Ἀνδρομέδας Εὐριπίδου προενεγκάμενος· »ὦ παρθέν' - χάριν;« καὶ ὃς τὰ ἐχόμενα· »ἄγου με, ὦ ξένε, εἴτε δμωΐδ' ἐθέλεις εἴτ' ἄλοχον« (F 132 quo vide). || Suda ει 258 (2,538,15 Adler), e Diogene Lartio sumptum, ut videtur: εἴσηι: ἐπιγνοίης, λογίσηι. Εὐριπίδης· »εἰ σώσαιμί σε«, ἐξ Ἀνδρομέδας, »ὦ παρθέν', εἴσηι μοι χάριν;«. || Σ ex. (b[BCE^3]T) Hom. Ξ 235c Erbse: ⟨εἰδέω χάριν⟩: Ἀττικῶς ἀντὶ τοῦ ὀφλήσω (bT), ὡς Εὐριπίδης· »ὦ παρθέν', εἰ σώσαιμί σ', εἴσηι μοι χάριν; (T). || Eubulus PCG F 26 (5,204 Kassel-Austin; e 'Dionysio'), apud Σ B E. Med. 476 (2,169 Schwartz): ἔσωσά σ' ὡς ἴσασιν: πλεονάζει ὁ στίχος τῶι σ. ὅθεν καὶ Πλάτων ἐν ταῖς Ἑορταῖς (CAF fr. 30 [1,608 Kock]) φησιν· »ἔσωσας ἐκ τῶν σῖγμα τῶν Εὐριπίδου«. καὶ Εὔβολος ἐν Διονυσίωι· »Εὐριπίδου δ' »ἔσωσά σ', ὡς ἴσασ' ὅσοι« (ἴσασί σοι B: Fritzsche) ' καὶ »παρθέν' εἰ ⟨σώσαιμί⟩ σ' (παρθνεύεις B: Andromedae fragmentum agnovit Markland; e versu locis supra allatis tradito Eubuli fragmentum emendaverunt Elmsley, Kock, Schwartz) ἕξεις μοι χάριν;» ' καὶ τοῖς ἐμοῖσιν ἐγγελῶσι (ἀγγελοῦσι B: Porson) πήμασι ' τὰ σῖγμα συλλέξαντες, ὡς αὐτοὶ σοφοί.«.

---

139 2 δέξαιτο R: Kuster.

F 132

Ἀνδρ.: ἄγου δέ μ', ὦ ξεῖν', εἴτε πρόσπολον θέλεις
2 εἴτ' ἄλοχον εἴτε δμωΐδ'...

132: 1/2 [Herodian.] de fig., Rhet. Gr. 3,98,21 Spengel (= Rhet. Gr. 8,602,5 Walz): ἐπιτροπὴ δὲ ὅταν τοῖς ἀκούουσιν ἐπιτρέψωμεν τὴν τῶν πραγμάτων ἢ ὀνομάτων ἐξουσίαν, ὡς παρὰ τῶι Εὐριπίδηι παρεισάγεται ἡ Ἀνδρομέδα (Ἀνδρομάχη codd.: corr. Villoison) λέγουσα τῶι Περσεῖ (om. Haun.)· »ἄγου - δμωΐδα«. || 1a/2a Diog. L. 4,29: καὶ αὐτοῦ (sc. Ἀρκεσιλάου) Κράντωρ ἐρωτικῶς διατεθεὶς ἐπύθετο τὰ ἐξ Ἀνδρομέδας Εὐριπίδου προενεγκάμενος· »ὦ παρθέν', εἰ σώσαιμί σε, εἴσηι μοι χάριν;« (F 129, quo vide). καὶ ὃς τὰ ἐχόμενα· »ἄγου - εἴτε δμωΐδ' ἐθέλεις εἴτ' ἄλοχον«. | A Diogene Laertio pendere videtur Suda α 1367 (1,123,22 Adler; e Diogeniano): ἄλοχος· γαμέτη. Εὐριπίδου ἐξ Ἀνδρομέδας· »ἄγου - ἄλοχον«.

---

132 1 δὲ omm. Diog. L., Suda | ξέν' Herod. Parr., ξένε Diog. L., Suda | πρὸς ὄλυμπον ἐθέλῃις Haun. || 2 δμωΐδα Herod.: εἴτε δμωΐδ' ἐθέλεις ἢ ἄλοχον Diog. L., ~ Suda.

F 130

Περσ.: τὰς συμφορὰς γὰρ τῶν κακῶς πεπραγότων
2 οὐ πώποθ' ὕβρισ', αὐτὸς ὀρρωδῶν παθεῖν.

F 131

Ἀνδρ.: μή μοι προτείνων ἐλπίδ' ἐξάγου δάκρυ.
2 γένοιτό τἂν πόλλ', ὧν δόκησις οὐκ ἔνι.

130: Stob. 4,48,2 (5,1008,6 W.-H.): sub titulo ὅτι οὐ χρὴ ἐπιχαίρειν τοῖς ἀτυχοῦσιν eclogam cum lemmate Εὐριπίδου (deficit in S) Ἀνδρομέδας (Ἀνδρομάχη M) praebent SMA. || Stob. 3,3, 39 (3,206,12 W.-H.) eclogam etiam sub titulo περὶ φρονήσεως servavit, cuius rei testis est Stobaei editio a Victore Trincavallo Venetiis a. 1535-6 confecta prima, quam pro S habendam esse monuit Hense. || Ammon. Diff. 80 (21,4 Nickau) = Eran. Philo 15 (158 Valckenaer = 64,1 Palmieri) = Erenn. Philo 15 (ined.) = Et. Gud. 205,13 d^2 de Stefani (sub siglo Ερ^ε): ἀρρωδεῖν καὶ ὀρρωδεῖν διαφέρει ... εὐλόγως οὖν ἐκ τοῦ παρακολουθοῦντος τὸ ὀρρωδεῖν εἴρηται ἐπὶ τοῦ εὐλαβεῖσθαι. καὶ Εὐριπίδης τὸν Περσέα λέγοντα εἰσάγει· »τὰς γὰρ - παθεῖν«.

131: Stob. 4,47,2 (5,1003,6 W.-H.): eclogam sub titulo περὶ τῶν παρ' ἐλπίδα cum lemmate Εὐριπίδου Ἀνδρομέδας praebent MA, omisit S.

---

130 1 γὰρ συμφοράς Stob. 3 ed.Tr., Amm. γπ, Eran. AF, Erenn; γὰρ om. Amm. M, EGud d^2: Stob. 4 SMA | πεπραχότων Amm. β, Eran. V: Stob. SMA ed. Tr., Eran. AF, Erenn., EGud d^2 || 2 ὕβρις Stob. 4 MA^1 | ὀρροδῶν Stob. 4 SM || 131 1 ἐξ ἅδου MA: Valckenaer || 2 ταν M, τῶν A: Gaisford πολλάων M πολλὰ ὧν A.

F 133

ἀλλ' ἡδύ τοι σωθέντα μεμνῆσθαι πόνων.

133: Stob. 3,29,57 (3,638,8 W.-H.): sub titulo περὶ φιλοπονίας eclogam cum lemmate Ἀνδρομέδα praebent SMA (in S praecedunt duo fragmenta Euripidea) || Plu. Quaest. conv. 2,1,3, 630 E (agitur de rebus. quae in conviviis non libenter narrantur): ὁ δὲ Εὐριπίδης τοὐναντίον »ὡς ἡδὺ ... πόνων« (lacunam Plutarchi codicis T e Macrobio supplendam esse monuit Hubert). | A Plutarcho enim pendet Macr. Sat. 7,2,9: pericula quoque praeterita vel aerumnas penitus absolutas qui evasit, ut referat gratissime, provocatur: nam qui adhuc in ipsis vel paululum detinetur, horret admonitionem et formidat relatum. ideo Euripides expressit: ὡς - πόνων. adiecit enim σωθέντα, ut ostenderet post finem malorum gratiam relationis incipere. || Cic. fin. 2,32,105: quid, si etiam iucunda memoria est praeteritorum malorum? ut proverbia non nulla veriora sint quam vestra (sc. Epicuri discipulorum) dogmata. vulgo enim dicitur: »iucundi acti labores«, nec male Euripides - concludam, si potero, Latine; Graecum enim hunc versum nostis omnes -: »suavis laborum est praeteritorum memoria« (Cicero FPL 39 [96 Büchner]). || Aristot. Rh. 1,11,1370b4 (53,38 Kassel): τὰ μὲν οὖν μνημονευτὰ ἡδέα ἐστὶν οὐ μόνον ὅσα ἐν τῶι παρόντι, ὅτε παρῆν, ἡδέα ἦν, ἀλλ' ἔνια καὶ οὐχ ἡδέα, ἂν ἦι ὕστερον καλὸν καὶ ἀγαθὸν τὸ μετὰ τοῦτο. ὅθεν καὶ τοῦτ' εἴρηται, »ἀλλ' - πόνων«, καὶ »μετὰ γὰρ τε καὶ ἄλγεσι τέρπεται ἀνὴρ μνήμενος, ὅστις πολλὰ πάθηι καὶ πολλὰ ἐόργηι« (~ Hom. 15,400sq.). | An. in Aristot. Rh. 1,11 (CAG XXI 2,65,17 Rabe): »ἀλλ' - πόνων«, Εὐριπίδου τὸ ῥητόν. || Men. Sent. 859 J.: ὡς - πόνων. || [Maximus], Loci comm. 52 (PG XCI 953 C Migne) = Antonius, qui vocatur Melissa, Loci comm. 1,54 (PG CXXXVI 949 A Migne): ὡς ἡδὺ τὴν θάλασσαν ἀπὸ γῆς ὁρᾶν (= Archippus CAF fr.43,1 [1,688 Kock]), ' οὕτως ἡδὺ - τῶν πόνων. || Them. or. 4 (εἰς τὸν αὐτοκράτορα Κωνστάντιον), 55 D (1,80 Downey): διὸ λέγει που ἡ τραγωιδία ὅτι φέρει πολλὴν ἡδονὴν καὶ τῶι σωθέντι μεμνῆσθαι πόνων παροιχομένων.

---

133 ἀλλ' Stob., Aristot., Anon.: ὡς Plu., Macr., Men. | τοι σωθέντα Stob. S, Aristot. A, Macr.: τι σωθέντα Stob. M, Aristot. β, Anon.; σοι σωθέντα Stob. A; τῶι σωθέντι Them., Max., Ant.; τῶι συνθέντι Men. K; τοῖς σοφοῖς Men. Γ.

F 134

εὔκλειαν ἔλαβον οὐκ ἄνευ πολλῶν πόνων.

F 135

ἦ που τὸ μέλλον ἐκφοβεῖ καθ' ἡμέραν.
2 ὡς τοῦ γε πάσχειν τοὐπιὸν μεῖζον κακόν.

F 136

Περσ.: σὺ δ' ὦ τύραννε θεῶν τε κἀνθρώπων Ἔρως,
2 ἢ μὴ δίδασκε τὰ καλὰ φαίνεσθαι καλά,
ἢ τοῖς ἐρῶσιν, ὧν σὺ δημιουργὸς εἶ
4 μοχθοῦσι μόχθους εὐτυχῶς συνεκπόνει.
καὶ ταῦτα μὲν δρῶν τίμιος θνητοῖς ἔσηι,
6 μὴ δρῶν δ' ὑπ' αὐτοῦ τοῦ διδάσκεσθαι φιλεῖν
ἀφαιρεθήσηι χάριτας, αἷς τιμῶσί σε.

134: Stob. 3,29,20 (3,630, 11 W.-H.): eclogam cum lemmate Εὐριπίδου sub titulo περὶ φιλοπονίας praebent SMA.

135: Stob. 4,35,22 (5,861,8 W.-H.): sub titulo περὶ λυπῆς, ὅτι λίαν μοχθηρὰ καὶ ἐπώδυνος τοῖς φροντίζουσιν eclogam cum lemmate Εὐριπίδου Ἀνδρομέδας praebent SMA.

136: 1-7 Athen. 13,11,561 B (3,296 Kaibel): ἐν οἷς (sc. τοῖς φιλοσόφοις) τινες καὶ ἐμνημόνευσαν τοῦ σκηνικοῦ φιλοσόφου Εὐριπίδου ἀισμάτων, ὧν ἦν καὶ τάδε. (E. F 897) ... ἕτερος δὲ τις προσέθηκε τῶν Εὐριπίδου τάδε· »σὺ - τιμῶσί σε«. || 1-3 Stob. 4,20,42 (4,459,7 W.-H.): sub titulo ψόγος Ἀφροδίτης eclogam cum lemmate Εὐριπίδου praebent SMA: »σύ - ἐρῶσιν εὐμένης παρίστασο«. || 1 Lucian. Hist. conscr. 1(3,287,12 Macleod = E. T IV b. 1, v. supra): ἅπαντες (sc. incolae Abderae) γὰρ ἐς τραγωιδίαν παρεκίνουν ... τὴν Εὐριπίδου Ἀνδρομέδαν ἐμονώιδουν καὶ τὴν τοῦ Περσέως ῥῆσιν ἐν μέλει διεξήιεσαν, καὶ μεστὴ ἦν ἡ πόλις ... ἐκείνων τραγωιδῶν, »σὺ - Ἔρως« ... ἀναβοώντων. | Cf. Philostr. Im. 1,29,2 = E. T V b. iii., quo vide.

---

136 1 σὺ δ' ὦ θεῶν τύρ. κἀνθρ. Ἔρως Luc., σὺ δ' ὦ κακίστε πάντων θεῶν τε κἀνθρώπων Stob.: Athen. || 2 τὰ κακὰ Stob. ed. Tr. || 5 θεοῖς Athen.: Dobree.

F 145

Ἀγγ.:? ὁρῶ δὲ πρὸς τῆς παρθένου θοινάματα
2 κῆτος θοάζον ἐξ Ἀτλαντικῆς ἁλός.

F 146

πᾶς δὲ ποιμένων ἔρρει λεώς,
2 ὁ μὲν γάλακτος κίσσινον φέρων σκύφος
πόνων ἀναψυκτῆρ', ὁ δ' ἀμπέλων γάνος.

145: 1 Tib. Fig. 47,29, p. 44 Ballaira (= Rhet. Gr. 3,81 Spengel = 8,576 Walz): τοὺς δὲ χρόνους ἀλλοιοῦσιν, ὅταν τοῖς ἐνεστῶσιν ἀντὶ τῶν παρωιχημένων χρῶνται, οἷον παρὰ Δημοσθένει (D. 59,34) ... ὁποῖον (οἱ ποῖον V: edd.) ἐστι καὶ τὸ παρὰ τῶι Εὐριπίδηι ἐν Ἀνδρομέδαι· »ὁρῶ - θοινάματα«, ἀντὶ τοῦ εἶδον. || 2 Plu. Aud. poet. 6,22 E (1,45,2 Paton): agitur de dictione poetica: καὶ τῶι θοάζειν ἢ τὸ κινεῖσθαι σημαίνουσιν (sc. οἱ ποιηταί), ὡς Εὐριπίδης· »κῆτος - ἁλός«, ἢ τὸ καθεζέσθαι, ὡς Σοφοκλῆς (OR 2sq.). || 2a Σ MTB E. Or. 335 (1,133,17 Schwartz): θοάζων: ἐπιδιώκων ταχύνων διεγείρων ἐκμαίνων. »κῆτος θοάζον« Ἀνδρομέδαι (-μέδηι T). | Versus coniunxit Fritzsche.

146: Athen. 11,53,477 A (agitur de variis poculorum generibus): κισσύβιον τὸ μόνωτον ποτήριον Φιλήμων. Νεοπτόλεμος δ' ὁ Παριανὸς ἐν τρίτωι Γλωσσῶν (fr. 10 Mette, RhM 123 [1980] 6) τὸ κίσσινον ποτήριον σημαίνει παρ' Εὐριπίδηι ἐν Ἀνδρομέδαι· »πᾶς - γάνος«. τὸ γὰρ κισσύβιον, φησί, λέγεται ἐπὶ συνόδου ἀγροικῆς, ἔνθα προσήκει μάλιστα τὸ ξύλινον ποτήριον. Athenaeum citat Eust. ad Hom. 9. 346. 1632,9. | Macr. Sat. 5,21,13 (tractat poculorum nomina a Vergilio usitata): qui autem cyssibium ex hedera factum poculum οἷον εἰ κίσσινον dici arbitrantur Euripidis auctoritate niti videntur, qui in Andromeda sic ait: »πᾶς - γάνος«. haec de cymbio. || Cf. Philostr. Im. 1,29,3.

---

145 1 θυνάματα V: corr. Boissonade || 2 θοάζων Σ E || 146 1 λαός Ath. Ep., Eust. || 2 σκύφον Macr. || 3 πίνων ἀνὰ ψυκτῆρα Ath. Ep.

F 137

Χορ.:? τῶν γὰρ πλούτων ὅδ' ἄριστος metr.: 2an‸ ||
2 γενναῖον λέχος εὑρεῖν. pher ||

F 138

ὅσοι γὰρ εἰς ἔρωτα πίπτουσιν βροτῶν,
2 ἐσθλῶν ὅταν τύχωσι τῶν ἐρωμένων,
οὐκ ἔσθ' ὁποίας λείπεται τόδ' ἡδονῆς.

137: Stob. 4,22,11 (4,496,4 W.-H.): eclogam cum lemmate Εὐριπίδου Ἀνδρομέδας (Ἀνδρ. omisit S) sub titulo ὅτι κάλλιστον ὁ γάμος praebent SMA. | E Stobaeo nomine Εὐριπίδου addito fragmentum etiam affert in Apostolii patris opere 17,46c filius Arsenius 50,43 (2,697,14 Schneidewin-Leutsch).

138: Stob. 4,20,22 (4,440,8 W.-H.): eclogam cum lemmate Εὐριπίδου Ἀνδρομέδας sub titulo περὶ Ἀφροδίτης πανδήμου παρεχούσης τὴν αἰτίαν τῆς γενέσεως τοῖς ἀνθρώποις καὶ περὶ ἔρωτος τῶν κατὰ τὸ σῶμα ἡδονῶν praebent SMA. | Fragmentum e Stobaeo in opus Apostolii 13,7b inseruit Arsenius 40,9.

---

138 3 ἔστι ποίας SMA: Pflugk | τόθ' S.

F 140

⌜ὦ τλῆμον, ὡς σοὶ τ⌝ὰς τ⌜ύχας μὲν ἀσ⌝θενεῖς
ἔδω⌜χ' ὁ δαίμ⌝ων, μέγα φρονοῦσι δ' οἱ λόγοι.

F 141

ἐγὼ δὲ παῖδας σ' οὐκ ἐῶ νόθους λαβεῖν·
τῶν γνησίων γὰρ οὐδὲν ὄντες ἐνδεεῖς
νόμωι νοσοῦσιν· ὅ σε φυλάξασθαι χρεών.

140: Stob. 2,4,7 (2,28,1 W.-H.): eclogam cum lemmate Εὐριπίδου (τοῦ αὐτοῦ S) Ἀνδρομέδας sub titulo περὶ λόγου καὶ γραμμάτων (e Photio titulum supplevit Wachsmuth) praebent SMA. || PSI 15,1476, fr. F, col. II (19) - liber adhuc publici iuris non factus est -, ed. pr. V. Bartoletti, Atti dell' XI Congresso Intern. di. Pap. Milano (1966) 14; II° aut initio III^{i} saec. scriptus; gnomologicum, quod fr. sub titulo περὶ λόγου praebere suspicatus est Bartoletti.

141: Stob. 4,24,45 (4,615,3 W.-H.): eclogam cum lemmate Εὐριπίδου Ἀνδρομέδας (Ἀνδρ. om. S) sub titulo ὅτι κρείττονες οἱ ἀρρένες τῶν παίδων, καὶ ὅτι τοὺς νόθους οὐκ ἐλάττονας χρὴ κρίνειν τῶν γνησίων praebent SMA.

---

140 2 -οῦσιν PSI, -οῦσι Stob. || 141 1 σ' addidit Mekler || 3 ὧι σε (aut ὡς) S, ὦ σε MA: corr. Grotius.

F 142

χρυσὸν μάλιστα βούλομαι δόμοις ἔχειν·
2 καὶ δοῦλος ὢν γὰρ τίμιος πλουτῶν ἀνήρ,
ἐλεύθερος δὲ χρεῖος ὢν οὐδὲν σθένει.
4 χρυσοῦ νόμιζε σαυτὸν οὕνεκ' εὐτυχεῖν.

F 143

χρήμασιν γὰρ εὐτυχῶ·
2 ταῖς συμφοραῖσι δ', ὡς ὁρᾷς, οὐκ εὐτυχῶ.

F 144

μὴ τὸν ἐμὸν οἴκει νοῦν, ἐγὼ γὰρ ἀρκέσω.

142: Stob. 4,31,21. 22 (5,739,11. 15 W.-H.): eclogam cum lemmate Εὐριπίδου Ἀνδρομέδας sub titulo ἔπαινος πλούτου praebent SMA. Quartum versum a tribus prioribus iussu Musgrave separavit Hense.

143: Stob. 4,34,30 (5,835,12 W.-H.): eclogam cum lemmate Εὐριπίδου Ἀνδρομέδας (-μέδου A) sub titulo περὶ τοῦ βίου, ὅτι βραχὺς καὶ εὐτελὴς καὶ φροντίδων ἀνάμεστος praebent SMA.

144: Σ VΘ Ar. Ran. 105: μὴ τὸν ἐμόν] καὶ τοῦτο παρὰ τὸ ἐν Ἀνδρομάχηι (Ἀνδρομέδαι Matthiae): »μὴ - ἀρκέσω«. | Ex Aristophanis scholio petitum esse constat, quod Suda μ 1000 (3,390,25 Adler) praebet: μὴ τὸν ἐμὸν οἴκει νοῦν. ἔχεις γὰρ οἰκίαν (Ar. Ran. 105): παρὰ τὸ ἐν Ἀνδρομάχηι (περὶ τοῦ Ἀνδρομάχου F) Εὐριπίδου (Εὐριπίδης FV). ἢ οὕτως »μὴ - ἀρκέσω«.

---

142 2 γὰρ ὢν A || 3 δ' ἀχρεῖος A || 4 νόμιζε (νόμιζ' S) αὐτὸν SM.

F 149

νεότης μ' ἐπῆρε καὶ θράσος τοῦ νοῦ πλέον.

F 150

οὐκ ἔστιν ὅστις εὐτυχὴς ἔφυ βροτῶν,
2 ἂν μὴ τὸ θεῖον ὡς τὰ πολλὰ συνθέλῃ.

F 151

τήν τοι Δίκην λέγουσι παῖδ' εἶναι Διὸς
2 ἐγγύς τε ναίειν τῆς βροτῶν ἁμαρτίας.

149: Stob. 4,11,4 (4,338,10 W.-H.): eclogam cum lemmate Εὐριπίδου Ἀνδρομέδας (Ἀνδρ. omm. SL) sub titulo περὶ νεότητος praebent SMAL. || Lucian. Nec. 1 (2,262,1 Macleod): ΦΙΛΟΣ: Τίς δὴ ἡ αἰτία σοι τῆς καινῆς παραδόξου ταύτης ἀποδημίας; ΜΕΝΙΠΠΟΣ: Νεότης μ' - πλέον (om. b). ΦΙΛΟΣ: Παῦσαι, μακάριε, τραγωιδῶν καὶ λέγε κτλ. | Cf. Arsen. 36,99 = Apostol. 11,98b (2,541,15 Schneidewin-Leutsch).

150: Stob. 4,41,32 (5,938,1 W.-H.): eclogam cum lemmate Εὐριπίδου Ἀνδρομέδας sub titulo ὅτι ἀβέβαιος ἡ τῶν ἀνθρώπων εὐπραξία μεταπιπτούσης ῥαιδίως τῆς τύχης praebent MA.

151: Stob. 1,3,23 (1,56,19 W.-H.): eclogam cum lemmate Εὐριπίδου Ἀνδρομάχου (sic!) sub titulo περὶ δίκης παρὰ τοῦ θεοῦ τεταγμένης ἐποπτεύειν τὰ ἐπὶ γῆς γιγνομένα ὑπὸ τῶν ἀνθρώπων τιμωροῦ οὔσης τῶν ἁμαρτανόντων praebent FP. | Orion. Eur. 16 (Stob. 4,266,5 Meineke) versus sine tragoediae nomine affert. | Versus Andromedae vindicavit Musgrave.

---

149 σθένος Stob. || 150 2 ὃν μὴ codd.: ἂν μὴ scripsi || συνθέλει codd.: συνθέλῃ scripsi c. Hermann || 151 1 τοι om. Or. | χρόνου Or., cf. Antiopae F 222,1 || 2 τιμωρίας Stob.

F 152

Χορ.:? τὸ δαιμόνιον οὐχ ὁρᾶις metr.: ia‸ ia |
2 †ὅπηι μοῖρα διεξέρχεται;† ?
στρέφει δ' ἄλλους ἄλλοσ' εἰς ἁμέραν. 2δ |

F 153

Χορ.: ὁ μὲν ὄλβιος ἦν, †τὸ δ' ἀπέκρυψεν metr.: an | an |
2 θεὸς ἐκείνων τῶν ποτε λαμπρῶν·† an | an |
νεύει βίοτος, νεύει δὲ τύχη an | an |
4 κατὰ πνεῦμ' ἀνέμων. an |

F 154

τὸ ζῆν ἀφέντες τὸ κατὰ γῆς τιμῶσί σου.
2 κενόν γ'· ὅταν γὰρ ζῆι τις, εὐτυχεῖν χρεών.

152: Stob. 1,5,2 (1,74,15 W.-H.): eclogam praebent sub titulo περὶ εἱμαρμένης καὶ τῆς τῶν γιγνομένων εὐταξίας FP; lemma Εὐριπίδου Ἀνδρομέδας ad insequentis eclogae versum secundum adscriptum est.

153: Stob. 4,41,17 (5,932,11 W.-H.): eclogam cum lemmate Εὐριπίδου Ἀνδρομέδας praebent SMA; notam Xo. praefert S; titulus aeque ac F 150, quo vide.

154: Stob. 4,55,4 (5,1118,6 W.-H.): eclogam cum lemmate Εὐριπίδου Ἀνδρομέδας sub titulo περὶ ταφῆς praebent SMA. | Vices personarum distinxit Musgrave.

---

152 2 μοίρα F || 3 στρέφεις FP: corr. Barnes | ἄλλους ἄλλως FP: Nauck || 153 3 βίωτος SM | τύχα S || 154 1 τὸ κατὰ γῆν SMA (τὸ om. A): γῆς Grotius et Boissonade || 2 κενόν γε SMA: edd. || εὐτυχεῖ κρέων SA, κρεῶν M: Musgrave.

F 147

ἄγοροι

F 148

τέλειος

147: Anecd. Gr. Bekker 1,339,5 (= Anecd. Gr. Bachmann 1,24,22): ἄγορος καὶ ἄγοροι· Εὐριπίδης Ἀνδρομέδαι· οἱ κατ' οἶκον ἀμφὶ δαῖτα (ἀμφιδέτα cod.: Bekker) καὶ τραπέζαν Αἰθίοπες σημαίνει. | Incertum, quantum Euripidi tribuendum sit, v. comm. ad loc.

148: Σ TW Pl. Phlb. 66 D (p. 55 Greene) = Σ A Pl. R. 9,583 B (p. 269 Greene): τὸ τρίτον τῶι σωτῆρι] ἐκ μεταφορᾶς εἴρηται τοῦ ἐν συνουσίαις ἔθους ... ἐκιρνῶντο γὰρ ἐν αὐταῖς κρατῆρες τρεῖς, καὶ τὸν μὲν πρῶτον Διὸς Ὀλυμπίου καὶ θεῶν Ὀλυμπίων ἔλεγον, τὸν δὲ δεύτερον ἡρώων, τὸν δὲ τρίτον σωτῆρος, ὡς ἐνταῦθά τε καὶ δὴ ἐν Πολιτείαι (ἐν Φιλήβωι). ἔλεγον δὲ αὐτὸν καὶ τέλειον, ὡς Εὐριπίδης Ἀνδρομέδαι καὶ Ἀριστοφάνης (ἐν Σ A) Ταγηνισταῖς (PCG fr. 540 [III 2,279 Kassel-Austin]). | Eandem explicationem nomen Euripidis omittens profert Σ BD Pi. I. 6,10a (3,251,18 Drachmann); cf. Ael. Dion. τ 25 (145,13 Erbse), Paus. Gr. τ 47 (214,29 Erbse) = Philochorus FGrHist 328 F 87 (3 B, 124 Jacoby), Pollux 6,15 (2,3sq. Bethe), Hesych. τ 1450 Schmidt, Suda τ 1024 (4,594,24 Adler), Phot. Gal. 2,227,7 Naber (ex συναγωγῆς λέξεων χρησίμων haustum constat, itaque ab Atticistis Sudam et Photium pendere certum est).

F 155

ἀγρεύματα

F 155a

ἀμβλωπὸς ὄψις

F 156

ἀμείβεται

155: Hesych. α 768 (1,30 Latte; e Diogen.): ἀγρεύματα· σκῦλα. Εὐριπίδης Ἀνδρομέδαι (post ἀγρ. κτήματα addidit Latte collato Et. M. 14,1, v. infra). | Cf. etiam Anecd. Gr. Bekker 1,340,16 (= Anecd. Gr. Bachmann 1,26,13): ἀγρεύματα τὰ ἐπὶ τῆς ἀγροικίας κτήματα Σόλων εἶπε (F 130 Ruschenbusch). σημαίνει δὲ καὶ σκῦλα. | Et.M. 13,58 (34 Gaisford) = Et. M. auct. 190 (1,51 Lasserre-Livadaras): ἄγρευμα· εὕρημα· καὶ τὸ εἰλημμένον σημαίνει καὶ κτήματα, σκῦλα. | καὶ ἀγρεύσαι· τὸ λαβεῖν.

155a: Phot. α 1164 (1,122 Theodoridis): ἀμβλωπός. Εὐριπίδης Ἀνδρομέδαι (Ἀνδρομέδη z)· ἀμβλωπὸς ὄψις. καὶ ἐν Θησεῖ· (F 386a) ... καὶ ἀμβλῶπας Εὐριπίδης (ὁ αὐτός b: z) ἐν Θυέστηι· (F 397a) ... καὶ Ἴων (TrGF I 19 F 53a) καὶ Σοφοκλῆς (F 1001) καὶ Πλάτων (F 23 Dem.). | Huc etiam trahendum esse videtur, quod Pollux 2,51 (1,98 Bethe) praebet (quod olim fuit E. F 1096 N^2; ad glossam Photii rettulit Snell): ἀμβλυωπία, ἀφ' ἧς ἀμβλυωπὸς παρ' Εὐριπίδηι.

156: Hesych. α 3539 (1,124 Latte): ἀμείβεται· παραιτεῖται. Εὐριπίδης Ἀνδρομέδαι. || Phot. α 1177 (1,124 Theodoridis): ἀμείβεται· ἀντὶ τοῦ παραιτεῖται (του om. b). Εὐριπίδης. | Et. M. 81,36 (224 Gaisford) = Et. M. auct. 1053 (1,399 Lasserre-Livadaras): ἀμείβειν· τιμᾶν. καὶ ἄμειβον· ἤλλασσον (Hom. XIV 381). καὶ ἀμείβεται· παραιτεῖται.

Appendix: Fragmenta tragica, quae dubitanter vel falso ad Euripidis Andromedam rettulerunt viri docti:

I. Sub nomine Euripidis Andromedae tradita:

1. E. F 1054 N^2

ἔρωτα δεινὸν ἔχομεν. ἐκ δὲ τῶν λόγων
ἕλου τὰ βέλτισθ'· ὡς ἄπιστόν ἐστ' ἔρως,
κἀν τῶι κακίστωι τῶν φρένων οἰκεῖν φιλεῖ.

2. E. Andromedae fr. XXXIX Matthiae, fr. 47 Bothe, fr. XLIX Wagner

αἰσχροκερδής

1.: Stob. 4,20,44 (4,459,15 W.-H.): eclogam cum lemmate Εὐριπίδου Ἀνδρομέδας sub titulo ψόγος Ἀφροδίτης (v. etiam E. F 136) praebent SMA. | lemma Εὐρ. Ἀνδρ. ad praecedentem eclogam (F 136,1) pertinere coniecit Fritzsche.

2.: Anecd. Gr. Bekker 1,78,21: αἰσχροκερδής· Εὐριπίδης Ἀνδρομέδαι. Hanc glossam non ad Euripidis Andromedam, sed ad Euripidis Andromachae versum 451 spectare primus suspicatus est Wagner; inter fragmenta Euripidea eam ob causam primus non recepit Nauck, TGF[1].

---

1. 1 ἔχωμεν SM, ἔχ$\overset{\omega}{\vartheta}$μεν A: corr. Trincavelli || 2 βέλτιστα SM: A | ὥστ' SMA: corr. Pierson | ἐπ' ἔρως M || 3 καὶ A: SM | ἀκεῖν M, ναρκεῖν A: S.

II. Versus Aristophanis in Thesmophoriazusis, qui modo tragico ficti esse videntur:

3. Ar. Thesm. 1056sq.

(= E. Andromedae fr. XVI Wagner, E. F 167,1/2 Mette)

Χαῖρ', ὦ φίλη παῖ· τὸν δὲ πατέρα Κηφέα
ὅς σ' ἐξέθηκεν ἀπολέσειαν οἱ θεοί.

4. Ar. Thesm. 1113b

Ἀνδρομέδα, παῖς Κηφέως.

5. Ar. Thesm. 1116-8

(= E. Andromedae fr. X Matthiae, fr. XIV Wagner)

ἀνθρώποισι γὰρ νοσήματα
ἅπασίν ἐστιν· ἐμὲ δὲ καὐτὸν τῆς κόρης
ταύτης ἔρως εἴληφεν.

6. Ar. Thesm. 1121sq.

(= E. Andromedae fr. X Matthiae, fr. XV Wagner, F **178 Mette, F 889 N^2)

... λύσαντά μ' αὐτὴν ...
πεσεῖν εἰς εὐνὴν καὶ γαμήλιον λέχος.

7. Ar. Thesm. 1134

(= E. Andromedae fr. 21 Bothe)

μέμνησο, Περσεῦ, μ' ὡς καταλείπεις ἀθλίαν.

III. Fragmenta tragica, quae viri docti ad Andromedam Euripidis traxerunt:

8. E. F 897

παίδευμα δ' Ἔρως σοφίας ἀρετῆς	metr.: an | an |
πλεῖστον ὑπάρχειν,	an |
καὶ προσομιλεῖν οὗτος ὁ δαίμων	an | an |
πάντων ἥδιστος ἔφυ θνητοῖς.	an | an |
καὶ γὰρ ἄλυπον τέρψιν τιν' ἔχων	an | an |
εἰς ἐλπίδ' ἄγει. τοῖς δ' ἀτελέστοις	an | an |
τῶν τοῦδε πόνων μήτε συνείην	an | an |
χωρίς τ' ἀγρίων ναίοιμι τρόπων.	an | an |
τὸ δ' ἐρᾶν προλέγω τοῖσι νέοισιν	an | an |
μή ποτε φεύγειν,	an |
χρῆσθαι δ' ὀρθῶς, ὅταν ἔλθῃ.	2an‸ ||

9. E. F 955h

≍ – ⏑ – ≍ ἄνυδρα δ' ᾠκηκὼς ἄναξ
κριωπὸς Ἄμμων δάπεδα θεσπίζει τάδε.

8.: Athen. 13,11,561 A (3,236 Kaibel): ἐν οἷς (sc. τῶν παρόντων φιλοσόφων) τινες καὶ ἐμνημόνευσαν τοῦ σκηνικοῦ φιλοσόφου Εὐριπίδου ᾀσμάτων, ὧν ἦν καὶ τάδε· »παίδευμα – ἔλθῃ«. Sequitur Pindarus fr. 127,1sq. et E. Andromeda F 136 (quo vide!). | Andromedae inseruit versus Welcker.

9.: Phot. α 2153 (1,207 Theodoridis): ἄνδρα δάπεδα· περὶ Λιβύης λέγει ὁ τραγικός· »ἄνδρα – τάδε«. | Andromedae tribuit Zielinski.

---

8. 7 συνίην A: corr. Musurus || 8 νέοιμι: corr. Musurus || 9. 1 οἰκηκώς b S[z]: corr. Wil.

10. E. F 977

(= E. Andromedae fr. 30 Bothe)

ἡ γὰρ σιωπὴ τοῖς σοφοῖσιν ἀπόκρισις.

11. E. F 985

(= E. Andromeda apud fr. II Matthiae, fr. XXVIII Bothe)

ὁ πετόμενος ἱερὸν ἀνὰ Διὸς αἰθέρα γοργοφόνος.

12. E. F 1062

γυναικὶ δ' ὄλβος, ἣν πόσιν στέργοντ' ἔχηι.

10.: Plu. Vit. pud. 10,532 F (3,356 Pohlenz): τὴν γὰρ σιωπήν, ὁ μὲν Εὐριπίδης φησί, τοῖς σοφοῖς ἀπόκρισιν εἶναι. || Men. Sent. 307 J.: ἡ γὰρ - ἀπόκρισις. | Versum Andromedae vindicavit Welcker.

11.: Plu. Quaest. conv. 9,15,2, 747 D (4,332 Hubert): agitur de tribus partibus saltationis: ὡς γὰρ οἱ ποιηταὶ τοῖς κυρίοις ὀνόμασι δεικτικῶς χρῶνται ... πολλὰς δὲ καὶ συνθέσεις τῶν ὀνομάτων κατὰ μέλη μιμητικῶς σχηματίζουσιν, ὡς Εὐριπίδης· »ὁ - γοργοφόνος«. | Perseum Andromedae Euripidis significare putabat Valckenaer.

12.: Stob. 4,23,15 (4,575,12 W.-H.): eclogam cum lemmate Εὐριπίδου (lemma om. S) sub titulo γαμικὰ παραγγέλματα praebent SMA. | Andromedae tribuit Hartung.

---

10. τοῖς πολλοῖς ἀπόκρισις Men. ε, τοῖς σοφοῖς ἀπόκρισις Men. χγ, τοῖς σοφοῖς ἐστ' ἀπόκρισις Γ (l): Nauck || 11. πετάμενος T: edd. || 12. ἂν SMA: edd.

13. E. F 1064

ἀλλ' ἴσθ', ἐμοὶ μὲν οὗτος οὐκ ἔσται νόμος
τὸ μὴ οὐ σε, μῆτερ, προσφιλῆ νέμειν ἀεὶ
καὶ τοῦ δικαίου καὶ τόκων τῶν σῶν χάριν.
στέργω δὲ τὸν φύσαντα τῶν παντῶν βροτῶν
μάλισθ'· ὁρίζω τοῦτο, καὶ σὺ μὴ φθόνει·
κείνου γὰρ ἐξέβλαστον· οὐδ' ἂν εἷς ἀνὴρ
γυναικὸς αὐδήσειεν, ἀλλὰ τοῦ πατρός.

14. adespotum tragicum TrGF II F 537

κρεῖττον τ' ἀμύνειν. κατθανεῖν γὰρ εὐκλεῶς
ἢ ζῆν θέλοιμ' ἂν δυσκλεῶς †γε κατθανών†.

13.: Stob. 4,25,27 (4,624,1 W.-H.): eclogam cum lemmate Εὐριπίδου sub titulo ὅτι χρὴ τοὺς γονεῖς τῆς καθηκούσης τιμῆς καταξιοῦσθαι παρὰ τῶν τέκνων, καὶ εἰ ἐν ἅπασιν αὐτοῖς πειστέον praebent SMA. | Andromedae tribuit Hartung, Phoenici Bruhn (prob. Wil. m. s.).

14.: Stob. 4,10,21 (4,333,1 W.-H.): sine lemmate cum praegressis versibus ex Euripidis Andromacha cohaerentes sub titulo ἔπαινος τολμῆς ambo versus praebent SMA; a praegressis separavit Gaisford: ex Andromeda petitos esse suspicatus est Hense.

---

13. 2 δεῖ SMA: Scaliger || 3 τῶν om. A || 14. 2 ἃ M: ἂν SA.

15. F **170 Mette = Lyr. adesp. fr. 26 Powell = PMG 926 (e) Page

Χορ.:	metr.:
βᾶτε, βᾶτε κεῖθεν αἱ δ' εἰς τὸ πρόσθεν ὀρόμεναι.	cr ia cr ia
2 τίς ποθ' ἁ νεᾶνις; ὡς εὐπρεπής νιν ἀμφέπει ...	cr ia cr ia

15.: P. Oxy. 2687, col. III 15-18: Aristoxeni ῥυθμικὰ στοιχεῖα?: χρήσαιτο δ' ἂν καὶ ὁ ἴαμβος τῆι αὐτῆι ταύτηι λέξει, ἀφυέστερον δὲ τοῦ βακχείου· τὸ γὰρ μονόχρονον οἰκειότερον τοῦ τροχαικοῦ ἢ τοῦ ἰάμβου, οἷον ἐν τῶι »βᾶτε - ἀμφέπει«. | Chorum Andromedam aspicere suspicatus est Mette.

---

15. 2 τίς ποθ' [ε] Pap.

B. Kommentar

T I

a. Für den Tragödientitel 'Andromeda' zeugen 1. die Testimonienträger der Fragmente, 2. der alphabetische Katalog von Titeln euripideischer Tragödien IG XIV 1152.
b. Wir kennen heute drei Listen von Tragödientiteln des Euripides: 1. die Inschrift IG II/III^2 2363 bietet eine fragmentierte Liste von Büchern, die Epheben dem Gymnasium im Peiraios gespendet haben, darunter auch Tragödien des Euripides; diese Liste ist nicht alphabetisch, ganz unsystematisch und enthält den Titel 'Andromeda' wohl zufällig nicht. 2. Der P. Oxy. 2456 bietet fragmentiert in analphetischer Reihenfolge einen Katalog euripideischer Tragödien; erhalten sind 18 Titel, die 'Andromeda' ist nicht darunter. 3. Die Inschrift IG XIV 1152 steht auf der Rückseite einer Statuette, die Euripides (Beischrift: ΕΥΡΙΠΙΔΗΣ) sitzend darstellt (gefunden in Rom, heute im Louvre Nr. 343, s. J. Charbonneaux, La Sculpture Grecque et Romaine du Musée du Louvre, Paris 1963,52). Dieser alphabetische Katalog bietet in zwei Kolumnen 37 Tragödientitel (von 'Alkestis' bis 'Orestes'). In col. I (A-H) enthält dieser Katalog den Titel ΑΝΔΡΟΜΕΔΑ.

T II

1. Das Datum der Aufführung der euripideischen 'Andromeda' ist aus chronologischen Hinweisen in den Scholia vetera (die auf alexandrinischer Gelehrsamkeit im weitesten Sinne basieren) zu Aristophanes' 'Vögeln', 'Thesmophoriazusai' und 'Fröschen' zu gewinnen.

a. Der Scholiast zu Ar. Av. 348 erwähnt, daß ein nicht näher bekannter Asklepiades (s. Wentzel, RE II [1896] 1631; Müller, Asclep. Myrl. 47f.) fälschlich den Aristophanesvers δοῦναι ῥύγχει φόρβαν (zum dramatischen Kontext s. z. F 121) für eine Nachahmung des euripideischen ἐκθεῖναι κήτει φόρβαν (F 121) erklärt habe; falsch sei diese Zuweisung, weil die 'Andromeda' zum Zeitpunkt der Aufführung der 'Vögel' noch gar nicht aufgeführt worden war. Das Aufführungsjahr der 'Vögel' wird durch die Hypothesis I und II angegeben: ἐπὶ Χαβρίου διὰ Καλλιστράτου ἐν ἄστει. Das bedeutet: aufgeführt an den Großen Dionysien des Jahres 414 v. Chr. in der

Inszenierung des Kallistratos. Damit gewinnen wir das Jahr 414 v. Chr. als terminus post quem der Aufführung der 'Andromeda'.

b. In der Reihenfolge der Chronologie der aristophanischen Komödien sind die nächsten Datierungshinweise den Scholien zu den 'Thesmophoriazusai' (zum Stück und dessen 'Andromeda' -Parodie s. z. F 114. 115. 117. 118 usw.) zu entnehmen: 1. zu V. 1012 bezeugt der Scholiast die Aufführung der 'Andromeda' zusammen mit der 'Helena' : die Aufführung der 'Helena' ein Jahr vor den 'Thesmophoriazusai' belegt das Scholion zu Ar. Thesm. 850 (vgl. Kannicht, Helena 1,78); 2. zu V. 1060 gibt der Scholiast an, daß die 'Thesmophoriazusai' ein Jahr nach der 'Andromeda' (und der 'Helena') zur Aufführung kamen. Die Datierung der 'Thesmophoriazusai' selbst gewinnen wir aus weiteren Scholiennotizen (vgl. Wilamowitz, Aristoteles u. Athen 2,343f.):

i. Σ R Ar. Thesm. 190: γέρων γὰρ τότε Εὐριπίδης ἦν. ἕκτωι γοῦν ἔτει ὕστερον τελευτᾶι: zum Zeitpunkt der Aufführung der 'Thesmophoriazusai' ist Euripides ein alter Mann, 5 Jahre später stirbt er. Das Todesjahr des Euripides fällt zusammen mit dem des Sophokles; 405 v. Chr., bei der Aufführung der 'Frösche' sind beide schon tot, also ist Euripides 406 v. Chr. verstorben (vgl. TrGF IV T 54. 56. 85); Aufführung der 'Thesmophoriazusai' also 411 v. Chr.

ii. Σ R Ar. Thesm. 841: ἐπαινεῖ τὸν Λάμαχον νῦν· ἤδη γὰρ ⟨τέθνη⟩κε ἐν Σικελίαι τετάρτωι ἔτει πρότερον: Lamachos' Tod auf Sizilien fällt ins Jahr 414 v. Chr. (Th. 6,101,6. 103,1); Aufführung der 'Thesmophoriazusai' 3 Jahre danach, also 411 v. Chr.

c. Das entscheidende Zeugnis bietet das Scholion zu Ar. Ra. 53; Dionysos wird beim Wiederlesen der 'Andromeda' (Vv. 52ff.) von einem πόθος Εὐρπίδου (Vv. 66f.) erfaßt; der Scholiast fragt: warum läßt Aristophanes den Dionysos gerade die 'Andromeda' lesen (die Frage des Scholiasten sucht Moorton, AJPh 108 [1987] 434-6 zu beantworten) und nicht eines der vor kurzem aufgeführten Stücke 'Hypsipyle', 'Phoinissai' , 'Antiope' (zur Problematik dieser Scholiennotiz und ihrer Deutung s. Mueller-Goldingen, Unters. Phön. Eur. 6-11 mit der kritisch gewürdigten Literatur; vgl. auch Mastronarde, Phoenissai 15). Die 'Andromeda' sei doch bei der Aufführung der 'Frösche' schon sieben Jahre alt gewesen. Die 'Frösche' sind an den Lenäen d. J. 405 v. Chr. aufgeführt worden (Hypothesis I: ἐδιδάχθη ἐπὶ Καλλίου τοῦ μετὰ Ἀντιγένη διὰ Φιλωνίδου εἰς Λήναια; also ist die 'Andromeda' i. J. 412 v. Chr. zur Aufführung gebracht worden (ebenso die 'Helena' : T II b. 1), die 'Thesmophoriazusai' i. J. 411 v. Chr. (T II b. 2).

2. Zusammenfassend ist festzuhalten: die Datierung der Aufführung der 'Thesmophoriazusai' auf das Jahr 411 v. Chr. ist mehrfach bezeugt; aus T II b. und unabhängig davon aus T II c. ergibt sich so, daß die euripideische 'Andromeda' mit der 'Helena' an den Dionysien (vgl. Hoffmann, Chronologie 82; Kannicht, Helena 1,79) d. J. 412 v. Chr. aufgeführt wurde.

T III

1. John Fell gab 1672 in Oxford erstmals eine in verschiedenen Hss. überlieferte anonyme Schrift ἀστροθεσίαι ζωιδίων unter der Autor- und Titelbezeichnung Eratosthenis Catasterismi heraus, da er diese Sammlung von vierundvierzig Sternbildern nebst Sternsagen für das in der Suda ε 2898 (2,403,6 Adler) genannte Werk des alexandrinischen Naturforschers und Gelehrten Eratosthenes von Kyrene (~ 280-200 v. Chr.; Knaack, RE VI [1907] 358f.) hielt; zu Unrecht, wie die Erforschung des Komplexes der antiken und frühmittelalterlichen Aratkommentierung erwiesen hat (namentlich zu nennen sind Carl Robert, Ernst Maass und Albert Rehm, deren Arbeiten das Fundament für das heutige Wissen gelegt haben). Fest steht: das Sternbuch des Eratosthenes ist verloren; es muß in einer systematischen Reihenfolge (für Systematik spricht die Erwähnung einer bestimmtem Plazierung im Kepheus- [Erat. Cat. 15: Κηφεύς· οὗτος ἐν τάξει τέτακται τέταρτος] und im Leier-Abschnitt [Erat. Cat. 24: Λύρα· αὕτη ἐνάτη κεῖται ἐν τοῖς ἄστροις]) Sternbilder und dazugehörige Sternsagen behandelt haben, was es dazu prädestinierte, für das ungleich berühmtere Sternengedicht des Aratos von Soloi in Kilikien (verfaßt nach 276 v. Chr.) als gelehrter Kommentar gelesen zu werden; infolgedessen wurde es zu einem Kommentar zu Aratos' 'Phainomena' umgeschrieben und häufig zur Abfassung oder Kommentierung von Sternbildbeschreibungen, Sterngedichten und Ähnlichem verwendet, so daß der Gehalt des eratosthenischen Werkes heute in zahlreichen Rezensionen verkürzt, umgarbeitet, erweitert, verstümmelt, mißverstanden greifbar ist. (Den Gang der Forschungsgeschichte referieren Gürkoff, Kat. Erat. 6-10, das von Rehm, Erat. Cat. XXIV aufgestellte Stemma wieder auf p. 10; Keller, Erat. 19-26; die wichtigsten Werke:

Robert Erat, Cat. Rel. 1-35; Maass, Anal. Er.; ders. Aratea; ders. Comm. in Ar.; Rehm, H 34 [1899] 251-79; ders. Erat. Cat. I-XXVI; zu vgl. auch Knaack, RE VI [1907] 358-88.) Wenn im Folgenden von den Katasterismen des Eratosthenes die Rede ist, ist das verlorene Originalwerk gemeint (dessen Titel nach Rehms Rekonstruktion H 34 [1899] 266 lautete: Ἐρατοσθένους περὶ τοῦ τῶν ἀστέρων διακόσμου καὶ τῆς τῶν φαινομένων ἐτυμολογίας; καταστερισμοί als Buchtitel aber Σ QA Arat. 134 [139,8 Martin]), nicht das anonyme opusculum, das von Robert, Erat. Cat. Rel. 3 als 'Epitome' bezeichnet wurde (bei Stellenangaben wurde das Kürzel von LSJ: Erat. Cat. dennoch beibehalten).

Das argumentum der euripideischen 'Andromeda' greifen wir in folgenden von Eratosthenes' 'Katasterismoi' abhängigen Texten:

a. in den Scholia vetera ad Aratum: verglichen mit dem Bestand der anderen Rezensionen erweisen sich die Aratscholien als heute verstümmelt;
b. in den Astronomica des Hyginus, Anfang des 2. Jhdts. v. Chr. verfaßt, und den Basler (A-) und Pariser (P-) Scholien (verfaßt etwa am Ende des 3. Jhdts. n. Chr.: Martin, Histoire 69; vgl. das Stemma ebda. 66) zu den Aratea des Caesar Germanicus: beide Corpora sind lateinische Übersetzungen und Bearbeitungen des hellenistischen griechischen Corpus der Aratkommentare;
c. in der 'Epitome': diese stellt, zusammen mit den von Rehm, Erat. Cat. 1893 edierten Fragmenta Vaticana (T = Vaticanus Graecus 1087, XV. Jhdt.; T enthält die die euripideische 'Andromeda' betreffenden Abschnitte nicht, aber das für die 'Andromeda' des Sophokles einschlägige Ketoskapitel, s. S. T I c. 2) eine verkürzte und interpolierte (Rehm, H 34 [1899] 264) Fassung des griechischen Kommentarcorpus dar und dürfte in der Zeit nach dem 3./4. nchr. Jhdt. hergestellt worden sein (Martin, Histoire 6);
d. in der in merowingischer Zeit (8. Jhdt.) angefertigten Übertragung des gesamten Aratcorpus ins Lateinische (Aratus latinus); in frühkarolingischer Zeit wurde dieser lateinische Arat überarbeitet und das Kommentarcorpus unter Heranziehung der AP-Scholien zu Germanicus erweitert: für diese Bearbeitungsschicht zeugen die Scholien zu Germanicus, die in Hss. aus St. Germain (G) und St. Gallen (G^a, G^b) enthalten sind. Eine erneute Bearbeitung auch dieser Scholien, wieder unter Heranziehung der alten Germanicusscholien (AP) führte zu dem Scholiencorpus zu Germanicus, wel-

ches ein Florentiner codex Strozzianus (S) und ein codex Urbinas (V) enthalten.

Stemmatisch ist dieser Überlieferungszusammenhang in folgender Weise darzustellen (unter modifizierter Verwendung des Stemmas von Le Bourdellès, L' Aratus latinus 15):

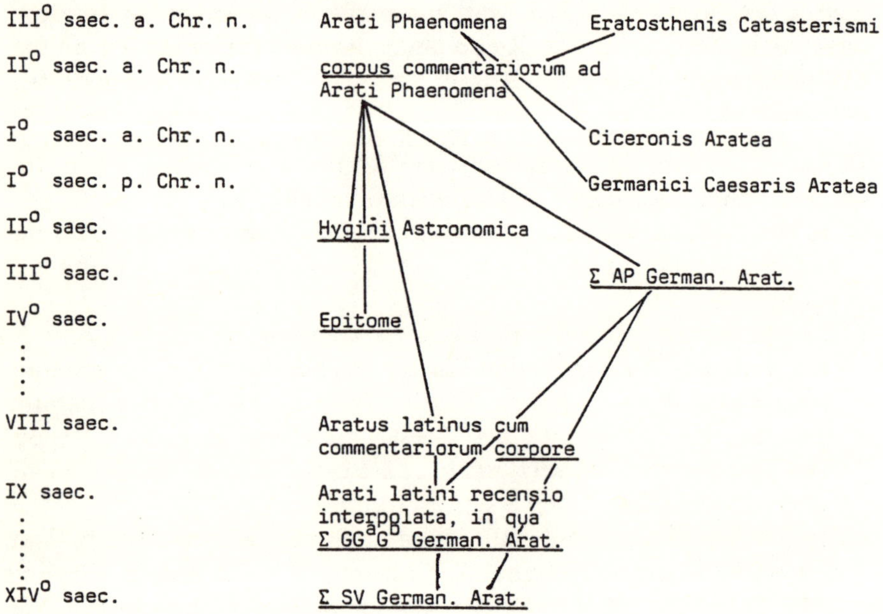

Die Übelieferungverhältnisse und die Abhängigkeiten im weiten Feld der antiken Aratkommentierung waren ausführlich darzustellen, weil 1. die Präsentation der testimonia entsprechend zu gestalten ist, und 2. für die Ermittlung des Stoffes der euripideischen 'Andromeda' auf die grundsätzliche methodische Gleichwertigkeit der verschiedenen Eratosthenesrezensionen (mit Ausnahme der späten GG^aG^b- und der SV-Scholien) hinzuweisen ist.

Sieht man von der Parodie der euripideischen 'Andromeda' in den aristophanischen 'Thesmophoriazusai' ab, beruht unser Wissen vom Stoff der griechischen 'Andromeda'-Tragödien allein auf diesen allesamt späten Zeugen; wegen ihrer Abhängigkeit vom Werk eines alexandrinischen Gelehrten verdienen diese Texte, trotz ihres z. T. großen zeitlichen Abstands zum Zeitpunkt der Aufführung der 'Andromeda' des Euripides, dennoch unser Vertrauen: die Substanz der jeweiligen Nachricht ist ja alexandrinischer Gelehrsamkeit des 3. Jhdts. v. Chr. verdankt.

Die wenigen charakteristischen Züge des von Euripides in der 'Andromeda' behandelten Stoffes sind nach diesen Zeugen folgende: 1. Kepheus ist der König der Aithiopen und Andromedas Vater; 2. er setzt seine Tochter, mit ausgebreiteten Armen festgebunden einem Meerungeheuer zum Fraß aus; 3. Perseus errettet Andromeda von diesem tödlichen Los; 4. gegen den Willen der Eltern folgt die dankbare Andromeda ihrem Retter Perseus nach Argos; 5. Athena sorgt für die Verstirnung von Kepheus und Andromeda als Erinnerung an die heldenhafte Tötung des Ketos durch Perseus.

Einzig Hyginus (T III b. 1. ii) erwähnt als Motiv der Aussetzung Andromedas den Streit Kassiepeias mit den Nereiden; dieses die Dramenhandlung auslösende Moment ist in den Parallelrezensionen nicht für die 'Andromeda' des Euripides bezeugt, begegnet aber stereotyp bei der Bezeugung des Stoffes der 'Andromeda' des Sophokles (s. S. T I); es liegt damit der Schluß nahe, daß es sich bei der Erwähnung des Euripides und der alii complures um einen Zusatz des Hyginus handelt, der keinen Anhalt in einem ihm sicher bezeugten Faktum hat, daß bei Euripides des Streites von Kassiepeia mit den Nereiden gedacht war. Wie die Aussetzung Andromedas an das Ketos bei Euripides begründet war, wissen wir also nicht (s. auch z. E. F 115).

2. Zu den Zeugnissen für die Handlung der euripideischen 'Andromeda' ist auch die 'Andromeda'-Parodie der 'Thesmophoriazusai'-Komödie des Aristophanes zu rechnen; Aristophanes parodiert dabei folgende Handlungselemente der 'Andromeda' des Euripides: 1. den anapästischen Prolog der Titelheldin am Felsen, begleitet von den Responsionen des Echos; 2. lyrische Klagen Andromedas und des Chores; 3. den Auftritt des Perseus (vgl. zum Ganzen z. E. F 114. 115. 117. 118 usw.). Diese Handlungselemente sichern als Stoff der 'Andromeda', über das von den Rezensionen des eratosthenischen Sternbuchs Bekannte hinaus: 1. Andromeda ist an einen Felsen gefesselt und erwartet zu Beginn der Tragödie ihren Tod, den sie ihres Vaters wegen erleiden soll; 2. Perseus befindet sich auf dem Weg von seinem Abenteuer der Tötung der Gorgo Medusa zurück nach Argos, als er Andromedas am Felsen angesichtig wird; er verliebt sich in Andromeda

und ist aus diesem Grund gewillt, den Kampf mit dem Ketos zu wagen und so Andromeda zu retten.

3. Was aus diesen Zeugnissen für die Hypothesis der euripideischen 'Andromeda' zu gewinnen ist, umfaßt folgende Bestandteile: 1. Kepheus, der König der Aithiopen, setzt seine Tochter Andromeda an einen Felsen gefesselt einem Ketos zum Fraß aus, Andromeda selbst ist an ihrer Aussetzung unschuldig: 2. Perseus kommt zufällig vorbei, verliebt sich in Andromeda, ist bereit, das Ketos zu töten und Andromeda zu retten; 3. Perseus tötet das Ketos; 4. die Eltern Andromedas wollen ihre Tochter nicht Perseus' Gattin werden lassen, doch Andromeda, nobel gesinnt, folgt ihrem Retter nach Argos; 5. Athena und die Verstirnung von Andromeda und Kepheus spielten irgendeine Rolle: vielleicht verkündete Athena als dea ex machina die Verstirnung, um die Eltern über den Verlust der Tochter hinwegzutrösten? (Zum Andromedastoff außerhalb der Tragödie s. Einl. I u. III.)

T IV

(1)

a. Athenaios zitiert in seinen 'Deipnosophistai' zweimal aus einer ansonsten unbekannten Schrift einer sonst ebenfalls nicht mehr bezeugten Autorin Nikobule, das erste Mal mit dem skeptischen Zusatz ἢ ὁ ἀναθεὶς ταύτηι τὰ συγγράμματα (Athen. 10,434 C; zu Nikobule s. Laqueur, RE XVII [1936] 344f.). Der Inhalt beider Zitate läßt darauf schließen, daß es sich um ein unter den Namen Nikobule gestelltes Pamphlet vom Ende des 4. Jhdts. v. Chr. handelt, dessen Absicht es war, die Glorifizierung und Divinisierung Alexander des Großen mit dem Aufweis seiner nur allzu menschlichen Schwächen, in diesem Fall seiner Trunksucht, zu konterkarieren. Für diesen Kontext spricht, daß eine ähnlich ausgerichtete Schrift des Ephippos von Olynthos mit dem Titel περὶ τῆς Ἀλεξάνδρου καὶ Ἡφαιστίωνος τελευτῆς (oder τάφης: FGrHist 126 F 3 [2,666 Jacoby]) beidesmal von Athenaios im selben Zusammenhang zitiert wird. Ephippos war ein Teilnehmer an Alexanders Asienfeldzug (s. Berve, Alexanderreich 2,161, Nr. 331) und dürfte seine Schmähschrift nicht allzu lange nach Alexanders Tod verfaßt haben (Jacoby, FGrHist 2 D, 438); eine gegen Alexander gerichtete Schrift, wie die der/des Nikobule, hat im Grunde nur in den ersten Jahren nach Alexanders Tod Sinn (vgl. Jacoby, aaO. 440). Diese(n) Nikobule zitiert Athenaios zum Zeugen von Alexanders Verhalten beim Gastmahl; insbesondere scheint es Nikobule darum gegangen zu sein, zwischen Alexanders Tod und seinem übergroßen Weingenuß einen direkten kausalen Zusammenhang herzustellen. Er/sie berichtet: 'Alle Techniten (s. dazu Berve, Alexanderreich 1,73ff.) bemühten sich gewöhnlich beim Mahl eifrig darum, den König zu erheitern; beim letzten Mahle (ἐν τῶι τελευταίωι δείπνωι von Funke, JbAC 8/9 [1965/6] 237 falsch verstanden) trug dann Alexander aus dem Stegreif eine Szene aus Euripides' 'Andromeda' vor, wobei er selbst eifrig dem ungemischten Wein zusprach und auch die anderen Anwesenden dazu nötigte'. Es gibt keinen Grund, an der Zuverlässigkeit dieser Nachricht zu zweifeln, da die gründliche Kenntnis der attischen Tragödie Alexander in den Augen von Nikobule sicherlich nicht zum Nachteil gereichte, also keiner polemischen Absicht entspringen kann.

b. 1. Lukianos leitet seine mit der Absicht der Verspottung zeitgenössischer historiographischer Versuche abgefaßte Schrift 'Wie man Geschichte schreiben soll' im Stil einer Diatribe, d. h. mit einem mit dem Thema vordergründig nicht verbundenen Exkurs anekdotischen Charakters, ein (s. Homeyer, Lukian 167f.): 'Es heißt, die Abderiten habe, als Lysimachos gerade erst die Königsherrschaft antrat, folgende Krankheit befallen: (zuerst Fieber, dann Nasenbluten und Schweißausbrüche); zum Lachen aber war, wie die Krankheit auf ihre Geisteskräfte wirkte: alle waren nämlich heftig für die Tragödie entbrannt, deklamierten Iamben und schrieen lauthals; vorwiegend aber sangen sie die 'Andromeda' des Euripides und trugen als Arie die Worte des Perseus vor: die ganze Stadt war voll von all diesen bleichen und mageren Siebentagetragöden, die »Du, der Götter und der Menschen Herrscher, Eros« und anderes dergleichen mit lauter Stimme hinausschrieen, und dies solange, bis der Winter und eine lange Kälteperiode sie zum Schweigen brachte. Die Ursache für diese Krankheit legte wahrscheinlich der Schauspieler Archelaos, damals sehr berühmt, der ihnen im Hochsommer in großer Hitze die 'Andromeda' aufgeführt hatte, so daß die Mehrzahl von ihnen schon mit Fieber das Theater verließ und später, als Genesene, der Tragödie verfiel, weil ihnen vor allem Andromeda im Gedächtnis und weil die Gedanken von einem jeden von Perseus mit dem Medusenhaupt bevölkert waren.'

Der Tragödienmanie der Abderiten vergleicht Lukianos die Manie seiner Zeitgenossen, unbedingt Geschichte schreiben zu wollen und er nimmt in der ersten Hälfte seiner Schrift die zahlreichen aktuellen Versuche, den jüngst beendeten Krieg der Römer gegen die Parther zu beschreiben, zum Anlaß, an ihnen seinen Witz zu demonstrieren (die Schrift wird infolgedessen in die Jahre nach 166 n. Chr. zu datieren sein: s. Homeyer, Lukian 11).

Schon allein die polemisch-satirische Tendenz der Schilderung der Tragödienmanie in Abdera unter der Regierungszeit des Lysimachos wäre Grund genug, an einer Aufführung der euripideischen 'Andromeda' in Abdera durch den Schauspieler Archelaos zu zweifeln (deshalb ist die Notiz in TrGF I 18 besser zu streichen). Das Mißtrauen gegen die Authentizität von Lukians Zeugnis wird verstärkt durch folgende Beobachtungen: 1. die reiche Stadt Abdera in Thrakien erfreute sich spätestens seit dem 1. vchr. Jhdt. des zweifelhaften Rufes, eine Narrenhochburg zu sein: ob diese Vorstellung schon bei Herondas vorliegt, ist unsicher (2,58: Cunningham z. St. deutet die Erwähnung Abderas entsprechend; Herondas ist in die 1. H. d. 3. Jhdts. zu datieren: Cunningham, Herondas 2), während Machon fr. XI (aus Athen. 8,348 E-349 F; Datierung Machons in die Mitte des 3. Jhdts.: Gow, Machon 5-11) schon eher für eine schon im 3. Jhdt. verbreitete Ansicht zu sprechen scheint, daß die Abderiten zumindest etwas wunderlich seien. Machon läßt den Harfenisten Stratonikos von seinem Aufenthalt in Abdera berichten: ὁρῶν ἕκαστον τῶν πολίτων κατ' ἰδίαν ' κεκτημένον κήρυκα κηρύττοντά τε ' ἕκαστον αὐτῶν ὅτε θέλοι νουμηνίαν. (In Ps. D. 17,23 wird von Abdera als einer »ill-regulated community« gesprochen: so Headlam z. Herod. 2,58, nicht von der sprichwörtlichen Torheit der Abderiten, wie Schmid, Gesch. Gr. Lit. 5,238 A. 3 meint.) Für Cicero (nat. deor. 1,120; Att. 4,17,3 [ep. 91 Shackleton-Bailey]) verknüpft sich jedenfalls schon mit Abdera die Vorstellung, die der Scholiast zu Juv. 10,50 prägnant formuliert: Abderita nam fuit Democritus, ubi stulti sunt nati (z. vgl. auch Mart. 10,25; gesammelt wurden die die Dummheit der Abderiten thematisierenden Zeugnisse von Mayor, Juvenal 2,82f.; Pease, Cicero nat. deor. 1,528f.); für Lukianos darf vorausgesetzt werden, daß er die gerade in satirischer Literatur anzutreffende Gleichsetzung von Dummheit und Abdera kannte. (Später fanden die Abderiten auch Eingang in die Witzliteratur: der 'Philogelos' enthält achtzehn Abderitenwitze, Nrr.110-127 Thierfelder; s. auch Thierfelder, Philogelos 15ff.) Nach einer ansprechenden Vermutung von Schmid (l. c.) könnte dieses negative Bild Abderas aus der Demokritlegende erwachsen sein: Demokrit, der über die Dummheit der Welt lachende Philosoph, der aus Abdera stammte (wie auch der Sophist Protagoras), hätte in seiner eigenen Heimatstadt am meisten Grund gehabt, über die Dummheit zu lachen (Zeugnisse der Demokritlegende sind die ps.-hippokratischen Briefe, Epist. Gr. 10-18 [291-306 Hercher]). Lukians Bericht von einer Tragödienmanie in Abdera gibt der sprichwörtlichen Dummheit der Abderiten ein seriöses Gewand; das macht die anderen seriös erscheinenden Details seiner Geschichte verdächtig. 2. Die Tendenz der Schrift Lukians richtet sich gegen eine historiographische Richtung, die als 'tragische Geschichtsschreibung' seit dem 4. Jhdt. v. Chr. viele Anhänger fand. Die Datierung der Tragödienmanie in Abdera, die Lukian einer zeitgenössischen Historiographiemanie parallelisiert, ans Ende des 4. Jhdts. (also in die Zeit, in der diese tragische Geschichtsschreibung ihren Anfang nahm) scheint so nicht von den zugrundeliegenden Fakten, sondern dem beabsichtigten polemischen Effekt diktiert zu sein. Aus dieser Darstellungsabsicht und der Wahl des Ortes erst resultiert die so überzeugend wirkende Angabe, daß dieses Ereignis sich Λυσιμάχου ἤδη βασιλεύοντος zutrug (zur Datierung der Karriere des Lysimachos: Geyer, RE XIV [1928] 6). Wir haben somit allen Grund, an der Zuverlässigkeit dieser Angabe zu zweifeln.

An dieser Skepsis kann auch nichts ändern, daß für die amphiktyonischen Soteria in Delphi für das Jahr 263 v. Chr. die Teilnahme eines Archelaos am Agon tragischer Schauspieler inschriftlich bezeugt ist (FD III 1,478,17; Sifakis, Studies 156); zum einen ist der Name Archelaos recht häufig (Kirchner, PA 1,159 verzeichnet zehn Träger dieses Namens [Nrr. 2337-46]; Fraser-Matthews, GPN 1,85 allein für die Inseln, Zypern und die Kyrenaika 36; verwandte Namensformen wie Ἀρχέλας und Ἀρχέλεως nicht mitgerechnet), zum anderen liegen immerhin vierzig Jahre zwischen der inschriftlich bezeugten Aufführung des Archelaos in Delphi und der von Lukian behaupteten in Abdera (beide Angaben hält für authentisch und bezieht sie auf denselben Schauspieler Ghiron-Bistagne, Acteurs 315).

Gewinnen läßt sich aus Lukians Zeugnis immerhin: 1. daß Lukian eine Aufführung der 'Andromeda' kurz vor 300 v. Chr. in Abdera oder sonstwo in der griechischen Oikumene für schlechthin möglich hielt; 2. daß Lukian um die Möglichkeit wußte oder sie kannte, die Perseusrhesis, die mit der Anrufung des Eros begann als Soloarie ἐν μέλει vorzutragen: vielleicht ist das als Reflex einer zeitgenössischen Praxis aufzufassen, was belegen würde daß die 'Andromeda' des Euripides oder zumindest Teile von ihr im 2. nchr. Jhdt. im Theater noch zu sehen und zu hören war.

b. 2. Der heidnische Sophist aus dem Umkreis des Kaisers Julian Apostata (also 4. Jhdt. n. Chr.) Eunapios von Sardes legte in sein 14 Bücher umfassendes Geschichtswerk, das die Zeit vom Kaiser Claudius II (~ 270 n. Chr.) bis zum Tod der Kaiserin Aelia Eudoxia (404 n. Chr.) beschrieb (so die Angaben des Patriarchen Photios, der das Opus noch gelesen hat: Phot. bibl. cod. 77 [1,158-60 Henry]), uns heute jedoch nur noch in Fragmenten kenntlich ist, einen Bericht ein über das Auftreten eines Schauspielers zur Zeit Neros in einer großen halbbarbarischen, d. h. unzivilisierten Stadt, deren Einwohner bislang noch nichts von Tragödienrezitationen gehört hatten; infolge des unauslöschlichen Eindrucks, den die Kunst des Schauspielers hinterließ, und infolge der Sonneneinstrahlung während der Rezitation verfielen die Einwohner in ein Tragödienfieber, indem sie die von dem Schauspieler vorgetragenen Passagen aus der 'Andromeda' des Euripides laut nachsangen, während eine gleichzeitig auftretende Durchfallerkrankung bewirkte, daß diese Stadt weitgehend entvölkert wurde.

Diese merkwürdige Geschichte (überliefert in der im 10. Jhdt. n. Chr. auf Geheiß des byzantinischen Kaisers Konstantinos VII. Porphyrogennetos veranstalteten Sammlung von Exzerpten aus Historiographen frühbyzantinischer Zeit; s. Hunger, Lit. d. Byz. 1,244f.) trägt deutlich die Züge zweier ähnlicher Schilderungen: einmal die von Lukians Abderitengeschichte, zum anderen die der Erzählung, die Philostratos in seine Lebensbeschreibung des neupythagoreischen Wundermannes Apollonios von Tyana in Kappadokien eingelegt hat (verfaßt wurde die vita Apollonii auf Geheiß der Kaiserin Julia Domna: Philostr. vita Apoll. 1,3; d. h. begonnen vor 217 n. Chr.): zur Zeit Neros soll ein tragischer Schauspieler in einer südspanischen Stadt namens Ipola (identisch mit Hispalis, dem heutigen Sevilla?) aufgetreten sein: Philostr. vita Apoll. 5,9: τοὺς γοῦν οἰκοῦντας τὰ Ἴπολα, πόλις δὲ κἀκείνη Βαιτική, φησὶν ὁ Δάμις παθεῖν τι πρὸς τραγῳδίας ὑποκρίτην, οὗ κἀμὲ ἄξιον ἐπιμνησθῆναι ... τραγῳδίας ὑποκρίτης τῶν οὐκ ἀξιουμένων ἀνταγωνίζεσθαι τῶι Νέρωνι ἐπῄει τὰς ἑσπερίους πόλεις ἀγείρων ... παρελθὼν δὲ ἐς τὰ Ἴπολα φοβερὸν μὲν αὐτοῖς ἐφαίνετο καὶ ὃν ἐσιώπα χρόνον ἐπὶ τῆς σκηνῆς ... ἐπεὶ δὲ ἐξάρας τὴν φωνὴν γεγωνὸν ἐφθέγξατο, φυγῆι οἱ πλεῖστοι ᾤχοντο, ὥσπερ ὑπὸ δαίμονος ἐμβοηθέντες. τοιαῦτα μὲν τὰ ἤθη τῶν ταύτηι βαρβάρων καὶ οὕτως ἀρχαῖα.

Die Erzählung des Eunapios erweist sich als genaue Kombination beider Paralleltexte: den Zeitpunkt des Geschehens (Herrschaft Neros) und das Motiv der (anfänglichen) Furcht der Barbaren vor dem für sie ungewohnten Auftreten und Gebaren des Schauspielers sind Philostratos entnommen, während das Motiv der Aufführung von Euripides' 'Andromeda', Auslösung einer Tragödienbegeisterung und das Fieber aus Lukianos stammen; daß die Stadt infolge des Fiebers nahezu entvölkert wurde, ist Erfindung des Eunapios. Schon Haag, Praemissa expositio 10 hatte gesehen, daß Eunapios' Schilderung von Lukianos abhängig ist; da jedoch nicht nur nachweisbar ist, daß Eunapios die Werke Lukians kannte (das ist den vom gleichen Verfasser stammenden Sophistenbiographien zu entnehmen: Eun. VS 2,1,9; ausreichend wäre für die vermutliche Kenntnis des Lukian durch Eunapios an sich schon der Hinweis, daß der Julianoskreis, d. h. die Gebildeten um den das Heidentum restaurierenden 'Philosophenkaiser' Julianos Apostata, sich explizit als Erben der zweiten Sophistik und damit von Autoren wie Lukianos und Philostratos verstanden; zur Lukiankenntnis im 4. Jhdt. vgl. Helm, RE XIII [1927] 1773f.), sondern auch die Apolloniosvita des Philostratos (Eun. VS 2,1, 4: ἀλλὰ τὸ μὲν ἐς τοῦτον ὁ Λήμνιος ἐπετέλεσε Φιλόστρατος, βίον ἐπιγράψας Ἀπολλωνίου τὰ βιβλία, δέον Ἐπιδημίαν ἐς ἀνθρώπους θεοῦ καλεῖν; Philostratos' Sophistenbiographien dürften im Übrigen auch das Muster für das entsprechende Werk des Eunapios abgegeben haben), ist die Verarbeitung beider Texte zur Erzählung des Eunapios sicher. Damit fällt Eunapios als Gewährsmann für eine Rezitation der euripideischen 'Andromeda' in den Jahren um 60 n. Chr. aus, wie er gleichfalls nicht als Zeuge für die Wirkung des Stücks im ersten nchr. Jhdt. (oder gar des 4. nchr. Jhdts.) dienen kann.

(2)

Aus diesen Zeugnissen und unter Heranziehung der Texte, die die Aufführungszeit, den Inhalt und Fragmente der 'Andromeda' bezeugen, kann so etwas wie eine Wirkungsgeschichte der euripideischen 'Andromeda' geschrieben werden. Angesichts des Umstands, daß uns diese Tragödie heute verloren ist, heißt Wirkungsgeschichte der 'Andromeda' gleichzeitig auch Geschichte ihres allmählichen Verlustes; um so bedeutsamer ist es, sich des ungefähren Zeitpunktes zu versichern zu welchem sie noch gelesen, gesehen, gehört wurde.

a. Da jede Aufführung einer attischen Tragödie »ephemeren« Charakter hatte (Rösler, Polis u. Trag. 9) und somit die aufzuführende Tragödie selbst insoweit ephemer war, als sie vorrangig für die eine Aufführung an dem einen Fest an dem einen Ort gedichtet war, ist die Vergewisserung ihrer späteren Kenntnis gleichbedeutend mit dem

Ausloten der ihr immanenten poetischen Qualität. Für die hohe Qualität der 'Andromeda' spricht in erster Linie der Umstand, daß Aristophanes schon im Jahr danach (wohl am selben Ort und beim selben Fest: s. z. E. F 114. 115. 117. 118 usw.) eine Komödie zur Aufführung brachte, deren Handlung »dramaturgisch planvoll auf die Parodie« der im Jahr zuvor aufgeführten 'Helena' und 'Andromeda' angelegt war (Kannicht, Helena 1,21. ähnlich 79); ergänzt wird dieses Zeugnis offenkundiger - bei allem Spott, den sich Euripides selbst und seine am Maßstab des Agons der 'Frösche' völlig mißratenen, weil für die Praxis untauglichen, Tragödien gefallen lassen müssen - Hochschätzung der 'Andromeda' durch Aristophanes als einem typischen Erzeugnis des Euripides durch den die 'Andromeda' lesenden Dionysos in den 'Fröschen', deren Lektüre ihm einen unstillbaren πόθος Εὐριπίδου einflößt. Beide Zeugnisse beziehen sich auf die Wirkung der 'Andromeda' bei ihrer Uraufführung im Dionysostheater 412 v. Chr.

b. Doch scheint die 'Andromeda' nach ihrer ersten Aufführung i. J. 412 v. Chr. weiterhin aufgeführt und wohl auch in Abschriften verbreitet gewesen zu sein: der sich unter dem Namen Nikobule verstekkende Autor des gegen Alexander gerichteten Pamphlets hielt eine so intime Kenntnis der 'Andromeda' für möglich, daß er Alexander beim Gastmahl aus dem Stegreif Passagen aus dieser Tragödie vortragen lassen konnte: wenn dieses Moment der Anekdote nicht sowieso authentisch ist. Ähnlich verhält es sich mit der die Fragmente 129 und 132 bezeugenden Anekdote bei Diogenes Laertios 4,29, in der der Verfasser der Quellenschrift die beiden Akademiker Krantor und Arkesilaos sich mit Versen aus Euripides' 'Andromeda' erotische Avancen machen läßt: sollte auch die Anekdote erfunden sein, muß der ins 4./3. vchr. Jhdt. zu datiernde Verfasser (s. z. E. F 129) es ebenfalls für glaubhaft gehalten haben, daß zwei gebildeten Männern Verse aus der 'Andromeda' in dieser Weise geläufig waren.

c. Die chronologisch nächsten Zeugnisse für Kenntnis der 'Andromeda' stammen in ihrem Kern aus der Gelehrsamkeit des hellenistischen Alexandreia des 3. vchr. Jhdts.: die Leiter des Museion, Eratosthenes von Kyrene, und sein Nachfolger, Aristophanes von Byzantion, müssen Euripides' 'Andromeda' gekannt haben: die verschiedenen Rezensionen des verlorenen eratosthenischen Sternbuchs (s. z. T III) bewahren ein ungefähres Wissen um den Inhalt der Tragödie, und die Bemerkungen der Scholien zu Aristophanes' 'Thesmophoriazusai' über die Herkunft von Versen aus Euripides' 'Andromeda' gehen wohl auf den gleichnamigen alexandrinischen Philologen zurück (vgl. Pfeiffer, Klass. Philol. 1,234; Kenntnis der Didaskalien verrät ebenfalls das Asklepiades korrigierende Scholien zu den 'Vögeln', T II a, das vielleicht dem Didymos zuzuweisen ist: vgl. aber Wentzel, RE II [1896] 1631).

d. Bis zum Ende des 3. vchr. Jhdts. kann also die Kenntnis der 'Andromeda' noch vorausgesetzt werden; für das 2. Jhdt. sind wir schon mehr auf Vermutungen angewiesen, doch scheinen die römischen Dichter Livius Andronikos und Q. Ennius sich Euripides' 'Andromeda' zum Vorbild ihrer 'Andromeda'-Tragödien genommen zu haben (s. unten), so daß über diese Bearbeitungen 'Andromeda' im republikanischen Rom rezipiert werden konnte. Cicero scheint sogar noch das griechische Original gelesen zu haben (er übersetzte F 133: vielleicht fand er diesen topischen Vers aber auch in einer Gnomensammlung mit Angabe von Autor und Stücktitel).

Wieviel Ovid von Euripides' 'Andromeda' aus eigener Lektüre kannte, ist nicht sicher zu bestimmen; doch sprechen euripideisch anmutende Details seiner Schilderung (s. Einl. III) eher für eine gründliche Kenntnis des euripideischen Originals als für eine bloße Bekanntschaft mit dem Stoff vermittels einer Sammlung euripideischer Hypotheseis.

e. Mit der Zeit der zweiten Sophistik klingt eine Kenntnis der 'Andromeda' aus: schon für Lukianos läßt sich nicht sicher sagen, ob er noch die ganze Tragödie kennt, oder nur noch von der Praxis weiß, besonders wirkungsvolle Passagen aus attischen Tragödien im Gesangsvortrag darzubieten. Über den besonderen Charakter der 'Andromeda' konnte er aus Aristophanes' 'Thesmophoriazusai' wissen (über Lukians Aristophaneskenntnis Helm, RE XIII [1927] 1766f.; Gelzer, RE Suppl. XII [1971] 1568), während er den Vers ὦ - Ἔρως (F 136,1) in einer Anthologie gefunden haben könnte; die Angaben, mit denen der Vers als Zitat eingeführt wird, sprechen aber dafür, daß Lukianos noch größere Teile wenn nicht die ganze Tragödie kannte. Ähnlich scheint bei dem jüngeren Zeitgenossen des Lukianos, Philostratos, ein von Euripides' 'Andromeda' geprägtes Vorverständnis seine Beschreibung des Perseusgemäldes (T V b. ii) beeinflußt zu haben: daraus folgt, daß es im 2./3. Jhdt. n. Chr. noch die Möglichkeit gab, die 'Andromeda' in irgendeiner Form kennenzulernen. (Damit stimmt der Befund der Rezeption der 'Andromeda' mit der Beobachtung von Wilamowitz, Eur. Herakles 1,202f. zusammen, daß nach Philostratos keine Lektüre von Tragödien außerhalb der Schulauswahl mehr belegbar ist.)

f. Ein nur schwer auszumachendes Phänomen der Rezeptionsgeschichte der euripideischen 'Andromeda' ist der Einfluß von Euripides' Tragödie auf die Formulierung der Andromedasage in späterer Zeit, ebenso wie ihre Einwirkung auf die bildende Kunst (dazu s. z. T V). Es wurde schon gezeigt (s. Einl. III), daß sich in der mythographischen Vulgata wie in dichterischen Bearbeitungen der Sage Einzelzüge ausmachen lassen, die mit Fragmenten oder dem argumentum der euripideischen 'Andromeda' in Einklang gebracht werden können. Der Verlust aller Bearbeitungen der Andromedasage vor Ovid macht eine sichere Rekonstruktion des Einflusses der 'Andromeda' auf die Mythographie unmöglich.

T V

(1)
a. Schauenburg, LIMC I (1981) 774-90 hat insgesamt einhundertfünfundsechzig Werke der bildenden Kunst zusammengestellt und kommentiert, die mit großer oder geringer Wahrscheinlichkeit, viele mit Sicherheit als Darstellungen der Andromedasage zu deuten sind. Von dieser Vielzahl von Bildzeugnissen sind mit Euripides' 'Andromeda' in Verbindung zu bringen: 1. die Darstellungen, die die Heroine am Felsen gefesselt zeigen; 2. die Darstellungen, die Andromeda vor einem Höhleneingang abbilden; 3. Abbildungen von Theatermasken der an Aussetzung und Rettung Andromedas beteiligten Personen. Grundsätzlich müssen natürlich diese Bildwerke frühestens nach 412 v. Chr. entstanden sein.

Die Beschränkung auf diese drei Typen von Werken der bildenden Kunst ist zu begründen: 1. aus F 125 kann der Schluß gezogen werden, daß Andromeda in der Tragödie des Euripides an den Felsen gefesselt szenisch präsentiert wurde (s. z. E. F 125); zumindest ist die häufig auf Vasenbildern seit der Mitte des 5. Jhdts. dargestellte Fesselung an Pfähle und dgl. für Euripides' 'Andromeda' auszuschließen; die von Trendall-Webster III. 3,11-12 beschriebenen Vasenbilder sind deshalb nicht als Illustrationen der euripideischen 'Andromeda' aufzufassen (vgl. aber S. T II); 2. F 118 legt als Schauplatz der Handlung der 'Andromeda' eine felsige Gegend mit Höhlen oder Höhle nahe;

da auch dieser Bildtypus erst seit dem 4. Jhdt. v. Chr. begegnet, ist eine Abhängigkeit von Euripides' 'Andromeda' nicht unplausibel; 3. die direkte Abhängigkeit der Maskenbilder von Euripides' 'Andromeda' ist dagegen weniger glaubhaft, auch wenn die Darstellungen natürlich von Wiederaufführungen der 'Andromeda' im 1. vchr. oder nchr. Jhdt. inspiriert sein können; die Masken sind jedoch weitgehend typologisch und würden zu den gleichnamigen Tragödien des Livius Andronikos, Ennius, Accius ebenso passen. Von der Vielzahl der von Schauenburg mit der euripideischen 'Andromeda' in Verbindung gebrachten Werken der Bildkunst (soweit sie die oben genannten Kriterien erfüllen, sind sie unten aufgeführt) kann aber allein der Berliner Andromedakrater beanspruchen, als direkte Antwort der Bildkunst auf die Aufführung der 'Andromeda' angesehen zu werden. Schon Bethe, JDAI 11 (1896) 292 hatte die »enge Beziehung zur Bühne« dieses Vasenbildes erkannt und artikuliert; die Abhängigkeit dieses Vasenbildes von einer Aufführung einer Andromedatragödie ist wegen des tragischen Kostüms der Heroine evident, infolgedessen der Bezug auf die Aufführung der 'Andromeda' des Euripides wegen der großen zeitlichen Nähe sicher und so auch akzeptiert (Bieber, Theaterwesen 103; Séchan, Etudes 258; Bieber, History 31; Jobst, Höhle 125; Trendall-Webster III. 3,10): die erhöht stehende, mit einem prachtvoll bestickten Gewand und einer spitzen Mütze bekleidete Andromeda wird rechts von Perseus, links von einer sitzenden bärtigen Gestalt, ihrem Vater Kepheus, flankiert; auf gleicher Höhe mit Andromeda stehen rechts Aphrodite, ebenso wie Andromeda gekleidet, die den unter ihr stehenden Perseus bekränzt, links der durch Beischrift, Hut und Stab kenntliche Hermes; über diesem kauert eine wohl weibliche Gestalt, die mit einem langen bestickten Gewand bekleidet ist, mit negroiden Gesichtszügen, die als einzige der abgebildeten Personen nicht mit einer Namensbeischrift gekennzeichnet ist; in dieser Gestalt haben Bethe, aaO. 299 und Bieber, History 31 eine Repräsentantin des Jungfrauenchores der euripideischen Tragödie entdecken wollen.

Auffällig ist bei diesem Vasenbild, daß die Mutter Andromedas, Kassiepeia, nicht erscheint (auf anderen Vasenbildern ohne Namensbeischriften begegnet häufig eine weibliche Gestalt, die als Kassiepeia gedeutet wird); weiter ist die Präsenz von Hermes und Aphrodite aus der fragmentarischen Kenntnis der Euripidestragödie nicht zu erklären. Aphrodite mit Bieber, Theaterwesen 103 als dea ex machina zu deuten, kollidiert mit der Nachricht der Rezensionen des eratosthenischen Sternbuches, daß die Verstirnungen von Athena bewirkt wurden, was auf deren Auftreten ex machina schließen läßt. Sicherlich läßt sich also die Darstellung des Vasenbildes nicht gänzlich mit der Aufführung der 'Andromeda' zur Deckung bringen; man wird jedoch ungeachtet dessen davon ausgehen dürfen, daß die Aufführung der 'Andromeda' des Euripides für den zeitgenössischen attischen Künstler der Anlaß zur Bemalung dieses Kalyxkraters mit einer Andromedaszene war. Die Präsenz des Hermes auf dem Vasenbild dürfte aus der Sagenkenntnis des Malers geschöpft sein: Kibisis, Hadeskappe und Flügelschuhe verdankt Perseus dem Hermes; in der Gestalt der Aphrodite ist man versucht eine Personifikation des in Euripides' 'Andromeda' wesentlichen Erosmotivs zu sehen: die Bekränzung wäre die logische Konsequenz aus der Anlage der Handlung der 'Andromeda', insofern die Liebe Perseus zu Andromedas Retter werden läßt, und gleichzeitig die Liebe Andromedas über den Einwand der Eltern siegt, indem sie freiwillig gegen den elterlichen Willen dem Helden als Frau nachfolgt.

Die unten genannten Vasenbilder, Reliefs, Wandbilder variieren das (vielleicht zum ersten Mal?) vom Maler des Andromedakraters dargestellte ikonographische Programm. Ganz ungewiß bleibt, ob sich die Darstellungen auf italiotischen Grabvasen, etruskischen Aschenkisten, pompeijanischen Wandbildern von erneuten Aufführungen von Andromedatragödien haben inspirieren lassen; viel wahrscheinlicher ist eine immanent artifizielle Rezeption als eine wiederholte literarische.

Im Folgenden sind die Andromeda 1. am Felsen, 2. vor einer Höhle abbildenden Werke der Bildkunst in chronologischer Folge aufgeführt, nebst 3. tragischen Andromedamasken.

1. Andromeda am Felsen

I. Ein vermutlich attisches Tonrelief (Berlin Nr. 7042; Schauenburg Nr. 25), um 400 v. Chr. gemacht, stellt die an den Felsen gefesselte Andromeda dar im Gespräch mit Perseus; ein Einfluß der euripideischen 'Andromeda' ist bei diesem Relief nicht unwahrscheinlich.

II. Kampanische Hydria (Berlin Nr. 3238; Schauenburg Nr. 19), dem Kassandramaler zugewiesen, um 360/50 v. Chr.: Perseus bekämpft das fischgestaltige Ketos, Andromeda am Felsen, links Kepheus, rechts Kassiepeia, beide sitzend.

III. Alle Andromedadarstellungen pompeijanischer Wandbilder des dritten und vierten Stils bilden Andromeda bekleidet an einen Felsen gefesselt ab (Schauenburg Nrr. 31-41).

IV. Die nackte an den Felsen gefesselte Andromeda zeigen drei römische Gemmen (Berlin Nrr. 4245, 4246, 4250; Schauenburg Nrr. 46. 47. 51).

V. Eine nackte Andromeda, die gerade von ihren am Felsen befestigten Fesseln gelöst worden ist, zeigt ein Relief einer aus einer nordafrikanischen Werkstatt des 4. Jhdts. n. Chr. stammenden Flasche (Schauenburg Nr. 55); Relieffragmente aus dem 1. und 2. nchr. Jhdt. weisen ebenfalls auf eine Fesselung Andromedas an den Felsen hin (Schauenburg Nrr. 54 und 60).

2. Andromeda vor einer Höhle

I. Ein Fragment einer tarentinischen Pelike (Würzburg, Martin v. Wagner-Museum 855; Schauenburg Nr. 10), das dem Feltonmaler zugeschrieben wird (370/60 v. Chr.), zeigt in der Bildmitte Andromeda in reichem Gewand mit kronenartigem Kopfschmuck (eine Art Brautkrone?), deren Arme rechts und links an einen felsigen Bogen gefesselt sind, der wohl den Eingang zu einer Grotte oder Höhle markiert; links von Andromeda zwei Dienerinnen, links unten Perseus, der zu Andromeda aufschaut, rechts daneben eine Nereide auf einem Pferd, am rechten Rand ein alter Mann, wohl Andromedas Vater Kepheus.

II. Vom Baltimoremaler stammt das Bild einer apulischen Lutrophoros (Schauenburg Nr. 15; 320/10 v. Chr.), das in einem unteren Register Perseus' Kampf mit dem Ketos, im oberen die vor einem Höhleneingang reich geschmückt stehende Andromeda zeigt. Ans Ende des 4. Jhdts. v. Chr. gehören auch die ähnlichen Vasenbilder eines Amphorenfragments in Halle (Albertinum 214; Schauenburg Nr. 12), einer apulischen Lutrophoros in Bari (Arch. Museum 5591; Schauenburg Nr. 18) und des Kelchkraters aus Caltagirone des Hekatemalers (Schauenburg Nr. 23).

III. Aus dem 2. Jhdt. v. Chr. stammen die drei in Volterra gefundenen etruskischen Aschenkisten aus Alabaster (jetzt in Florenz, Palazzo Aldobrandini: Schauenburg Nr. 27; Florenz, Arch. Museum 78. 486: Schauenburg Nr. 28; Volterra, Museo Guarnacci 330: Schauenburg

Nr. 29), die auf der Vorderseite Andromeda in einem Höhleneingang sitzend und gefesselt abbilden, während links Perseus steht und rechts unter Andromeda ein drachenähnliches Ketos den Kopf aus dem Wasser hebt.

3. Masken

Es liegt nahe, die Abbildungen von Theatermasken als Reflexe einer theatralischen Aufführung eines bestimmten Dramas aufzufassen; die von Robert, Arch. Ztg. 36 (1878) 13ff. publizierte Maskengruppe eines pompeijanischen Wandgemäldes (heute in Neapel: Schauenburg Nr. 124) vereint Masken von Perseus, Andromeda, Kepheus, Kassiepeia mit einer Protome des Ketos: dargestellt sind somit die an einem Andromedadrama beteiligten Personen, die auch am Himmel als Sternbilder präsent sind. Die Masken haben so die Funktion, den Andromedamythos im Allgemeinen in seiner populären, vulgären Gestalt zu erinnern. Ein Bezug auf ein bestimmtes Andromedadrama scheint deshalb, pace Robert, ausgeschlossen. Noch weniger läßt sich dies von einem Relief in Münchens Glyptothek (Nr. 668) sagen, welches Masken von Perseus und Andromeda, das Ketos und den Kopf der Gorgo Medusa zeigt (Schauenburg Nr. 126).

b. 1. Die Bildbeschreibungen Lukians und des Achilleus Tatios sind aus zwei Gründen unter den Zeugnissen für Euripides' 'Andromeda' zu nennen: a. beide beschriebenen Gemälde gehören zu dem ikonographischen Typus der Darstellung Andromedas am Felsen, wie die zu T V a. zusammengestellten Vasen- und Wandbilder, und könnten so zumindest indirekt von der euripideischen Tragödie im weitesten Sinn abhängen; b. beide Autoren bezeichnen abschließend das auf dem beschriebenen Gemälde Dargestellte als δρᾶμα; dies scheint zumindest das Wissen beider Autoren um eine dramatische Gestaltung des Andromedastoffes anzudeuten; bei Lukianos wird die Beschreibung des folgenden Bildes eingeleitet: ἕξης δὲ μετὰ τήνδε τὴν εἰκόνα ἕτερον δρᾶμα γέγραπται δικαιότατον, οὗ τὸ ἀρχέτυπον ὁ γραφεὺς παρ' Εὐριπίδου ἢ Σοφοκλέους δοκεῖ μοι λαβεῖν (gemeint sind die 'Elektra'-Tragödien des Sophokles und Euripides); da sich die Bezeichnung δρᾶμα beim zweiten Bild also sicher auf eine Tragödie bezieht, ist man wohl berechtigt, für das erste Bild, die Andromedadarstellung, den Begriff als Bezeichnung einer Tragödie (und nicht einfach Handlung) anzusehen; für Achilleus Tatios wäre dasselbe zu erschließen.

Darüber hinaus spricht der Vergleich Andromedas mit einem ἄγαλμα καινόν Ach. Tat. 3,7,2 für die Kenntnis des Achilleus der entsprechenden Szene der euripideischen 'Andromeda', E. F 125.

Daß Darstellungen mythologischer Szenen nach dem Willen der Künstler auch noch im 1./2. nchr. Jhdt. als Abbildungen dramatischer Gestaltungen des 5./4. vchr. Jhdts. gelten sollten, diese dramatischen Gestaltungen grundsätzlich immer noch das traditionelle Reservoir künstlerischer Gestaltungsmöglichkeiten bestimmten, können die Wandgemälde beweisen, die in den sogenannten Hanghäusern in Ephesos gefunden wurden: durch Bildunterschrift unmißverständlich identifiziert illustrieren diese Bilder den 'Orestes' und eine 'Iphigeneia' des Euripides und Menanders 'Sikyonioi' und 'Perikeiromene' (s. Strocka, Forschungen in Ephesos VIII/1,48 mit Abb. 62-9).

b. 2. Die Beschreibung des mit 'Perseus' betitelten Bildes durch Philostratos läßt nicht erkennen, woran Andromeda gefesselt war. Berücksichtigung findet diese Beschreibung unter den 'Andromeda'-Testimonien deshalb nicht wegen des ikonographischen Programms, sondern a. wegen der Erwähnung der Bitte des Perseus um die Hilfe des Eros, die in der die Andromedasage erzählenden Literatur nach Euripides nicht begegnet, also der Kenntnis von F 136 durch Philostratos verdankt sein muß; b. wegen der Erwähnung der aithiopischen Hirten, die Milch und Wein dem erschöpften Perseus darbringen, was auf eine Kenntnis von F 146 hinweist; c. wegen der Erwähnung des Ἀτλαντικὸν κῆτος (zu vgl. F 145!).

b. 3. Als literarische Beschreibungen von Werken der bildenden Kunst stehen diese drei Texte in einer von Homer und Hesiod über Catull, Vergil bis Petron reichenden literarischen Tradition, die ihren Höhepunkt in der Zeit dieser drei Autoren erreicht, wo sich Interesse an der Kunst mit dem größtmöglichen Selbstbewußtsein der Rhetorik als dem umfassenden Zugang zu geistiger Tätigkeit überhaupt verstand (vgl. den Überblick von Kalinka-Schönberger, Philostratos 20ff.). Die Dominanz der Rhetorik in den literarischen Erzeugnissen der sogenannten 'zweiten Sophistik' war auch der Haupteinwand gegen die Annahme, die von Lukianos, Achilleus Tatios und Philostratos beschriebenen Gemälde hätten Vorbilder in der Wirklichkeit gehabt (s. das Referat der Diskussion bei Kalinka-Schönberger, Philostratos 26ff.; zu Achilleus Tatios Plepelits, Achilleus 236f.). Man wird jedoch die rhetorische Einkleidung von der Beschreibung der Bilder trennen müssen, um festzustellen, daß es keinen an den Bildern selbst geschilderten Umstand gibt, der gegen die reale Existenz solcher Bilder spricht (s. Kalinka-Schönberger, Philostratos 36). Allerdings pflegen die Autoren ihre eigene, literarisch gewonnene Kenntnis des dargestellten Mythos oft in die Beschreibung miteinfließen zu lassen, so daß diese Beschreibungen nicht zu platten Wiedergaben von Bildwerken, sondern zu ausgefeilten mythographischen Miniaturen werden.

Damit besteht die Möglichkeit, daß diese Bildbeschreibungen der Andromedasage in doppelter Weise die euripideische 'Andromeda' rezipieren: einmal auf der Ebene der von der 'Andromeda' u. U. abhängigen Bildwerke, zum anderen auf der Ebene direkter Verwendung von Elementen der euripideischen 'Andromeda' zur Beschreibung des auf dem Bild dargestellten Sagenstoffes.

b. 4. i. Die Beschreibung des Andromedagemäldes ist bei Lukian eingelegt in eine epideiktische Lobrede auf einen Saal (für die Datierung der Schrift 'De Domo' gibt es keine Hinweise) und ist so mit den anderen in dieser Schrift beschriebenen Bildern zum Ausgangspunkt geworden für diese Verbindung von Rhetorik und Kunst, die auch bei anderen Vertretern der zweiten Sophistik anzutreffen ist (vgl. Bompaire, Lucien 707ff., der sein Kapitel über die Bildbeschreibung bei Lukian mit dem Titel versah: »L' ecphrasis ou la synthèse de l' art et de la littérature«). - Die Erwähnung des Begriffs δρᾶμα läßt, wie gezeigt, vermuten, daß Lukian bei der Beschreibung des Andromedagemäldes eine dramatische Bearbeitung des Stoffes als Quelle der bildlichen Darstellung ansah oder allgemein auf den dramatischen Charakter des Stoffes anspielte: zusammen mit der aus anderen Texten zu erhebenden Kenntnis des Lukianos von der 'Andromeda' des Euripides (s. z. T IV b. 1) legt sich hier dann der Schluß nahe, daß Lukianos mit δρᾶμα auf die 'Andromeda' des Euripides anspielt.

b. 4. ii. Achilleus Tatios (eine Datierung seines Romans ist nur indirekt möglich: der P. Med. stammt aus den Ende des 2. Jhdts., Achilleus wird sein Werk also im 2. Jhdt. n. Chr. verfaßt haben) beschreibt das Andromedagemälde als Werk eines Malers Euanthes (dessen Existenz Vilborg, Achilleus 69 bestritt; vgl. dagegen Plepelits, Achilleus 236f.), das der Held und Icherzähler des Romans, Kleitophon, nach der Rettung aus einem Schiffbruch im Zeustempel zu Pelusion sieht, den er zur Darbringung von Rettungsopfern aufsucht. Der Rettung Andromedas vor dem Meerungeheuer ist parallelisiert eine Darstellung der Rettung des Prometheus durch Herakles. Der Einschub der ausführlichen Beschreibung beider Gemälde unterbricht die Romanhandlung ziemlich unvermittelt und bildet für den Leser einen Ruhepunkt innerhalb der mit Katastrophen gespickten Erzählung der Schicksale von Leukippe und Kleitophon, hat inhaltlich aber keinen näheren Bezug auf die Handlung des Romans; warum Achilleus seinen Helden also gerade diese beiden Gemälde betrachten läßt, ist unklar. (Eine Verbindung zwischen dem Andromedamythos und der Handlung eines griechischen Romans besteht allerdings hinsichtlich des Liebesmotivs). Unentschieden muß auch bleiben, ob die Schilderung der Gemälde durch Achilleus insoweit realistisch ist, daß tatsächlich ein in Pelusion befindliches Gemälde jeweils als Vorlage gedient hat (auch wenn ein Roman an sich fiktional ist, muß ja nicht jedes Detail ebenso erfunden sein), oder ob die Kenntnis entprechender Gemälde sich aus anderen Quellen, artifiziellen oder literarischen speist. (Zur Parallelisierung des Andromeda- mit dem Prometheusmythos vgl. die Beobachtungen von Schmid, Unters. 18 zur Parallelität von Fragmenten der 'Andromeda' des Euripides zum 'Prometheus' des Aischylos.)

b. 4. iii. Wenn der Verfasser der 'Bilder' mit dem Verfasser der Lebensbeschreibung des Apollonios von Tyana und der Sophistenbiographien identisch ist (wofür Kalinka-Schönberger, Philostratos 15; Lesky, Gr. Litgesch. 936f. eintreten), sind diese Bildbeschreibungen um 200 n. Chr. verfaßt von einem der wichtigsten Vertreter der zweiten Sophistik. Philostratos gibt an, daß sein Werk die Beschreibung einer Gemäldegalerie in Neapel darstelle, die er regelmäßig zu besuchen pflegte und deren Beschreibung er zum Anlaß genommen habe, für die Adepten seiner rhetorischen Kunst eine prunkvolle ἐπίδειξις zu halten (Philostr. Im. 1 proöm. 4): es gibt keinen Grund, an diesem Motiv für die Abfassung der 'Bilder' zu zweifeln. Die Absicht, aus diesen Beschreibungen Glanzstücke rhetorischer Kunst zu machen, impliziert, daß Philostratos versuchte, das Beste seiner Bildung und Belesenheit in die Darstellung der Gemälde einfließen zu lassen, so daß Anspielungen auf Euripides' 'Andromeda' nicht zu Unrecht in dieser ἐπίδειξις ausgemacht wurden (vgl. Kalinka-Schönberger, Philostratos 371ff.). Ob diese Kenntnis der 'Andromeda' des Euripides der Tragödie selbst oder einem Handbuch (oder anderen Quellen) verdankt ist, läßt sich nicht ausmachen. (Die Benutzung der 'Andromeda'-Tragödie durch Philostratos nahmen an Fedde, Pers. Andr. 40ff; Robert, Arch Ztg. 36 [1878] 18; Petersen, JHS 24 [1904] 100; Wilamowitz, Kl. Schr. V 2,98.).

(2)
Zwei Epigramme, eines des Antiphilos von Byzantion (dessen Lebenszeit fällt in die Zeitenwende) und eines des Arabios Scholastikos (von Beckby, Anth. Pal. 4,734 auf das 6. Jhdt. n. Chr. datiert) sind auf bildliche Darstellungen des Andromedastoffes zu beziehen: im Arabiosepigramm steht es im Text, im Antiphilosepigramm legt sich dieser Schluß aus Gründen der Gattungskonvention ebenso nahe wie aus dem Stil des Epigramms (von Beckby, Anth. Pal. 4,547; Gow-Page, Garland of Philip 2,143 folgerichtig als eine »description of a painting« apostrophiert). Unter den Zeugnissen von Euripides' 'Andromeda' sind diese Epigramme deshalb zu erwähnen, weil die von den Epigrammen bedichteten Gemälde Andromeda am Felsen abbildeten und somit als Zeugnisse für die Wirkung des Stücks bzw. des dem Stück zugrundeliegenden argumentums zu betrachten sind. Erkennbare Anspielungen auf den Inhalt und den Text der 'Andromeda' des Euripides sind keine auszumachen, so daß diese Epigramme für das Stück selbst keinen Zeugniswert haben.

Auf welche Gemälde die Epigramme zu beziehen sind, ist unsicher: an das bei Plin. N. H. 35,40,132 erwähnte Andromedagemälde des Nikias von Athen (fecit et grandes picturas, in quibus sunt Calypso et Io et Andromeda), des Zeitgenossen des Praxiteles, als Vorbild des Antiphilosepigramms dachte Beckby, Anth. Pal. 4,547; vielleicht ist dieses Gemälde in dem Typus pompeijanischer Wandgemälde greifbar, die die Herabführung Andromedas durch Perseus abbilden: prominent darunter das Gemälde im Haus der Dioskuren (Schauenburg Nr. 69; von König-Winkler dem Pliniustext als Abb. 7 als Illustration des Nikiasgemäldes beigefügt); demselben ikonographischen Programm folgen auch die Wandgemälde Schauenburg Nrr. 67. 68. 70. 71. Für Arabios denkt Beckby, Anth. Pal. 4,548 an einen Bezug des Epigramms auf das bei Achilleus Tatios beschriebene Bild.

i. Antiphilus Byzantius, AP XVI 147:

Αἰθιόπων ἁ βῶλος· ὁ δὲ πτερόεις τὰ πέδιλα
Περσεύς· ἁ δὲ λίθωι πρόσδετος Ἀνδρομέδα·
ἁ προτομὰ Γοργοῦς λιθοδερκέος· ἆθλον ἔρωτος
κῆτος· Κασσιόπας ἁ λάλος εὐτεκνία.
χἁ μὲν ἀπὸ σκοπέλοιο χαλᾶι πόδας ἠθάδι νάρκαι
νωθρόν· ὁ δὲ μναστῆρ νυμφοκομεῖ τὸ γέρας.

ii. Arabius Scholasticus, AP XVI 148:

Κηφεὺς Ἀνδρομέδαν ἢ ζωγράφος ἄνθετο πέτραις;
2 καὶ γὰρ ἀπ' ὀφθαλμῶν ἡ κρίσις ἀμφίβολος.
κῆτος δὲ σπιλαδέσσιν ἔπι γναμπτῇσι χαράχθη
4 ἢ ἀπὸ Νηρῆος γείτονες ἐξανέδυ;
ἔγνων ταῦτα· σοφός τις ἀνὴρ κάμε· δεινὸς ἀληθῶς
6 τεύξατο καὶ βλεφάρων καὶ πραπίδων ἀπάτην.

Übersetzt lauten die Epigramme:

i.

Aithiopien: das Land; der Mann mit Flügeln an den Sandalen:
Perseus; die am Stein Festgebundene: Andromeda;
das abgeschlagene Haupt: der steinblickenden Gorgo; die Wettkampf-
[aufgabe der Liebe:
das Ketos; Kassiepeias Schwatzhaftigkeit über ihres Kindes Wohl-
[geratenheit.
Diese löst langsam vom Felsen die Füße, weil noch von der Gewöh-
[nung
betäubt; ihr Freier aber schmückt bräutlich die errungene Beute.

Antiphilos arbeitet die Beschreibung des Bildes um in eine Kurzfassung der Erzählung des Mythos, insofern er den Schauplatz der Szene angibt, den zentralen Inhalt des Mythos, die Ketostötung ebenso in Anspielung erwähnt wie die Begründung für die Aussetzung Andromedas wegen der Prahlerei der Mutter (die Prahlerei der Mutter mit der Schönheit der Tochter, nicht der eigenen, begegnet sonst nur noch bei Hyginus, s. Einl. III); es ist evident, daß er eine literarische Erzählung des Mythos mit der Beschreibung des Gemäldes auf kleinstem Raum hochartifiziell auf einen Nenner bringen will. An die 'Andromeda' des Euripides erinnern die Lokalisierung in Aithiopien, die Erwähnung der Flügelschuhe, die Fesselung an den Felsen, die Liebe, die Hochzeit als Lohn; ein individueller Zug der Tragödie findet sich allerdings nicht reflektiert.

ii.

Hat Kepheus Andromeda an die Felsen gefesselt, oder war es der Ma-
[ler?
Sogar mit den Augen ist es nicht zu entscheiden.
Das Ketos, ist es in die buckligen Klippen gehauen, oder stieg es

leibhaftig herauf vom benachbarten (Wohnsitz des) Nereus?
Ich hab's! Ein kundiger Mann hat's geschaffen: unglaublich hat er's [wie Wahrheit
verfertigt, zur Täuschung von Augen und Sinnen.

Arabios geht es weniger um eine detailgetreue als um eine summarische Wiedergabe des Gemäldes; sein Hauptaugenmerk liegt auf der Kunstfertigkeit des Künstlers, so daß jeder Versuch, ein bestimmtes Bild in diesem Epigramm entdecken zu wollen, scheitern muß. Auffällig ist die Erwähnung der Aussetzung Andromedas durch Kepheus; ob dies sich der allgemeinen Kenntnis des Mythos oder einer bestimmten literarischen Quelle verdankt, ist nicht festzustellen.

F 114. 115. 117. 118. 120. 122-5. 127. 128. 139

Zwölf der dreiundvierzig von August Nauck in TGF^2 gesammelten Bruchstücke der euripideischen 'Andromeda' werden der Parodie dieser Tragödie in den 'Thesmophoriazusai' des Aristophanes verdankt. Aufgeführt wurde diese Komödie 411 v. Chr. (s. z. E. T II), im gleichen Jahr also wie die 'Lysistrate' desselben Dichters: strittig ist aus diesem Grund, für welches der beiden attischen Feste, an welchen Komödien zur Aufführung gebracht wurden, diese Komödien jeweils zur Aufführung bestimmt waren: für eine Aufführung der 'Thesmophoriazusai' an den Dionysien plädierten Geißler, Chronologie 55f.; Mensching, MH 21 (1964) 42; Newiger, Arist. Komöd. 416, während Weinreich, Arist. Komöd. CVII; Gelzer, RE Suppl. XII (1971) 1468 von der Aufführung der 'Thesmophoriazusai' an den Lenäen ausgingen. Ohne die Kenntnis der Produktionsumstände einer attischen Komödie ist es unmöglich, in dieser Kontroverse eine sichere Entscheidung zu treffen; für eine Aufführung der 'Thesmophoriazusai' an den Dionysien spricht aber, daß diese Komödie auf ein Theaterereignis reagiert, das ebenfalls an den Dionysien stattgefunden hatte, und daß eine so gezielt auf die Parodie von zwei eben erst aufgeführten Tragödien ausgerichtete Komödie schwerlich in der Zeit zwischen den Dionysien des Vorjahres und den Lenäen hat komponiert werden können. Bei Nauck sind folgende aus den 'Thesmophoriazusai' stammenden Fragmente der 'Andromeda' des Euripides aufgenommen: F 114. 115. 117. 118. 120. 122-25. 127. 128. 139; dazu treten die Fragmente F 114a und 125a Snell und F 167 Mette. Neben dem Florilegium des Johannes Stobaios ist damit diese aristophanische Komödie

die wichtigste Quelle für Bruchstücke der 'Andromeda'; neben den Rezensionen des eratosthenischen Sternbuchs (s. z. T III) ist sie die wichtigste Quelle für den Stoff und darüberhinaus die wichtigste Zeugin für die Handlungsstruktur der verlorenen 'Andromeda' -Tragödie des Euripides. Damit ist eine genaue und gründliche Betrachtung der ganzen Komödie und der Andromedaparodie im besonderen dringend geboten.

1. Den titelgebenden Chor dieser Komödie bilden athenische Frauen, die sich zu dem nur von Frauen im Monat Pyanopsion (Okt./Nov.) begangenen Demeter- und Kore-Fest, den Θεσμοφόρια (s. Rogers, Ar. Thesm. XI-XX; Deubner, Att. Feste 50-60; Parke, Ath. Feste 123-30), am 3. Festtag (Ar. Thesm. 80: τρίτη 'στι Θεσμοφορίων ἡ μέση) nach Art einer ἐκκλησία im Thesmophoreion versammeln, um über den Tragödiendichter Euripides zu Gericht zu sitzen, weil sie sich von dessen Darstellung weiblicher Intrigen und Liebesaffären bloßgestellt und beleidigt sehen. Euripides erfährt von dieser Absicht und sucht sich einen Fürsprecher zu gewinnen; da sein feminisierter Dichterkollege Agathon die Übernahme dieser Aufgabe verweigert, springt hilfreich ein älterer Verwandter (der in R und G Μνησίλοχος heißt) des Euripides ein und schleicht sich, durch Rasur und Frauenkleider entsprechend unkenntlich gemacht, in die Festversammlung ein. Trotz der von Agathon entlehnten Verkleidung wird der Verwandte, nachdem den Frauen Euripides' Anschlag bekannt geworden ist, entdeckt und festgesetzt; die Frauen senden nach dem Prytanen, um den Störer des Festes entsprechend bestrafen zu lassen.

Mit parodischer Absicht führt Aristophanes in der weiteren Folge der komischen Handlung vier allesamt fehlschlagende Rettungsmechanemata vor, die Szenen euripideischer Tragödien nachgestaltet sind:

a. war schon der verkleidete Auftritt des Verwandten in der Frauenversammlung und sein Plädoyer für Euripides in Analogie zum Auftritt des Telephos in der Achäerversammlung in der 'Telephos'-Tragödie des Euripides gestaltet (aufgeführt mit der 'Alkestis' 438 v. Chr.; zur Telephosparodie s. Rau, Paratragodia 42-50; ders. Tragödienspiel 344-7), parodiert die Geiselnahme eines als Kleinkind getarnten Weinschlauchs (Vv. 689-759) die Schlüsselszene des euripideischen 'Telephos': der Verwandte bringt sich in den Besitz des vermeintlichen Kleinkindes und sucht seine Freilassung zu erpressen wie der Myserkönig den Agamemnonsohn Orestes als Geisel genommen hatte, um sein Rederecht in der Achäerversammlung zu erzwingen. Allein, des Verwandten Strategem in Anlehnung an Telephos schlägt fehl, weil der Weinschlauch sich als ungeeignetes Erpressungsmittel entpuppt.

b. Der zweite Rettungsversuch ist dem euripideischen 'Palamedes' entlehnt (aufgeführt 415 v. Chr.; s. Rau, Paratragodia 51-3), in dem, nach dem von Odysseus heimtückisch provozierten Tod des 'Palamedes', dessen Bruder Oiax dem Vater Nauplios racheheischend die Todesnachricht heimlich auf Ruderblättern oder Schiffsplanken geschrieben kund tat; die vom Verwandten beschriebenen und ausgeworfenen hölzernen Votivtäfelchen führen jedoch nicht zum erhofften rettenden Eingreifen des Euripides.

c. Erst der dritte Einfall des Verwandten ruft Euripides als Retter auf den Plan: eingedenk seiner γυναικεία στολή (V. 851) beschließt der Verwandte: τὴν καινὴν Ἑλένην μιμήσομαι (V. 850). Mit der μίμησις der in Ägypten sich nach dem fernen Gemahl in Sehnsucht verzehrenden Helena provoziert der Verwandte das Auftreten des Euripides in der Rolle des Menelaos, der im Verwandten die Gattin wiedererkennt und aus der ägyptischen Fremde, dem Thesmophoreion nämlich, befreien und in die Heimat führen will; die alte Wächterin des Verwandten, Kritylla, ist jedoch auf der Hut und vereitelt auch dieses Mechanema (zur Helenaparodie s. Rau, Paratragodia 53-65; Kannicht, Helena 1,79-81).

d. Der auftretende Prytane läßt den Verwandten an die σανίς, das Schandbrett, binden und übergibt ihn einem skythischen Polizisten zur Bewachung; währenddessen inszeniert Euripides einen weiteren Versuch, den Verwandten zu befreien: er gibt dem Verwandten im Kostüm des Perseus zu erkennen, ὅτι δεῖ ... γίγνεσθ' Ἀνδρομέδαν (V. 1012), was dem Verwandten, angesichts seines gefesselten Zustands spontan einleuchtet: πάντως δέ μοι ' τὰ δέσμ' ὑπάρχει (Vv. 1012f.). Er beginnt sogleich in lexikalisch wie metrisch gut erkennbarer tragischer Weise sein jammervolles Geschick in einer Arie zu beklagen, bis hinter der Bühne sich das Echo zu Wort meldet, um die Klage des Verwandten wie die Klagen der Heldin der euripideischen Tragödie widerhallend zu begleiten. Die Rezitation der Eingangsanapäste der 'Andromeda' begleitet das Echo mit seinem Widerhall, bis der Verwandte der monotonen Responsionen überdrüssig wird und lieber ohne Echo seine Andromedarolle aussingen will. Den inzwischen aufmerksam gewordenen Skythen hält das Echo beständig die

Worte des Skythen wiederholend ebenfalls zum Narren; nun eilt Euripides zur eigentlichen Befreiung des Verwandten als Perseus auf die Bühne, der, in Liebe zur am Felsen hängenden Jungfrau entbrannt, diese freien und zu diesem Zweck das Mädchen, sprich den Verwandten, von den Fesseln lösen will. Ist der Skythe zwar bereit, der Liebe von Perseus/Euripides ihren Lauf zu lassen, weiß er die Befreiung von Andromeda/dem Verwandten tat- und schlagkräftig zu hindern.

So bleibt auch der letzte Versuch, mit typisch euripideischen μηχαναί (s. Ar. Thesm. 94) den Verwandten zu befreien, ohne Erfolg. Nach dem schnell geschlossenen Frieden mit dem Frauenchor wird die Befreiung durch ein weniger subtiles Mechanema dann bewerkstelligt, indem Euripides dem Skythen, als Kupplerin verkleidet, eine Tänzerin zuführt, die den Skythen hinlänglich beschäftigt, daß der Verwandte vom Brett gelöst werden kann.

2. Folgende Verse dieser szenischen Parodie werden durch Scholiennotiz als Zitat oder als Anspielung als aus der 'Andromeda' des Euripides übernommen bezeichnet: V. 1015 ~ F 117; V. 1018 ~ F 118; V. 1022 ~ F 120; Vv. 1030f. 1034. 1040: F 122; Vv. 1065-9: F 114; Vv. 1070-2 ~ F 115; Vv. 1098-1000: F 124; V. 1105 ~ F 125. Darüber hinaus wurde durch Gelehrtenkonjektur der 'Andromeda' zugewiesen: Vv. 1047-55: F 122; Vv. 1056f.: F 167 Mette; V. 1058: F 127,2; V. 1059: F 114a Snell; V. 1001: F 123; V. 1006: F 125a Snell; Vv. 1007f.: F 128; V. 1110: F 127,1; V. 1128: F 139.

3. Dieser Überblick über das bislang von den 'Thesmophoriazusai' für die 'Andromeda' in Anspruch Genommene zeigt, daß bisher ziemlich »optimistisch in der Parodie eine weitgehende Nachbildung ihrer Vorlage gesehen wurde« (Rau, Paratragodia 64). Dagegen hatte schon Bakhuyzen erkannt, daß Aristophanes »libere ... ut e comparatione cum Helena videre est, versibus tragicis utitur plurima ipse fingens« (Parodia 124), und infolgedessen postuliert Rau zu Recht eine Behandlung der Andromedaparodie, die sich am, weil am Original kontrollierbaren, Paradeigma der Helenaparodie orientiert.

a. Die Parodie der euripideischen 'Helena' erfolgt in den aristophanischen 'Thesmophoriazusai' in den Vv. 855-919 (s. Kannicht, Helena 79f.); direkt übernommen sind aus dem Original die Vv. 855-7 Νείλου - λευκῆς (Hel. 1-3); Vv. 859f. δὲ γῆ - Τυνδάρεως (Hel. 16f.); V. 862 Ἑλένη δ' ἐκλήθην (Hel. 22); Vv. 864f. ψυχαὶ - ἔθανον (Hel. 52f.); V. 866 κἀγὼ - πόσις (Hel. 49); V. 871 τίς - κράτος (Hel. 68); V. 906

σὺ - λόγος (Hel. 558); Vv. 907-10 Ἑλληνὶς - Μενελάωι (Hel. 561-4); Vv. 911f. ἔγνως - ἐσχάρας (Hel. 565f.). Leicht modifiziert verwendet sind: V. 868 τί οὖν ἔτι ζῶ; (~ Hel. 56 τί δῆτ' ἔτι ζῶ;); V. 874 Πρωτέως - μέλαθρα (~ Hel. 460); V. 878 Αἴγυπτον - πεπλώκαμεν (~ Hel. 461); V. 886 τόδ' ἐστὶν αὐτοῦ σῆμ' (~ Hel. 466 τόδ' ἐστὶν αὐτοῦ μνῆμα); V. 905 ὦ θεοί, τίν' ὄψιν εἰσορῶ; (~ Hel. 72 ὦ θεοί, τίν' εἶδον ὄψιν; auch Hel. 557 τίν' ὄψιν ... προσδέρκομαι; Hel. 560 ὦ θεοί). Unter Verwendung von Elementen von Hel. 465. 467 ist V. 881 formuliert.

b. Entnommen sind die Verse der Parodie im Original 1. dem Prolog der Helena (die Vv. 871. 905 stammen aus dem Prolog vom Anfang des Teukrosauftritts, Hel. 68ff.), 2. dem Auftrittsdialog zwischen Menelaos und der alten ägyptischen Pförtnerin am Grabmal des Proteus, und 3. der Anagnorisisszene zwischen den Gatten Helena und Menelaos. Die Parodie exponiert kurz die dramatische Situation (unter Verwendung der expositorischen Elemente von 1. und 2.) und erreicht in der Wiedererkennung der Gatten, die sogleich in die Rettung der Gattin umschlägt, ihr Ziel. Für Aristophanes' parodische Technik erweisen sich somit Auswahl und Konzentration als charakteristisch; betrachtet man die Reihenfolge der verwendeten Verse, sind auch Umstellungen wahrnehmbar. Als ein auffälliger Befund darf auch gelten, daß von den 64 Versen der Helenaparodie 20 Verse ganz oder modifiziert dem euripideischen Original entlehnt sind; weitere 19 Verse gehören der Bewacherin des Verwandten, Kritylla, sind also komisch, und 25 Verse sind tragisch stilisierte Verse von Aristophanes' eigener Erfindung.

c. Zusammenfassend ergibt diese Beobachtung: 1. Ziel der aristophanischen Darstellung ist es, ein tragisches Rettungsmechanema als in der Wirklichkeit untauglich zu erweisen; 2. dazu benötigt Aristophanes die wörtlich zitierende als auch szenisch imitierende Rekapitulation des von ihm inkriminierten Rettungsmechanemas; 3. Aristophanes verwendet deshalb nur Verse oder szenische Elemente, die dem ersten Drittel der euripideischen 'Helena' entstammen.

4. a. Die Andromedaparodie in den 'Thesmophoriazusai' zerfällt in drei Teile: 1. in die astrophische Klagemonodie des Verwandten à la Euripides (Vv. 1016-55); 2. in die Echoszene (Vv. 1056-97); 3. in den Perseusauftritt (Vv. 1098-1135). Die Scholien im Codex Ravennas (s. u.) bezeugen: 1. mit V. 1016 redete Andromeda den Chor an; 2. mit

den Vv. 1019f. hieß Andromeda das Echo schweigen; 3. der Chor beschuldigte mit den Vv. 1022f. Andromedas Vater der Herzlosigkeit; 4. die Vv. 1065–9 verwenden den anapästischen Beginn der Tragödie; dazu zählen auch die anapästischen Vv. 1070–2, die expositorischen Charakter haben; 5. mit den Vv. 1098ff. erschien der euripideische Perseus auf der Bühne; 6. in V. 1105 nimmt Perseus die gefesselte Andromeda wahr.

b. Aristophanes entnahm, in der Reihenfolge des Textes der 'Thesmophoriazusai', also Verse 1. aus dem Amoibaion, das in der 'Andromeda' die Parodos vertrat (s. z. E. F 118); 2. aus dem anapästischen Prolog; 3. aus der Szene, in welcher Perseus erstmals die Bühne betrat. Die Verwendung von Elementen aus der 'Andromeda' folgte demnach nicht der Reihenfolge der Handlung der 'Andromeda', sondern Aristophanes schaltet frei mit dem Material und gruppiert es nach eigenem parodischen Gestaltungswillen.

c. Für die meisten der wörtlichen Zitate ist von Aristophanes nur der Anfang eines Satzes aus dem Original verwendet; die Scholien zu den Stellen weisen jeweils nach, wie der Originalwortlaut bei Euripides gelautet hat.

d. Wir stellen auch für die Andromedaparodie fest, daß Aristophanes 1. seine Vorlage eklektisch verwendet; 2. Umstellungen vornimmt; 3. Zitate verkürzt; 4. Sätze so verändert, daß sie eine andere Aussagerichtung bekommen.

5. a. Die Helenaparodie der 'Thesmophoriazusai' ist am hs. überlieferten Original kontrollierbar; dafür fehlen für die Helenaparodie jegliche detaillierten Scholiennotizen; einzig zu den Vv. 855 und 913 zeigt der Scholiast tragisches Zitat an, jedoch in sehr summarischer Weise: Σ R Ar. Thesm. 855: ἐξ Ἑλένης Εὐριπίδου πολλὰ τούτων; Σ R Ar. Thesm. 913: καὶ ταῦτα ἐκ τῆς Ἑλένης, καὶ καθόλου τὰ πλεῖστα. Für die Helenaparodie haben die Ravennasscholien also genau den geringen Wert, der ihnen im Allgemeinen attestiert wird (s. Zacher, Ph Suppl. 7 [1889] 503–17).

b. Diese Geringschätzung der Ravennasscholien hat sich bei der Beurteilung der Scholien zur Andromedaparodie insoweit niedergeschlagen, als, wie gesehen, bedeutend mehr Verse der Andromedaparodie für die 'Andromeda' des Euripides in Anspruch genommen wurden, als durch die Scholien als tragisches Zitat ausgewiesen sind. Motivierend dafür war 1., daß mehr Verse als die Scholien als aus Euripides stammend bezeichnen tragisch stilisiert sind in lexikalischer, stilistischer, metrischer Hinsicht; 2. die Überzeugung, daß den Ravennasscholien eine fehlerhafte Kennzeichnung der tragischen Zitate gut zuzutrauen sei.

c. Dagegen wird hier davon ausgegangen, daß 1. aus methodischen Gründen weitere Euripideszitate nicht erhoben werden können; daß 2. es auch unwahrscheinlich ist, daß weitere Euripideszitate über die von Scholien gekennzeichneten hinaus in der Andromedaparodie der 'Thesmophoriazusai' enthalten sind.

Zu 1.: Aristophanes' Absicht ist es, das tragische Rettungsmechanema als unrealistisch, weil in der Realität unbrauchbar, und somit als wirklichkeitsfremd zu verspotten; sein Ziel ist es somit, die 'Andromeda' des Euripides parodisch zu zitieren oder szenisch zu imitieren. Diesem Zweck dient die durchweg tragische Stilisierung dessen, was die am Tragödienspiel beteiligten Personen, der Verwandte als Andromeda, Euripides als (Echo? und) Perseus, sprechen. Es ergeben sich daraus schwerwiegende Konsequenzen für die Entscheidung, ob ein tragisches Zitat vorliegt oder nicht: das philologische Instrumentarium besteht ja darin, nach sprachlichen, d. h. grammatikalischen und lexikalischen, stilistischen und metrischen Kriterien Komödienverse von tragischen Versen zu unterscheiden. Da nach der parodischen Absicht des Aristophanes die tragisch stilisierten Verse auch eine tragische Aura evozieren sollen, ist es mit philologischen Methoden unmöglich, tragische Euripidesverse von tragisch stilisierten Aristophanesversen exakt zu trennen: was in der Parodie tragisch klingt, soll ja auch tragisch klingen. Damit ist es m. E. unmöglich, über die von Scholien bezeugten Zitate hinaus weitere Euripidesbruchstücke in der Andromedaparodie der 'Thesmophoriazusai' exakt auszuheben.

Zu 2.: Die geringe Wahrscheinlichkeit, daß noch weitere Euripideszitate von Aristophanes verwendet worden sind, resultiert aus der Beobachtung, daß die Ravennasscholien gerade in der Andromedaparodie gar nicht schlecht sind (s. auch Rau, Paratragodia 76): der Scholiast zitiert immerhin vollständige tragische Verse, die nicht im Text der 'Thesmophoriazusai' zu finden sind, sondern einem Exemplar der euripideischen 'Andromeda' entnommen sein müssen. Dazuhin zeigte die Helenaparodie, daß etwa nur ein Drittel der Helenaparodie direkt der 'Helena' des Euripides entstammte; für die 119

Verse der Andromedaparodie ergibt sich, daß gut die Hälfte der Verse komisch sind (von den lyrischen Klagen des Verwandten 12 Vv.; Echo: 30 Vv.; Äußerungen des Skythen: 18 Vv.); ein Viertel dieser 119 Verse sind durch Scholien als tragisches Zitat ausgewiesen; ein weiteres Viertel der Verse als komische, paratragodisch gemeinte und deshalb tragisch stilisierte Verse genuin aristophanischer Provenienz zu betrachten widerspricht offensichtlich nicht dem Befund der Helenaparodie.

6. Der Text der aristophanischen 'Thesmophoriazusai' ist in nur zwei ma. Hss. überliefert: 1. im Codex Ravennas (R), der als einziger Codex alle elf Komödien, die uns vom Oeuvre des Aristophanes geblieben sind, enthält und im XI. Jhdt. geschrieben wurde; 2. im Codex Augustanus, jetzt Monacensis 492 (G), der im XV. Jhdt. als Apographon von R hergestellt wurde. Scholien enthält nur der Ravennas.

F 114

I. (1) a. Durch das Scholion zu Ar. Thesm. 1065 werden die fünf Verse Ar. Thesm. 1065-9 ὦ νὺξ ἱερὰ - 'Ολύμπου für die 'Andromeda' des Euripides bezeugt; der Verwandte trägt diese Anapäste in der Rolle der euripideischen Andromeda vor. b. Die weiteren Zeugnisse bestätigen diese Scholiennotiz: 1. das Scholion zu Theoc. 2, 165/66b zitiert die Vv. 1-3 als von Euripides stammend; 2. das Scholion zu den ἰατρικαὶ συναγωγαί des Arztes Oreibasios (Oreibasios war der Leibarzt des Kaisers Julianos Apostata, seine Lebenszeit fällt also ins 4. nchr. Jhdt.; der Scholiast ist ins 5./6. Jhdt. n. Chr. zu datieren: s. Latte, Hes. Lex. XLIII) führt Vv. 1f. als Verse des ὁ τραγικός an. Daß diese Bezeichnung Euripides meint, belegen Philon von Alexandreia und Galenos, bei denen Euripides häufig als ὁ τραγικός (Ph. 4,77,17; 6,74,9. 82,14. 117,7 C.-W.; vielleicht auch Ph. 6,43,1 = TrGF II ad. F 327) oder als ὁ τραγικὸς ποιητής (Gal. 14, 236 Kühn = ad Pis. de theriaca 8) bezeichnet wird. (Bei Galenos ist parallel dazu Homer einfach ὁ ποιητής; die darin zum Ausdruck kommende rezeptionsgeschichtliche Dominanz beider Dichter hat in den Papyrusfunden inzwischen eine eindrucksvolle Bestätigung erfahren: nach Homer ist Euripides der Dichter, dem die meisten Papyri zuzuweisen sind, s. Stoessl, RE Suppl. XI [1968] 661. Zu Euripides als tragicus schlechthin s. Elter, Gnom. hist. et orig. 65; Funke, JbAC 8/9 [1965/6] 236. 239). 3. Das Iliasscholion erwähnt V. 1 als Worte der Andromeda.

4. Die Notiz beim Arzt Caelius Aurelianus (5. Jhdt. n. Chr.) geht auf das Werk des kaiserzeitlichen griechischen Arztes Soranos von Ephesos (2. Jhdt. n. Chr.) zurück, das Caelius ins Lateinische übertragen hat. Der von Caelius erwähnte tragicus dürfte sich im Licht des obigen Befundes unschwer mit Euripides identifizieren lassen (und bezeichnet nicht Ennius, wie Bücheler, Kl. Schr. 2, 189 [= 1877] meinte, s. u.). Im 'Ion' des Euripides heißt die Nacht ebenfalls 'heilig' (E. Ion 85); ein ausschließlicher Bezug auf unser 'Andromeda'-Fragment ist deshalb nicht sicher.

(2) Das Scholion zu Thesm. 1065 vermerkt: τοῦ προλόγου Ἀνδρομέδας εἰσβολή. a. Mit πρόλογος ist sicher terminologisch im Sinn der aristotelischen Definition (Arist. Po. 12, 1452 b 19) das μέρος ὅλον τραγωιδιάς τὸ πρὸ χοροῦ παρόδου gemeint. b. εἰσβολή dagegen ist nicht als terminus technicus anzusprechen: es bedeutet hier Anfang, Auftakt von Andromedas Prolog. Diese Bedeutung von εἰσβολή belegen folgende Stellen: 1. im Kontext von Tragödie begegnet εἰσβολή in der Bezeugung von A. F *143 (= Str. 13,1,70, 616 C): ἀφ' οὗ δέχονταί τινες εἰπεῖν Αἰσχύλον κατὰ τὴν εἰσβολὴν τοῦ ἐν Μυρμιδόσι (codd.: Μύσοις Pauw) προλόγου »ἰὼ Καΐκε Μύσιαί τ' ἐπιρροαί«. Da ein anderslautender Anfang der 'Myrmidones' des Aischylos überliefert ist, schloß Pauw, daß im Strabozitat der Anfang der 'Mysoi' gemeint sei. In der ersten Hypothesis zur 'Medea' des Euripides (p. 89, 30 Diggle) heißt es: ἐπαινεῖται δὲ ἡ εἰσβολή (sc. τοῦ δράματος) διὰ τὸ παθητικῶς ἄγαν ἔχειν καὶ ἡ ἐπεξεργασία »μηδ' ἐν νάπαισι« (V. 3) καὶ τὰ ἕξης; εἰσβολή bezieht sich somit auf die ersten einleitenden Verse der 'Medea'. - Die gleiche Bedeutung hat die Bemerkung des Mystenchores in den 'Fröschen' vor dem Agon zwischen Aischylos und Euripides über die jeweiligen Dramenanfänge, Ar. Ra. 1104: εἰσβολαὶ γάρ εἰσι πολλαὶ χἄτεραι σοφισμάτων. 2. In der Komödienerklärung begegnet εἰσβολή im Σ V Ar. Ra. 1: εὐθύς ἐν τῆι εἰσβολῆι διαβάλλει τούς τε κωμωιδοὺς ὡς γελοίοις χρωμένους ..., Σ V Ar. Ra. 1219: Σθενεβοίας δὲ ἡ ἀρχή. διαβάλλει δὲ τὴν ὁμοειδίαν τῶν εἰσβολῶν τῶν δραμάτων. Zu vgl. sind auch Antiphanes CAF fr. 191,20 (aus der 'Poiesis') und die Bezeugung der Anfangsanapäste der 'Leukadia' des Menandros durch das Scholion zu Hephaistion poem. 7,3 (p. 173 Consbruch; Men. F 258 Körte = Str. 10,2,9, 452 C). 3. Für die Einleitung von Reden verwenden εἰσβολή D. H. Lys. 17 und der Autor περὶ ὕψους 38,2 bezogen auf Isoc. Paneg. 8.

Die anapästische Invokation der Nacht ist also nach Auskunft des Scholions der Anfang des Prologs der euripideischen 'Andromeda'-

Tragödie. An einen solchen Anfang wollten Gelehrte immer wieder nicht glauben; es wurde vermutet, daß τοῦ προλόγου εἰσβολή bedeuten müsse »prima pars post prologum« (so Fritzsche, Ar. Thesm. 457, unter Berufung auf Hermann, Op. 5, 139, der eine entsprechende Bedeutung von εἰσβολή im das Aischylosfragment bezeugenden Strabotext angenommen hatte; ähnlich auch Meineke, FCG 4,159 zu den Anapästen aus der 'Leukadia': »carmen ... proximo post prologum loco a poeta positum fuisse«). Eine solche eingeengte terminologische Bedeutung kann εἰσβολή, wie gezeigt wurde, nicht haben. c. Die größere Zahl von Forschern bezweifelte die Auskunft des Scholions, weil die Analogie zu anderen Euripidestragödien notwendig für die 'Andromeda' auch einen trimetrischen Prolog statt eines anapästischen Rezitativs erzwinge. Wurde dies schon von Fritzsche, l. c. vertreten, der Kepheus als Prologsprecher für geeignet hielt, wurde die Prologforderung auch von Hartung, Eur. rest. 2,344f.; Robert, Arch. Ztg. 36 (1878) 18; Armin, Prolog. Eur. 106; Engelmann, Arch. Stud. 65f.; ders. JDAI 19 (1904) 149; Wilamowitz, Aisch. Int. 56 A. 1; ders. Kl. Schr. V 2,97 (= 1925); Nestle, Struktur d. Eingangs 130-3; Barner, Monodie 308 A. 144. 309 erhoben. Allerdings aus unterschiedlichen Motiven: Robert postulierte aus Gründen der innerdramatischen Logik eine trimetrische Explikation der verwickelten Voraussetzungen der dramatischen Handlung, die nur das Echo habe bieten können, das sicher als dramatis persona auf die Bühne gekommen sei (Echo als dramatis persona postulierte schon Hartung, l. c.); das leibhaftige Auftreten des Echos hatte Robert aus Thesm. 1059 Ἠχὼ λόγων ἀντῳδός (= E. F 114a: s. z. St.) erschlossen; Robert sind in seiner Argumentation Armin und Wilamowitz gefolgt. Engelmann machte die Singularität einer zu Stückanfang schon auf der Bühne befindlichen Person geltend und rekonstruierte unter (fälschlicher) Heranziehung des Bildes der Londoner Hydria (Brit. Mus. E 169 = Schauenburg Nr. 3 = S. T IIa; vgl. z. S. T IIa) eine anfängliche Fesselungsszene, zu der Andromedas Vater Kepheus den Prolog gesprochen habe. Die gewichtige traditio der hs. überlieferten Euripidesstücke, die oft nach einem trimetrischen Prolog eine anapästische Monodie aufweisen, ließen es Nestle und in seiner Nachfolge Barner unausweichlich erscheinen, eine entsprechende Anlage des Prologs der 'Andromeda' anzunehmen. Das widersprechende Zeugnis des Scholions suchte Nestle zu entkräften durch den Aufweis, daß der Scholiast die Worte Thesm. 1064 ἀλλ' ἄρχου λόγων mißverstanden und auf den Beginn des ganzen Stückes bezogen habe. Ein solches Mißverständnis ist bei der sonstigen Kenntnis des Scholiasten von der 'Andromeda' des Euripides kaum glaubhaft.

Es ist festzuhalten: a. Es gibt keine hinreichenden Gründe, Euripides nicht die Abweichung von seiner sonstigen Praxis zuzutrauen, wie der anapästische Prolog der aulischen 'Iphigeneia' hinlänglich beweist. Dazuhin verrät der Scholiast eine so gründliche Kenntnis der 'Andromeda', daß seine Auskunft in diesem Fall durchaus glaubhaft erscheint. Für die Richtigkeit dieser Notiz und für einen anapästischen Prolog sprachen deshalb Welcker, Gr. Trag. 2, 647; Fedde, Pers. Andr. 16-22; Wecklein, SB München 1888, 87f.; Lange, Quaestiones 12; Decharme, Eur. 408 A. 2; Weil, JdS 1900, 515; Girard, REG 17 (1904) 169 m. A. 1; Petersen, JHS 24 (1904) 99 = Att. Trag. 607; Müller, Ph 66 (1907) 58; Séchan, Etudes 586f.; Harsh, Cl. Drama 457 A. 13; Fränkel z. Ag. 355 A. 1; Pohlenz, Gr. Trag. 1, 390. 2, 161; Stössl, RE XXIII (1959) 2333; Ritchie, Authenticity of the 'Rhesus' 103f. m. A. 1; Webster, BICS 12 (1965) 29 = Tragedies 193; Mette, Lustrum 12 (1967) 49 = Lustrum 23/4 (1981/2) 51; Rau, Paratragodia 68. 82; Pretagostini, SCO 25 (1976) 207. b. Ein schwerer zu lösendes Problem haben Robert, Armin und Wilamowitz zum Entscheidungskriterium gemacht, nämlich die Frage nach der Rolle des Echos im euripideischen Drama. Aber es besteht keine Notwendigkeit, 1. das Echo als dramatis persona anzunehmen und für ein so personifiziertes Echo dann einen Prolog zu fordern, der in der Konsequenz 2. das Scholion Lügen straft. Es sind verschiedene Möglichkeiten denkbar, wie Euripides das Echo benutzt hat, ohne daß dadurch die Auskunft des Scholions irgend berührt wäre (s. Stössl, l. c.; z. E. F 114a). c. Die Untersuchung des Fragments zeigt, daß es zahlreiche Elemente enthält, die zur euripideischen Prologtechnik stimmen; das auffällige Metrum hat dieser 'Andromeda'-Prolog mit dem Prolog der aulischen 'Iphigeneia' gemein. d. Methodisch ist es allemal sicherer, vom Zeugnis des Scholions auszugehen (es sei denn, es wäre evident unglaubwürdig), als ein auf der statistischen Auswertung des Erhaltenen basierendes Darstellungsgesetz zum Kriterium der Möglich- oder Unmöglichkeit eines poetisch in höchstem Maß einleuchtenden Dramenbeginns zu erheben (zur Glaubwürdigkeit der Ravennasscholien s. z. E. F 114. 115. 117. 118 usw.).

(3) Den Beginn der euripideischen 'Andromeda' hat offenbar auch Ennius in seiner 'Andromeda'-Tragödie imitiert: Andromeda apostrophiert die Nacht: quae cava caeli, signitenentibus conficis bigis (Ennius I; s. u. z. St.). Wie angedeutet, hatte Bücheler, Kl. Schr. 2,189

(= 1877) vermutet, daß sich die Erwähnung eines tragicus bei Caelius Aurelianus, der die Nacht als 'sacra' bezeichnet habe, auf Ennius bezieht; diese Vermutung ist aus drei Gründen wenig glaubhaft: 1. unter der Voraussetzung, daß Caelius eine griechische Vorlage ins Lateinische übersetzt, ist tragicus immer Euripides, nicht Ennius; 2. im Enniuszitat greifen wir keinen Hinweis darauf, daß Ennius die Nacht, wie Euripides es getan hatte, als 'heilig' apostrophiert hatte; 3. wenn in lateinischer Literatur ohne exakte Namensnennung nur von einem tragicus die Rede ist, ist meist Euripides, nicht Ennius, gemeint: Sen. ep. 49,12: nam, ut ait ille tragicus, »veritatis simplex oratio est« bezieht sich auf E. Ph. 469: ἁπλοῦς ὁ μῦθος τῆς ἀληθείας ἔφυ; Quint. inst. 1,12,18: ut ait non ignobilis tragicus, »reginam rerum orationem« findet sich in der 'Hermione' des Pacuvius (177 R, 187 W, 177 Kl): o flexanima atque omnium regina rerum oratio, formuliert vielleicht nach E. Hec 816: πειθὼ δὲ τὴν τύραννον ἀνθρώποις μόνην.

(4) Auf die Ähnlichkeit des Anfangs der 'Andromeda' des Euripides mit dem Beginn des aischyleischen 'Prometheus' hat wiederholt Schmid hingewiesen (Unters. 18. 31; Gesch. Gr. Lit. 3, 518). Ob ein bewußtes, oder nur ein durch die Aussetzungssituation als solche bedingtes zufälliges szenisches Zitat vorliegt, ist nicht entscheidbar. (Zur Parallelisierung eines Andromeda- und eines Prometheusgemäldes im Roman des Achilleus Tatios s. z. T V b.)

II. (1) Die metrische Analyse der Verse führt auf folgenden Befund: a. der Hiat ἱερὰ ὡς erzwingt Periodenende nach dem ersten anapästischen Metron ὦ νὺξ ἱερά; b. Katalexe und fehlende Metrondihärese machen ὡς μάκρον ἵππευμα διώκεις als periodenschließenden Klauselvers (Paroemiacus) kenntlich (s. Snell, Gr. Metrik 30); das Wortende ist nach dem auf das erste Metron folgenden Breve, wie bei katalektischen Dimetern häufig (s. Snell, l. c.; Korzeniewski, Gr. Metrik 88); c. ἀστεροειδέα - ἱερᾶς: drei jeweils durch Metrondihärese voneinander abgesetzte anapästische Metra; αἰθέρος ἱερᾶς: vier Brevia; Periodenschluß nach Ὀλύμπου durch Katalexe kenntlich, dadurch ist τοῦ σεμνοτάτου | δι' Ὀλύμπου Paroemiacus mit Metrondihärese.

(2) Die übliche Unterscheidung von lyrischen und rezitativen Anapästen ist nicht immer eindeutig zu treffen (vgl. Korzeniewski, Gr. Metrik 95f.); auch im vorliegenden Fall ist eine sichere Bestimmung der musikalischen Realisation (und um eine solche geht es hauptsächlich bei der Differenzierung von gesungenen und rezitierten Anapä-

sten) auf Grund der Geringfügigkeit der zu analysierenden Textmenge schwierig. Da mit der unterschiedlichen musikalischen Realisation aber auch eine je verschiedene inhaltliche Charakterisierung verbunden ist, ist die Differenzierung nicht allein von terminologischem, sondern auch von interpretatorischem Interesse. a. Typische Merkmale lyrischer Anapäste begegnen in vorliegendem Fragment folgende: häufige Katalexe (Dale, Lyric Metres 51; Korzeniewski, Gr. Metrik 95; West, Gr. Metre 121; Snell, Gr. Metrik 31), fehlende Metrondihärese (Korzeniewski, l. c.; West, l. c.), Abfolge von vier Brevia (West, l. c.; Snell, l. c.). b. Andere charakteristische Merkmale lyrischer Anapäste fehlen jedoch: die Häufung dorisch vokalisierbarer Worte (Kannicht, Gn 45 [1973] 119), die Häufung von Spondeen (Korzeniewski, l. c.; Snell, l. c.). Die oben benannten Merkmale lyrischer Anapäste in diesem Fragment lassen sich jedoch auch als Ausnahmen von einer statistisch gewonnenen Regel werten (vier Brevia: Snell, Gr. Metrik 31 A. 24 m. Lit.; West, Gr. Metre 95; fehlende Metrondihärese: Snell, Gr. Metrik 31). c. Dies führt darauf, diese Verse als den Anfang einer »(rezitierten) anapästischen Monodie« (Nestle, Struktur d. Eingangs 100) aufzufassen und die betonte Absetzung der Anrufung der Nacht in einem Monometron und die Häufung der Katalexe als den aus der Situation der Sprechenden erwachsenden Ausdruck großer Emotionalität zu begreifen. (Vgl. Griffith, Prometheus 24 A. 65, der die rezitativen Anapäste Vv. 93ff. 115ff. von »the same air« erfüllt sieht wie lyrische Anapäste; White, Verse 114; Pretagostini, SCO 25 [1976] 207f.; Zimmermann, Unters. 2,6 deuten die Anapäste in der Andromedaparodie dennoch als lyrische Anapäste.)

(3) Eine Folge von nur durch Metrondihärese organisierten Anapästen zwischen Periodenende erzwingenden Klauselversen (s. Kannicht, l. c.) wird gewöhnlich nach Dimetern und bei ungerader Zahl der Metra nach Monometern abgeteilt; West, BICS 24 (1977) 89ff. hat überzeugend den Nachweis geführt, daß diese Praxis nicht zwingend ist und auch durch inhaltlich-syntaktischen Zusammenhang verknüpfte Trimeter vorstellbar sind. Deshalb wird hier dieses Fragment, abweichend von Nauck nicht in Dimetern und Monometer abgesetzt in fünf Versen dargeboten, sondern nur in vier: V. 1: durch Hiat wird Periodenende angezeigt: Monometer; V. 2: Klauselvers; V. 3: drei durch Metrondihärese abgesetzte Metra; V. 4: Klauselvers.

III. (1) Statt des überlieferten ἀστεροειδέα in V. 3 schlug Herwerden, Mn 17 (1889) 268 vor ἀστεροέντα zu schreiben; Nauck, Index XV konjizierte ἀστεροπλῆθη. Für keine der beiden vorgeschlagenen Änderungen besteht eine Notwendigkeit, die Vokabel ἀστεροειδής ist weder an dieser Stelle noch für Euripides überhaupt anstößig (s. u.). (2) Das zweifache ἱερός in V. 1 und V. 3 suchten Bothe, Eur. Fragm. 47 durch die Konjektur αὔραις und Herwerden, Exerc. crit. 34 durch ἁγνᾶς statt des überlieferten αἰθέρος ἱερᾶς zu beseitigen. Es besteht kein Grund, Euripides nicht ein auf νὺξ ἱερά folgendes αἰθέρος ἱερᾶς zuzutrauen: vgl. E. Ion 117ff. (s. u.).

IV. 1 (1) ἱερός findet im Griechischen Verwendung a. zur Bezeichnung dessen, was Göttern gehört: Opfer, Heiligtum, Weihegaben; ebenso wird ἱερός als Epitheton verwendet für zum Heiligtum Gehöriges (s. Burkert, Gr. Religion 403); b. dient ἱερός zur Charakterisierung von Sachen oder Menschen als von göttlicher Wirksamkeit erfüllt (vgl. Wilamowitz, Gl. d. Hell. 1, 21. 253); insofern meint ἱερός »supernatural« (LSJ, ἱερός I; Barrett z. Hipp. 1206/7): daraus folgt c. die Unmöglichkeit, einen Gott ἱερός zu nennen (Wülfing, Gl 39 [1961] 33 A. 3; Burkert, l. c.) d. Auf diesem Hintergrund wird die bei Caelius Aurelianus (= Soranos) und dem Oreibasiosscholiasten vorgelegte Deutung des Epithetons ἱερός verständlich, die auf der Argumentation der hippokratischen Schrift περὶ ἱερᾶς νούσου fußt: Hippokrates lehnt im Selbstbewußtsein des Rationalismus des 5. Jhdts. die Bezeichnug ἱερὰ νόσος für die Epilepsie ab, weil der Begriff die Beteiligung einer Gottheit und damit die Unheilbarkeit der Krankheit mit medizinischen Mitteln insinuiere; Epilepsie sei aber, wie viele andere Krankheiten auch, behandelbar, wenn auch, wie ebenfalls viele andere, nicht heilbar.

(2) Die Bezeichnung der νύξ als 'gottdurchwaltet' (vgl. Mette, Verl. Aisch. 182, der ἱερός mit »gotteigen« übersetzt) hat hier keine religiöse Komponente, hat auf keinen Fall mit der aus Hesiods Theogonie (und anderen Theogonien: s. West z. Theog. 116), Vv. 122ff. vertrauten Urgottheit, der Chaostochter Νύξ, zu tun: d. h., hier wird keine Gottheit apostrophiert. Diese Epiklese ist als eine homerische Reminiszenz anzusprechen (Breitenbach, Unters. 274): ἱερὸν ἦμαρ VIII 66. XI 84; ἱερὸν κνέφας XI 194. 209. XVII 455: »Ein allgemeineres religiöses Gefühl erhält in diesen Formeln Ausdruck« (Wülfing, Gl 38 [1960] 293), ohne daß es möglich ist, die Herkunft dieser epischen Sprechweise zu bestimmen: möglicherweise hat sich der affektive Gehalt des Wortes ἱερός verselbständigt (so die Erklärung von Wülfing, aaO. 301ff.), so daß Erscheinungen von besonderer Qualität oder

Quantität oder von besonderem affektiven Gehalt durch das Epitheton ἱερός in die Sphäre des Göttlichen gerückt werden konnten. - Die Junktur ἱερὰ νύξ dürfte Euripides Aischylos verdanken: A. F 69 (= 103 Mette), aus den 'Heliades': ἔνϑ' ἐπὶ δυσμαῖς ' †ισου† πατρὸς Ἡφαιστοτευχὲς ' δέπας, ἐν τῶι διαβάλλει ' πολὺν· οἰδματοέντα ' †φέρει δρόμου πόρον οὐϑεις† ' μελανίππου προφυγὼν ' ἱερᾶς νυκτὸς ἀμολγόν. Euripides hat die Junktur wieder im 'Ion' wieder in Anapästen (E. Ion 82-5): ἅρματα μὲν τάδε λαμπρὰ τεϑρίππων ' Ἥλιος ἤδη λάμπει κατὰ γῆν, ' ἄστρα δὲ φεύγει πυρὶ τῶιδ' αἰϑέρος ' ἐς νύχϑ' ἱεράν.

(3) Eine Apostrophe an die Nacht als Eröffnung des Prologs ist nichts Singuläres, im Gegenteil: a. die 'Semele' des Tragikers Karkinos (floruit 380/76 v. Chr.) begann nach dem Zeugnis des Athenaios 13,559 F (= Suda κ 394 [3,34,2 Adler]): ὦ νύκτες (TrGF I 70 F 2); b. Menandros eröffnete seinen 'Misumenos': ὦ νύξ - σὺ γὰρ δὴ πλεῖστον Ἀφροδίτης μέρος' μετέχεις ϑεῶν κτλ. (Men. Mis. A 1, p. 181 Sandbach). In Abgrenzung zu dieser speziell komischen Variante der Invokation der Nacht durch Liebende läßt Plautus den Prologsprecher Charinus im 'Mercator' sagen: non ego item facio ut alios in comoediis ' ⟨vi⟩vidi amoris facere, qui aut Nocti aut Dii ' aut Soli aut Lunae miserias narrant suas (Plaut. Merc. 3-5).

(4) Apostrophen als Beginn des Prologs finden sich bei Euripides auch Ph. 3 (Ἥλιε), Alc. 1 (ὦ δώματ' Ἀδμήτει'), El. 1 (ὦ γῆς †παλαιὸν ἄργος†, Ἰνάχου ῥοαί); diese Apostrophen haben nicht nur signifikative (zu diesem Aspekt: Schadewaldt, Monolog 99), sondern auch eine informative Funktion; im Fall der 'Alkestis' und der 'Elektra' hat die Apostrophe die Funktion der Orts-, in den 'Phoinissai' die der Zeitbestimmung. In vorliegendem Fragment gibt die Invokation der Nacht neben dem affektiven Gehalt des Ausrufs auch den Zeitpunkt der szenischen Handlung an: es ist noch Nacht.

(5) a. Die Epiklese der Nacht am Stückanfang der 'Andromeda' ordnet sich ein in die Reihe der hs. überlieferten oder durch Papyrus in Teilen kenntlichen Tragödien des 5. Jhdts., deren szenische Handlung in der Nacht begann: in Aischylos' 'Agamemnon', in Sophokles' 'Aias' und 'Antigone', in Euripides' 'Phaethon', 'Elektra', 'Ion' und der aulischen 'Iphigeneia' wird jeweils vor, in oder kurz nach der Parodos des Chores auf die noch herrschende, oder gerade vergangene Nacht oder auf den Sonnenaufgang explizit Bezug genommen. b. Aus Bemerkungen bei Demosthenes und Aischines geht hervor, daß der Tragödienagon an den Dionysia ἐν ἄστει im 4. Jhdt. jeweils ἕωϑεν

(D. 21,74) bzw. ἅμα τῆι ἡμέραι (Aesch. in Ctes. 76) begann, d. h. bei Tagesanbruch (s. Pickard-Cambridge, Dramatic Festivals 67; Blume, Theaterwesen 24). Zusammen mit dem Befund, daß für zwei der Tragödien, deren szenische Handlung in der Nacht beginnt, nämlich für den 'Agamemnon' und die 'Iphigeneia', bekannt ist, daß sie die ersten Stücke der von Aischylos 458 aufgeführten Tetralogie bzw. der postumen Aufführung durch den Euripidessohn Euripides waren, läßt sich der Schluß ziehen, daß die Erwähnung der Nacht oder des Sonnenaufgangs kein Zufall ist, sondern ein gewollter ostentativer Bezug auf das »real gegebene Licht des Tages« (Schmidt, Struktur 38) der Aufführung dieser Tragödien darstellt; die Erwähnung der Nacht im 'Agamemnon' und in der 'Iphigeneia' ist als ein Reflex »der Beachtung und Berücksichtigung ... der Tageszeit der Aufführung« (Rösler, Polis u. Trag. 29) zu betrachten. c. Da die hs. überlieferten Tragödien, die sicher keine ersten Stücke ihrer jeweiligen Tetralogien waren (A. 'Persai', 'Septem', 'Choephoroi', 'Eumenides'; E. 'Alkestis', 'Troades', 'Phoinissai', 'Orestes', 'Bakchai') keine Erwähnungen von Nacht oder Sonnenaufgang enthalten, deren szenische Handlung mithin nicht als in der Nacht beginnend betrachtet werden können, läßt sich umgekehrt der Schluß ziehen, daß die Erwähnung von Nacht und Sonnenaufgang ein entscheidendes Indiz für die Stellung dieser Tragödien innerhalb der jeweiligen Tetralogien darstellt: auch der 'Aias', die 'Antigone', der 'Phaethon', 'Elektra', 'Ion' und die 'Andromeda' werden die ersten Stücke der jeweiligen Tetralogien gewesen sein. d. Diese Feststellung kann getroffen werden, ohne daß das poetologische Gesetz, daß die Dramenhandlung ὑπὸ μίαν περίοδον ἡλίου (Arist. Po. 5,1449 b 13) ablaufen muß, tangiert wird: diese ostentativen Bezüge sind auf der Ebene der Bühnenhandlung sinnvoll und behalten ihre immanente szenische Valenz auch dann, wenn das, worauf sich die Erwähnung von Nacht und Sonnenaufgang im ursprünglichen Aufführungskontext beziehen, durch die Aufführung an einem anderen Ort, zu einem anderen Zeitpunkt nicht mehr real gegeben ist. Für das Konzept der tragischen Peripetie eines Menschenschicksals unter einem Sonnenumlauf bedarf es nicht notwendig des Beginns der Dramenhandlung in der Nacht: dies spricht entschieden für die Deutung der Erwähnung von Nacht und Sonnenaufgang auf die ostentative Bezugnahme auf die realen Verhältnisse der Erstaufführung im Dionysostheater in Athen. e. Für die 'Andromeda' ergibt sich daraus die Notwendigkeit ihrer Aufführung vor der am gleichen Fest aufgeführten 'Helena' des Euripides. Die Didaskalie von

Bruno Snell (in der Revision von Richard Kannicht) muß also in folgender Weise verbessert werden (TrGF I 9): ἐπὶ Κλεοκρίτου Εὐριπίδης Ἀνδρομέδαι Ἑλένηι. - Die Aufführung der 'Andromeda' vor der 'Helena' postulierte schon Robert, Arch. Ztg. 36 (1878) 17 A. 11, allerdings aus anderen Gründen.

2 (1) a. ὡς schließt den Ausrufungssatz relativ an die Apostrophe der Nacht an (s. KG 2,439); implizit enthält der ὡς-Satz die Begründung für die Apostrophe (deshalb Garvie z. Ch. 693 nicht richtig: »either causal giving the reason for the invocation ... or exclamatory«; Kannicht z. Hel. 623-4: Ausrufungssätze haben »meist einen kausalen Hintersinn«); zu ähnlichen Formulierungen nach Exklamationen oder Apostrophen s. Wilamowitz z. Ch. 691; Fränkel z. Ag. 1256f.; Kannicht l. c. b. Zum adverbialen μακρόν in prädikativer Verwendung im Sinn von μακρὸν χρόνον ist zu vergleichen TrGF II ad. F 279 h,1f. (von Hommel, Euripides und der Tod Euripides zugeschrieben): βραχὺς ὁ βίος, μακρὸν δὲ ' τὸν κατὰ γᾶς αἰῶνα τελε⟨υ⟩τῶμεν βροτοί. c. ἵππευμα διώκειν ist gebildet nach dem Vorbild von Hom. VIII 438f.: Ζεὺς δὲ πατὴρ Ἴδηθεν ἐΰτροχον ἅρμα καὶ ἵππους ' Οὔλυμπόνδε δίωκε; ebenso XXIII 423f.; h. Hom. Dian. 1-5: Ἄρτεμιν ὕμνει, ... ' ἡ θ' ἵππους ἄρουσα βαθυσχοίνοιο Μέλητος ' ῥίμφα διὰ Σμύρνης παγχρύσεον ἅρμα διώκει ' ἐς Κλάρον ἀμπελοέσσαν. διώκων πομπίμους χνόας ποδῶν hat Aischylos Th. 371; A. Eu. 403: Ἀθ.: ... ἔνθεν διώκουσ' ἦλθον ἄτρυτον πόδα; ähnlich auch E. Or. 1344; richtig also Groeneboom z. Pers. 84 (A. Pers. 84: Χορ.: ... Σύριόν θ' ἅρμα διώκων), daß διώκειν »vorwärtstreiben« heißen müsse (vgl. LSJ, διώκω III; Willink z. Or. 988-9); übertragen im Sinne von 'schnell schweifen lassen' ist διώκειν von Euripides im 'Ion' gebraucht (Parodos des Chores: πάνται τοι βλέφαρον διώκω). - Die LSJ, ἵππευμα angegebene Bedeutung »ride on horseback or journey in a chariot« kann somit nicht richtig sein; ἵππευμα stellt eine typisch euripideische Neuschöpfung dar (nur für Euripides belegt: IT 1428 und F 114!; vgl. Breitenbach, Unters. 28), abgeleitet vom Verbum ἱππεύω, und muß an unserer Stelle 'Pferd' oder 'Pferdegespann' heißen als Objekt der in διώκειν ausgedrückten Tätigkeit. Auch an der zweiten Stelle, an der ἵππευμα begegnet, E. IT 1428 (Θο.: ὦ πάντες ἀστοὶ ..., ' οὐκ εἶα ... ὠκυπομποὺς ἕλξετ' ἐς πόντον πλάτας, ' ὡς ἐκ θαλάσσης ἔκ τε γῆς ἱππεύμασιν ' λαβόντες αὐτοὺς ἢ κατὰ στύφλου πέτρας ' ῥίψωμεν κτλ.; E. IT 1422-30), heißt ἱππεύμασιν wohl einfach 'mit Pferden'. Vielleicht ist das neutrale ἵππευμα als abstractum pro concreto verwendet, vergleichbar dem von Stevens z. An. 937 notierten tragischen Sprachgebrauch.

(2) Die Nacht, die ihr Pferdegespann antreibt, ist kein Produkt einer rationalisierenden Personifizierung eines Naturvorgangs (dazu s. Kirk, Gr. Mythen 279f.), sondern ist ein »Kunstmittel« (Breitenbach, Unters. 165): die Natur wird belebt bzw. personifiziert, indem man ihr »Tätigkeit und ... Handlungen von Menschen« beilegt (Breitenbach, aaO. 168); diese metaphorische Verwendung bezeichnet Lausberg, El. lit. Rhet. 140 als eine »Realisierungs-Variante der Allegorie ..., die in der Einführung konkreter Dinge ... als handelnder Personen besteht«.

3 (1) a. ἀστεροειδής ist die euripideische Neubildung eines adjektivischen Kompositums aus zwei Bedeutungsbestandteilen, dessen zweiter Teil »völlig verblaßt und zum Suffix entwertet« ist (Breitenbach, Unters. 190); die Komposition dient nur dazu, »Klangfülle zu erzeugen« (Breitenbach, l. c.; s. a. Meyer, Nominalkomposition 90); ἀστεροειδής ist deshalb als compositum abundans zu bezeichnen (s. Meyer, l. c.), das keine andere Bedeutung als ἀστερόεις hat (so schon Haupt, Op. 3,318). b. »Umschreibungen mit dem metaphorischen νῶτα liebt Euripides« (Rau, Paratragodia 82): χθονὸς νῶτα IT 46, γαίας ἐν νώτοις IT 161, πόντου νῶτα IT 1445, ἐν νώτοισι ποντίας ἁλὸς Hel. 129, πόντου 'πι νώτοις Hel. 774, τύμβου 'πι νώτοις (νώτωι L: corr. Herwerden) Hel. 842. 984. Barrett z. Hipp. 128 (θερμᾶς δ' ἐπὶ νῶτα πέτρας) erkärt richtig (pace Jocelyn, Trag. of Ennius 255): »the Greek metaphor is from the back of an animal, and νῶτα means the upper part or surface of an object, wether the object is convex (rock, burial mound, mountain) or flat (sea earth). (...the νῶτον ... of the sky is the top of what, viewed from the outside, is its convexity ...)«. Vom Himmel ist νῶτα sonst nur noch E. El. 731 gesagt: τὰ δὲ ἕσπερα νῶτ' ἐλαύνει ' θερμᾶι φλογὶ θεοπύρωι (s. Denniston z. St.; zu übersetzen ist: die Sonne zieht mit ihrem heißen, gottentflammten Brand zum abendlichen Himmelsrücken) und Pl. Phdr. 247 c: αἱ μὲν γὰρ ἀθάνατοι καλουμέναι (sc. ψυχαί), ἡνίκ' ἂν πρὸς ἄκρωι γένωνται, ἔξω πορευθεῖσαι ἔστησαν ἐπὶ τῶι τοῦ οὐρανοῦ νώτωι, στάσας δὲ αὐτὰς περιάγει ἡ περίφορα, αἱ δὲ θεωροῦσι τὰ ἔξω τοῦ οὐρανοῦ. - Möglicherweise ist die Metapher νῶτα αἰθέρος euripideischen Formulierungen wie πτύχαι αἰθέρος verwandt, die Kannicht z. Hel. 44-8 als analog zu Metaphern wie ὀρῶν πτύχαι gebildet erklärt; ähnlich Willink z. Or. 1636: »The periphrasis is related to similar phrases denoting the 'folds' of mountains (An. 1277, HF 240, Ba. 787 etc.), with 'Olympus' as the ambivalent link ... «. Die Vorstellung von νῶτα ὄρους (vgl. Pi. O. 7,87: ἀλλ' ὦ Ζεῦ πάτερ, νώτοι-

σιν Ἀταβυρίου ' μεδέων κτλ.; Σ A Pi. O. 7,160a [1,233 Drachmann]: Ἀταβυρίου: ὄρος Ῥόδου) wäre dann auf den Aither übertragen worden als der Sphäre der Wohnung der Götter (= 'Olympos'). c. 1. Das Verbum διφρεύειν ist von Euripides neu gebildet zum Substantiv δίφρος (s. Breitenbach, Unters. 50), und heißt: im δίφρος (Wagenkorb, d. h. Wagen) fahren; intransitiv gebraucht: E. An. 108 (eleg.): An.: Ἕκτορα ... εἵλκυσε διφρεύων παῖς ἁλίας Θέτιδος; transitiv gebraucht Euripides διφρεύειν An. 1011 und Supp. 991 (beidesmal in Chorliedern). 2. Wie E. An. 1011 (ὦ ... πόντιε κυανέαις ἵπποις διφρεύων ἅλιον πέλαγος ...; Stevens z. St.: »acc. of space over which«) steht auch hier διφρεύω mit einem Akkusativ der Erstrekkung (KG 1,312f.; LSJ, διφρεύω 2; Suppl. 991 ist es ein »internal acc.«, so Collard z. St.). Zu übersetzen sind V. 1-3 dann: 'Du gotterfüllte Nacht, wie lang (schon) treibst du das Pferdegespann auf deiner Wagenfahrt über den sternenbesetzten Grat des gotterfüllten Aither ...'. d. Traditionell ist in griechischer Vorstellung αἰθήρ, der 'lichte klare Himmel' (zur etymologischen Herleitung von αἴθω s. Chantraine 33; Frisk 1,37), der obere Teil »of the gap between earth and sky ... (sometimes called the οὐρανός itself)« (Kirk-Raven-Scholfield, Presocr. Philos. 9). Die Erwähnung der νῶτα αἰθέρος ἱερᾶς dient somit der Lokalisierung der Fahrt der Nacht. - Deshalb trifft Rau, Paratragodia 82 den vorliegenden Sachverhalt nicht richtig, wenn er unter Verweis auf die aristophanische Verspottung der euripideischen Aither-Theologie in Thesm. 14ff. 272; Ra. 892 (vgl. S V Ar. Ra. 892: χαρακτερίζει Εὐριπίδην εὐεπίφορον ὄντα ἐπὶ τὸ ὀνομάζειν αἰθέρα) zur Stelle anmerkt: »der 'heilige Äther' ist charakteristisch für Euripides«. Fraglos ist eine solche, für Euripides' Zeit auch anderweitig belegte (s. Kirk-Raven-Scholfield, aaO. 199 A. 1) Aither-Theologie bei Euripides faßbar: in F 839. 941; Supp. 532-6; Hel. 1013-6, dies vor allem aber im Zusammenhang mit einem von Diogenes von Apollonia abhängigen Konzept von Aither-Eschatologie (umfassend Kannicht z. Hel . 1013-16); in vorliegendem Fragment bezeichnet αἰθήρ schlicht einen Bereich des Himmels oder diesen im Ganzen, wie E. Med. 830 (Page z. St.: »here almost 'clime'«), Supp. 992, IT 29, F 124. 228,5. - Für die einfache Gleichsetzung von αἰθήρ und οὐρανός spricht das dem αἰθήρ (dem Sinn nach) beigelegte Epitheton ἀστεροειδής; ἀστερόεις ist bei Homer das Standardepitheton für οὐρανός (so IV 44: αἱ γὰρ ὑπ' ἠελίωι τε καὶ οὐρανῶι ἀστερόεντι ' ναιετάουσι πόληες ἐπιχθονίων ἀνθρώπων; und öfter: V 769; VI 108; XV 371; XIX 128. 130; 9,527; 11,17; 12,380; 20,113). Euripides bezeichnet den αἰθήρ als ἀστερωπός im 'Ion', V. 1079; Kritias hat τὸ ... ἀστερωπὸν οὐρανοῦ δέμας (TrGF I 43 F 19, 33). - »αἰθήρ is often feminine in Euripides: Alc. 594, An. 1228, Ion 1445, fr ... 978,3« (Denniston z. El. 991). e. ἱερός heißt der αἰθήρ auch F 487. 985; Sinn des Epithetons ist a. den Ausdruck affektiv zu erhöhen, b. den αἰθήρ als Sphäre des Göttlichen zu bezeichnen, in welcher die Nacht ihre Bahn zieht: so ist bei Homer der αἰθήρ der Bereich der Wohnstatt des Zeus (II 412: Ζεῦ κύδιστε μέγιστε, κελαινεφές, αἰθέρι ναίων; IV 166 Ζεὺς δέ σφι Κρονίδης ὑψίζυγος, αἰθέρι ναίων; auch Hes. Op. 18 Κρονίδης ὑψίζυγος αἰθέρι ναίων), auf die Götterwohnung überhaupt ausgedehnt E. El. 991; Or. 1636; IA 768; F 487. 919. 944. 985. Auch im 'Ion', Vv. 117-20 (wil. u. glyc.), steht innerhalb von vier Versen zweimal ἱερός: ... ἵνα δρόσοι τέγγουσ' ἱεραί, ' †τὰν† ἀέναον ' παγὰν ἐκπροιεῖσαι, ' μυρσίνας ἱερὰν φόβαν. (2) Das Bild von der auf einem Wagen fahrenden Nacht ist sicher abgeleitet von der geläufigen Vorstellung des Sonnenwagens: »the 'chariot' belongs properly to the sun ... but not only the moon imitates this mode of traversing the heaven« (Collard z. Supp. 990-2, mit Belegstellen). Robert, H 19 (1884) 467-9 sieht sowohl das euripideische Bild vom Wagen der Nacht als auch bildliche Darstellungen von einer auf einem Wagen fahrenden Flügelfigur auf zwei, auf das Ende d. 5. Jhdts. v. Chr. datierten Pyxeis und auf einer cumanischen Hydria von einem Monumentalgemälde des 5. Jhdts. abhängig. Für Euripides ist eine literarische Beeinflussung durch den aischyleischen Bildgebrauch jedoch erheblich wahrscheinlicher: neben A. F 69 (s. o.) ist zu nennen A. Ch. 660: 'Ορ.: ... ταχύνε δ', ὡς καὶ νυκτὸς ἅρμ' ἐπείγεται ' σκοτεινόν κτλ.. Euripides hat den Wagen der Nacht wieder Ion 1150f.: Θε.: ... μελάμπεπλος δὲ Νὺξ ἀπείρωτον ζυγοῖς' ὄχημ' ἔπαλλεν. - Nach dem Vorbild der attischen Tragödie haben den Wagen der Nacht verwendet Theoc. 2,166: ἀστέρες, εὐκάλοιο κατ' ἄντυγα Νυκτὸς ὀπαδοί; A. R. 3,1193: Νὺξ δ' ἵπποισιν ἔβαλλεν ἔπι ζυγά κτλ.. In lateinischer Literatur: Verg. Aen. 5,721: et Nox atra polum bigis subvecta tenebat; Tib. 2,1,87f.: iam nox iungit equos, currumque sequuntur ' matris lascivo sidera fulva choro; Val. Fl. Arg. 3,210f.: sic pugnae crebrescit opus; neque enim ignea cedunt ' astra loco, lentis haeret nox conscia bigis.

4 (1) a. σεμνός heißt das, was religiösen Respekt einflößt, was man verehren (σέβεσθαι) muß (Chantraine 992f.); σεμνός heißen deshalb bei Euripides Artemis (Hipp. 99. 713; Hec. 935; IA 976), Zeus (IT 749), Athena (IT 1492). Darüber hinaus können auch σεμνός heißen Personen und Dinge, denen besondere Achtung entgegengebracht

wird (Chantraine 993: »cité, ... paroles, ... actes«). b. σεμνότατος ist der Olympos als der traditionelle Wohnsitz der Götter (z. B. Hom. V 360. 367. 398. 404. 868. 890; VIII 456 u. ö.); die Verdichtung der göttlichen Präsenz macht ihn 'höchst verehrenswert'. (2) Die Nacht nimmt ihren Weg (»durch und wieder heraus«: KG 1,481 zu διά c. gen.) mitten durch den Olympus auf ihrer Fahrt über den Himmel, bei Ὄλυμπος wird man hier deshalb nicht an den thessalischen Berg zu denken haben, sondern an die im Himmel lokalisierte Götterwohnung. Während der traditionellen Redeweise von den 'olympischen Göttern' immer eine gewisse Ambivalenz innewohnt (s. Burkert, Gr. Religion 201; Kirk, Gr. Mythen 50f.), ist in diesem Fragment die Gleichsetzung von Himmel und Olympos eindeutig.

(3) Diese Anrufung der Nacht erfüllt mit ihren gesuchten lexikalischen Besonderheiten, ihrer Häufung affektiv besetzter Adjektive ganz offensichtlich einen doppelten Zweck: a. den der dramaturgisch notwendigen Zeitangabe, verknüpft mit einer konventionellen monologeröffnenden Anrede an die Elemente (s. Barrett z. Hipp. 601); b. den des Ausdrucks größter Emotionalität im Metrum und im Inhalt des Ausrufs als unmittelbarem Einsatz der dramatischen Handlung: im Gegensatz zur Technik des trimetrischen Prologs setzt mit den Anapästen (sowohl in der 'Andromeda' als auch in der aulischen 'Iphigeneia') die Dramenhandlung unvermittelt ein. Darin liegt das dramaturgisch Neue (und deshalb für viele Forscher Anstößige) des 'Andromeda'-Prologs.

V. (1) Das Zeugnis des Ravennasscholions macht klar, daß Andromeda bei Beginn der dramatischen Aufführung schon am Felsen gefesselt (s. z. E. F 125) stand und in einem anapästischen Rezitativ die Nacht anzurufen begann. Dörpfeld-Reisch, Gr. Theater 253f. postulierten aus diesem Grund einen Theatervorhang: die Fesselung Andromedas konnte ihrer Meinung nach nur auf eine für die Zuschauer unsichtbaren Weise erfolgen (s. Taplin, Stagecraft 135 A. 1 für die weiteren Vertreter dieser Auffassung). Da sich ein Vorhang für das Dionysostheater in Athen weder archäologisch noch literarisch nachweisen läßt (s. Pickard-Cambridge, Theatre of Dionysos 128ff.), verfiel Engelmann, Arch Stud. 63ff. auf die Möglichkeit eines trimetrischen Prologs, auf welchen eine, dem Bild der Londoner Hydria (s. S. T II a) entsprechende, Fesselungsszene gefolgt sei, bevor Andromeda ihr anapästisches Rezitativ begonnen habe. Engelmanns Theorie ist in zweifacher Hinsicht verfehlt: 1. die Anapäste sind die εἰσβολὴ τοῦ προλόγου (s. o.); 2. die Londoner Hydria kann nicht auf die Aufführung der 'Andromeda' des Euripides von 412 v. Chr. bezogen werden, weil diese attische rotfigurige Vase schon um 450 v. Chr. bemalt wurde (s. z. S. T II; gegen Engelmann schon Petersen, JHS 24 [1904] 99 A. 2). (2) Séchan, Etudes 265; Webster, BICS 12 (1965) 29 = Tragedies 193; Simon, Das antike Theater 34 postulierten die Präsentation der ausgesetzten Heroine auf dem ἐκκύκλημα. Pollux 4,12 (1,239,12 Bethe) beschreibt diese Bühnenmaschine als ἐπὶ ξύλων ὑψηλὸν βάθρον, ᾧι ἐπίκειται θρόνος, δείκνυσι δὲ τὰ ὑπὸ σκηνὴν ἐν ταῖς οἰκίαις ἀπόρρητα πραχθέντα. Taplin, l. c. hat demnach Recht, wenn er darauf beharrt, daß »the ekkyklema was normally used for revelations ... at the beginning of a play there is no revelation, only a presentation«. Wir müssen für den Beginn der 'Andromeda' also damit rechnen, daß der die Andromeda agierende Schauspieler die Bühne betrat und an den Felsen gefesselt wurde, als das Spektatorium schon versammelt und zugegen war; »the spectators ... were then required to cancel the binding« (Taplin, aaO. 136 A. 1). Ein ähnlicher Vorgang muß für den verlorenen 'Prometheus Solutus' des Aischylos vorausgesetzt werden (s. Griffith, A. Prom. 287, z. V-VII; A. F 190).

F **114a

I. (1) a. Nach der langen, tragisch stilisierten und mit Tragödienzitaten durchsetzten Klagemonodie des Verwandten (s. z. E. F 114. 115. 117. 118 usw. und z. E. F 122) in den aristophanischen 'Thesmophoriazusai' meldet sich mit den Vv. 1056f. eine im Ravennas (durch den Korrektor) mit ευριπ. ηχω bezeichnete Person zu Wort, die den Verwandten als Andromeda begrüßt und deren Vater Kepheus verflucht (s. E. Appendix 3 m. Komm.). Auf die Frage des Verwandten, wer ihn da eigentlich anrede, erhält er die Auskunft: 'Das Echo, der Worte Widersänger, das zu allem seinen Senf dazugibt, das im letzten Jahr am gleichen Platz dem Euripides im Agon beigestanden hat' (Vv. 1059f.). Den Ausdruck 'Echo, der Worte Widersänger' hielten für ein aus der euripideischen 'Andromeda' stammendes tragisches Zitat Hartung, Eur. rest. 2,346; Fedde, Pers. Andr. 22–5; Robert, Arch. Ztg. 36 (1878) 18; Papageorgios (erwähnt von Nauck, Index XV); Lange, Quaestiones 12 A. 4; Wilamowitz, Kl. Schr. V 2,97 A. 1 (=1925); Nestle, Struktur d. Eingangs 132; Pucci, MAL 8,10,5 (1961) 377 A. 141; Webster, BICS 12 (1965) 30 = Tragedies 193f.; Mette, Lustrum 12 (1967) 49 = Lustrum 23/4 (1981/2) 51; Rau, Paratragodia

81 m. A. 146. Snell nahm diesen iambischen Versteil als *F 114a in das Supplementum zu TGF² auf. b. Da keine Scholiennotiz die euripideische Herkunft dieses Versteiles vermerkt, verfügen wir über kein sicheres Indiz, mit dessen Hilfe dieser Ausdruck der 'Andromeda' zugewiesen werden könnte; man wird deshalb mit Nauck auf eine Inanspruchnahme von Ar. Thesm 1059 als Euripidesfragment verzichten müssen. c. Auch unter der Annahme der Herkunft dieses Versteils aus der 'Andromeda' des Euripides, wäre er schwerlich, wie Snell durch seine Nummerierung kenntlich gemacht hat, in den Kontext der anapästischen Eröffnung des Stückes zu setzen; eine iambische Rhesis aus dem Mund Andromedas zwischen F 114 und 115 ist schwer vorstellbar. Die Idee, daß das Echo in iambischen Trimetern den Anapästen der Andromeda antwortete (diese Auffassung vertraten Nestle und Pucci) läuft der aristophanischen Verwendung des Echos in der durch Scholien ausgewiesenen Imitation des Anfangs der Euripidestragödie in den Vv. 1065-72 zuwider. (Eine solch veristische Verwendung des Echos als Echo [s. u.] vertraten Petersen, JHS 24 [1904] 100; ders. Att. Trag. 607; Müller, Ph 66 [1907] 56; Schmid, Gesch. Gr. Lit. 3,518 A. 5; Rau, Paratragodia 79; Jobst, Höhle 46; zu vgl. sind die Vorschläge von Mette und Webster, wo ein solcher Versteil plausibel unterzubringen wäre; ebenso Rau, Paratragodia 81 A. 146). (2) a. Ursächlich für die Inanspruchnahme von Ar. Thesm. 1059 für die 'Andromeda' des Euripides war (und ist) der tragische Ton der Junktur λόγων ἀντωιδός; Neologismen wie ἀντωιδός sind jedoch Euripides in gleicher Weise zuzutrauen wie Aristophanes, ebenso wie der tragische Ton sowohl dem Original wie der Parodie gleich angemessen ist. b. Hartung, Robert und Wilamowitz reklamierten diesen Versteil für die 'Andromeda', weil sie von der Voraussetzung ausgingen, daß die Handlung der 'Andromeda' einer detaillierten Exposition in Form eines von Echo gesprochenen trimetrischen Prologs bedurft habe; diese Annahme hat nicht nur jede Wahrscheinlichkeit, sondern vor allem das Scholion zu Ar. Thesm 1065 gegen sich (s. z. E. F 114). (3) a. Nicht berührt von der Ablehnung von Ar. Thesm. 1059 als Fragment der 'Andromeda' wird das Faktum, daß in der euripideischen 'Andromeda' das Echo eine Rolle spielte. Dies ist gesichert 1. durch Ar. Thesm 1060f.: Ἠχώ ... ἥπερ πέρυσιν ἐν τῶιδε ταυτῶι χωρίωι ' Εὐριπίδηι καὐτὴ ξυνηγωνιζόμην, in Verbindung mit 2. Σ R Ar. Thesm. 1062: ἐπεὶ εἰσήγαγεν κακοστένακτον τὴν Ἠχὼ ὁ Εὐριπίδης ἐν τῆι Ἀνδρομέδαι εἰς τοῦτο παίζει. 3. hieß die euripideische Andromeda das Echo ausdrücklich zu

schweigen (F 118): †προσαιδουσσαι τὰς† ἐν ἄντροις' ἀπόπαυσον, ἔασον' Ἀχοῖ με σὺν φίλαις γόου πόθον λαβεῖν. b. unklar ist, in welcher Weise in der 'Andromeda' das Echo präsentiert wurde; zwar verhilft die Parodie der Echowirkung in den 'Thesmophoriazusai' zu einer umrißhaften Vorstellung davon, daß Euripides in dem einleitenden Teil der Tragödie vor der Parodos des Chores zumindest teilweise das Echo die Klagen der Heroine am Felsen reflektieren ließ; ob das Echo aber, wie bei Aristophanes, schon mit dem Beginn des Prologs in Erscheinung trat (so vermutete Webster wegen des katalektischen Klauselverses δι' Ὀλύμπου) läßt sich nicht mit Sicherheit sagen. Evident scheint aber zu sein, daß Euripides wie Aristophanes das Echo ganz veristisch nur die letzten Satzbestandteile wiederholen ließ. - Ebenso wenig läßt sich allein aus der Parodie ableiten, ob das Echo bei Euripides als dramatis persona szenisch präsent war oder nicht (dies ist gegen Wilamowitz' Junktim zu sagen: »Wenn bei Aristophanes Euripides als Echo auf die Bühne kommt, so hatte Echo bei Euripides dies getan«). Im Allgemeinen wird für Euripides, unter Heranziehung der in F 118 genannten Lokalisierung des Echos ἐν ἄντροις, die Unsichtbarkeit des Echos, also nicht die szenische Präsenz einer Nymphe Echo als dramatis persona, angenommen: so von Fedde, Pers. Andr. 22-5; Johne, Eur. Andr. 19; Wecklein, SB München 1888,87; Rogers, Ar. Thesm. 115; Müller, Ph 66 (1907) 56; Séchan, Etudes 267; Nestle, Struktur d. Eingangs 132; Pucci, MAL 8,10,5 (1961) 376; Webster, BICS 12 (1965) 30 = Tragedies 194; Rau, Paratragodia 79; Jobst, Höhle 46; Saladino, Prometheus 5 (1979) 108; dagegen traten Hartung, Robert und Wilamowitz für die szenische Präsenz einer Nymphe Echo bei Euripides ein. In der Parodie der Echoszene in den 'Thesmophoriazusai' dagegen wird die Echowirkung laut der im Ravennas durchgeführten Korrektur, die den ursprünglich nur durch Paragraphos gekennzeichneten Sprecherwechsel zwischen V. 1055 und 1056 in ευριπ. ηχω präzisierte, und nach dem Σ R Ar. Thesm. 1056 (ὑποκρίνεται Εὐριπίδης τὸ πρόσωπον τῆς Ἠχοῦς. πατὴρ γὰρ τῆς Ἀνδρομέδας ὁ Κηφεύς) von der dramatis persona Euripides agiert; sicher nicht in Maske und Kostüm der Nymphe Echo, da dies durch seinen Auftritt in der Maske des Perseus V. 1011 und V. 1097 ausgeschlossen ist. (Aus diesem Grund haben Tyrwhitt und Dobree, beide zitiert bei Blaydes, Ar. Thesm. 105, sowohl die Richtigkeit der Personenverteilung des Korrektors als auch die des Scholions bezweifelt; ebenso dann Blaydes, l. c.; Leeuwen, Ar. Thesm. 133; Heath, Political comedy 51 A. 106.) Aber möglich erscheint, daß Euripides, für den Verwandten (V. 1058?) und den Skythen (V. 1086) unsichtbar (auf dem θεολογεῖον oder gar schon an der μηχανή?) die Rolle des Echos spielte, indem er eben die Äußerungen der Andromeda/des Verwandten, später auch die des Skythen, einfach wiederholte (so die Vorstellung von Fritzsche, Ar. Thesm. 447; Ribbeck, Ar. Ach. 291; Hourmouziades, Production 154; Rau, Paratragodia 79; Hansen, Ph 120 [1976] 182f.). Das Echo der Parodie würde damit zwar in sichtbarer Weise von Euripides/Perseus gespielt, wäre für die von der Echowirkung Betroffenen, den Verwandten und den Skythen, aber unsichtbar. Damit wäre, trotz parodischer Umformung, doch ein zum Zeugnis von F 118 zusätzliches Indiz gewonnen, daß das Echo bei Euripides nicht als sichtbare dramatis persona, sondern nur als akustisches Phänomen präsent war.

II. (1) Pi. O. 14,21 ist der früheste Beleg für die Personifizierung des akustischen Phänomens des Widerhalls als Ἠχώ: μελαντειχέα νῦν δόμον ' Φερσεφόνας ἔλθ' Ἀχοῖ, πατρὶ κλυτὰν φέροισ' ἀγγελίαν, ' Κλεόδαμαν ὄφρ' ἰδοῖσ', υἱὸν εἴπῃς ὅτι οἱ νέαν ' κόλποις παρ' εὐδόξοις Πίσας ' ἐστεφάνωσε κυδίμων ἀέθλων πτεροῖσι χαίταν. Bei Euripides ist Ἠχώ personifiziert in der 'Hekabe' (E. Hec. 1110): Ἀγ.: κραυγῆς ἀκούσας ἦλθον. οὐ γὰρ ἥσυχος ' πέτρας ὀρείας παῖς λέλακ' ἀνὰ στρατὸν ' Ἠχὼ διδοῦσα θόρυβον κτλ. Gegen Waser, RE V (1905) 1926 (»Euripides ist der erste Schriftsteller, bei dem sich mit Sicherheit Echo als Nymphe nachweisen läßt, und zwar speziell als 'Antriade'«; ähnlich Bömer z. Met. 3,359-510: »Erst bei Euripides erscheint Echo als Nymphe«) ist festzuhalten, daß beide zitierten Texte in gleicher Weise keinen Anhalt dafür zu bieten imstande sind, daß im 5. Jhdt. v. Chr. die Identifizierung des Echos mit einer Nymphe geläufig gewesen sei. In F 118 fordert Andromeda das Echo auf, zu schweigen; diese Aufforderung muß nicht an eine Nymphe, braucht nur an ein irgendwie personifiziert gedachtes Echo gerichtet sein; die Charakterisierung des Echos als ἡ ἐν ἄντροις betrifft das Phänomen der Resonabilität einer Felslandschaft und ist für das Echo ein so grundlegendes Charakteristikum, daß daraus die spätere Deutung des Echos als einer Nymphe, die in Bergen lebt, erklärbar wird. Diese Bezeichnung des Echos als ἡ ἐν ἄντροις ist allein aber noch nicht ausreichend, die Auffassung zu begründen, in Euripides' 'Andromeda' sei Echo eine Nymphe (denn wo soll denn ein Echo sonst auftreten?). Deshalb ist m. E. auch der Versuch von Erika Simon zurückzuweisen, auf einigen Andromedavasen Nymphengestalten als Darstellungen der im euripideischen Drama präsenten Nymphe Echo zu deuten (LIMC III [1986] 680ff.). (2) Möglicherweise stellt die Ἠχώ'-Komödie des Eubulos den ersten Versuch dar, die Personifikation des Widerhalls szenisch zu präsentieren (PCG F 34 [5,208 Kassel-Austin]); vielleicht ergab sich die Komik der Dramenhandlung aber auch gerade dadurch, daß die Titelfigur nur als akustisches Phänomen, nicht aber corporaliter auf der Szene präsent war. (3) Bei Pindar soll der Widerhall der Aufführung des Preisliedes bis in die Unterwelt dringen: das Echo ist Schall, sonst nichts; ebenso ist Echo bei Euripides nur Widerhall, nur akustisches Phänomen: dies ist für die 'Hekabe' evident, für die 'Andromeda' legen dies die Verse Ar. Thesm. 1059ff. nahe; zwar läßt Aristophanes das Echo sich selbst vorstellen, aber daraus resultiert nicht, daß sich Aristophanes das Echo als aus sich sprechfähig betrachtete: in der Parodie bleibt das Echo, was es ist: Widerhall. (4) Aufschlußreich für die vermutliche Verwendung des Echos bei Euripides ist die ausführliche Präsentation der Nymphe Echo bei Ovid, Met. 3,375-92 (Echo ist in Narcissus verliebt): o quotiens voluit blandis accedere dictis ' et molles adhibere preces! natura repugnat ' nec sinit, incipiat; sed, quod sinit, illa parata est ' exspectare sonos, ad quos sua verba remittat. ' forte puer comitum seductus ab agmine fido ' (380) dixerat 'ecquis adest?', et 'adest' responderat Echo. ' hic stupet, utque aciem partes dimittit in omnes, ' voce 'veni' magna clamat: vocat illa vocantem. ' respicit et rursus nullo veniente 'quid' inquit ' me fugis?' et totidem, quot dixit, verba recepit. ' (385) perstat et alternae deceptus imagine vocis ' 'huc coeamus' ait, nullique libentius umquam ' responsura sono 'coeamus' rettulit Echo, ' et verbis favet ipsa suis egressaque silva ' ibat, ut iniceret sperato bracchia collo. ' (390) ille fugit fugiensque, manus conplexibus aufer! ' ante' ait, 'emoriar, quam sit tibi copia nostri.' ' rettulit illa nihil nisi 'sit tibi copia nostri'. Für den rein passiv wiederholenden Charakter des Echos ist auch Sen. Tro. 106ff. instruktiv (der Chor singt): iam nuda vocant pectora dextras; ' nunc, nunc vires exprome, dolor. ' Rhoetea sonent litora planctu, ' habitansque cavis montibus Echo ' non, ut solita est, extrema brevis ' verba remittat totos reddat ' Troiae gemitus.

F 115

I. (1) Zu den Vv. 1070ff. der aristophanischen 'Thesmophoriazusai', die sich unmittelbar an den Text von F 114 anschließen, notiert das Scholion, daß sie ebenfalls, wie schon die Vv. 1065-8, 'aus dem Prolog', zu ergänzen: der 'Andromeda' des Euripides, stammen. (2) Ergänzt durch das Scholion zu V. 1072 sind die Vv. 1070-2 somit eindeutig als Verse aus dem Prolog der 'Andromeda' bezeugt. (3) Ungewiß ist, ob die jeweiligen Responsionen des Echos auch zum Fragmentbestand zu zählen sind; da der Verwandte die Wiederholung jedes anapästischen Metrons jedoch als lästig empfindet, liegt die Vermutung nahe, daß die überzogene Echowirkung auf das Konto des Aristophanes geht, der Euripidestext demnach ohne die Responsionen herzustellen ist (so hat es auch schon Nauck, TGF^2 gehandhabt).

II. (1) Die metrische Analyse des Textes ergibt fünf jeweils durch Metrondihärese voneinander abgesetzte anapästische Metra; Hinweise auf Periodenende fehlen. (2) Die durch Dihärese geregelte gleichförmige Abfolge der anapästischen Metra und das Fehlen der dorischen Vokalisierung (dorisch vokalisierbar wäre τλήμων) lassen erkennen, daß diese Anapäste als Rezitativ vorgetragen wurden (was schon bei F 114 zu vermuten war). (3) Eine Versabteilung läßt sich nicht mit letzter Sicherheit durchführen, da sowohl Hinweise auf den Anfang als auch auf das Ende der Periode fehlen (schließt sich F 115 direkt an F 114 an, wäre dadurch der Periodenanfang gewonnen); wegen des inhaltlichen Zusammenhangs empfiehlt es sich, die fünf Metra in einen Trimeter und einen Dimeter abzuteilen (abweichend von Nauck; zur Begründung dieser Praxis s. z. E. F 114).

III. 1 (1) Das Adverb ποτέ drückt in einem Fragesatz »das Verlangen des Fragenden nach Aufschluß oder eine Verwunderung oder überhaupt Leidenschaft« aus (KG 2,518 A. 3); es legt somit hier einen besonderen emotionalen Nachdruck hinter die Warum-Frage, auf die Andromeda schwerlich eine Antwort erwarten kann; der Fragegestus als solcher dient somit der Charakterisierung der Situation der Andromeda als einer hoffnungslosen. (2) a. Die Selbstvorstellung der Ἀνδρομέδα erfolgt nach einem auch sonst bei Euripides zu beobachtenden Muster: der Eigenname ist dabei immer mit der 1. P. Sg. (oder Pl.) konstruiert. Leeuwen nennt z. Ar. Ach. 406 folgende Belege: E. Hipp. 1285; HF 4; Hel. 1644 (Pl.); Ba. 1. 1340; Rh. 892; ergänzend sind hinzuzufügen: An. 1-5. 1232; Hec. 1-3; Tr. 1f.; Ion 1555; Or. 1226 (vgl. Willink z. St.). b. Mit Ausnahme von Or. 1226 handelt es sich dabei um die Selbstvorstellung erstmalig auftretender Personen: 1. entweder am Anfang des Stücks, oder 2. beim Auftritt des deus ex machina. c. Die Selbstvorstellung der Andromeda auf diese Weise ist also weniger typisch »tragischer Stil« (Rau, Paratragodia 83; Starkie z. Ach. 406: »tragic tone«; zur typisch tragischen Selbstbezeichnung mit dem Eigennamen s. die Beispiele bei Bruhn, Anhang § 261), als vielmehr typisch euripideische Auftrittstechnik. d. Damit ist die Funktion des anapästischen Rezitativs klar: wie in den iambischen Prologen scheint auch hier Andromeda die Exposition der dramatischen Handlung zu geben (so schon Lange, Quaestiones 12; Petersen, Att. Trag. 607; Müller, Ph 66 [1907] 58f.; Séchan, Etudes 587; Webster, BICS 12 [1965] 29 = Tragedies 193). (3) Das Adverb περίαλλα begegnet bei Euripides nur hier; Breitenbach, Unters. 52 wertet es als aus epischem Wortschatz stammend (h. Pan. 46); auf Grund der relativ späten Abfassung des Pan-Hymnus (Allen-Halliday-Sikes 402: »the poem ... can hardly have been composed before the age of Pindar at the earliest«; Cassola 364: »quinto-quarto secolo«) ist die Einschätzung von Rau, Paratragodia 83 eher richtig: »περίαλλα ist lyrisch«: Pi. P. 11,5 (Κάδμου κόραι ... ἴτε ... ἐς ἄδυτον τριπόδων ' [5] θησαυρόν, ὃν περίαλλ' ἐτίμασε Λοξίας, ' Ἰσμήνιον δ' ὀνύμαξεν κτλ.); Pae. 9,47; Theoc. 12,28; A. R. 2,217; Nic. Ther. 620. Die beiden Stellen, an denen περίαλλα bei Sophokles begegnet, sind strittig: S. OT 1219 (lyr.): δύρομαι γὰρ †ὡς ' περίαλλα ἰαχέων † ' ἐκ στομάτων (ὥσπερ ἰάλεμον χέων Jebb, Pearson); F *245 (aus dem 'Thamyras'; lyr.): ἔχομαι δ' ἔκ τε λύρας ἔκ τε νόμων, οὓς Θαμύρας ' περίαλλα μουσοποιεῖ. Auf jeden Fall belegen alle Beispiele, daß περίαλλα eine lyrische gesuchte Vokabel ist; es bedeutet »'preeminently' and is used with reference both to the subject and to the object of the sentence« (Kamerbeek z. OT 1218/9); hier kann also übersetzt werden: 'ich, Andromeda, vor allen anderen', oder 'über alles andere Unheil hinaus'. (4) κακῶν μέρος scheint das Stichwort zu sein für die nachfolgende expositorische Schilderung von Andromedas Schicksal; mit bloßem κακά bezeichnet Andromeda hier sicherlich das, was sie erleidet im Sinne von τὰ ἐμὰ κακά, »the ill things a person suffers« (Barrett z. Hipp. 695-7). (5) ἐκλαγχάνω ist nach Breitenbach, Unters. 109 von Euripides dem Sophokles entlehnt: S. El. 760: Παιδ.: ... ὅπως πατρῴας τύμβον ἐκλάχοι (ἐκλάχῃ Jebb, Dawe; s. Kamerbeek z. St.); OC 1337: Πολ.: ... ἄλλους δὲ θωπεύοντες οἰχνοῦμεν σύ τε ' κἀγώ, τὸν αὐτὸν δαίμον' ἐξειληχότες (K: ἐξειληφότες rell. codd.). Das Kompositum ist eine von den zahlreichen Neubildungen des Sophokles (s. die Übersicht bei Breitenbach, Unters. 104), ist vom Simplex aber nicht bedeutungsverschieden. Die Verwendung des Kompositums statt des Simplex legte sich hier aus metrischen und stilistischen (Fülle des Ausdrucks) Gründen nahe. 2 (1) a. Das Adjektiv τλήμων ist mit dem Verb τλῆναι verwandt und »participe aux divers significations de τλῆναι« (Chantraine 1088); es kann somit heißen: 1. der, der Leid erduldet, oder 2. der, der Leid duldet (selbst verursachend oder mitleidslos zuschauend; vgl. Denniston z. El. 1171; Kannicht z. Hel. 109; Willink z. Or. 35). b. Auf Andromeda trifft nur die erste Bedeutung zu; im vorhergehnden Wort θάνατος liegt der Grund und Inhalt ihres τλῆναι. c. Selbstbezeichnungen tragischer Helden als τλήμων sind bei Euripides häufig: Alc. 1068; Med. 111; Heracl. 448; Hipp. 242. 1066. 1460; Hec. 47; An. 1070; HF 550; Tr. 1233; Hel. 401. 1223; Or. 293. 1028; Ba. 1354. 1361; IA 1515. (2) »The aorist infinitive after μέλλω is rare« (Griffith z. Pr. 625): er »wird nur da angewandt, wo der Begriff der momentanen Handlung, sei es in ingressivem oder in abschließendem Sinne, in den Vordergrund tritt« (KG 1,179). Der Infinitiv des Aorists ist hier deshalb angebracht, weil die von Andromeda als erwartet bezeichnete Handlung insoweit final ist, als sie für Andromeda letal ist. (3) Während in F 114 durch Andromedas Anrufung der Nacht und durch ihre Klage über deren lange Dauer einerseits der Zeitpunkt des Beginns der dramatischen Handlung angegeben wurde, andererseits durch die metrische, sprachliche, stilistische Realisierung dieser Invokation die Handlung emotional exponiert wurde, indem die Einsamkeit und Verlorenheit der ausgesetzten Heroine im Kontrast zur unendlichen Erhabenheit der Elemente ihren Ausdruck fanden (s. Barlow, Imagery 103), wird in F 115 der inhaltlich expositorische Charakter der Prologanapäste deutlich. Man kann deshalb in Bezug auf F 114 von einer affektiven, in Bezug auf F 115 von einer inhaltlichen Exposition sprechen. Diese ist realisiert 1. in der Selbstvorstellung Andromedas, 2. im Hinweis auf die κακά, die Andromeda zu erdulden hat, 3. in der Präzisierung, daß die κακά in einer Bedrohung von Andromedas Leben bestehen. (4) Es besteht deshalb in der Forschung einhellig die Auffassung, daß F 114 und F 115 in der euripideischen 'Andromeda' nahe zueinander gehören; es ist gut vorstellbar (aber nicht beweisbar), daß Aristophanes in den 'Thesmophoriazusai' den Verwandten die ersten sechs Verse der 'Andromeda' rezitieren ließ.

F 116

I. (1) In der 'Lysistrate' des Aristophanes (aufgeführt an den Lenäen 411 v. Chr.: s. z. E. F 114. 115. 117. 118 usw.) haben die auf der Akropolis versammelten Frauen Athens einander einen Eid geschworen, nicht eher wieder ihren Ehemännern beischlafen zu wollen, bevor nicht Frieden mit Sparta gemacht sei. In seiner durch diesen Streik der Frauen hervorgerufenen großen sexuellen Not kommt der Athener Kinesias zur Burg und verlangt nach seiner Frau Myrrhine; die gibt vor, ihm willfahren zu wollen, sofern er bereit sei, endlich auf die Beendigung des Krieges hinzuwirken. Die Antwort des Kinesias ist ausweichend, und so entläuft ihm Myrrhine, als er sich gerade am Ziel seiner Wünsche angekommen wähnt. Ihm bleibt nur übrig, seiner Enttäuschung in »an Tragisches anklingenden Anapästen« (Wilamowitz z. Lys. 950) Luft zu machen. Der Chor der alten Männer komplettiert diese zu einem »anap. Klage-Amoibaion« (Rau, Paratragodia 200), indem er Kinesias sein Mitleid ausdrückt in einer Reihe typisch tragischer Fragen, Vv. 962–6: ποῖος γὰρ νέφρος ἂν ἀντίσχοι ' ποία ψυχὴ, ποῖοι δ' ὀρχεῖς ' ποία δ' ὀσφύς, ποῖος δ' ὄρρος ' κατατεινόμενος ' καὶ μὴ βινῶν τοὺς ὄρθρους; (2) »Nach den Scholien ist die Stelle mit dem wiederholten ποῖος der im Vorjahre gegebenen Andromeda des Euripides nachgebildet« (Wilamowitz z. Lys. 963); der Name des Euripides wird in dem Scholion allerdings nicht genannt. (3) Die Zitation des angeblich nachgebildeten Verses aus der 'Andromeda' des Euripides erfolgt gemäß dem von Roemer, Ph 67 (1908) 240ff. auf die alexandrinische Philologie zurückgeführten Zitationsmuster: »1.) Die Notierung mit παρά tritt regelmäßig ein bei divergierendem Text des Komikers und des Originals. 2.) Die parodierte Stelle des Originals wurde regelmäßig in ihrem ganzen Wortlaut beigeschrieben mit genauer Angabe des Stückes, aus welchem die Stelle stammte« (Roemer, aaO. 250). (4) Inwieweit die Vv. 962–6 der 'Lysistrate' den 'Andromeda'-Vers parodieren oder paratragodisch imitieren, läßt sich nicht sagen. Möglich ist 1. daß »in den Exclamationen des Greisenchores ... die Nachbildung einer sicher hochpathetisch vorgetragenen und darum auch einschlagenden Stelle der Andromeda« vorliegt (Roemer, aaO. 254), also eine verbale Parodie, oder 2. daß in der paratragodischen Inszenierung eines Klageamoibaions zwischen Schauspieler und Chor die Nachahmung einer ähnlich gearteten Szene der 'Andromeda' vorliegt, als szenischer Paratragodie, in der auch (vom Chor?) mit ποῖαι-ποῖα-Fragen anteilnehmender Klage Ausdruck verliehen worden war. Da die Parodos der euripideischen 'Andromeda' als Amoibaion zwischen Andromeda und dem Chor gestaltet war (s. z. E. F 118), liegt es nahe, die Herkunft dieser Doppelfrage aus dem Umkreis dieses Amoibaions zu vermuten; damit läge die zweite Möglichkeit der Parodie des Verses in der 'Lysistrate' zugrunde.

II. (1) Scholien zur 'Lysistrate' enthalten zwei Hss., die unser Fragment jeweils unterschiedlich darbieten; der Ravennas hat: παρὰ τὰ ἐξ Ἀνδρομέδας καὶ λιβάδες ποία σειρήν; der Leidensis bietet folgenden Text: ποία ψυχή: παρὰ τὸ ἐξ Ἀνδρομέδας ποία λιβὰς ποία σειρήν. (2) Unter Nichtberücksichtigung des Ravennas druckten Musgrave und Matthiae in ihren Editionen der Euripidesfragmente das Fragment so: ποία λιβάς, σειρήν. (3) Dobree, Adv. 2,126 (4, 124 der ed. Germ.) hieß das Fragment unter Heranziehung des Ravennas so herzustellen: ποῖαι λιβάδες, ποία σειρήν; diesen Text haben Bothe, Wagner und Nauck in ihre Fragmenteditionen aufgenommen. Zu Recht: 1. ergibt die Herstellung Dobrees zwei tadellose anapästische Metra (während die Lesart des Leidensis metrisch unbefriedigend war); 2. in der 'Lysistrate' sind es immer mehrere ποῖος-Fragen, es sind also mindestens die zwei vom Leidensis gebotenen ποῖος-Fragen zu postulieren; 3. ist der Wechsel von Singular und Plural aus der Parodie zu supplieren. (4) Rutherford, Scholia Ar. 2,225 konjizierte statt des überlieferten σειρήν σήραγξ (in der Tragödie für Sophokles belegt: 'Skythai' F 549: κρημνούς τε καὶ σήραγγας ἠδ' ἐπακτίας ' αὐλῶνας). Diese Konjektur ist paläographisch unwahrscheinlich und dazuhin inhaltlich überflüssig (s. u.). (5) Das anapästische Metrum (zwei durch Dihärese abgesetzte Metra; offenbar rezitative Anapäste) läßt vermuten, zusammen mit dem Befund des Kontextes der Parodie des Verses in der 'Lysistrate' (s. o.), daß das Fragment in den näheren oder weiteren Umkreis der Parodos des Chores oder von Andromedas Prologanapästen gehört.

III. (1) a. Die Grundbedeutung des Substantivs λιβάς ist, entsprechend der Ableitung vom Verbum λείβω, »anything that drips or trickles« (LSJ, λιβάς). b. In der Tragödie begegnet λιβάς im Singular E. An. 116. 534; im Plural A. Pers. 613; E. IT 1106; Ezechiel (TrGF I 128), Exagoge 248f.; TrGF II ad. F 548. - Dabei lassen sich zwei Bedeutungen unterscheiden: 1. A. Pers. 613: Ἀτ.: ... λιβάσιν ὑδρηλαῖς παρθένου πηγῆς μέτα; Ezechiel: Ἀγγ.: ... ἐνταῦθα λειμῶν' εὕρομεν κατάσκιον ' ὑγρᾶς τε λιβάδας: λιβάδες sind Quellwasserströme (zur wahrscheinlichen Abhängigkeit des Ezechiel vom aischyleischen Spachgebrauch s. Snell, Szenen 176ff.; Jacobson, Exagoge 24ff.). 2. E. An. 116 (eleg.): Ἀνδρ.: ... τάκομαι ὡς πετρίνα πιδακόεσσα λιβάς. 532ff. (aeol.): Ἀνδρ.: λείβομαι δάκρυσιν κόρας ' στάζω λισσάδος ὡς πέτρας ' λιβὰς ἀνάλιος, ἁ τάλαινα; IT 1106 (lyr.): Χορ.: ... ὦ πολλαὶ δακρύων λιβάδες, αἳ παρηίδας εἰς ἐμὰς ' ἔπεσον ...; ad.

F 548: σὺ δ', ὦ τεκοῦσα, μή τι σὴν ' λιβάσι κατάσπενδε †ας† παρηίδα (ὦ τεκοῦσα ist euripideisch, deshalb gab das Fragment Menge, De poet. scaen. Gr. sermone observ. sel. 24, teste Hense Stob. 5,988, dem Euripides): λιβάς oder λιβάδες vom Strömen von Tränen. c. Die unter 2. aufgeführten Belege zeigen, daß die Verwendung von λιβάς/λιβάδες zur Bezeichnung von Tränenströmen als euripideisch gelten kann; es liegt deshalb nahe, auch für vorliegendes Fragment anzunehmen, daß mit λιβάδες das Strömen von Tränen gemeint ist. (2) a. Der Grundtext für das Phänomen σειρήν ist Hom. 12,37ff. (vgl. Zwicker, RE III [1927] 290ff.): Kirke beschreibt die zwei Sirenen (V. 52: ὄφρα κε τερπόμενος ὄπ' ἀκούσηις Σειρήνοιιν) als Wesen, αἵ ῥά τε πάντας ' ἀνθρώπους θέλγουσιν, ὅτις σφεας εἰσαφίκηται (Vv. 39f.); sie sitzen auf einer Wiese (V. 45: ἥμεναι ἐν λειμῶνι) und bewirken durch ihren Gesang die Bezauberung der Vorüberfahrenden, so daß sie die Weiterfahrt darüber vergessen: πολὺς δ' ἀμφ' ὀστεόφιν θὶς ' ἀνδρῶν πυθομένων, περὶ δὲ ῥινοὶ μινύθουσιν (Vv. 45f.). Charakteristisch für die Sirenen sind demnach 1. ihre außergewöhnliche Sangeskunst, die Menschen und sogar die Winde betört (Hes. fr. 69 Rzach = 28 M.-W.: Σ QV Hom. 12,168 [Hom. 12,166ff.: τόφρα ... ἐξίκετο νηῦς ... ' νῆσον Σειρήνοιιν ... ' αὐτίκ' ἔπειτ' ἄνεμος μὲν ἐπαύσατο ἠδὲ γαλήνη ' ἔπλετο νηνεμίη]: ἐντεῦθεν Ἡσίοδος καὶ τοὺς ἀνέμους θέλγειν αὐτὰς ἔφη.); 2. ihr übermenschliches Wissen (Vv. 189ff.: ἴδμεν γάρ τοι πάνθ', ὅς ἐνὶ Τροίηι εὐρείηι ' Ἀργεῖοι Τρῶές τε θεῶν ἰότητι μόγησαν, ' ἴδμεν δ' ὅσσα γένηται ἐπὶ χθονὶ πουλυβοτείρηι.) b. Bei Euripides begegnen Sirenen 1. An. 936: Ἑρμ.: ... κἀγὼ κλύουσα τούσδε Σειρήνων λόγους ' ... ἐξηνεμώθην μωρίαι; 2. Hel. 167ff. (lyr.): Ἑλ.: πτεροφόροι νεανίδες, ' παρθένοι Χθονὸς κόραι, ' Σειρῆνες, εἴθ' ἐμοῖς γόοις μόλοιτ' ἔχουσαι Λίβυν ' λωτὸν ἢ σύρριγγας ἢ φόρμιγγας, κτλ.; 3. Antiope? F 911 N² (lyr.): Χορ.: χρύσεαι δή μοι πτέρυγες περὶ νώτωι ' καὶ τὰ Σειρήνων πτεροέντα πέδιλ' ἁρμόζεται· ' βάσομαι δ' εἰς αἰθέρα πουλὺν ἀερθεὶς ' Ζηνὶ προσμείξων. Obgleich an allen drei zitierten Stellen jeweils unterschiedliche Vorstellungen zum Tragen kommen (1.: metaphorisch vom Zauber von Worten; 2.: Grabsirenen; 3.: »geflügelte Personifizierungen bezaubernder Musikalität«: Kannicht z. Hel. 167-78) ist ihnen doch gemeinsam, daß auch bei Euripides (wie bei Homer) Sirenen primär für die bezaubernde Wirkung betörend schönen Gesanges stehen. (Die hier implizit zurückgewiesene Auffassung, daß die Sirenen genetisch und funktional primär als Schadensdämonen zu betrachten seien, hat Wilamowitz, Gl. d. Hell. 1,262ff. vertreten.) c. Die Erwähnung der σειρήν in unserem Fragment läßt zwei Deutungen zu: 1. entweder bezeichnet sie metaphorisch den Sänger/die Sängerin außergewöhnlicher, bezaubernder Gesänge, oder 2. sie bezeichnet die konkrete, aus Kult und Mythos vertraute Grabsirene, die die dem Tod entgegengehende Andromeda begleitet. Zu übersetzen wäre dann: 1. 'welche Ströme von Tränen, welcher Gesangskünstler (beklagt) sirenengleich (mein, dein, ihr Los)?', oder: 'was sind das für Tränenströme, was für eine sirenengleiche Sängerin (klagt da ihr Los)?'; 2. 'was für Tränenströme (muß ich vergießen), welche Grabsirene (spendet mir Trost)?'. (Zu den Sirenen sind z. vgl. Rossi, Bulletin Budé 29 [1970] 463-81; Bömer z. Met. 5,551-63.) (3) ποῖαι-ποία signalisiert, daß der Sprecher der Anapäste mit hoher emotionaler Beteiligung nach den λιβάδες und der σειρήν fragt (s. Bruhn, Anhang § 239; zur Differenz von ποῖος und τίς s. Kannicht z. Hel. 572): diese Fragen erfragen also nicht einfach das Dasein von etwas, sondern dessen Relevanz für den Sprechenden; aus diesem Grund ist es weniger wahrscheinlich, daß der Chor diese Fragen stellt (wie von Fedde, Pers. Andr. 25; Müller, Ph 66 [1907] 59 A. 52; Séchan, Etudes 267 A. 1; Nestle, Strukur d. Eingangs 131 angenommen). Aus F 117 ergibt sich, daß der Chor aus mit Andromeda verbundenen Frauen besteht; diese kennen sehr wahrscheinlich das Schicksal Andromedas und werden es nicht nötig haben, wie von Fedde, Müller, Nestle angenommen, nach Andromeda als der σειρήν zu fragen. Ihre Sympathie zur Heldin könnte sie höchstens diese Anapäste in der Weise sprechen lassen, daß sie affirmativ die Unaussprechlichkeit von Andromedas Schicksal im Sinn der oben unter 1. vorgeschlagenen Übersetzung artikulierten. Unter dem Blickwinkel der starken emotionalen Färbung der anapästischen Fragmente F 114 und 115 liegt es vielleicht näher, Andromeda als Sprecherin zu betrachten (obgleich der Überlieferungszusammenhang auch auf den Chor als Sprecher hinweisen könnte, s. o.). Andromeda betrachteten deshalb als Sprecherin dieses Verses Hartung, Eur. rest. 2,347; Ribbeck, Röm. Trag. 165; Johne, Eur. Andr. 7; Wecklein SB München 1888,88 A. 1; Petersen, JHS 24 (1904) 100; ders. Att. Trag. 607; Schmid, Gesch. Gr. Lit. 3,518; Webster, BICS 12 (1965) 30; Stössl, Euripides II 484; Ebener, Euripides III 239f.

F 117

I. (1) a. Der Verwandte hat nach dem mißglückten Helenastrategem seinen Retter Euripides wieder auftreten gesehen: im Kostüm des Perseus. Sogleich realisiert der Verwandte die Implikation dieses Auftritts: er soll die Rolle der Andromeda agieren (V. 1012: δεῖ με γίγνεσϑ' Ἀνδρομέδαν). Mit den Worten: φίλαι παρϑένοι, φίλαι, ' πῶς ἂν ἀπέλϑοιμι καὶ ' τὸν Σκύϑην λάϑοιμι (λάβοιμι R: Bentley), Vv. 1015-7, setzt er zu einer deutlich tragisch stilisierten, astrophischen Klagemonodie nach Art der in Euripides' Spätwerk in typischer Manier verwendeten 'Neuen Musik' ein (s. Rau, Paratragodia 69f.; Zimmermann, Unters. 2,9ff.; zur Andromedaparodie der 'Thesmophoriazusai' im Ganzen s. z. E. F 114. 115. 117. 118 usw.). b. Das Scholion zu V. 1015 notiert: παρὰ τὰ ἐξ Ἀνδρομέδας Εὐριπίδου »φίλαι παρϑένοι, φίλαι μοι«. τὰ δὲ ἐπιφερόμενα πρὸς τὸ αὐτὸ χρήσιμον. (2) Die Scholiennotiz bezeugt uns unstrittig eine lyrische Anrede Andromedas an den Chor junger Frauen. Was meint der Scholiast aber mit seiner zusätzlichen Bemerkung, daß 'das, was sich anschließt, in Hinsicht auf das Gleiche brauchbar' sei? Ist ἐπιφερόμενα auf den Text der Aristophaneskomödie oder auf die von Aristophanes parodierte Euripidestragödie zu beziehen? Was soll χρήσιμον heißen? a. Wilamowitz, Index Göttingen 1884, 16 (teste Nauck) konjizierte παρὰ τὸ αὐτὸ χορικόν, Rutherford, Scholia Ar. 2,500 παρὰ τὸν αὐτὸν χορόν: τὰ ἐπιφερόμενα wird von beiden demnach auf die dem Aristophanestext zugrundeliegende euripideische Vorlage bezogen, die ein χορικόν (sc. μέρος τῆς τραγωιδίας?) oder ein χορός gewesen sein soll. Sieht man von der terminologischen Unmöglichkeit von Rutherfords Konjektur ab (während χορικόν von Rau, aaO. 71 A. 126 unter Hinweis auf Σ Ar. V. 270; Arist. Po. 12,1452 b 22 zu Recht für immerhin terminologisch möglich erachtet wird), spricht gegen beide Vorschläge der Befund im Scholion zu V. 1030 (es ließen sich weitere Beispiele aus der Andromedaparodie vorführen, wo ein nicht näher bezeichneter 'er . . .' selbstverständlich Aristophanes meint); bezogen auf den Aristophanestext schreibt der Scholiast: τὸ δὲ ἐπιφερόμενον σκώπτοντός ἐστι τοὺς Ἀϑηναίους ὡς φιλοδίκους (Σ R Ar. Thesm. 1029; s. z. E. F 122). τὰ ἐπιφερόμενα wird sich damit ebenfalls ausschließlich auf den Text des Aristophanes beziehen, was bedeutet, daß gegen Fritzsche, Ar. Thesm. 419 und Welcker, Gr. Trag. 2,658 nicht mehr vom Aristophanestext für Euripides in Anspruch genommen werden kann, als was der Scholiast wörtlich zitierend als aus der 'Andromeda' stammend angibt. Darüber hinaus gibt das Scholion also keinen Hinweis darauf, daß in der weiteren Folge des Aristophanestextes wörtliche Zitate der 'Andromeda' verwendet seien, die nicht im Einzelnen nachgewiesen wären. b. Vom Sprachgebrauch der Scholien her hat Roemer, Ph 97 (1908) 257 A. 11 den Text in folgender Weise emendiert: πρὸς τὸ αὐτῶι χρήσιμον ⟨μετέθηκεν⟩. Roemer bezog die Notiz also auf die Verfassertätigkeit des Aristophanes, die charakterisiert sei durch einen gewissen freien Umgang mit der parodierten Vorlage: diese Notiz erfährt in den weiteren von Scholien indizierten Zitaten aus der 'Andromeda' eine Rechtfertigung: F 118 = Vv. 1019f. gehört als Anrede Andromedas an das Echo vielleicht schon vor die Anrede an den Chor; F 120 = V. 1022 ist eine Aussage des Chores. Aristophanes verwendet also nachprüfbar (wie ja auch der Scholiast behauptet) Elemente der 'Andromeda' in Hinsicht darauf, wie sie ihm für seinen parodischen Zweck brauchbar erschienen. Mit Roemer wird man deshalb zumindest statt αὐτό αὐτῶι schreiben müssen (s. auch Rau, aaO. 71). (3) Als Fazit muß festgehalten werden, daß dem Scholion nicht, wie öfter angenommen wurde, ein Hinweis auf die unvollständige Art der Kennzeichnung von Parodie im 'Thesmophoriazusai'-Text entnommen werden kann; von wenigen Ausnahmen (s. z. E. F 122) abgesehen zitiert der Scholiast den parodierten Wortlaut. Weitere Zitate sind, unter Berufung auf dieses Scholion, nicht im 'Thesmophoriazusai'-Text glaubhaft zu machen.

II. (1) Das Metrum des Verses ist entweder beschreibbar als ⏑ – cr ba (so Mette, Lustrum 12 [1967] 49 = Lustrum 23/4 [1981/2] 51 zu F 118) oder als δ | ba (so Mitsdörffer, Ph 98 [1954] 68 und Pucci, MAL 8,10,5 [1961] 370). (2) Soweit es überhaupt entscheidbar ist (jeder δ ist ja nach Hephaistion als ⏑ – cr beschreibbar) spricht für die Deutung des Verses als aus δ und ba bestehend a. der enge (wohl genetisch bedingte) Konnex von cr, ba und δ (s. Dale, Lyric Metres 107f.), der eine Verbindung des Dochmius mit aus dem iambischen Trimeter entstandenen Kola eher wahrscheinlich macht als die Annahme eines isolierten iambischen Fußes (eines 'halben Metrons'!); b. auch die Fragmente 118,119,120 scheinen Dochmien als strukturbestimmendes Metron aufzuweisen (zur Problematik dieser Analyse s. z. E. F 118); c. diese vier Fragmente scheinen alle als Aussagen des Chores (F 119?, 120), als Anrede an den Chor (F 117) oder als Aussage Andromedas in den Zusammenhang der Parodos des Chores zu gehören, die offensichtlich als Amoibaion zwischen Andromeda und dem Chor gestaltet war (s. u. und z. E. F 118); d. als strukturbestimmendes Metrum eines solchen Amoibaions sind Dochmien gut geeignet, weil das dochmische Versmaß das »Metrum des emotionalen Affekts und der psychischen ἀταξία« ist (Kannicht, Gn 45 [1973] 123;

vgl. Snell, Gr. Metrik 63). (Strittig ist allerdings, ob F 119 wirklich zu diesem Amoibaion zu zählen ist: s. z. E. F 119.)

III. (1) Als φίλαι bezeichnen bei Euripides a. weibliche Personen einen aus Frauen bestehenden Chor, oder b. weibliche Halbchöre sich gegenseitig. φίλαι zeigt an, daß die den Chor anredende Person »in close relation« (Barrett z. Hipp. 199) zum Chor steht. So Med. 1116. 1236; An. 816; Hec. 440 (Chor zum Chor: 1036. 1038. 1293); El. 175. 747. 751. 871; Tr. 239; IT 842; Ion 764 (Chor zum Chor: 208); Hel. 255. 330. 627. 648. 1369; Or. 136. 1246 (Μυκηνίδες φίλαι [φιλίαι Hermann]). 1271 (Chor zum Chor: 1353). Ist der Chor der redenden Person nicht vertraut, ist die Anrede charakteristisch anders: Hipp. 373 (Τροζήνιαι γυναῖκες: Phaidra zum Chor troizenischer Frauen). 565 (ὦ γυναῖκες); Ba. 1168 (Ἀσιάδες βάκχαι: Agaue zum Chor); IA 1276 (ὦ ξέναι: Klytaimestra zum Chor chalkischer Frauen). Durch das φίλαι μοι ist ausgeschlossen, daß Halbchöre sich gegenseitig ansprechen. Da nur eine weibliche dramatis persona als Sprecherin in Frage kommt (Männer reden Frauenchöre nie mit φίλαι an), legt es sich nahe, in Übereinstimmung mit der aristophanischen Parodie (der Verwandte als Andromeda), das Fragment für eine Anrede Andromedas an den Chor zu halten. (2) Der Chor besteht aus παρθένοι (Chöre von jungen Frauen auch in 'Elektra', 'Helena', 'Phoinissai'), die in einer nahen Beziehung zu Andromeda stehen müssen. Webster, BICS 12 (1965) = Tragedies 194: »the chorus are Ethiopian maidens as illustrated in the early fourth century bellkrater« (= Schauenburg Nr. 8: dieses Vasenbild hat einen deutlich erkennbaren Zusammenhang zur 'Andromeda' des Euripides: E. T Va), vermutlich die Gefährtinnen oder Freundinnen der gefesselten Heroine (und kaum die von Schmid, Gesch. Gr. Lit. 3,518 vermuteten »Meermädchen«; Mette, Lustrum 9 [1964] 74 dachte, daß der »Chor von παρθένοι« aus »Töchtern des Okeanos, wie im 'Desmotes' des Aischylos« bestand). (3) Neben der relationalen Bedeutung von φίλαι könnte hier, ausgedrückt durch φίλαι μοι, eine emotionale Konnotation mitschwingen (vgl. Fränkel z. Ag. 329): Andromeda bezeichnet die jungen Frauen nicht nur als ihr vertraut, sondern in ihrer jetzigen Situation auch als ihr besonders erwünscht. Darauf deutet auch die emphatische Wiederholung des φίλαι (zu dieser »Wiederholung eines Wortes mit Einschub anderer« s. Bruhn, Anhang § 239). (4) Diese pointierte Anrede des Chores könnte den Beginn eines längeren, an den Chor gerichteten Liedes markieren (Mitsdörffer, Ph 98

[1954] 67); »die Anfänge bekannter Partien werden ja gern zitiert« (Rau, Paratragodia 71). Wenn, wie das Metrum wahrscheinlich macht, die Fragmente 117 bis 120 in den gleichen Kontext gehören, stellt F 117 den Beginn eines Amoibaions dar. Daß dieses Amoibaion wiederum die Parodos des Chores vertrat, ergibt sich für die 'Andromeda' aus dem von Kannicht, Amoibaion 335 formulierten poetischen Gesetz, daß die Parodos immer dann die Form eines Amoibaion annimmt, wenn nach dem Prolog eine dramatis persona auf der Bühne verbleibt. F 117 ist demnach wohl als der Beginn der Parodos der euripideischen 'Andromeda' anzusprechen (ähnlich schon Hartung, Eur. rest. 2,347; Johne, Eur. Andr. 7; Nestle, Struktur d. Eingangs 131; Webster, BICS 12 [1965] 30 = Tragedies 194; Welcker, Gr. Trag. 2,658 dagegen plazierte das Fragment in einen Teil der Tragödie nach dem erfolgreich bestandenen Kampf des Perseus mit dem Ketos, also, in der Zählung von Nauck, nach F 136).

F 118

I. (1) Im Ravennas findet sich rechts neben Ar. Thesm. 1018 κλύεις ὦ die Notiz des Scholiasten: πάλιν ἐξ Ἀνδρομε. κλύεις ὦ ist demnach, wie die nachfolgenden Verse, der 'Andromeda' des Euripides entnommen und wird wohl zu dem nachfolgenden F 118 = Ar. Thesm. 1019f. gehören: so schon Fritzsche, Ar. Thesm. 420; Wagner, Eur. Fragm. 647; Wilamowitz z. Hipp. 78; Rutherford, Scholia Ar. 2,500; Mitsdörffer, Ph 98 (1954) 69; Rau, Paratragodia 71; in richtiger Deutung des Scholions Tessier, BIFG I (1974) 129. Dagegen hatten κλύεις ὦ nicht aus Euripides stammend und nicht zu F 118 gehörig betrachtet Matthiae, Eur. Fragm. 45; Nauck; Mette, Lustrum 12 (1967) 49 = Lustrum 23/4 (1981/2) 51. (2) Auf den linken Rand auf der Höhe von Ar. Thesm. 1019 hat der Scholiast den Text des von Aristophanes in den Vv. 1019-21 parodierten Originals notiert; diese Notiz sichert Andromeda als Sängerin dieser Verse (zum Kontext dieser Verse innerhalb der Aristophaneskomödie s. z. E. F 114. 115. 117. 118 usw. und z. F 117).

II. (1) Der im Majuskeltext des Scholions gebotene Wortlaut des Fragments ist stark verderbt; an vier Stellen wurde bislang konjektural eine Heilung versucht: a. das überlieferte προσαιδουσσαι τὰς (in der Minuskel des Aristophenestextes akzentuiert προσαιδοῦσσαι) verbesserte Seidler (teste Matthiae, Eur. Fragm. 45) in πρὸς αἰδοὺς σὲ τάν;

Dobree, Adv. 2,241 (4,244 ed. Germ.) schlug die Lesung προσάιδουσα τὰς vor; Bothe, Ar. Com. 4,70 und Hermann schrieben προσαυδῶ σὲ τάν; Rutherford, Scholia Ar. 2,500 las πρὸς Ἅιδου σ' ἀϋτᾶς; Pucci, MAL 8,10,5 (1961) 370 kombinierte Dobrees und Hermanns Konjekturen zu προσαιδῶ σὲ τάν (allerdings unter fälschlicher Berufung auf Coulon, RhM 100 [1957] 187). Diese Vorschläge erfuhren Modifizierungen durch Welcker, Gr. Trag. 2,653 (πρὸς Αἰδοῦς σέ, τὰς ἐν ἄντροις ' ἀπόπαυσον); Headlam, ClR 13 (1899) 4 (προσάιδουσα γᾶς ἐν ἄντροις); Mitsdörffer, Ph 98 (1954) 69 (προσάιδουσα [Dobree] ἀΰτάς [Burges]); Mette, Lustrum 12 (1967) = Lustrum 23/4 (1981/2) 51 (προσάιδουσα τάν). Den Vorschlag von Seidler übernahmen unverändert Matthiae, Eur. Fragm. 45; Hartung, Eur. rest. 2,348; Wagner, Eur. Fragm. 647; Enger, Ar. Thesm. 169; Kalousek, Listy Filol. 14 (1887) 221; Tucker, ClR 18 (1904) 194, während Wilamowitz z. Hipp. 78 Fritzsches Aristophanestext πρὸς Αἰδοῦς σὲ τᾶς vorzog. Die von Nauck in TGF[1] und TGF[2] aufgenommene Konjektur von Gottfried Hermann hießen gut Fedde, Pers. Andr. 26; Ribbeck, Ar. Ach. 290; Bakhuyzen, Parodia 127; Blaydes, Ar. Thesm. 100; Johne, Eur. Andr. 8; Wecklein, SB München 1888,88; Coulon, RhM 100 (1957) 187; Rau, Paratragodia 71; Seeck, Eur. 53; Leeuwen, Ar. Thesm. 129 übernahm Rutherfords πρὸς Ἅιδου. b. Das ἀπόπασον der Überlieferung verbesserte Seidler (teste Matthiae) in ἀπόπαυσον; Blaydes, Adv. 96 vermutete ὦ παῦσον: Rutherford wollte ὄπα παῦσον schreiben; Tucker konjizierte σιώπασον; Rau übernahm in den Text das von Bakhuyzen ins Gespräch gebrachte («. . . nullum . . . reperiri potest argumentum quo probetur ἀπόπαυσον valere ἀποπαῦσαι), von Nauck im Apparat gutgeheißene ἀπόπαυσαι. Die nicht genannten Ausgaben, Kommentare etc. übernahmen Seidlers Konjektur, wenn z. T. auch mit Mißtrauen (so Matthiae, Fritzsche; s. Schmidt, ZfA 14 [1856] 549; Bakhuyzen, Parodia 127), mit Ausnahme von Mitsdörffer, der Rutherfords ὄπα παῦσον in den Text setzte. c. Statt des in V. 4 überlieferten φίλαις wollte zuerst Bothe, Eur. Fragm. 48 φίλαισι lesen, wohl, wie Naucks φίλαισιν, aus metrischen Gründen; in der Rezension von TGF[1] schlug Schmidt φίλαι σοι vor, was von Mette übernommen wurde. Gegen Nauck blieben bei φίλαις Herwerden, Exerc. crit. 5; Arnim, Prolog. Eur. 98; Johne, l. c.; Blaydes, Adv. 309; Rutherford; Mitsdörffer; Rau, während Fedde; Ribbeck; Wecklein; Wilamowitz; Seeck mit Nauck φίλαισιν lasen. d. Im Ravennas ist undeutlich lesbar: γόον πόθου; Seidler korrigierte πόθου zu πόθον; Bothe, l. c. las statt dessen πόνον, Herwerden,

l. c. konjizierte κόρον. Nauck druckte in TGF[1] πόθον, in TGF[2] κόρον (was dann von Mitsdörffer, Rau, Seeck übernommen wurde), während Wilamowitz, Tucker, Tessier, BIFG I (1974) 130 die Beibehaltung von πόθον vertraten.

(2) Diese Fülle von Verbesserungsvorschlägen belegt die an Unmöglichkeit grenzende Schwierigkeit, den überlieferten Text befriedigend herzustellen. Was sich an Sicherheit gewinnen läßt, soll folgende Musterung der gemachten Vorschläge aufweisen.

a. ΠΡΟΣΑΙΔΟΥΣΣΑΙ ΤΆΣ ist eine vox nihili; formal-syntaktisch kann in dieser Buchstabenkombination verborgen sein (entsprechend auch die Gelehrtenkonjekturen): 1. eine Exklamation, 2. ein präzisierendes Partizip, 3. eine finite Verbform. (Möglich wäre auch ein nicht-partizipiales Attribut des angeredeten Echos oder eine Partikel; diese Möglichkeiten sind inhaltlich weniger wahrscheinlich.) D. h.: formal sind sowohl πρὸς Αἰδοῦς, πρὸς Ἅιδου, als auch προσάιδουσα, oder προσάιδω, προσαυδῶ möglich. Inhaltlich dagegen ist einzuwenden: 1. »weder Andromeda noch Euripides« können »die Echo bei der Schamhaftigkeit oder Ehrfurcht anrufen zu schweigen oder zu helfen« (Ribbeck, Ar. Ach. 290 A. 27); weder πρὸς Αἰδοῦς noch πρὸς Ἅιδου sind lexikalisch als in tragischer Sprache mögliche Exklamationen zu belegen; 2. die partizipiale Lösung kommt dem überlieferten Text paläographisch zwar am nächsten, erfordert aber die Ergänzung oder Konjektur eines Akkusativobjekts (Dobrees τάς ist unbefriedigend: wer sollen 'die in der Höhle' sein? Welcker, Gr. Trag. 2,653 denkt an Nymphen; Mitsdörffer übernahm von Burges deshalb ἀϋτάς: 'Schreie, Rufe '; Coulon druckt in der Aristophanesausgabe τἀμ': 'die du zu meinen [Klagen o. ä.?] dazusingst'). Für die partizipiale Lösung spricht E. Ph. 1536: Χορ.: ... κλύεις, ὦ κατ' αὐλὰν ' ἀλείνων γέραιον ' πόδ' ἦ δεμνίοις δύστανος ἰαύων; Wäre Mitsdörffers ἀϋτάς (von Coulons τἀμ' zu schweigen) paläographisch einleuchtender, ergäbe diese Lösung sicherlich einen befriedigenden Text. 3. Syntaktisch löst ein finites Verb am besten das Problem, wie die Verbindung zu ἐν ἄντροις herzustellen ist, gleichzeitig weichen jedoch beide Vorschläge, προσαυδῶ und προσάιδω, am weitesten von der überlieferten Buchstabenfolge ab. Zur Unterstützung von Hermanns προσαυδῶ kann auf E. Supp. 804 verwiesen werden: Χορ.: ... προσαυδῶ σε τὸν θανόντα. Diese Herstellung ist aber nur dann möglich, wenn auf κλύεις ὦ als Bestandteil des Fragments verzichtet wird (s. aber oben!), oder wenn geschrieben wird κλύεις; ὦ (so Bothe teste Fritzsche, Ar. Thesm. 422). - In der Konsequenz dieser Überlegungen, daß keine der konjektural erprobten Deutungen der Überlieferung ganz zu überzeugen vermögen scheint es besser, mit Cruces auf die desparate Überlieferungssituation hinzuweisen. b. Seidlers Verbesserung des überlieferten ἀπόπασον in ἀπόπαυσον kann so lange als richtig gelten, so lange der Kontext keinen intransitiven Gebrauch von ἀπόπαυσον verlangt: es kann nie (gegen LSJ, ἀποπαύω II) intransitiv gebraucht werden im Sinne von 'höre auf'. Die Beispiele für ein aktivisches παῦε bei KG 1,94 können einen solchen Kolloquialismus nur 1. für Prosa (Pl. Phaedr. 228 c) und alte Komödie (Ar. Ra. 269. 843; Ec. 160), und 2. nur präsentisches παῦε, kein aoristisches ἀπόπαυσον belegen. (S. Ph. 1275 scheint das einzige Beispiel für παῦε in der Tragödie und damit die Ausnahme darzustellen: Φιλ.: παῦε, μὴ λέξῃς πέρα; es handelt sich dabei wohl um einen Kolloquialismus; anders Ellendt-Genthe 615.) Die Konjektur ἀποπαῦσαι ist, gegen Nauck und Rau, wenig empfehlenswert, weil damit ein Hiat konjiziert würde. Deshalb hat viel für sich Rutherfords ὄπα παῦσον (paläographisch überlegen ist es Tuckers und Blaydes Konjekturen allemal), weil so der transitive Gebrauch von παῦσον berücksichtigt ist; Mitsdörffer vergleicht E. Or. 1314 (παύσωμεν βοήν); Ba. 240 (παύσω κτυποῦντα θύρσον); ähnlich ist auch Ph. 1309 (παύσω τοὺς παρεστῶτας γόους); Mitsdörffer und Pucci haben deshalb Rutherfords Konjektur in den Text aufgenommen. Hier wurde darauf nur deshalb verzichtet, weil unsicher ist, ob nicht in V. 2 ein anderes geeignetes Akkusativobjekt verborgen ist. c. Völlig unnötig ist es, das überlieferte φίλαις mit Nauck in φίλαισιν (oder mit Bothe in φίλαισι) zu ändern; Nauck stellte mit dieser Änderung einen ith her; da eine andere metrische Deutung nicht weniger plausibel ist (s. u.), muß am Text nichts geändert werden. Damit entfällt die Berechtigung von Schmidts (und Mettes) φίλαι σοι ebenfalls. d. Daß das überlieferte γόου πόθου falsch ist, ist evident; die Verbesserung von Seidler, πόθον, ist paläographisch naheliegend. Allerdings ist die Junktur πόθον λαμβάνειν lexikalisch nicht als griechischer Sprachgebrauch belegbar (ebensowenig ἵμερον λαμβάνειν und ähnliches). Herwerden, Exerc. crit. 5 schlug, unter Billigung von Nauck, κόρον vor, was zwar einen brauchbaren Sinn ergibt, aber 1. paläographisch weit von πόθου entfernt ist; 2. ist κόρον λαμβάνειν nicht belegbar; gesagt werden kann κόρον ἔχειν (E. Alc. 185; Ph. 1750; vgl. auch Tessier, aaO. 131 A. 9). (Bothes πόνον stellt auf keinen Fall eine Verbesserung des πόθου dar.) - Hier wird deshalb damit gerechnet, daß es möglich ist zu sagen: 'ein Sehnen nach Klage fassen' im Sinne von: 'klagen wollen'.

III. (1) Der überlieferte Text enthält keinen Hinweis auf Periodenende, somit verfügen wir über keine äußeren Anhaltspunkte für Kolometrie und Metrum. (2) a. Der von Nauck gebotene Text ist metrisch wie folgt zu deuten: δ | ba | enopl | ith | ⏑ – ia oder kδ (»dochmius kaibelianus«: s. West, Gr. Metre 111). Mette, Lustrum 12 (1967) 49 = Lustrum 23/4 (1981/2) 51 deutete den ersten Vers als ia (?) cr ba; Mettes abweichende Deutung hat ihren Grund wohl darin, daß diese metrische Einheit, repräsentiert durch den »Mustervers« (Wilamowitz, Gr. Verskunst 250) A. Pers. 583: τὸ πᾶν δὴ κλύουσιν ἄλγος (= Pers. 575: βοᾶτιν τάλαιναν αὐδάν; Groeneboom, Pers. 1,50: »bacch. ithy. aceph.«), gewöhnlich nur als Klauselvers begegnet. So E. Alc. 894: πιέζει φανεῖσα θνατῶν (Dale z. Alc. 872-7: »doch. + bacch.); Med. 137: ἐπεί μοι φίλον κέκρανται (φιλία κέκραται Porson, Diggle; Page, Medea 182: »Iamb.«, da andere Versabteilung); Supp. 804: προσαυδῶ σε τὸν θανόντα (= 817; Collard z. St.: »δ + ia«); Or. 1012: δόμων πολύπονοις ἀνάγκαις (di Benedetto z. St.: »giustapposizione di un metro giambico e trocaico«; Willink z. St.: »δba«). Die Ambivalenz dieses Kolons (s. Dale, Lyric Metres 95f.) macht es nicht unmöglich, hier diese Einheit als aus Dochmius und Bakcheus bestehend zu betrachten und so anzunehmen, daß dieser Klauselvers hier als eigenständiges Kolon verwendet war (was im Übrigen ja ein Charakteristikum der sog. 'Neuen Musik' darstellt). - Naucks Textabteilung ist mehr deshalb unbefriedigend, weil er um jeden Preis das Metrum von F 118 dem von F 119 parallelisieren wollte (s. Mitsdörffer, Ph 98 [1954] 72 A. 3; Tessier, BIFG I [1974] 133). b. Unter dem Vorbehalt der noch nicht gelungenen Herstellung des Textes, läßt sich die Überlieferung in folgender Weise deuten: ba | δ | ba | δ δ 2ia |. Diese Analyse berücksichtigt die häufige Verbindung von Dochmien mit Iamben oder »iambic units« (West, Gr. Metre 111; zum »genetischen Zusammenhang« von δ und ia: Kannicht, Gn 45 [1973] 124; V. 2 deuten auch Mitsdörffer, aaO. 68; Pucci, MAL 8,10,5 [1961] 370 A. 126; Tessier, aaO. 130 in dieser Weise) c. Der, ungeachtet der Textherstellung, als dochmisch-iambischer oder in dochmisch-iambischen Kontext passend erkennbare metrische Duktus stellt dieses Fragment, wie schon Nauck richtig gesehen hat, in die Nähe der Fragmente 117,119,120, die ebenfalls dochmisch-iambische Struktur aufweisen.

IV. (1) κλύεις ὦ ist eine in der Tragödie häufige Form »eindringlicher Anrede« (Rau, Paratragodia 72); Rau vergleicht: S. OC 164: Χορ.: ... κλύεις, ὦ πολύμοχθ' ἀλᾶτα;; E. Hipp. 362: Χορ.: ἄιες ὤ, ἔκλυες ὤ, ...;

Ph. 298: Χορ.: ... κλύεις, ὦ τεκοῦσα τόνδε μᾶτερ;. 1536: Χορ.: ... κλύεις, ὦ κατ' αὐλὰν ' ἀλαίνων γεραιὸν ' πόδ' ἦ δεμνίοις δύστανος ἰαύων;. Darüberhinaus sind zu nennen: E. Supp. 1143; El. 1166; Ph. 611; IA 896;, Antiope, XLVIII 56 Kambitsis. (2) Ungeachtet der richtigen Herstellung von V. 2 kann als sicher gelten, daß ἐν ἄντροις den Aufenthaltsort des von Andromeda angeredeten Echos bezeichnet (Ausnahmen: Fritzsche, Ar. Thesm. 421 und Wilamowitz z. Hipp. 78 bezogen es auf den Aufenthaltsort der Aidos, während Welcker, Gr. Trag. 2,653 den von ihm gelesenen Text so verstand: Andromeda bittet das Echo, »die Nymphen der Höhlen zur Ruhe zu bringen ... «). Die Verbindung des Echos mit dem Ort, an welchem es in besonders charakteristischer Weise auftritt, ist zumindest sehr naheliegend. Bei Ovid verbirgt sich die von Narcissus zurückgewiesen Echo in antris (Met. 3,394); Fritzsche, aaO. 420 verweist auf A. Pers. 389ff. ('Αγγ.: ... ὄρθον δ' ἅμα ' ἀντηλάλαξε νησιώτιδος πέτρας ' ἠχώ κτλ.) und E. Hec. 1109ff., wo Echo in enger Weise mit den Felsen verbunden ist, die den Schall als Echo zurückwerfen (s. z. E. F 114a). (3) Andromeda heißt das Echo, hier in der dorischen Form 'Αχοῖ angesprochen, ausdrücklich zu schweigen. Für die 'Andromeda' des Euripides folgt daraus mit Gewißheit, daß das Echo Andromedas Klagen widerhallen ließ. Vermutlich hat Euripides diesen eindrucksvollen Effekt gewählt, um die unsägliche Verlassenheit der an den Felsen gefesselten Heldin wirkungsvoll zu unterstreichen. (4) Die φίλαι sind, wie in F 117, die mit Andromeda eng verbundenen, mit ihrem Los sympathisierenden Frauen des Chores (s. E. F 120). In γόου πόθον λαμβάνειν steckt der Hinweis, daß Andromeda mit dem Chor klagen will: eine immanente Regieanweisung gleichsam, daß Andromeda in einen Wechselgesang mit dem Chor eintreten will. Das sichert für die formale Gestalt des Dramas explizit ein Amoibaion als Parodos des Chores. γόος kann als eine Art terminus technicus für Amoibaion betrachtet werden (s. Diehl, RE XI [1921] 1206). (5) Für seine Stellung im Drama des Euripides ergeben sich für dieses Fragment folgende Konsequenzen: a. Andromeda eröffnete ihren Prolog mit der Invokation der Nacht; im Verlauf ihres anapästischen Rezitativs expliziert sie das Wo, Warum, Wie ihrer Aussetzung, vermutlich angereichert mit vielfältigen Klagen; das Echo muß Andromeda in geeigneter Weise ihre eigenen Worte wieder zurückgeworfen haben, und so den Eindruck von Verlassenheit auf die Spitze getrieben haben; b. beim Einzug der jungen Frauen des Chores heißt Andromeda das Echo schweigen; c. in der als Amoibaion gestalteten Parodos läßt Andromeda ihren Klagen freien Lauf, während der Chor ihr mitfühlend beisteht (s. z. E. F 120). (6) Der Befund dieses Fragments unterstützt nachdrücklich das von Kannicht, Amoibaion 335 formulierte »poetische Gesetz, daß die Parodos die Form eines Amoibaion annimmt, wenn der Held nach der Prologszene nicht abtritt, sondern vor der Skene verweilt und der Parodos beiwohnt«. In der 'Andromeda' wird die weitere szenische Präsenz der Titelheldin durch ihre Fesselung erzwungen, da sie sich nicht »von dem Felsen ... entfernen« kann (Kannicht, aaO. 336, mit Bezug auf den 'Prometheus' ; vgl. dens. z. Hel. 164-251). - Eine Parodos in Form eines Amoibaion weisen ebenfalls Med.; Heracl.; Tr., El.; IT; Hel.; Ion; Or. auf; den Wechselgesang zwischen Andromeda und dem Chor hatten schon Robert, Arch. Ztg. 36 (1878) 18; Arnim, Prolog. Eur. 98; Wecklein, SB München 1888,97; Müller, Ph 66 (1907) 60; Séchan, Etudes 267 A. 9; Nestle, Struktur d. Eingangs 131; Webster, BICS 12 (1965) 30 = Tragedies 194; Rau, Tragödienspiel 353 erschlossen.

V. (1) Das Fragment erlaubt Rückschlüsse auf die szenische Gestaltung des Spielorts: die Bezeichnung des Echos als ἡ ἐν ἄντροις legt den Schluß nahe, daß in dem Felsgestade, an welchem Andromeda angefesselt steht (s. z. F 125), für den Zuschauer im Dionysostheater sichtbar, der Eingang zu einer Höhle oder Grotte verborgen war, mithin ἐν ἄντροις »auf die im Hintergrund sichtbare Grotte« anspielt (Jobst, Höhle 47). (2) Webster, BICS 12 (1967) 29f. = Tragedies 194 hat vermutet, daß die Grotte auch einen rein praktischen bühnentechnischen Zweck erfüllte, nämlich als Aufenthaltsort für den unsichtbaren Sänger des Echos. Es ist dann sehr plausibel in dem Höhleneingang die Zentraltür des Skenegebäudes zu vermuten, die für Auftritte und Abgänge dann nicht mehr zur Verfügung stand. Doch läßt sich bei unserer Kenntnis der Handlung der 'Andromeda' auch denken, daß die Auf- und Abtritte allein über die seitlichen Parodoi erfolgen konnten: Perseus kommt durch die Luft mit Hilfe der μηχανή (s. z. E. F 124); Kepheus und Kassiepeia (?) kamen vermutlich, vom Zuschauer aus gesehen, durch die rechte Parodos, weil der Königspalast in größerer Entfernung von der Küste imaginiert werden muß; zur Tötung des Ketos ging Perseus wohl durch die linke Parodos in den näheren szenischen Raum ab, nämlich die Meeresküste, wo er das Ketos erschlägt; aus dieser Richtung muß auch der Bote, der die Nachricht von der Tötung des Ketos bringt, auftreten, wie der siegreiche Held selbst auch. Eine Benutzung der Türen im

Skenegebäude scheint also von der Dramenhandlung selbst her nicht notwendig. (3) Unteritalische Vasen und etruskische Aschenkisten bilden Andromeda vor den Eingang einer Höhle gekettet ab. Der mehrfach wiederholte ikonographische Typus hängt also offensichtlich von der 'Andromeda' des Euripides ab (s. z. E. T V: Schauenburg Nrr. 10. 12. 15. 18. 23. 27-29). (4) Aus den Fragmenten 118 und 125 ergibt sich, daß eine wilde felsige Landschaft an der Meeresküste Schauplatz der Handlung der 'Andromeda' ist. Es gibt keinen Grund, warum dieser Spielort nicht auch in dem Teil des Dramas nach der Tötung des Ketos beibehalten werden konnte; die Diskussionen um die Ehe von Perseus und Andromeda lassen sich in gleicher Weise vor dem Hintergrund des Felsens führen wie vor der Fassade des königlichen Palastes (dies gegen die vorsichtige Vermutung von Hourmouziades, Production 11 A. 1: »There is a possibility that after Andromeda's rescue the action shifted from the coasts to Kepheus' palace«.).

F 119

I. Der den Text der Bücher 3 und 4 des Anthologions des Johannes Stobaios überliefernde codex Vindobonensis (S; zur Datierung und Überlieferung des Stobaios s. z. E. F 130. 131. 133. 134 usw.) bietet am rechten Rand neben dem Zitat aus der 'Andromeda' des Euripides ('Nimm Teil an meinem Schmerz; denn wer, selber elend, Teil gibt an seinen Tränen, erfährt Linderung in seiner Pein') den Vermerk: Χορ.; Hense hat diese Notiz in den Stobaiostext aufgenommen, mit Ausnahme von Mette, Lustrum 12 (1967) 51 = Lustrum 23/4 (1981/2) 53 hat jedoch kein Herausgeber von Euripidesfragmenten diese Notiz übernommen (und Mette bemerkt ebenfalls: »aber doch wohl ΑΝΔΡ.«). - Zweifel erregt diese Notiz, weil Metrum und Inhalt gut in das Amoibaion zwischen Andromeda und dem Chor (s. z. E. F 117 und 118) passen würden, der Chor aber sicher nicht Andromeda zum συναλγεῖν auffordern kann. Entweder ist also der angenommene Zusammenhang falsch, oder die Notiz in S ist falsch. (Es besteht die Möglichkeit, daß der Schreiber von S von sich aus diesen Vermerk auf Grund des Metrums hinzufügte; genauso kann er diesen Hinweis aber auch in seiner Vorlage gefunden haben.)

II. (1) Meineke, ZfA 1 (1843) 186 schlug in V. 1 statt κάμνων καμνόντι vor zu schreiben, weil er sich »in die Construction der griechischen Worte nicht finden« konnte; der Text ist mit κάμνων gut verständlich, eine Emendation deshalb unnötig. (2) In V. 3 wird das vom codex Parisinus (A) nach ἔχει gebotene τινὰ von allen Euripideseditoren seit Matthiae und von Hense im Stobaiostext ausgelassen; zu Recht, trotz des Protestes von Düntzer, Ph 5 (1850) 186 (vgl. auch Blaydes, Adv. 96): »est autem illud τινὰ a nescio quo correctore« (Wagner, Eur. Fragm. 647), vermutlich metri causa hinzugefügt.

III. (1) Naucks Darbietung des Textes (συνάλγησον, ὡς ὁ κάμνων ' δακρύων μεταδοὺς ἔχει ' κουφότητα μόχθων) führt auf folgende Analyse: δba | enopl | ith (ebenso Mitsdörffer, Ph 98 [1954] 72 A. 3: »δ + ba . . . prosod., ithyph.«; zu δba s. z. E. F 118; zur strittigen Terminologie von enopl und prosod s. West, Gr. Metre 195. 199). Dagegen analysierte Mette, Lustrum 12 (1967) 51 = Lustrum 23/4 (1981/2) 54 den gleichen Text als ia(?) cr ba || ˘ ˘ gl cr ba; gegen die Deutung von V. 2 als Glykoneus (äol. Basis: ˘ ˘) spricht der metrische Kontext von Dochmien und iambischen Kola, die die Deutung des Verses als häufig in ähnlichem Kontext auftretendem Enoplion die größere Wahrscheinlichkeit zuweist (zu ˘ ˘ - ˘ ˘ - ˘ umfassend Wilamowitz, Gr. Verskunst 376–95). (2) Abweichend von Nauck und Mitsdörffer schlage ich vor, den Text als δba | an | δba zu analysieren (zu an unter Dochmien s. Wilamowitz, Verskunst 406f. West, Greek Metre 112; Kannicht z. Hel. 625–99; vgl. Hutchinson z. Th. 78: »apparent instances of a single anapaest with dochmiacs are really enoplian«; zum Enoplion s. West, aaO. 195): Dochmien scheinen hier so strukturbestimmend zu sein, daß die zweifache Verwendung des Klauselverses δba vielleicht eher anzunehmen ist als das Auftreten eines an sich natürlich untadeligen Klauselverses ith. (3) Ungeachtet der Durchführung der metrischen Analyse läßt dieses Stobaioszitat erkennen, daß es in den Kontext der aus Aristophanes' 'Thesmphoriazusai' zu erschließenden Parodos des Chores gehören kann, die als Amoibaion zwischen Andromeda und dem Chor gestaltet war (s. u.).

IV. (1) συναλγεῖν meint 'Schmerz mitempfunden' und drückt Mitleid aus; so in der Tragödie A. Pr. 288: Ὠκ.: . . . ταῖς σαῖς δὲ τύχαις, ἴσθι, συναλγῶ; S. Aj. 255. 283; E. Alc. 633: Ἀδμ.: . . . τότε ξυναλγεῖν χρῆν σ' ὅτ' ὠλλύμην ἐγώ; HF 1202: Θησ.: ἀλλ' εἰ συναλγῶν γ' ἦλθον. Charakteristisch für eine Haltung des συναλγεῖν ist 1. »die . . . Beschränkung auf das rein innerliche Erleben« und 2. die damit ausgedrückte »Betonung inniger Gemeinschaft« (Burkert, Altgr. Mitleidsbegriff 60). Insoweit kann dann συναλγεῖν auch ein Element des Trostes sein (s. Burkert, aaO. 61). Damit ist jedoch auch mitgegeben, daß der/die Sänger/in dieser Verse jemanden anspricht, von dem er/sie konkrete Hilfe, sprich Beseitigung der die μόχθοι verursachenden Umstände, nicht erwartet und erwarten kann. Der Imperativ des Aorists zeigt an, daß diese Aufforderung zur Anteilnahme sich auf einen »eben vorliegenden Einzelfall« bezieht (KG 1,189); im Kontext einer 'Andromeda'-Tragödie liegt es nahe, an die aktuelle Bedrohung Andromedas durch das Ketos zu denken. Angesprochen werden kann mit diesem singularischen Imperativ nicht nur jede dramatis persona, die nicht selbst schon von diesem ἄλγος betroffen ist, sondern auch der Chor als eine kollektive dramatis persona: so Kaimio, Chorus 238 (allerdings ergaben die Beobachtungen von Kaimio für Euripides einen nur sporadischen Gebrauch dieser singularischen Auffassung des Chores); theoretisch wäre es somit durchaus möglich, daß Andromeda, gegen das Zeugnis des codex Vindobonensis (s. o.), den Chor mit diesen Worten um Mitleid bittet. (2) Als Einleitung eines »grundangebenden Adverbialsatzes« (KG 2,460) hat ὡς hier, nach dem Imperativ, die Funktion, die Aufforderung zum συναλγεῖν zu begründen; ὡς ist dann wie ἐπεί zu übersetzen (s. KG 2,461 A. 1); als euripideische Parallelen sind zu nennen: Med. 322; Hec. 411. 433. 1281; El. 901; Ion 1416; Or. 1182; Ba. 672. 770. 1288. (3) κουφότητα ἔχειν ist gesagt wie ἡδονὴν ἔχειν, τέρψιν ἔχειν, ὄνησιν ἔχειν; ἔχει bedeutet dann »(etwas) involviert, beinhaltet, bedeutet (etwas)« (Kannicht z. Hel. 93; s. die von Kannicht genannten Beispiele). κουφότης ist eine euripideische Neubildung aus κοῦφος und dem Suffix -της (das hauptsächlich in Prosa zur Wortbildung verwendet wird: s. Breitenbach, Unters. 30); κουφότης hat demnach die abstrakte Bedeutung 'Erleichterung'.

V. (1) a. Schon Bothe, Eur. Fragm. 50 und Wagner, Eur. Fragm. 647 rückten F 119 an den Stückanfang in die Nähe von F 117 und 118, in der Reihenfolge 118, 117, 119; Wagner bemerkte dazu: »verba sunt Andromedae Chorum collaudantis, quod secum dolere velit.« b. Nauck erkannte die (teilweise) metrische Kongruenz von F 118 und 119 und plazierte (an der Nummerierung kenntlich) die Fragmente in den gleichen Kontext. c. Unter Zugrundelegung von Naucks Fragmentpräsentation betrachteten Andromeda als Sängerin in einem Wechselgesang mit dem Chor Fedde, Pers. Andr. 25; Ribbeck, Ar. Ach. 289; Johne, Eur. Andr. 8; Séchan, Etudes 267; Mitsdörffer, Ph 98 (1954) 71 A. 1; Mette, Lustrum 12 (1967) 51 = Lustrum 23/4 (1981/2) 53; Stössl, Eur. Trag. II 484; Ebener, Eur. Trag. III 240.

d. Webster, BICS 12 (1965) 30 = Tragedies 194 rechnete dagegen die Fragmente 117, 114a, 118 zur ersten Strophe des Amoibaions mit Andromeda als Sängerin, während er F 119 der Antistrophos des Chores zuwies (unter Zugrundlegung der von Nauck hergestellten metrischen Kongruenz von F 118 und 119). Den Inhalt des Fragments resümiert Webster mit »shared sorrow eases the load«. e. Ribbeck, Röm. Trag. 167 bemerkte zu F 119: »Vielleicht ist es der Vater, welcher an jeder Rettung verzweifelnd den Fremden um das Einzige bittet, was ihm Erleichterung gewähren könne«. Schon Musgrave, Eur. Fragm. 422 und Matthiae, Eur. Fragm. 55 hatten F 119 erst als die Nr. XXII bzw. XXVIII geführt, während F 118 bei beiden die Nr. III trug. (2) Grundsätzlich sind nur zwei Möglichkeiten der Einordnung des Fragments in den Gang der Handlung der verlorenen Tragödie denkbar: a. Unter Beibehaltung der Χορ.-Notiz des codex Vindobonensis nimmt man den Chor als Sänger dieser Verse an, der einen Außenstehenden um Mitleid für das Andromeda betroffene Los bittet. Gegen Webster ist Andromeda als Adressatin dieser Anrede undenkbar, da Andromeda schlechthin nicht zum συναλγεῖν aufgefordert werden kann. Es dürfte andererseits aber auch kaum Perseus angesprochen sein, sofern die Aufforderung zum συναλγεῖν beinhaltet daß vom Adressaten konkrete Hilfe nicht erwartet, sondern nur sein Trost in Anspruch genommen wird. b. Deshalb erscheint es naheliegender, unter Mißachtung der Angabe von S Andromeda für die Sängerin und den Chor junger Frauen für den Adressaten dieser Verse zu halten: Metrum und Inhalt sprechen für eine Plazierung dieser Verse innerhalb der als Amoibaion gestalteten Parodos. Müßte man den Chor als Sänger annehmen, wäre es unmöglich, das Fragment in diesen Kontext zu plazieren.

F 120

I. (1) Nach dem, unter Verwendung von Andromedas Aufforderung an das Echo, endlich zu schweigen (s. z. E. F 118), vorgetragenen Wunsch des Verwandten in den 'Thesmophoriazusai', wieder zu seiner Frau kommen zu wollen, beginnt er mit V. 1022 eine lange Lamentation über das Unglück, das ihn betroffen hat. (2) Die ersten Verse: 'Ohne Erbarmen (war) der, der mich, den am meisten mit Mühe Beladenen unter den Menschen, (hier) festband' weist das Scholion als unter Verwendung eines 'Andromeda'-Zitates formuliert aus. (3) Als Sänger der Verse ἄνοικτος – ὑπερθανεῖν gibt das Scholion den Chor an. Aristophanes hat offensichtlich die Monodie des Verwandten unter Zuhilfenahme auch von Chorpartien komponiert. Man kann vermuten, daß die zugrundeliegende Chorpartie dem gleichen Kontext wie die vorhergehenden Tragödienzitate, F 117 und 118, zuzurechnen ist, also ebenfalls aus dem Amoibaion zwischen Chor und Andromeda stammt, welches die Parodos des Chores in der 'Andromeda' des Euripides bildete (s. z. E. F 117 und 118). (Eine andere Einordnung vertrat Ribbeck, Ar. Ach. 290, weil er fälschlicherweise Perseus als Sänger annahm.)

II. (1) Das in V. 2 überlieferte πατρός hat wiederholt Anstoß erregt; unter Zugrundelegung der mythographischen Vulgata (s. Apollod. Bibl. 2,4,3: Einl. III), die als Grund der Aussetzung Andromedas das Prahlen Kassiepeias gegenüber den Nereiden angibt, welches Poseidons Strafe in Form von Flut und Ketos provoziert, wurde ein Sterben Andromedas ὑπὲρ πατρός für unmöglich erklärt. (2) a. Fritzsche, Ar. Thesm. 424 konjizierte mit Blick auf die das Unheil erstverursachende Mutter Kassiepeia ματρός, was von Johne, Eur. Andr. 8 billigend übernommen wurde. b. Hartung, Eur. rest. 2,348 schrieb πατρίδος, weil die Aussetzung Andromedas die Besänftigung des Poseidon bewirken und so die Bedrohung des Landes durch πλήμμυρα und κῆτος beseitigen sollte. Hartungs Verbesserung aufgreifend schlug Düntzer, Ph 5 (1850) 186 das paläographisch näherliegende πάτρας vor, unter Hinweis auf E. Ph. 998: Μεν.: ... ψυχήν τε δώσω τῆσδ' ὑπερθανεῖν χθονός. 1002: πύργων πάροιθε μαχόμενοι πάτρας ὕπερ; vergleichbar ist auch IA 1389: Ἰφ.: ... δρᾶν τι τολμήσουσιν ἐχθροὺς χὐπὲρ Ἑλλάδος θανεῖν. Düntzers Konjektur wurde von Nauck in TGF[1] und TGF[2] in den Text gesetzt und von Leeuwen, Ar. Thesm. 128; Mitsdörffer, Ph 98 (1954) 73; Rau, Paratragodia 72; Seeck, Eur. 54 übernommen, von Stössl, Eur. Trag. II 484 und Ebener, Eur. Trag. III 240 der Übersetzung zugrundegelegt. (3) a. Fritzsches ματρός übernahmen nicht Welcker, Gr. Trag. 2,654 A. 16; Wagner, Eur. Fragm. 648; Düntzers πάτρας übernahmen nicht Rogers, Ar. Thesm. 110; Schmid, Gesch. Gr. Lit. 3,518 A. 1; Pucci, MAL 8, 10,5 (1961) 371: sie alle blieben beim überlieferten πατρός. b. Begründbar (und hier deshalb auch vertreten) ist die Skepsis gegenüber der Emendationen von Fritzsche und Düntzer 1. durch die Überlegung, daß eine Motivation der Handlung der euripideischen 'Andromeda' durch einen Umstand, der dem Vater Kepheus eine gewisse Schuld oder eine größere Beteiligung zumaß, ja nicht grundsätzlich ausgeschlossen ist; wie bei Euripides die Aussetzung Andromedas begründet war, wissen wir nicht (s. z. E. T III); 2. sprachlich und sachlich ist ein πατρὸς ὑπερθνῄσκειν durchaus möglich (s. E. An. 498: Χορ.: ... μητρὸς λεχέων ... ὑπερθνῄσκεις).

III. (1) Das Fragment hat iambischen Duktus; so wie Nauck den Text präsentiert (mit πάτρας statt πατρός) ist er zu deuten als ia | ia cr ia | ia cr | ia || ; ähnlich Mette, Lustrum 12 (1967) 49 = Lustrum 23/4 (1981/2) 52, mit anderer Versabteilung: 2ia cr ia || ia cr ia ; Mitsdörffer, Ph 98 (1954) 75 analysierte das Fragment als »dim. ia. + lecyth. und ia. + lecyth.«. (2) Auf der Grundlage der Beibehaltung des überlieferten πατρός ist das Fragment als ia | ia | δ | ia ba | δ || zu analysieren: es ist evident, daß F 120 gut in den Kontext der Fragmente 117-119 paßt (s. dort).

IV. (1) ἄνοικτος ist ein zum Substantiv οἶκτος mit alpha privativum gebildetes Adjektiv sophokleischer Prägung (s. Breitenbach, Unters. 78); gemäß der Grundbedeutung von οἶκτος als »Weheruf, Klage« (Burkert, Altgr. Mitleidsbegriff 30), die sich von der Klageinterjektion οἴ herleitet (Burkert, l. c.; Frisk 2,361), charakterisiert das Adjektiv ἄνοικτος einen Menschen insofern als 'mitleidslos', als er die traditionellen Äußerungen klagender Anteilnahme vermissen läßt. Zu vergleichen sind S. OR 180: Χορ.: ... νηλέα δὲ γένεθλα πρὸς πέδωι ' θανατοφόρα κεῖται ἀνοίκτως und E. Tr. 787: Ταλθ.: ... τὰ δὲ τοιάδε χρὴ ' κηρυκεύειν ὅστις ἄνοικτος ' καὶ ἀναιδείαι τῆς ἡμετέρας ' γνώμης μᾶλλον φίλος ἐστίν. (2) a. τίκτειν wird »auch vom Manne ganz gewöhnlich gesagt« (Wilamowitz z. HF 1367); meist wird das Partizip des Aorists substantiviert gebraucht (so Med. 1196; Hipp. 1140; Supp. 1092; El. 335; HF 76. 975; IT 363; Ba. 524; IA 474. 1312. 1551) und ist mit 'Erzeuger' zu übersetzen (vgl. Bond z. HF 975: »τεκών is not just 'Father'«). b. τεκών ist hier attributiv verwendet: 'der, der dich, die du unter den Menschen am meisten erleiden mußt, gezeugt hat, gibt dich dem Hades anheim, für den Vater zu sterben'. σὲ τὴν πολυπονωτάτην ist ähnlich formuliert wie IA 1312: Ιφ.: ... ὁ δὲ τεκών με τὰν τάλαιναν (vgl. auch Supp. 1092; El. 335; HF 1367). (3) Fritzsche, Ar. Thesm. 423 vergleicht zur Charakterisierung Andromedas als πολυπονωτάτη E. Hec. 721: der Chor kommentiert die Nachricht vom Tod des Polydoros und Hekabes Schmerzensausbrüche mit den Worten: ὦ τλῆμον, ὥς σε πολυπονωτάτην βροτῶν ' δαίμων ἔθηκεν ὅστις ἐστί σοι βαρύς. (4) a. ὑπερθνῄσκειν ist eine für Euripides ganz charakteristische Neubildung eines Verbalkompositums; Breitenbach, Unters. 111 listet insgesamt 82 Neubildungen dieses Typs auf. b. Die Bedeutung von ὑπερθνήισκειν ergibt sich aus dem Gebrauch des Wortes bei Euripides: An. 497ff.: Χορ.: ... τλῆμον δὲ σὺ παῖ, ' μητρὸς λεχέων ὃς ὑπερθνήισκεις ' οὐδὲν μετέχων ' οὐδ' αἴτιος ὢν βασιλεῦσιν; ὑπερθνήισκειν heißt in der 'Andromache' also 'sterben für das Bett der Mutter': der Knabe soll mit der Mutter sterben als schuldloses Opfer der mit der Mutter um das eheliche Bett des Neoptolemos konkurrierenden Hermione. Andromedas 'sterben für den Vater' ist nicht als ein Sterben an Stelle des Vaters (s. KG 1,486) zu verstehen, sondern als Sterben im Interesse des Vaters (als des Herrschers über das von Flut und Ketos betroffene Land) oder als Sterben für den Vater im Sinne der Verursachung von Flut und Ketos durch dessen Schuld. Andromeda, selbst schuldlos, stirbt für den Vater: insofern ist er in doppelter Weise ἄνοικτος: 1. schon allein als Andromedas Vater müßte er um seine Tochter jammern und klagen; 2. darüberhinaus muß er aber auch noch auf irgend eine Art und Weise direkt vom Tod der Tochter profitieren, ohne daß er offenbar irgendwelche Anzeichen von οἶκτος zu erkennen gibt. - Vielleicht ist diese schon in der Parodos begegnende negative Charakterisierung des Kepheus, auf deren Hintergrund die für den zweiten Teil der Tragödie zu erschließende Auseinandersetzung zwischen Andromedas Eltern und Perseus und Andromeda um die einander versprochene Ehe stattfindet, der eigentlich tragische Zug dieser sonst vom Stoff her ja wenig tragisch anmutenden Rettungstragödie (z. vgl. wäre der Auftritt des greisen Vaters des Admetos, Pheres, in der 'Alcestis'). (5) Wie oben angedeutet, weisen sowohl das Metrum als auch der Inhalt das Fragment als in die Parodos gehörig aus, die als Amoibaion gestaltet war (s. z. E. F 117 und 118). Theoretisch ist jedoch auch vorstellbar, daß der Chor in dieser Weise die Person des Kepheus im Zusammenhang mit der Auseinandersetzung um die Ehe charakterisierte (s. z. E. T III).

F 121

I. (1) a. In den 414 v. Chr. aufgeführten 'Vögeln' des Aristophanes suchen zwei Athener, Peithetairos und Euelpides ('Ratefreund', 'Hoffegut') des ewigen Prozeßunwesens in der Stadt müde einen τόπον ἀπράγμονα (V. 44), den sie durch Vermittlung der Vögel zu finden hoffen; der den Menschen freundliche Wiedehopf muß den beiden Athenern sagen, daß solch ein Ort auf der Erde nicht existent sei;

Peithetairos verfällt daraufhin auf die Idee, diesen Platz als Stadt νεφελοκοκκυγία ('Wolkenkuckucksheim ') einfach neu zu gründen und zu erbauen (V. 819). Peithetairos muß diese Idee den Vögeln schmackhaft machen; gegen den einziehenden Vogelchor, der allen Menschen in gleicher Weise feindlich gesinnt ist, muß er sich in einer Streitszene (»epirrhematischer Agon I«: Gelzer, RE Suppl. XII [1971] 1465) zuerst sein Rederecht erkämpfen. b. Die Vv. 344-8 gehören in den Zusammenhang des Angriffs des Vogelchores auf die beiden Athener: 'Zur Hilfe, zur Hilfe! Auf, ihr, her, tragt den feindlichen Angriff vor, den mordgierigen, den Flügel schlagt von allen Seiten um sie herum und kreist sie ein! Jammern sollen nämlich diese beiden da und meinem Schnabel sollen sie zum Fraß dienen!'. (2) a. Die Scholien notieren zur Stelle, daß Asklepiades behauptet habe, daß die Formulierung δοῦναι ῥύγχει φορβάν nach dem Vorbild von ἐκθεῖναι κήτει φορβάν in der 'Andromeda' des Euripides gesagt sei; die Identität dieses Asklepiades ist unbekannt: in den Scholien zu Aristophaneskomödien wird insgesamt sechsmal ein Asklepiades erwähnt, jeweils im Zusammenhang mit der Identifikation angeblicher Anspielungen auf Tragödienverse (s. Müller, Asclepiades Myrleanus 47f.; Wentzel, RE II [1896] 1631); der Scholiast erwähnt Asklepiades auch nur, um seine Behauptung zurückzuweisen: da die 'Vögel' 414, die 'Andromeda' aber erst 412 aufgeführt wurde, kann die von Asklepiades behauptete Abhängigkeit nicht richtig sein. b. Obwohl Asklepiades in seiner Behauptung der Abhängigkeit von δοῦναι ῥύγχει φορβάν von ἐκθεῖναι κήτει φορβάν unrecht hat, gibt es keinen Grund daran zu zweifeln, daß er ἐκθεῖναι κήτει φορβάν in der 'Andromeda'-Tragödie gelesen haben muß (s. auch Haag, Praemissa expositio 13). (3) Der Vers ἐκθεῖναι κήτει φορβάν berührt sich mit der Formulierung in der Klagemonodie des Verwandten in den 'Thesmophoriazusai', V. 1033: κήτει βορᾷ Γλαυκέτηι πρόκειμαι. Nauck hat κήτει - πρόκειμαι als F 122,5 unter die Fragmente der 'Andromeda' aufgenommen, weil Teile des Liedes des Verwandten von Scholien als aus der 'Andromeda' stammend gekennzeichnet sind, infolgedessen also κήτει - πρόκειμαι auch aus der 'Andromeda' stammen könnte. Unter Hinweis auf F 122,5 haben Fritzsche, Ar. Thesm. 431 und Mette, Lustrum 12 (1967) 50 = Lustrum 23/4 (1981/2) 52 die Herkunftsangabe des Asklepiades gänzlich verworfen und ἐκθεῖναι κήτει φορβάν nicht als Fragment der 'Andromeda' betrachten wollen. Da Naucks F 122,5 = Ar. Thesm. 1033 durch kein Scholion als aus der 'Andromeda' stammend bezeichnet, und obendrein Γλαυκέτηι sicher komisch ist, sind

Zweifel an der Herkunft von κήτει - πρόκειμαι aus der 'Andromeda' eher am Platz als Fritzsches und Mettes Zweifel an F 121 (s. z. E. F 122; vgl. auch z. E. F 114. 115. 117. 118 usw.).

II. (1) Die Abfolge von sieben Longa führt im Verein mit der dorischen Lautung φορβάν auf die Deutung dieses Verses als eines ganz spondeischen, lyrischen anapästischen katalektischen Dimeters (Paroimiakos: s. West, Gr. Metre 121). (2) Da der Prolog der 'Andromeda' aus rezitativen Anapästen bestand, greifen wir u. U. in diesem Vers eine melische Fortsetzung der anapästischen Klage der Heldin am Felsen (so auch Webster, Tragedies 194); damit dürfte Naucks Plazierung des Fragments in den Kontext des Amoibaion zwischen dem Chor und Andromeda nicht richtig sein (Naucks Plazierung vertraten auch Fedde, Pers. Andr. 25; Johne, Eur. Andr. 8; Petersen, JHS 24 [1904] 100; Müller, Ph 66 [1907] 60; Séchan, Etudes 267; dagegen setzten schon Welcker, Gr. Trag. 647 und Hartung, Eur. rest. 2,347 F 121 nach F 115).

III. (1) a. Der Begriff κῆτος wird bei Homer dazu verwendet: 1. ein als gefährlich empfundenes Seeungeheuer zu bezeichnen; so Hom. XX 144-7: ἠγάσατο κυανοχαίτης ' τεῖχος ἐς ἀμφίχυτον Ἡρακλῆος θείοιο ' ὑψηλόν, τὸ ῥα οἱ Τρῶες καὶ Παλλὰς Ἀθήνη ' ποίεον, ὄφρα τὸ κῆτος ὑπεκπροφυγὼν ἀλέαιτο (diese Erwähnung des Ketos bezieht sich auf die Aussetzung Hesiones durch Laomedon: s. Apollod. Bibl. 2,5,9); XIII 27f.: (Ποσειδάων) βῆ ... ἐλάαν ἐπὶ κύματ'. ἄταλλε δὲ κήτε' ὑπ' αὐτοῦ ' πάντοθεν ἐκ κευθμῶν, οὐδ' ἠγνοίησεν ἄνακτα; in der Odyssee hat Odysseus Furcht, im Meer treibend von einem κῆτος gefressen zu werden, Hom. 5,419ff.: δείδω ... τί μοι καὶ κῆτος ἐπισσεύῃ μεγὰ δαίμων ' ἐξ ἁλός, οἷά τε πολλὰ τρέφει κλυτὸς Ἀμφιτρίτη; 2. jede Art von größeren Meeresbewohnern: Hom. 4,443. 446. 452 sind es die Robben, bei denen Menelaos den Meergreis Proteus überrascht; 12,95ff.: (Σκύλλη) ἰχθυάαι ... δελφῖνάς τε κύνας τε καὶ εἴ ποθι μεῖζον ἕλῃσι ' κῆτος, ἃ μυρία βόσκει ἀγάστονος Ἀμφιτρίτη. b. Fränkel, Hom. Gleichnisse 88 A. 5 betrachtet »großes Seetier« als die Grundbedeutung von κῆτος; Lesky, Thalatta 139 dagegen erklärte κῆτος für einen vorgriechischen, nicht indogermanischen festen Begriff für ein gefährliches, fabulöses Meerungeheuer, das den Griechen erst mit den anderen Bezeichnungen für Meer, Schiffahrt u. dgl. mit der Besiedlung der Balkanhalbinsel bekannt geworden sei (die ungeklärte Etymologie des Wortes paßt gut zu Leskys These: s. Frisk 1,846; Chantraine 528; Lesky, aaO. 141). Die Ausweitung des Begriffes auf andere größere Meeresbewohner ist dann als Übertragung der Ketos-Vorstellung zu interpretieren, sofern dieses Meeresgetier »durch Größe und Gefährlichkeit an die Fabeltiere des Mythos« erinnerten (Lesky, l. c.). c. Für die Herleitung Leskys spricht auch die Benennung der mit Phorkys die Ungeheuer des Meeres gebärende Gottheit Keto (Hes. Th. 238. 270.), die ihren Namen vom Begriff κῆτος hat, und nicht umgekehrt das Meerungeheuer seinen Namen von der Gottheit, deren 'Existenz' wohl erst überhaupt der systematisierenden Neugier eines Hesiod verdankt wird (s. West z. Th. 238). Die Definitionen von κῆτος bei Hesychios (κ 75 [2,474 Latte]: θαλάσσιος ἰχθῦς παμμεγέθης) und in der Suda (κ 1555 [3,122,24 Adler]: θαλάσσιον θηρίον πολυειδές· ἔστι γὰρ λέων, ζύγαινα, πάρδαλις κτλ.) spiegeln die spätere Entwicklung des Begriffes wieder. d. Vielleicht spielt für die Entwicklung der Auffassung von κῆτος als einem großen Seetier das homerische Epitheton μεγακήτης eine Rolle, welches für Schiffe (VIII 222 = XI 5: στῆ δ' ἐπ' Ὀδυσσῆος μεγακήτεϊ νηῒ μελαίνηι; XI 600: ἑστήκει γὰρ ἐπὶ πρύμνηι μεγακήτεϊ νηΐ), für Fische (XXI 22: ὡς δ' ὑπὸ δελφίνος μεγακήτεος ἰχθύες ἄλλοι ' φεύγοντες κτλ.), für das Meer (3,158: ἐστόρεσεν δὲ θεὸς μεγακήτεα πόντον) verwendet wird; vielleicht wurde der zweite Bestandteil als abundierend empfunden (s. Wilamowitz z. HF 689, der Hom. XXI 22 aber anders deutet). e. Euripides hat das Wort κῆτος aus dem epischen Sprachgebrauch übernommen (s. Breitenbach, Unters. 162); zur Bezeichnung des Andromeda bedrohenden Ungeheuers hat es terminologischen Charakter: vgl. Apollod. Bibl. 2,4,3: (Περσεὺς) εὗρε ... Ἀνδρομέδαν παρακειμένην βορὰν θαλασσίωι κήτει; ἐὰν ... Ἀνδρομέδα προτέθηι τῶι κήτει βορά; Eratosth. Cat. 16: ... δοκεῖ προθεῖναι τῶι κήτει βοράν; zu vergleichen ist auch E. F 145: ὁρῶ δὲ πρὸς τὰ παρθένου θοινάματα ' κῆτος θοάζον ἐξ Ἀτλαντικῆς ἁλός. f. κῆτος ist der terminus technicus für das Sternbild der südlichen Hemisphäre, des Walfisches, modern Balaena; so bei Eudoxos F 73 Lasserre; Arat. 354. 387. 502. 630. 647. 720. 726; in der lateinischen Sternliteratur wechselt die Bezeichnung: cetus heißt das Sternbild bei Man. astr. 1,433. 614; 5,15. 656; Avien. astr. 770; Cic. arat. 140. 152. 154 u. ö.; Hygin. astr. 3,19. 30 und Avien. astr. 775 heißt es pistrix, bei German. Arat. 356 Pristis. Da die Präsenz des κῆτος am Himmel sich der Verstirnung der an der Aussetzung und Befreiung Andromedas beteiligten 'Personen' verdankt, spricht auch die astronomische Benennung des Sternbildes für den terminologischen Charakter des Begriffs im Kontext der Andromedasage (zum Sternbild s. Gundel, RE XI [1921] 369; Boll-Gundel, Myth. Lex. VI [1937] 982; zur Andromedasage am Himmel s. Einl. IV). (2) a. φορβή ist eine Substantivbildung mit Ablaut zum Verbum φέρβω, 'weiden, füttern ernähren' (s. Frisk 2,1001) und dient in homerischer Sprache zur Bezeichnung von tierischer Nahrung (als 'Futter'): so Hom. V 202 (ἵππων φειδόμενος, μή μοι δενοίατο φορβῆς); XI 562 ([ὄνος] ἐπεὶ τ' ἐκορέσσατο φορβῆς); h. Cer. 175f. b. In der Tragödie hat φορβή nur Sophokles: 1. zur Bezeichnung menschlicher Speise in Ant. 775f. (Kreon kündigt Antigones Bestrafung an): κρύψω ...' φορβῆς τοσοῦτον ὡς ἄγος μόνον προθείς, ' ὅπως μίασμα πᾶσ' ὑπεκφύγηι πόλις, und Ph. 43f.: 'Οδ.: ... ἀλλ' ἢ 'πὶ φορβῆς νόστον ἐξελήλυθεν, ' ἢ φύλλον εἴ τι νώδυνον κάτοιδέ που. 162f.: Νεοπ.: δῆλον ἔμοιγ' ὡς φορβῆς χρείαι ' στίβον ὀγμεύει τῆιδε πέλας που. 706. 711. 1107; 2. zur Bezeichnung tierischer Nahrung: im Kontext des Bestattungsverbotes für die Leiche des Aias, Aj. 1065: Μεν.: ... ὄρνισι φορβὴ παραλίοις γενήσεται, und im 'Polyidos' F 396. c. Ausschließlich für menschliche Nahrung sagen φορβή Hdt. 1,202. 211; 4,121 und A. R. 189; Hesychios definiert deshalb zu Recht (3,1530,30 Schmidt): φορβή· βορά, τροφὴ βοτάνη, βρῶσις. d. Es kann kein Zweifel bestehen, daß Euripides hier den homerischen Sprachgebrauch übernimmt: Andromeda soll 'dem Ketos zum Fraß ausgesetzt' werden. (3) Es ist evident, daß F 121 in einen größeren erzählerischen oder argumentativen Zusammenhang gehört; zusammen mit dem metrischen Befund weist dies darauf hin, daß Andromeda selbst (oder der Chor: Fedde, Pers. Andr. 25; Johne, Eur. Andr. 8) von ihrem Schicksal berichtete, daß ihr Vater/die Aithiopen beschlossen oder der Gott gefordert habe, sie 'dem Ketos zum Fraß auszusetzen'.

F 122

I. (1) In den aristophanischen 'Thesmophoriazusai' beginnt der Verwandte seine Rolle der Andromeda in V. 1016 mit einer sich über vierzig Verse erstreckenden Arie im Stil der 'Neuen Musik' (zur Charakteristik dieser νέα μουσική s. Schönewolf, Jungatt. Dithyrambus 19ff.; Rau, Tragödienspiel 342f. 353; gegen die Überlieferung des Ravennas sind die Vv. 1016-21 nicht dem Euripides, sondern dem Verwandten zu geben: so auch Schröder, Ar. Cantica 25 und Coulon, währen Velsen und Hall-Geldaert die Personenverteilung des Ravennas durchführen). Arien im Stil der 'Neuen Musik' sind für das Spätwerk des Euripides besonders charakteristisch (s. Schönewolf, aaO. 39ff.; Barner, Monodie 293. 318f.). Inhalt dieser Monodie ist die tragisch-komische Klage des Verwandten über sein eigenes Unglück (zur Andromedaparodie im Ganzen s. z. E. F. 114. 115. 117. 118 usw.). (2) Von den 40 Versen dieser Arie (Vv. 1016-1055) sind durch Scholien als euripideisch oder als nach euripideischem Vorbild formuliert bezeugt: V. 1016 ~ F 117; Vv. 1019f. ~ F 118; Vv. 1022f. ~ F 120, jeweils mit Angabe der euripideischen Formulierung; ohne diese Angabe werden durch Scholien als euripideisch bezeichnet die Verse 1029,1034,1040: F 122. (3) Unter Zuhilfenahme dieser drei sehr wagen Scholiennotizen wurde von den Vv. 1029-55 unterschiedlich viel für Euripides in Anspruch genommen: a. Musgrave, Eur. Fragm. 423 und Matthiae, Eur. Fragm. 46 verzichteten auf den Versuch, genauer den Umfang und das Aussehen der euripideischen Formulierungen zu bestimmen und beschränkten sich pauschal auf die Kennzeichnung von Vv. 1029. 1031f. als euripideisch; zu Vv. 1050ff. bemerkte Matthiae, l. c.: »colorem Euripdeae dictionis habere videntur«. b. Fritzsche, Ar. Thesm. 429 nahm für die Vv. 1029-35 mit Modifizierungen, für Vv. 1036f. (p. 438) unter starker Veränderung und für die unveränderten Vv. 1047-55 (p. 440) euripideische Autorschaft an. c. Eine weitgehende Identität der Vv. 1029-55 mit dem griechischen Original nahmen an Welcker, Gr. Trag. 2,654; Wagner, Eur. Fragm. 648; Hartung, Eur. rest. 2,348f.; Fedde, Pers. Andr. 26f.; Ribbeck, Ar. Ach. 290; Blaydes, Ar. Thesm. 102ff.; Pucci, MAL 8,10,5 (1961) 369-76; Mette, Lustrum 12 (1967) 50 = Lustrum 23/4 (1981/2) 52 (zur Textpräsentation Mettes s. Tessier, AAPat 86 III [1973/4] 133ff.); Webster, BICS 12 (1965) 30 = Tragedies 194f.; Stössl, Eur. Trag. 2,485. d. Nauck entschied sich, den Komplex der Vv. 1029-41 und 1047-55, unter Auslassung des eindeutig Komischen (V. 1031 κῆμον, V. 1033 Γλαυκέτηι) in Gänze in Petit-Druck zu präsentieren, weil er zwar einen Großteil des Textes als aus der 'Andromeda' genommen annahm, aber den Umfang der aristophanischen Änderungen nicht zu bestimmen wagte (vgl. auch Johne, Eur. Andr. 9 A. 13). e. Leeuwen, Ar. Thesm. 130f.; White, Verse 160; Schröder, Ar. Cantica 66; Mitsdörffer, Ph 98 (1954) 76ff.; Rau, Paratragodia 73-6 gingen von einem eingeschränkten Gebrauch euripideischer Formulierungen aus, bestimmten den Umfang aber je unterschiedlich: Leeuwen, White, Schröder hielten Vv. 1029-35 unter Weglassung von Γλαυκέτηι (mit Γλαυκέτηι White), V. 1033, Vv. 1038ff. für euripideisch, Rau die Vv. 1029-41 unter Änderung von κῆμον in κῶμον (V. 1031), Auslassung von Γλαυκέτηι (V. 1033) und ὢ ταλὰς ἐγὼ ταλάς (V. 1038), während Mitsdörffer aus den Vv. 1029-33 folgenden Euripidestext extrapolierte: ὁρᾷς; οὐ χοροῖσιν οὐδ'' ἡλίκων νεανίδων, κῶμον ἕστηκ' ἄγουσ', im übrigen aber die Vv. 1034f., 1039-41 und 1047-50. 51-55 für unverändert aus der 'Andromeda' übernommen betrachtete. (4) Eine sichere Entscheidung über den Umfang euripideischen Zitats im aristophanischen Lied ist nur teilweise und nur e negativo möglich: a. als aristophanisch ausscheidbar ist, was sich syntaktisch oder inhaltlich nicht auf die 'Andromeda' beziehen kann (maskuline Selbstprädikationen, komische Aprosdoketa); b. auszuscheiden ist ebenfalls, was nicht durch Scholien als euripideisch gekennzeichnet ist, ungeachtet tragischen Stiles oder tragischer Diktion, da eine Herkunft aus der 'Andromeda' (und auch von Euripides) nicht methodisch sicher zu erheben ist (pace Mitsdörffer, dessen eingehende Studie mit Eifer alles Tragische in diesem Lied aufzudecken vermochte; aber der Vorbehalt der methodischen Unsicherheit im Umgang mit dieser Tragödienparodie kommt gerade bei Mitsdörffer zum Tragen): Aristophanes' Parodie hat ihren Zweck ja dann erreicht, wenn sie völlig den Eindruck tragischer Gestaltung erweckt (s. z. E. F 114. 115. 117. 118 usw.). Dies führt auf jeden Fall dazu, die Vv. 1047-55 (gegen Nauck und Mitsdörffer, aber mit Rau) nicht als Fragmentbestandteil zu führen: »man muß mit einer weitgehend Aristophanischen Kreation ... rechnen« (Rau, Paratragodia 76). c. Für die Vv. 1029-41 muß im Einzelnen geklärt werden, wie die summarische Scholiennotiz jeweils auszulegen ist. (5) a. Zu V. 1029 notiert der Scholiast: 'wieder aus der 'Andromeda'; was sich anschließt dient dazu, die Athener als gerichtswütig zu verspotten.' Der zweite Teil der Notiz bezieht sich auf κῆμον ἕστηκ' ἔχουσ' (V. 1031); man wird somit den vom Scholion als euripideisch bezeichneten Text auf ὁρᾷς - νεανίδων beschränken können. Da der Scholiast erst wieder zu V. 1034 Zitat anzeigt, ist wohl das von Diktion und Inhalt als aus der 'Andromeda' stammend gut vorstellbare κήτει βορὰ ... πρόκειμαι nicht als euripideisch zu betrachten (für Zitat argumentierten Mitsdörffer, Ph 98 [1954] 78f.; Rau, Paratragodia 74). b. Der Scholiast vermerkt zu V. 1034: 'auch das (stammt) aus der 'Andromeda''. Aus der Anrede ὦ γυναῖκες (V. 1036), die auf die Frauen des Thesmophoriazusai-Chores geht, ergibt sich die Bestimmung des Zitatendes (natürlich ist vorstellbar, daß Aristophanes ein originales ὦ παρθένοι in ὦ γυναῖκες änderte); als euripideisch sind dann γαμηλίῳ - γοᾶσθέ μ' zu betrachten. c. Auf Höhe von V. 1039f. ἄνομα - λιτομέναν notiert der Scholiast: 'wir wollen πέπονθα ἄνομα πάθεα als Konstruktion ἀπὸ κοινοῦ auffassen; auch das (stammt) aus der 'Andromeda' '. Gemeint ist damit wohl, daß der Scholiast syntaktisch πέπονθα nicht nur zum Prädikat von μέλεα (V. 1037), sondern auch von ἄνομα πάθεα (V. 1039) machen will: '... beklagt mich, ihr Frauen, weil ich Elendes erlitten habe, ich Elender, oje, ich unglücklicher, so unglücklicher!, und von Blutsverwandten (habe ich erlitten) ... ungerechte Leiden ...'. Die Abgrenzung des Zitats fällt schwer: zu vermuten ist, daß die gesamte ἀπὸ-κοινοῦ- Konstruktion von V. 1037 ab (unter Ausschluß von V. 1038: τάλας ist, pace LSJ, maskulin; s. auch Rau, Paratragodia 75) als Euripideszitat zu betrachten ist. Begrenzt wird das Zitat durch die explizite Bezugnahme des Verwandten auf sein eigenes aktuelles Schicksal in V. 1042. Somit könnten die Vv. 1037. 1039-41 aus der 'Andromeda' des Euripides stammen. d. Obwohl von der Bezeugung her jedes der so aus der Arie des Verwandten mit Hilfe der Scholiennotizen gewonnene Euripideszitat als ein separates Fragment zu betrachten wäre, werden diese Zitate hier als die Vv. 1 f. (Vv. 1029f.),3-5 (1034-6) und 6-8 (1037. 1039-41) eines Fragments geboten; das hat seinen Grund ausschließlich darin, daß versucht wurde, der Übersichtlichkeit halber Naucks Fragmentzählung beizubehalten (die Alternative wäre die Zählung von Vv. 1f. als F 122, 3-5 als F 122a und 6-8 als F 122b). (6) Vielleicht ist die Beibehaltung von Naucks Nummer aber auch sachlich zu rechtfertigen: die in der Arie verwendeten Euripideszitate F 117,118 und 120 erwiesen sich als aus dem gleichen Kontext stammend, nämlich der als Amoibaion gestalteten Parodos des Chores; der klagende Inhalt der weiteren aus der Arie ausgehobenen Euripideszitate deutet darauf hin, daß diese Bruchstücke ebenfalls aus dem Amoibaion zwischen Andromeda und dem Chor genommen sein können (das Metrum widerspricht dieser Annahme nicht). Analog der vom Verwandten gespielten Rolle wäre Andromeda die Sängerin dieser Verse (auf die theoretische Möglichkeit eines anderen Kontextes weist zu Recht Mitsdörffer, Ph 98 [1954] 85 hin).

II. (1) a. Das vom Ravennas überlieferte ὑφηλίκων νεανίδων (v. 1030) wird von den Aristophanesherausgebern gewöhnlich als ὑφ' ἡλίκων gelesen. Gottfried Hermann wollte dagegen ἡλίκων ὑπὸ schreiben, weil er den Text dochmisch deutete; in Enger, Ar. Thesm. 170 und Velsen fand Hermann Nachfolger seiner Auffassung. Da die synkopierten Iamben des überlieferten Textes keinen Anstoß bieten, ist dieser Änderungsvorschlag zurückzuweisen. b. Inhaltlich-grammatischen Anstoß an ὑπό nahmen Blaydes, Ar. Thesm.

240; Leeuwen, Ar. Thesm. 130 und Mitsdörffer, Ph 98 (1954) 76; Blaydes änderte in ἡλίκων μέτα (vgl. KG 1,506), Leeuwen in ἐφηλίκων und Mitsdörffer ließ ὑφ' weg und schrieb: οὐ χοροῖσιν οὐδ' ' ἡλίκων νεανίδων κῶμον, oder empfahl allenfalls ὁμηλίκων; allen drei war Grund des Anstoßes, daß ὑφ' ἡλίκων nicht den von ihnen erwarteten Sinn »unter Altersgenossen« (Mitsdörffer, l. c.) haben kann. Rau, Paratragodia 73 A. 132 hat ganz richtig unter Verweis auf Hdt. 2,45,1 gezeigt, daß »ὑπό c. gen. in der Bedeutung 'unter der Begleitung von' auch bei Personen an dieser Stelle gesichert« ist (s. auch Tessier, AA Pat 86 III [1973/4] 141 A. 7: »Hdt. II 45. 1 . . . mi sembrano sufficienti per conservare ὑφ' ἡλίκων«). Allerdings ist Raus Behauptung insoweit zu präzisieren, als es bei Hdt. 2,45,1 ὑπὸ πομπῆς ἐξῆγον um einen unter festlicher, musikalischer Begleitung stattfindenden Auszug des Herakles geht (s. Stein z. Hdt. 1,17,1: »ὑπό, nach dem Takte, in Begleitung von Musik, welche gleichsam die bewegende Kraft ist«; s. auch KG 1,523; LSJ, ὑπό A II 5); ebenso belegen die von Mitsdörffer, aaO. 76.A. 1 gesammelten Stellen, daß ὑπὸ c. gen. überwiegend von musikalischer Begleitung gesagt ist; wir haben ὑφ' ἡλίκων also als 'unter gesanglicher Begleitung gleichaltriger Mädchen' zu übersetzen. Dafür spricht auch, daß ὑφ' ἡλίκων mit οὐδέ korrespondierend an χοροῖσιν angeschlossen ist: beide mit οὐδέ verknüpften Glieder haben also eine personale und musikalische Begleitung im Blick. Mitsdörffers Bedenken dürften damit ausgeräumt sein. c. Mitsdörffer nahm ebenfalls an, daß Aristophanes durch παραγραμματισμός aus einem euripideischen κῶμον ein κῆμον gemacht habe; diese Annahme beruht auf seiner Überzeugung, daß ὑφ' falsch, der Genitiv ἡλίκων bei Euripides von einem Substantiv abhängig zu machen sei; wie gezeigt, besteht zu dieser Annahme kein Grund, so daß der (sicher interessante) παραγραμματισμός keinen Anhalt an der Wirklichkeit hat. Die Übernahme des Euripideszitats hatte für den Text des Aristophanes zur Folge, daß er inkonzin wurde. (2) a. »In V. 1039 hat bereits Scaliger erkannt, daß der Fehler ἄλλαν ἄνομα in R auf Dittographie beruht« (Coulon, RhM 100 [1957] 189): Scaliger schrieb deshalb ἄλλ' ἄνομα, worin ihm White, Verse 160; Rogers, Ar. Thesm. 112; Coulon; Prato, Canti 270; Zimmermann, Unters. 2,8 gefolgt sind. Fritzsche, Ar. Thesm. 431f. suchte dagegen den Text des Ravennas zu halten, indem er die Überlieferung als ἄλλ' ἀν' ἄνομα interpretierte (was von Velsen in seine Thesmophoriazusaiedition übernahm); ähnlich hatte schon Brunck (teste Tessier, aaO. 149 A. 31) ἄλλ ἀν' vermutet. Thiersch (teste Fritzsche, l. c.) hatte ἄλλ' ἄνομ' ἄνομα postuliert, woraus Blaydes, Ar. Thesm. 102 ἄνομ' ἄνομα machte, indem er mit einer Verschreibung von ANOM zu AΛΛAN rechnete (was Mitsdörffer, aaO. 82f. verteidigte).Gottfried Hermann schließlich schlug τάλαν' vor, was in die Texte von Enger, Ar. Thesm. 172; Nauck, TGF[1] und TGF[2]; Hall-Geldaert; Schröder, Ar. Cantica 66; Leeuwen, Ar. Thesm. 131 Aufnahme fand. b. Der Anstoß zur Änderung des überlieferten ἄλλαν liegt 1. syntaktisch im Akkusativ des Femininums, 2. inhaltlich in der nicht erklärbaren Erwähnung einer 'anderen' Person weiblichen Geschlechts: ἄλλαν ist also falsch. Da Fritzsches Deutung der Überlieferung als ἄλλ' ἄν' mit der parodischen Verkürzung der euripideischen Anadiplosis ἄνομ' ἄνομα durch Aristophanes rechnet, sind nur die Vorschläge von Scaliger, Thiersch und Hermann näher zu prüfen: 1. Hermanns τάλαν' ἄνομα πάθεα ist sowohl von der tragischen Stilisierung als auch vom Sinn her befriedigend (vgl. A. Th. 983: Χορ.: ... α.: τάλαν γένος. β.: τάλανα παθόν). Paläographisch ist Hermanns Lösung Scaligers Vorschlag jedoch unterlegen. 2. Die von Thiersch und auch Blaydes postulierte Anadiplosis ἄνομ' ἄνομα ist natürlich in höchstem Maße für Euripides erwünscht (beispielshalber seien nur die Anadiploseis der Phrygerarie genannt: E. Or. 1373. 1381. 1387. 1390. 1395. 1414. 1416. 1427. 1428. 1453f. 1456. 1461. 1468. 1500), da Anadiplosis »ja gerade in euripideischen Liedern so überaus häufig ist« (Mitsdörffer, aaO. 82 A. 3; vgl. auch Breitenbach, Unters. 214ff.; Schmid, Gesch. Gr. Lit. 3,802ff.); aber auch hier sind Zweifel paläographischer Herkunft angebracht. 3. Gegen Scaligers Lösungsvorschlag ἄλλ' wandte Mitsdörffer ein, »daß andere bzw. von anderen zugefügte Leiden vorher nicht erwähnt werden«; dieser Einwand ist gegenstandslos, wenn man Coulon, RhM 100 (1957) 189f. folgt, der darauf hingewiesen hat, daß ἄλλ' hier scheinbar pleonastisch als 'übrigens, auch sonst' übersetzt werden muß (vgl. KG 1,275 A. 1); damit ergibt Scaligers Konjektur sachlich wie grammatisch den besten Text. Zu übersetzen ist: 'von Verwandten habe ich überhaupt gesetzlose Leiden erlitten'. (3) a. Die Vv. 1040f. überliefert der Ravennas in folgender Form: φῶτα λιτομέναν, πολυδάκρυτον Ἀίδα γόον φεύγουσαν. Syntaktisch läßt sich der überlieferte Text nur so deuten, wie es das linke Randscholion zu V. 1040 schon getan hat: δεομένη τοῦ βαρβάρου. προεῖπε δὲ γοᾶσθέ μ' ὦ γυναῖκες: d. h. die Partizipien sind von γοᾶσθέ μ' in V. 1036 abhängig zu machen: 'Beklagt mich, ihr Frauen - Bejammernswertes erlitt ich, ich Bejammernswerter, ich Armer, so Armer, von Verwandten auch sonst gesetzlose Leiden - die ich den Mann anflehe und tränenreiche Hadesklage ertönen lasse. Weh, o weh usw.'. Bei dieser Auffassung des Textes stehen die Vv. 1036-39 ὦ μέλεα - πάθεα desintegriert in der von γοᾶσθέ μ' abhängigen Konstruktion; dennoch hielten Fritzsche, Ar. Thesm. 112; Velsen; Hall-Geldaert; Leeuwen, Ar. Thesm. 131; Rogers, Ar. Thesm. 112; White, Verse 160 diesen Text für richtig. Ausgehend vom gleichen Scholion, das φῶτα λιτομέναν im Text mit δεομένη τοῦ βαρβάρου glossiert, unter Zuhilfenahme eines weiteren Scholions am linken Rand zum selben Vers, das erklärt: γράφεται καὶ φῶτα ἀντομένα, und in Übereinstimmung mit dem rechten Randscholion (ἀπὸ κοινοῦ λάβωμεν πέπονθα ἄνομα πάθεα) korrigierte Enger, RhM 2 (1843) 247 die Akkusative zu Nominativen, die von πέπονθα abhängig zu machen sind. Enger, Ar. Thesm. 172; Schröder, Ar. Cantica 66; Coulon; Prato, Canti 270; Mette, Lustrum 12 (1967) 50 = Lustrum 23/4 (1981/2) 52; Rau, Paratragodia 75; Zimmermann, Unters. 2,8 lesen deshalb λιτομένα und φλέγουσα. Nauck dagegen bietet einen auf keinen Fall haltbaren Text: φῶτα τε λιτομένα ... γόον φλέγουσαν . Engers Vorschlag kommt der Verständlichkeit des Textes sehr entgegen; ob wir damit aber auch schon den Text vor uns haben, den Aristophanes verfaßt hat, bleibt unsicher, da die Scholiasten selbst die Konstruktion der Verse nicht richtig begriffen haben (vgl. Tessier, aaO. 150: »L' incertezza è testimoniata in modo vistoso dagli scolii«). b. Statt des von R überlieferten λιτομέναν lasen Schröder und Mitsdörffer, aaO. 83, das vom linken Scholion angeführte ἀντομένα, weil die Nebenform zu λίσσομαι, λίτομαι »bei den Tragikern . . . überhaupt nicht belegt« ist (Mitsdörffer, l. c.). Aristophanes hat λίσσομαι/λίτομαι neben Thesm. 1041 überhaupt nur noch zweimal: Pax 382: Τρυγ.: μὴ νῦν λακήσῃς, λίσσομαί σ', Ὡρμήδιον; Thesm. 313: Χορ.: δεξόμεθα καὶ θεῶν γένος ' λίτομεθα ταῖσδ' ἐπ' εὐχαῖς ' φανέντας ἐπιχρῆναι. Auf dieser Grundlage ist eine Aussage über eine komische Vorliebe für λίτομαι sicher nicht zu begründen; dazu konnte Coulon, RhM 100 (1957) 190 die varia lectio ἀντομένα plausibel als Majuskelfehler erklären. Daß λίτομαι in der Tragödie nicht begegnet (stereotyp aber λίσσομαι) ist Mitsdörffer zuzugeben. Vielleicht ist diesem Anstoß aber nicht konjektural sondern durch die Annahme nichteuripideischer Herkunft zu begegnen. c. Als zweites Partizip neben λιτομέναν überliefert der Ravennas in V. 1041 φεύγουσαν; Musgrave z. Or. 1402 (teste Enger, Ar. Thesm. 172) konjizierte φλέγουσαν; Rogers schrieb φεύζουσαν (vgl. A. Ag. 1308: Κασσ.: φεῦ φεῦ. Χορ.: τί τοῦτ ἔφεύξας, εἴ τι μὴ φρενῶν στύγος;). Sicher ist, daß φεύγουσαν intolerabel ist, weshalb die meisten Aristophanesherausgeber φεύγουσαν geändert haben (Hall-Geldaert setzen Cruces; Todd, Index 258 führt die Stelle unter φεύγω auf, setzt aber eine Crux). Rogers' in Anlehnung an Aischylos gebildete Konjektur φεύζουσαν hat trotz ihrer paläographischen Nähe zu φεύγουσαν den entscheidenden Nachteil, daß das Wort φεύζειν von Aischylos für die dramatische Situation von Ag. 1308 spontan neu gebildet wurde und somit nirgends mehr zu belegen ist (s. Fränkel z. St.). - Rau hat gegen Musgraves γόον φλέγουσαν (φλέγουσα schrieb als erster Enger) eingewandt, daß γόον φλέγουσαν »als Konjektur doch immerhin recht kühn« sei (Paratragodia 75 A. 139); Rau selbst wollte γόον χέουσα schreiben (vgl. A. Ch. 449: Ἠλ.: ... χέουσα πολύδακρυν γόον); allerdings ist χέουσα paläographisch bedeutend schlechter als Musgraves φλέγουσα. Damit erweist sich Musgraves Konjektur als vorläufig noch nicht übertroffen. Die Formulierung γόον φλέγειν kann durch B. fr. 4,80 gerechtfertigt werden: συμποσίων δ' ἐρατῶν βρίθοντ' ἀγυιαί, ' παιδικοί θ' ὕμνοι φλέγονται); ein metaphorischer Gebrauch von φλέγειν ist auch bei Pindar belegt: Pi. P. 5,45: Ἀλεξιβιάδα, σὲ δ' ἠύκομοι φλέγοντι Χάριτας; N. 10,2: Ἄργος ... φλέγεται δ' ἀρεταῖς ' μυρίαις ἔργων θρασέων ἕνεκεν (vgl. Slater 533: »make radiant, illuminate«); ebenso bei Aischylos: A. Pers. 395: Ἀγγ.: ... σάλπιγξ δ' ἀϋτῆι πάντ' ἐκεῖν' ἐπέφλεγεν; Th. 52: Ἀγγ.: ... σιδηρόφρων γὰρ θυμὸς ἀνδρείαι φλέγων; bei Sophokles: S. Aj. 196: Χορ.: ... (Αἴας) ἄταν οὐρανίαν φλέγων, und auch bei Euripides: E. Ph. 241. 251: Χορ.: νῦν δὲ μοι πρὸ τειχέων ' θούριος μολὼν Ἄρης ' αἷμα δάιον φλέγει ... ἀμφὶ δὲ πτόλιν νέφος ' ἀσπίδων πυκνὸν φλέγει ' σχῆμα φοινίου μάχης. Ein Verbum des semantischen Feldes 'brennen' ist bei Sophokles ebenfalls mit Gesang verknüpft (S. OT 186): Χορ.: ... παιὰν δὲ λάμπει στονόεσσά τε γῆρυς ὅμαυλος. Musgraves Konjektur scheint so hinreichend gedeckt zu sein. - Um Raus χέουσα zurückzuweisen sei eine paläographisch näherliegende Emendation zur Diskussion gestellt: γόον ἐφυμνοῦσα; vgl. A. Ch. 386: Χορ.: ἐφυμνῆσαι γένοιτό μοι πευκάεντ' ὀλολυγμὸν ἀνδρὸς θεινομένου γυναικός τ' ὀλλυμένας.

III. (1) »Die metrische Analyse der Monodie zeigt deutlich, daß Aristophanes nicht nur inhaltlich, sondern auch rhythmisch die euripideische Vorlage ... parodiert« (Zimmermann, Unters. 2,16): Aristophanes verknüpft nach Art der 'Neuen Musik' und damit auch nach Art des Euripides in seinem Spätwerk heterogene Metra miteinander (s. Schönewolf, Jungatt. Dithyrambus 39): 1. äolische Verse im iambisch-trochäischen Gesamtduktus: V. 1020 κατάνευσον ἔασον ὥς; V. 1046 ἱερὸν ἔνθα γυναῖκες; 2. Daktylen: Vv. 1050ff.; 3. Dochmien (bei Iamben an sich geläufig): Vv. 1039ff.; 4. genuine Klauselverse als eigenständige Kola: lec V. 1026. 1048 (vgl. E. Or. 1370-2: lec | ith | ith ||; 1403: lec ||; 1408: lec ||; 1430: lec u. ö.). Die Monodie ist astrophisch gebaut und enthält synkopierte iambische Kola (ba ia: V. 1015. 1029; vgl. E. Tr. 560ff.). »The lyric is 'tragic' not only in sentiment but also in form« (White, Verse 161; vgl. auch die metrischen Analysen von Schröder, Ar. Cantica 66f. und Prato, Canti 268ff.). (2) Für die wenigen Verse aus der Monodie des Verwandten, die durch Scholien als aus der 'Andromeda' des Euripides stammend sicher sind, ergibt sich nur die Möglichkeit, ihre metrische Gestalt umrißhaft zu bestimmen: Vv. 1-4 sind synkopierte iambische Dimeter (V. 1. 3. 4), V. 2 ist ein iambus purus (vgl. Zimmermann, l. c.); Vv. 6-8 werden dochmisch dominiert mit ith als Klauselvers; V. 6 ist ein trochäischer Dimeter. Für eine präzisere Deutung des Metrums fehlt uns der Kontext der Verse. (3) Grundsätzlich spricht der metrische Befund nicht gegen einen Zusammenhang der Fragmente 117-122; vermutlich stammt F 122 ebenfalls aus dem Amoibaion zwischen dem Chor und Andromeda (s. z. E. F 117 und 118).

IV. 1/2 (1) a. Der Verwandte nimmt in den 'Thesmophoriazusai' wiederholt die Gelegenheit wahr, sich an seine Umgebung zu wenden: V. 1016: φίλαι παρθένοι φίλαι; V. 1019: κλύεις;; V. 1030: ὁρᾷς;; V. 1036: ὦ γυναῖκες. Die ersten beiden Adressen übernahm, wie die Scholien zur Stelle belegen, Aristophanes aus dem Text der euripideischen 'Andromeda': einmal ist der Jungfrauenchor, das andere Mal das Echo apostrophiert. Das vierte Mal wendet sich der Verwandte an den Thesmophoriazusaichor. Die ersten beiden Adressen sind im Kontext der Klagemonodie des Verwandten deplaziert, und damit komisch, die vierte Adresse ist auf die Situation des Verwandten zugeschnitten. Welche Funktion hat aber ὁρᾷς? b. Rau, Paratragodia 73 meinte, daß sich ὁρᾷς in der Parodie noch an die in V. 1019 angesprochene Person ἐν ἄντροις, d. h. das Echo, wende; da die Anrede an 'die in der Höhle' in den 'Thesmophoriazusai' ganz unmotivert, damit absurd weil wirklich nur Zitat aus der 'Andromeda' ist, ist es widersinnig anzunehmen, Aristophanes hätte diesen Trick mit dem tragischen Zitat durch eine grammatisch plausible erneute Bezugnahme unterlaufen und entwertet. Sehr wahrscheinlich ist dieses ὁρᾷς ein bloßer Kolloquialismus, und für die 'Thesmophoriazusai' überflüssig, einen Adressaten ausmachen zu wollen (wobei sich zwanglos noch mehrere anbieten: der Chor, der Skythe, Euripides?). Kolloquiales ὁρᾷς läßt sich sowohl in der euripideischen Tragödie wie in der Komödie nachweisen (die Stellen gesammelt von Stevens z. An. 87; ders., Colloquial expressions 36f.; Diggle, Studies 12): S. El. 628; E. Hipp. 313; An. 87; El. 1121; Or. 588; Ba. 319; Ar. Eq. 92. 1164; V. 45; Nu. 691; Av. 1616; Ra. 1234; Men. Sam. 515; Sik. 277; Dysc. 695. Der Kontext eines kolloquialen ὁρᾷς ist eine zumeist stichomythische Sprechpartie. c. Für die 'Andromeda' stellt sich die Frage, ob ὁρᾷς hier auch kolloquial zu verstehen ist, oder ob sich ὁρᾷς an eine dramatis persona wendet. Da das Metrum 1. die Herkunft der Zitate aus der als Amoibaion gestalteten Parodos wahrscheinlich macht, und 2. erkennbar keine kolloquiale Situation im Sinn einer iambischen Rhesis oder Stichomythie vorliegt, muß angenommen werden, daß ὁρᾷς nicht kolloquial aufzufassen sondern als Andromedas Anrede an den Chor zu betrachten ist. (2) a. χοροί haben im griechischen Leben ihren institutionellen Ort im Kult und im Fest; οὐ χοροῖσιν kann sich mithin beziehen auf 1. Andromedas Teilnahme an den »Reigenspielen der Jugend« (Mitsdörffer, Ph 98 [1954] 77), oder 2. auf die Reigentänze an einem für Andromeda ausgerichteten Fest, im Sinne von Rogers' Vorschlag: » 'not with choral dances, nor by maidens of my own age' am I escorted to the house of my bridegroom« (Ar. Thesm. 110). b. Sowohl die lokativische wie die instrumentale Interpretation von χοροῖσιν ist möglich, so daß eine Entscheidung zwischen Mitsdörffers und Rogers' Deutungen unmöglich ist. Wichtig ist jedenfalls, daß mit χοροῖσιν auf markante Ereignisse im Leben einer jungen Frau Bezug genommen wird. (3) ἧλιξ wird in tragischer Sprache sowohl adjektivisch als auch substantivisch gebraucht (A. Ch. 608: adjektivisch; Pers. 681: substantivisch); Euripides verwendet ἧλιξ sonst nur substantivisch (unsicher ist Hyps. fr. 10,5 [33 Bond]). νεανίς kann gleichfalls nicht nur substantivisch, sondern auch adjektivisch verwendet werden; vgl. E. Ph. 786 (lyr. da): Χορ.: ... οὐκ ἐπὶ καλλιχόροις στεφάνοισι νεανίδος ὥρας ' βόστρυχον ἀμπετάσας (s. Stevens z. An. 3; Wackernagel, Vorl. ü. Syntax 2,55). So kann hier übersetzt werden: 'unter der Begleitung gleichaltriger Mädchen', und: 'unter der Begleitung Gleichaltriger im Mädchenalter'; an der Sache ändert sich nichts (Aristophanes verwendet ἧλιξ vorwiegend adjektivisch; substantivisch Ec. 465). Die Sängerin ist selbst also noch eine νεανίς: dies macht die Zuweisung dieser Verse an Andromeda nahezu sicher (der

Chor besteht ebenfalls aus Mädchen oder jungen Frauen: s. z. F 116).
(4) Offensichlich hat die Erwähnung von χοροί und ἥλικες νεανίδες argumentative Funktion: die χοροί und der Kreis gleichaltriger Mädchen werden von tragischen Heldinnen oder einem Chor junger Frauen immer dann erwähnt, wenn von der Lebenswelt junger Frauen Abschied genommen wird; so E. El. 175ff. (zum Chor, der Elektra zur Feier der Heraia eingeladen hat): Ἠλ.: οὐκ ἐπ' ἀγλαΐας, φίλαι ' θυμὸν οὐδ, ἐπὶ χρυσέοις ' ὅρμοις ἐκπεπόταμαι ' τάλαιν' οὐδ' ἱστᾶσα χοροὺς ' Ἀργείαις ἅμα νύμφαις ' εἱλικτὸν κρούσω πόδ' ἐμόν; Tr. 452: Κασσ.: ... χαίρετ'. ἐκλέλοιφ' ἑορτάς, αἷς πάροιθ' ἠγαλλόμην; IT 1143ff. (der Chor wünscht sich die Rückkehr in die Heimat): χοροῖς δ' ἐνσταίην (δὲ σταίην L: Platnauer), ὅθι καὶ ' †πάρθενος εὐδοκίμων γάμων ' παρὰ πόδ' εἱλίσσουσα φίλας ' ματέρος ἡλίκων θιάσους κτλ.; Ph. 1264ff.: Ἰοκ.: ὦ τέκνον ἔξελθ' Ἀντιγόνη δόμων πάρος ' οὐκ ἐν χορείαις οὐδὲ παρθενεύμασι ' νῦν σοι πρόχωρει δαιμόνων κατάστασις. Vergleichbar ist auch die Vergegenwärtigung (»in der grammatischen Form der Mutmaßung«: Kannicht z. Hel. 1451-1511) der Heimkehr Helenas nach Sparta, Hel. 1465ff., durch den Chor: ἦ που κόρας ἂν ποταμοῦ ' παρ' οἶδμα Λευκιππίδας ἢ πρὸ ναοῦ ' Παλλάδος ἂν λάβοις ' χρόνωι ξυνελθοῦσα χοροῖς ' ἢ κώμοις Ὑακίνθου ' νύχιον ἐς εὐφροσύναν. Diese Beispiele belegen hinlänglich, daß es bei der Vergegenwärtigung von Chören und gleichaltriger Mädchen weniger »um die wehmütige Erinnerung der tragischen Heldin oder des weiblichen Chores an die Reigenspiele der Jugend« geht (so Mitsdörffer, l. c.), sondern daß die Klage den Verlust der für eine griechische Frau existenzbestimmenden und auch -notwendigen Lebenswelt geht, deren Festseite durch χοροί, deren Alltag durch das Leben unter ἥλικες charakterisiert ist. Ganz prägnant ist diese Vorstellung in E. El. 310 ausgedrückt: Elektra charakterisiert ihre durch Aigisthos und Klytaimestra erzwungene gesellschaftliche Situation der Isolation so: ἀνέορτος ἱερῶν καὶ χορῶν τητωμένη. - Ein anderes Moment der Klage tragischer Heldinnen oder tragischer Frauenchöre ist der durch vorzeitigen Tod zu beklagende Verlust der Möglichkeit zur Heirat und damit auch der Geburt von Kindern, die die gesellschaftliche Stellung einer erwachsenen Frau entscheidend bestimmen. Die Erwähnung von χοροί und ἥλικες νεανίδες kann sich auch auf dieses Moment tragischer Klage beziehen, da bei der Hochzeit im Rahmen der festlichen Heimführung der Braut der Hymenaios von Freunden/innen gesungen wurde (s. Muth, WSt 67 [1954] 23ff.). Solche Klagen tragischer Heroinen sind die der Polyxena in der 'Hekabe' , Hec. 416:

ἄνυμφος ἀνυμέναιος ὧν μ' ἐχρῆν τυχεῖν, der Elektra, El. 1198: ἰὼ ἰώ μοι. ποῖ δ' ἐγώ' τίν' ἐς χορόν, τίν' ἐς γάμον εἶμι; τίς πόσις με δέξεται νυμφικὰς ἐς εὐνάς; , und der sophokleischen Antigone, S. Ant. 810ff.: ... ἀλλά μ' ὁ παγκοίτας Ἅιδας ζῶσαν ἄγει τὰν Ἀχέροντος ἀκτάν, οὔϑ' ὑμεναίων ἔγκληρον, οὔτ' ἐπὶ νυμφείοις πώ μέ τις ὕμνος ὕμνησεν, ἀλλ' Ἀχερόντι νυμφεύσω; zu vergleichen ist auch die Klage Iphigeneias IT 218ff.: νῦν δ' ἀξείνου πόντου ξείνα ' δυσχόρτους οἴκους ναίω, ' ἄγαμος ἄτεκνος ἄπολις ἄφιλος (s. auch IT 856ff.). Die Mitwirkung von χοροί und ἥλικες νεανίδες bei der Hochzeit illustrieren Pi. P. 3,16ff. (Koronis, von Apollon geschwängert) οὐκ ἔμειν' ἐλϑεῖν τράπεζαν νυμφίαν, ' οὐδὲ παμφώνων ἰαχὰν ὑμεναίων, ἅλικες ' ὅια πάρϑενοι φιλέοισιν ἑταῖραι ' ἑσπερίαις ὑποκουρίζεσϑαι ἀοιδαῖς und E. Alc. 914ff. (Admetos erinnert sich an die Heimführung der Alkestis; an): ... τότε μὲν πεύκαις σὺν Πηλιάσιν ' σύν ϑ' ὑμεναίοις ἔστειχεν ἔσω, φιλίας ἀλόχου χέρα βαστάζων ' πολυάχητος δ' εἵπετο κῶμος κτλ. - Die Sängerin vergegenwärtigt klagend Schlüsselszenen weiblicher Existenz, die für sie nun mit negativen Vorzeichen versehen werden müssen: da ihr der Verlust des Lebens droht. Aus diesem Grund kann kaum an Andromeda als Sängerin gezweifelt werden. Im Rahmen des Amoibaion am Anfang des Stückes ließ Euripides offenbar die Titelheldin ihrer Hoffnungslosigkeit in solch bewegten und sicher auch die Zuschauer bewegenden Klagen Ausdruck geben, damit die Überraschung über die handgreifliche Möglichkeit der Rettung durch Perseus um so überwältigender wurde.

3-5 (1) a. παιών (attisch; geläufiger ist das dorische παιάν < παιάων; Wackernagel, Gl 14 [1925] 61ff.) bezeichnet einen Kultruf oder Kultgesang: in der Systematik der μελικὴ ποίησις des Proklos wird der παιάν zu den μέλη εἰς ϑεούς gerechnet (bei Phot. bibl. cod. 239,319 b 35 [5,159 Henry]) und definiert als εἶδος ᾠδῆς εἰς πάντας νῦν γραφόμενος ϑεούς, τὸ δὲ παλαιὸν ἰδίως ἀπενέμετο τῶι Ἀπόλλωνι καὶ τῆι Ἀρτεμίδι ἐπὶ καταπαύσει λοιμῶν καὶ νόσων ᾀδόμενος (Phot. bibl. cod. 239,320 a 20-5 [5,160 Henry]). In euripideischer Lyrik ist eher die dorische Form des Wortes, παιάν, zu erwarten, nicht das attische (und deshalb komische?) παιών (vgl. Barrett z. Hipp. 1371-3). b. Die Junktur γαμήλιος παιών ist singulär. Die Verknüpfung von Paian und Hochzeit scheint aber insoweit nichts Außergewöhnliches zu sein, als der Paian auch als apotropäischer Kultruf, Kultgesang Verwendung fand: Σ T Hom. I 473b Erbse: ἐπὶ καταπαύσει λοιμοῦ ἢ πολέμου ᾀδόμενος, πολλάκις καὶ προσδοκωμένου τοῦ δεινοῦ (vgl. Deubner, NJbb 43 [1919] 388. 390f.). Für die

Verwendung des Paian im Rahmen der Hochzeit sind zu vergleichen: 1. Sapphos Gedicht von der Heimführung Andromaches durch Hektor, fr. 44,31ff. LP: γυναῖκες δ' ἐλελύσδον ὄσαι προγενέστερα[ι, ' πάντες δ' ἄνδρες ἐπήρατον ἴαχον ὄρθιον ' πάον' (Πάον' scripserunt Lobel et Page, Campbell: Voigt) ὀνκαλέοντες ἐκάβολον εὐλύραν, ' ὔμνην δ' Ἔκτορα κ' Ἀνδρομάχαν θεοεικέλο[ις; 2. der Vogelchor singt dem Hochzeitszug des Peithetairos im Abgehen zu, Ar. Av. 1763: ἀλαλαί, ἰὴ παιών· τήνελλα καλλίνικος, ὦ δαιμόνων ὑπέρτατε. Ob der Paian zum festen Inventar hochzeitlichen Brauchtums gehörte (so Blumenthal, RE XVIII [1942] 2342), oder nur akzidentiell die Stelle der gebräuchlichen Hochzeitslieder, des ὑμέναιος und des ἐπιθαλάμιον vertrat, oder etwa zusätzlich gesungen wurde, ist bei unserer Kenntnis der Hochzeitsbräuche nicht entscheidbar (zur Funktion von Hymenaios und Epithalamion s. Hermann-Blümner, Privatalterthümer 272f. 176f; Muth, WSt 67 [1954] 23-45; die Quellen zu den griechischen Hochzeitsbräuchen übersichtlich bei Sticotti, FS Benndorf 181f.). c. Der γαμήλιος παιών muß aber nicht notwendig vom Brauchtum her legitimiert sein, sondern kann auch eine gesuchte Formulierung des Euripides darstellen (allerdings ist γαμήλιος selbst nicht, wie Breitenbach, Unters. 39 annahm, eine euripideische Neubildung, sondern das Adjektiv ist »aischyleisch und euripideisch«: Rau, Paratragodia 75). Vergleichbar sind E. Tr. 351f.: Ἑκ.: ... ἐσφέρετε πεύκας, δάκρυά τ' ἀνταλλάξατε, τοῖς τῆσδε μέλεσι, Τρωιάδες, γαμηλίοις; Phaeth. 217f. (64 Diggle): Κλυμ.: ... πόσις πόσις μοι πλησίον γαμηλίους ' μολπὰς ἀϋτεῖ παρθένοις ἡγούμενος. (2) a. Die Aufforderung zur Klage γοᾶσθε begegnet in der Tragödie auch A. Pers. 1073 und E. Tr. 288. Da ein παιών gewöhnlich nicht der Äußerung von Klagen dient, sondern gerade die »äußerste Antithese« zum Threnos (Kannicht z. Hel. 176-8) darstellt, liegt hier wohl ein Fall von »tragischer Ironie« vor (Deubner, aaO. 406; Beispiele für diese Erscheinung bei Dale z. Alc. 422-4). Oder: diese Junktur ist komisch. b. Die Junktur δέσμιος παιών ist wie γαμήλιος παιών nirgendwo sonst zu belegen. Um diese Formulierung als in tragischem Sprachgebrauch möglich zu erweisen, verwies Leeuwen, Ar. Thesm. 131 auf den ὕμνος δέσμιος des Eumenidenchores, A. Eu. 306. 331f. = 334f.; der ὕμνος δέσμιος der Eumeniden hat mit einem »canticum vel clamores qui decent captivam« (Leeuwen, l. c.) nichts zu tun, sondern ist als ein »Bindelied« (Lesky, Trag. Dichtung 128) eine Art »Zaubergesang« (Wilamowitz, Gr. Tragödien 2,269), der die φρένες der Blutschuldigen bindet. Der aristophanische δέσμιος παιών ist dagegen ein παιὰν τοῦ δεσμώτου (oder, wie IT 469; Ba. 355 τοῦ δεσμίου): ein Lied, das in gefesseltem Zustand vorgetragen wird (Rau, Paratragodia 75 übersetzt »Fesselpaian«). Formal ist ein δέσμιος παιών (Adjektiv statt Genitiv: KG 1,262) gut tragischer Sprachgebrauch; dagegen erheben sich Zweifel bezüglich des Inhalts; ein δέσμιος παιών entspricht nämlich exakt der dramatischen Situation des Verwandten in den 'Thesmophoriazusai', dessen einziges Problem ja darin besteht, gegen seinen Willen gefesselt zu sein; Andromedas Situation ist jedoch weniger durch die Fesselung charakterisiert, als vielmehr durch die Bedrohung durch einen furchtbaren Tod. (Schon aus dieser unangemessenen Verwendung der Andromedatragödie ergibt sich für die 'Thesmophoriazusai' ein entschieden komischer Zug.) Trotz der Zuversicht von Mitsdörffer, Ph 98 (1954) 81 wird man mit Rau dazu neigen, diesen δέσμιος παιών nicht für euripideisch, sondern für einen witzigen Einfall des Aristophanes zu halten.

6-8 (1) a. Die zweifache Verwendung eines Adjektivs in verschiedenen Kasus, wie hier μέλεα - μέλεος zur »Pointierung des Ausdrucks« (Bruhn, Anhang 127) ist ein verbreitetes tragisches Stilmittel (vgl. die zahlreichen Beispiele bei Bruhn, Anhang § 223; zum Polyptoton allgemein s. Lausberg, El. Lit. Rhet. § 280). b. Das Polyptoton mit μέλεος findet sich auch A. Th. 879f: Χορ.: ... μέλεοι δῆϑ' οἱ μελέους ϑανάτους ' ηὕροντο δόμων ἐπὶ λύμηι; S. OR 479: Χορ.: μέλεος μελέωι ποδὶ χηρεύων; Ant. 977ff.: Χορ.: ... κατὰ δὲ τακόμενοι μέλεοι μελέαν πάϑαν κλαῖον; E. Supp. 598: Χορ.: ὦ μέλεαι μελέων ματέρες λοχαγῶν; Ion 900: Κρ.: ... ἵνα με λέχεσι μελέαν μελέοις ' ἐζεύξω τὰν δύστανον. c. Parodiert wird diese »tragische Stileigentümlichkeit« von Antiphanes CAF fr. 209,8 (2,102 Kock): μέλεα μελέοις ὀνόμασιν (Mitsdörffer, aaO. 82 A. 1). Herkunft dieses Polyptoton aus Euripides ist hier ebenso möglich wie aristophanische Parodie (für Parodie plädierte Mitsdörffer). d. »Je nach prosodischen, metrischen oder auch euphonischen Bedürfnissen« (Kannicht z. Hel. 335) verwendet Euripides Adjektive wie μέλεος nicht dreiendig, sondern auch zweiendig (so E. Hel. 335; Or. 207); damit kann sich μέλεος auch auf Andromeda als Subjekt des Satzes beziehen, muß also nicht, wie bei Aristophanes, von einem Mann zur Selbstbezeichnung verwendet sein. Bei Aristophanes ist μέλεος nur in einem Tragödienzitat belegt (Ar. V. 312: τί με δῆτ' ὦ μέλεα μῆτερ ἔτικτες = E. 'Theseus' F 385) bzw. in einem tragisch stilisierten Vers (Pax 1063: ὦ μέλεοι ϑνητοὶ καὶ νήπιοι): ob die Formulierung des Polyptoton in der Arie des Verwandten deshalb von Aristophanes stammt (tragisch stilisiert), oder der euripideischen Vorlage entnommen ist, kann nicht mit Sicherheit entschieden werden. (2) a. σύγγονος ist für den aristophanischen Sprachgebrauch sonst nicht belegbar (s. Todd, Index 234). Für Euripides lassen sich dagegen zahlreiche Stellen benennen, wo σύγγονος substantivert verwendet ist; die Bedeutung ist immer 'Bruder', 'Schwester' (so E. El. und IT 12mal; Hel. 17mal; Or. 13mal; Ph. 5mal). E. Hipp. 340: Τρ.: τέκνον, τί πάσχεις; σύγγονους κακορρηθεῖς; (die Amme zu Phaidra, auf deren Anspielungen auf Pasiphae, Vv. 337f., und Ariadne, V. 339, reagierend) ist der einzige Beleg für einen substantivierten Gebrauch von σύγγονος, wo unter σύγγονοι neben der Schwester auch die Mutter gemeint ist. Damit dürfte Andromeda mit σύγγονοι in der Euripidestragödie ihre Eltern bezeichnet haben, während der κηδεστής bei Aristophanes den Euripides meint. b. ἄνομος heißt im 'Agamemnon' die Opferung Iphigeneias: A. Ag. 151: Χορ.: ἰήιον δὲ καλέω Παιᾶνα, ' μή τινας ἀντιπνόους Δαναοῖς χρονίας ἐχενῆιδας ἀπλοίας ' τεύξηι σπευδομένα θυσίαν ἑτέραν ἄνομόν τιν' ἄδαιτον (der Chor zitiert die Prophezeiung des Kalchas): das ist sicher als 'gesetzlos' zu fassen (so Fränkel z. St.: »lawless«; dagegen Denniston-Page z. St.: »unaccompanied by the flute«; diese Bedeutung hat ἄνομος Ag. 1142: ἀμφὶ δ' αὑτᾶς θροεῖς νόμον ἄνομον); als φόνια πάθεα ἄνομά τε κακὰ bezeichnet der Phrygersklave im 'Orestes' die gewalttätigen Anschläge auf Helena bzw. ihre Tochter, denen er selbst nur knapp entrann, E. Or. 1455ff: αἰαὶ φονίων παθέων ἀνόμων τε κακῶν ἅπερ ἔδρακον ἔδρακον ἐν δόμοις τυράννων; zu vgl. auch An. 491 ~ Ba. 995: Χορ.: ... ἄθεος ἄνομος ἄχαρις ὁ φόνος. Diese Zitate kommen darin überein, daß jeweils ein Mensch schuldlos zu Tode kommt oder kommen soll. Insofern entsprechen die ἄνομα πάθεα, die Andromeda erleiden muß, diesem Befund: Andromeda ist, wie Iphigeneia und Hermione, an ihrem Tod nicht nur schuldlos, sondern auch an den Vorgängen, die zu ihrer Tötung führen, völlig unbeteiligt. Die Klage über ἄνομα πάθεα sind für die Andromeda der Euripidestragödie also durchaus passend. (3) a. Bei Aristophanes jammert der Verwandte, daß er 'den Mann inständig beknie und tränenreiche Hadesklage auflodern lasse'; der Bezug von φῶτα ist umstritten: der Scholiast zur Stelle meint, daß der Skythe gemeint sei (so auch Fritzsche, Ar. Thesm. 433), während Bakhuyzen, Parodia 130; Mitsdörffer, aaO. 85; Rau, Paratragodia 75 an Euripides dachten; sachlich sind beide Bezüge in der Situation des Verwandten falsch: er hat Euripides, der ihn ἀπεξύρησε πρῶτον (V. 1042), genauso wenig inständig bekniet, wie die Klage jetzt an den

Skythen gerichtet ist: damit hat die Herkunft von φῶτα λιτομένα aus der 'Andromeda' eine hohe Wahrscheinlichkeit. Plausibel hat Mitsdörffer vermutet, daß Andromeda so auf ihre Bitten anspielte, die sie an ihren Vater gerichtet hatte, der sie dem Tod preisgab (die Herstellung von πατέρα statt φῶτα im Text des Euripides, wie von Mitsdörffer praktiziert ist jedoch unnötig; warum soll Andromeda ihren Vater nicht, vielleicht abwertend, als φώς bezeichnen?). b. πολυδάκρυτον γόον »is modelled on Hom. Od. 19,213« = 251 = 21,57 (Garvie z. Ch. 449); zu vergleichen sind A. Pers. 940 (πολύδακρυν ἰαχάν); Ch. 333 (πολυδάκρυτα πένθη); E. El. 126 (πολύδακρυν ἀδονάν). Der dorische Genitiv Ἀίδα in Verbindung mit einem Begriff der Klage, des Gesangs ist in tragischer Literatur wiederholt verwendet (so A. Th. 868f.; E. El. 143ff.: HF 1027) und ist, als objektiver Genitiv, als 'Klage über das Todeslos' zu verstehen. Im Mund des Verwandten ist eine solche Klage absurd, weil ihm nicht der Tod, sondern nur Schimpf und Schande drohen. Andromeda stünde in einem lyrischen Amoibaion solch eine Klage dagegen gut zu Gesicht.

V. (1) Der Hinweis auf den γαμήλιος παιών ist von einigen Forschern dahingehend ausgelegt worden, daß Andromeda in Gewandung und in der Funktion einer 'Hadesbraut' dem Ketos zum Fraß ausgesetzt wurde. Diese Auffassung leitet sich in erster Linie von bildlichen Darstellungen des Andromedastoffes auf unteritalischen Vasen her, die häufig die gefesselte Andromeda bräutlich geschmückt abbilden und sie von als Hochzeitsgaben gedeuteten Kästchen, Vasen u. dgl. umgeben zeigen (vgl. Trendelenburg, AICA 44 [1872] 119f.; Vogel, Szenen 45; Müller, Ph 66 [1907] 55 A. 35; Séchan, Etudes 266; Schmid, Gesch. Gr. Lit. 3,518). (2) E. Alc. 746; Med. 985; El. 1144f.; Tr. 445 belegen, daß es im griechischen Denken die Möglichkeit gab, sich vorzustellen, daß ein Mensch im Tod eine eheliche Verbindung mit Hades eingeht (s. Megas, H 68 [1933] 425 A. 3). Die sophokleische Antigone geht klagend ihrer Strafe, lebendig eingeschlossen zu werden, entgegen, indem sie singt (S. Ant. 810ff.): μ' ὁ παγκοίτας Ἅιδας ζῶσαν ἄγει ' τὰν Ἀχέροντος ἀκτὰν ... Ἀχερόντι νυμφεύσω. Diese oft zur Rechtfertigung der Hadesbrautvorstellung herangezogene 'Antigone'stelle belegt hinlänglich, daß von einer real existierenden, d. h. auch kultisch realisierten bräutlichen Hadeszuführung nicht geredet werden kann. Antigones Klage entwickelt zuerst die Unmöglichkeit jeder Ehe auf Erden (οὔ τ' ἐπὶ νυμφείοις πώ με τις ὕμνος ὕμνησεν: V. 814f.), bevor sie die bittere Konsequenz daraus zieht, als

Gipfel der Absurdität: Ἀχέροντι νυμφεύσω (V. 816). (3) Ich halte es deshalb für ausgeschlossen, daß sich ein solcher Hintergrund hinter der Erwähnung des 'Hochzeitspaian' erschließen läßt; die Frage nach dem Kostüm Andromedas ist m. E. insoweit offen, als aus der literarischen Bezeugung des Stoffes keine Evidenz zu gewinnen ist. - Der bräutliche Schmuck der Andromeda der Vasenbilder ist wohl im Kontext der Zweckbestimmung dieser Gefäße zu sehen.

F **123

I. (1) a. Zu V. 1098 notiert der Scholiast: 'Die ersten drei Verse sind, bezogen auf Perseus, aus der 'Andromeda'. Und im Übrigen hat er das Folgende hinzugefügt.' Mit τὰ ἕξης sind die Vv. 1101/2a gemeint. b. Aus dieser Notiz läßt sich schließen: 1. entweder hat Aristophanes (falsch Rutherford, Scholia Ar. 2,505: »first come three lines from the Andromeda referring to Perseus; and then Euripides tags on to these what follows«) die Vv. 1101/2a ex suo hinzugefügt, oder 2. er hat diese eineinhalb Verse an anderer Stelle gelesen und wider den ursprünglichen Kontext zu ὦ θεοὶ - ὑπόπτερον (Vv. 1098-1100 = F 124,1-3) hinzugefügt. (2) a. Seit Fritzsche, Ar. Thesm. 473 wird die zweite Möglichkeit für richtig gehalten und infolgedessen die Vv. 1101/2a als Fragment der 'Andromeda' des Euripides geführt (Bothe fr. 130; Wagner fr. XIX; Nauck, TGF^1 fr. 125,3, TGF^2 F 123), unter ausdrücklicher oder impliziter Billigung von Welcker, Gr. Trag. 2,648; Hartung, Eur. rest. 2,351f.; Enger, Ar. Thesm. 183; Ribbeck, Ar. Ach. 291; Lange, Quaestiones 15; Rogers, Ar. Thesm. 128; Leeuwen, Ar. Thesm. 139; Müller, Ph 66 (1907) 60; Séchan, Etudes 267 A. 10; Schmid, Gesch. Gr. Lit. 3, 517 A. 14; Webster, BICS 12 (1965) 30 = Tragedies 195. b. Zumindest seine Unsicherheit bekundete Matthiae, Eur. Fragm. 47, druckte Vv. 1101/2a aber nach F 124 ab; Bakhuyzen, Parodia 134 (»non apparet an verba Περσεύς - κομίζων tragoediae tribuenda sint«; s. auch 131f.) und Fedde, Pers. Andr. 27 A. 16 (die Verse »haud ita in Euripidis fabula lecta esse«) bezweifelten die Herkunft dieser Verse aus der 'Andromeda'. c. Unklar ist, wie sich Rau, Paratragodia 85 die Herkunft dieser Verse dachte: denn zwar seien »Worte des Perseus stilistisch durch ... ναυστολεῖν ... und ... sachlich durch ... Argos angezeigt«, aber andererseits sei das Scholion so zu verstehen, daß Aristophanes nach dem Zitat, »um die Vorstellung des Helden abzuschließen, Weiteres aus dessen Erzählung noch in denselben Satz« einfügte. (3) Ich halte dagegen die Vv. 1101/2a nicht für aus der 'Andromeda' des Euripides übernommen und schlage vor, diese Verse nicht als Fragment der 'Andromeda' zu führen, und dies aus zwei Gründen: a. das Zeugnis des Scholiasten, daß Aristophanes 'das Folgende hinzugefügt' habe, macht nur dann Sinn, wenn es so verstanden wird, wie es in der knappen Weise der Aristophanesscholien dasteht: Zitat aus der 'Andromeda' sind die ersten drei Verse, die folgenden aber nicht. Mehr sagt m. E. der Scholiast nicht (und will er nicht sagen). Dazu tritt eine Überlegung inhaltlicher Art: b. diese eineinhalb Verse erfüllen in stilistischer, formaler und inhaltlicher Hinsicht die Funktion, die Person des Euripides in den 'Thesmophoriazusai' als dramatis persona Perseus einzuführen: tragisch in der Diktion und in der Form der Selbstpräsentation exponieren sie das zum Verständnis der Parodie in den 'Thesmophoriazusai' Notwendige, indem sie den Namen der sprechenden Person, sein Woher, sein Wohin und sein Kostüm (s. u.) nennen. Wenn Euripides dergleichen in der 'Andromeda' gedichtet haben sollte, konnte es Aristophanes zum Zweck seiner Parodie nicht besser erfinden. Hält man sich dagegen vor Augen, in welch gesuchter und alles andere als knapper Weise in den Fragmenten 115 und 124 wichtige Handlungselemente exponiert sind, wird man V. 1101/2a als in der Manier des Euripides gedichtete Aristophanesverse betrachten dürfen. (4) Davon unberührt ist jedoch der Zeugnischarakter dieser Verse für die 'Andromeda' des Euripides, insofern Aristophanes wohl kurz resümierend Handlungselemente der Euripidestragödie erinnert: 1. Perseus kommt ins Land der Aithiopen auf dem Rückweg von seinem Gorgoabenteuer: er hat die Gorgo Medusa schon ihres Hauptes beraubt (die gleiche Reihenfolge der Abenteuer schon bei Pherekydes und auch bei Ovid, Met. 4,670ff. und Apollod. Bibl. 2,4,3: s. Einl. I und III); 2. er bringt das Haupt der Gorgo nach Argos; Argos muß also auch der Ausgangspunkt seines Abenteuers gewesen sein, oder es steckt in dieser Angabe nur die Erinnerung daran, daß Perseus ein argivischer Heros ist. Bei Apollodoros bringt Perseus natürlich das Gorgohaupt nach Seriphos, weil er dieses Abenteuer von Polydektes, dem König von Seriphos auferlegt bekommen hatte; möglicherweise war die Tötung der Gorgo bei Euripides anders begründet als in der mythographischen Vulgata faßbar ist. Argos erwähnen die Rezensionen des eratosthenischen Sternbuches als den Ort, den Andromeda mit Perseus nach ihrer Rettung als Heimatstadt des Perseus aufsucht (s. E. T III).

II. ναυστολεῖν ist eine vorwiegend tragische Vokabel (bei Aristophanes nur Ar. Av. 1229), die überwiegend getreu dem Wortsinn in der

Bedeutung, zu Schiff fahren, verwendet ist; hier ist es übertragen gebraucht und muß 'reisen' bedeuten (s. z. S. F 127).

III. Die Erwähnung des Gorgohauptes, das Perseus nach Argos bringt läßt vermuten, daß sowohl der aristophanische Euripides/ Perseus als auch der euripideische Perseus mit der Kibisis, dem Tragesack zum Transport des tödlichen Beutestücks, auf die Bühne kam; für das Kostüm des Perseus ist dann neben den Flügelschuhen (s. z. E. F 124) auch die Kibisis als Requisit zu postulieren.

F 124

I. (1) Das Scholion zu V. 1098 erweist die Vv. 1098-1100 der aristophanischen 'Thesmophoriazusai' als wörtliches Zitat der euripideischen 'Andromeda' (s. z. E. F **123). (2) Das durch Stil und Metrum als tragisch ausgewiesene Zitat bei Eusebios (V. 4), wurde erstmals von Meineke, ZfA 3 (1845) 1066 der euripideischen 'Andromeda' zugewiesen (»Der Vers möchte wohl unbedenklich der Andromache [sic] des Euripides zu vindizieren sein«). Nauck berücksichtigte diesen Vers in TGF[1] als Adespotum tragicum 131, in TGF[2] 157. Wilamowitz, Kl. Schr. I 201 (= 1893) vertrat erneut die Zuweisung des Verses an die 'Andromeda'; Knaack, Ph 62 (1903) 320 betrachtete eine Formulierung im 96. Brief des Prokopios von Gaza (Procop. Gaz. ep. 96 [p. 569 Hercher]: εἴθε γενοίμην Περσεὺς καὶ φανείην ὑπόπτερος τὸν ἀέρα τέμνων καὶ ὑπὲρ τῆς θαλάσσης φερόμενος) als unter dem Eindruck von »Euripides Andromeda frg. 124« geschrieben, und sah in den Worten ὑπὲρ τῆς θαλάσσης eine Bestätigung für die Zusammengehörigkeit von F 124 und ad. F 157. Snell nahm deshalb ad. F 157 N[2] als F 124,4 unter die Fragmente der 'Andromeda' auf (und ließ infolgedessen in TrGF II dieses Adespotum weg); Mette, Lustrum 12 (1967) 50 = Lustrum 23/4 (1981/2) 52 führte die Fragmente F 124,1-3,124,4 und 123 als ein Fragment F 172 bzw. 174. Wenn Mras, WSt 68 (1955) 96 mit seinem Nachweis der Herkunft dieses Tragikerzitates bei Eusebios aus den 'Stromateis' des Plutarch recht hat, erführe die Annahme der euripideischen Herkunft dieses Verses eine nachdrückliche Bestätigung (Mras stützt sich in erster Linie auf die Überlegung, daß Eusebios sicher in Kaisareia am Meer über keine Bibliothek verfügte, die die Werke von Lyrikern, Komikern, Tragikern enthielt; die entsprechenden Zitate müßte er demnach in anderen Werken ausgehoben haben; vgl. aber Sandbach, Plu. 15,324ff.) (3) Unter der Voraussetzung, daß die Erwähnung des Perseus bei Eusebios bedeutet, daß Perseus eine dramatis persona ist, kommen an sich nur 'Andromeda'-Tragödien, und da mit größerer Wahrscheinlichkeit die des Euripides als die des Sophokles in Frage (allerdings bleibt es möglich, daß ein fliegender Perseus auch im 431 v. Chr. aufgeführten 'Diktys' auftrat). (4) Die Stellung der Verse im Kontext der 'Thesmophoriazusai' läßt vermuten, daß wir in ihnen die Auftrittsverse des euripideischen Perseus vor uns haben: a. »die Anfänge bekannter Partien« werden gern zitiert (Rau, Paratragodia 71); b. die Verse vermögen nicht nur in der Aristophaneskomödie, sondern auch gut in der Tragödie den erstmaligen Auftritt der dramatis persona Perseus zu exponieren (s. u.). (5) Naucks Nummerierung der Fragmente macht deutlich, daß er dagegen vor F 124 eine explizite namentliche Selbstvorstellung des Perseus für erforderlich hielt; Rau, Paratragodia setzte die namentliche Sebstvorstellung des Perseus unmittelbar nach F 124: beide Möglichkeiten sind m. E. abzulehnen, weil sie mit der euripideischen Herkunft von F **123 rechnen. - Fritzsche, Ar. Thesm. 473; Hartung, Eur. rest. 2,350. 352; Bothe, Eur. Fragm. 49; Wagner, Eur. Fragm. 649; Ribbeck, Ar. Ach. 289; Müller, Ph 66 (1907) 60; Webster, BICS 12 (1965) 30 = Tragedies 195 rechneten dagegen erst mit einer Selbstvorstellung des Helden in seinem Gespräch mit der Heroine am Felsen, betrachteten infolge dessen auch F 124 als die Auftrittsverse des Perseus in der 'Andromeda'

II. In den iambischen Trimetern des Fragments begegnen zwei Auflösungen des obligaten Longums in ein Doppelbreve: V. 2 διὰ μέσον (möglich ist allerdings auch die einsilbige Lesung δ͜ιά), V. 3 πόδα τίθημ' beide Male nach der Zäsur Penthemimeres. Dieser Typus der 'daktylischen' Auflösung ('im dritten Fuß') des Longums in Brevia ist der bei Euripides gebräuchlichste (s. Descroix, Trimètre iambique 171f.) und begegnet in den fünfzig Trimetern der 'Andromeda' (zuzüglich von vier Trimeterteilen; ausgelassen sind die dubiosen F **114a, **123, **125a, **127, **128, **139) doppelt so oft (nämlich viermal) als die Variante 'im ersten Fuß' (diese F 132,2; 144). Die daktylische Auflösung wiederum ist doppelt so oft vertreten wie die Auflösung in ein Tribrachy (3mal: F 134; 136,2; 141,3); 'anapästische' Auflösung 'im ersten Fuß' begegnet nur einmal (F 149). - Die zehn Trimeterauflösungen entsprechen einem Prozentsatz von etwa 20 %; doch ist dieser Prozentsatz nicht sehr aussagekräftig, da wir ja nicht wissen, wieviel Prozent des Trimeterbestandes der 'Andromeda' wiederum die ungefähr 50 Verse ausmachen, die uns noch erhalten sind. Zielinski, Tragodumena 218 ermittelte für die 'Andromeda' einen Prozentsatz von 23,6 % Auflösungen im Trimeter; zum Vergleich: für die im selben Jahr aufgeführte 'Helena' ermittelte Zielinski einen Satz von 29,4 %, Ceadel ClQ 35 (1941) 70 einen von 27,5 %.

Tabellarisch ergibt sich für die Auflösungen der 'Andromeda' folgendes Bild:

Typus	2	3	'Füße'
Tribrachy	134	136,2	
		141,3	
	1	3	'Füße'
Daktylus	132,2	124,2	
	144	124,3	
		126	
		154,1	
Anapäst	149		

III. 1 (1) ὦ θεοί ist gewöhnlich ein »Ausruf der Überraschung, Betroffenheit oder Erschütterung« (Kannicht z. Hel. 559-60, der vergleicht: E. Alc. 1123; Hel. 72. 855; Ar. Ach. 1058; Eq. 1309; Ra. 403); bei Euripides dient diese Götterinvokation dem Ausdruck von Erstaunen, Überraschung Alc. 1123; IT 780; Hel. 72. 560; Or. 385, von Erschütterung, Betroffenheit, innerer Qual Hipp. 1060; Tr. 469; Ph. 586. 608; IA 327 (vgl. Pfiffner, Götteranrufungen 33f.). Der Ausruf wird häufig durch eine nachfolgende Frage motiviert: Alc. 1123 (Admetos erkennt in der ihm von Herakles zugeführten Fremden seine Gattin wieder): ὦ θεοί, τί λέξω... γυναῖκα λεύσσων τήνδ'; Or. 385 (Menelaos, unvermutet mit Orestes »necrotic appearance« [Willink z. St.] konfrontiert): ὦ θεοί, τί λεύσσω; τίνα δέδορκα νερτέρων;. Diese Frage bietet die Erklärung für die Emotionen des Sprechenden. Die Überraschung des Perseus resultiert vielleicht daraus, daß er sich, wie Ar. Thesm. 1101f. belegen, auf dem Heimweg von seinem Gorgonenabenteuer befindet und sich schon in die Nähe des heimatlichen Argos gekommen wähnend feststellen muß, in ein wildfremdes Land verschlagen zu sein. Man kann vermuten, daß diese geographische Dislokation des Perseus ihre Ursache in der auf zahlreichen Vasenbildern dargestellten Verfolgung durch die Schwestern der Medusa hat (die auch auf dem Heraklesschild dargestellt ist: Hes. Sc. 216ff.; vgl. auch Apollod. Bibl. 2,4,3: αἱ δὲ Γοργόνες ... τὸν Περσέα ἐδιῶκον. Zu den bildlichen Darstellungen auf Vasen s. Schauenburg, Perseus passim; Russo, Hes. Scutum 25-9). (2) a. Fragen nach der Lokalität, wie hier τίν' ἐς γῆν βαρβάρων ἀφίγμεθα, sind charakteristisch für den ersten Auftritt einer dramatis persona; beispielshalber seien genannt: Alc. 476f. (Auftritt des Herakles): ξένοι, Φεραίας τῆσδε κωμηταὶ χθονὸς ' Ἄδμητὸν ἐν δόμοισιν ἆρα κιγχάνω; , An. 881f. (Auftritt des Orestes): ξέναι γυναῖκες, ἦ τάδ' ἐστ' Ἀχιλλέως ' παιδὸς μελάθρα καὶ τυραννικαὶ στέγαι; , Hel. 67 (Auftritt des Teukros): τίς τῶνδ' ἐρυμνῶν δωμάτων ἔχει κρατός; (vgl. auch Med. 666; S. OR 924f.). Dies spricht für die Annahme, daß uns in diesen Versen die Auftrittsworte des Perseus vorliegen. b. »Zuweilen wird die I. Pers. Plur. ... mit einer gewissen Bescheidenheit statt des Singulars gebraucht« (KG 1,83): bei Euripides ist der Gebrauch dieses Plurals häufig (s. die Beispiele KG 1,84); Bond z. HF 558. 858 nennt ihn einen »heroic plural«. Daß es sich auch hier um diese Erscheinung handelt, zeigt πόδα τίθημι in V. 3. (Die Alternative wäre, die Anrede auf die göttlichen Helfer des Perseus, Athena und Hermes zu beziehen: vgl. Apollod. Bibl. 2,4,2; die phraseologische Deutung von ὦ θεοί liegt im Licht des tragischen Sprachgebrauchs aber bedeutend näher.) c. Wenn in den stückeröffnenden Anapästen oder im Amoibaion zwischen Andromeda und dem Chor noch kein Hinweis auf den Schauplatz der Handlung der Tragödie enthalten war, erfährt der Zuschauer jetzt, daß die Szene nicht in Hellas, sondern in einem fremden Land lokalisiert ist.

2 Mit ταχεῖ πεδίλωι, der 'geschwinden Sandale', sind die Flügelschuhe gemeint, vermittels derer Perseus durch die Luft fliegt (s. V. 4 und die Bezeugung dieses Verses): nach Pherekydes FGrHist 3 F 11 (1,61ff. Jacoby = Σ A. R. 4,1515a) und Apollod. Bibl. 2,4,2 holte sich Perseus die Kibisis und die πτηνὰ πεδίλα bei den Nymphen (bei Apollodoros auch die Ἄιδος κυνή, die ihn unsichtbar macht). Eratost. Cat. 22 erwähnt, daß Perseus die Flügelschuhe παρ' Ἑρμοῦ erhielt, während Luc. D. Mar. 14,2 Athena als Beschafferin der Schuhe vorauszusetzen scheint: Τρίτων: ... ὑπόπτερον γὰρ αὐτὸν ἡ Ἀθηνᾶ ἔθηκεν. Zu vergleichen sind die Beschreibung des fliegenden Perseus auf dem Heraklesschild, Hes. Sc. 220: Περσεὺς ... ἀμφὶ δὲ ποσσὶν εἶχεν πτεροέντα πεδίλα, und auf dem Schild des Achilleus, E. El. 459f.: Χορ.: ... Περσέα λαιμοτόμαν ὑπὲρ ἁλὸς ' ποτανοῖσι πεδίλοις κορυφὰν (-οισι φύαν L: Herwerden) Γοργόνος ἴσχειν.

3 (1) Die Junktur κέλευθον (oder ὁδὸν) τέμνειν findet sich ganz ähnlich gebraucht am (interpolierten: s. Haslam, GRBS 16 [1975] 151ff) Anfang der euripideischen 'Phoinissai': ὦ τὴν ἐν ἄστροις οὐρανοῦ τέμνων ὁδὸν ... Ἥλιε κτλ.; bezogen auf Schiffahrt: ad. trag. TrGF II F 668,6: τέμνουσαν ἁλμυρὸν πό[ρον (sc. ναῦν susp. Kannicht). Übertragen wird diese Ausdrucksweise verwendet im 'Rhesos',

V. 423: Ῥησ.: τοιοῦτός εἰμι καὐτός, εὐθεῖαν λόγων ' τέμνων κέλευθον, κοὐ διπλοῦς πέφυκ' ἀνήρ. Richtig deshalb Kannicht z. ad. F 668,6: »τέμνειν ὁδὸν (κέλευθον)... Eur. propr. »Zu vergleichen ist auch der Anfang des unter Euripides' Namen überlieferten Epigramms Ep. Gr. 478-81 Page (= PLG 2,265 Bergk): ὦ τὸν ἀγήραντον πόλον αἰθέρος, Ἥλιε, τέμνων ... (2) πόδα τίθημ' ὑπόπτερον nimmt eine in tragischer Sprache geläufige Redeweise auf: A. Eu. 294: Ὀρ.: τίθησιν (sc. Ἀθηνᾶ) ὀρθὸν ἢ κατηρεφῆ πόδα, E. IT 32f.: Ἰφ.:... Θόας, ὃς ὠκὺν πόδα τιθεὶς ἴσον πτεροῖς.. ἦλθε, Rh. 571: Διο.: φυλάξομαί τοι κἂν σκότωι τιθεὶς ποδά. Hier verdeutlicht diese Ausdrucksweise das schon in ταχεῖ πεδίλωι angedeutete Fortbewegungsmittel des Perseus: er setzt einen 'beschwingten Fuß', hat also Flügelschuhe an. Wegen der Flügel trägt er auch eine 'geschwinde Sandale'. - Mit den Flügelschuhen verbunden ist aber nicht nur die Schnelligkeit, sondern auch die Mühelosigkeit der Reise; Luc. D.Mar. 14: Ἰφ.: ... ἢ ... ἄλλους συμμάχους ἦγεν (sc. ὁ Περσεύς); ἄλλως γὰρ δύσπορος ἡ ὁδός. Τρίτ.: Διὰ τοῦ ἀέρος. ὑπόπτερον γὰρ αὐτὸν ἡ Ἀθηνᾶ ἔθηκεν. - Die Genauigkeit des Euripides bei der Imagination der Fortbewegung mit Flügelschuhen wird auf dem Hintergrund vergleichbarer homerischer Erwähnungen von geflügelten Sandalen erst recht deutlich: Hom. 1,96ff. (Athene) = 5.44ff. (Hermes): ὑπὸ ποσσὶν ἐδήσατο καλὰ πεδίλα, ' ἀμβρόσια χρύσεια, τά μιν φέρον ἠμὲν ἐφ' ὑγρὴν ' ἠδ' ἐπ' ἀπείρονα γαῖαν ἅμα πνοίῃς ἀνέμοιο.- Ein Reflex der euripideischen Formulierung liegt vielleicht vor im Ναυαγός des Dichters der μέση κωμωιδία Ephippos, PCG F 14,8 (5,142 K.-A. = Athen. 11,508 B): νεανίας ... εὖ δ' ἐν πεδίλωι πόδα τιθεὶς †ὑπὸ ξυρόν†.

4 (1) πόντου χεῦμ' heißt die 'Meereswoge' auch in der euripideischen 'Danae', F 316,2: ... καλὸν δὲ πόντου χεῦμ' ἰδεῖν εὐήνεμον ..., und im 'Prometheus Solutus' des Aischylos, F 192,2: Χορ.: φοινικόπεδόν τ' ἐρυθρᾶς ἱερὸν ' χεῦμα θαλάσσης: diese Ausdrucksweise ist also gut tragisch (wie χεῦμα überhaupt episch und vorwiegend tragisch ist). (2) ὑπέρ τε Πλειάδα ergänzt die Aussage, daß Perseus seinen Weg über das nach griechischer Erfahrung schlechthin Begrenzende, das Meer, nimmt durch die phantastische Übersteigerung des Grenzenlosen: er eilt sogar über die Sterne hin! Die Sterngruppe von sieben Sternen, die gewöhnlich pluralisch Πλειάδες heißen (hier liegt der »collective singular« vor: West z. Op. 383-4), im Sternbild des Stieres steht häufiger wegen ihrer signifikanten Sichtbarkeit repräsentativ für die Sterne bzw. den Sternenhimmel in toto (so Wilamo-

witz, Berl. Klassikertexte V 2,82; Diggle, Phaethon 99), obwohl diese Sternengruppe eher klein und von keiner besonderen mythologischen Qualität ist (zu den mit dem Auf- und Untergang der Pleiaden verknüpften Agrarchronologie s. West, l. c.). - Der ohne Verfasserangabe überlieferte tragische Trimeter läßt sich sowohl unter lexikalischen als auch unter inhaltlichen Gesichtspunkten als in die 'Andromeda' passend beurteilen: es spricht deshalb nichts dagegen, diesen Vers als F 124,4 unter die Fragmente der 'Andromeda' aufzunehmen.

IV. (1) Der Ausdruck ταχεῖ πεδίλωι, vermittels dessen Perseus seinen Weg διὰ μέσου αἰθέρος nimmt, läßt darauf schließen, daß Euripides dem Zuschauer diese wunderbaren Flügelschuhe auch szenisch präsentierte, d. h. daß zum vom Verwandten Ar. Thesm. 1011 bemerkten Perseuskostüm offenbar auch die Flügelschuhe als Requisit zu rechnen sind. Dingel, Requisit 46 A. 4 postulierte für den euripideischen 'Skiron' Fügelschuhe als Requisit für Hermes (unter Verwendung von Turners Ergänzungen zu P. Oxy. 2455,80f.: καὶ τὴ̣[ν Ἑρμοῦ παριόν]'τος ἔμβασιν οὐ θεωρῶν; Barrett ergänzte aber bei Austin, Nova Fragmenta 94: καὶ τὴ̣[ν τῶν στενῶν αὐ]'τὸς ἔμβασιν οὐ θεωρῶν): der euripideische Perseus nähme mit der Erwähnung der geschwinden Sandale demnach Bezug auf sein Kostüm. (2) Zum anderen war der Perseusflug durch die Luft selbst auch offenbar szenisch gestaltet vermittels der Theatermaschine; Pollux 4,128 (1,239 Bethe) notiert: ἡ μηχανὴ δὲ θεοὺς δείκνυσι καὶ ἥρωας τοὺς ἐν ἀέρι Βελλεροφόντας ἢ Περσέας, καὶ κεῖται κατὰ τὴν ἀριστερὰν πάροδον, ὑπὲρ τὴν σκηνὴν τὸ ὕψος. Der Verwandte bemerkt Ar. Thesm. 1013f., nachdem er Euripides im Kostüm des Perseus gesehen hatte: δῆλον οὖν τοῦτ' ἔσθ' ὅτι ' ἥξει με σώσων. οὐ γὰρ ἂν παρέπτετο. Dieses παρέπτετο kann eigentlich nur als Anspielung darauf verstanden werden, daß der euripideische Perseus fliegend auftrat, d. h. unter Verwendung der μηχανή (so auch Hourmouziades, Production 154; Webster, BICS 12 [1965] 30; anders ders. Tragedies 195). (3) Trifft dies zu, fassen wir für die Parodie der 'Andromeda' durch Aristophanes als konstitutiv, daß Aristophanes gerade die besonders signifikanten Neuerungen des Euripides zum Gegenstand seines Spottes machte, nämlich 1. den singulären Tragödienbeginn mit Anapästen der Titelheldin; 2. die Verwendung der Echowirkung; 3. die Verwendung der Bühnenmaschine für den ersten Auftritt einer dramatis persona (und keinen Gott!).

F 125

I. (1) a. Mit den Worten ὦ θεοί - καρὰ κομίζων (Ar. Thesm. 1098-1102a = F 124,1-3 und F **123) war der aristophanische Euripides in den 'Thesmophoriazusai' in der Rolle des Perseus auf die Bühne gekommen (s. z. E. F 114. 115. 117. 118 usw.); die Erwähnung des Gorgonenhauptes (V. 1101/2) provoziert die erste Reaktion des Skythen. der den Verwandten zu bewachen hat: 'Was schwätzst du? Du tragst den Kopp von Schreiber Gorgo?' (zu diesem s. Leeuwen, Ar. Thesm. 139); Euripides/Perseus berichtigt: 'Ich sage: das Haupt der Gorgo'; darauf der Skythe: 'Gorgo ich doch auch sag!'. Euripides fährt fort: 'Oha, welche Erhebung seh' ich da und eine junge Frau, Göttinnen vergleichbar, festgezurrt wie ein Schiff?' (Ar. Thesm. 1105/6). b. Diese zwei Verse fassen, anfangs noch wörtlich zitierend, kurz ein Diktum des euripideischen Perseus zusammen, das der Scholiast am Rande vollständig zitiert: zumindest ist sein knapper Hinweis: 'wieder aus der 'Andromeda' ' in Verbindung mit der dramatischen Situation bei Aristophanes zusammen mit dem Inhalt der Verse ein starkes Indiz dafür, daß für die 'Andromeda' des Euripides Perseus als Sprecher anzunehmen ist. (2) a. Das Zitat der Scholiennotiz wird ergänzt durch einen Passus in den 'Scholien zum Pseudo-Areopagiten' des Kirchenvaters Maximos (580-662), die kurz vor 630 verfaßt wurden (so Beck, Kirche u. theol. Lit. 438). Das Werk des anonymen Verfassers über 'Mystische Theologie' muß um 500 geschrieben worden sein; der Verfasser gibt vor, der in Apg 17,34 genannte Dionysios zu sein, der durch Paulus' Areopagrede zum Christentum bekehrt worden war, erhebt durch die Usurpierung dieses Namens demnach den Anspruch, als apostolischer Autor zu gelten. Ziel seiner Schrift ist, zum mystischen Einsein mit Gott hinzuführen, das erst die Schau ὑπὲρ θέαν καὶ γνῶσιν ermögliche: τοῦτο γὰρ ἔστι τὸ ὄντως ἰδεῖν καὶ γνῶναι, καὶ τὸν ὑπερούσιον ὑπερουσίως ὑμνῆσαι διὰ τῆς πάντων τῶν ὄντων ἀφαιρέσεως, ὥσπερ οἱ αὐτοφυὲς ἄγαλμα ποιοῦντες, ἐξαιροῦντες πάντα τὰ ἐπιπροσθοῦντα τῆι καθαρᾶι τοῦ κρυφίου θέαι κωλύματα, καὶ αὐτὸ ἐφ' ἑαυτοῦ τῆι ἀφαιρέσει μένηι τὸ ἀποκεκρυμμένον ἀναφαίνοντες κάλλος (PG III 1025 B Migne). - Maximos sucht das Exempel vom αὐτοφυὲς ἄγαλμα so zu erläutern: 'Von selbst geworden nennt er (Ps.-Dion.) ein Standbild, welches aus noch unbearbeitetem Material entsteht wie zum Beispiel aus einem ganzen Felsbrocken, aus welchem es besteht, wenn ein (Künstler) ein Lebewesen abbildet, wie auch Euripides in der 'Andromeda' klar macht: ... Denn er (Eur.) meint mit dem von selbst gebildeten Standbild die natürliche Beschaffenheit des Felsens'. Maximos trifft mit seiner Heranziehung des 'Andromeda'-Zitates wohl nicht den Sinn des Vergleichs, den der Areopagite im Blick hat: Maximos deutet αὐτοφυές nur materiell, während es Ps.-Dionysios um etwas Ideelles geht: ein ἄγαλμα αὐτοφυές ist ein Standbild, dem man seine Künstlichkeit nicht ansieht, das ganz nach der Natur die Idee eines Körpers in seiner Vollkommenheit umgreifend darstellt. - Interessant ist es zu fragen, wo Maximos diese Verse aus der 'Andromeda' des Euripides gelesen hat; in Konstantinopel, wo Maximos bis 613/4 lebte, ist es gut vorstellbar, daß Tragödien des Euripides über die zehn Stücke der Auswahl hinaus noch in Bibliotheken zugänglich waren (die E-H-I-K-Stücke zumindest müssen irgendwo noch vorhanden gewesen sein); Maximos verließ Konstantinopel aber schon 613/4, hielt sich dann in Chrysopolis (heute türk. Üsküdar) und bis 626 in Kyzikos auf, von wo er über Alexandreia nach Karthago weiterzog, wo er ungefähr 628 ankam; in Karthago hat er die Erläuterungen zu Ps.-Dionysios verfaßt. Es wäre schon sehr erstaunlich, wenn Maximos in Karthago über eine Bibliothek verfügte, in welcher er das 'Andromeda'-Zitat finden konnte; vielleicht befand sich in seinem Besitz ein Glossar, dem er eine entsprechende Notiz zum Adjektiv αὐτόμορφος entnahm (man könnte an das Kyrillglossar denken; allerdings enthält keines der uns heute noch erhaltenen Lexikonwerke, die vom Kyrillglossar abhängen, ein entsprechendes Lemma). Auszuschließen ist mit großer Sicherheit Kenntnis der euripideischen 'Andromeda' durch Maximos (er wäre nach vierhundertjährigem Schweigen der erste und einzige Zeuge für Kenntnis der 'Andromeda' in der Spätantike; zu Maximos s. Hauptmann in Greschat [Hg.], Gestalten d. KG 2,278f.). b. Der »größte byzantinische Polyhistor des 13. Jhdts.« (Krumbacher, Gesch. Byz. Lit. 289), Georgios Pachymeres, geboren 1242 in Nikaia (heute türk. Iznik), gestorben um 1310 in Konstantinopel, benutzte für seine Paraphrase zu Ps.-Dionysios ganz offensichtlich Maximos' Scholien (Krumbacher, aaO. 138), so daß seine Verwendung des Euripideszitats keinen Zeugniswert besitzt.

II. (1) a. In V. 2 bietet der Text des Scholions im Ravennas die Lesart εἰκώ, während bei Maximos der reguläre Akkusativ zu εἰκών, εἰκόνα (s. KB 1,424ff; Schwyzer 1,487) zu lesen ist; εἰκώ als Akkusativform zu ἡ εἰκών ist für Euripides als das Gewöhnliche zu betrachten und deshalb, mit allen Herausgebern, auch hier zu schreiben (vgl.

E. Med. 1162; IT 223. 816; Hel. 73). b. Statt des überlieferten εἰκώ τινα wollte Diggle, Studies 42 A. 2 εἰκώ τινος schreiben, weil er ein zweites τινα nach ἔα, τίν' für eine leicht zu erklärende Verschreibung hielt; das ist sachlich plausibel, ist aber inhaltlich nicht eindeutig zu entscheiden: 'das Bild irgendeiner jungen Frau' ist nicht besser als 'irgendein Bild einer jungen Frau'; deshalb wird hier die Überlieferung beibehalten. (2) a. Am Ende von V. 3 bietet der Text des Maximos (und deshalb auch der des Pachymeres) die Lesart τειχισμάτων, die offenbar korrupt ist: denn die Erwähnung von 'steinernem Mauerwerk' im Kontext der Rede von einer Statue erscheint unsinnig (dennoch blieben Matthiae, Eur. Fragm. 47 und Wagner, Eur. Fragm. 649 bei τειχισμάτων). b. Jacobs, Exerc. crit. 215 konjizierte τυκισμάτων (was Nauck übernahm), Monk z. Alc. 358 τεχνασμάτων, Maas, Kl. Schr. 219f. (= 1956) τυχισμάτων. c. Monks τεχνασμάτων ist die inhaltlich wie paläographisch schlechteste Konjektur; Jacobs' und Maas' Vorschläge jedoch sind paläographisch wie sachlich hervorragend, weil sie die Lesart τειχισμάτων als itazistische Verschreibung eines ursprünglichen τυκισμάτων bzw. τυχισμάτων erklären; sachlich sind beide Vorschläge das vom τύκος, dem »Gerät zum Bearbeiten der Steine« (Frisk 2,941; s. Pollux 7,118: ἡ δὲ σφῦρα τῶν λατόμων καλεῖται τύκος) Verfertigte und deshalb hier durchaus am Platz. Schwierig ist allerdings, zwischen der Emendation von Jacobs und der von Maas eine Entscheidung zu treffen; das Substantiv τύκισμα ist in keiner Hs. fehlerfrei überliefert, ebenso wenig τύχισμα. E. HF 1096 überliefert L τειχίσματι, was Fix nach dem Vorbild von Jacobs in τυκίσματι korrigierte, während Maas ebenfalls τυχίσματι vorgeschlagen hatte; von den neueren Herausgebern schrieb Diggle τυκίσματι, Lee τυχίσματι (was auch Bond z. St. empfohlen hatte); E. Tr. 814 überliefert V ein von Markos Musuros in τυκίσματα verbessertes τυκτίσματα, P τεκίσματα: angesichts der paläographischen Nähe von K zu X ist eine sichere Entscheidung unmöglich, wegen des K in den Troadeshss. ist m. E. Jacobs' Konjektur eher als die richtige zu betrachten als die von Maas. Auf jeden Fall sind beide so gut, daß Mette, Lustrum 12 (1967) 50 = Lustrum 23/4 (1981/2) 53 Unrecht hat, †τειχισμάτων zu drucken.

III. 1 (1) ἔα ist bei Euripides (zum Sinn dieser Einschränkung s. Stevens z. An. 896) ein Ausruf des Erstaunens, mit der eine dramatis persona auf eine ihr überraschende Wahrnehmung reagiert; das Σ A. Pr. 114 bestimmt ἔα als ἐκπλήξεως ἐπίρρημα (vgl. Fränkel z.

Ag. 1256; Kannicht z. Hel. 71; Page z. Med. 1004, mit zahlreichen Beispielen; Dodds z. Ba. 644); meist nimmt eine auf den Ausruf folgende Frage (seltener eine Feststellung wie HF 1089: Ἡρ.: ἔα, ἔμπνους μέν εἰμι) Bezug auf den Grund für das Erstaunen, häufig unter expliziter Angabe der visuellen Wahrnehmung, die das Erstaunen verursacht. Unserer Stelle sind bei Euripides vergleichbar: Cycl. 222: ἔα, τίν' ὄχλον τόνδ' ὁρῶ πρὸς αὐλίοις;, Hec. 733: Ἀγ.: ... ἔα, τίν' ἄνδρα τόνδ' ἐπὶ σκηναῖς ὁρῶ ' θανόντα Τρώων ..., El. 341: Αὐτ.: ἔα, τίνας τούσδ' ἐν πύλαις ὁρῶ ξένους ..., Hel. 71: Τευκ.: ... ἔα, τίν' εἶδον ὄψιν;, Ba. 1280: Ἀγ.: ἔα, τί λεύσσω; τί φέρομαι τόδ' ἐν χεροῖσιν;. Die ausrufende dramatis persona bezieht sich dabei jeweils auf das erstmalige Bemerken eines erstaunenswerten Anblicks: Perseus hatte in seinem Flug also zuerst festgestellt, daß er in ein fremdes Land gekommen ist (s. z. E. F 124), jetzt wird seine Wahrnehmung konkreter: er erkennt landschaftliche Einzelheiten und, dies der Grund für das große Erstaunen, auch παρθένου εἰκώ τινα (V. 2). (2) a. ὄχθος bezeichnet allgemein eine Erhebung, eine Anhöhe (Slater 403: »hill«; Ellendt-Genthe 589: »tumulus«), einen Hügel, nie jedoch einen Felsen (dennoch übersetzten Stössl, Eur. Trag. 2,486 und Seeck, Eur. 57 »Fels«, Ebener, Eur. Trag. 3,240 »Felsgestade«; zur kontextuellen Begründung für die Richtigkeit dieser Übersetzung s. u.); Jobst, Höhle 47 deutete die Erwähnung des ὄχθος unter Zuhilfenahme von E. Cycl. 707 und IT 961 »auf den steil abfallenden Fels«; Cycl. 707 bezieht sich auf den Gipfel des Berges, IT 961 heißt der Areopag Ἄρειος ὄχθος: daraus läßt sich nicht ableiten, daß Euripides auch einen steilen Felsen als ὄχθος zu bezeichnen in der Lage war. Wenn hier dennoch von einer Deutung des ὄχθος als eines Felsen ausgegangen wird, dann aus folgendem Grund: der durch die Luft fliegende Perseus nimmt den Ort, an welchem Andromeda gefesselt ist, aus der Höhe, also aus größerer Entfernung wahr; was aus der Ferne wie ein ὄχθος aussieht, kann aus der Nähe betrachtet ja durchaus ein veritabler Berg oder ein größerer Felsblock sein. b. Der in τόνδε artikulierte Bezug auf etwas real oder der Vorstellung des Sprechenden nach Vorhandenes deutet vielleicht darauf hin, daß dieser ὄχθος auch bühnentechnisch als real existierend und für die Zuschauer sichtbar vorzustellen ist (s. u.). 2 (1) a. περίρρυτος heißen bei Aischylos und Sophokles Inseln: A. Eu. 77 (Ἀπ.: ... ὑπέρ τε πόντου καὶ περιρρύτας πόλεις: das sind Inselstädte); F **451o 53,8 (vielleicht auch F 451q, 6): Tenedos; S. Ph. 1: Lemnos; Ph. 239: Skyros. Euripides nennt Ph. 208f. das Ruder, vermittels dessen der Chor von Phoinikien nach Delphi gefahren war, περίρρυτος: Χορ.: ... Ἰόνιον κατὰ πόντον ἐλά-' ται πλεύσασα περιρρύτωι ... b. Der vom ἀφρὸς θαλάσσης 'rings umflossene Hügel', den Perseus aus der Höhe wahrnimmt, steht offenbar im Meer; die Erwähnung des ἀφρός legt den Schluß nahe, daß dieser Hügel eine starke Brandung hervorruft; er wird demnach nicht allmählich ins Meer auslaufen, sondern jäh ins Meer abfallen; dieser Hügel ist demnach eine steile Klippe, ein felsiges Vorgebirge o. ä. (Zu den weiteren Implikationen s. u. IV.) (2) παρθένου εἰκώ τινα erfährt durch σοφῆς ἄγαλμα χειρός, V. 4, seine Erklärung: 'ein Standbild von kundiger Hand, das einer jungen Frau gleicht'; zu εἰκών ist zu vergleichen die etymologische Herleitung von ἔοικα: Frisk 1,455; Chantraine 355. 3 ἐξ αὐτομόρφων λαίνων τυκισμάτων benennt die stoffliche und die handwerkliche Herkunft des Standbilds (s. KG 1,461; Hartung, ZfA 3 [1845] 1035 meinte dagegen, daß ἐξ räumlich aufzufassen sei: »an naturgeschaffener Felsenmauer ein Marmorbild usw.«): das Bild ist aus Stein gemacht vermittels des Meisels und zwar so, als ob es Natur wäre; die Betonung der Natürlichkeit der Künstlichkeit von Werken der Bildhauerei begegnet häufiger; hier sei nur an die Ekphrasis einer Diana bei Apul. Met. 2,4,3ff. erinnert, wo Apuleius nicht müde wird zu betonen, daß die Kunst des Künstlers so groß sei, daß zwischen Kunst und Natur nicht unterschieden werden könne. Der euripideische Perseus hält ankommend die lebendige Andromeda für eine Statue von Künstlerhand, die täuschend echt getroffen sei: ohne Zweifel ein komischer Zug in der Tragödie! 4 σοφός ist hier noch in seiner ursprünglichen Bedeutung verwendet: σοφός ist der, der mit Handarbeit ein Werk 'kundig' zu verfertigen weiß (vgl. Snell, Weg z. Denken 32 m. A. 29; Weber, Platon Apologie 6). Der Scholiast zur euripideischen 'Medea' hat in diesem Fall keinen Grund, Euripides den sinnlosen Gebrauch des Epithetons σοφός vorzuwerfen (Σ B E. Med. 665: σοφοῦ Πανδίονος· εὐεπίφορος ἐστιν ὁ Εὐριπίδης εἰς τὸ λέγειν σοφὸς καὶ σοφὴ πρὸς μηδέν' χρήσιμον παραλαμβάνων τὸ ὄνομα). - Ovid hatte offenbar diese Stelle der 'Andromeda' des Euripides vor Augen oder im Sinn, als er schrieb, Ov. Met. 4,672ff.: quam simul ad duras religatum bracchia cautes ' vidit Abantiades (nisi quod levis aura capillos ' moverat et tepido manabant lumina fletu, ' marmoreum ratus esset opus), trahit inscius ignes etc. Die Komik der euripideischen Szene (Perseus hält Andromeda für eine Statue) ist bei Ovid aufgegeben (er hätte sie für eine Statue gehalten, wenn nicht ...) zugunsten eines anderen Effekts: Ovid evoziert mit seiner Schilderung einen tableau-artigen optischen Eindruck, visualisiert gleichsam die Erzählung und bringt so die optisch präsentierte Tragödienszene auf engstem Raum auf den Punkt (zu dieser ovidischen Technik s. Kraus, Ovidius Naso 118f.).

IV. (1) Das F 125 ist der einzige Textzeuge, aus dem Rückschlüsse auf die szenische Präsentation der Aussetzung Andromedas möglich sind und stellt zusammen mit F 118 ein Zeugnis für das Aussehen des Bühnenbildes der Aufführung der 'Andromeda' dar. Erst sekundär ist zu der aus der Bezeugung der Fragmente und den Fragmenten selbst zu ziehenden Evidenz auch das Zeugnis von Vasen- und Wandbildern heranzuziehen, insofern sie mit den Textzeugen in eine plausible Verbindung zu bringen sind. (2) a. Die Parodie der 'Andromeda' in den 'Thesmophoriazusai' des Aristophanes stellt die Aussetzung Andromedas in der Fesselung des Verwandten an die σανίς, den 'Schandpfahl', nach; den ankommenden Perseus/Euripides läßt Aristophanes dieses Bild mit den Worten zur Kenntnis nehmen: ἔα, τίν' ὄχθον τόνδ' ὁρῶ, indem er die entsprechenden Worte des Perseus in Euripides' 'Andromeda' zitiert. Bei Euripides fand der ankommende Perseus somit einen ὄχθος auf der Bühne vor, an welchem/auf welchem Andromeda, einer Statue gleich, gefesselt stand. Strittig ist nun, woran Andromeda gefesselt war: 1. die Mehrzahl der Forscher glaubte, daß die Erwähnung des ὄχθος daraufhin zu deuten sei, daß die euripideische 'Andromeda' die Titelheldin an einen Felsen gefesselt zeigte; 2. dagegen gingen Trendelenburg, AICA 44 (1872) 115f.; Arnott, Gr. Scenic Conventions 97; Phillips, AJA 72 (1968) 2 von einer Fesselung Andromedas an einen Pfahl aus, entsprechend der szenischen Imitation der Aussetzung Andromedas in Aristophanes' 'Thesmophoriazusai' (Arnott hielt zumindest die Parodie einer szenischen Konvention, Fesselungen an Felsen durch die reale Fesselung an Pfähle zu imaginieren, für möglich; d. h. die Erwähnung des ὄχθος wäre rein literarisch und nicht konkret auf das Bühnenbild selbst gemünzt zu interpretieren). b. Die Erwähnung des ὄχθος ist sicher nicht, wie Schmidt, Gn 52 (1980) 755 richtig betont hat, schon beweisend für die Fesselung Andromedas an einen Felsen; die Fesselung Andromedas an Pfähle kann jedoch eben so wenig schlüssig bewiesen werden. Denn die Bedingung der Möglichkeit der parodierenden Imitation der euripideischen 'Andromeda' in den aristophanischen 'Thesmophoriazusai' besteht in dem Faktum der Fesselung des Verwandten (s. Ar. Thesm. 1011ff.: Κηδ.: ... σημεῖον ὑπεδήλωσε, Περσεὺς ἐκδραμών, ' ὅτι δεῖ με γίγνεσθ' Ἀνδρομέδαν. πάντως δέ μοι ' τὰ δέσμ' ὑπάρχει), nicht im Requisit der σανίς: die von Trendelenburg und Phillips beigezogene Erwähnung der Titelheldin als ναῦν ὅπως ὡρμισμένην (Ar. Thesm. 1106) dastehend und deren Deutung, daß Schiffe an Pfählen vertäut würden und somit auch Andromeda an einem Pfahl vertäut zu denken sei, übersieht, daß der Schiffsvergleich vermutlich aus E. HF 1094 stammt, im Aristophanestext nur der Verwandte gemeint sein kann, weil der Text des Euripidesfragments ναῦν - ὡρμ. nicht enthält (s. z. E. F **125a) und somit ein Rückschluß auf die Präsentation der Szene bei Euripides nicht möglich ist. (3) Argumente für die Fesselung Andromedas an einen Felsen lassen sich aus folgenden Beobachtungen gewinnen: a. F 118 belegt für das Bühnenbild der 'Andromeda' das Vorhandensein von einer Höhle (oder Höhlen): das Echo wird apostrophiert als in Höhlen hausend o. dgl. (s. z. E. F 118), die Imitation des Echoeffektes selbst spricht für die Präsentation des Bühnenhintergrundes als eines Felsgestades, wo der Schall als Echo zurückgeworfen werden kann. b. Die Erwähnung einer Anhöhe, rings umflossen vom Schaum des Meeres, läßt, da dies aus dem Blickwinkel des sich noch im Flug befindlichen Perseus gesagt ist, den Schluß zu, daß Perseus Andromeda an einem felsigen Vorgebirge oder einem einzelnen ins Meer ragenden Felsriff angefesselt sieht; auch wenn ὄχθος zwar nicht 'Fels' bedeuten kann, ist evident, daß ὄχθος hier einen Felsen oder ein felsiges Gestade o. ä. bezeichnet. c. Entgegen der Behauptung von Phillips, AJA 72 (1968) 1, daß »the basic iconography of Andromeda chained to a cliff evolved in artistic environment of Tarentum during the fourth century B. C.«, begegnen bildliche Darstellungen der an den Felsen gefesselten Andromeda schon am Ende des 5. Jhdts. v. Chr.: der Berliner Andromedakrater (E. T V a) zeigt eine mit Pflanzen bewachsene Felslandschaft, vor der Andromeda mit ausgebreiteten Armen steht (von Phillips, aaO. 7 gedeutet als »a gesture which recalls her plight when she was tied to posts«; vgl. dagegen Bethe, JDAI 11 [1896] 292; Bieber, Theaterwesen 103; dies. History 31; Morel, Ilioupersis 263 A. 5; Schauenburg, LIMC I [1981] 776); ein vermutlich attisches Terrakottarelief (s. z. E. T V) stellt Andromeda mit ausgebreiteten Armen am Felsen dar; beide Darstellungen werden in die Jahre um 400 v. Chr. datiert, stehen also in großer zeitlicher Nähe zur Aufführung der euripideischen 'Andromeda'. (4) Diese Zeignisse sprechen m. E. für eine szenische Realisierung der Aussetzung Andromedas, die Andromeda an einen Felsen gefesselt präsentierte.

F **125a

I. (1) Zu Ar. Thesm. 1105f. ἔα, τίν' ὄχθον τόνδ' ὁρῶ καὶ παρθένον ' θεαῖς ὁμοίαν ναῦν ὅπως ὡρμισμένην notiert der Scholiast im Codex Ravennas den Anfang des von Aristophanes verwendeten Zitats aus der 'Andromeda' des Euripides, das uns durch Maximos ὁ ὁμολογητής vervollständigt wird (s. z. E. F 125): danach sind die ersten beiden iambischen Metra von V. 1105 ἔα τίν' ὄχθον τόνδ' ὁρῶ aus der 'Andromeda' des Euripides. (2) Seit Fritzsche, Ar. Thesm. 479 wird auch der nicht vom Scholion als euripideisch bezeichnete Rest der Vv. 1105f. für Euripides in Anspruch genommen: καὶ παρθένον θεαῖς ὅμοιαν ναῦν ὅπως ὡρμισμένην begegnet bei Welcker, Gr. Trag. 2,650; Hartung, Eur. rest. 2,351 und Wagner, Eur. Fragm. 649 als Fragment der 'Andromeda' des Euripides. (3) Bergler hatte als erster (teste Fritzsche, aaO. 480) auf die Berührung von V. 1106 ναῦν - ὡρμ. mit A. F *193 und E. HF 1094 hingewiesen (s. u.); Nauck hatte deshalb unter Hinweis auf HF 1094 in TGF[1] 316 in Bezug auf ναῦν - ὡρμ. erklärt: »ex Andromeda derivata esse non crediderim«, und diesen Versteil nicht unter die Fragmente der 'Andromeda' aufgenommen; Naucks Entscheidung fand Unterstützung durch Fedde, Pers. Andr. 28 A. 17 und die Billigung (z. T. e silentio) von Ribbeck, Ar. Ach. 292; Johne, Eur. Andr. 9; Leeuwen, Ar. Thesm. 140; Rogers, Ar. Thesm. 120; Enger, Ar. Thesm. 185 (und diesen zitierend auch Blaydes, Ar. Thesm. 247) hielt zumindest fest, daß die Inanspruchnahme von ναῦν - ὡρμ. für die 'Andromeda' ganz unsicher sei. (4) Gegen Naucks Entscheidung trat Lange, Quaestiones 15f. wieder für Herkunft von ναῦν - ὡρμ. aus der 'Andromeda' ein: die Parallelität von HF 1096 λαΐνωι τυκίσματι mit λαΐνων τυκισμάτων in F 125 beweise, »non Aristophanes sed ipse Euripides Herculis locum imitatus est« (p. 16), ναῦν - ὡρμ. sei ebenfalls als Phänomen der Selbstimitation des Euripides aufzufassen und unter die 'Andromeda'-Fragmente aufzunehmen. Wilamowitz, E. Herakles 2,137 A. 34 billigte ausdrücklich Langes Argumentation und notierte zu HF 1094: »Ar. Thesm. 1106 gebraucht dieselben Worte wie Eur. hier, vermutlich nach einer Parallelstelle der Andromeda.« (5) Ohne Hinweis auf Lange, aber erneut motiviert durch die Parallelität von HF 1094-6 und F 125 bzw. Ar. Thesm. 1106 vermutete Maas, Kl. Schr. 220 A. 4 (= 1956) die Herkunft von ναῦν - ὡρμ. »aus derselben Szene der Andromeda« wie F 125. Snell schloß sich der Auffassung von Maas an und nahm ναῦν - ὡρμ. als F **125a unter die Fragmente der 'Andromeda' auf. Mette, Lustrum 12 (1967) 52 = Lustrum 23/4 (1981/2) 53 stellte ναῦν - ὡρμ. als fünften Vers zu F 125 (= 173 bzw. 175 Mette), Webster integrierte F **125a in die Auftrittsverse des Perseus (BICS 12 [1965] 30 = Tragedies 195; vgl. auch Bond z. HF 1094-7: »The same simile [sc. ναῦς ὅπως ὡρμισμένος] probably occurs in 'Andromeda'). (6) Eine Aufnahme von ναῦν - ὡρμ. unter die Fragmente der euripideischen 'Andromeda' ist, ungeachtet einer möglichen oder wahrscheinlichen Beziehung von HF 1094 auf Ar. Thesm 1106, aus zwei Gründen abzulehnen: 1. aus grundsätzlichen methodischen Erwägungen heraus ist ein nicht durch Scholion als aus der 'Andromeda' stammender Vers aus der aristophanischen Andromedaparodie nicht als euripideisch erweisbar und damit auch nicht als euripideisch zu führen (s. z. E. F 114. 115. 117. 118 usw.); 2. es ist evident, daß im Fall der Andromedaparodie der Schiffsvergleich inhaltlich sinnvoll ist; es gibt aber keinen Hinweis darauf, daß dies für die 'Andromeda' des Euripides entsprechend gilt (s. u.).

II. (1) Nach dem Zeugnis von Cic. Tusc. 2,23-6 (291,11 Pohlenz) wurde der Vergleich eines an einen Felsen gefesselten Menschen mit einem vor Anker liegenden Schiff zuerst von Aischylos im 'Prometheus Solutus' (dies wurde e negativo erschlossen; Cicero redet nur von Prometheus) gebraucht (die Fragmente bei Radt: F 190-204); in Ciceros Übersetzung heißt es bei Aischylos, A. F *193,2-4: aspicite religatum asperis ' vinctumque saxis, navem ut horrisono freto ' noctem paventes timidi adnectunt navitae. Das tertium comparationis ist, daß die Vertäung des Schiffes in gleicher Weise ein losreißen und einen Verlust des Schiffes verhindern soll wie die Fesselung des Prometheus dazu dient, ihm die Befreiung und Flucht unmöglich zu machen. (2) In gleicher Weise ist der Schiffsvergleich im 'Herakles' des Euripides gebraucht: Herakles hat seine Kinder umgebracht, Athene legt einen tiefen Schlaf über ihn; die Fesselung soll verhindern, ὡς λήξας ὕπνου, μηδὲν προσεργάσαιτο τοῖς δεδραμένοις (HF 1010f.); Herakles beschreibt sich selbst, als er aufwacht: ἴδου, τί δέσμοις ναῦς ὅπως ὡρμισμένος ... ἧμαι ... ; das tertium comparationis betrifft also wie bei Aischylos die Verhinderung einer Selbstbefreiung. Aristophanes hat genau unter dieser Rücksicht den Schiffsvergleich in den 'Thesmophoriazusai' verwendet: der als Perseus ankommende Euripides konstatiert, daß der Verwandte, den zu befreien er gekommen ist, nicht nur vom Skythen bewacht, sondern obendrein durch Fesseln daran gehindert wird, sich selbst aus der Gefangenschaft zu befreien:

'wie ein Schiff fest vertäut' ist der Verwandte an die σανίς gebunden. Insofern hat Phillips, AJA 72 (1968) 2 mit dem Hinweis auf die griechische Praxis, Boote oder Schiffe auch an Pfählen zu vertäuen (zu vgl. ist Torr, Ancient Ships 73f.) sicher Recht, diesen Schiffsvergleich gerade auch auf die Realisierung der Fesselung des Verwandten zu beziehen; Unrecht hat sie aber darin, diese Beobachtung von den aristophanischen 'Thesmophoriazusai' auf die 'Andromeda' des Euripides zu übertragen, indem sie behauptete, daß Andromeda an einen Pfosten gebunden wurde, »which was then set up on the rocky cliff« (Phillips l. c.). (3) Da der Schiffsvergleich in den 'Thesmophoriazusai' sehr bewußt eingesetzt ist, andererseits die Formulierung des Vergleichs aus dem 'Herakles' vertraut ist, ist die Wahrscheinlichkeit, daß Euripides den Schiffsvergleich in der 'Andromeda' erneut verwendete, sehr gering. Insbesondere ist nicht einzusehen, warum nach Bond z. HF 1094 »the simile and the τύκισμα are more aptly in 'Andromeda' « als im 'Herakles'; mir scheint eher das Gegenteil der Fall zu sein. (4) Wenn mit der Ablehnung von F **125a gleichzeitig die Möglichkeit negiert wird, den undatierten 'Herakles' (s. Bond, Heracles XXXIf.) in seiner zeitlichen Relation zur datierten 'Andromeda' zu bestimmen, und damit für die Aufführung des 'Herakles' den terminus ante quem 412 v. Chr. anzunehmen (so Wilamowitz, E. Herakles 2,137), ist dieser Verlust an Wissen sehr gering, da statt der 'Andromeda' ohne Schwierigkeiten die ebenfalls datierten aristophanischen 'Thesmophoriazusai' einzutreten vermögen; als terminus ante quem der Aufführung des 'Herakles' können wir dann 411 v. Chr. betrachten.

F 126

I. (1) Johannes von Stoboi überliefert in seiner Gnomensammlung unter der Rubrik 'Reden zum rechten Zeitpunkt' den Vers: 'Du bleibst still? Schweigen erklärt Worte nur schlecht' aus der 'Andromeda' des Euripides. (2) Hinsichtlich des szenischen Kontextes, in welchen dieser Vers zu stellen ist, gab es verschiedene Vorschläge. a. Musgrave, Eur. Fragm. 422; Matthiae, Eur. Fragm. 56; Welcker, Gr. Trag. 2,659; Bothe, Eur. Fragm. 55; Wagner, Eur. Fragm. 652 stellten den Vers übereinstimmend in den Teil des Stückes, der auf die Tötung des Ketos (die hinterszenisch erfolgte und per Botenbericht szenisch vergegenwärtigt wurde: s. z. E. F 145) folgte: aus T III ist eine Auseinandersetzung zwischen Perseus/Andromeda und Andromedas Eltern über die von Andromeda zugesagte Hochzeit zu erschließen; in diesem Kontext soll dieser Vers von Perseus (so ausdrücklich Wagner) gesprochen worden sein. b. Hartung, Eur. rest. 2,351 wies als erster das Fragment einer Szene vor der Tötung des Ketos zu, die durch die Fragmente 124, 125, 129 und 132 repräsentiert und zu erschließen ist: der mit den Flügelschuhen sich durch die Luft nähernde Perseus (F 124) wird die einsam am Strand gefesselt stehende Heroine gewahr (F 125) und verspricht dieser, unter der Zusicherung der Heirat, die Rettung vor dem Tod durch das Ketos (F 129,132). Perseus redete in dieser Rekonstruktion mit dem Vers σιγᾶις - λόγων Andromeda an, um von ihr Aufschluß über ihr Los (oder Antwort auf sein Anerbieten) zu erhalten. Hartungs Vorschlag fand Berücksichtigung bei der Präsentation der Fragmente von Nauck, TGF^1, der F 126 nach 129 und vor 130 plazierte. c. Naucks Reihenfolge der Fragmente in TGF^2 beruht auf den Rekonstruktionsvorschlägen von Johne, Eur. Andr. 9f. und Wecklein, SB München 1888,89f, die unter vermutlicher (Johne) bzw. expliziter (Wecklein) Bezugnahme auf Ov. Met. 681 (primo silet illa nec audet ' adpellare virum virgo etc.) in dem F 126 thematisierten Schweigen jenes Schweigen zu erkennen meinten, das Andromeda anfangs dem ankommenden Perseus gegenüber gewahrt habe; Nauck machte sich diese Auffassung zu eigen und plazierte deshalb den Vers unmittelbar hinter die Verse, mit denen Perseus aufgetreten war. (3) Den bisherigen Einordnungsversuchen ist gemeinsam, daß sie Valckenaers, Hipp. 260 geäußerte Vermutung für richtig hielten, daß Perseus als der Sprecher dieses Verses zu betrachten sei. Trotz der Probabilität dieser Vermutung muß doch darauf beharrt werden, daß auch jede andere dramatis persona einer anderen deren Schweigen in dieser Weise vorhalten konnte. (4) Gegen den Versuch, diesen Vers in eine monologische Rhesis des Perseus zu plazieren, spricht der Inhalt des Fragments, der vorauszusetzen scheint, daß die sprechende dramatis persona Aufschluß über den Sinn von λόγοι verlangt, die vorher gefallen sein müssen; auch wenn die angesprochene Person nicht notwendig vorher sprechend gedacht werden muß. Wenn Ovid das Motiv des Schweigens der Heldin aufgegriffen hat (wovon Bömer z. St. ausgeht), besteht die Möglichkeit, daß er es auch aus anderem Kontext übernahm. Sicher scheint mir nur, daß der Inhalt des Fragments nicht wiedergegeben werden kann mit ». . . Stillsein kündet unbeholfen nur die Worte« oder »Schweigen ist ein schlechter Wortführer« (so Stössl, Eur. Trag. 2,486 und Seeck, Eur. 57).

II. (1) Seine nächste Parallele hat der Vers in E. Hipp. 911: Hippolytos, vom Wehgeschrei seines Vaters alarmiert (V. 902), eilt herbei, um zu erfahren, was Ursache des väterlichen Schmerzes sei; er entdeckt die tote Phaidra (V. 905), dringt stärker in den Vater, um die Ursache des Vorgefallenen zu erfahren, doch der Vater schweigt; darauf Hippolytos: σιγᾷς, σιωπῆς δ' οὐδὲν ἔργον ἐν κακοῖς. (2) Am Versanfang steht σιγᾷς neben Hipp. 911 auch Ion 582; Hyps. 60,7; ein fragendes τί σιγᾷς begegnet auch Hipp. 297; Ph. 960; F 1008. Trotz der Interpunktion als Frage hat σιγᾷς immer konstatierende Funktion: 'du schweigst ja' (σιγᾷς ist somit immer auch immanente Regieanweisung: die angeredete Person schweigt). (3) »ἑρμηνεύειν mit seinen Ableitungen ist ein Lieblingswort des Euripides« (Wilamowitz z. HF 1137): für Euripides zu belegen ist ἑρμηνεύς El. 333; IT 1302; ἑρμηνεύειν Tr. 429; 'Polyidos' F 636,5; ἑρμήνευμα An. 46; HF 1137; Ph. 470. Aischylos hat ἑρμηνεύς Ag. 616. 1062; Sophokles ἑρμηνεύειν OC 398. Die Bedeutung von ἑρμηνεύς und seinen Ableitungen involviert immer ein Moment von Erklärung, Deutung, Interpretation: der ἑρμηνεὺς λόγων ist der Erklärer von Worten, nicht der, der Worte macht; S. OC 398 ἑρμήνευέ μοι heißt: 'erklärs mir' (s. Kamerbeek z. St.; Stevens z. An. 46): insofern ist Schweigen auch ein ἄπορος ἑρμηνεὺς λόγων, da es keinen πόρος zum Sinn der λόγοι eröffnet. Die Funktion des Verses ist somit, ein Gegenüber zum Sprechen aufzufordern mit dem Hinweis auf die ἀπορία, in der der Angeredete in seinem Schweigen den Sprecher läßt.

F **127

I. (1) a. In den aristophanischen 'Thesmophoriazusai' bricht der Verwandte des Euripides, sobald er seinen Retter Euripides in der Kostümierung als Perseus entdeckt hat, in eine lange monodische Klage à la Andromeda aus (s. z. E. F 122), Vv. 1016–55. Dann läßt sich das Echo vernehmen (s. z. E. F **114a), das den Verwandten anredet (Vv. 1056f.): 'Sei gegrüßt, mein Kind! Deinen Vater Kepheus, der dich ausgesetzt hat, mögen die Götter verderben!' Der Verwandte fragt daraufhin (V. 1058 = F 127,2): 'Wer bist du, die du mein Leid bejammerst?'; das Echo antwortet: 'Echo, der Worte Widersängerin' (= F **114a). b. Im Folgenden narrt das Echo den Skythen, bis Euripides mit V. 1098 in der Rolle des Perseus auf die Bühne kommt; V. 1105f. nimmt Perseus/Euripides den Verwandten/Andromeda wahr, der ihn Vv. 1107f. bittet: 'O Fremder, erbarme dich meiner, der ganz unglücklichen, befreie mich von meinen Fesseln!' (= F **128). Der Skythe verbietet dem Verwandten/Andromeda den Mund; doch dessen ungeachtet antwortet Euripides/Perseus (V. 1110 = F 127,2): 'O junge Frau, du dauerst mich, wie ich dich da hängen sehe!'. c. Die beiden Vv. 1058 und 1110 wurden in den 'Thesmophoriazusai' vom Echo und vom Verwandten in der Rolle der Andromeda gesprochen: diesem Umstand verdanken sie ihre Aufnahme unter die 'Andromeda'-Fragmente, ein über die tragische Stilisierung hinausweisendes Scholienzeugnis für die euripideische Verfasserschaft dieser Verse gibt es nicht. (2) a. Barnes (teste Matthiae, Eur. Fragm. 48) hat als erster eine sachlich-logische Verbindung beider Verse hergestellt der Art, daß er V. 1058 als Antwort auf V. 1110 ansah. Ausdrückliche Billigung erfuhr diese Verknüpfung durch Matthiae; Fritzsche, Ar. Thesm. 448 (der jedoch V. 1110b κρεμαμένην ὁρῶν nicht für euripideisch hielt); Welcker, Gr. Trag. 2,651; Wagner, Eur. Fragm. 650. b. Nauck nahm in TGF[1] den weitergehenden Vorschlag von Fritzsche, V. 1101 (= F **123) als Antwort des Perseus auf Andromedas Frage zu fassen, auf und bot als Text: Περσ.: ὦ παρθέν' - ὁρῶν. Ἀνδρ.: σὺ δ' - πάθος; Περσ.: Περσεὺς πρὸς Ἄργος ναυστολῶν. Der Einspruch von Bakhuyzen, Parodia 131 («... vss. 1058 et 1101 non esse copulandos ...») ließ Nauck in TGF[2] Vv. 1101f. als selbständiges F 123 führen (s. z. E. F **123); Bakhuyzens weitergehende Frage: »... an vinculo quodam inter se cohaereant vss. 1110 et 1058« und Antwort: »meo iudicio, nullo« hinderte Nauck allerdings nicht daran, Vv. 1110 und 1058 als F 127 zu zählen; diese beiden Verse betrachteten als aus der 'Andromeda' stammend auch Wecklein, SB München 1888,97; Müller, Ph 66 (1907) 60; Séchan, Etudes 265. 268; Webster, BICS 12 (1965) 30 = Tragedies 195. (3) Gegen diese Zuweisung ist festzuhalten: 1. die Herkunft von jedem der beiden Verse aus der 'Andromeda' ist nicht methodisch sicher zu erweisen; dazuhin ist 2. die Verknüpfung beider Verse miteinander »natürlich ganz unsicher« (Rau, Paratragodia 86 A. 156). Man darf diese beiden Verse deshalb nicht als Fragment der 'Andromeda' des Euripides führen. - Abzulehnen ist die methodisch unbegründete Praxis von Mette, Lustrum 12 (1967) 49. 51 = Lustrum 23/4 (1981/2) 51. 53, den V. 1058 mit den Vv. 1056f. 1059 als sicher bezeugtes Fragment aufzunehmen (s. z. E. F **114a), V. 1110 aber nur unter dem Vorbehalt der »vermutungsweise(n) Zuweisung« zu berücksichtigen: der Vorbehalt betrifft beide Verse in gleicher Weise. (4) Unberührt von der Ablehnung der Vv. 1058. 1110 als Fragment der 'Andromeda' ist die Tatsache eines Dialogs zwischen Perseus und Andromeda in der von Barnes vermuteten Weise; die Verse selbst sind jedoch so passend für die Parodie der 'Andromeda' einerseits und für die Rettungshandlung der 'Thesmophoriazusai' andererseits, daß es mir sehr unwahrscheinlich dünkt, daß Perseus und Andromeda in dieser Art miteinander gesprochen haben (z. Dialog s. z. E. F 129. 139).

II. 1 (1) Die Anrede ὦ παρθένε ist spezifisch euripideisch (Aischylos: kein Beleg; Sophokles: Tr. 1275); zu vgl. sind etwa Hel. 894. 939. 977; Or. 72. 92. 1321 u. ö. (2) Zur Formulierung οἰκτίρω σε κρεμαμένην ὁρῶν ist zu vergleichen: E. Ion 618f.: Ἴων: ... ἄλλως τε τὴν σὴν ἄλοχον οἰκτίρω, πάτερ, ' ἄπαιδα γηράσκουσαν; IA 1336f.: Χορ.: ἐγὼ μὲν οἰκτίρω σε συμφορᾶς κακῆς ' τυχοῦσαν, οἵας μήποτ' ὤφελες τυχεῖν.

F **128

I. (1) Mit V. 1098 tritt in den 'Thesmophoriazusai' Euripides im Kostüm des Perseus als Retter des Verwandten in der Rolle der Andromeda auf; nach wörtlichen Zitaten aus der 'Andromeda' (F 124 und 125) aus dem Mund des Perseus/Euripides, reagiert der Verwandte und bittet seinen Retter, Vv. 1107f.: 'O Fremder, erbarme dich meiner, der ganz unglücklichen, befreie mich von meinen Fesseln!'. (2) Matthiae, Eur. Fragm. 47 erwähnt die Vv. 1107f. im Zusammenhang der als fr. IX = F 124 firmierenden Vv. 1098-1100, nach der Erwähnung von Vv. 1105f. (F 125): »pergit Aristoph .... Ἀνδρ. ὦ ξένε - δέσμων«. Unter Berufung auf Matthiae führte Nauck, TGF[1] die Verse als Fragment, nachdem schon Hartung, Eur. rest. 2. 352 die Verse in seinen Versuch der Handlungsrekonstruktion integriert hatte; dieser war wohl beeinflußt von Hermann, ZfA 5 (1838) 692, der die Verse mit »Matthiae und Bothe« (Ar. Com. 4,76) für »aus dem Euripides« genommen betrachtete. In der Nachfolge von Nauck galten Robert, Arch. Ztg. 36 (1878) 18; Wecklein, SB München 1888,97; Müller, Ph 66 (1907) 60; Séchan, Etudes 268 die Verse als euripideisch. Dagegen hatten Fritzsche, Ar. Thesm. 481; Welcker, Gr. Trag. 2,651 A. 11; Enger, Ar. Thesm. 185 gegen die euripideische Herkunft der Verse argumentiert. (3) Ein über die aristophanische Paratragodie hinausgehendes Zeugnis für die euripideische Verfasserschaft dieser eineinhalb Verse gibt es nicht; wir betrachten diese Verse deshalb nicht als ein Fragment der euripideischen 'Andromeda' (zur methodischen Begründung s. z. E. F 114. 115. 117. 118 usw.). Rau, Paratragodia 87 und Mette, Lustrum 12 (1967) 51 = Lustrum 23/4 (1981/2) 53 betrachteten diese Verse »mit Vorbehalt als Fragment« (Rau).

II. 1 (1) Das verbum compositum κατοικτίρω ist eine für Euripides charakteristische Vokabel; während es für Aischylos gar nicht, für Sophokles einmal (OR 13; Aristophanes: sonst kein Beleg) belegt ist, begegnet es bei Euripides immerhin viermal: Hcld. 445; IA 469. 1246; 'Alkmene' F 151,16 Austin (= P. Hamb. 119 col. II 16). (2) Tragisch-euripideischen Ton hat auch τὴν παναθλίαν: Andromache bezeichnet sich selbst als παναθλία in E. An. 63, Hekabe wird so genannt in Hec. 657. (3) Diese lexikalisch-stilistischen Indizien sprechen für die gekonnte Paratragodie des Aristophanes in gleicher Weise wie für die Möglichkeit der euripideischen Verfasserschaft.

F **139

I. (1) In Aristophanes' 'Thesmophoriazusai' hat Euripides sein Ziel, den an die σανίς gefesselten Verwandten zu befreien, indem der zur Bewachung abgestellte Skythe durch das dramatische Spiel von Andromedas Befreiung durch Perseus übertölpelt werden sollte, verfehlt; Euripides' Versuch, die Fesseln zu lösen, beantwortet der Skythe mit der Drohung, ihm mit dem Schwert den Kopf abzuschlagen (Vv. 1121-7); der tragische Dichter gesteht mit tragischem Pathos und in tragischer Formulierung sein Scheitern ein (Vv. 1128-32): 'Weh und ach, was soll ich jetzt tun? Zu welchen Worten nehm' ich Zuflucht? Für kein Wort ist des Barbaren Natur empfänglich! Vergeblich ist die Mühe, tauben Ohren geschickte Neuerungen aufzufinden und zu präsentieren! Auf jetzt, da tut ein Mittel not, das dem Kerl da angemessen ist!'. Euripides geht ab, um nach der Einigung mit dem Chor (Vv. 1160-71) den Skythen mit einer Tänzerin abzulenken und den Verwandten zu befreien (Vv. 1177-1231); dem abgehenden Euripides ruft der gefesselte Verwandte nach (V. 1134): 'Perseus, erinnere dich meiner, der unglückseligen! '. (Vgl. zum Ganzen z. E. F 114. 115. 117. 118 usw.) (2) Von den Vv. 1128-34 wurden Vv. 1128-32 von Matthiae, Eur. Fragm. 51 vermutungsweise der euripideischen 'Andromeda' zugesprochen; Fritzsche, Ar. Thesm. 490f. begrenzte die Entlehnung aus Euripides' 'Andromeda' auf die beiden Verse 1128f. und fand in seiner Zuweisung in Welcker, Gr. Trag. 2,664; Wagner, Eur. Fragm. 654f.; Nauck; Fedde, Pers. Andr. 33; vorsichtig Ribbeck, Ar. Ach. 292; Ribbeck, Röm. Trag. 173; Johne, Eur. Andr. 14 A. 33;

Müller, Ph 66 (1907) 62; Webster, BICS 12 (1965) 32 = Tragedies 197; Mette, Lustrum 12 (1967) 51 = Lustrum 23/4 (1981/2) 53 Nachfolger (wobei Mette 1967 nur V. 1128 für euripideisch betrachtete). Den V. 1134 (Κηδ.: μέμνησο Περσεῦ, μ' ὡς καταλείπεις ἀϑλίαν) hielten Welcker, aaO. 656 und Fedde, aaO. 30 für aus der 'Andromeda' des Euripides genommen. (3) a. Ausschlaggebend für die Zuweisung an die 'Andromeda' waren die »argumenti similitudo sonusque verborum tragicus« (Fritzsche, aaO. 491); ein Zeugnis des Scholiasten liegt nicht vor. b. Dagegen werden die auf Vv. 1128f. folgenden Verse 1130f.: σκαιοῖσι γάρ τοι καινὰ προσφέρων σοφὰ ' μάτην ἀναλίσκοις ἄν vom Scholiasten als παρὰ τὰ ἐκ Μηδείας (Σ R Ar. Thesm. 1130) formuliert bezeichnet; es handelt sich dabei um die Vv. 298. 325 der euripideischen 'Medea' ; V. 298: Μηδ.: ... σκαιοῖσι μὲν γὰρ καινὰ προσφέρων σοφά; V. 325: Κρ.: λόγους ἀναλοῖς· οὐ γὰρ ἂν πείσαις ποτέ. Auf dem Hintergrund der Kennzeichnung der Vv. 1130f. als aus der 'Medea' stammend, erscheint es sehr unwahrscheinlich, daß der Scholiast die euripideische Herkunft der Vv. 1128f. unterschlagen oder vergessen hätte. (4) Entprechend unseres methodischen Grundsatzes, daß das, was als tragisch gelten soll, mit philologischen Methoden nicht als tragisch erwiesen werden kann (s. z. E. F 114. 115. 117. 118 usw.), und unterstützt durch die Evidenz des vorliegenden Zeugnisses wird man diese beiden Verse aus den Fragmenten der 'Andromeda' entfernen müssen. Bezüglich des von Welcker und Fedde berücksichtigten V. 1134 gilt das Gleiche. - Zweifel an der Herkunft von Vv. 1128f. aus der 'Andromeda' äußerten schon Wecklein, SB München 1888,98 (während Hartung, Eur. rest. und Petersen, JHS 24 [1904] 99ff. die Verse stillschweigend nicht berücksichtigten) und erneut Rau, Paratragodia 88 (Allen-Italie scheinen ebenfalls für die Athetese der Vv. zu plädieren); Anette Harder bemerkt deshalb richtig (z. Kresph. fr. 66 A 52), daß es sich um »parody of Euripides style rather than a literal quotation« handele.

II. 1 (1) Für den von Fritzsche festgestellten »sonus tragicus« sorgt in erster Linie die »frequent expression of aporia« (Willink z. Or.) αἰαῖ· τί δράσω. Dieser »tragische Ausruf« (Rau, Paratragodia 88) begegnet auch E. Med. 1042; Kresph. 52; ungleich häufiger ist der Ausruf οἴμοι· τί δράσω: S. Aj. 809. 920. 1024; Ph. 1063; OC 1254; E. Alc. 380; Med. 1271; Hec. 419; HF 1157; Ph. 1310; Or. 1610. Weiter begegnet E. Ph. 1615 der Ausdruck εἶέν· τί δράσω; die Frage τί δράσω findet sich in A. Ch. 889; S. Ph. 908; E. Med. 1376:

Hec. 737; IA 356. Daß allein dieser Ausruf hinreichend die Vorstellung von sermo tragicus evoziert, beweist auch der Philogelos-Witz Nr. 239 Thierfelder (bei Nauck noch adesp. trag. fr. 279, zu Recht von Kannicht-Snell athetiert): νεανίσκος (A: εὐτράπελος β) τραγωιδὸς ἠγαπήθη ὑπὸ γυναικῶν δύο (A: ὑπὸ δύο ἠγαπ. γυν. β), ὀζοστόμου καὶ ὀζοχρώτου (A: †εὐωχνότου† β)· καὶ τῆς μιᾶς (A: μὲν β) λεγούσης (A: εἰπούσης β)· Δός μοι, κῦρι (om. β), φιλήματα (-μα β), - τῆς δὲ ἄλλης (A: εἰπούσης β)· Δός μοι, κῦρι (om. β), περιπλοκάς - ἐκεῖνος (om. β) ἀνεβόησεν· Οἴμοι, τί δράσω; δυσὶ κακοῖσι μερίζομαι. (2) Tragischem Stil entspricht auch, daß der ersten Frage τί δράσω eine zweite Frage πρὸς τίνας κτλ. folgt (s. Harder. l. c.); πρὸς τίνας στρεφθῶ λόγους ist dagegen »eine Wendung ohne direkte Parallele« (Rau, l. c.), der Aorist ἐστρέφθην zum Verbum στρέφω ist in attischem Griechisch sonst kaum gebraucht (s. LSJ, στρέφω; Lautensach, Aoriste 253). Zugrunde liegt dieser Formulierung vermutlich ein Gebrauch von στρέφομαι in Komödie und Prosa, wo im Begriff des sich 'Wegwendens' die Vorstellung von Flucht impliziert ist (explizit bei X. Cyr. 3,3,63: στραφέντες ἔφευγον, ebenso An. 3,5,1; implizit Ar. Thesm. 230: Euripides rasiert den Verwandten: Εὐρ.: ἔχ' ἀτρέμα σαυτὸν κἀνάκυπτε. ποί στρέφει; Thesm. 610: Kleisthenes sucht nach dem Spion des Euripides, der Verwandte will sich davonstehlen: Κλεισθ.: αὕτη σύ, ποῖ στρέφει;. Ähnlich auch Lucian. Cat. 25 [1,198 Macleod]); sie muß also eher als prosaisch denn als tragisch gelten, wenn auch der ganze Ausdruck »tragischer Ausdrucksweise angemessen« ist (Rau, l. c.). 2 Der zweite Vers »klingt ebenfalls gut euripideisch« (Rau, l. c.), was im Munde des Dichters selbst allerdings nicht verwundert; der Ausdruck βάρβαρος φύσις speziell hat tragischen Ton (dafür ist weniger der Gebrauch bei Euripides selbst beweisend, als die tragische Stilisierung von Aussagen in der aristophanischen Komödie: vgl. bspw. Thesm. 11; Ra. 1451): dieser Befund ist, mit dem untadeligen tragischen Metrum, aber nur beweisend für gute Tragödienparodie, aber nicht notwendig für Tragödienzitat.

F 129

I. (1) Mit Autor und Stücktitel bezeugen das Fragment a. Diogenes Laertios und b. Suda ει 258. a. Die Anekdote über den Beginn des Schülerverhältnisses des Arkesilaos von Pitane (315-240 v. Chr.) zu Krantor von Soloi (340/35-275 v. Chr.) als den Beginn eines Liebesverhältnisses verdankt Diogenes Laertios entweder, nach der Vermutung von Wilamowitz, Antigonos 49f., der ps.-aristippischen Schrift περὶ παλαιᾶς τρυφῆς, die ins 3. Jhdt. zu datieren ist (s. Socrat. Rell. 3,151 m. A. 46), in der offenbar nach einem einheitlichen Muster die διαδοχή der akademischen Schulhäupter jeweils als der Übergang der Schulleitung vom ἐραστής auf den ἐρώμενος dargestellt war, oder sie geht unmittelbar auf das Werk des Antigonos von Karystos zurück (so Arnim, RE II [1896] 1164; Mette, Lustrum 26 [1984] 30 A. 1; Long, Elenchus 7 [1986] 435). Mit zwei Zitaten aus der 'Andromeda' des Euripides mit entsprechender Thematik inszeniert der Verfasser der Anekdote gleichsam den Beginn des Verhältnisses von Krantor zu Arkesilaos. Obgleich gänzlich unsicher ist, ob diese Anekdote überhaupt authentisch ist, belegt sie dennoch die Kenntnis der 'Andromeda' für das 3. Jhdt. v. Chr. b. Die Sudaglosse sucht die Form εἴσῃ (die gewöhnliche Form der 2. P. Sg. Ind. Fut. M./P. zu οἶδα: KB 2,409; LSJ, εἴδω B. 1) durch die Paraphrase 'du mögest Kenntnis gewinnen, du wirst erwägen' zu erklären; das phraseologische χάριν εἰδέναι scheint nicht erkannt zu sein. Diese in Hinsicht auf das nachfolgend zitierte Fragment verfehlte Erklärung leitet sich vermutlich aus einem vom Kompilator der Suda benutzten grammatischen Lexikon her, wahrscheinlich dem des Diogenianos (die Bezeugung des zusammen mit F 129 bei Diogenes Laertios überlieferten F 132 in Suda α 1367 stammt aus Diogenianos), während das Euripideszitat aus Diogenes Laertios stammen kann (Benutzung des Diogenes Laertios durch den Verfasser der Suda ist sicher: s. Adler, RE IV A [1931] 710). Vielleicht hat der Kompilator der Suda die aus dem Grammatikerlexikon stammende Glosse um das selbst ausgehobene Euripideszitat erweitert. (Trifft diese Vermutung zu, kann die Sudaglosse so wiederhergestellt werden: εἴσῃ: ἐπιγνοίῃς, λογίσῃ· Εὐριπίδης ἐξ Ἀνδρομέδας· εἰ - χάριν; diese Herstellung wurde schon von Fritzsche, Ar. Thesm. 501 vorgeschlagen). (2) Nur mit dem Autornamen Euripides bezeugen das Fragment a. das Iliasscholion zu Hom. XIV 235, der einzigen Stelle in Ilias und Odyssee, an der die Phrase χάριν εἰδέναι benutzt ist (in homerischer Sprache noch h. Apoll. 153), und b. das Fragment 26 des Dichters der μέση κωμῳδία Eubulos, sofern die Entdeckung Marklands, Supp. et Iph. 2,163 (z. IT 1068) richtig ist, daß in dem vom Euripidesscholion zu Med. 463 zitierten Passus παρθενεύεις ἕξεις μοι χάριν; ein Reflex unseres Fragments enthalten sei; Elmsley, Med. 156 (ed. Germ. 159 = z. Med. 463) restituierte das Eubulosfragment nach dem Vorbild von F 129: καὶ πάρθεν', εἰ σώσαιμί σ', εἴσει μοι χάριν;, Kock, CAF 2,174 schrieb: ὦ - ἕξεις μοι χάριν und athetierte den Vers aus dem Eubulosfragment; Schwartz, Schol. Eur. 2,169 stellte her: καὶ »πάρθεν' - ἕξεις μοι χάριν;« (diesen Text übernahmen Hunter, Eubulus 45 und Kassel-Austin, PCG V 204 in ihre Eubuloseditionen); seine Berechtigung hat diese Herstellung darin, daß eine gründliche Kenntnis von und Auseinandersetzung mit dem Werk des Euripides in den Fragmenten des Eubulos evident ist (s. Kassel-Austin z. Eubulos F 6,2). (3) Die Bezeugung von F 129 durch Diogenes Laertios läßt, in Kombination mit der Bezeugung von F 132 durch Ps.-Herodian und Diogenes Laertios, den sicheren Schluß zu, daß Perseus der Sprecher von F 129 ist. Denn F 132 ist nach Angabe Ps.-Herodians eine an Perseus gerichtete Aussage Andromedas; bei Diogenes Laertios wird F 132 als das bezeichnet, was sich bei Euripides an F 129 anschloß; wenn Arkesilaos bei Diogenes Laertios mit F 132 den Part Andromedas übernahm, muß notwendig Krantor mit F 129 die Rolle des Perseus agiert haben: damit ist Perseus als Sprecher von F 129 sicher.

II. (1) Die vier Zeugen bieten den Text des Fragments in unterschiedlicher Gestalt: 1. die Reihenfolge bei Diogenes Laertios und dem Iliasscholion (Adresse, Protasis, Apodosis) ist durch das Metrum als die richtige erwiesen (Suda: Protasis, Adresse, Apododosis). 2. εἴσῃ bzw. εἰδέω ist Lemma in der Suda und im Iliasscholion: das ἕξεις des Eubulosfragments scheint so keine zwingende Verbesserung zu sein (obwohl χάριν ἔχειν bei Euripides mehrfach begegnet, s. u.). (2) Walker, Eur. Fragm. 5f. schlug vor, εἰ σώισαιμι σ' in εὖ σώισαντι σ' zu verbessern: 'Junge Frau, wirst du mir dann, wenn ich dich wohlbehalten gerettet habe, Dank wissen?'. Da der von der Überlieferung gebotene Text sowohl grammatisch als auch inhaltlich keinen Anstoß bietet, bedarf es auch keiner Emendation. Entgegen der eher temporalen Auffassung Walkers hat sogar die Annahme eines hypothetischen Satzgefüges im Kontext der 'Andromeda' eine viel größere Berechtigung: 'für den Fall, daß ich dich retten sollte, wirst du mir dann Dank wissen?' (vgl. KG 2,477f.).

III. (1) Obwohl Euripides in der literarischen Tradition als ὁ φιλοσίγματος Εὐριπίδης (so Eustath. ad Hom. XIX 49,1170,54 [4,283 van der Valk]) gilt, scheint dieser Ruf weniger in einer tatsächlichen Vorliebe des Euripides für den Buchstaben Sigma begründet zu sein, als in der Art von Spott von Komikern wie Platon und Eubulos zu wurzeln, wie er uns im Scholion zu Med. 476 erhalten ist (so der Nachweis von Scott, AJPh 29 [1908] 77; 30 [1909] 77; am besonderen Sigmatismus hält fest Schmid, Gesch. Gr. Lit. 3,801 A. 4 unter Berufung auf Mommsen, Beiträge 668ff.; Riedel, Alliteration 114f.). Daß dem Sigma eine gewisse Ablehnung von stilistischer Seite, besonders bei gehäuftem Auftreten, entgegengebracht wurde, belegen Ailios Dionysios σ 15 (140,22 Erbse = frg. 298 [206,13 Schwabe]): οἱ δὲ κωμικοὶ μάλιστα ἐκκλίνουσι πᾶν τὸ ἔχον σιγμὸν καὶ ἐξήχησιν καὶ ψόφον, ἃ τῆι τραγωιδίαι μᾶλλον ἂν ἁρμόττοι. διὸ καὶ διασύροντες τοὺς τραγικοὺς προσπαίζουσιν ἐν τῶι »εὖ γέ σοι γένοιθ' ἡμᾶς ὅτι ' ἔσωσας ἐκ τῶν σῖγμα τῶν Εὐριπίδου«, καὶ Περικλέα φασὶ πρῶτον ἐκκλῖναι τὸν διὰ τοῦ σ̄ σχηματισμὸν τοῦ στόματος, ὡς ἀπρεπῆ καὶ πλατύν, γυμναζόμενον ἀεὶ πρὸς τὸ κάτοπτρον; D. H. Comp. 14,80 (2,54,16 Usener-Radermacher): ἄχαρι δὲ καὶ ἀηδὲς τὸ σ̄ καὶ πλεονάσαν σφόδρα λυπεῖ. θηριώδους γὰρ καὶ ἀλόγου μᾶλλον ἢ λογικῆς ἐφάπτεσθαι δοκεῖ φωνῆς ὁ συρριγμός; Aristoxenos Fr. 87 Wehrli (= Athen. 11,467 A): οἱ γὰρ μουσικοί, καθάπερ πολλάκις Ἀριστόξενός φησι, τὸ σῖγμα λέγειν παρῃτοῦντο διὰ τὸ σκληρόστομον εἶναι καὶ ἀνεπιτήδειον αὐλῶι (vgl. auch Athen. 10,455 C, Pi. fr. 70b Sn.-M.). Ursprünglich für die negative Bewertung des Buchstabens Sigma dürfte die musiktheoretische Unterscheidung der Klangwirkung verschiedener Buchstaben gewesen sein, die von Poetik und Rhetorik (und von dieser wiederum unter dem Vorzeichen eines strengen Attizismus) übernommen wurde (s. Wehrli, Aristoxenos 76), und erst sekundär dürfte sich dann, unter Berufung auf »an empty joke of the comic stage« (Scott, AJPh 29 [1908] 77) die Tradition gebildet haben, die gerade den Euripides des besonderen Sigmatismus anklagte. - Unberührt von der Zurückweisung dieser Tradition bleibt jedoch das gerade in E. Med. 476 greifbare stilistische Mittel der Onomatopoiie, wobei man (mit Todd, ClQ 36 [1942] 29-39; vgl. Stevens z. An. 459-62) immer zwischen akzidentieller Alliteration oder Sigmatismus und einem inhaltlich funktionalen unterscheiden muß. In Bezug auf den von Eubulos als sigmatisch verspotteten 'Andromeda'-Vers ist festzuhalten: 1. vier Sigmata (εἰ σώισαιμί σ', εἴσηι μοι χάριν) stellen keinen auffälligen Sigmatismus dar; 2. eine onomatopoietische Funktion erfüllen diese vier Sigmata nicht. - Ob der Versuch, asigmatische Gedichte (belegt für Lasos von Hermione durch Klearchos fr. 88 Wehrli = Athen. 10,455 C; D. H. Comp. 14,80 [2,55,1 Usener-Radermacher]: εἰσὶ δ' οἳ καὶ ἀσίγμους ὅλας ὠιδὰς ἐποίουν) oder sogar eine asigmatische Tragödie (TrGF II ad. F 655) zu schreiben mehr aus der Ablehnung des Sigmas als aus dem poetischen-technischen Anreiz, einen der meistgebrauchten Buchstaben zu vermeiden, resultieren, läßt sich nicht sagen. (2) Das phraseologische χάριν εἰδέναι, 'dankbar sein, Dank wissen' (im Sinne: seine eigene Dankbedürftigkeit erkannt haben; vgl. LSJ, χάρις II. 2) begegnet in der Tragödie nur im 'Rhesos', Vv. 474ff.: Ἑκτ.: εἰ τοῦ παρόντος τοῦδ' ἀπαλλαχθεὶς κακοῦ, πόλιν νεμοίμην ὡς τὸ πρίν ποτ' ἀσφαλῆ, ' ἦ κάρτα πολλὴν θεοῖς ἂν εἰδείην χάριν. Euripides verwendet gewöhnlich Wendungen wie χάριν διδόναι und χάριν ἔχειν (letzteres im gleichen Sinn wie χάριν εἰδέναι). Sonst ist χάριν εἰδέναι vorwiegend prosaisch (so Hdt. 3,21. 125; 4.136; 9,79; Lys. 2,23; 6,36; 12,80; 28,16; 30,16). Insofern ist das Eubulos F 26 überlieferte ἕξεις in der Tat das bei Euripides geläufigere Wort. (3) »χάρις is common (and rather hightoned) in Greek for sexual charms and favors« (Henderson, Maculate Muse 160; vgl. Hunter z. Eubulus F 26,2: »In comedy the χάρις of a παρθένος has a definitely sexual meaning«); daß hier, trotz der phraseologischen Verwendung von χάριν εἰδέναι, implizit eine sexuelle Konnotation mitgegeben ist (oder diese Phrase so auch deutbar war), vermag die Anekdote bei Diogenes Laertios zu belegen, in der mit dem Doppelsinn von χάρις (im Sinne von LSJ, χάρις III. 2 und II. 2) gespielt wird.

IV. (1) Für die Ermittlung der Stelle, an welcher das Fragment 129 in der 'Andromeda' vermutlich gestanden hat, ist die Bezeugung der Fragmente 129 und 132 durch Diogenes Laertios entscheidend: a. da Perseus als Sprecher von F 129 und Andromeda als Sprecherin von F 132 sicher sind, gehören beide Fragmente in einen Dialog der beiden Protagonisten der Tragödie; b. dieser Dialog fand vor der Tötung des Ketos durch Perseus statt, da die hypothetische Frage des Perseus bei schon erfolgter Rettung Andromedas unsinnig wäre. c. Aus der Diogenes Laertios-Anekdote legt sich der Schluß nahe, daß F 132 die unmittelbare Antwort Andromedas auf die Frage des Perseus darstellt. (2) In der Zuweisung der beiden Fragmente in einen Teil des Dramas vor der Tötung des Ketos ist sich die Forschung einig. Strittig ist aber die Beziehung der Fragmente F 129 und 132 zueinander: a. Matthiae, Eur. Fragm. 50 faßte beide Zitate als ein Fragment (Nr. XII; so auch Welcker, Gr. Trag. 2,652; Wagner, Eur. Fragm. 650 druckt beide Zitate zusammen, zählt sie aber als einzelne Fragmente); Fritzsche, Ar. Thesm. 500 konstatierte als erster, daß zwischen beiden Zitaten kein direkter Bezug herzustellen sei und nahm den Ausfall eines Verses an; Hartung, Eur. rest. 2,352 meinte, daß zwischen der Frage des Perseus und Andromedas Antwort ein längeres Gespräch stattgefunden haben müsse, weil sich die Heldin sicher nicht sofort dem Ansinnen des Perseus gefügig gezeigt habe; er ordnete die Fragmente 130,135,131 zwischen F 129 und 132 ein. Nauck schloß sich dieser Auffassung an und plazierte in TGF[1] zwischen F 129 und 132 die Fragmente 126, 130, 128, 131, 133, 136; Johne, Eur. Andr. 10 und Wecklein, SB München 1888,97 setzten die Fragmente 131 und 130 bzw. 130 und 131 zwischen F 129 und 132; Weckleins Auffassung legte Nauck der Präsentation der Fragmente in TGF[2] zugrunde (gebilligt dann auch von Petersen, JHS 24 [1904] 106). b. Bei Diogenes Laertios wird F 132 als Zitat an F 129 mit folgenden Worten angeschlossen: καὶ ὃς τὰ ἐχόμενα; d. h.: Arkesilaos antwortete dem Krantor 'das, was sich anschließt'. Das kann im Lichte von LSJ, ἔχω C. 3 (»follow closely«; vgl. auch Aristot. Met. K 1069 a 2/3) eigentlich nur heißen: das, was sich unmittelbar an das vorhergehende Zitat anschließt (vgl. auch Gigantes Übersetzung, Diogene Laerzio 1,148). Wenn man das Zeugnis des Diogenes Laertios ernst nimmt, gehören F 129 und F 132 eng zusammen: F 132 muß die Antwort auf F 129 sein (so auch Mette, Lustrum 12 [1967] 52= Lustrum 23/4 [1981/2] 54). Gegen diese Annahme könnte sprechen: a. die Ungenauigkeit des Zitats von F 132; b. der Eindruck, daß Andromeda sich nicht schlechthin ihrem Retter in dieser Weise 'an den Hals werfen' konnte; mit der Möglichkeit a. muß in der Tat gerechnet werden; sonst aber gibt es keinen Grund. diese beiden Verse nicht als die entscheidenden handlungsauslösenden Sätze zu betrachten; die Pointe der Anekdote bei Diogenes Laertios scheint ja auch gerade in der Nachstellung einer einschlägig bekannten Tragödiensituation zu liegen. Wir betrachten deshalb F 129 und 132 als zusammengehörig und postulieren die Änderung der von Nauck vorgenommenen Fragmentpräsentation.

F 132

I. (1) a. Die anonyme, unter dem Namen des bekannten kaiserzeitlichen (bezeugt ist der Aufenthalt in Rom zur Zeit Mark Aurels) Grammatikers Ailios Herodianos von Alexandreia (s. Schmid-Stählin, Gesch. Gr. Lit. 2,887f.) überlieferte Sammlung von Redefiguren, περὶ σχημάτων, verdeutlicht die rhetorische Figur der ἐπιτροπή (lat. permissio: s. Lausberg, Hdb. lit. Rhet. § 857) mit einem Zitat aus der 'Andromeda' des Euripides: 'Anheimstellung (ἐπιτροπή) ist es, wenn wir den Zuhörern die Verfügung über Dinge oder Begriffe anheimstellen, wie bei Euripides Andromeda eingeführt wird, die zu Perseus sagt: »Auf, nimm mich, Fremder, ob du mich als Dienerin, als Gattin oder als Sklavin willst!« '. b. Die Schrift περὶ σχημάτων ist sicher erst nach der Lebenszeit des Herodianos abgefaßt (s. Müller, H 39 [1904] 460); Kenntnis der 'Andromeda' durch den anonymen Verfasser ist aber wenig wahrscheinlich, vielmehr schöpft Ps.-Herodian »aus guten Quellen und übermittelt stellenweise die beste alexandrinische Gelehrsamkeit« (Müller, l. c.), der vermutlich dann auch das Euripideszitat verdankt wird. (2) In der bei Diogenes Laertios berichteten, wohl auf Antigonos von Karystos zurückgehenden (s. z. E. F 129), Anekdote über den Beginn des Schülerverhältnisses des (Begründers der sog. 'mittleren Akademie') Arkesilaos von Pitane zu Krantor von Soloi soll Arkesilaos auf die Werbung Krantors, die mit F 129 ὦ παρθέν' - χάριν aus Euripides' 'Andromeda' ausgedrückt war, 'das, was sich daran anschließt' geantwortet haben: 'Nimm mich, Fremder, ob du mich als Sklaven willst oder als Bettgenossen.' (3) In der Suda wird der Vers zitiert zur Illustration der Erklärung des vorwiegend episch-poetischen Wortes ἄλοχος (s. LSJ, ἄλοχος; Frisk 2,111) durch das gewöhnliche γαμέτη; diese Glossierung (ἄλοχος bedeutet γαμέτη) stammt aus dem (in der Suda α 1367 als Quelle genannten) Lexikon des Diogenianos, das das Euripideszitat nicht enthielt. Die Übereinstimmung des von der Suda gebotenen Textes mit dem bei Diogenes Laertios (gegen den von Ps.-Herodian bezeugten Text) legt den Schluß nahe, daß die Suda das Euripideszitat dem Diogenes Laertios verdankt (s. auch z. E. F 129). (4) Die Bezeugung der eineinhalb Verse durch Ps.-Herodian und die bei Diogenes Laertios zugrundegelegte Situation sichern 1. Andromeda als Sprecherin dieser Verse, 2. Perseus als Adressaten, 3. F 132 als Antwort auf F 129, und so 4. Perseus als Sprecher von F 129. Zum Kontext beider Verse s. z. E. F 129.

II. (1) Metrisch befriedigend ist nur die Fassung des Euripideszitats, die Ps.-Herodian bietet; dieser Text ist damit als der originale Euripidestext zu betrachten, während Diogenes Laertios (und damit auch die Suda) den Text mehr sinngemäß wiederzugeben scheint. (2) a. Die Elision des Schlußalpha von δμωΐδα (so hat es Ps.-Herodian; elidiertes δμωΐδ' haben Diogenes und die Suda) scheint (mit Nauck) geboten, da dieses Alpha auf eine einer obligaten Länge vorbehaltenen Position zu stehen käme (wobei eine nachfolgende positionsbildende Doppelkonsonanz natürlich möglich wäre). b. Zur Vermeidung des Nebeneinanders von πρόσπολος V. 1 und δμωΐδ' V. 2 schlug Schmidt, Krit. Stud. 2,442 vor: εἰς τὸ δῶμ', anstatt εἴτε δμωΐδ'; Blaydes, Adv. 97. 309 wollte εἰς τὰ δώματ' (Bothe, Eur. Fragm. 52

wollte εἴτε δμωίδα ganz tilgen); da πρόσπολος und δμωίς aber nicht einfach synonym sind (s. u.), bedarf es keiner Änderung.

III. 1 (1) Die Aufforderung ἄγου, 'nimm mich mit dir', richtet bei Euripides auch Admetos an seine Gattin, Alc. 382: ἄγου με σὺν σοί, πρὸς θεῶν, ἄγου κάτω; 'mit sich fortführen' heißt ἄγου Hcld. 808 (Hyllos' Zweikampfangebot): Ἀγγ.: ... ἢ κτανὼν ἄγου λαβὼν ' τοὺς Ἡρακλείους παῖδας ἢ θανὼν ἐμοὶ ' τιμὰς πατρῴους καὶ δόμους ἔχειν ἄφες. ἄγεσθαι ἄλοχον oder ἐς οἶκον o. ä. (nach LSJ, ἄγω B. 2 auch »simply ἄγεσθαι«) heißt: 'eine Frau heimführen' (so Med. 1331: Ἰασ.: ... τότ' οὐ φρονῶν, ' ὅτι ἐκ δόμων ... ' Ἕλλην' ἐς οἶκον ἠγόμην; vgl. An. 104, Willink z. Or. 248): offenbar spielt Euripides mit der Bedeutungsbreite von ἄγεσθαι. (2) Das δέ ist eigentlich an dieser Stelle funktionslos, da weder eine Verknüpfung verlangt ist, noch ein Gegensatz zum Vorhergehenden zum Ausdruck kommt; Denniston, GP 172: »δέ is occasionally found in passionate or lively exclamations... a connective or adversative force is perhaps after all to be felt«. (Besser erklärt wäre δέ, wenn nicht F 129 als vorhergehend zu denken wäre.)

2 (1) ἄλοχος ist als 'Bettgenossin' (s. Frisk 2,111; Chantraine 634: zu λέχεται, λέχος) im Epos und der Tragödie die Bezeichnung für »l'epouse legitime« (Chantraine, l. c.; vgl. Clark, ClPh 35 [1940] 188-90), d. h. die Frau, die das Bett des Mannes (mehr oder minder) freiwillig teilt, und deren Kinder als echtbürtige Nachkommen betrachtet werden. (2) Die Abgrenzung von ἄλοχος heißt deshalb aber für die Begriffe πρόσπολος und δμωίς nicht, daß der Bereich des Sexuellen dabei ausgeschlossen wäre; die Differenzierung betrifft mehr den Aspekt der Freiheit und der Freiwilligkeit. (3) πρόσπολος und δμωίς sind voneinander different vorrangig durch ihre unterschiedliche etymologische Herleitung: a. πρόσπολος ist die Person, 'die sich kümmert' (zu πέλομαι: Frisk 2,500; Chantraine 877) und ist in der Tragödie die gewöhnliche Bezeichnung für das homerische ἀμφίπολος (Belegstellen bei Welskopf, Typenbegriffe 2,1735-7). b. δμωίς (diese Form begegnet nur in der Tragödie; im Epos und in der Lyrik heißt es δμωή: s. Welskopf, aaO. 1,686) leitet sich von δόμος, δῶμα her (nicht von »δαμάζειν«: so Kästner in Welskopf, aaO. 3,302, unter Berufung auf LSJ, δμωή und δμώς; wenn überhaupt, dann von δάμνημι; s. aber Fraenkel, Gl 32 [1953] 23; Frisk 1,403; Chantraine 289f.), und bezeichnet, wie οἰκέτης, οἰκέτις eine zum Haushalt gehörige Person, die meist unfrei zu denken ist. πρόσπολος

ist also ein Begriff, der die Funktion des Bedienens betont, während δμωίς das Merkmal der Zugehörigkeit zum Haus betont. Sonst kann eine πρόσπολος natürlich ihrer sozialen Stellung nach eine δμωίς sein, während andererseits eine δμωίς die Aufgaben einer πρόσπολος erfüllen kann. c. Wenn Andromeda in ihrer völligen Anheimstellung dem Perseus die Wahl dieser drei 'Verwendungsmöglichkeiten' offen läßt, bedeutet dies, daß sie sich entweder 1. in funktionaler Hinsicht als Dienerin, oder 2. in sakraler Hinsicht als Gattin, oder 3. in sozialer Hinsicht als leibeigene Sklavin in Perseus' Abhängigkeit zu begeben bereit ist. (4) In dieser Bereitschaft der Tochter des Königs der Aithiopen, jede nur erdenkliche soziale Degradierung erdulden zu wollen, sofern sie vor dem Tod gerettet wird, erreicht das Drama von Andromeda ihren Höhepunkt: auf dem Hintergrund der stückeröffnenden Klagen wird dieses radikale Sich-dem-Retter-anheimgeben verständlich als die konkrete Explikation der fatalen Ausweglosigkeit, in der sich Andromeda als widerwilliges Opfer für die elterliche Verfehlung dem Untier ausgesetzt sieht. (5) a. Die Alternative ἄλοχος - δμωίς bzw. δούλη begegnet erstmals bei Hom. III 408: Aphrodite zwingt nach dem Zweikampf Menelaos-Paris Helena ins Bett des Verlierers; Helena macht ihrem Zorn Luft: ἀλλ' αἰεὶ περὶ κείνου ὀΐζυε καὶ ἑ φύλασσε, ' εἰς ὅ κέ σ' ἢ ἄλοχον ποιήσεται, ἢ ὅ γε δούλην (vgl. Clark, l. c.). In der lateinischen Literatur äußern »rejected lovers conventionally« die Bereitschaft, dem Geliebten als Gattin oder Sklavin zu dienen (Lyne z. Ciris 443-6); so Ariadne, Catull. carm. 64,158ff.: si tibi non cordi fuerant conubia nostra, ' saeva quod horrebas prisci praecepta parentis, ' at tamen in vestras potuisti ducere sedes, ' quae tibi iocundo famularer serva labore ' candida permulcens liquidis vestigia lymphis ' purpureave tuum consternens veste cubile; Skylla in Ciris 443ff.: mene inter matres ancillarique maritas, ' mene alias inter famularum munere fungi, ' coniugis atque tuae, quaecumque est illa, beatae ' non licuit gravidos penso devolvere fusos?; Tarpeia in Prop. 4,4,55ff.: sin (sic O, hic α: Phillimore, Luck) hospes patiarque (pariamne et similia codd.: Hanslik) tua regina sub aula, ' dos tibi non humilis prodita Roma venit. ' si minus, at raptae ne sint impune Sabinae: ' me rape et alterna lege repende vices!; Briseis in Ov. Her. 3,69f.: victorem captiva sequar, non nupta maritum: ' est mihi, quae lanas molliat, apta manus. Der Akzent bei diesen Beispielen aus der lateinischen Dichtung liegt aber stärker als in unserem Euripidesfragment auf dem servitium amoris; Andromeda scheint dagegen um ihrer Rettung vor dem Tode willen zu allem bereit zu sein (allerdings ist es möglich, daß auch in der 'Andromeda' die Liebe eine entscheidend wichtige Rolle gespielt hat: für die Entscheidung des Perseus, Andromeda zu retten, kann dies aus der Andromedaparodie der 'Thesmophoriazusai' erschlossen werden; ob Andromedas Bereitschaft, sich von Perseus unter der Bedingung der Ehe retten zu lassen, auch von Eros motiviert war, läßt sich nicht sagen, scheint aber zumindest möglich). b. Einen Reflex des euripideischen ἄγου δέ με glaubte Praechter, Ph 67 (1908) 155 im Fragment des Kleanthes, SVF 527 (1,118 Arnim) entdecken zu können: ἄγου δέ μ', ὦ Ζεῦ, καὶ σύ γ' ἡ Πεπρωμένη, ' ὅποι ποϑ' ὑμῖν εἰμι διατεταγμένος. (6) Mette, Lustrum 9 (1964) 75 hat mit F 132 das Fragment aus der 'Andromeda' des Ennius: liberum quaesendum causa familiae matrem tuae in Verbindung gebracht; zum charakteristischen Unterschied beider Fragmente s. z. Ennius II.

F 130.131.133-138.140-143.149-154

(1) a. Wie schon die Fragmente 119 und 126 werden auch die Fragmente 130-138 (ohne 132), 140, 143, 149-154 der umfangreichen Sammlung von ἐκλογαί, ἀποφϑέγματα, ὑποϑῆκαι des Johannes Stobaios verdankt; damit ist das Werk des Stobaios das reichhaltigste Repertorium für Bruchstücke auch der euripideischen 'Andromeda' (trotz Aristophanes' 'Thesmophoriazusai'; von Nauck-Snells 46 Fragmenten der 'Andromeda' stammen 20 aus Stobaios: das ist ein Prozentsatz von ungefähr 43,5 % ; die Bedeutung des Stobaios für die Kenntnis der verlorenen Tragödien des Euripides vermögen folgende Prozentzahlen für willkürlich ausgewählte Stücke verdeutlichen: aus Stobaios stammen 75 % der Fragmente des 'Aiolos', 50 % des 'Alexandros', 70 % der 'Alkmene', 60 % des 'Bellerophontes', 95 % der 'Danae', 80 % der 'Ino', 50 % des 'Meleagros', 30 % des 'Philoktetes', 75 % des 'Phoinix'). b. Das Gnomologium des Stobaios umfaßt Zitate aus einem Zeitraum von rund 1200 Jahren: von Homer bis zum Rhetor und Sophisten Themistios (unter Ausschluß christlicher Texte). Die Themistioszitate bieten den Anhaltspunkt für den terminus, post quem Stobaios seine Sammlung zusammengestellt haben muß; die Lebenszeit des Themistios fällt in die Jahre 317-388 n. Chr. (die letzte erhaltene Rede ist wohl auf den Sept. 387 zu datieren; s. Schmid-Stählin, Gesch. Gr. Lit. 2,1004ff.), also ist das Gnomologium frühestens am Ende des 4., wahrscheinlich im Laufe der ersten Hälfte des 5. Jhdts. kompiliert worden (vgl. Hense, RE IX [1916] 2549). Der

Patriarch von Konstantinopel, Photios (820-891/7), hat das Werk gelesen (Phot. bibl. 112a-115b [2,149-59 Henry]) und die Nachricht bewahrt, daß Stobaios das Werk für seinen Sohn Septimius zusammengestellt hat: ἐπὶ τῶι ῥυθμίσαι καὶ βελτιῶσαι τῶι παιδὶ τὴν φύσιν ἀμαυρότερον ἔχουσαν πρὸς τὴν τῶν ἀναγνωσμάτων μνήμην (Phot. bibl. 112a). c. Die 'Andromeda' ist im Jahre 412 v. Chr. aufgeführt worden (s. E. T II); die Sammlung des Stobaios ist also ungefähr 800 (wenn nicht mehr) Jahre von der Uraufführung der Tragödie und wenigstens noch 700 Jahre von der Herstellung des attischen Staatsexemplars der Tragiker entfernt. Dies wirft die Frage auf 1. nach der Herkunft der Bruchstücke, die Stobaios überliefert, und 2. nach deren Qualität. (2) a. Für die Ermittlung der Quellen des Stobaios bieten erste wichtige Anhaltspunkte Isoc. 2,44 ('Rede an Nikokles', geschrieben um 370 v. Chr.), Xen. Mem. 1,6,14 und insbesondere Pl. Lg. 7,811a (οἱ δὲ ἐκ πάντων κεφάλαια ἐκλέξαντες καί τινας ὅλας ῥήσεις εἰς ταὐτὸ συναγαγόντες, ἐκμανθάνειν φασι δεῖν εἰς μνήμην τιθεμένους (sc. τοὺς νέους), εἰ μέλλει τις ἀγαθὸς ἡμῖν καὶ σοφὸς ἐκ πολὺ πειρίας καὶ πολυμαθίας γενέσθαι), insofern sie zweierlei zu bezeugen vermögen: 1. Lektüre von Dichtern zum Zweck der Erziehung; 2. das Herstellen von Exzerpten- und Zitatensammlungen zum Zweck der Unterweisung der νέοι. Das bedeutet: die Praxis des Gnomensammelns ist im 4. Jhdt. v. Chr. schon üblich und wird zuvörderst aus pädagogischen Gründen betrieben. b. Erhellend für diese Praxis sind auf Papyrus gefundene Schulbücher oder Schülerhefte, in denen wiederholt Gnomen begegnen; zu vgl. sind P. Freiburg 1b (Pack^2 1577), P. Bouriant 1 (Pack^2 2643), PSI 12. 1293 (Pack^2 2707), Gueraud-Joguet, Livre d' ecolier XXVff. Beispielshalber sei der älteste und umfangreichste derartige Papyrus kurz beschrieben: der P. Cairo inv. 65445 (3. Jhdt. v. Chr.; hgg. v. Gueraud-Joguet, Livre d' ecolier; Pack^2 2642) enthält 1. Syllabare (1-8; 9-20); 2. eine Liste von Zahlen bis 25 (21-26); 3. Monosyllaba (27-37); 4. Götterlisten (38-47); 5. eine Flußliste (58-66); 6. ὀνόματα δισύλλαβα (67-114); 7. E. Ph. 529-34 (115-125); 8. E. 'Ino' F 420 (126-9); 9. Hom. 5,116-24 (130-9); 10. ein Epigramm auf einen Brunnen (140-154); 11. den Schluß einer Elegie (155-161); 12. komische Monologe von μάγειροι (162-9,170-184); 13. Straton, 'Phoinikides' (185-215); 14. eine Liste der Quadratzahlen von 1-10, 10-100, 100-800 (216-234); 15. eine Liste der Unterteilung der Drachme (235-242). Die Herausgeber des Papyrus bezeichnen ihn als ein »manuel, où l' enfant pouvait s' exercer à lire et à compter, en meme temps qu' il y trouvait diverses notions utiles à son education«

(Gueraud-Joguet, aaO. XIV; für ein »pädagogisches Handbuch, in dem der Lehrer eine Musterreihe von Texten, die er durcharbeiten ließ zusammengestellt fand« plädiert Marrou, Gesch. d. Erziehung 295f.). Das kleine Dichteranthologium des Papyrus diente vermutlich als Schreib- und Lesevorlage und bot Stoff für Diktatübungen (Horna, RE Suppl. VI [1935] 78); auf jeden Fall beweist der Papyrus hinreichend die Verwendung von Gnomologien im elementaren Schulunterricht. c. Papyri sind weiter aufschlußreich für einen anderen Aspekt des Sammelns von Gnomen. P. Berlin inv. 9772 (2. Jhdt. v. Chr.: hgg. von Schubart-Wilamowitz, Berl. Klassikertexte V 2 123ff.; Pack[2] 1568) vereinigt unter dem Thema περὶ γάμου oder ψόγος γυναικῶν Zitate der Komiker Platon, Pherekrates, Menander, Theodektas, Ps.-Epicharmos, Antiphanes mit Zitaten aus Euripides 'Melanippe Desmotis', 'Protesilaos', 'Hippolytos' (Vv. 403f. 406f. 407-10. 413-23). Von Barns, ClQ 44 (1950) 126-32 wurde ein Papyrus aus dem 2. Jhdt. v. Chr. herausgegeben, der Dichter- und Prosazitate zum Thema περὶ τύχης enthält (Pack[2] 1574); ein Florentiner Papyrus des 2. nchr. Jhdts. bietet unter verschiedenen Rubriken insgesamt 20 Zitate von Euripides, Menander, Hesiod und anderen (PSI 15. 1476; s. z. E. F 140). Diese Beispiele belegen hinlänglich, daß schon früh Sentenzensammlungen angelegt wurden, die vermutlich dem schulischen Rhetorikunterricht Material bereitzustellen bestimmt waren (s. Horna, aaO. 79; Barns, ClQ 45 [1951] 11ff; Marrou, aaO. 328-32). Ausschlaggebend für eine solche Praxis dürfte gewesen sein, daß Gnomen formal und inhaltlich besonders gut für den Schulunterricht geeignet waren (weil leicht einzuprägen und erbaulich; zu vergleichen ist die Rolle, die die sogenannten Dicta Catonis in der ma. Schule spielten). d. Neben den Anwendungsbereich Schule tritt im Hellenismus der Anwendungsbereich Philosophie; schon früh bildete sich, eben der Einprägsamkeit wegen, die Praxis aus, die Lehren der hellenistischen (und im Zuge dieser Entwicklung auch die vorhellenistischer) Philosophen in Gnomensammlungen zusammenzufassen: so sind noch heute die epikureischen Spruchsammlungen greifbar (κύριαι δόξαι; Gnom. Vat.; Diog. Oen. frr. 40-48 Chilton), und ein »Gnomologium Democriteum« (Horna, l. c.), d. h. die sogenannte 'Demokrates'-Sammlung von Sprüchen Demokrits (Vorsokr. 68 B 35 - 115 [2,153ff. Diels-Kranz]; zu vergleichen wären auch die späteren Sammlungen der ἀποφθέγματα τῶν ἑπτὰ σοφῶν bei Stob. 3,1,172 ·[3,111,8 W.-H.] = Vorsokr. 10,3 [1,62ff. Diels-Kranz], die Demetrios von Phaleron zugeschrieben werden [fr. 114 Wehrli]). Wichtiger für die Überlieferung

von Euripideszitaten war die in der Stoa geübte Praxis (über die besondere Leistung des Chrysippos dabei s. Elter, Gnom. hist. 16ff. 70), zur besseren Argumentation Dichterstellen autoritativen Charakters beizuziehen, was zu einem Anwachsen der Sammlung von entsprechenden Stellen geführt hat (Horna, aaO. 80f.); solcher Sammlungen konnte sich natürlich auch die rhetorische Praxis bedienen.
e. Vorläufig zusammenfassend können wir konstatieren: der vermutliche Ursprung der Gnomologia im Unterricht der Schule, in γραμματική und ῥητορική, führt zu verschiedenen Typen von Sentenzensammlungen: 1. einfache gnomische Anthologien (Beispiele aus dem 3. Jhdt. v. Chr.: P. Hibeh 1,7 [Pack² 1569]; P. Hibeh 2,224 [Pack² 1613]; 1. Jhdt. v. Chr.: P. Tebt. 1,1 [Pack² 1606]; P. Tebt. 1,2 [Pack² 1607]) mit gemischtem Inhalt; 2. ethische Anthologien, die nach sachlichen Gesichtspunkkten geordnet waren; 3. Dichter-/Denkeranthologien. (Der ursprüngliche Anwendungsbereich von Gnomologien vermag die These von Barns, ClQ 45 [1951] 3ff. vom sophistischen Ursprung dieser Gattung nur zu stützen; Marrou, aaO. 107 nennt die Sophistik »die große pädagogische Revolution«).

(3) Die oben beschriebenen Papyri konnten schon zeigen, daß das Werk des Euripides in besonderer Weise Gegenstand von Exzerptoreneifer war. In den P. Ross. Georg. 1,9 (2. Jhdt. v. Chr.; Pack² 1576), P. Straßburg WG 304-307 (3. Jhdt. v. Chr.; Pack² 426) und in den Euripidessentenzen, die der Anthologie des Orion angehängt sind (Grammatiker d. 5. Jhdts. n. Chr.; Wendel, RE XVIII [1939] 1083-7 zum Ἀνθολόγιον 1084f.; von Schneidewin, Collect. crit. 33-119 mit Kommentar ediert, dann wieder in Meineke, Stob. 4,249-66; s. auch z. E. F 151) sind uns Euripidesflorilegia greifbar. Dazu tritt ein aus dem Werk des Stobaios selbst zu erschließendes Gnomologium, das Euripidesgnomen in der alphabetischen Reihenfolge der exzerpierten Stücke enthielt und so ganz offenbar nach der alexandrinischen Gesamtausgabe der Tragödien des Euripides gearbeitet war (Wilamowitz, E. Herakles 1,173; Hense, aaO. 2573). Weiterhin ist die Existenz von Tragiker- und Komikeranthologien aus den Papyri zu erschließen, in denen wiederum Euripides prominent vertreten war.

(4) Es bleibt nur noch zu fragen, aus welchen Quellen Stobaios seine schon in vielen Anthologien gesammelten Euripideszitate übernahm. Dabei gewinnen Elters' aaO. 138f. gemachten Beobachtungen ihre Relevanz, die zeigen, daß zwischen den gnomischen Zitaten des Clemens von Alexandreia (gest. vor 215 n. Chr.: Altaner, Patrologie 190ff.), des Theophilos von Antiocheia (seine Schrift 'ad Autolycum',

verfaßt um 180 n. Chr.: Altaner, Patrologie 75ff.), des Orion und Stobaios entsprechende Verwandtschaften bestehen, die auf die Existenz und die fortlaufende Tradierung »eines ... gnomologischen Grundstocks« (Hense, aaO. 2577) schließen lassen (diesen Grundstock hat Elter mit einer Sentenzensammlung des Chrysippos identifiziert; s. aber Hense, aaO. 2576). (5) Abschließend kann für die Herkunft der Fragmente aus der 'Andromeda' festgehalten werden: 1. Dank des von Stobaios benutzten 'Urflorilegiums' repräsentieren seine Zitate eine bis ins 3. vchr. Jhdt. hinaufreichende Überlieferungsschicht; d. h. grundsätzlich verdienen seine Angaben Vertrauen, wenn auch mit Textentstellungen durch Gnomologen gerechnet werden muß (s. dazu Meyer, Abh. München 1880,406. 414f.); 2. »was ... die Gewähr des von Stobaios gebotenen Eklogentexts betrifft, so kann ... nicht überraschen, daß die zu anthologischen Zwecken ehemals verwertete Überlieferung den uns heute gebliebenen Codices ... voransteht« (Hense, aaO. 2583). (6) Das Werk des Stobaios, dessen βίβλια τέσσαρα der Patriarch Photios ἐν τεύχεσι δύσι (Phot. bibl. cod. 167,112a [2,149 Henry]) las, ist uns heute nur noch in verstümmeltem Zustand erhalten; die Eingriffe und Verkürzungen betrafen in erster Linie die ersten beiden Bücher, die nicht lange nach der Lebenszeit des Photios von den letzten beiden Büchern getrennt und unter dem Titel ἐκλογαί separat ediert wurden, unter erheblicher Verdünnung des Inhalts; die Hss. dieser beiden Bücher teilen sich in zwei Klassen, deren Archegeten einmal der Farnesinus III D 15 aus dem XIV. Jhdt. (F) und zum anderen der Parisinus Graecus 2129 aus dem XV. Jhdt. (P) darstellen; dazu tritt das sogenannte Florilegium Laurentianum (Laurentianus 8,22; XIV. Jhdt., L), ein Exzerpt aus dem noch ungeteilten Werk des Stobaios, das manches, was in den heutigen Auszügen nicht mehr enthalten ist, bewahrt hat. Die Bücher drei und vier sind erheblich weniger verstümmelt unter dem Separattitel ἀνϑολόγιον überliefert; die Hss. teilen sich wiederum in zwei Klassen, deren beste Vertreter einmal der Vindobonensis philol. gr. 67 aus dem XI. Jhdt. (S) und andererseits der Escorialensis LXXXX, olim Mendozae, aus dem XII. Jhdt. (M) nebst dem Parisinus Graecus 1984 aus dem XIV. Jhdt. (A) sind; der Vergleich der Kapitelüberschriften von SMA mit den Kapitelüberschriften, die Photios auflistet, zeigt, daß der gemeinsame Archetypus von SMA dem Exemplar, das Photios vor Augen und in Händen hatte, sehr ähnlich gewesen sein muß. (Zur Stobaiosüberlieferung im Ganzen übersichtlich Schmid-Stählin, Gesch. Gr. Lit. 2,2,1088f.: zu den Codices F und P Wachsmuth,

Stob. 1,XXVff., zu L ders. XXVIIIff.; zu SMA Hense, Stob. 3, VIIff. XXIXff.; vgl. auch Hense, RE IX [1916] 2549ff.). - Die Angaben der Lesarten von FP und SMA stützen sich ausnahmslos auf die entsprechenden Notizen von Wachsmuth und Hense. (7) Die von Stobaios überlieferten Sentenzen aus der 'Andromeda' des Euripides scheinen, soweit sie überhaupt situativ verankert werden können, alle aus dem Teil des Dramas zu stammen, der auf die Exposition der Handlung durch Klage der Andromeda und Ankunft des Perseus folgte, die uns in der Parodie der aristophanischen 'Thesmophoriazusai' kenntlich ist. Dies dürfte seinen Grund darin haben, daß nach der stark emotional eingefärbten Exposition verstärkt Handlungselemente zum Tragen gekommen sein müssen, die argumentativen Charakter hatten: so u. U. das Zwiegespräch zwischen Perseus und Andromeda zur Verabredung von Rettung und Heirat, so die Auseinandersetzung zwischen Perseus/Andromeda und Andromedas Eltern um die von Perseus/Andromeda erstrebte, von den Eltern abgelehnte Hochzeit. Argumentative Redeteile bieten sicherlich größeren Anlaß zu eher ins Allgemeine ausholenden Formulierungen, so daß sich dieser an sich auffällige Befund (fast kein Stobaioszitat aus dem von Aristophanes parodierten Dramenteil) vielleicht so erklären läßt. Für die Präsentation der Fragmente nach dem ungefähren Alter der Überlieferungsträger ergibt dies den durchaus erwünschten Effekt, daß die im Folgenden gebotenen Fragmente sehr wahrscheinlich aus dem selben Kontext der Dramenhandlung stammen.

F 130

I. (1) Im Kapitel 'Keine Schadenfreude über fremdes Unglück' überliefert Stobaios aus Euripides' 'Andromeda' die Verse: 'Denn das Mißgeschick von Menschen im Unglück habe ich noch niemals verhöhnt, aus Furcht vor eigenem Leid'. Dieselben Verse waren schon vorher von Stobaios verwendet worden, um (in der langen, das dritte Buch eröffnenden Reihe der Darstellung der 'Kardinaltugenden' ἀρετή, φρόνησις, σωφροσύνη, ἀνδρεία, δικαιοσύνη, ἀλήθεια und deren jeweiligen Gegenteils) die Haltung der φρόνησις zu illustrieren. (2) a. Ebenfalls zitiert finden sich die Euripidesverse in Werken byzantinischen Ursprungs, die ihrem Gehalt nach auf das verlorene Synonymenlexikon des kaiserzeitlichen Grammatikers Herennios Philon von Byblos in Phoinikien (~ 50 - vor 138 n. Chr.: s. Gudemann, RE VIII [1912] 650f.) zurückgehen. Herennios Philons Lexikon περὶ διαφόρων σημαινομένων dürfte sich auf die Arbeiten »hellenistischer Philologengenerationen« gestützt haben (Hunger, Lit. Byz. 2,48; ein systematisches Synonymenstudium betrieb schon der Sophist Prodikos von Keos, dessen Werk vielleicht den Titel περὶ ὀνομάτων ὀρθότητος trug: Pl. Crat. 384 b; Euthd. 277 b; s. Fritz, RE XXIII [1957] 86f.), so daß die Euripidesverse zur Illustration der Bedeutung von ὀρρωδεῖν der alexandrinischen Gelehrsamkeit verdankt werden (und nicht der 'Andromeda'-Lektüre des Herennios Philon!). Von den verschiedenen Exzerpten, Überarbeitungen, Verkürzungen des Synonymenlexikons des Herennios Philon (zu diesen s. Nickau, Amm. XXVIII-LXV) enthalten nur vier das Euripideszitat: 1. das unter dem Namen eines Ammonios tradierte (nicht der Grammatiker des 4. nchr. Jhdts: Hunger, Lit. Byz. 2,49) Lexikon περὶ ὁμοίων καὶ διαφόρων λέξεων, das aus 525 Synonymendistinktionen besteht; 2. eine, sich schon im Pseudonym als Herenniosexzerpt offenbarende, Sammlung von 107 Synonymen περὶ διαφορᾶς σημασίας κατ' ἀλφάβητον eines Eranius Philo (ediert von Valckenaer, Ammonios 153-174 [nova ed. 147-164], und wieder von Palmieri, RHT 11 [1981] 47-80); 3. eine umfangreichere Herennios-Philon-Epitome im Umfang von 179 Glossen (so Nickau, Amm. XL): Ἐρενίου Φίλωνος περὶ διαφόρους σημασίας (unediert; Palmieri, aaO. 61: »ineditum lexicon mea cura sub prelo est«.). 4. Aus der Eranius-Philo- oder Erennius-Philo-Epitome (gekennzeichnet durch die Sigle Ep^{ε}) wiederum hat der Schreiber des Codex Barberin. I 70 (d) des sog. Etymologicum Gudianum (benannt nach dem Besitzer des ersten in Buchform [ed. F. W. Sturz, Leipzig 1818] veröffentlichten Codex dieses Lexikons, dem Codex Gudian. gr. 29 n. 30 aus dem Jahr 1293: w) nachträglich (d^2) zur Glosse ἀρρωδεῖν καὶ ὄρρωδεῖν διαφέρει auf den Rand die ausführlichere Fassung der Glosse mit dem Euripideszitat nachgetragen (zum Et. Gud. grundlegend Reitzenstein, Etym. 70-155, zu d 91ff.). b. Die auf Herennios Philon zurückgehende Bezeugung nennt einmütig Perseus den Sprecher der Verse (was umso glaubwürdiger ist, als in diesem Zweig der Bezeugung der beiden Verse die Herkunftsangabe aus der 'Andromeda' fehlt).

II. (1) Die Position des γὰρ nach συμφορᾶς wird, gegen die Überlieferung, die von Herennios Philon abhängt, metrisch erzwungen (s. Denniston, GP 95f. zur Möglichkeit dieser Stellung von γάρ). (2) Die vorwiegend von Ammonios vertretene Lesart πεπραχότων statt πεπραγότων ist auszuschließen: der Sinn verlangt intransitives πεπραγότων (zur Bedeutungsdifferenz von tempus primum, πέπραχα, zu tempus secundum, πέπραγα, s. Schwyzer 1,772; vgl. auch Schwyzer-Debrunner 2,227; Bornemann-Risch 119).

III. 2 (1) a. ὑβρίζειν τινα statt des bei Euripides häufigeren ὑβρίζειν εἴς τινα begegnet im euripideischen Werk mehrmals: so El. 257. 902; IT 330; Ph. 1644; Or. 436; Ba. 1311; bei Aischylos nur Pr. 970 (Πρ.: οὕτως ὑβρίζειν τοὺς ὑβρίζοντας χρεών.), Sophokles El. 613 (Κλυτ.: . . . ἥτις τοιαῦτα τὴν τεκοῦσαν ὕβρισεν, κτλ.), Ant. 840 (Ἀντ.: οἴμοι γελῶμαι· τί με, πρὸς θεῶν πατρώιων, οὐκ ὀλλυμέναν ὑβρίζεις, ἀλλ' ἐπίφαντον;). Offenbar wird von Euripides der gewöhnlich transitive Gebrauch (KG 1,293) von ὑβρίζειν, der in der Umgangssprache und in der Prosa von ὑβρίζειν εἴς oder πρός τινα (KG 1,294 A. 1) verdrängt war, erst später wiedergewonnen. b. ὕβρις ist nach der Definition von MacDowell, GR 23 (1976) 21 »having energy or power and misusing it self-indulgently«; wenn Perseus hier betont, daß er noch nie eine Haltung von ὕβρις gegenüber Menschen im Unglück eingenommen habe, kann dies bedeuten: 1. er wollte noch nie Schwächeren »physical harm« (MacDowell, aaO. 18) zufügen; 2. er wollte noch nie sich über das Unglück Anderer lustig machen (MacDowell, aaO. 20); oder 3. er will kein »excessive male desire for women« (MacDowell, aaO. 17). Stobaios hat die Verse offenbar nur als Ausdruck der zweiten Möglichkeit verstanden; doch ist die Technik des Exzerpierens und Ordnens des Stobaios nicht zuverlässig genug, um die anderen Möglichkeiten auszuschließen; vermutlich betrifft ὕβρις hier die erste und zweite Möglichkeit: Ablehnung der Ausübung von physischer oder psychischer Gewalt, die die Notlage ausnützen würde, und deshalb Respektierung des Unglücks und Ablehnung von Spott oder Ironie (wobei die sexuelle Konnotation des Mißbrauchs der Macht oder Fähigkeit des Perseus hier auch als passend gedacht werden kann). (2) a. Der auf Herennios Philon (und vielleicht schon auf hellenistische Grammatiker) zurückzuführende Versuch, ἀρρωδεῖν und ὀρρωδεῖν semantisch zu differenzieren, ist in der Sache verfehlt, insofern ἀρρωδεῖν und ὀρρωδεῖν nur morphologisch-dialektologische Varianten des selben Begriffs mit derselben Bedeutung sind; nach LSJ, ἀρρωδέω und Frisk 2,427 ist ἀρρωδεῖν die ionische Form des attischen ὀρρωδεῖν. b. ὀρρωδῶν mit dem Inf. Aor. begegnet bei Euripides auch Hec. 768: Ἑκ.: πατήρ νιν ἐξέπεμψεν ὀρρωδῶν θανεῖν. Der Inf. Aor. drückt die Erwartung eines zukünftigen momentanen Geschehens aus: 'aus Furcht, auch ich werde einmal Leid erfahren'

(s. KG 1,195 A. 7). (3) a. Die von Perseus in diesen Versen artikulierte Position wird von Stobaios in den Kontext einer populären Lebensweisheit oder 'Vulgärethik' gestellt, wie sie seit Hesiod in griechischer Literatur anzutreffen ist. Im 'Tugendkatalog' Hes. Op. 695ff. gibt Hesiod die Anweisung (Vv. 717ff.): μηδέ ποτ' οὐλομένην πενίην θυμόφθονον ἀνδρὶ ' τέτλαθ' ὀνειδίζειν, μακάρων δόσιν αἰὲν ἐόντων. Chilon von Lakedaimon, einem der 'Sieben Weisen', wurde der Spruch zugeschrieben: ἀτυχοῦντι μὴ ἐπιγέλα (Vorsokr. 10,3,11 [1,63 Diels-Kranz] = Sylloge des Demetrios von Phaleron, Chilon 11 = Stob. 3,1,172; ebenfalls Diog. L. 1,70; mit dem Zusatz κοινὴ γὰρ ἡ τύχη Stob. 4,38,11 [5,1010,10 W.-H.]; γνῶμαι τῶν ἕπτα σοφῶν, Anecd. Gr. Boissonade 1,137). Bei Euripides weist Andromache Menelaos darauf hin, daß er keinen Grund habe, sich über ihr Unglück zu freuen (E. An. 462f.): εἰ δ' ἐγὼ πράσσω κακῶς, ' μηδὲν τόδ' αὔχει· καὶ σὺ γὰρ πράξειας ἄν; E. 'Ino' F 406: μὴ σκυθρωπὸς ἴσθ' ἄγαν ' πρὸς τοὺς κακῶς πράσσοντας, ἄνθρωπος γεγώς. Demokrit wird folgende Aussage zugeschrieben, Vorsokr. 68 B 193 (2,206 Diels-Kranz): οἷσιν ἡδονὴν ἔχουσιν αἱ τῶν πέλας ξυμφοραί, οὐ ξυνίασι μὲν τὰ τῆς τύχης κοινὰ πᾶσιν, ἀπορέουσι δὲ οἰκηίης χαρᾶς (die für Demokrit bezeugten Äußerungen zur Ethik haben durchweg gnomischen Charakter, und bei vielen Fragmenten ethischen Inhalts erhebt sich zu Recht die Frage nach ihrer Authentizität: s. Guthrie, History 2,490ff.; in unserem Kontext beweist diese Demokrit zugeschriebene Aussage hinlänglich den verbreiteten und somit 'populären' Charakter dieser Einsicht; offenbar beginnt eine systematische philosophische Tugendlehre erst mit Platon und Aristoteles: s. Howald, Ethik d. Altertums 34-49). Die weiteren Beispiele bei Stobaios 4,48 belegen die weitere Vulgarisierung dieser ethischen Maxime vorrangig in der rhetorischen Praxis. Ergänzend zu den von Stobaios zitierten Texten sind zu nennen: 1. das Diktum, das dem Pittakos von Mytilene (einem der 'Sieben Weisen') zugeschrieben wurde, Vorsokr. 10,5,5 (1,64 Diels-Kranz) = Sylloge Dem. Phal. Pitt. 5: ἀπραγοῦντα μὴ ὀνειδίζε. ἐπὶ γὰρ τούτοις νέμεσις θεῶν κάθηται; in der Fassung von Diog. L. 1,78: ἀτυχίαν μὴ ὀνειδίζειν, νέμεσιν αἰδούμενον; 2. die Menandergnome Men. sent. 470 J.: μὴ 'μβαῖνε δυστυχοῦντι· κοινὴ γὰρ τύχη; 3. Demokrit, Vorsokr. 68 B 107a (2,164 Diels-Kranz): ἄξιον ἀνθρώπους ὄντας ἐπ' ἀνθρώπων συμφορᾶς μὴ γελᾶν, ἀλλ' ὀλοφύρεσθαι (s. Bolkestein, Wohltätigkeit 91). Diese populäre und offensichtlich zu aller Zeit in Erinnerung zu rufende Handlungsmaxime reklamiert Perseus für sich als Maßstab seines Handelns; es ist zu vermuten, daß ihm eine andere dramatis persona sein Verhalten vorhält, und er wiederum mit dieser Darlegung seiner Lebensmaxime antwortet (s. u.). b. Die Begründung: 'aus Furcht vor eigenem Leid' ist eine implizite Aufnahme des Begründungsmusters: ἡ τύχη πᾶσιν κοινή des (vermutlich delphischen) Chilondiktums und des Demokritfragments; »aus der gemeinsamen menschlichen Ohnmacht vor den höheren Mächten wächst das Mitleid mit dem Leidenden, denn was dieser duldet, kann jedem anderen widerfahren« (Wehrli, ΛΑΘΕ ΒΙΩΣΑΣ 102); als Beispiele für dieses Begründungsmuster in der Tragödie vergleicht Wehrli S. Aj. 121ff.; OC 237ff. und erinnert an Hdt. 1,86. In gnomischer Form präsentiert diese Grundeinsicht in die menschliche Existenz Men. sent. 10 J.: ἄνθρωπος ὢν μέμνησο τῆς κοινῆς τύχης (= Hippothoon? TrGF I 210 F 1 = P. Oxy 3006,4 = vita Aesop. W 101,29 Perry = Doxopatros z. Aphthon. Progymn., Rhet. Gr. 2,294,11 und 295,26 Walz); sent. 514 J.: νόμιζε κοινὰ πάντα δυστυχήματα.

IV. (1) Perseus präsentiert sich mit diesen Versen seinem Gesprächspartner als Mann der φρόνησις, der auch früher schon die Notlage anderer Menschen nicht schamlos ausgenutzt habe; deshalb hat das angeredete Gegenüber auch keinen Grund, von Perseus eine hybride Ausnützung der Notsituation zu befürchten. Das γάρ könnte zusammen mit dem inhaltlichen Duktus der Verse ein Hinweis sein, daß Perseus eine längere Argumentation resümierend und ins Grundsätzliche ausholend mit diesen Versen abschloß. Daraus ergeben sich für die Einordnung des Fragments folgende Momente: die angeredete dramatis persona ist in einem Zustand des Unglücks; dieses Unglück macht sie für hybride Handlungen des Perseus potentiell verletztlich, so daß Perseus sie von seiner Gutmütigkeit überzeugen muß; diese Darlegung der Absichten des Perseus kann nicht im Rahmen einer Stichomythie erfolgen, sondern in längeren Statements argumentativen Charakters. (2) Es ergeben sich so zwei Möglichkeiten, diese Verse situativ in der Handlung der 'Andromeda' festzumachen: a. Perseus sucht in einem Gespräch mit Andromeda die Heroine der Ernsthaftigkeit seines Rettungs- und/oder seines Heiratsangebots zu versichern (so Hartung, Eur. rest. 2,352; Robert, Arch. Ztg. 36 [1878] 18; Johne, Eur. Andr. 10; Wecklein, SB München 1888,97). b. Aus E. T III ist eine Auseinandersetzung um die von Andromeda versprochene Ehe mit Andromedas Eltern zu erschließen; vielleicht hat Perseus auf die Vorhaltungen des Kepheus, der ihm die nichteheliche

Geburt zum Vorwurf machte, geantwortet: ich habe mich über anderer Leute Unglück noch nie lustig gemacht, im Unterschied zu dir jetzt (so Matthiae, Eur. Fragm. 53f.; Fritzsche, Ar. Thesm. 509f.; Welcker, Gr. Trag. 2,660; Wagner, Eur. Fragm. 653; Fedde, Pers. Andr. 30). Vorstellbar in diesem Kontext wäre aber auch folgende Argumentation: auch wenn ich deine Tochter, Kepheus, gerettet habe, will ich nicht deshalb sie zur Frau, sondern weil ich sie liebe; es ist nämlich nicht meine Art, das Unglück Anderer auszunützen. c. Sicher scheint zumindest, daß die συμφορά der angeredeten dramatis persona in der tödlichen Bedrohung Andromedas durch das Ketos liegt: ob Perseus vor oder nach der Rettung Andromedas einen Mißbrauch dieser Notsituation ablehnte, läßt sich aber nicht sagen. (3) Gegen Naucks (und Weckleins) Plazierung von F 130 nach F 129 ist einzuwenden, daß F 129 und 132 zusammengehören; da diese Fragmente in eine erregte Stichomythie zu gehören scheinen, müßte F 130 als Abschluß einer etwas längeren Argumentation entweder vor F 129 oder nach F 132 plaziert werden.

F 131

I. (1) Die beiden von Stobaios im Kapitel 'Wider Erwarten' als aus der 'Andromeda' des Euripides stammend überlieferten Verse: 'Mach mir keine Hoffnung, die später Tränen erregt! Vieles mag geschehen, was jetzt noch nicht zu ahnen ist' hat als erster Grotius, Dicta poet. 463 auf zwei Personen als Sprecher verteilt; Matthiae, Eur. Fragm. 50 hielt Andromeda für die Sprecherin von V. 1, während ihr Perseus mit V. 2 geantwortet habe. (2) Dagegen hielt die Mehrzahl der Forscher Andromeda für die Sprecherin beider Verse: eine Annahme, die durch die richtige Lesung des Textes unterstützt wird (s. u.). Angeredet wäre mit großer Wahrscheinlichkeit Perseus, der Andromeda das Angebot zu ihrer Rettung unterbreitet hätte (theoretisch denkbar sind jedoch auch andere dramatis personae).

II. (1) In V. 1 überliefern die Hss. ἐξ ἄδου (von Gesner, Stob. 581,26 als ἐξ ἄιδου gelesen), eine korrekturbedürftige vox nihili, die von Valckenaer (teste Matthiae, l. c.: »in marg. ed. Barnes.«) in ἐξάγου verbessert wurde (übernommen von Musgrave, Gaisford Stob. 3,406, Matthiae). Grotius hatte ἐξαίρου gedruckt (Fritzsche, Ar. Thesm. 499: »male Grotius ἐξαίρου«) und Blaydes, Adv. 309 schlug ἐκκάλει vor zu schreiben (vgl. A. Ag. 270: Χορ.: χαρά μ' ὑφέρπει δάκρυον ἐκκαλουμένη). Paläographisch und inhaltlich befriedigt nur Valckenaers ἐξάγου; zu vergleichen ist E. Supp. 770: Ἀγγ.: ἄκραντ' ὀδύρηι ταῖσδέ τ' ἐξάγεις δάκρυ, Ion 361: Ἴων: ἃ μή μ' ἐπ' οἶκτον ἔξαγ' οὗ λελήσμεθα (diese Beispiele hat schon Fritzsche genannt), und ein Ausdruck mit medialem ἐξάγεσθαι wie γέλωτα ἐξάγεσθαι: X. Cyr. 2,2,15: ... ὁ ταξίαρχος εἶπε· ... ἐκ γε σοῦ πῦρ, οἶμαι, ῥᾷον ἄν τις ἐκτρίψειεν ἢ γέλωτα ἐξαγάγοιτο. (2) Daß das in V. 2 überlieferte ταν bzw. τῶν als ein τοι ἄν, in Krasis τἄν, zu lesen ist, hat zuerst Musgrave gesehen (so Matthiae und Gaisford, Stob. 3,409), der aber noch τ' ἄν schrieb; Gaisford stellte die richtige Lesung her (s. Denniston, GP 544); diese Lesung widerspricht der Deutung des Fragments als Aussage eines A in V. 1, und der Antwort eines B in V. 2 (Grotius und Matthiae lasen δ' ἄν: δέ hat dabei die Funktion, der Aussage von A mit der Aussage von B einen Einwand zu machen, s. Denniston, GP 166f.): τοι hat die Funktion, eine Aussage der besonderen Aufmerksamkeit des Angesprochenen zu empfehlen; hier ist τοι gebraucht »to point the applicability of a universal truth to the special matter in hand« (Denniston, GP 542; dies macht eben nur Sinn, wenn auch V. 1 vom selben Sprecher gesagt wird wie V. 2).

III. 1 (1) προτείνων ἐλπίδ' ἐξάγου δάκρυ meint: 'Stelle mir nicht eine Hoffnung in Aussicht, die jeder Grundlage entbehrt und mich so zwangsläufig enttäuschen und damit zum Weinen bringen muß'; der Akzent der Aussage ist von der im Partizip ausgedrückten Haupthandlung auf die erwartete Folge der Handlung verschoben, die, als gleichsam schon gegeben, prohibiert wird (es scheint also eine brachylogische Verschiebung von Haupt- und Folgehandlung vorzuliegen: s. KG 2,98f.): auch syntaktisch treten so die Emotionen der sprechenden Person in den Vordergrund. (2) Gaisford, Stob. 3,409 hat auf die Ähnlichkeit von V. 1 mit A. Pr. 777 hingewiesen: Ἰώ: μή μοι προτείνων κέρδος εἶτ' ἀποστέρει. 2 (1) δόκησις ist ein (vorwiegend im 5. Jhdt. gebrauchtes: s. Frisk 1,405) nomen actionis »im strengsten Sinne« (Schwyzer 1,504), d. h. es drückt die »action des δοκεῖν« (Wilamowitz z. HF 288), den »Vollzug des δοκεῖν« (Kannicht z. Hel. 119) aus: im vorliegenden Fall also 'Erwartung', 'Vorstellung'. (2) Die wiederholte Äußerung der Einsicht in die Unvorhersehbarkeit des Schicksals ist typisch für Euripides: von den 16 von Stobaios unter dem Titel περὶ τῶν παρ' ἐλπίδα versammelten Zitaten stammen 8 aus Euripides: F 62. 100. 271. 301. 550. 650; Alc. 1159-63 = An. 1284-7 = Hel. 1688-92 = Ba. 1388-92 ~ Med. 1416-9, vielleicht auch 'Melanippe Desmotis' F 495 (p. 291f. van Looy). In diesen Aussagen greift man vermutlich ein poetisches Programm der Tragödie des Euripides: die Tragik euripideischer Tragödien hat ja häufig (und offenbar auch in der 'Andromeda') ihren Grund in der mehrfachen μεταβολὴ εἰς εὐτυχίαν ἐκ δυστυχίας ἢ ἐξ εὐτυχίας εἰς δυστυχίαν (Arist. Po. 7,1451 a 13), d. h. darin, daß vieles ἐκ παραδόξου συμβαίνει (Σ MNOA E. An. 1284 [2,322. 15 Schwartz] zu An. 1284-8: ταῦτα εἴωθεν ὁ ποιητὴς λέγειν διὰ τὰ ἐν τοῖς δράμασιν ἐκ παραδόξου συμβαίνοντα; zu diesen Schlußformeln und ihrer »poetischen Qualität« s. Kannicht z. Hel. 1688-92).

F 133

I. (1) Im Kapitel über den 'Arbeitseifer' überliefert Stobaios die vielzitierte Sentenz: 'Aber ich sage dir: angenehm ist es, ist man gerettet, sich der Anstrengung zu erinnern', und gibt an, daß dieser Vers aus der 'Andromeda' stamme. Euripides als Autor kann (zusätzlich zur Bezeugung durch Cicero, Plutarch und Macrobius) aus dem Stobaiostext insofern gewonnen werden, als im codex S vor F 133 zwei Euripidesbruchstücke zitiert sind ('Telephos' F 715 = 123 Austin; 'Hypsipyle' fr. 60 col. II 96a [43 Bond]); da der Schreiber von S in seinem Bestreben der Kürzung wiederholt Eklogen des gleichen Autors zusammenstellt, »um den Autornamen nur einmal setzen« zu müssen (Hense, RE IX [1916] 2565), liegt die euripideische Herkunft dieses Verses hier auf der Hand. (2) a. Der älteste Zeuge, der explizit Euripides als Verfasser dieses Verses nennt, ist Cicero: in der 45 v. Chr. verfaßten (s. Philippson, RE VII A [1939] 1135) Schrift 'Das höchste Gut und das größte Übel' bietet Cicero eine Darstellung der philosophischen Bemühungen um die Bestimmung des summum bonum durch die drei wichtigsten (außer der Akademie, der sich Cicero selbst zurechnete) philosophischen Schulen seiner Zeit, des Kepos (Bücher I und II), der Stoa (Bücher III und IV) und des Peripatos (Buch V), in der Form von Dialogen: B. I/II sind ein Dialog zwischen Cicero und dem Epikureer L. Manlius Torquatus (praet. 49 v. Chr.) auf Ciceros Cumanum im Jahr 50, B. III/IV sind ein Dialog zwischen dem Stoiker M. Porcius Cato und Cicero auf dem Tusculanum des Lucullus im Jahr 52, B. V schließlich gibt sich als Gespräch aus, das im Jahr 79 v. Chr. zwischen M. Pupius Piso Calpurnianus, Q. Cicero, L. Cicero, Pomponius Atticus und M. Cicero in Athen stattgefunden haben soll (s. Philippson, aaO. 1136). Im zweiten Buch sucht Cicero die von Torquatus vorgetragene Lehre Epikurs zu entkräften; dabei macht er auch auf die Ungereimtheiten des epikureischen Lustkalküls aufmerksam (vgl. Epicur. ep. 3,129 [47,17-48,5 von der Mühll]): dolor könne ja nicht das summum malum sein, wenn er einer größeren voluptas wegen in Kauf genommen werde (fin. 2,32,104); der von Torquatus propagierten und als einem epikureischen Weisen als angemessen bezeichneten Praxis, sich im Zustand des dolor der praeterita bona zu erinnern, um daraus wieder voluptas zu ziehen, die den dolor neutralisieren, oder sogar übertreffen könne (vgl. fin. 1,19,62), hält Cicero zweierlei entgegen: a. das Vergessen sei ein mindestens ebenso großes Gut wie die Erinnerung; b. nicht nur die Erinnerung an praeterita bona, sondern auch die Erinnerung an praeterita mala könne iucunda sein, was Cicero mit dem ins Lateinische übertragenen Euripidesvers zu illustrieren versucht. b. In seiner Sammlung (in neun Büchern) der Gespräche, die er mit Freunden bei verschiedenen Symposien geführt haben will, zitiert Plutarch den Euripidesvers im Kontext der Erörterung der Frage, was bei einem Symposion für die Teilnehmer angenehm sei zu erzählen; die Hss. des Plutarch bieten den Text des Euripideszitats nur verstümmelt und sind deshalb durch c. das Zeugnis des Macrobius zu ergänzen, der in den ersten sieben Kapiteln des siebten Buches der Saturnalia mehrere der Tischgespräche Plutarchs nachgebildet hat (Wessner, RE XIV [1928] 183; Ziegler, RE XXI [1951] 889; zur Lebenszeit des Macrobius [floruit ~ 430 n. Chr.] Cameron, JRS 56 [1966] 37); Plutarch (und deshalb auch Macrobius) gibt Euripides als Autor des Verses an; Kenntnis der 'Andromeda' durch Plutarch ist aber wahrscheinlich auszuschließen (s. di Gregorio, Aevum 54 [1980] 48f.). d. Von der euripideischen Urheberschaft der Sentenz weiß auch der byzantinische, anonyme Kommentar zur 'Rhetorik' des Aristoteles, der ins 12. Jhdt. zu datieren ist (s. Rabe, CAG XXI 2,IX mit A. 2). (3) Der älteste Zeuge für die Verbreitung dieser Sentenz ist Aristoteles, der den Vers ohne Angabe des Autors und des Stücktitels im 11. Kapitel des ersten Rhetorikbuches zitiert: in den Kapp. 4-8 behandelt Aristoteles die symbuleutische, im 9. Kapitel die epideiktische und mit Beginn des 10. Kapitels die dikanische Rede (zum Aufbau der 'Rhetorik' s. Fuhrmann, Ant. Rhet. 147; Flashar, in: Überweg, GrGeschPhil 3 [1983] 253-6), deren Behandlung er mit der Untersuchung der Ursachen für Unrechttun beginnt; die sieben Ursachen, die er ausfindig macht (1,10,1369 a 6/7: διὰ τύχην, διὰ φύσιν, διὰ βίαν, δι' ἔθος, διὰ λογισμόν, διὰ θυμόν, δι' ἐπιθυμίαν) führen ihn darauf, daß Unrecht freiwillig dann begangen werde, wenn es um Lusterwerb geht; das 11. Kapitel widmet Aristoteles deshalb dem Lusterzeugenden: er definiert, was ἡδονή ist (1369 b 33–5) und bestimmt, daß τὸ ἥδεσθαι ἐν τῶι αἰσθάνεσθαί τινος πάθους (1370 a 27/8) bestehe; diese Wahrnehmung könne sich nicht nur auf Gegenwärtiges, sondern auch erinnernd auf Vergangenes oder hoffend auf Zukünftiges beziehen; beim Vergangenen könnten aber nicht nur die angenehmen Gegenstände eine angenehme Erinnerung hervorrufen, sondern auch das unangenehme vermöge in der Erinnerung angehm zu sein, wofür er zum Beweis den Euripidesvers und zwei Verse aus der Odyssee zitiert (Hom. 15,399f., welche »Aristotle, as usual, has misquoted«: Cope-Sandys 1,207). (4) Keinen eigenständigen Zeugniswert besitzen die anonymen Zitate des Euripidesverses in byzantinischen Gnomensammlungen: 1. In die alphabetische Sammlung von monostichischen Sentenzen, die unter dem Titel Μενάνδρου γνῶμαι im Umlauf war (aber Sprüche verschiedener Autoren unter diesem Titel vereinigt), hat der Vers wegen seines sentenziösen Charakters Aufnahme gefunden. Die Sammlung der Monosticha wurde aus größeren Gnomologien kompiliert (s. Görler, Μεν. γν. 143ff.), die wiederum schon Kompilationen von kleineren Dichterflorilegien (Menanderflorilegien, Euripidesflorilegien) darstellten (s. Görler, aaO. 116f.); da uns mit dem Stobaioszitat (wenn schon nicht die Quelle, dann zumindest) die Quellenschicht, aus der die Monosticha genommen sind, im vorliegenden Fall erhalten ist, kommt dem Zitat in den Menandersentenzen kein eigener Zeugniswert zu. 2. In den zwei, mit den Namen Maximos und Antonios bezeichneten, Rezensionen eines großen byzantinischen sakroprofanen Gnomologiums begegnet der Vers jeweils in Kombination mit dem ersten Vers eines aus Stobaios bekannten Fragments des Komikers der παλαιὰ κωμωιδία Archippos, Stob. 4,17,8 (4,402,1 W.-H.; Lemma Ἀρχίππου in MA, Titel: περὶ ναυτιλίας καὶ ναυαγίου) = CAF fr. 43 (1,688 Kock): ὡς ἡδὺ τὴν θάλασσαν ἀπὸ ⟨τῆς⟩ γῆς ὁρᾶν' ὦ μῆτέρ ἐστι, μὴ πλέοντα μηδαμοῦ. Wie die Untersuchungen von Wachsmuth (Stud. gr. Flor. 90ff.), Schenkl (SB Wien 1887,443ff.) und Elter (Gnom. Hom. passim) gezeigt haben, stellen die unter den Namen des bekannten ὁμολογητής Maximos (s. Altaner, Patrologie 522; s. auch z. E. F 125) und eines nicht weiter bekannten Antonios (den Beck, Kirche u. theol. Lit. 643 mit einem asketischen Mönch desselben Namens identifiziert, der eine Χρηστοήθεια geschrieben haben soll; ähnlich ders. Gesch. byz. Volkslit. 30; dagegen Richard, DictSpir 5 [1964] 494; Gutas, Greek Wisdom Literature 25; falsch ist auch der dem 'Autor' von älteren Editoren beigelegte Beiname 'Melissa', der vielmehr den Buchtitel darstellt; so richtig Wentzel, RE I [1894] 2632f.; Horna, RE Suppl. VI [1935] 82; Krumbacher, Gesch. byz. Lit. 600; Beck, Kirche u. theol. Lit. 643) überlieferten Gnomologien eine Zusammenarbeitung einer profanen Spruchsammlung mit den ἱερὰ παράλληλα, einem Werk, das dem Johannes von Damaskos zugeschrieben wurde (s. Altaner, Patrologie 528), dar. Für die Herkunft der profanen Sentenzen (und damit auch des Euripidesverses) wurde von Schenkl und Elter ein Sentenzencorpus als Quelle ermittelt, das im, aus dem XIII. Jhdt. stammenden (Gutas, aaO. 11), cod. Par. 1168 noch greifbar ist; nach der Angabe von Schenkl (aaO. 490; da der Codex bis heute nicht ediert ist, muß man auf die Angaben von Schenkl rekurrieren, der das Zitat als Maximos 52,8 führt [aaO. 498] und dessen Identität mit dem Apopthegma 221 des cod. Par. 1168, f. 162 v 12 bezeugt) stand das Zitat schon in der Vorlage von Maximos und Antonios, in die für die Dichterzitate vor allem Stobaiosexzerpte eingeflossen waren, so daß auch Maximos und Antonios keine von Stobaios unabhängigen Zeugen darstellen. (Zu der »infamous story« [Gutas, aaO. 26] der Edition beider Gnomologien vgl. Richard, DictSpir 5 [1964] 488ff. und 492ff. mit umfassender Angabe der Hss.; Gutas, aaO. 26f.; Stanzel, Dicta Plat. 27. Bei Nauck, TGF^2 verweist die Angabe: »Epictetus fr. 121« [Schweighäuser 3,104] auf Maximos und Antonios, da, auf Grund der Lemmaangabe in Maximos 52,5 ἐκ τῶν Ἐπικτήτου καὶ Ἰσοκράτους, die älteren Epiktetherausgeber einschließlich Schweighäuser [zu diesen s. Asmus, Quaest. epict. 2-7] die beiden Verse für epiktetisch hielten; nach Boissonade [in der Choriciusausgabe von 1846,73 teste Asmus, aaO. 19 und Nauck] trat Asmus für die Unechtheit der Verse ein, bis es Schenkl gelang, den exakten Nachweis der Herkunft der Verse zu führen [vgl. Schenkl, aaO. 527]).

(5) Die von Themistios (~ 317-388 n. Chr.) anläßlich des Konsulatsantritts der Kaiser Constantius und Julianos am 1. Jan. 357 (so Schmid-Stählin, Gesch. Gr. Lit. 2,1007; Stegemann, RE V A [1934] 1659; Downey, Them. XX und 70) in Konstantinopel gehaltene Gratulationsrede für Constantius erinnert unter anderem auch an eine frühere Bedrohung der kaiserlichen Herrschaft und deren souveräne Meisterung durch Constantius, deren Erwähnung Themistios mit den Worten einleitet: 'Irgendwo spricht die Tragödie davon, daß es dem, der sich gerettet weiß, große Freude bereitet, sich der vergangenen Anstrengungen zu erinnern'. Diese Paraphrase des Euripidesverses verrät eine ungefähre Kenntnis des Verses selbst und ent-

stammt wohl einem für rhetorische Zwecke zusammengestellten Sentenzenbuch (mit Angabe des Autors? Der völlige Ausfall eines die Herkunft anzeigenden Lemmas erscheint eher möglich als die wage Angabe ἐκ τῆς τραγωιδίας; eher wird Εὐριπίδου gestanden haben, was Themistios unterdrückt hat, um seiner Rede den Anstrich des ex tempore zu geben). Kenntnis der 'Andromeda' ist für Themistios auszuschließen. (Haupt, Opusc. 3,499 [= 1870] hat auch in Thphr. Char. 20 ein Zitat unseres Euripidesverses erkennen wollen, indem er las: ... »εἶπον μάμμη, ὅτ' ὤδινες καὶ ἔτικτες με τίς ἡμέρα;« ὑπὲρ αὐτῆς δὲ λέγειν »ὡς ἡδύ τοι« καὶ ἀμφότερα οὐκ ἔχοντα οὐ ῥάιδιον ἄνθρωπον λαβεῖν. Steinmetz, Thphr. 2,237f. hat gezeigt, daß dagegen mit Diels zu lesen ist [1,91]: ... »εἴπ' ὦ μάμμη [εἴπου V, om. CD], ὅτ' ὤδινες καὶ ἔτικτες με' τίς ἡμέρα;« καὶ ὑπὲρ αὐτοῦ [αὐτῆς V: Diels] δὲ λέγειν, ὡς ἡδύς [ἡδύ V: Ast] ἐστι καὶ ⟨ἀηδής⟩ [add. Steinmetz], ἀμφότερα δὲ οὐκ ἔχοντα κτλ.). (6) Zusammenfassend ist festzuhalten: die Zeugnisse belegen 1. die Herkunft des Verses aus Euripides' 'Andromeda'; 2. den sentenziösen Gehalt des Verses, der es nahezu unmöglich macht, Aufschluß über den ursprünglichen Sitz des Verses im Drama zu erhalten. - An Versuchen der Einordnung in die Dramenhandlung fehlte es trotzdem nicht; in Vorschlag gebracht wurden 1. die Auseinandersetzung zwischen Perseus und Kepheus um die verweigerte Hochzeit (s. z. E. T III): Perseus verweise mit diesem Vers auf seine πόνοι, (so Matthiae, Eur. Fragm. 52; Fritzsche, Ar. Thesm. 502; Welcker, Gr. Trag. 2,660; Wagner, Eur. Fragm. 653); 2. eine Szene vor der Tötung des Ketos durch Perseus, in welcher Perseus den Eltern der Heroine sein Schicksal erzählte (Hartung, Eur. rest. 2,353; Johne, Eur. Andr. 11; Wecklein, SB München 1888,97; Nauck; Müller, Ph 66 [1907] 61; Séchan, Etudes 269); 3. das Gespräch zwischen Perseus und der Heroine, in dem Perseus Andromeda die Rettung anbietet, und diese den Fremden nach Namen, Herkunft, Schicksal befragt (Fedde, Pers. Andr. 28); 4. eine Szene nach der Tötung des Ketos, in der Perseus »in behaglicher Stimmung ... vergangener Abenteuer« gedenkt (Ribbeck, Röm. Trag. 170; ebenso Ziegler, Archiv f. Relwiss. 24 [1926] 13ff.). Darüber hinaus ist vorstellbar: 5. der Chor fordert bei entsprechender Gelegenheit Perseus auf, seine πόνοι zu erzählen; oder 6. Perseus verlangt von Kepheus näheren Aufschluß über die Gründe für die Aussetzung Andromedas (die von Poseidon gesandte Flut könnte auch als πόνος bezeichnet werden); oder 7. ein resümierendes Schlußwort des Chores: 'πόνοι sind schlimm, aber in der Erinnerung angenehm'. Die Fülle der plausiblen Möglichkeiten der

Einordnung der Sentenz ist so groß, daß hier nicht einmal eine Plazierung exempli gratia gewagt wird. - Ungewiß ist überdies, ob σωθέντα sich nur auf die Rettung von πόνοι einer männlichen Person beziehen kann; hat das von Hermann formulierte Gesetz Gültigkeit: »Masculinum singularis numeri adhibetur, ubi universe aliquis intellegitur, seu vir, seu femina sit, licet femina nunc innuatur« (A. 50 zu p. 61 von Viger, De praec. Gr. dict. idiotismis, ebda. p. 714), wäre auch der Bezug auf Andromedas πόνοι möglich. (Zur Diskussion um maskuline Partizipia für feminine dramatis personae s. Barrett z. Hipp. 1102-50 und Kannicht z. Hel. 1630).

II. Die von Stobaios und Aristoteles (und einem Teil der Macrobiushss.) gebotene Fassung des Textes (mit ἄλλ' statt ὡς, τοι statt τι oder ähnlichem, σωθέντα, nicht -τι) erweist sich gegenüber dem Zeugnis von Menander, Maximos, Antonios, Themistios (und teilweise des Plutarch und Macrobius) als primär, insofern sich die Fassung der späteren Zeugen als Simplifizierung des von Stobaios/Aristoteles gebotenen Textes erweisen läßt: a. die Änderung des ursprünglichen ἄλλ' in ein ὡς wird der Praxis der Gnomologen verdankt, Verse sentenziös abzurunden (in den Menandergnomen gibt es keine Sentenz, die mit ἀλλά, aber zahlreiche, die mit ὡς beginnen); b. in einer Gnome hat die Partikel τοι keine rechte Funktion (s. Denniston, GP 537ff.); c. ἡδύ ἐστι c. dat. (σωθέντι) c. inf. ist die gewöhnlichere Formulierung (KG 2,24-7) und leicht als Angleichung an den verbreiteten Sprachgebrauch zu erkennen, während sich der Akkusativ σωθέντα nicht als Verschreibung eines ursprünglichen σωθέντι erklären läßt (deshalb Blaydes' Präferenz von σωθέντι Adv. 96. 309 falsch). Daß der Tendenz zur sentenziösen Uniformierung gerade auch Partikel zum Opfer fallen, beweist auch Ciceros (partikellose) lateinische Übersetzung des Verses.

III. (1) ἀλλά - τοι weist auf Herkunft des Verses aus einer Gesprächssituation: ἀλλά ist dabei nicht adversativ, sondern als Anknüpfung an vorher Gesagtes aufzufassen (Denniston, GP 18. 20), und »τοι brings the point home to the person addressed« (aaO. 548). ἀλλά - τοι ist in der Tragödie häufig in Stichomythie verwendet (A. Pers. 795; Ag. 1304; S. Aj. 743; Ant. 834; E. Supp. 1068; Ph. 1659; IA 312; in der Komödie Ar. Lys. 56) oder markiert einen Redeanfang (A. Supp. 952; E. Hel. 744; vgl. auch Cycl. 698). Daraus ergibt sich für den möglichen Ort des Fragments in der 'Andromeda': 1. entweder gibt der Sprecher, mit ἀλλά eingeleitet, seine Bereitschaft zu erkennen, seine πόνοι zu erzählen ('Aber freilich ...'), oder 2. der Sprecher bedrängt jemanden, der es schon abgelehnt hat, von seinen πόνοι zu erzählen ('Aber gewiß ist es gerettet angenehm...'). (2) a. Denselben Gedanken wie unser 'Andromeda'-Vers drückt auch E. Hel. 665 verkürzt aus: Μεν.: ὅμως δὲ λέξον· ἡδύ τοι μόχθων κλύειν (Kannicht z. St.: »Die den Imperativ begründende ... Sentenz kann so scheinbar unsinnig verkürzt formuliert werden, weil der Gedanke topisch ist«.) b. Daß dieser Gedanke nicht von Euripides geprägt wurde, zeigen 1. die beiden von Aristoteles im selben Kontext wie dem 'Andromeda'-Vers zitierten Odysseeverse, Hom. 15,400f.: μετὰ γάρ τε καὶ ἄλγεσι τέρπεται ἀνήρ, ' ὅς τις δὴ μάλα πολλὰ πάθηι καὶ πόλλ' ἐπαληθῆι; und 2. die Ermahnung der Gefährten durch Odysseus, Hom. 12,211f., sich gewaltig ins Zeug zu legen: ἀλλὰ καὶ ἔνθεν ἐμῆι ἀρετῆι βουλῆι τε νόωι τε ' ἐκφύγομεν, καί που τῶνδε μνήσεσθαι οΐω. c. In der lateinischen Literatur findet sich der Gedanke mehrfach artikuliert (wobei eine bewußte Imitation des Euripidesverses wohl auszuschließen ist; die Belegstellen wurden gesammelt von Forbiger, Verg. op. 2,56; auf Forbiger verweist auch Herwerden, Mn N. S. 17 [1889] 268): Cic. ad fam. 5,12,4 (geschrieben in Antium am 12. April 55 v. Chr. = Nr. 22 Shackleton-Bailey): nihil est enim aptius ad delectationem lectoris quam temporum varietates fortunaeque vicissitudines. quae etsi nobis optabiles in experiendo non fuerunt, in legendo tamen erunt iucundae. (Für Cicero ist die Kenntnis des 'Andromeda'-Verses belegt, s. o.; die Briefstelle zeigt jedoch, daß der Gedanke schlechthin topisch und vulgär ist.); Verg. Aen. 1,203 (in Nachahmung von Hom. 12,212; Aeneas zu den Gefährten, 198ff.): O socii ... ' o passi graviora, dabit deus his quoque finem. ' vos et Scyllam rabiem penitusque sonantis ' accestis scopulos, vos et Cyclopia saxa ' experti: revocate animos maestumque timorem ' mittite; forsan et haec olim meminisse iuvabit (Austin z. St.: »the sentiment is a commonplace«; den Vers 1,203 verwendete auch Hosidius Geta in seinem Vergilcento 'Medea', V. 70); Sen. HF 654-6 (Amphitryon sucht Theseus zu bewegen, von seinem Unterweltsabenteuer zu berichten): Pervince, Theseu, quidquid alto in pectore ' remanent pavoris neve te fructu optimo ' frauda laborum: quae fuit durum pati, ' meminisse dulce est (Nauck nahm die Abhängigkeit dieser Senecaverse von unserem 'Andromeda'-Fragment an; Fitch z. St. verweist dagegen zu Recht auf den proverbialen Charakter der Aussage unter Hinweis auf Otto, Sprichwörter § 889; Häussler [Hg.], Nachträge 40. 107. 239); Val. Fl. Arg. 1,249 (Ansprache Jasons an die zukünftigen Argonauten,

248f.): ite, viri, mecum dubiisque evincite rebus ' quae meminisse iuvet, nostrisque nepotibus instent; Stat. Theb. 1,473 (Adrastos zu Tydeus und Polyneikes, die blutig um seine Gastfreundschaft vor seiner Tür gekämpft hatten, 471ff.): non haec incassum divisque absentibus acta; ' forsan et has venturus amor praemiserit iras, ' ut meminisse iuvet.

F 134

I. Den Trimeter 'Ruhm gewann ich nur unter großer Anstrengung' überliefert Stobaios als aus der 'Andromeda' stammend im selben Kapitel wie F 133. Diese gemeinsame Überlieferung von F 133 und 134 und die in beiden Versen begegnende Bezugnahme auf πόνοι waren wohl ausschlaggebend dafür, daß Hartung, Eur. rest. 2,353 und Mette, Lustrum 12 (1967) 53 = Lustrum 23/4 (1981/2) 56 beide Trimeter zu einem Fragment zusammenfaßten, in der Reihenfolge F 134. 133: 'Ruhm gewann ich nur unter großer Anstrengung, aber, ich sage dir, gerettet ist es angenehm, sich der Anstrengung zu erinnern'. Gegen diese Verknüpfung spricht 1. der Partikelgebrauch in F 133 (s. z. St.), 2. die Wiederholung von πόνων am Versende (πόνων am Trimeterschluß ist eine bei Euripides bevorzugte Stellung: so Med. 333; Hcld. 568. 717. 811. 841; An. 424; Hec. 783. 1292; Supp. 951; El. 1291; HF 725. 1275; Tr. 271. 689; IT 92. 939. 991; Ion 1604; Hel. 1094; Or. 610; Ba. 283; Cycl. 107. An keiner Stelle [die Überlieferung von Med. 334 ist korrupt: s. Page z. St.] folgt auf einen mit πόνων geschlossenen Vers ein ebenfalls auf πόνων ausgehender). Als selbstverständlich wird dabei vorausgesetzt, daß es sich dabei um die πόνοι des Perseus handelt: für F 133 eine zwar plausible, aber nicht die einzige Möglichkeit (s. z. St.), für F 134 ist diese Annahme gleichfalls ganz unsicher wenn auch von vielen propagiert: zuerst von Valckenaer (teste Matthiae, Eur. Fragm. 51) vorgeschlagen, griffen Matthiae; Fritzsche, Ar. Thesm. 502; Welcker, Gr. Trag. 2,660; Wagner, Eur. Fragm. 653; Ribbeck, Röm. Trag. 170; Johne, Eur. Andr. 11; Wecklein, SB München 1888,97; Müller, Ph 66 (1907) 61; Séchan, Etudes 269; Ziegler, Archiv f. Relwiss. 24 (1926) 13ff. diese Deutung des Fragments auf Perseus' Gorgoabenteuer auf, das Perseus entweder Andromeda oder Kepheus/Kassiepeia vor/nach der Tötung des Ketos erzählt habe (s. z. E. F 133). Während F 133 in diesen Kontext eingeordnet werden kann, spricht m. E. die Erwähnung der εὔκλεια gegen einen Bezug von F 134 auf dieses erst jüngst bestandene Abenteuer des Perseus (s. u.).

II. Der Vers bietet in den Fragmenten der 'Andromeda' das einzige Beispiel für eine Auflösung des obligaten Longums in ein Doppelbreve vom Typus 'Tribrachy im 2. Fuß' ('im 3. Fuß' aber F 136,2; 141,3; s. die Trimeterstatistik z. E. F 124): εὔκλειαν ἔλαβον | ; die Zäsur fällt hier, wie bei Auflösungen des zweiten Longums üblich (s. Korzeniewski, Gr. Metrik 58; Snell, Gr. Metrik 20), hinter das nachfolgende Anceps (als Zäsur 'Penthemimeres'). Zu den möglichen Typen der Tribrachy-Auflösung s. Descroix, Trimétre iambique 155ff.

III. (1) a. εὔκλεια ist als Substantiv zum Adjektiv εὐκλεής, -ές gebildet (Steinkopf, Gesch. d. Ruhmes 5; Greindl, ΚΛΕΟΣ 7; Risch, Wortbildung hom. Sprache 130), das jemanden/etwas bezeichnet, der/das 'gutes κλέος' besitzt; κλέος wiederum ist ein »altes Verbalnomen von einem Wort für 'hören'« (Frisk 1,870; s. auch Chantraine 541) und bezeichnet den Ruf, den jemand/etwas genießt. εὔκλεια ist mithin dann verwirklicht, wenn über/von jemandem/etwas Gutes zu vernehmen ist. So schon bei Homer: Hom. VIII 285 (Agamemnon lobt Teukros' Treffsicherheit mit dem Bogen): τὸν (sc. τὸν πατέρα Τελαμῶνα) καὶ τῆλοϑ' ἐόντα ἐυκλείης ἐπίβησον; 14,402 (der Sauhirt Eumaios ironisch zu Odysseus): ξεῖν', οὕτω γάρ κέν μοι ἐυκλείη τ' ἀρετή τε ' εἴη ἐπ' ἀνϑρώπους ἅμα τ' αὐτίκα καὶ μετέπειτα κτλ. (sc. wenn ich dich als ξένος umbrächte); die Ilias- und die Odysseestelle zeigen deutlich die sozialen Implikationen von εὔκλεια: εὔκλεια tritt dann ein, wenn eine Handlung oder eine Haltung von Anderen, d. h. gesellschaftlich, gebilligt und gutgeheißen wird. So ist εὔκλεια auch in der Tragödie gebraucht (A. Th. 685; Supp. 875; Ch. 348; Eu. 865; F 36b 5,1 . 168a, 8 . 451s 6,9; S. Aj. 436. 465; Ant. 703; Ph. 478; E. Med. 415; Hipp. 1299; An. 800; Supp. 315. 1015; HF 1335. 1370; Or. 30; F 238. 360,33. 474. 853,3. 854. 1007d,1; zum ethischen Gehalt dieses Begriffs in der Sophistik s. Greindl, RhM 89 [1940] 218f.). b. In unserem Vers behauptet eine dramatis persona von sich, infolge von sehr großer Anstrengung (Litotes: Lausberg, Hdb. Lit. Rhet. §§ 586-8) sich einen guten Ruf erworben zu haben. Gewöhnlich wird die Anstrengung mit der Tötung der Gorgo Medusa, die sprechende dramatis persona mit Perseus identifiziert, der mit dem Hinweis auf seinen durch πόνοι erworbenen Ruhm den Bericht von der Tötung der Gorgo eingeleitet habe (s. o.). Diese Deutung setzt voraus, daß Perseus die Anerkennung, die er durch die Erzählung des Gorgoabenteuers bei den Aithiopen gewinnen wird, im Begriff εὔκλεια selbstbewußt vorwegnimmt; denn: 1. die Handlung der 'Andromeda' setzt den unmittelbaren Abschluß des Gorgoabenteuers voraus (s. z. E. **F 123 und 124); 2. infolgedessen weiß von der Tötung der Gorgo bei der Ankunft des Perseus bei den Aithiopen nur er selbst, und somit 3. kann Perseus nicht damit rechnen, bei den Aithiopen schon 'berühmt' zu sein. Entweder ist also εὔκλεια proleptisch zu fassen, oder der Vers in einen anderen Kontext zu setzen. Beispielshalber sei erwogen: mit πόνοι ist die Anstrengung der Tötung des Ketos gemeint; εὔκλεια, 'Ruhm' durch diese Tat ist dem Perseus bei den Athiopen sicher, die ja indirekt oder direkt Zeugen und Mitbetroffene sind; grundsätzlich eröffnen sich so zwei Möglichkeiten: 1. Perseus nimmt mit diesem Vers Stellung zu Lob, das ihm gespendet wurde; oder: 2. er reklamiert εὔκλεια (und was sich daraus ableiten läßt) für sich gegen Versuche, seine Leistung herabzusetzen (oder ihn um den verdienten Lohn für seine Leistung, nämlich die Ehe mit Andromeda, zu betrügen).

(2) a. Die Verknüpfung von εὔκλεια und πόνος ist topisch: E. 'Likymnios' F 474: πόνος γὰρ, ὡς λέγουσιν, εὐκλείας πατήρ; F 1007d: κτήσασθ' ἐν ὑστέροισιν εὔκλειαν χρόνοις ' ἅπασαν ἀντλή[σαν]τες ἡμέραν [πόν]ον ' ψυχαῖς ... Zu vergleichen ist auch A. F 315 (aus dem 'Prometheus Solutus'?): τῶι πονοῦντι δ' ἐκ θεῶν ' ὀφείλεται τέκνωμα τοῦ πόνου κλέος und Pi. F 227 Sn.-M.: νέων δὲ μερίμναι σὺν πόνοις εἱλισσόμεναι ' δόξαν εὑρίσκοντι· λάμπει δὲ χρόνωι ' ἔργα μετ' αἰθέρ' ⟨ἀερ⟩θέντα. b. Ein ähnlicher Gedanke findet sich bei Euripides auch im 'Archelaos', F 237 (= 11 Austin): νεανίαν γὰρ ἄνδρα χρῆ τολμᾶν ἀεί· ' οὐδεὶς γὰρ ὢν ῥάιθυμος εὐκλεὴς ἀνήρ, ' ἀλλ' οἱ πόνοι τίκτουσι τὴν εὐανδρίαν (V. 2 = F 1052,7: οἱ γὰρ πόνοι τίκτουσι τὴν εὐανδρίαν). Harder, Kresph. Arch. 219 vergleicht zur Stelle: S. 'Manteis' F 397: οὔτοι ποθ' †ἥξει† (γ' ἐφίξει Valckenaer, ποθ' ἕξει Dobree, ποθ' ἵξει Boissonade, alii alia) τῶν ἄκρων ἄνευ πόνων; Epicharmos Vorsokr. 23 B 36 (1,203,18 Diels-Kranz) = CGF F 287 (143 Kaibel) = X. Mem. 2,1,20: τῶν πόνων πωλοῦσιν ἡμῖν πάντα τἀγαθ' οἱ θεοί; Prodikos Vorsokr. 84 B 2 (2,314,19 Diels-Kranz) = X. Mem. 2,1,28: τῶν γὰρ ὄντων ἀγαθῶν καὶ καλῶν οὐδὲν ἄνευ πόνου καὶ ἐπιμελείας θεοὶ διδόασιν ἀνθρώποις; Adespotum comicum CAF F 532 (3,505 Kock): ἅπαντα τὰ καλὰ τοῦ πονοῦντος γίνεται; E. 'Erechtheus' F 364 (= 55 Austin) = Men. sent. 221 J.: ἐκ τῶν πόνων τοι τἀγαθ' αὔξεται βροτοῖσι; 'Telephos' F 701 (= 107 Austin) = Men. sent. 463 J.: μοχθεῖν ἀνάγκη τοὺς θέλοντας εὐτυχεῖν (vgl. Hipp. 207 [an]: Τροφ.: ... μοχθεῖν δὲ βροτοῖσιν ἀνάγκη). Diese Beispiele (vgl. auch Collard z. Supp. 323b) sind unschwer als Variationen des seit Hesiod populä-

ren Gedankens zu erkennen, daß Gutes im menschlichen Leben immer durch Anstrengung erworben werden muß; die vielzitierte (s. Rzach, Hes. carm. 180f.; West z. Op. 287–92) Sentenz, Hes. Op. 289: τῆς δ' ἀρετῆς ἱδρῶτα θεοὶ προπάροιθεν ἔθηκαν ' ἀθάνατοι steht dabei für die vulgäre, allgemeine Form dieser verbreiteten Einsicht, während unser Fragment einen speziellen Ausschnitt dieses Gedankens traktiert; die sich an Hesiodos anknüpfende Spruchtradition vermag aber zu erklären, warum unser 'Andromeda'-Vers in seiner Banalität überhaupt für sentenziös gelten konnte. Als weitere Beispiele für diesen Gedanken sind zu nennen: Simonides PMG 579: ἔστι τις λόγος ' τὰν Ἀρετὰν ναίειν δυσαμβάτοισ' ἐπὶ πέτραις, ' †νῦν δέ μιν θοαν† χῶρον ἁγνοῦ ἀμφέπειν ' οὐδὲ πάντων βλεφάροισι θνατῶν ' ἔσοπτος, ᾧ μὴ δακέθυμος ἱδρὼς ' ἔνδοθεν μόλῃ, ' ἵκῃ τ' εἰς ἄκρον ἀνδρείας; Demokritos Vorsokr. 68 B 182 (2,182,5 Diels-Kranz): τὰ μὲν καλὰ χρήματα τοῖς πόνοις ἡ μάθησις ἐξεργάζεται, τὰ δ' αἰσχρὰ ἄνευ πόνων αὐτόματα καρποῦται; E. 'Archelaos' F 236 (= 10 Austin): σὺν μυρίοισι τὰ καλὰ γίγνεται πόνοις; F 240 (= 14 Austin): ἐμὲ δ' ἄρ' οὐ ' μοχθεῖν δίκαιον; τίς δ' ἄμοχθος εὐκλεής; ' τίς τῶν μεγίστων δειλὸς ὢν ὠρέξατο; S. El. 945: Ἠλ.: ὅρα· πόνου τοι χωρὶς οὐδὲν εὐτυχεῖ. Willink, ClQ 38 (1988) 86 A. 3 erinnerte an E. Hlcd. 625: ἁ δ' ἀρετὰ βαίνει διὰ μόχθων und an Pi. O. 11,4; N. 6,24; I. 1,42.

F 135

I. (1) a. Die beiden Verse aus der 'Andromeda' des Euripides: 'Es ist wohl so: das, was erst noch kommt, erregt Tag für Tag Furcht; denn Übel, das noch kommt, ist schlimmer als ein Zustand des Leidens' werden von Stobaios unter der Rubrik: 'Die Betrübnis: sie ist äußerst beschwerlich und schmerzend für die, die sich Sorgen machen' überliefert. Die Situierung dieser Verse unter dieser Kapitelüberschrift ist, im Vergleich zu den anderen in diesem Kapitel zitierten Äußerungen, nur schwer zu erklären; während in den anderen Zitaten ausdrücklich λύπη thematisiert ist, scheint für Stobaios für die Einordnung dieser beiden 'Andromeda'-Verse das Thema φροντίζειν ausschlaggebend gewesen zu sein. b. Während der erste Vers die ziemlich banale Einsicht ausspricht, daß die Zukunft Quelle von Furcht sein kann, sucht der zweite Vers, mit kausalem ὡς angeschlossen, V. 1 zu begründen. Der überlieferte Text erlaubt zwei Deutungen: 1. der Sprecher hat ein gegenwärtiges κακόν im Blick und erwartet, daß die Zukunft ein noch größeres κακόν bringen werde; oder 2. der Sprecher konstatiert, daß die Erwartung von Übel immer schlimmer sei als das Erleiden dieses Übels selbst. Entsprechend dem Deutungsvorschlag 1 übersetzt Ebener (Eur. Trag. 3,241): »Gewiß, die Zukunft schreckt mich täglich, denn das Unglück, das uns bevorsteht, übertrifft das jetzige«, während Seeck, Eur. 59 gemäß Vorschlag 2 übersetzte: »Furcht vor der Zukunft begleitet unsern Tag. Ja, das drohende Übel ist schlimmer als das Leiden selbst«. Es ist evident, daß von der Deutung von V. 2 abhängt, wie diese Verse im Kontext der 'Andromeda' zu lokalisieren sind. (2) Vorgeschlagen wurde als Herkunftsort der Verse: a. die Unterredung zwischen Perseus und Andromeda vor der Tötung des Ketos: Andromeda soll Perseus den Grund ihrer Aussetzung erzählt haben und auf ihre bange Erwartung des durch das Ketos drohenden Todes hingewiesen haben (so Fritzsche, Ar. Thesm. 500; Welcker, Gr. Trag. 2,652; Wagner, Eur. Fragm. 650; Fedde, Pers. Andr. 28f.; Johne, Eur. Andr. 10; Petersen, JHS 24 [1904] 100; Müller, Ph 66 [1907] 60 A. 57); b. ebenfalls im Gespräch zwischen Perseus und Andromeda soll Perseus versucht haben, Andromedas Zweifel an der Ernsthaftigkeit seines Rettungsangebots zu zerstreuen: mit dem Hinweis auf seine Haltung gegenüber Unglücklichen (F 131) und durch das Aufzeigen der Größe der bevorstehenden Gefahr (so Hartung, Eur. rest. 2,352); c. Kepheus soll, weil Andromeda schon fest dem Phineus versprochen sei, unter Hinweis auf die zu erwartende gewalttätige Reaktion des Phineus, es furchtsam abgelehnt haben, Andromeda dem Perseus als Lohn zur Frau zu versprechen (so Wecklein, SB München 1888,96); d. während der hinterszenischen Tötung des Ketos soll sich Kepheus in einem Monolog über die Ungewißheit der Zukunft und das seinem Hause drohende Unheil geäußert haben (so Webster, BICS 12 [1965] 31 = Tragedies 197). e. Wecklein und Petersen schließlich vertraten die Auffassung, daß die beiden Verse auf zwei Sprecher zu verteilen seien: Wecklein dachte an Perseus als Sprecher von V. 1 und Kepheus als Sprecher von V. 2, während Petersen den zweiten Vers Andromeda geben wollte: diese Annahmen sind natürlich unbeweisbar. (3) Von vornherein abzuweisen ist Weckleins Rekonstruktion, weil er mit dem Auftreten einer dramatis persona Phineus rechnet, die für die 'Andromeda' des Euripides zwar postuliert, aber nicht schlüssig bewiesen werden kann. - Die Erwähnung eines μεῖζον κακόν impliziert, daß der Sprechende schon mit einem κακόν konfrontiert ist; es liegt in einer 'Andromeda'-Tragödie nahe zu vermuten, daß dieses κακόν in den zur

Aussetzung Andromedas führenden Ereignissen oder in der Aussetzung selbst besteht; trifft letzteres zu, ist eine Situation, die als ein μεῖζον κακόν als Andromedas Aussetzung betrachtet werden könnte, nicht vorstellbar, so daß sich als Aussage ergäbe: die Erwartung des Übels ist schlimmer als das Übel selbst. Diese Deutung vertrüge sich sowohl mit der oben unter a., wie mit der unter d. resümierten Rekonstruktion, während die Vorschläge b. und c. damit hinfällig wären.

II. Die Interpretationsbedürftigkeit von V. 2 hat auch Versuche provoziert, den Sinn des Verses konjektural festzulegen, und zwar jeweils für die erste der beiden oben dargestellten Deutungen: Schmidt, Krit. Stud. 2,444 hat anstatt des bedenklichen »Ausdrucks τοῦ πάσχειν als Bezeichnung eines gegenwärtigen Leidens im Gegensatz zu τοὐπιὸν κακόν« vermutet, daß ὡς τοῦ 'ν ποσίν γε zu schreiben sei: Wecklein, l. c.. wollte mit der Konjektur ὡς τοῦ παρόντος τοὐπιόν das »überflüssige . . . γε« beseitigen (oder, alternativ, das γε beim Wort nehmen und V. 2 als Antwort auf V. 1 zu fassen): der Vers bedarf m. E. der Interpretation, nicht der Emendation. (Blaydes, Adv. 97 wollte V. 1 verbessern in: μή ποτε τὸ μέλλον ἐκφόβου; zwar kann man S. El. 1426 vergleichen, aber die Rubrizierung des Stobaios nicht mehr erklären.)

III. 1 (1) ἦ που signalisiert eine eingeschränkte (που) affirmative (ἦ) Äußerung (s. Denniston, GP 285f.; Kannicht z. Hel. 1465-7) und kann mit »sicherlich wohl« übersetzt werden (KG 2,145). Beispiele für diesen Gebrauch der Partikeln bei Euripides sind Hcld. 55; Hel. 1465; Ba. 959; 'Aigeus' F 9. (2) ἐκφοβεῖν bedeutet, aktiv gebraucht, 'jemanden in großen φόβος versetzen': so A. Pers. 606; E. Or. 270. 312. Sophokles verwendet das Wort nur passivisch (OR 989; El. 276. 1476; OC 269) in der Bedeutung 'sich sehr fürchten' (so auch E. An. 962); einzig in unserem Fragment ist ein absoluter Gebrauch für die Tragödie belegbar. Die Präposition ἐκ-, die gewöhnlich eine das Verb steigernde oder verstärkende Funktion hat (s. Schwyzer-Debrunner 462), erfährt ihre Begründung hier durch das folgende καϑ' ἡμέραν: die Alltäglichkeit der Erwartung bewirkt eine Intensivierung der Furcht (der Sache nach hätte das Simplex zum Ausdruck des Gedankens ausgereicht). 2 (1) »ὡς ('for') . . . γε is especially common in Euripides and Aristophanes, and seems to become almost a stereotyped idiom, in which γε often retains little force« (Denniston, GP 143); häufig wird eine Antwort durch ὡς - γε eingeleitet (die Verteilung der zwei Verse auf zwei Sprecher ist von dem her vertretbar); grundsätzlich wird aber mit Willink z. Or. 93 zwischen einem begründenden und einem bekräftigenden-beteuernden Gebrauch von ὡς - γε zu unterscheiden sein. Hier liegt es näher, die kausale Funktion anzunehmen. (2) τοὐπιὸν ... κακόν begegnet auch E. Alc. 173 (die Dienerin berichtet von Alkestis, letzten Handlungen, nämlich dem Schmücken aller Altäre, und der Haltung die sie dabei bewahrt): ... οὐδὲ τοὐπιὸν ' κακὸν μεθίστη χρωτὸς εὐειδῆ φύσιν. τὸ ἐπιόν bezeichnet also das Übel, das der Zeit nach noch kommt (LSJ, ἔπειμι B II. 1: »of Time, 'come on' or 'after'): in der 'Alkestis' ist dies der Tod (und in der 'Andromeda' mit großer Wahrscheinlichkeit eben auch). In E. F 1073,6 ist τὸ ἐπιὸν synonym mit τὸ μέλλον gebraucht (LSJ, μέλλω IV: »esp. in neut., τὸ μέλλον, τὰ μέλλοντα 'things to come, the future'«): οἱ δὲ ὑπέρφρονες, καὶ τῶι παρόντι τοὐπιὸν πιστούμενοι κτλ. Nach Auskunft von Willink z. Or. 630-1 war Euripides »notably fond of ἐπιών, sometimes lit. (Ion 323), more often 'future, forthcoming'«; zu nennen sind Alc. 309; Med. 352; IT 313; Or. 1659; IA 651. Mit Ausnahme von F 1073,6 ist ἐπιών immer adjektivisch verwendet; dies läßt zweifeln, ob die von Stössl, Eur. Trag. 2,487 vorgelegte Deutung (τοὐπιόν als Substantiv, μεῖζον Adjektiv zu κακόν) richtig ist; er übersetzte: »denn schlimmeres Übel als das Leiden ist, was kommt«.

F 136

I. (1) a. Im dreizehnten Buch des 15 Bücher umfassenden, in bewußtem Anschluß an Platons 'Symposion' und Plutarchs 'Quaestiones convivales' verfaßten 'Gastmahls weiser Männer' ('Deipnosophistai'), sammelt Athenaios von Naukratis in Ägypten (Anf. d. 3. Jhdts. n. Chr.: Wentzel, RE II [1896] 20; die bequemste Übersicht über die Überlieferung und Ausgaben des Athenaios bei Gow, Machon 25ff.; Hunter, Eubulus 30ff., mit Stemma) Aussagen zum Thema Eros; von Euripides werden zwei Fragmente zitiert, beide ohne Angabe der Stücke, aus denen sie genommen sind; das zweite ist folgendes Gebet an Eros:

> Du Herr über Götter und Menschen, Eros!
> Entweder hör' auf, uns das Schöne schön erscheinen zu lassen,
> oder steh' den Liebenden glücklich bei, die sich abmühen
> mit der Mühsal, deren Urheber du bist.
> Tust du das, wirst du Ehre empfangen bei den Menschen,

wenn nicht, wirst du gerade durch deine Liebeslehre
der Dankbezeugungen verlustig gehen, mit denen sie jetzt noch [dich ehren.

b. Athenaios führt beide Fragmente als vom σκηνικὸς φιλόσοφος Εὐριπίδης stammend ein (s. Schmid, Gesch. Gr. Lit. 3,318 A. 5; dieselbe Ausdrucksweise auch Athen. 4,158 E); zuerst ist ein solches Epitheton im Prooemium des achten Buches des Werks des römischen Ingenieurs und Architekten Vitruv (verfaßt vor 22 v. Chr.) greifbar, der unter Rückgriff auf die auch in der Euripidesvita berichtete angebliche Schülerschaft des Euripides bei Anaxagoras, Prodikos, Protagoras (vit. Eur. 2, p. 1,10 Schwartz; vgl. Gell. N. A. 15,20,4) schrieb (Arch. 8 prooem. 1, p. 183,16): Euripides auditor Anaxagorae quem philosophum Athenienses scaenicum apellaverunt. Quintilian, inst. 10,1,68 bezeichnet die euripideischen Gnomen illis, quae a sapientibus tradita sunt, paene ipsis par; Clemens von Alexandreia nennt Euripides ὁ ἐπὶ τῆς σκηνῆς φιλόσοφος, Strom. 5,10,70,2 (1,373,4 Stählin-Früchtel), ähnlich auch Sextos Empeirikos: ὁ σκηνικὸς ἀναγορευθεὶς φιλόσοφος (adv. math. 1,288 [73,28 Mau]) und Origenes, c. Cels. 4,77 (1,347,11 Koetschau): ὁ κατά τινας σκηνικὸς φιλόσοφος καὶ φυσιολογίας τῆς Ἀναξαγόρου γενόμενος ἀκροατής. (2) a. Von den sieben Versen des Fragments, die Athenaios bietet, zitiert Stobaios zweieinhalb unter der Kapitelüberschrift: 'Tadel der Aphrodite, oder: die Schlechtigkeit des Eros, weil er an vielem Unheil schuldig ist', nur unter Angabe des Autornamens Euripides. b. Die Art der Anpassung des Zitats an die Titelüberschrift und die Verkürzung von V. 3/4 auf ein schlichtes εὐμενὴς παρίστασο sind ein »interpolationis gnomologae exemplum memorabile« (Hense, Stob. 4,459) und bietet keinen Anlaß, entweder das Stobaioszitat dem Euripides abzusprechen (so Wagner, Eur. Fragm. 651) oder Verstümmelung durch einen den Euripides parodierenden Komödiendichter (Matthiae, Eur. Fragm. 49; Fritzsche, Ar. Thesm. 507), oder überhaupt eine Verderbnis im überlieferungstechnischen Sinn (so Cobet, Novae lectiones 84) anzunehmen: der das Gnomologium aus Euripideszitaten zusammenstellende Anthologe änderte im ersten Vers die Erosapostrophe so, daß schon der erste Vers eine Schmähung des Gottes beinhaltete, den dritten Vers kürzte er 'sinngemäß' ab. (Aus Stobaios hat Arsenios 47,13 = Apostolios 15,81c [2,648 Leutsch-Schneidewin] diese Verse in die Proverbiensammlung des Apostolios eingefügt: s. z. E. F 137). (3) a. Den ersten der sieben von Athenaios zitierten Verse läßt Lukianos in der seine Schrift 'Wie man Geschichte schreiben soll' einleitenden Anekdote von der Tragödienmanie in der thrakischen Stadt Abdera um das Jahr 305 v. Chr. die vom Fieber gezeichneten Abderiten als aus einer Rhesis des Perseus aus Euripides' 'Andromeda' singen (s. z. E. T IV b. 1): 'Du, Herr über Götter und Menschen, Eros'. b. Diese Erwähnung sichert 1. die Herkunft der sieben von Athenaios zitierten Verse aus der 'Andromeda', 2. Perseus als Sprecher dieser Verse. Die Erwähnung des Gesangs in der Abderitenanekdote reflektiert die zu Lukians Zeiten übliche Praxis, Glanzlichter von Tragödien, ungeachtet ihrer musikalisch-rhythmischen Gestalt, als Soloarien vorzutragen. c. Als Phänomen der Wirkungsgeschichte der Lukiananekdote ist nicht nur das dritte Buch von Chr. M. Wielands, Geschichte der Abderiten, von 1774/80 anzusprechen (Wieland kannte die euripideische 'Andromeda' sicher auch aus der Parodie der Tragödie in den aristophanischen 'Thesmophoriazusai'), sondern auch das »Fragment« in Laurence Sterne's 'Sentimental Journey' von 1768 (pp. 63f. der von Virginia Woolf eingeleiteten Ausgabe London 1928). (4) a. Philostratos deutet die der Andromeda die Fesseln lösende Gestalt des Eros auf dem von ihm beschriebenen Perseusgemälde (s. z. E. T V b.iii) als Resultat des Gebetes, das Perseus an Eros gerichtet hatte, daß er dem Helden zu Hilfe kommen solle; der Gott sei dargestellt πτηνὸς μὲν τὸ εἰωθός, νεανίας δὲ παρ' ὃ εἴωθε, καὶ ἀσθμαίνων γέγραπται καὶ οὐκ ἔξω τοῦ μεμοχθηκέναι: 'gemalt ist er, wie üblich, mit Flügeln, aber, das ist unüblich, als junger Mann (sonst wurde Eros als Kind dargestellt; vergleiche aber den Amor in Apul. Met. 5,22); und er ist schwer atmend gemalt, er hat sich von der Anstrengung noch nicht wieder erholt'. Nach Philostratos' Deutung hätte der Maler, das (euripideische?) Erosgebet beim Wort nehmend, Eros tatkräftig an der Tötung des Ketos teilnehmen lassen; die Vermutung liegt nahe, daß sich entweder die Phantasie des Malers oder die des Philostratos von vorliegendem Fragment (oder was sonst noch von Euripides' 'Andromeda' eventuell im 2./3. Jhdt. n. Chr. greifbar war) hat inspirieren lassen. b. Einen Reflex von V. 1 wollte Wilamowitz, Kl. Schr. IV 218 (= 1905) in der Beschreibung eines angeblich von Praxiteles stammenden Eros durch Kallistratos, Stat. 3,1 erkennen, in dem er statt des überlieferten ὡς ἂν Ἔρωτα τυπῶν τύραννον θεὸν καὶ μέγαν καὶ αὐτὸς ἐδυναστεύετο konjizierte: ὡς ἂν Ἔρωτα τυπῶν τύραννον θεῶν καὶ ⟨ἀνθρώπων⟩ μέγα καὶ αὐτὸς ἐδυναστεύετο; Wilamowitz verwies auf die Möglichkeit, daß Kallistratos (zu datieren nach Philostratos, also 3. Jhdt. n. Chr.) die Andromedaanekdote Lukians kannte, was in der Tat glaubhaft ist; ob diese Kenntnis notwendig ist, um Eros als τύραννος zu bezeichnen ist allerdings zweifelhaft.

II. (1) a. V. 1 wird von den drei Zeugen jeweils unterschiedlich geboten, wobei Stobaios' σὺ δ' ὦ κάκιστε πάντων θεῶν τε κἀνθρώπων (πάντων deleverunt, Ἔρως addiderunt editores) sowohl sachlich, wie gezeigt, als auch, weit wichtiger, metrisch ausgeschlossen ist. Die Wortstellung bei Athenaios ὦ τύραννε θεῶν τε κἀνθ. κτλ. wird von den Editoren der Euripidesfragmente (außer N.²) der Wortstellung Lukians ὦ θεῶν τύραννε κἀνθ. κτλ. vorgezogen; metrisch sind beide Fassungen gleichwertig (Cobet, Collect. crit. 211 behauptete, metrisch sei der Lukianvers besser: »melioribus et suavioribus numeris«). b. Entscheischeidend ist, welche von beiden Überlieferungstraditionen die bessere zu sein scheint; Athenaios verarbeitet gnomologische Handbücher, wird somit den Vers schlicht abgeschrieben haben, während bei Lukianos ein ex-tempore-Zitat eher glaubhaft erscheint als ein Rekurs auf eine Quelle (so haben auch Blaydes, Adv. 309 und Walker, Eur. Fragm. 6 entschieden; Lukians Text bieten Wecklein, SB München 1921 100 u. N.²). (2) An Stelle des in allen drei wichtigen Stobaioshss. überlieferten τὰ καλά druckte der Editor princeps des Stobaios, Vittore Trincavelli, τὰ κακὰ, was Aufnahme in die Stobaioseditionen von Grotius und Gaisford fand, und von Walker, Eur. Fragm. 6; Wecklein, SB München 1921,100 für den richtigen oder zumindest für einen möglichen Text gehalten wurde. Dagegen spricht nicht nur der hss. Befund, sondern auch der Sinn: Charakteristikum des Eros ist es, daß er das Schöne als Schönes wahrnehmbar und so attraktiv macht; zu vergleichen ist die bekannte Erosepiklese des Chors in Euripides' 'Hippolytos', Vv. 525ff.: 'Eros träufelt Verlangen auf die Augen, süßen Liebreiz gießt er denen in die Seele, gegen die er zum Kampf antritt'. (3) a. Nauck, Obs. crit. 36 hat die hss. Reihenfolge der Vv. 3/4 verändert, um den grammatischen Bezug des Relativsatzes ὧν - εἶ (V. 3) auf μόχθους (V. 4) zu verdeutlichen (vgl. Fritzsche, Ar. Thesm. 507); da dieser Bezug aber auch ohne Umstellung kenntlich ist, scheint ein Eingriff in den überlieferten Text überflüssig. b. Statt des in V. 4 überlieferten εὐτυχῶς konjizierte Dobree, Adv. 2,126 (= 4,124 ed. Germ.) εὖ τύχας; Nauck, TGF¹ wollte lieber εὐμενῶς schreiben (unter Einbeziehung des von Stobaios als Schluß von V. 3 überlieferten εὐμενὴς παρίστασο); Hense, Lect. Stob. 33f. konjizierte εὐφρόνως; Blaydes, Adv. 96. 309 und Walker, Eur. Fragm. 6 plädierten für Naucks εὐμενῶς. Zu Unrecht: εὐτυχῶς ist proleptisch gebraucht (KG 2,115), nimmt also das Ergebnis der Unterstützung des Eros voraus, nämlich den Erfolg, und bietet so keinen Anstoß. (4) a. Unverständlich ist in V. 5 das überlieferte θεοῖς: das Dativobjekt beim Adjektiv τίμιος (s. KG 1,421) bezeichnet denjenigen, der jemandem die Ehre gibt, jemanden in Ehren hält; als Objekt dieser Verehrung von Seiten der Götter ist Eros aber untauglich (vgl. Fritzsche, Ar. Thesm. 506); man würde erwarten, daß Eros, wenn er dem Perseus zu Hilfe kommt, von Menschen Ehren empfängt, die ihm dann zu Recht zukommen. Als Verbesserungen haben vorgeschlagen Jacobs, Animadv. 203 ἐν θεοῖς; Musgrave, Eur. Fragm. 421 νέοις; Dobree, Adv. 2,341 (= 3,121 ed. Germ. = z. Ar. V. 396) βροτοῖς, θνητοῖς oder θεῶν; Bothe, Eur. Fragm. 53 θεός τ'; Fritzsche, Ar. Thesm. 506 favorisierte Musgrave's νέοις, das dem überlieferten Text paläographisch nahe kommt und keinen schlechten Sinn macht; aber es ist die Frage, ob Perseus sich noch zu den νέοι rechnen würde; deshalb wurde das nach νέοις nächstliegende, Dobree's θνητοῖς, in den Text gesetzt. Jacobs' und Bothes Vorschläge und Dobree's θεῶν haben den Nachteil, für den Relativsatz in V. 7 im Dunkeln zu lassen, welche Verehrer des Eros gemeint seien. b. Abzulehnen ist der Text der Vv. 5-7, den Walker, Eur. Fragm. 6 bietet: καὶ ταῦτα μὲν δρῶν τίμιος θεῖός τ' ἔσηι, ' μὴ δρῶν δ' ὑπ' αὐτὸς σοῦ, διδάσκεσθαι σφαλείς, ' ἀφαιρεθήσηι χάριτας ἔκτιμος τ' ἔσηι: 'wenn du das tust, wirst du geehrt und göttlich sein; wenn du es nicht tust, wirst du selbst, als Opfer deiner Lehre, durch dich der Dankesbezeugungen verlustig gehen und wirst ohne Ehre sein.' Die von Walker vorgenommenen Eingriffe sind von der Sache her nicht gerechtfertigt und deshalb zurückzuweisen.

III. 1 (1) Apostrophen an Eros begegnen auch S. Ant. 781ff.; E. Hipp. 525ff.: Tr. 840ff.: die nächsten Parallelen zur Anrede an Eros durch Perseus bieten das 3. Stasimon der sophokleischen 'Antigone' (der Chor ruft Eros an): Ἔρως ἀνίκατε μάχαν, ' Ἔρως ὃς ἐν †κήμασι† (κτήνεσι Brunck; cf. Kamerbeek ad loc.) πίπτεις, ' ὃς ἐν μαλακαῖς παρειαῖς ' νεανίδος ἐννυχεύεις ... καί σ' οὔτ' ἀθανάτων φύξιμος οὐδεὶς ' οὔθ' ἁμερίων σέ γ' ἀνθρώ- ' πων, ὁ δὲ ἔχων μέμνησεν und das zweite Standlied des Chores im 'Hippolytos', wo Eros ebenfalls als τύραννος ἀνδρῶν bezeichnet wird (V. 538). (2) Die Herrschaft des Eros über (Götter und) Menschen bringen in der Tragödie auch zum Ausdruck Deianeira in S. Tr. 441f.: Ἔρωτι μὲν γὰρ ὅστις ἀντανίσταται, ' πύκτης ὅπως ἐς χεῖρας, οὐ καλῶς φρονεῖ, E. 'Auge' F 269:

Ἔρωτα δ' ὅστις μὴ θεὸν κρίνει μέγαν ' καὶ τῶν ἁπάντων δαιμόνων ὑπέρτατον, ' ἢ σκαιός ἐστιν ἢ καλῶν ἄπειρος ὢν ' οὐκ οἶδε τὸν μέγιστον ἀνθρώποις θεόν, S. 'Phaidra' F 684: ἔρως γὰρ ἄνδρας οὐ μόνους ἐπέρχεται ' οὐδ' αὖ γυναῖκας, ἀλλὰ καὶ θεῶν ἄνω ' ψυχὰς ταράσσει κἀπὶ πόντον ἔρχεται· ' καὶ τόνδ' ἀπείργειν οὐδ' ὁ παγκρατὴς σθένει ' Ζεύς, ἀλλ' ὑπείκει καὶ θέλων ἐγκλίνεται. Grundgelegt ist diese Vorstellung in Hesiods Theogonie, Vv. 120ff.: ... ἠδ' Ἔρος, ὃς κάλλιστος ἐν ἀθανάτοισι θεοῖσι, ' λυσιμελής, πάντων τε θεῶν πάντων τ' ἀνθρώπων ' δάμναται ἐν στήθεσσι νόον καὶ ἐπίφρονα βουλήν (vgl. Hom. XIV 233: Ὕπνε, ἄναξ πάντων τε θεῶν πάντων τ' ἀνθρώπων) und ist dann weiter zu belegen mit Anakreon PMG 396: ⟨τὸν⟩ (praeposuit Barnes) Ἔρωτα γὰρ τὸν ἁβρὸν ' μέλομαι βρύοντα μίτραις ' πολυανθέμοισ' ἀείδειν· ' ὅδε καὶ θεῶν δυνάστης, ' ὅδε καὶ βροτοὺς δαμάζει, X. Cyr. 6,1,36 (Kyros zu Araspas): ἐγὼ γὰρ θεούς τε ἀκούω ἔρωτος ἡττῆσθαι, ἀνθρώπους τε οἶδα καὶ μάλα δοκοῦντα φρονίμους und dem Erosflügelfigurengedicht des Simias von Rhodos, Buc. Gr. 172 Gow (s. Maas, RE III A [1927] 155ff.). Die traditionelle, auf Hesiod zurückgehende Auffassung des Eros als eines μέγας θεὸς ... καὶ θαυμαστὸς ἐν ἀνθρώποις τε καὶ θεοῖς (Pl. Smp. 178 a 6f.) wird im platonischen 'Symposion' vom ersten Redner, Phaidros, vertreten (zu vgl. die Antwort des Agathon, Smp. 197 c 1ff.); ein Reflex dieser Auffassung ist noch im Orakelgedicht Apolls in elegischen Distichen zu spüren, in welchem in Apuleius' Amor-und-Psyche-Erzählung der Gott, dem Psyche als bräutliches Opfer dargebracht werden soll, beschrieben wird (Apul. Met. 4,33): montis in excelsi scopulo, rex, siste puellam, ' ornatam mundo funerei thalami. ' Nec speres generum mortali stirpe creatum, ' sed saevum atque ferum vipereumque malum, ' quod pinnis volitans super aethera cuncta fatigat ' flammaque et ferro singula debilitat, ' quod tremit ipse Iovis, quo numina terrificantur ' fluminaque horrescunt et Stygiae tenebrae. - Die Einschätzung der Liebe als Allherrscherin verbindet sich im Übrigen in gleicher Weise mit Aphrodite; vgl. Hom. XIV 198f. (Hera bittet Aphrodite): δὸς νῦν μοι φιλότητα καὶ ἵμερον, ᾧι τε σὺ πάντας ' δάμναι ἀθανάτους ἠδὲ θνητοὺς ἀνθρώπους; h. Ven. 2f.: ... ἔννεπε ἔργα ... ' Κυπρίδος, ἥ τε θεοῖσιν ἐπὶ γλυκὺν ἵμερον ὦρσε ' καί τ' ἐδαμάσσατο φῦλα καταθνητῶν ἀνθρώπων; E. Hipp. 1280ff.: Χορ.: ... συμπάντων βασιληΐδα τιμάν, Κύπρι, τῶνδε μόνα κρατύνεις; S. F 941,14ff.: εἴ μοι θέμις - θέμις δὲ ταληθῆ λέγειν -' Διὸς·τυραννεῖ πλευμόνων, ἄνευ δορός, ' ἄνευ σιδήρου· πάντα τοι συντέμνεται ' Κύπρις τὰ θνητῶν καὶ θεῶν βουλεύματα (vgl. Pearson z. St.); Lucr. 1,1ff.: Aeneadum ge-

netrix ... alma Venus ... te dea, te fugiunt venti, te nubila caeli adventum tuum, tibi suavis daedala tellus summittit flores etc. (vgl. damit wieder Verg. Georg. 3,242ff.: Amor als Movens der Natur! Zum Ganzen s. Fischer, Amor u. Eros 54f.). (3) Im Gegensatz zu den zahlreich angeführten Beispielen dient die Epiklese des Eros als allmächtigem Gott hier nicht dem Lobpreis seiner Fähigkeiten, sondern wird gleichsam nur zitiert, um dann die Tradition beim Wort nehmend von Eros zu verlangen, er solle im konkreten Fall seine Allmacht gefälligst unter Beweis stellen. (4) Die Du-Anrede (σύ) einer Gottheit mit Namensnennung und anschliessender Nennung von durch ἤ - ἤ oder εἴτε - εἴτε (lateinisch sive - sive) eingeleiteten alternativen Prädikationen ist typischer Gebetsstil (Norden, Agnostos Theos 144ff.); die Alternativen, die durch ἤ - ἤ strukturiert sind, betreffen hier aber keine Eigenschaft oder alternative Namensformen der Gottheit, sondern gehören zur argumentativen Struktur des Gebets: 1. Affirmation: 'du bist doch ...', dann 2. Konsequenz: a. 'dann mach entweder ...' b. 'oder ...'. Der Inhalt stellt gleichsam die Funktion der Form auf den Kopf. (Zum »'Du' -Stil der Prädikation« ist im Übrigen auf die von Norden, aaO. 157ff. besprochenen Beispiele zu verweisen.)
2 (1) Die Beschreibung der Wirksamkeit des Eros als der Lehre, Schönes als schön erkennen zu können, ist singulär; traditionell ist es so, daß Schönes Eros bewirkt; Eros als »response to the stimulus afforded by the sight of a person who is καλός« (Dover, Plato Symp. 2); hier dagegen, und ähnlich in bildhafter Ausdrucksweise im euripideischen 'Hippolytos' 525ff., ist Eros gleichsam sowohl die transzendentale Voraussetzung von Liebreiz als auch Resultat des Reizes zur Liebe. Gewöhnlich ist die Vorstellung von der Entstehung von Liebe einfacher: Hom. XIV 294 (Zeus sieht Hera): ὡς δ' ἴδεν, ὥς μιν ἔρως πυκίνας φρένας ἀμφεκάλυψεν (vgl. XVI 182; 18,208ff.; h. Ven. 56. 90f.); der Tragiker Agathon formuliert prägnant, TrGF I 39 F 29: ἐκ τοῦ γὰρ ἐσορᾶν γίγνετ' ἀνθρώποις ἐρᾶν: »Sehen und Lieben gehören ... unmittelbar zusammen« (Fischer, aaO. 57). (2) Die Verbindung von Eros und Lehre begegnet auch im vielzitierten 'Stheneboia'-Fragment, E. F 663: ποιητὴν δ' ἄρα Ἔρως διδάσκει, κἂν ἄμουσος ᾖι τὸ πρίν (an diese Sentenz läßt Platon im 'Symposion' ironischer Weise den Tragödiendichter Agathon erinnern: Pl. Smp. 196 c 2f.); im verlorenen ersten 'Hippolytos' (E. F 430) heißt Eros τολμῆς καὶ θράσους διδάσκαλος; der Dichter der μέση κωμωιδία Anaxandrides schrieb (CAF fr. 61 [2,161 Kock]): Ἔρως σοφιτοῦ γίνεται διδάσκαλος' σκαιοῦ πολὺ κρεῖττον πρὸς τὸν ἀνθρώπων βίον. Diese Beispiele zei-

gen, wie im 'Andromeda'-Fragment einerseits ein traditionelles Motiv, nämlich Eros als Lehrer, benutzt, andererseits dessen Sinnspitze geradezu umgekehrt wird; in den zitierten Beispielen lehrt Eros ein Mehr an Möglichkeiten für die, die lieben, während hier die Lehre des Gottes nur ihn selbst betrifft: er lehrt sich selbst. 3 Im Gegenteil zu φιλεῖν hat ἐρᾶν vorwiegend die Konnotation des Liebesverlangens (s. LSJ, ἐράω A; vgl. Dover, Plato Symp. 1); dieser Zustand des Verlangens ist beschwerlich, macht μόχθος; Eros als derjenige, der Liebesverlangen weckt, ist so der terminologisch präzise als δημιουργός, als der, der das Verlangen 'ins Werk setzt', bezeichnete »Verfertiger von Leiden« (Müller, Handwerk u. Sprache 13). 4 (1) Das Substantiv μόχθους verstärkt als innerer Akkusativ (s. KG 1,303ff.) den Inhalt des im Verb μοχθεῖν liegenden Begriffes; bei Euripides auch An. 133f.: Χορ.: ... τί μόχθον' οὐδὲν οὖσα μοχθεῖς; und Hel. 1446: Μεν.: ... ἅλις δὲ μόχθων οὓς ἐμοχθοῦμεν πάρος. Selten wird ein solcher »Akkusativ des Inhalts« (KG 1,304) wie hier ohne präzisierendes Adjektiv gebraucht (s. KG 1,308 A. 3). (2) Das μοχθεῖν besteht wohl darin, daß jedes Liebesverlangen nach Erfüllung strebt und ein momentanes Nichterreichen dieser Erfüllung μοχθηρός ist (vgl. Sappho 1,15 Vogt = PLF Sappho 1: Aphrodite fragt nach Sapphos πάθος, das im Nichterreichen der Geliebten besteht); μοχθεῖν scheint so aufs engste mit dem Zustand des ἐρᾶν verknüpft zu sein (zu erinnern ist in diesem Zusammenhang daran, daß in der augusteischen Liebeselegie labor der Zentralbegriff ist, s. bspw. Prop. 1,1,9: die Geliebte bleibt letzlich unerreichbar, deshalb ist elegische Liebe immer labor). Hier kann mit μόχθος gemeint sein, 1. die Überwindung des handgreiflichen Hinderungsgrundes für eine Erfüllung des Liebesverlangens in Gestalt des Andromeda bedrohenden Ketos, oder 2. die Überwindung der Widerstände der Eltern gegen eine Verheiratung Andromedas mit Perseus. (3) εὐτυχῶς gibt das Ziel der von Eros verlangten Hilfe an: Vereinigung des Perseus mit Andromeda und die sich daraus ergebende εὐτυχία. συνεκπόνει bedeutet einfach: 'hilf mit'; der verbale Bestandteil des Kompositums tritt stark hinter den präpositionalen zurück; so auch E. IT 1063f.; Hel. 1378. 1406; Ion 740. 850. 5 (1) Die polare Struktur des ἢ - ἢ in Vv. 2/3 nimmt Euripides mit einem entsprechend polar gebauten μὲν δρῶν - μὴ δρῶν δ' wieder auf; der schon formulierten alternativen Möglichkeiten für Eros werden nun die alternativen Folgerungen gegenübergestellt: Eros hat die Wahl zwischen τιμή und ἀτιμία. (2) Wie ἄξιος mit Dativ konstruiertes τίμιος (KG 1,420) hat Euripides auch Ph. 439: wenn Eros dem Perseus hilft, wird er den Menschen lieb und wert sein. (3) Im Grunde ist das Versprechen, Eros werde bei den Menschen τιμή haben, wenn er sich als hilfreich erweist, blasphemisch, insofern »die τιμή eines Gottes ... der ihm eigentümliche Vorzug an Macht und Mut« ist (Stein z. Hdt. 2,53), also nicht von den Menschen abhängt, sondern im göttlichen Sein des Gottes selbst gründet: in Hesiods Theogonie, Vv. 73f., teilt Zeus den Göttern ihre τιμαί zu, die also sakrosankt sind (s. auch Hes. Th. 112. 885). 6 (1) ὑπό c. gen. ist kausal verwendet (KG 1,522f.): hilft Eros nicht, wird seine Wirksamkeit selbst Ursache für den Verlust an τιμή sein. (2) φιλεῖν nimmt das ἐρᾶν von V. 3 wieder auf und faßt die Beschreibung der Wirksamkeit des Eros von V. 2 in einem Wort zusammen: Eros lehrt einen anderen Menschen in seiner Schönheit kennen und bewirkt, daß man ihn als 'einen der Seinen' betrachtet (zu φιλεῖν vgl. Landfester, Nomen 'philos' 109; Hooker, Gl 65 [1987] 53ff.). 7 (1) χάρις kann bedeuten 1. die Gunst, die jemand einem anderen gewährt, 2. dessen Freude über die gewährte Gunst, 3. die darauf als Dank geleistete Gunstbezeugung (s. Fraenkel z. Ag. 354); hier ist χάρις Inhalt der τιμαί, die die Menschen gewöhnlich dem Eros bezeugen, also wohl die Handlungen, mit denen Menschen sich Eros als dankbar erweisen. (2) Die Argumentation des Perseus ist folgende: Eros ist traditionell allmächtig; Eros verursacht Liebenden μόχθοι; also soll er, ist er allmächtig, mithelfen bei der Überwindung der μόχθοι, oder, hilft er nicht mit, ist er nicht allmächtig; ist er nicht allmächtig, verdient er nicht die Ehren, die ihm gewöhnlich zugedacht werden, so daß er als ohnmächtiger Liebeslehrer dekouvriert ist; hätte er keine Liebe erregt, damit keine μόχθοι verursacht, wäre seine Ohnmacht nicht offenbar geworden.

IV. (1) Der Inhalt der sieben Verse läßt erkennen, daß sie von Perseus in einer für ihn entscheidenden Situation als Gebet an Eros gerichtet sind: sie bitten um die Mithilfe des Eros an der Verwirklichung von Perseus' Liebe zu Andromeda (ein anderer Grund für die Invokation des Eros durch Perseus ist sicher auszuschließen). Sinnvoll erscheint ein solches Gebet a. unmittelbar vor der Tötung des Ketos, durch welche Perseus sich Andromeda zu Frau gewinnen will; oder b. vor der endgültigen Heimführung Andromedas, die gegen den Willen der Eltern durchgesetzt werden muß. (2) In der Forschung wurden folgende Möglichkeiten der Lokalisierung des Fragments vorgeschlagen: a. Matthiae, Eur. Fragm. 48f. setzte das Fragment in den Zusammenhang der Auftrittsverse des Perseus (es gehen voraus die Fragmente

125 und **127); der Held gibt seiner Liebe angesichts der gefesselten Andromeda in einem Gebet Ausdruck. b. Fritzsche, Ar. Thesm. 505 hielt das Erosgebet für eine Reaktion des Perseus auf die Entdeckung, daß Kepheus das gegebene Eheversprechen nicht halten will. c. Welkker, Gr. Trag. 2,655; Hartung, Eur. rest. 2,353; Wagner, Eur. Fragm. 651; Fedde, Pers. Andr. 30f.; Ribbeck, Röm. Trag. 168; Robert, Arch. Ztg. 36 (1878) 18; Johne, Eur. Andr. 12; Wecklein, SB München 1888,97; Wernicke, RE I (1894) 2156; Kuhnert, Myth. Lex. III (1902-9) 1998; Petersen, JHS 24 (1904) 100; Müller, Ph 66 (1907) 61; Séchan, Etudes 269; Webster, BICS 12 (1965) 30 Tragedies 195 betrachteten das Gebet an Eros als die Abschiedsworte, mit denen Perseus die Bühne verlassen habe, um das Ketos zu töten. (3) Für die letzte Möglichkeit spricht a. der Inhalt der Verse, b. die Form: a. die Bitte an Eros ist äußerst impertinent, dem Sprecher liegt infolgedessen die Hilfe, um die er bittet, sehr am Herzen, er muß sich in entsprechender Not befinden; es geht also auf jeden Fall um die Entscheidung, ob er Andromeda zur Frau bekommt oder nicht; b. im euripideischen Spätwerk stehen häufiger Gebete am 'Aktende', ein Gebet an Eros mit der Bitte um Hilfe stünde einem abgehenden Perseus gut zu Gesicht. - Allerdings muß eingewendet werden, daß den Versen sicher nur zu entnehmen ist, daß sie von Perseus »at a moment of decision« (Dale, Collected Papers 183) gesprochen wurden; dazuhin ist die Stellung von Gebeten am 'Aktende' häufig inhaltlich motiviert (s. Hel. 1093-1106 und 1441-50; Kannicht z. Hel. 1093-1106), die Form allein also noch kein für sich ausschlaggebendes Kriterium der Plazierung der Verse an ein mögliches Aktende. - Grundsätzlich wird man der Überzeugung der Mehrzahl der Forscher also entgegenhalten müssen, daß dieses provokante Erosgebet auch seinen Platz in der Auseinandersetzung um die Ehe des Perseus mit Andromeda haben kann.

F 145

I. (1) a. In der unter dem Namen eines nicht näher bekannten Tiberios (in insgesamt sechs Hss. aus dem XIII. [cod. L: Mediceus-Laurentianus Graecus plut. LV. 10] bis XVI. Jhdt.: s. Ballaira, Tib. XVIII-XXIX) überlieferten Schrift περὶ τῶν παρὰ Δημοσθένει σχημάτων wird die rhetorische Figur der ἀλλοίωσις κατὰ χρόνους (»schema per tempora«: Lausberg, Hdb. lt. Rhet. 273f.; identisch im vorliegenden Fall mit der Erscheinung des praesens historicum) mit D. 59,24, Euripides' 'Andromeda': 'Ich sah zum Fraß der Jungfrau ...' und Th. 2. 35. 1 illustriert. b. Tiberios muß seine Abhandlung über Redefiguren nach der Fertigstellung der entsprechenden Schrift des berühmten Rhetors der zweiten Sophistik, Apsines von Gadara (einem Freund des Philostratos), der in der 1.H. d. 3. Jhdts. blühte, verfaßt haben, weil er in den Kapiteln 1-45 mehrfach auf Apsines Bezug nimmt; terminus post quem für die Schrift des Tiberios ist also die Mitte des 3. Jhdts. n. Chr. (vgl. Solmsen, RE VI A [1936] 804; Ballaira, Tib. XI; zu Apsines Schmid-Stählin, Gesch. Gr. Lit. 2,937f.). c. In dem das σχῆμα τῆς ἀλλοιώσεως behandelnden Kapitel 47 erwähnt Tiberios, daß Caecilius erstmals diese Figur behandelt und differenziert dargestellt habe. Mit diesem Caecilius ist der (in Ps.-Longins περὶ ὕψους als Verfasser eines gleichnamigen Werkes erwähnte) »nächst Dionysios von Halikarnassos ... bedeutendste Rhetor der augusteischen Zeit« (Brzoska, RE III [1897] 1174), Caecilius von Kale Akte auf Sizilien gemeint, dessen Werk περὶ σχημάτων Tiberios ausgeschrieben zu haben scheint (die Kapitel 43-8 des Tiberios sind deshalb von Ofenloch als frgg. 71-6 in die Ausgabe der Caeciliusfragmente aufgenommen worden). Euripides wird von Tiberios nur in den ausdrücklich mit Caecilius in Verbindung stehenden Kapiteln 47 und 48 zitiert, so daß die Herkunft unseres Verses aus dem Werk des Caecilius sicher scheint, infolgedessen Kenntnis oder Lektüre der 'Andromeda' durch Tiberios ausgeschlossen werden darf. Wenn richtig ist, daß, wie Tiberios behauptet, τὸ τῆς ἀλλοιώσεως σχῆμα εἰσάγει ὁ Καικίλιος, dann dürfte Caecilius selbst den Euripidesvers zu Illustrationszwecken aus der 'Andromeda' ausgehoben haben. d. Damit ist die Angabe, daß hier ὁρῶ im Sinne eines praesens historicum zu verstehen und wie εἶδον zu lesen sei, sehr glaubwürdig. Daraus ist der Schluß zu ziehen, daß der Vers in einen narrativen Kontext gehört. Da für die 'Andromeda' des Euripides ein trimetrischer Prolog, in welchem die Vorgeschichte der dramatischen Handlung erzählt worden wäre, nach Zeugnis des Σ R Ar. Thesm. 1065 auszuschließen ist (s. z. E. F 114), ist dieser narrative Kontext mit hoher Wahrscheinlichkeit ein Botenbericht: so Johne, Eur. Andr. 12f. m. A. 28; Wecklein, SB München 1888,89; Petersen, JHS 24 (1904) 100; Müller, Ph 66 (1907) 62 A. 64; Kuhnert, Myth. Lex. III (1902-9) 1999; Webster, BICS 12 (1965) 31 = Tragedies 196. (2) a. Plutarch referiert in seiner Schrift πῶς δεῖ τὸν νέον ποιημάτων ἀκούειν die notwendigen propädeutischen Maßnahmen, die, trotz des rigorosen Verbots der Dichterlektüre durch Platon, eine verantwortete Beschäftigung mit Dichtung erlauben; unter anderem postuliert er zur Vermeidung eines für den jugendlichen Leser schädlichen Mißverständnisses, daß die jungen Leute über die Ambivalenz (oder sogar Multivalenz) von in der Dichterlektüre begegnenden Vokabeln instruiert sein müssen; als solche ambivalenten Vokabeln führt er an: οἶκος, das οἰκία und οὐσία bedeuten könne, βίοτος = ζῆν - χρήματα; ἀλύειν = δάκνεσθαι - χαίρειν; und als letztes die Vokabel θοάζειν, die bei Euripides synonym mit κινοῦσθαι, bei Sophokles (S. OR 1f.: Οἰδ.: ὦ τέκνα Κάδμου τοῦ πάλαι νέα τροφή, ' τίνας ποθ' ἕδρας τάσδε μοι θοάζετε κτλ.) synonym mit καθέζεσθαι verwendet werde. Zur Illustrierung des euripideischen Sprachgebrauchs zitiert er den Trimeter: '... ein Meerungeheuer eilend aus der atlantischen Meerflut'. (Zur Quelle des Plutarch s. di Gregorio, Aevum 54 [1980] 48f., der Kenntnis der 'Andromeda' für Plutarch, sicher zu Recht, verneint). b. Die Herkunft des von Plutarch zitierten Verses aus der euripideischen 'Andromeda' (die im Übrigen schon Heath, teste Matthiae, Eur. Fragm. 44f., in Unkenntnis des Scholions, postuliert hatte) sichert das Zeugnis des Scholions zum euripideischen 'Orestes', das den transitiven Gebrauch von θοάζειν in Or. 335 (Χορ.: ... ἰὼ Ζεῦ, τίς ἔλεος, τίς ὅδ' ἀγὼν φόνιος ἔρχεται, θοάζων σε τὸν μέλεον κτλ.) mit dem intransitiv gebrauchten κῆτος θοάζον aus der euripideischen 'Andromeda' zu illustrieren versucht. (3) a. Fritzsche, Ar. Thesm. 494 schlug als erster vorsichtig vor, »hos duo versus ordine perpetuo coniungere« (Mette, Lustrum 12 [1967] 55 = Lustrum 23/4 [1981/2] 58 schreibt die Verknüpfung beider Verse Heath zu), fand mit diesem Vorschlag aber erst bei Meineke, ZfA 1 (1843) 186f. und dann bei Robert, Arch. Ztg. 36 (1878) 20 Anklang (der den Vorschlag allerdings Matthiae vindizierte), bis dann durch Johne, Eur. Andr. 12f.; Wecklein, SB München 1888,89 die Selbstverständlichkeit der Verknüpfung dieser beiden Verse etabliert wurde. b. Ausschlaggebend für die Berechtigung der Verknüpfung ist die Unverständlichkeit eines isolierten V. 1, da die von den älteren Forschern vorgeschlagene Übersetzung »video autem praeterea virginis comedonum« (so Fritzsche, l. c.: πρός adverbial als praeterea übersetzt) oder die Paraphrase »bald erkennt Perseus die Jungfrau selbst und die neben ihr niedergelegten Speisen« (Welcker, Gr. Trag. 2,651; πρός c. gen. mit 'neben, bei' übersetzt; ähnlich Hartung, Eur. rest. 2,346; Wagner, Eur. Fragm. 649; Ribbeck, Röm. Trag. 166, unter Vergleich der sophokleischen 'Antigone') an der Bedeutung von πρός scheitert, das mit dem ablativischen Genitiv konstruiert wird (KG 1,515ff.), also immer eine sachliche oder nur übertragen vorgestellte Bewegung 'von - her' angibt. Also ist hier πρός mit dem Akkusativ der Richtung zu verbinden (zur Wortstellung s. KG 1,553 b.), was eine sachliche Ergänzung notwendig macht, die in V. 2 zwanglos gefunden wird. Es spricht deshalb eine große Wahrscheinlichkeit für die Richtigkeit dieser Verknüpfung.

II. (1) Boissonade (über seine Tiberiosedition ausführlich Ballaira, Tib. XXXIII-XXXVI) hat in V. 1 die vox nihili ϑυνάματα in ϑοινάματα verbessert, da er richtig die Überlieferung ϑυν- als eine itazistische Verschreibung von ϑοιν- erkannte. (2) Naucks Änderung in V. 1 von τῆς in τὰ ist weder metrisch noch grammatisch gerechtfertigt, ja die deiktische Betonung von παρϑένου durch den Artikel τῆς eher wahrscheinlich als das prosaische πρὸς τὰ - ϑοιν. (3) In V. 2 sichert ϑοάζον gegen das ϑοάσων des Scholions 1. Plutarch und 2. der durch die Verknüpfung der Verse hergestellte grammatische Zusammenhang.

III. 1 (1) ὁρῶ signalisiert, daß ein Augenzeuge von der Tötung des Ketos berichtet; das praesens historicum dient hier (obwohl dies nicht zwingend ist) sicherlich dazu, ein Moment der Spannung zu erregen durch den lebendigen sprachlichen Nachvollzug einer vergangenen Handlung, die so präsentisch wird. (2) τῆς παρϑένου ist dahingehend auszulegen: a. daß Andromeda entweder szenisch präsent ist (noch gefesselt?) oder nicht lange vorher erwähnt wurde, also zumindest gedanklich präsent ist (zum homerisch-poetischen deiktischen Artikelgebrauch s. KG 1,575ff.), und b., daß Andromeda selbst nicht angeredet sein kann, am ehesten diejenigen, die an ihrem Schicksal engen Anteil nehmen, die Eltern oder der Chor. (3) ϑοίναμα ist ein nur bei Euripides (Ion 1495; Or. 814) und dem Stoiker Poseidonios von Apameia (FGrHist 87 F 12 [2 A, 222 Jacoby] = fr. 64 Edelstein-Kidd) belegtes Substantiv zum denominativen Verbum ϑοινάω und bezeichnet so die Handlung, oder die Wirkung, oder das Instrument, den Gegenstand, das Ergebnis der in ϑοινάω ausgedrückten Handlung: 'eine ϑοινή halten'. Euripides verwendet ϑοίναμα zur Bezeichnung von einem widerlichen Mahlhalten; im 'Ion' beschreibt Kreusa in höchster Erregung ihrem Sohn seine frühere Aussetzung (vorwiegend dochmisch), Vv. 1492ff.: γάλακτι δ' οὐκ ἐπέσχον οὐδὲ μαστῶι ' τροφεῖα ματρὸς οὐδὲ λουτρὰ χειροῖν, ' ἀνὰ δ' ἄντρον ἔρημον οἰωνῶν ' γαμφηλαῖς φόνευμα ϑοίναμά τ' εἰς ' Ἅιδαν ἐκβάλληι; im 'Orestes' erinnert der Chor in seinem zweiten (äolisch-choriambischen) Stasimon an den alten Zwist im Tantalidengeschlecht, der schon zu οἰκτρότατα

ϑοινάματα καὶ ' σφάγια γενναίων τεκέων (Vv. 814f.) geführt habe; gedacht ist dabei daran, daß »Atreus slaughtered his brother Thyestes' children and served them to him for dinner« (Willink z. St.). Poseidonios spricht in seinem Geschichtswerk von den βαρβαρικὰ ϑοινάματα des Partherkönigs (bei Athen. 4,38,153 B). - Hier bezeichnet ϑοίναμα weniger den Gegenstand als die Handlung des ϑοινᾶν: 'das Ketos eilt herbei, um die junge Frau zu fressen' (πρός c. acc. zur Angabe des Zwecks: KG 1,519), Euripides benutzt also seine substantivische Lieblingsneubildung auf -μα (vgl. Fraenkel, Denominativa 226f.; s. auch z. E. F 114) wie einen substantivierten Infinitiv.
2 (1) κῆτος ist der terminus technicus für das Andromeda bedrohende Meeresungeheuer: s. z. E. F 121. (2) ϑοάζειν begegnet als »vox Euripidea« (Willink z. Or. 335; vgl. auch Lee z. Tr. 307) insgesamt zehnmal bei Euripides; transitiv ist es gebraucht IT 1142; Or. 335; Ba. 65, intransitiv HF 382; Tr. 307. 349; Ph. 794; Or. 1542; Ba. 219; es ist wohl als Intensivum zu ϑέω, 'laufen' und ϑοός, 'schnell' gebildet und heißt 'jemanden/sich selbst in schnelle Bewegung setzen'. Der Sprecher berichtet also, wie er Augenzeuge der schnellen Annäherung des Ketos geworden ist. (3) Nach Hdt. 1,202,4 ist unser Fragment das zweitälteste Zeugnis für die Benennung der Meeresfläche außerhalb der Straße von Gibraltar als Ἀτλαντικὸν πέλαγος (Hdt. 1 202,4: τὴν μὲν γὰρ Ἕλληνες ναυτίλλονται πᾶσα καὶ ἡ ἔξω ‹Ηρακλέων› στηλέων ϑάλασσα ἡ Ἀτλαντὶς καλεομένη καὶ ἡ Ἐρυϑρὴ μία ἐοῦσα τυγχάνει): der Name ist wohl, wie der des Atlasgebirges, vom mythischen Titanen Atlas abgeleitet (und nicht der Name des Meeres von dem es begrenzenden Gebirge: Partsch, RE II [1896] 2110). Durch die Erwähnung der Ἀτλαντικὴ ἅλς ist sicher, »daß der Schauplatz der Handlung (der euripideischen 'Andromeda') der ferne Westen war« (Kannicht z. Hel. 766-9). Aithiopen im fernen Westen kennt schon Homer (Hom. 1,23f.: Αἰϑίοπας, τοὶ διχϑὰ δεδαίαται, ἔσχατοι ἀνδρῶν, ' οἱ μὲν δυσομένου Ὑπερίονος, οἱ δ' ἀνιόντος κτλ.) und erwähnen auch Apollonios Rhodios (3,1191f.: Ἠέλιος μὲν ἄπωϑεν ἐρέμνην δύετο γαῖαν ' ἑσπερίων νεάτας ὑπὲρ ἄκριας Αἰϑιοπήων) und die Geographen Strabon (2,5,15: überliefert ist Αἰϑερίοις Αἰϑίοψι, wofür seit Tyrwhitt die Hgg. nach der Randglosse einer Hs. ἑσπερίοις schreiben; die Lokalisierung dieser Aithiopen am Atlantik ist dadurch allerdings nicht berührt; 17,3,5: ὑπὲρ ταύτης [sc. Μαυρουσίας] δ' ἐστὶν ἐπὶ τῆι ἔξω ϑαλάττηι ἡ τῶν ἑσπερίων καλουμένων Αἰϑιόπων χώρα, κακῶς οἰκουμένη τὸ πλέον), Pomponius Mela (3,100), Dionysios der Periheget 219 (vgl. zu den Aithiopen Lesky, Ges. Schr. 417ff.

[= 1959]). (4) Die Erwähnung der Ἀτλαντικὴ ἅλς und die sich daraus ergebende Lokalisierung des Ortes der Handlung im Bereich der westlichen Aithiopen (die Aithiopen selbst werden durch E. T III bezeugt) machen für die Handlungsgrundlage der euripideischen 'Andromeda' sicher, daß, wie schon aus F **123 zu schließen war, Perseus unmittelbar auf der Rückkehr von seinem Gorgonenabenteuer nach Aithiopien gelangt. Die Gorgonen werden traditionell im fernsten Westen lokalisiert: Hes. Th. 274/5: Γοργούς θ' (sc. Φόρκυι Κητὼ τέκε), αἱ ναίουσι πέρην κλυτοῦ Ὠκεανοῖο ' ἐσχατίηι πρὸς νυκτός, ἵν' Ἑσπερίδες λιγύφωνοι: die Lokalisierung der Gorgonen dürfte dann die Lokalisierung der Andromedasage in den äußersten Westen zur Folge gehabt haben und auch Aithiopien als Schauplatz als dem Land im äußersten Westen, das noch von Menschen bewohnt ist, erst provoziert haben. Damit dürfte die Aithiopenversion der Andromedasage älter sein als die Lokalisierung von Perseus' Andromedaabenteuer an der mittelmeerischen Küste von Palästina, in Joppe (die wahrscheinlich frühestens hellenistisch ist: s. Tümpel, Jbb. f. cl. Philol. Suppl. XVI 130ff.; Kuhnert, Myth. Lex. III [1902-9] 2020ff.; Tümpel hält Theopompos für den Urheber der Lokalisierung der Andromedasage in Joppe und postuliert die aithiopische Lokalisierung plausibel schon für Pherekydes).

F 146

I. (1) a. Im elften Buch seiner 'Deipnosphistai' (s. z. E. 136) versammelt Athenaios mit lexikalischer Vollständigkeit alle Bezeichnungen für Trinkgefäße und läßt seine Sophisten ihre Gelehrsamkeit an der Definition und Differenzierung der verschiedenen Gefäßtypen demonstrieren. Den Bechertyp des κισσύβιον, der Hom. 9,346; 14,78; Theoc. 1,27 begegnet, läßt er alternativ definieren als 1. einen einhenkligen Becher gemäß Philemon (RE XIX 2150, Nr. 13) oder als 2. einen Becher aus dem Holz von Efeu, gemäß der Erklärung des Neoptolemos von Parion, eines Zeitgenossen des großen Alexandriners Eratosthenes von Kyrene (zu Neoptolemos s. Mette, RE XVI [1935] 2465ff.; Brink, Horace on Poetry 1,43ff.; Pfeiffer, Gesch. kl. Philol. 1,208). Für seine Erklärung soll Neoptolemos auf das Vorkommen eines κίσσινον σκύφος in Euripides' 'Andromeda' verwiesen haben. b. Zur Erklärung des homerischen κισσύβιον im 9. Buch der 'Odyssee' zieht der spätere Erzbischof von Thessaloniki, Eustathios (~ 1115-1195/7), Athenaios' Becherliste (κατάλογος τῶν ποτηρίων:

Athen. 11,3,460 D) zu Rate; sein Zitat des 'Andromeda'-Fragments besitzt infolgedessen keinen Zeugniswert. (2) a. Im Rahmen der Behandlung der von Vergil gebrauchten griechischen Bezeichnungen für Trinkgefäße weist Macrobius darauf hin, daß das von Vergil gebrauchte Wort cymbium (Verg. Aen. 3,66; 5,267) neben seinem Vorkommen bei Dichtern der μέση κωμωιδία (Anaxandrides CAF fr. 3 [2,136 Kock]; Philemon CAF fr. 84 [3,502 Kock]) von manchen auch als synkopierte Form des vertrauten homerischen κισσύβιον gedeutet werde, das wiederum die meisten vom Wort für Efeu herleiteten, wofür er beweisend Nikandros von Kolophon zitiert (FGrHist 271/2 F 2 [3,87 Jacoby] = Athen. 11,53,477 B [= Eustath. ad Hom. 9,346, 1632,8]); Kallimachos (fr. 178,11f. Pfeiffer) führt er an als Beispiel für die nachhomerische Verwendung des Wortes, und unser Fragment aus der 'Andromeda' als Bestätigung für die Existenz von Bechern, die aus Efeu gemacht sind. b. Die teilweise Übereinstimmung zwischen Athenaios, Buch 11, und dem Becherkapitel bei Macrobius, Sat. 5,21 hat Kaibel, Athen. 1, XXXIff. dahingehend gedeutet, daß Macrobius Athenaios als Vorlage benutzt habe; dagegen wird seit Wissowa, Macr. Sat. font. 49ff. auf die Diskrepanzen zwischen beiden Behandlungen hingewiesen, und die Übereinstimmungen auf das Benutzen einer beiden gemeinsamen Quelle zurückgeführt (so Wessner, RE XIV [1928] 190; Marinone, Macr. Sat. 50f.; vgl. auch den Bericht von de Paolis, Lustrum 28/29 [1986/7] 221f.; in seiner Freiburger Dissertation von 1961 hat Türk wieder mit neuen Argumenten die These Kaibels von der Athenaiosbenutzung des Macrobius vorgetragen; der Streit ist m. E. immer noch offen: anders de Paolis, l. c.).

II. (1) σκύφος ist bei Euripides häufiger als maskulines denn als neutrales Substantiv gebraucht (Neutrum nur E. Cycl. 390. 411; Mask.: E. Cycl. 256. 556; Alc. 798; El. 499; F 379; die Beispiele für die maskuline oder neutrale Auffassung des Wortes sind schon von Athen. 11,99,498 A-F gesammelt): das macht eine Entscheidung zwischen dem von den Athenaioshss. gebotenen σκύφος und dem von den Macrobiushss. überlieferten σκύφον schwierig. Wecklein, Ph 63 (1904) 154 postulierte »die Herstellung von σκύφον«, da das nachfolgende Attribut πόνων ἀναψυκτῆρα »augenscheinlich das masc. erfordert« (deshalb Seaford z. Cycl. 390: das neutrale σκύφος »should probably emended to masculine at fr. 146«): gegen die Herstellung gibt es nichts einzuwenden: Weckleins Begründung jedoch ist nicht nachvollziehbar. (2) Der Text der Epitome πίνων ἀνὰ ψυκτῆρα ist eine offensichtliche Verschreibung, die aus dem Unverständnis des ἅπαξ εἰρημένον ἀναψυκτήρ erwachsen ist. (3) Für die Setzung des Kommas nach σκύφος und nicht nach ἀναψυκτῆρ' sprachen sich nach Casaubonus (teste Matthiae, Eur. Fragm. 57) und Matthiae erneut Vollgraff, REG 53 (1940) 195f., und unter Berufung auf Vollgraff auch Collard, RFIC 97 (1969) 162 A. 1 aus. Warum Wein mehr als Milch als πόνων ἀναψυκτήρ gelten können soll, ist mir nicht einleuchtend. Die Struktur ὁ μέν - ὁ δέ legt den Bezug von πόνων ἀναψυκτῆρ' auf γάλα nahe.

III. 1 (1) ἔρρει ist hier metaphorisch gesagt vom 'Strömen' der Menge der Hirten; in der Tragödie findet sich ein ähnlicher Gebrauch von ῥέω im Zusammenhang mit einer großen Menschenmenge auch A. Th. 80: Χορ.: ... ῥεῖ πολὺς ὅδε λεὼς πρόδρομος ἱππότας und im 'Rhesos', V. 290: Ἀγγ.: ... πολλῆι γὰρ ἠχῆι Θρήικιος ῥέων στρατὸς ' ἔστειχε, beidesmal von den 'flutenden' Menschenmassen des Heeres. In gleicher Weise metaphorisch verwendet findet sich das Substantiv ῥεῦμα A. Pers. 88: Χορ.: ... δόκιμος δ' οὔτις ὑποστὰς μεγάλωι ῥεύματι φωτῶν. 412: Ἀγγ.: ... τὰ πρῶτα μέν νῦν ῥεῦμα Περσικοῦ στρατοῦ ' ἀντεῖχον; S. Ant. 129: Χορ.: ... πολλῶι ῥεύματι ... ; E. IT 1427: Ἀθ.: ... παῦσαι διώκων ῥεύματ' ἐξορμῶν στρατοῦ. ῥέω evoziert somit die Vorstellung von einem dem Strömen des Flusses gleichen Zusammenströmen von Menschenmassen. Das Imperfekt unterstützt die Betonung des Andauerns dieser Bewegung: 'fortwährend strömten Hirten herbei'. (2) Die Periphrasis πᾶς λεὼς ποιμένων unterstreicht den universalen Charakter des Vorgangs: 'das Volk der Hirten in seiner Gänze, und betont so hyperbolisch (πᾶς λεώς) die ungeheure Bewegung, die die Hirten ergriffen hat. 2 (1) σκύφος ist ein Gefäß, aus dem Wein (Hom. 14,112; E. Cycl. 256. 411. 556) oder Milch (E. Cycl. 390) getrunken werden kann; Theoc. 1,143 wird der/das σκύφος als Melkeimer verwendet. Wie dieses Gefäß im Einzelnen ausgesehen hat, ist nicht zu sagen: die σκύφος-Abhandlung bei Athenaios und Macrobius belegt hinlänglich, daß schon in der Antike keine eindeutige Identifizierung des Gefäßes mehr geläufig war; σκύφος scheint aber eher weniger von der Form her definiert zu sein, als durch seine Verbreitung im ländlichen, bäuerlichen Bereich. (2) Ein κίσσινος σκύφος ist als Periphrasis für den homerischen Begriff κισσύβιον anzusprechen, da ein 'Trinkgefäß aus Efeu' sachlich Unsinn ist (vgl. Dale, Collected Papers 102 [= 1952]). Ähnliche periphrastische Bezeichnungen für κισσύβιον sind ποτὴρ κίσσινος

E. Alc. 756; σκύφος κίσσου E. Cycl. 390; κίσσινον δέπας Timotheos PMG fr. 780. κισσύβιον selbst ist etymologisch ungeklärt, dürfte sich aber kaum mit κισσός in Verbindung bringen lassen (s. Frisk 1,860); vielleicht ist diese Volksetymologie aus dem Material des κισσύβιον hergeleitet, das Holz gewesen zu sein scheint (s. Brommer, H 77 [1942] 361). Die euripideische Periphrase beschriebe dann mit dem Epitheton κίσσινος nicht die reale, sondern die in κίσσινος zu κίσσος asoziierte hölzerne Materialität des σκύφος. Auf jeden Fall taugt unser Euripidesfragment, pace Neoptolemos, kaum dazu, den Begriff κισσύβιον zu erklären. Ist κίσσινος σκύφος periphrastisch für κισσύβιον gesagt, wird man sich die Milchgefäße, die die Hirten bringen, in der Grösse von Melkeimern vorstellen dürfen (s. Brommer, aaO. 369; Dale, l. c.). 3 (1) ἀναψυκτήρ ist ein ἅπαξ εἰρημένον des bei den Tragikern beliebten Typs der altertümlichen Nomina agentis auf -τηρ (s. Fraenkel, Nomina agentis 2,5). Die euripideische Neuschöpfung ἀναψυκτήρ (Fraenkel, aaO. 7) gehört in folgenden Kontext: ἀναψυχὴ κακῶν hat Euripides Supp. 615; πημάτων IT 1441b; πόνων Ion 1604; Hel. 1094 betet Helena zu Hera: ἀνάψυξον πόνων. Im Gegensatz zu unserem Fragment ist allerdings an diesen Stellen metaphorisch von 'Errettung, Erlösung' die Rede (s. Kannicht z. Hel. 1094: »im Sinn von ἀπάλλαξον πόνων« gesagt; s. auch Collard z. Supp. 615), während der σκύφος konkret und praktisch den Empfänger erfrischen soll nach den bestandenen πόνοι. παραψυχή verwendet Euripides Hec. 280 und Or. 62 als terminus für 'Trost', 'Erholung im Leid' oder 'von Schmerzen' (παραψυχὴ ἀλγέων: Or. 62). (2) γάνος »is used especially to describe the sheen or sparkle of liquids« (Dodds z. Ba. 261) und wird gebraucht für Wasser (A. Pers. 483; Ag. 1362; E. Supp. 1150; Hel. 462; Hyps. fr. 60 I 60 = 891 Cockle), Wein (A. Pers. 615; E. Cycl. 415; Ba. 261. 383; Ar. Ra. 1320: Euripidesparodie), Honig (IT 634); 'Glanz' bedeutet es A. Ag. 579 (vielleicht auch 'Erechtheus' fr. 65,76 Austin: ὑακίν[θου γ]άνος). Die Periphrase ἀμπέλων γάνος verknüpft also die Vorstellung des in einem Becher funkelnden Weines mit der Herkunft des Getränkes von der die Trauben tragenden Rebe: 'der Reben Glanz' ist also eine periphrastische Metonymie. - Schadewaldt, Monolog u. Selbstgespräch 44 A. 1 hält die Redeweise vom γάνος ursprünglich für eine »griphodische Umschreibung der θελκτήρια« (s. auch Fränkel z. Ag. 1392; Bond, Hyps. 113). Da in der totenbeschwörenden Opferhandlung der aischyleischen 'Perser' die Weinspende mit ἀμπέλου γάνος (A. Pers. 615) umschrieben wird (s. auch s. F 398), könnte auch hier ἀμπέλων γάνος als griphodische Umschreibung einer Weinspende verstanden werden; diese müßte dann ein nach der Tötung des Ketos veranstaltetes Reinigungs- oder Dankopfer sein, zu welchem die Hirten den Wein bringen.

IV. (1) Der Text des Fragments läßt darauf schließen, daß 1. ein Ereignis von besonderer Wichtigkeit die Hirten in Scharen in Bewegung setzt, und daß 2. dieses Ereignis in enger Beziehung zu den πόνοι steht, als deren ἀναψυκτήρ die Milch (und der Wein?) gebracht wird. Da mit πόνοι im Horizont der Handlungsvorlage der 'Andromeda' am ehesten die anstrengende Tötung des Ketos durch Perseus gemeint sein wird, ist zu schließen, daß diese Verse in den unmittelbaren Kontext der Erzählung von der Tötung des Ketos gehören (die aus F 145 zu erschließen war). Ist mit Schadewaldt ein ritueller Hintergrund der Periphrase ἀμπέλων γάνος anzunehmen, ergäbe sich als zusätzliches Handlungsmoment ein Opfer durch Perseus (oder die Hirten?) nach der erfolgten Tötung des Ketos. (2) Die Verknüpfung dieses Fragments mit der erfolgreichen Abwehr der Gefahr durch das Ketos durch Perseus wird seit Welcker, Gr. Trag. 2,657 von allen Forschern vertreten (Matthiae, Eur. Fragm. 57; Fritzsche, Ar. Thesm. 512 dachten noch an die Feier der Hochzeit zwischen Perseus und Andromeda; dagegen spricht, daß bei Euripides auf jeden Fall der Hochzeit die Auseinandersetzung um die Ehe vorausging, also auf die Tötung des Ketos, auf die die Erwähnung der πόνοι gemünzt sein muß, nicht sofort die Hochzeitsszene gefolgt sein kann, wie von Matthiae und Fritzsche angenommen; im Übrigen ist eher anzunehmen, daß in der 'Andromeda' die Hochzeit selbst nicht mehr präsentiert war); diese Annahme darf als die plausibelste Einordnung des Fragments gelten.

F 137

I. (1) Im Kapitel über die positiven Aspekte der Ehe überliefert Stobaios aus Euripides' 'Andromeda' die Anapäste: 'Denn von (allen) Reichtümern ist das das Beste: eine edle Frau zur Ehe zu gewinnen'. (2) Unter Auswertung von Stobaios' Florilegium fügte der Bischof von Monemwasia, Arsenios (eigentlich Aristobulos Apostolios: 1468/9-1535; vgl. Cohn, RE II [1895] 1274f.; Bühler, Zenobius 1,298 m. A. 35) diese Verse in das umfangreiche Sprichwörtersammelwerk seines Vaters Michael Apostolios ein (der wurde 1453 von den Türken aus Konstantinopel nach Kreta vertrieben; Lebenszeit: ~ 1422-nach

1472 oder 1486: Bühler, Zenobius 1,293; vgl. auch Crusius, RE II [1895] 182f.), das dieser vor 1466 zu einem nur vorläufigen Abschluß brachte, und dessen Fertigstellung und Publikation der Sohn unter dem Titel Ἰωνιά zwischen 1517 und 1519 (unter der Amtszeit von Papst Leo X., 1513-21) besorgte. Das Zitat hat, weil aus Stobaios genommen, keinen eigenen Zeugniswert (die Erwähnung der Aufnahme der 'Andromeda'-Fragmente 136. 138. 149 in Arsenios' Proverbiensammlung konnte deshalb unterbleiben; die Abhängigkeit des Arsenios von Stobaios erweist sich am deutlichsten bei F 136, wo Arsenios den sinngemäß verkürzten Text des Stobaios gegen den richtigen Text des Athenaios bietet; s. z. St.).

II. (1) Statt des in V. 1 überlieferten πλούτων schlug Schmidt, Krit. Stud. 2,444, unter Billigung von Nauck, πότμων vor zu schreiben: 'Denn von allem Glücksfällen ist dieser der Beste usw.'. Ein übertragener Gebrauch von πλοῦτος ist aber nicht unmöglich: S. Aj. 518f. spricht Tekmessa zu Aias: ... τίς δῆτ' ἐμοὶ γένοιτ' ἂν ἀντὶ σοῦ πατρίς; τίς πλοῦτος; ἐν σοὶ πᾶσ' ἔγωγε σῴζομαι (Ellendt-Genthe 633: »tralatum dicitur de eo, cuius apud nos maximum constat pretium«); eine Änderung erscheint also überflüssig. (2) Fritzsche, Ar. Thesm. 496 wollte in V. 1 am Ende ἄρ' ἦν, in V. 2 am Anfang καὶ ergänzen, Düntzer, Ph 5 (1850) 186 schlug vor, in V. 1 zu schreiben ἄριστος ἀεί, und in V. 2 δὴ nach γενναῖον einzufügen, was bei beiden Vorschlägen auf einen durch Metrondihärese abgesetzten anapästischen Dimeter mit nachfolgendem katalektischem anapästischen Dimeter = Paroimiakos führt; Fritzsches und Düntzers Konjekturen erfolgten also metri causa und können keine zwingende Emendation darstellen, weil nicht sicher diagnostiziert werden kann, ob der (verlorene) metrische Kontext eine solche Restitution des Metrums verlangt.

III. (1) Der überlieferte Text ist wie folgt zu analysieren: V. 1: an | an‸ ||; v. 2 - - - - ˘ ˘ - -. Mette, Lustrum 12 (1967) 54 = Lustrum 23/4 (1981/2) 57 deutete V. 2 als gl‸. (2) Der zweite Vers ist als ein genetisch dem choriambischen Dimeter verwandtes Kolon anzusprechen (so Dale, Lyric Metres 61), das auch, wie von Mette praktiziert, als katalektischer Glykoneus gebraucht, als Pherekrateus bezeichnet werden kann (dabei ist die äolische Basis in zwei Longa realisiert). In anapästischen, daktylischen, äolischen Systemen eignet sich dieses Kolon besonders gut für gleitende Übergänge (s. Snell, Gr. Metrik 58ff.), da es je nach Kontext anapästisch (als »anapästische Tripodie«: Korzeniewski, Gr. Metrik 98; oder als anapästisches »hexamacron«:

Dale, Lyric Metres 61), daktylisch (daktylischer 'Trimeter') oder eben äolisch gedeutet werden kann. Die Entscheidung über seine Bezeichnug hängt also vom, in diesem Fall verlorenen, metrischen Kontext ab; zu vermuten ist, daß es hier den Schluß eines längeren anapästischen Liedes bildet (denn Kola der Art sind nur in lyrischen Anapästen anzutreffen; s. E. Ion 902ff.). (3) Auch wenn Euripides lyrische Anapäste zu Schauspielerarien verwendet, legen hier Metrum und Inhalt der beiden Verse die Vermutung nahe, daß sie vom Chor gesungen werden: mit gnomischen Kommentaren dieser Art pflegt der Chor häufig zu Ereignissen auf der Bühne Stellung zu nehmen. In der Forschung ist die Zuweisung dieser Verse an den Chor einhellig akzeptiert.

IV. 1 (1) γάρ signalisert, daß der Sprecher schon Gesagtes begründend zusammenfaßt; es ist also zu schließen, daß im Vorhergehenden entweder von jemandes γενναιότης oder von Ehe die Rede war. (2) ὅδε ist im Genus an πλούτων attrahiert, bereitet also den nachfolgenden Infinitiv vor (KG 1,658f.): 'Von Reichtümern ist dieses der Beste ...' 2 (1) γενναῖος bedeutet sowohl »high-born« als auch »high-minded« (LSJ, γενναῖος I. 1 bzw. 2); bei Euripides fällt häufig beides zusammen: Supp. 925 bspw. nennt Theseus den Amphiaraos τὸν Οἰκλέους ... γενναῖον τόκον, wo sowohl die edle Abkunft des Amphiaraos von Oikles als auch seine eigene Tüchtigkeit im gleichen Wort mitschwingen (vgl. auch E. An. 1273; Supp. 12; Tr. 1013). Es ist zu vermuten, daß γενναῖος hier ebenfalls nicht nur auf die edle Abkunft des/der zu Verheiratenden zu beziehen ist, sondern gleichfalls ein Bezug auf die edle Gesinnung, die offenbar manifest wurde, mitgedacht werden muß. (2) a. λέχος bezeichnet hier metonym entweder Ehe oder die zu heiratende Frau; bei Euripides findet sich ein entsprechender Gebrauch des Wortes λέχος auch An. 487 (s. Stevens z. St., der auf Hipp. 835; IA 389 aufmerksam macht); die Ehe bezeichnet λέχος Ph. 414. Die Verbindung mit γενναῖος legt eine personale Deutung von λέχος = ἄλοχος, Bettgenossin nahe. b. In gleicher Weise finden sich bei Euripides auch metonym gebraucht die Begriffe λέκτρον (vgl. Stevens z. An. 35. 928; Kannicht z. Hel. 638) und εὐνή (z. B. Med. 1338: Ἰασ.: ... εὐνῆς ἕκατι καὶ λέχους σφ' ἀπώλεσας). Die Verwendung von Begriffen für Bett, Bettstatt als Metonymie (Lausberg, Hdb. lit. Rhet. 293: »Gefäß-Inhalt-Beziehung«) für »sexual intercourse« (Slater, Lexicon to Pindar 303) bzw. für das Objekt sexuellen Umgangs begegnet schon im homerischen Epos (Hom. 8,269: πολλὰ δ' ἔδωκε, λέχος δ' ᾔσχυνε καὶ εὐνὴν ' Ἡφαιστοῖο ἄνακτος), bei Sappho 121,1 (ἀλλ' ἔων φίλος ἄμμιν λέχος ἄρνυσο νεώτερον· ' οὐ γὰρ τλάσομ' ἔγω σύν ⟨τ'⟩ οἴκην ἔσσα γεραιτέρα), bei Pindar (z. B. P. 11,24: ἢ ἑτέρωι λέχει δαμαζομέναν ' ἔννυχοι πάραγον κοῖται; vgl. Slater, Lexicon to Pindar 303). c. Unser Fragment gehört zu den nicht häufigen Stimmen in der Antike, die die Ehe loben (zum ganzen Komplex s. Gaiser 'Für und wider die Ehe' passim), allerdings immer unter der Einschränkung, daß die Ehefrau γενναία (wie in der 'Alkestis') oder γνησία sei. Zu nennen sind: Theogn. 1225f.: οὐδὲν, Κύρν', ἀγαθῆς γλυκερώτερόν ἐστι γυναικός. ' μάρτυς ἐγώ, σὺ δ' ἐμοὶ γίνου ἀληθοσύνης; E. 'Antigone' F 164: ἄριστον ἀνδρὶ κτῆμα συμπαθὴς γυνή; S. F 942: τίς δ' οἶκος ἐν βροτοῖσιν ὠλβίσθη ποτὲ ' γυναικὸς ἐσθλῆς χωρίς ὀγκωθεὶς χλιδῆι;; Alexandros CAF fr. 5 (3,373 Kock): ταμιεῖον ἀρετῆς ἐστι γενναία γυνή (vgl. auch E. 'Phrixos' F 822). (3) a. Dies führt darauf zu vermuten, daß dieses Lob der edelgesinnten Ehegenossin auf eine dramatische Situation zu beziehen ist, in welcher sich Andromeda als eine der Ehe mit dem Gorgo- und Ketostöter Perseus würdige Frau erwiesen hat, was vom Chor lobend hervorgehoben wird. Für eine Rekonstruktion der Handlung der 'Andromeda' hat dies zur Konsequenz, daß man schwerlich an die Stellung des Fragments nach dem Abgang des Perseus zur Tötung des Ketos denken kann (dies wurde von Wecklein, SB München 1888,97 vorgeschlagen und liegt der Zählung des Fragments als F 137 durch Nauck zugrunde), sondern daß eine Plazierung des Fragments notwendig scheint, der ein Beweis der γενναιότης Andromedas vorausging. b. Der Inhalt des Beweises der γενναιότης lag wohl darin, daß Andromeda ihrem gegebenen Versprechen gemäß (s. z. E. F 132) gegen den Willen ihrer Eltern (s. z. E. T III) in die Ehe mit Perseus einwilligte und ihm nach Argos folgte. c. Unter der Voraussetzung, daß dies richtig ist, ist mit Welcker, Gr. Trag. 2,664f. (der λέχος auf Perseus, nicht auf Andromeda bezieht); Hartung, Eur. rest. 2,359; Wagner, Eur. Fragm. 655; Fedde Pers. Andr. 35; Johne, Eur. Andr. 15 das Fragment ans Ende der Tragödie zu setzen (Welcker, Wagner, Fedde denken an das Auszugslied des Chores). Dagegen hatte Fritzsche, Ar. Thesm. 495f. die Verse noch vor die Parodos des Chores gestellt; Ribbeck, Röm. Trag. 172 und Müller, Ph 66 (1907) 63 plazierten die Verse in den Kontext der Auseinandersetzung um die Hochzeit, was jedoch weniger plausibel ist; allerdings muß beiden grundsätzlich darin Recht gegeben werden, daß ein Bezug von λέχος auf Perseus nicht schlechthin auszuschließen ist.

F 138

I. Stobaios überliefert die drei Verse: 'Werden den Menschen, die sich verlieben, gute Geliebte zuteil, dann gibt es keine Freude, hinter der dies(es Glück) zurückbleibt' im Kapitel über die 'gewöhnliche Wirkung von Aphrodite als der Ursache für die menschliche Zeugung und die körperlichen Freuden der Liebe' unter Angabe der Herkunft dieser Sentenz aus der 'Andromeda' des Euripides. Obgleich die Mehrzahl der Forscher Andromeda als Sprecherin der Verse betrachtete (Welcker, Gr. Trag. 2,661; Wagner, Eur. Fragm. 654; Fedde, Pers. Andr. 32; Johne, Eur. Andr. 15; Wecklein, SB München 1888,97), ist grundsätzlich Fritzsche, Ar. Thesm. 499 zuzustimmen, der keine Zuweisung für vertretbar hielt, weil sowohl Andromeda, als auch Perseus oder die Chorführerin oder Kepheus oder der Bote ... als Sprecher dieser sentenziösen Aussage denkbar sind (Kepheus als Sprecher: Hartung, Eur. rest. 2,357; Enger, Adnotationes 7f.; ein dem Liebespaar Wohlwollender: Ribbeck, Röm. Trag. 171; der Chor: Petersen, JHS 24 [1904] 101; Perseus: Müller Ph 66 [1907] 62). Ebensowenig ist eine sichere Zuweisung in einen bestimmten Teil der Tragödie möglich, da Liebe das beherrschende Thema des ganzen Drama gewesen zu sein scheint: zumindest spielt Liebe für die Entscheidung des Perseus, Andromeda vor dem Ketos zu retten, die entscheidende Rolle (wie aus E. F 136 und der Parodie der 'Andromeda' in den 'Thesmophoriazusai' hervorgeht), andererseits hat sich Andromeda wahrscheinlich auch durch die Liebe verleiten lassen, gegen den Willen der Eltern Perseus nach Argos zu folgen. Matthiae, Eur. Frag. 50f. plazierte das Fragment in den Kontext von Perseus' Entscheidung, Andromeda zu retten (dem Fritzsche dann folgte), während die anderen Forscher die Verse in den Zusammenhang der Auseinandersetzung um die Hochzeit setzten.

II. (1) Da οὐκ ἔστιν gewöhnlich mit einem nachfolgenden Relativum konstruiert ist (s. KG 2,403ff.), ist das in V. 3 überlieferte οὐκ ἔστι ποίας von Pflugk (teste Fritzsche, Ar. Thesm. 499) in οὐκ ἔσθ' ὁποίας verbessert worden (was von Fritzsche gebilligt und von Nauck in den Text aufgenommen wurde); eine entsprechende Formulierung findet sich bei Euripides Hipp. 389: Φα.: ... οὐκ ἔσθ' ὁποίωι φαρμάκωι διαφθειρεῖν' ἔμελλον ... Da indirekte Fragesätze häufig mit dem Fragepronomen direkter Fragesätze eingeleitet werden (KG 2,516), hat Schmidt, Krit. Stud. 2,443 das überlieferte ἔστι in ἴστε ändern wollen, was eine Änderung des λείπεται notwendig machte (Schmidt schlug ἅπτεται vor). Wenn eine Änderung von οὐκ ἔστι ποίας notwendig ist, ist der Eingriff von Pflugk dem von Schmidt vorzuziehen, weil 1. der an sich untadelige Sinn nicht verändert wird; 2. Änderung von ποίας in ὁποίας weniger schwerwiegend als die Änderung von λείπεται in ἅπτεται ist; 3. die paläographische Verschreibung von ἔσθ' ὁποίας in ἔστι ποίας leichter zu erklären ist als ἴστε ποίας ἅπτεται in ἔστι ποίας λείπεται. (2) Da die Substituierung eines relativen ὁποίας durch das Fragepronomen ποίας nur für indirekte Fragesätze zu belegen ist, ist die Aufnahme von Pflugks Emendation unerläßlich.

III. 1 πίπτειν εἴς τινα kann von verschiedenen Gemütszuständen ausgesagt werden; bei Euripides begegnen πίπτειν εἰς δέον (Alc. 1101); εἰς φόβον (Ph. 69); εἰς ὀργήν (Or. 696); εἰς ἔριν ('Palamedes' F 578,8); εἰς ἔρωτα (oder ἔρον) πίπτειν in der Bedeutung 'Verlangen nach etwas fassen' hat Euripides IT 1172: Θοάς: τίν'; εἰς ἔρον γὰρ τοῦ μαθεῖν πεπτώκαμεν und Ba. 813: Διον.: τί δ' εἰς ἔρωτα τοῦδε πέπτωκας μέγαν; In der Bedeutung 'sich verlieben' (engl.: 'to fall in love') begegnet dieser Ausdruck nur hier und beim Komödiendichter Antiphanes CAF fr. 235,9 (2,114 Kock): εἰς ἔρωτα τ' ἐμπεσών. 2 Personen werden als ἐσθλοί bezeichnet, wenn sie infolge von Tüchtigkeit oder infolge edler Abkunft sich moralisch und praktisch als 'gute' Menschen erweisen; häufig fallen im Begriff ἐσθλός der Aspekt der ἀρετή von Geburt und der ἀρετή infolge eigener Leistung zusammen. Damit wird es unmöglich zu bestimmen, in welcher Hinsicht die ἐρώμενοι ἐσθλοί sein müssen, damit die ἡδονή am größten ist: als Alternativen bieten sich an: a. ἐσθλός ist synonym mit καλὸς κἀγαθός und soll so eine umfassende ἀρετή bezeichnen, die moralischen Edelsinn mit körperlicher Schönheit verbindet, oder b. ἐσθλός ist synonym mit γενναῖος und hat eine ἀρετή im Blick, die sich mit edler Abkunft verknüpft. So allgemein, wie der Vers gehalten ist, soll vermutlich dieser ganze Komplex von möglichen Bestimmungen der 'Gutheit' von Menschen beim Zuhörer evoziert werden; der antike Zuschauer verfügte zudem mit der Einbettung dieser Sentenz in den dramatischen Kontext auch über den Schlüssel zur Deutung, wer mit dem allgemeinen ἐσθλοὶ ἐρώμενοι konkret gemeint war. Zu vermuten ist immerhin, daß Perseus oder Andromeda, oder beide zusammen, gemeint sind. 3 (1) λείπομαι ist mit dem ablativischen Genitiv konstruiert (KG 1,396) und bedeutet 'zurückbleiben, nachstehen, entbehren': 'nichts bleibt hinter dieser Freude zurück' heißt, weil Litotes, deshalb: 'das ist die allergrößte Freude'. (2) Syntaktisch klarer wäre der Gedanke ausgedrückt, wenn Euripides die präzisierende Nennung des Subjekts des ὅταν-Satzes nicht in einem Relativsatz extrapoliert hätte; zu konstruieren etwa: ὅταν οἱ εἰς ἔρωτα πίπτοντες τῶν βροτῶν τῶν ἐσθλῶν ... τύχωσι, οὐκ ἔσθ' κτλ. Die Art der Formulierung trägt jedoch dazu bei, das Gewicht der Aussage stärker auf V. 3 zu verschieben, da die ersten beide Verse syntaktisch als Anakoluth enden; diese Technik des Ausdrucks kam der Rezeption des Euripides bei Gnomologen und Sprichwörtersammlern sehr entgegen, weil innerhalb von drei Versen eine Aussage abgerundet präsentiert wird: a. Angabe, worum es geht: οἱ ἐρῶντες (V. 1); b. Präzisierung: ἐσθλοὺς ἐρρωμένους ἐρῶντες; c. Fazit: ἡδονή.

F 140

I. (1) Der Florentiner Papyrologe Vittorio Bartoletti hat auf dem Internationalen Papyrologenkongreß in Mailand 1965 die Öffentlichkeit mit einem bis heute noch nicht edierten Florentiner Papyrus (der im 15. Band der PSI die Nummer 1476 tragen soll) bekannt gemacht, der auf der Rückseite von amtlichen Abrechnungen die Reste eines im 2. oder 3. nchr. Jhdt. geschriebenen gnomologischen Florilegiums bietet, das in der Art des erhaltenen Werkes des Stobaios die Sentenzen jeweils zu sachlich zusammenhängenden Gruppen unter einem Gruppentitel vereinigte. In den von Bartoletti mit den Buchstaben A-F bezeichneten Resten steht im fr. B (6) die Überschrift περὶ ἀρετῆς; da keines der Zitate in den frr. C-F unter diesen Titel paßt, ist davon auszugehen, daß der unter diese Überschrift gehörige Teil des Gnomologiums verloren ist. Die Sentenzen, die der Papyrus erhalten hat, lassen sich nach Bartoletti auf die Lemmata περὶ πλούτου (frr. A B), περὶ τύχης (frr. C D E), περὶ λόγου (fr. F) verteilen. Von den neunzehn Zitaten sind sieben neu, zu E. F 462 bringt der Papyrus zu den erhaltenen zwei vier neue Verse. (2) Stobaios bietet das Fragment unter Nennung von Autor und Stücktitel; die Kapitelüberschrift περὶ λόγου καὶ γραμμάτων ist in den beiden, die ersten zwei Bücher des Stobaios überliefernden, Hss. F und P (s. z. E. F. 130. 131. 133 usw.) verloren und muß so aus dem Titelindex bei Photios cod. 167 (2,157 Henry) ergänzt werden. Die Hss. F und P bieten nur zwei Zitate aus diesem Kapitel (Pl. Phdr. 274 b–275 e = Stob. 2,4,18. 19); dagegen bieten die die Bücher drei und vier überliefernden Hss. SMA zwischen den Kapiteln 4,25 (= 79 Meineke) und 4,26 (= 83 Meineke) über die Themen 'Ehren der Alten' (4,25: ὅτι χρὴ τοὺς γονεῖς τῆς καθηκούσης τιμῆς καταξιοῦσθαι παρὰ τῶν τέκνων κτλ.) und 'Pflichten der Väter' (4,26: ὁποίους τινὰς χρὴ εἶναι τοὺς πατέρας περὶ τὰ τέκνα κτλ.) thematisch falsch plazierte Kapitel περὶ θεῶν κτλ. (2,1,18-31 = 80 Meineke), περὶ γραμμάτων (2,4,1-17 = 81 Meineke) und ϵἰς τὸ ἐναντίον (2,2,8-23 = 82 Meineke), die, wie Wachsmuth, Studien 46ff. gezeigt hat, aus dem Buch zwei nach Buch vier versetzt wurden. Wachsmuth hat in der Ausgabe der ersten beiden Bücher des Stobaios aus seiner Erkenntnis die Konsequenzen gezogen und das von Photios bezeugte, in den Hss. F und P aber nur mehr rudimentär und titellos faßbare Kapitel περὶ λόγου καὶ γραμμάτων aus dem in den Hss. SMA überlieferten Kapitel 81 Meineke ergänzt. Wachsmuths Rekonstruktion erfährt durch den Papyrus jetzt insofern eine Bestätigung, als eine Plazierung unter dem Titel περὶ λόγου für unser Fragment auch aus dem Inhalt der anderen Zitate in fr. F des Papyrus wahrscheinlich ist.

II. (1) Ohne Parallele ist in V. 1 die Formulierung ἀσθενεῖς τύχαι, was provozierte, a. daß Collmann, De nonnullis locis Eur. et. Soph. 4 sich fragte, »an scribendum sit φρένας, qua recepta lectione ἀσθενεῖς φρένες et μέγα φρονοῦντες λόγοι apte inter se opponuntur«, b. daß Walker, Eur. Fragm. 6 statt des korrupten τύχας ἀσθενεῖς und des falschen μὲν vorschlug μέγ' ἀσθενεῖν zu schreiben. (2) Beide Vorschläge sind zurückzuweisen, a. weil ἀσθενεῖς φρένες in ähnlicher Weise ohne Parallele ist wie ἀσθενεῖς τύχαι, b. weil die beiden Verse von der μὲν - δὲ - Konstruktion leben, in welcher der entscheidende inhaltliche Gegensatz formal gefaßt ist: τύχαι μὲν - λόγοι δὲ; das Fragment verlöre seinen prägnanten sentenziösen Charakter, beseitigte man wie Walker das μὲν. Zur möglichen Deutung von ἀσθενεῖς τύχαι s. u.

III. 1 (1) ὦ τλῆμον redet eine männliche oder weibliche Person an, die im Zustand des τλῆναι ist; ursprünglich ist für das Wort τλήμων die Gebrauchsweise im homerischen Epos als Bezeichnung des 'Dulders' (Hom. V 669f.: νόησε δὲ δῖος 'Οδυσσεὺς ' τλήμονα θυμὸν ἔχων κτλ.; X 231f.: ἤθελε δ' ὁ τλήμων 'Οδυσσεὺς καταδῦναι ὅμιλον 'Τρώων), als dessen, der etwas 'ertragen' kann (vgl. Archilochos F 13 West). Dann hat das Adjektiv »changed its meaning from 'patient' (stout-hearted) to 'miserable'« (Jacoby, Hesperia 14 [1945] 204 A. 168), diente also auch zur Bezeichnung dessen, der etwas ertragen muß und deshalb arm dran = δυστυχής ist. Eine dritte Bedeutungsvariante bietet »the vituperative use« (Jacoby, l. c.) des Adjektivs: A. Ch. 382ff. singt der

Chor: Ζεῦ Ζεῦ, κάτωθεν ἀμπέμπειν, ὑστερόποινον ἄταν' βροτῶν τλήμονι καὶ πανούργωι' χειρί; E. Med. 862ff. hält der Chor Medea entgegen: οὐ δυνάσηι, ' παίδων ἱκετᾶν πιτνόντων, ' τέγξαι χέρα φοινίαν ' τλάμονι θυμῶι. τλήμων hat also auch die Bedeutung, daß jemand Unerträgliches ertragen kann und so »reckless« ist (LSJ, τλήμων I. 2). Welche Bedeutung von τλήμων hier gebraucht ist, kann nur mit Hilfe des Kontextes bestimmt werden. (2) »ἀσθενής ist, wer kein σθένος hat« (Schütz, ΑΣΘΕΝΕΙΑ ΦΥΣΕΩΣ 39); σθένος bezeichnet die »force physique« (Chantraine 1000) eines Menschen; fehlt diese, ist er entweder mittellos, oder in einer euphemistischen Umschreibung für νόσος, krank (vgl. den ältesten Beleg für ἀσθενής, Pi. P. 1,55f., über Philoktetes: ὅς Πριάμοιο πόλιν πέρσεν, τελεύτασεν τε πόνους Δαναοῖς, ' ἀσθενεῖ μὲν χρωτὶ βαίνων, ἀλλὰ μοιρίδιον ἦν.). Bei Euripides wird ἀσθενής häufig im Sinne von 'arm' gebraucht (so Supp. 433; F 395. 813), kann den Zustand körperlicher Kraftlosigkeit bezeichnen (Cycl. 432; Ph. 837), und ist Ion 593 von der sozialen 'Kraftlosigkeit' des Ion als eines vermeintlichen Bastardsohns des Xuthos und damit auch als eines Fremden in Athen ausgesagt. Die τύχαι sind ἀσθενεῖς, insofern sie ἀσθένεια bewirkt haben. Die vom Sprecher als τλῆμον apostrophierte dramatis persona befindet sich demnach in einem Zustand von ἀσθένεια: dies kann bedeuten: in Armut, in Krankheit, in sozial deklassiertem Zustand, im Elend. 2 μέγα φρονεῖν kann als Positivum 'hohen Mut' oder negativ 'Hochmut' bezeichnen: bei Euripides finden sich beide Verwendungsweisen, wobei die negative überwiegt (vgl. Hipp. 6: Ἀφρ.: ... σφάλλω δὲ ὅσοι φρονοῦσιν εἰς ἡμᾶς μέγα, wiederaufgenommen von der Amme Hipp. 445; An. 1008; HF 475; ironisch das positive 'großen Mut haben' verwendet Elektra an Klytaimestra gerichtet, El. 1120: φρονεῖ μέγ'). Die Gegenüberstellung von ἀσθενεῖς τύχαι und μέγα φρονοῦντες λόγοι (als Metonymie für das hochgemute/hochmütige Verhalten der angeredeten Person) ist hier sowohl positiv als auch negativ deutbar: a. obwohl du schwach /elend /einflußlos etc. bist zeugen deine Worte doch von hohem Mut; oder b. du bist schwach, und machst doch große Worte!.

IV. (1) Außer dem Titel περὶ λόγου bietet die Bezeugung des Fragments keinen Anhalt für die Einordnung der Verse in die Tragödie; der Inhalt ist, wie gesehen, nicht auf eine bestimmte Situation hin festzulegen. (2) Deshalb haben Vorschläge zur Einordnung des Fragments in den Kontext der Tragödie nur exempli-gratia-Charakter, auch wenn die Forschung seit Matthiae, Eur. Fragm. 53 sich nahezu völlig darüber einig ist, daß Kepheus mit diesen Worten den Perseus als Schwiegersohn abgelehnt habe (so Fritzsche, Ar. Thesm. 509; Welcker, Gr. Trag. 2,662; Hartung, Eur. rest. 2,353; Wagner, Eur. Fragm. 654; Ribbeck, Röm. Trag. 173; Johne, Eur. Andr. 14; Müller, Ph 66 [1907] 62). Nur Wecklein, SB München 1888,96f. wollte diese Verse einem Sprecher Phineus, Petersen, JHS 24 (1904) 101 Perseus geben, jeweils in der Auseinandersetzung um Andromedas Ehe.

Muß es auch abgelehnt werden, Weckleins auf Spuren des Ovid entworfene Rekonstruktion gutzuheißen, ist die von allen Forschern angenommene Lokalisierung innerhalb einer Auseinandersetzung um die von Perseus angestrebte Hochzeit mit Andromeda möglich. Möglich ist aber gleichfalls eine Anrede des Perseus an Andromeda, nachdem er ihr Schicksal erfahren hat, diesen Sinnes: dein Schicksal ist zwar miserabel, deine gefaßten Worte zeugen aber von hohem Mut; oder der Chor zu Perseus, anerkennend in ähnlichem Sinn. Anderes läßt sich noch ausdenken und hat beim sentenziösen Charakter der Verse gleiche Probabilität wie die von der Forschung (einseitig) akzeptierte Deutung.

F 141

I. (1) Die Stobaioshss. bieten den ersten Vers der Bastardsentenz aus der 'Andromeda' in nur schwer deutbarer Weise: das sprechende Ich will es verbieten/nicht zulassen, daß jemand nicht echtbürtige Kinder nimmt. Um dem Text aufzuhelfen, wurden zahlreiche Verbesserungen vorgeschlagen: a. Valckenaer (teste Matthiae, Eur. Fragm. 56) schlug statt λαβεῖν λαθεῖν vor (dagegen Fritzsche, Ar. Thesm. 504, der den überlieferten Text übersetzt: »ergo autem, nothos veto filiorum loco accipere«; Fritzsches Deutung wurde wieder von Wecklein, SB München 1888,92 A. 1 zurückgewiesen); Gomperz, Hellenika 1,196 (= 1875) konjizierte λέγειν; Mekler, Krit. Beitr. 21 λακεῖν; Hense καλεῖν; Herwerden, Mn N. s. 19 (1891) 435 erneut λακεῖν; van der Mey, Sylloge comment. 73 τεκεῖν; Walker, Eur. Fragm. 6 λαχεῖν. Vom Sinn her befriedigen die Konjekturen von Valckenaer, Gomperz, Mekler/Herwerden, Hense, van der Mey (Walkers Konjektur verbessert nichts). b. Nauck, Obs. crit. 37 hielt ἐῶ für falsch und konjizierte ἐρῶ (aufgenommen in TGF^1), revozierte seinen Vorschlag unter dem Eindruck von Gomperz' Konjektur und erklärte in TGF^2 ebenfalls λαβεῖν für korrupt, ohne es aber zu ändern. c. Mekler schlug vor, nach παῖδας ein σ' einzufügen, während Walker das überlieferte παῖδας in ἔτ' αἰδοῦς ändern wollte; warum παῖδας falsch sein soll, ist mir nicht einsichtig. Enger, Adnotationes 8 hatte statt ἐγὼ δὲ vorgeschlagen ἐμὰς δὲ zu schreiben: Kepheus zu seiner Tochter: 'ich lasse nicht zu, daß meine Kinder Bastarde zum Manne nehmen'; Engers interessanter Vorschlag scheitert am griechischen Gebrauch von λαμβάνειν: λαμβάνειν kann nur vom Manne ausgesagt werden. d. Das Grundproblem dieses Verses besteht darin, daß wir den Kontext nicht kennen, in welchem diese Verse gesprochen wurden; d. h. daß der Vers primär aus Gründen, die nur mittelbar in ihm selbst liegen, unverständlich ist: eine sichere Restituierung des Textes ist deshalb unmöglich. Deshalb wird hier darauf verzichtet, λαβεῖν verbessern zu wollen, und das Akkusativobjekt σ' aufgenommen, damit unter Beibehaltung von λαβεῖν ein lesbarer Text geboten wird. (2) Die von Blaydes, Adv. 97 in V. 2 vorgeschlagene Änderung von ἐνδεεῖς in ὑποδεεῖς, »inferiores« ist überflüssig, da der Gebrauch von ἐνδεής im Sinne von »inferior« (LSJ, ἐνδεής 3) durch Stellen wie S. OC 1430; E. Hcld. 170; Ph. 701 gedeckt ist.

II. Zum Typus der Auflösung des obligaten Longums in Brevia in V. 3 nach der Zäsur Penthemimeres s. z. E. F 124.

III. 1 Das etymologisch ungklärte νόθος (Frisk 2,322) bezeichnet ursprünglich jeden, der nicht aus einer rechtlich geschlossenen Ehe stammt; der Gegenbegriff ist γνήσιος, »ehelich geboren« (Scheller, FS Debrunner 399). Gebraucht wird νόθος schon im homerischen Epos zur Bezeichnung von mit Sklavinnen gezeugten Kindern (Hom. V 69ff.; VIII 284; XIII 173ff.; 4,11; 14,202ff.), die, wie die Väter, als Freie betrachtet und auch rechtlich ehelich geborenen Kindern gleichgestellt waren. Eine soziale, weil rechtliche, Deklassierung von νόθοι und eine veränderte Definition des Status eines νόθος erfolgte erst im Laufe des 6./5. Jhdts. v. Chr.; die Definition des Pollux, 3,21 (1,161 Bethe) γνήσιος μὲν ὁ ἐκ γυναικὸς ἀστῆς καὶ γαμετῆς ... νόθος δ' ὁ ἐκ ξένης ἢ παλλακίδος schließt schon die attische Gesetzgebung des 5. Jhdts. mit ein, nach welcher auch ein in rechtlicher Ehe gezeugtes Kind einer Nichtathenerin als νόθος bezeichnet wurde (s. u.).
2 (1) ἐνδεής ist hier nicht mit ablativischem (KG 1,401,3), sondern mit komparativischem Genitiv (KG 1,391) in der Bedeutung 'an etwas Mangel haben = (im Vergleich zu jemand anderem) unterlegen sein' konstruiert. Ähnlich E. Hcld. 170: Κῆρ.: ... καὶ τοῦτο πολλῶι τοῦ παρόντος ἐνδεές ; S. OC 1430: Πολ.: ... ἐπεὶ στρατηλάτου '

χρηστοῦ τὰ κρείσσω μηδὲ τἀνδεᾶ λέγειν; Elmsley vergleicht zu E. Hcld. 171 auch Ph. 701: Ἐτ.: ... πολλῶι γὰρ ηὗρον ἐνδεεῖς διαλλαγάς. (2) Die (durch Litotes hervorgehobene) Gleichwertigkeit von νόθοι und γνήσιοι war auf dem Hintergrund der rechtlichen Benachtteiligung von νόθοι in Athen von Euripides besonders zu betonen; seiner Argumentation liegt e silentio die νόμος - φύσις - Antithese zugrunde: von Natur in nichts schlechter sind νόθοι den γνήσιοι nur der Konvention halber nachgeordnet (s. auch Heinimann, Nomos u. Physis 108f.); neben den von Stobaios im selben Kapitel zitierten Euripidesfragmenten 168 (ὀνόματι μεμπτὸν τὸ νόθον, ἡ φύσις δ' ἴση) und 377 (μάτην δὲ θνητοὶ τοὺς νόθους φεύγουσ' ἄρα ' παῖδας φυτεύειν. ὃς γὰρ ἂν χρηστὸς φύηι, ' οὐ τοὔνομ' αὐτοῦ τὴν φύσιν διαφθερεῖ) ist auch zu nennen An. 638: Πηλ.: ... νόθοι τε πολλοὶ γνησίων ἀμείνονες. 3 (1) Der Dativ νόμωι gibt den Grund oder das Mittel des νοσεῖν an: 'infolge des Gesetzes kranken νόθοι, nicht auf Grund ihrer natürlichen Minderwertigkeit' (s. KG 1,308 A. 4; falsch deshalb Blaydes, Adv. 309: »in the eye of law, or in public estimation«). (2) Der Bezug auf das Gesetz hat einen konkreten Hintergrund in den attischen Bestimmungen, die νόθοι 1. das Erbrecht absprachen, 2. ihnen die Teilnahme an den ἱερὰ καὶ ὅσια der Familie verwehrten und 3. die Aufnahme in die Phratrie verboten (s. Paoli, Diritto Att. 273 A. 1; Erdmann, Ehe 369; Latte, RE XVII [1936] 1070f.; vorsichtiger Harrison, Law of Athens 1,67f.), νόθοι damit von wichtigen sakralen Elementen der Polisgemeinschaft ausschlossen. (3) Ein zweiter Bezugspunkt der Erwähnung des νόμος könnte in dem perikleischen Gesetz von 451/0 liegen, das in Arist. Ath. 26,3 genannt ist: ἐπὶ Ἀντιδότου διὰ τὸ πλῆθος τῶν πολιτῶν Περικλέους εἴποντος ἔγνωσαν μὴ μετέχειν τῆς πόλεως, ὃς ἂν μὴ ἐς ἀμφοῖν ἀστοῖν ἦι γεγονώς; obwohl dieses Gesetz nur für das Bürgerrecht die Voraussetzung der attischen Herkunft von Vater und Mutter machte, hatte es für die rechtliche Stellung von Kindern nichtattischer Mütter die gleiche Konsequenz wie uneheliche Geburt: diese Kinder konnten nicht in die Phratrie aufgenommen werden und wurden im Erbrecht nicht berücksichtigt. Nach Harrison, aaO. 1,62 hatte diese Gleichstellung von nichtehelichen und Kindern nichtattischer Mütter darin ihren Grund, daß eine Ehe zwischen einem Athener und einer Nichtathenerin nicht rechtsgültig geschlossen werden konnte. Auf jeden Fall ist das perikleische Gesetz der Hintergrund der Polluxdefinition, daß ein νόθος auch der ἐκ ξένης Abstammende sei. (4) Wendet man das perikleische Gesetz auf die Verhältnisse der versprochenen und geplanten Ehe des Perseus mit Andromeda an, wären Perseus' Kinder von Andromeda νόθοι. Ob man diesen rechtlichen Hintergrund den Worten des Sprechers dieser Verse supplieren darf, ist ungewiß; für die zeitgenössische Komödie ist die Argumentation mit attischem Recht selbstverständlich: in den 'Vögeln' erklärt Peithetairos juristisch präzise dem Herakles die für ihn nachteiligen Implikationen seines Status als Kebssohn des Zeus (Ar. Av. 1649ff.). (5) Die Argumentation des Sprechers ist: der Status von νόθοι ist abzulehnen; zwar sind sie echtbürtigen Kindern mindestens gleichwertig, aber ihr rechtlicher Status macht sie echtbürtigen Kindern unterlegen; deshalb müsse man sich vor νόθοι hüten. Die entscheidende Frage für die Interpretation des Fragments (und für die Textkonstituion und Handlungsrekonstruktion) ist, welche νόθοι παῖδες der Sprecher im Blick hat. Es bieten sich nur zwei Möglichkeiten an: a. wegen seiner angeblichen Zeugung durch Zeus gilt Perseus dem Sprecher als ein νόθος; b. mit νόθοι sind die zu erwartenden Kinder aus der angestrebten Verbindung des Perseus mit Andromeda gemeint. Zu a.: die Annahme des Bezugs von νόθοι auf die uneheliche Geburt des Perseus hat zweierlei gegen sich: 1. den Plural, und 2. die Verwendung von λαμβάνειν. Den Plural haben Enger und Kuhnert, Myth. Lex. III (1902-9) 2000 generalisierend gedeutet: 'ich lasse meine Kinder keine Bastarde zum Manne nehmen'. λαμβάνειν kann aber immer nur vom Mann ausgesagt werden: jemanden zur Frau nehmen (s. LSJ, λαμβάνω II. 1. c). Dazuhin erscheint es auch fraglich, ob Perseus als νόθος bezeichnet werden kann; terminologisch richtig wäre Perseus nämlich ein παρθένιος zu nennen (s. Latte, RE XVII [1936] 1067; eine weniger strenge Verwendung der Begriffe ist grundsätzlich natürlich möglich). Zu b.: gegen die Annahme, daß jemand Andromeda verbietet, nicht echtbürtige Kinder zu bekommen, besteht kein Einwand (λαμβάνειν verwendet in der Bedeutung von LSJ, λαμβάνω II. 1. g): es liegt also nahe, diese Auffassung hier für ausgesprochen zu halten. (6) Daß hier anachronistisch attisches Gegenwartsrecht die Folie einer Diskussion über die Ehe in grauer heroischer Vorzeit abgibt, ist zwar auffällig, aber nicht singulär. In ähnlicher Weise anachronistisch ist die demokratische Verfassung im Athen des Theseus in Euripides' 'Hiketides' (s. E. Supp. 405ff.); zu vergleichen ist auch das Nebeneinander von zeitgenössischen und archaischen Auffassungen von νόθοι in der 'Andromache' (E. An. 199f. 942: νόθοι als δοῦλοι bzw. ἡμίδουλοι; 1246ff.: Molossos, der νόθος als König der Molosser).

IV. (1) Die Mehrdeutigkeit von νόθοι hat in der Forschung zu einigen sehr unterschiedlichen Rekonstruktionsvorschlägen geführt: a. Matthiae, Eur. Fragm. 56; Fritzsche, Ar. Thesm. 504f.; Hartung, Eur. rest. 2,355f.; Wecklein, SB München 1888,91f. dachten, daß der aus Ovid, Apollodor, Hygin supplierte frühere Verlobte Andromedas die Ehe zwischen Andromeda und Perseus zu hintertreiben suchte, indem er Kepheus die uneheliche Abstammung des Perseus vor Augen führte; b. nach Welcker, Gr. Trag. 2,660; Fedde, Pers. Andr. 32; Robert, Arch. Ztg. 36 (1878) 19; Johne, Eur. Andr. 15; Wernicke, RE I (1894) 2156; Petersen, JHS 24 (1904) 101 = Att. Trag. 609; Webster, BICS 12 (1965) 32 = Tragedies 197; Mette, Lustrum 12 (1967) 54 = Lustrum 23/4 (1981/2) 57 soll Kepheus mit diesen Versen die Hochzeit verweigert haben unter Hinweisung auf Perseus' nichteheliche Abkunft; c. Ribbeck, Röm. Trag. 172; Müller, Ph 66 (1907) 62f. gaben die Verse Perseus, der unter Hinweis auf den Status der Kinder auf einer legitimen Ehe mit Andromeda, d. h. der elterlichen Zustimmung beharrte; d. die Mutter Kassiepeia soll nach Weil, JdS 1900, 516; Kuhnert, Myth. Lex. III (1902–9) 2000 den Bastard Perseus als Gemahl der Tochter abgelehnt haben. (2) Wie oben gezeigt ist ein Bezug von νόθοι auf die angebliche Zeuskindschaft des Perseus weniger wahrscheinlich als die Deutung von νόθοι auf die zukünfige Nachkommenschaft der Andromeda: deshalb sind Zweifel an den Vorschlägen a. b. und d. angebracht; zudem spricht gegen den Vorschlag a. auch die unterstellte Präsenz einer dramatis persona Phineus, die in der von uns rekonstruierten Handlung der euripideischen 'Andromeda' keinen Platz hat (s. z. E. T III). Zur Möglichkeit c. ist anzumerken, daß auch Kepheus als derjenige vorstellbar ist, der Andromeda verbietet, νόθοι das Leben zu schenken. Entscheiden läßt sich diese Alternative nicht, wenn auch der vermutliche juristische Hintergrund der Ablehnung von νόθοι eher auf die Eltern als Sprecher zu deuten scheint als auf Perseus.

F 142

I. (1) Unter dem Titel 'Lob des Reichtums' zitiert Stobaios aus Euripides' 'Andromeda' folgende vier Verse: 'Gold im Haus zu haben: das ziehe ich allem vor! Denn in Ehren steht der reiche Mann, ist er auch bloß ein Sklave, doch der Freigeborene, ist er arm, vermag im Staate nichts. Darum halt' du dich für glücklich deines Geldes wegen!'. (2) Der für die Kapitelüberschrift notwendige Gedanke ist hinreichend in den ersten drei Versen ausgedrückt: V. 1 Lob des Reichtums, Vv. 2/3 die Begründung: der Reiche ist unter allen Umständen geehrt, der Arme nie etwas wert. Den vierten Vers hielt Musgrave, Eur. Fragm. 422 für überflüssig; Hense, Stob. 5,739 ist ihm in dieser Einschätzung gefolgt und edierte den vierten Vers als Zitat eines »poetae incerti« in der Annahme, daß zwischen V. 3 und 4 ein Lemma ausgefallen sei. (3) Die Annahme der nichteuripideischen Herkunft von V. 4 wurde von den anderen Forschern zwar nicht geteilt, doch werden seit Fritzsche, Ar. Thesm. 504 die Vv. 1-3 und V. 4 jeweils unterschiedlichen Sprechern zugeteilt (Hartung, Eur. rest. 2,355; Petersen, JHS 24 [1904] 101; Müller, Ph 66 [1907] 62; Webster, BICS 12 [1965] 32, nicht wiederholt in Tragedies 197). (4) Der Ausfall eines Lemmas nach V. 3 ist nicht grundsätzlich auszuschließen, ist andererseits aber auch keine zwingende Annahme; der V. 4 resümiert exklamatorisch die Argumentation von Vv. 1-3. Dazuhin ist es durch die eklektische Exzerpiermethode der Gnomologen durchaus möglich, daß aus dem gleichen Kontext stammende, aber nicht aufeinander folgende Verse im Exzerpt hintereinander zu stehen kamen; zu vgl. ist PSI 15,1476, Fr. F col. I (17): E. Ph. 499f. 515-7 als ein Zitat! Die Verteilung auf zwei Sprecher ist möglich, aber nicht notwendig: eine sichere Entscheidung könnte hier nur die Kenntnis des uns verlorenen Kontextes der Verse bringen.

II. (1) In V. 4 überliefert der codex A νόμιζε σαυτόν, die codd. SM νόμιζε (νομιζ' S) αὐτόν; die Lesart von A wurde von Nauck und Hense in den Text gesetzt, von Schmidt, Krit. Stud. 2,444 in ἕκαστον, und Krit. Nachlese 3 unter Änderung des überlieferten νόμιζε in νομίζεις in αὑτόν geändert; Keil, Anal. Isocr. 109 A. 7 postulierte unter der Voraussetzung der nichteuripideischen Herkunft der Verse ἑαυτόν. Das überlieferte αὐτόν genügt dem Sinn in gleicher Weise wie σαυτόν, unter der Voraussetzung der Herkunft aller vier Verse aus der 'Andromeda' ist σαυτόν aber besser. Schmidts ἕκαστον wendet den Sinn des Verses ohne Grund ins Allgemeine. Unnötig ist der Vorschlag von Blaydes, Adv. 310 νόμιζε πάντας. (2) Das οὕνεκ' in V. 4 hat Schmidt, Krit. Stud. 2,444 in εἵνεκ' geändert, was von Nauck in TGF² in den Text gesetzt wurde; ohne zwingenden Grund allerdings, da »οὕνεκα ... die bei den att. Dichtern am häufigsten gebräuchliche Form« ist (KB 2,251).

III. 1 (1) Das mit βούλομαι ausgedrückte Wollen impliziert »choice or preference« (LSJ, βούλομαι I); der Sprecher artikuliert also seinen

Lebensentwurf: 'Ich ziehe es vor, Gold im Haus zu haben'. (2) Ein präpositionsloser lokativischer Dativ zur Angabe eines Ortes, wie hier δόμοις, ist in der Tragödie selten; z. vgl. ist Kritias TrGF I 43 F 17,4 (E. F 659,4): ἀλλὰ χρημάτων' πολλῶν κεκλῆσθαι βούλεται πάτωρ δόμοις (s. auch KG 1,441). 2 Ein unfreier Mann, der Reichtum besitzt, kann nach attischem Recht nur ein δημόσιος (sc. δοῦλος), ein Staatssklave sein; Sklaven in Privatbesitz hatten wenig Gelegenheit, sich Eigentum oder gar Reichtum zu erwerben (s. Harrison, Law of Athens 1,177f. 236), es sei denn, daß sie als χώρις οἰκοῦντες von ihrem Besitzer zu selbständigem Wohnen und Arbeiten freigestellt waren (z. vgl. ist auch die Klage des oligarchischen Autors der ps.-xenophontischen Ἀθηναίων πολιτεῖα 1,10-2 über den aufwendigen Lebensstil von Sklaven; Frisch, Constitution 208f. nennt die Möglichkeiten des Gelderwerbs durch Sklaven). 3 (1) χρεῖος begegnet in der Tragödie nur A. Supp. 202; E. HF 51. 1337; »es wird eine ableitung unmittelbar von χρή ... sein« (Wilamowitz z. HF 51) und wird vom Grammatiker Moiris in seinem kleinen attizistischen Lexikon dem ἐνδεής der Koine gleichgesetzt (p. 415 Pierson = p. 213,24 Bekker: χρεῖος Ἀττικοί, ἐνδεὴς Ἕλληνες): es bedeutet also 'bedürftig' und ist πένης synonym, insofern nach Hemelrijk, πενία en πλοῦτος 140 diejenigen πένητες sind, die für den Lebensunterhalt selbst arbeiten müssen, da sie »nicht genug besitzen, um vom Ertrag leben zu können«. (2) σθένει am Trimeterende bei Euripides auch F 302. 360,20. 431 und An. 672. σθένω ist eine erst im 5. Jhdt. greifbare Verbbildung zum epischen Begriff σθένος, der die vitale Lebens- und Wehrkraft von Göttern und Menschen bezeichnet (s. Schütz, ΑΣΘΕΝΕΙΑ ΦΥΣΕΩΣ 14-38). Wer kein σθένος hat, vermag nichts, ist gesellschaftlich deklassiert (s. a. z. E. F 140). Der Sprecher stellt also gegenüber: δοῦλος - ἐλεύθερος, πλουτῶν - χρεῖος, τίμιος - οὐδὲν σθένει. Diese exakte formale Parallelisierung ist Ausdruck des rhetorischen Gehalts dieser Verse, die vermutlich in einem längeren argumentativen Plädoyer gestanden haben müssen, die Euripides nach allen Regeln der rhetorischen Kunst zu gestalten pflegte. 4 (1) εὐτυχεῖν bezeichnet das Erreichen eines ersehnten Zustandes, bei dem man es 'gut getroffen' hat: εὐτυχής ist also jeder, dem es in irgend einer Art und Weise gut geht, weil er eine gute τύχη hat (s. de Heer, μάκαρ κτλ. 77f. 112ff.). (2) Hier wird Wohlergehen in einer ziemlich simplen Weise gleichgesetzt mit materiellem Wohlstand: wer viel besitzt, hat viele Möglichkeiten, und ist deshalb glücklich (vgl. Hemelrijk, aaO. 101f.); ähnlich auch 'Danae' F 326,8: κακός δ' ὁ μὴ ἔχων, οἱ δ' ἔχοντες ὄλβιοι.

(3) Diese ziemlich platte utilitaristische Argumentation ist in der 'Andromeda' sicher nicht unwidersprochen geblieben. Es ist denkbar, daß der Gleichsetzung von Reichtum, sozialer Bedeutung und damit Wohlergehen eine Position gegenübertrat, die die εὐτυχία anders definierte: vielleicht als das Glück einer durch Liebe zustandegekommenen Heirat, das Wissen um die Tüchtigkeit oder Charakterfestigkeit des geliebten Menschen o. ä. Vielleicht ist V. 4 dann so zu fassen: Glück gibt es für dich nur, wenn du reich bist!.

IV. (1) Von den meisten Forschern (unter Ausnahme von Hartung, Wecklein, Kuhnert) wurde angenommen, daß der Aithiopenkönig Kepheus mit diesen Worten Perseus als zukünftigen Gatten seiner Tochter Andromeda ablehnte, weil er keinen armen Fremdling zum Schwiegersohn haben wollte. (2) Hartung, Eur. rest. 2,355f.; Wecklein, SB München 1888,94 nahmen den aus Ovid und Apollodoros erschlossenen früheren Verlobten Andromedas, Phineus, als Sprecher an, der mit diesen Worten Kepheus auf die Armut des Fremden und auf die eigene Wohlbestalltheit hingewiesen habe. Kuhnert, Myth. Lex. III (1902-9) 2000 postulierte das Auftreten von Andromedas Mutter Kassiepeia, die ihrem Gatten gegenüber gegen Perseus als Schwiegersohn argumentierte unter Hinweis auf dessen Armut und ungeklärte Herkunft. (3) Gegen die Annahme von Phineus als Sprecher ist einzuwenden, daß eine Handlungsrekonstruktion, die mit seinem Auftreten rechnet, sehr unwahrscheinlich ist (s. Einl. III; z. E. T III). Kepheus und Kassiepeia dagegen sind grundsätzlich möglich. Unsicher ist allerdings, ob es um die Ablehnung des Perseus als Schwiegersohn geht, während der Kontext selbst, nämlich die Auseinandersetzung um die Hochzeit, die plausibelste Deutung des Fragments erlaubt. Es ist aber zu erwägen, ob nicht Kepheus/Kassiepeia ihrer Tochter unter Hinweis auf ihre eigene Lebenswahl und -auffassung die Konsequenzen einer Ehe mit einem Habenichts, der sozial weit unter ihr als aithiopischer Prinzessin steht, vor Augen hielten. Der Sinn der Verse läge also nicht, wie angenommen, darin: der ist arm und deshalb abzulehnen, sondern könnte auch so gefaßt werden: Wohlstand ist entscheidend, nicht Liebe.

F 143

I. Im ersten Vers schlug Nauck, Index XV, wohl zur Vermeidung des zweifachen εὐτυχῶ, χρημάτων γὰρ εὐπορῶ vor; auch wenn die Verschreibung von εὐπορῶ in εὐτυχῶ leicht erklärlich ist, ist es die von χρημάτων in χρήμασι nicht. Es ist mit der Gegenüberstellung εὐτυχῶ - οὐκ εὐτ. zu rechnen.

II. (1) Inhaltlich erscheinen die eineinhalb Verse als Antwort auf das platte Lob des Reichtums in F 142, wo πλουτεῖν mit εὐτυχεῖν gleichgesetzt wurde. Der Sprecher von F 143 differenziert die behauptete Übereinstimmung: es kann einem Menschen durchaus materiell gut gehen, ohne daß er es in Hinsicht auf seine συμφοραί gut getroffen habe. (2) In ὡς ὁρᾷς steckt der Hinweis, daß die συμφοραί des Sprechenden für den Angeredeten sichtbar oder aus seinen Darlegungen einsichtig sind. Möglich also 1. die szenische Präsentation von συμφοραί oder 2. Bezugnahme auf schon Gesagtes, d. h. Herkunft der Verse aus einer längeren Rhesis. (3) In beiden Versen ist die Hinsicht, in welcher der Sprecher εὐτυχεῖ bzw. οὐκ εὐτυχεῖ mit einem »Dativ der Beziehung« ausgedrückt (KG 1,440). Die Juxtaposition χρήματα - συμφοραί ist sonst nicht zu belegen.

III. (1) Die geläufige Auffassung des Fragments geht von der Selbstaussage des Sprechenden aus, daß er in Hinsicht auf seine συμφοραὶ οὐκ εὐτυχής sei; Matthiae, Eur. Fragm. 54; Hartung, Eur. rest. 2, 353; Fedde, Pers. Andr. 30; Ribbeck, Röm. Trag. 167; Johne, Eur. Andr. 11; Weil, JdS 1900,516; Petersen, JHS 24 (1904) = Att. Trag. 609 plazierten diese eineinhalb Verse in ein erstes Gespräch zwischen dem Aithiopenkönig und Perseus, in welchen Kepheus unter Hinweis auf seine συμφοραί Andromeda als Lohn für ihre Rettung Perseus zur Frau versprach. (2) Den inhaltlichen Zusammenhang von F 142 und 143 betrachtete Fritzsche, Ar. Thesm. 504 als Hinweis, daß F 143 die Antwort auf F 142 darstellen müsse, mithin Perseus mit F 143 das Lob des Reichtums aus dem Mund des Kepheus beantwortet habe. Welcker, Gr. Trag. 2,660 glaubte gleichfalls, daß Perseus seine Ablehnung durch Kepheus mit F 143 beantwortet habe: ich bin schon reich, mir gebricht es nur an den συμφοραί. (3) Wecklein, SB München 1888, 94 betrachtete F 143 als Antwort des Kepheus auf das Lob des Reichtums durch den Phineus (F 142), den er aus Ovid suppliert hatte. Kuhnert, Myth. Lex. III (1902-9) 2000 ließ Kepheus mit F 143 seiner Frau Kassiepeia antworten, die mit F 142 einen reichen Schwiegersohn gefordert hatte. (4) Sieht man von der Phineusversion ab scheinen alle Vorschläge möglich zu sein. Wenn kein Zusammenhang zwischen F 143 und 142 herzustellen ist, was theoretisch mit gleichem Recht möglich ist wie die Annahme eines gegenseitigen

Bezugs beider Fragmente, ist auch eine Aussage Andromedas denkbar: Perseus fragt Andromeda nach einer Gunst, die sie ihm als Retterlohn gewähren könne; Andromeda: an Reichtum gebricht es mir nicht, sprechen auch die äußeren Umstände dagegen. Da jedoch auch viele andere Situationen denkbar sind, bleibt bei diesem Fragment jeder Einordnungsversuch aporetisch.

F 144

I. (1) a. Am Anfang der aristophanischen 'Frösche' sucht Dionysos mit Löwenfell und Keule als zweiter Herakles verkleidet seinen 'Halbbruder' Herakles auf, um von ihm sich den Weg in die Unterwelt zeigen zu lassen, da er, nach dem Tod des Euripides und Sophokles, sich im Hades einen kundigen Tragödiendichter besorgen muß, weil die Lebenden nichts taugen (Vv. 71f.: Διόν.: δέομαι ποιητοῦ δεξιοῦ. ' οἱ μὲν γὰρ οὐκέτ' εἰσίν, οἱ δ' ὄντες κακοί). Zur Illustration der Qualität des Euripides als dessen, nach dem er besonderes Verlangen hat (Vv. 66f.), zitiert er aus dem Gedächtnis euripideische Phrasen wie 'der Aither, die Wohnung des Zeus', oder 'der Fuß der Zeit' (V. 100); Herakles zeigt sich erstaunt, daß Dionysos an solchem Humbug gefallen findet (V. 103: σὲ δὲ ταῦτ' ἀρέσκει; V. 104: ἦ μὴν κόβαλά γ' ἐστίν - ὡς καὶ σοὶ δοκεῖ). Dionysos erwidert darauf indigniert: μὴ τὸν ἐμὸν οἴκει νοῦν· ἔχεις γὰρ οἰκίαν (V. 105): 'Versuche nicht, meinen Verstand zu reglementieren; denn du hast ein anderes Gebiet, in dem du zuhause bist' (nicht Kunst, sondern die Freuden der Tafel nämlich: s. Kock, Frösche 56; Stanford z. St.). b. Der Scholiast bemerkt zur Stelle, daß diese Zurückweisung des Herakles durch Dionysos nach dem Muster eines Verses aus der euripideischen 'Andromache' formuliert sei: 'Bewohne nicht meinen Verstand, dazu will ich ausreichen'. c. Diese Scholiennotiz fand auch Eingang ins Sudalexikon, das deshalb für die Bezeugung dieses Verses keinen eigenständigen Wert hat. (2) a. Der vom Scholiasten zitierte Vers ist in der hs. überlieferten 'Andromache' nicht zu lesen. Deshalb haben (teste Fritzsche, Ar. Thesm. 505 und Ar. Ran. 72) Bergler und Heath die Scholiennotiz auf den Vers An. 237: Ἑρμ.: ὁ νοῦς ὁ σός μοι μὴ ξυνοικοίη, γύναι, bezogen und das Zitat als paraphrastische Erklärung des Scholiasten (Bergler) betrachtet oder eine Textverderbnis (Heath) angenommen. Matthiae, Eur. Fragm. 57 betrachtete dagegen das überlieferte Ἀνδρομάχηι für eine Verschreibung von Ἀνδρομέδαι und nahm den Vers in die Fragmente von Euripides' 'Andromeda' auf. Da diese Verwechslung nicht gerade selten ist, sind die meisten Forscher Matthiae in dieser plausiblen Annahme gefolgt. b. Fritzsche (Ar. Thesm. 505 und wieder Ar. Ran. 71f.) vertrat dagegen die Auffassung, daß durch den Zusatz im Sudaartikel ἢ οὕτως vor dem Euripideszitat die Annahme nahegelegt werde, daß der Scholiast sagen wollte: 'der Aristophanesvers ist nach dem Vorbild eines Andromacheverses gedichtet (das wäre An. 237); oder so ähnlich schreibt ein anderer Tragiker/lautet ein anderer Vers des Euripides: μὴ - ἀρκέσω.' Da die Abhängigkeit des Sudaartikels vom Aristophanesscholion evident ist, müßte in der Aristophaneshs. (dem Venetus Marcianus aus dem XII. Jhdt.) etwas verloren sein, was der Kompilator der Suda im 9./10. Jhdt. noch gelesen und die Sudahss. bewahrt haben: dies ist nicht unmöglich. Doch scheint es ebenso wahrscheinlich, daß das Scholion den richtigen Text bewahrt hat, während der Kompilator in Unkenntnis des Kontextes ein ἢ οὕτως in den Sudaartikel eingefügt hat. (Möglich ist auch, daß ἢ οὕτως, nach dem von Toup, teste Adler, beigezogenen Muster von Σ ΕΓLh Ar. Ach. 8a ἔχον οὕτως ursprünglich ein ἦν οὕτως war.) c. Bergk, Gr. Litgesch. 3,542 A. 232 konstatierte das Fehlen des Verses in der euripideischen 'Andromache', postulierte, daß er »schwerlich in der 'Andromeda' stand« und schlug infolgedessen Herkunft des Verses aus der 'Antiope' vor; woran zu zweifeln ist, da eine Verwechslung von 'Antiope' mit 'Andromache' weniger plausibel ist als die Verwechslung von 'Andromeda' mit 'Andromache' (Kambitsis hat deshalb Bergks Vermutung und Zuweisung nirgendwo erwähnt). d. Mette, Lustrum 12 (1967) 45 = Lustrum 23/4 (1981/2) 47 setzte den Vers unter den Titel Ἀνδρομάχη II; ein zweites Stück mit dem Titel Ἀνδρομάχη ist auf keiner Tragödienliste verzeichnet, so daß eher angebracht erscheint, 1. entweder die Angabe des Stücktitels für falsch zu halten, oder 2. den zitierten Vers für falsch zitiert zu betrachten (nach Bergk kommt neben An. 237 auch noch 581 in Betracht als Verse, die dem Zitat zugrundeliegen könnten). (3) Da das Zitat gut euripideisch klingt, der Scholiast den Vers irgendwo gelesen haben muß (bzw. der, der ihn ausgehoben hat) und weiterhin die Verwechslung von 'Andromache' und 'Andromeda' (wie sie bis heute gang und gäbe ist) so naheliegt, scheint Matthiaes Annahme die besten Gründe für sich zu haben. Deshalb führen wir diesen Vers als Fragment der 'Andromeda' (zu skeptisch m. E. Bakhuyzen, Parodia 138; Johne, Eur. Andr. 14 A. 33).

II. Zum Typus der Auflösung des obligaten Longums, im zweiten Fuß s. z. E. F 124.

III. (1) Die metaphorisch formulierte Zurückweisung, sich nicht in die Angelegenheiten des Sprechers einzumischen, ist bezüglich ihrer Herkunft unterschiedlich erklärt worden: a. LSJ, οἰκέω II erklären τὸν νοῦν οἰκεῖν für einen metaphorischen Gebrauch der Bedeutungsnuance von οἰκέω »manage or direct a household or state«, welche in der Tragödie E. Hipp. 486; El. 386; S. OC 1535 begegnet. τὸν νοῦν οἰκεῖν hieße dann 'den Verstand verwalten, reglementieren'. b. Gomperz, Hellenika 1,110 (= 1888), die Aristophaneskommentatoren z. Ra. 105 Kock, Leeuwen, Stanford dagegen gingen von der Existenz einer proverbialen Redensart τὸν οἶκον οἰκεῖν im Sinne von 'Herr im eigenen Hause sein' = 'seine eigenen Angelegenheiten betreiben' aus (Stevens z. An. 581: »managing one's own affairs«); verglichen werden können E. An. 581 (Peleus zu Menelaos): πῶς; ἢ τὸν ἁμὸν οἶκον οἰκήσεις μολὼν ' δεῦρ';, Ph. 602: Ἐτ. (erregt, deshalb tro tetr): ... ἐγὼ γὰρ τὸν ἐμὸν οἰκήσω δόμον, IA 331 (Agamemnon im Streit mit Menelaos, deshalb tro tetr): τὸν ἐμὸν οἶκον οἰκεῖν οὐκ ἐάσομαι. Diese schon metaphorische, proverbiale Redeweise wäre dann von Euripides auf den νοῦς übertragen worden (und nach Leeuwen steht der νοῦς für die sprechende Person), so daß zu übersetzen wäre: 'Herr sein im eigenen Kopf'. Vermutlich ist es aber so, daß schon die von LSJ vermerkte Bedeutung von οἰκεῖν »manage a household« die Formulierung des metaphorischen τὸν οἶκον οἰκεῖν begünstigt hat, wovon unser τὸν νοῦν οἰκεῖν wieder abgeleitet worden wäre. c. Dem μὴ τὸν ἐμὸν οἴκει νοῦν vergleichbar, wenn auch aus umgekehrter Perspektive formuliert, ist die barsche Zurückweisung Andromaches durch Hermione im oben zitierten 'Andromache'- Vers 237. - Eine ähnliche Metapher verwendet auch Theognis 1,439f.: νήπιος, ὃς τὸν ἐμὸν μὲν ἔχει νόον ἐν φυλακῇσιν ' τῶν δ' αὐτοῦ ἰδίων οὐδὲν ἐπιστρέφεται. - Von der Inbesitznahme des Kopfes durch jemanden anderes spricht Euripides auch im Hinblick auf Eros: ὡς ἄπιστον ἐστ' ἔρως ' κἀν τῶι κακίστωι τῶν φρένων οἰκεῖν φιλεῖ (E. F 1054,2f.). d. Andere Formulierungen, die mit τὸν οἶκον οἰκεῖν oder mit τὸν νοῦν οἰκεῖν in Verbindung gebracht wurden, haben mit dem metaphorischen Gebrauch dieser Phrase nichts zu tun: 1. So hat Wilamowitz (erwähnt bei Fredrich, Hippokr. Unters. 206 A. 2) die Formulierung ἡ ψυχὴ κινευμένη καὶ ἐπεξέρπουσα τὰ μέρη τοῦ σώματος διοικεῖ τὸν ἑωυτῆς οἶκον im vierten Buch (dem 'Traumbuch') des hippokratischen Traktats περὶ διαίτης (Hp. Vict. 4,86 [6,640 Littré]) mit dem »ionischen Sprichwort« (Fredrich, l. c.) τὸν οἶκον οἰκεῖν in Verbindung gebracht, während der Text keinen proverbialen Hintergrund nahelegt: der Verfasser gebraucht ein sehr einleuchtendes Bild für die Tätigkeit der Seele im Traum, wenn der menschliche Körper schläft. 2. Leeuwen hat auf Hor. Sat. 2,7,112 (der Sklave Davus über Horaz): adde quod idem ' non horam tecum esse potes, non otia recte ' ponere etc., und Pers. 4,52: tecum habita: novis quam sit tibi curta supellex, hingewiesen, die jedoch auch nicht das Proverbium benutzen, sondern allenfalls, wenn überhaupt, das stoische Ideal der ὁμολογία (s. Pohlenz, Stoa 116) zum Hintergrund haben. 3. Kock hielt die Formulierung τὸν νοῦν οἰκεῖν für das Vorbild der Erwiderung Vespasians auf die Aufforderung des Apollonios von Tyana, sich der Herrschaft zu bemächtigen, Philostr. VA 5,36: ἄσμενος τούτων ἀκούσας ὁ βασιλεύς, 'εἰ τὴν ψυχήν', ἔφη, 'τὴν ἐμὴν ᾤκεις, οὐκ ἂν οὕτω σαφῶς, ἃ ἐνεθυμήθην, ἀπήγγειλας' κτλ.: es geht hier wiederum nicht um eine proverbiale, wahrscheinlich nicht einmal um eine metaphorische Ausdrucksweise, sondern um eine im Horizont des Neupythagoreismus wohl konkrete Vorstellung der Möglichkeit, daß jemand jemand anderes 'Seele bewohnen' kann. e. Es zeigt sich also der spezifisch euripideische Charakter der Formulierung τὸν νοῦν οἰκεῖν. Dies spricht, gegen Fritzsche, auf jeden Fall für euripideische Herkunft dieses Verses. (2) ἀρκέω ohne Objekt bedeutet: 'ich bin genug, (LSJ, ἀρκέω III. 4); der Sprecher wehrt die Versuche der Einflußnahme auf seinen νοῦς mit dem Hinweis auf seine geistige Autarkie ab.

IV. (1) In der Forschung sind eine Reihe von Situationen zur Diskussion gestellt worden, in welchen eine der dramatis personae der euripideischen 'Andromeda' die aufdringliche Einflußnahme einer anderen mit diesen harschen Worten ablehnen konnte. Es wurden vorgeschlagen: a. der Aithiopenkönig Kepheus verbietet sich die Intervention des Phineus: so Fritzsche, Ar. Thesm. 505; Hartung, Eur. rest. 2,356; Wecklein, SB München 1888,94; b. Kepheus weist das Heiratsanliegen des Perseus ab: so Welcker, Gr. Trag. 2,659; Wagner, Eur. Fragm. 652; Petersen, JHS 24 (1904) 101; Müller, Ph 66 (1907) 62; Webster, BICS 12 (1965) 32 = Tragedies 197; c. Andromeda wehrt sich mit diesen Worten gegen die Argumentation ihres Vaters, der sie von der Heirat mit Perseus abhalten will (Fedde, Pers. Andr. 32f.); d. Kepheus weist die Parteinahme des Chores für das Paar Andromeda-Perseus zurück: Ribbeck, Röm. Trag. 172; e. Kepheus verbittet sich die Einflußnahme seiner Gattin Kassiepeia: Kuhnert, Myth. Lex. III (1902-9) 2000. (2) Sicher ist, daß dieser Vers in einer erregten Auseinandersetzung, die einen entsprechenden (z. T. sicher stichomythischen) Redeagon wahrscheinlich macht, gesprochen wurde. Die für die 'Andromeda' einzige sicher zu erschließende Auseinandersetzung zwischen dramatis personae ist die von den Rezensionen des eratosthenischen Sternbuchs bezeugte Auseinandersetzung der von Andromeda versprochenen, von den Eltern abgelehnten Hochzeit mit Perseus: in diesen Kontext werden diese Verse zu plazieren sein. Damit haben alle vorgeschlagenen Einordnungen, mit Ausnahme der Phineusversion, eine nicht geringe Plausibilität. Genaueres läßt sich jedoch nicht mehr ausmachen (zur Ablehnung der dramatis persona Phineus s. E. Einf. b, z. T III).

F 149

I. (1) Zwischen den Kapiteln ἔπαινος τόλμης und ψόγος τόλμης bietet Stobaios im vierten Buch seines Gnomologiums ein kurzes Kapitel περὶ νεότητος; das macht deutlich, daß νεότης nicht im Sinne von 'Jugend', sondern von 'jugendlichem Übermut' zu fassen ist, die unter dieser Überschrift gesammelten Zitate also mehr oder weniger den Aspekt von jugendlichem Vorwitz, Wankelmut, auch Unbedachtheit, ἀφροσύνη thematisieren. Aus Euripides' 'Andromeda' zitiert Stobaios den Trimeter: 'Jugendlicher Überschwang und Kraft waren ein größerer Antrieb als mein Verstand'. (2) Lukianos greift in seinem Dialog 'Menippos' oder 'Totenbeschwörung' auf Person und Werk des kynischen Philosophen Menippos von Gadara zurück (1. H. d. 3. Jhdts. v. Chr.; s. D. L. 6,99-101), dessen satirische Schriften prosimetrisch verfaßt waren und die römische Satire bedeutend befruchtet haben (Senecas 'Apocolocyntosis' darf als lateinisches Muster einer satura Menippea gelten; s. Knoche, Röm. Satire 62ff.; Varro schrieb, unter bewußter Abkehr vom lateinischen Archegeten der Gattung, Lucilius, saturae Menippeae: s. Knoche, aaO. 34ff.). Im Schriftenkatalog des Menippos bei Diogenes Laertios (6,101) erscheint auch eine Schrift νέκυια; diese ist uns, wie das gesamte Schrifttum des Menippos, verloren, aber es besteht ein guter Grund zur Annahme, daß Lukian sich diese Schrift zum Vorbild seiner νεκυομαντεία genommen hat (s. Helm, Lukian u. Menipp 18f.). Lukianos läßt Menippos selbst auftreten, wie er, ausgestattet mit Pilos, Lyra, Löwenfell aus dem Hades zurückkehrt und von einem Freund auf sein Aussehen und sein Woher angesprochen wird; Menippos gibt im Laufe des Gesprächs an, er habe aus Überdruß an der Diskrepanz zwischen Leben und Lehre der zeitgenössischen Philosophen den im Hades weilenden

Seher Teiresias nach dem besten Leben befragen wollen. Zunächst antwortet Menippos auf die Fragen des Freundes in tragischen Trimetern: E. HF 523f.; Hec. 1f.; F 936; auf die Frage nach dem Grund seiner Hadesfahrt antwortet er: 'Jugendlicher Überschwang und Kühnheit waren ein größerer Antrieb als mein Verstand'; aufgefordert, das Tragödisieren zu lassen, antwortet er mit Homerversen (Hom. 11,164f.); auch wegen seines 'Rhapsodierens' getadelt entschuldigt er sich: er sei erst neulich mit Euripides und Homer zusammengetroffen, so daß ihm deshalb αὐτόματα ... τὰ μέτρα ἐπὶ τὸ στόμα kämen. - Unabhängig vom Zeugnis des Stobaios sichert uns diese Bemerkung die euripideische Herkunft des Verses (zur 'Nekyomanteia' s. Helm, Lukian u. Menipp 17-62; ders. RE XIII [1927] 1749 datiert die Schrift auf ein Jahr um/nach 161 n. Chr.).

II. Die Stobaioshss. bieten übereinstimmend σθένος, die Lukianhss. θράσος; lexikalisch und metrisch möglich sind beide Begriffe. Wenn Nauck θράσος in den Text setzte, was von Cobet, Coll. crit. 213 und Blaydes, Adv. 97 ausdrücklich gebilligt wurde, kann er sich auf den Sprachgebrauch bei Euripides stützen, wo ein Begriff für Jugendkraft, Übermut häufig mit einem annähernd ähnlichen Ausdruck verbunden ist: Med. 469 : Μηδ.: ... οὔτοι θράσος τόδ' ἐστὶν οὐδ' εὐτολμία κτλ.; Hipp. 937: Θησ.: ... τί τέρμα τόλμης καὶ θράσους γενήσεται; 'Hippolytos I' F 430: ἔχω δὲ τόλμης καὶ θράσους διδάσκαλον ... Ἔρωτα κτλ.; F 1031: τὸ μὴ εἰδέναι σε μηδὲν ὧν ἁμαρτάνεις, ' ἔκκαυμα τόλμης ἱκανόν ἐστι καὶ θράσους. Zu vgl. ist auch Pi. P. 2,63; S. Aj. 46. Eine ähnliche Junktur τόλμη/νεότης - σθένος ist dagegen nicht zu belegen. Da überdies Stobaios den Vers sicher aus zweiter Hand hat, Lukianos aber möglicherweise den Vers in der 'Andromeda', die er vielleicht noch kannte (s. z. E. T IV und F 136), gelesen hat, spricht mehr für die Lesung θράσος.

III. Zum Typus der Auflösung des Longum in zwei Brevia im 'ersten Fuß' s. z. E. F. 124.

IV. (1) Der Sprecher reklamiert für sich eine für einen jungen Mann typische (und in der Literatur topische) Verhaltensweise: »the characteristic behaviour of young manhood was compounded of extravagance, pugnacity, thoughtlessness, drunkenness and sexual excess (Dover, Morality 103; vgl. die von Dover genannten Beispiele); das Spannungsverhältnis zwischen νεότης und νοῦς, d. h. die typische ἀφροσύνη von νέοι thematisieren auch (bei Stobaios zitiert): Theognis

629f.: ἥβη καὶ νεότης ἐπικουφίζει νόον ἀνδρός, ' πολλῶν δ' ἐξαίρει θυμὸν ἐς ἀμπλακίην (»Ceci est dans Th. le seul passage qui parle de la jeunesse en termes défavorables«: Groningen z. St.); Kratinos PCG fr. 71 (4,158 Kassel-Austin): ἥβης ἐκείνης, νοῦ δὲ τοῦδε καὶ φρενῶν; Metrodoros von Lampsakos fr. 57 Körte: τὸ νέον ἅπαν ὑψηλόν ἐστι καὶ θρασύ; Menander fr. 552 Körte-Thierfelder: μὴ τοῦτο βλέψῃς, εἰ νεώτερος λέγω, ' ἀλλ' εἰ φρονοῦντος τοὺς λόγους ἀνδρὸς †ἐρῶ. Nicht selten erfährt dieser Aspekt von νεότης aber auch eine positive Wertung (s. Dover, l. c.). (2) Der (sicher männliche) Sprecher dieses Verses erklärt also sein Handeln als von Kühnheit und jugendlicher Unbesonnenheit regiert, nicht von verstandesmäßigem Kalkül; der Sprecher muß also 1. jung sein, 2. etwas Kühnes unternommen haben. Die nächstliegende Person der 'Andromeda'-Tragödie, auf die eine solche Charakterisierung zutrifft, dürfte Andromedas Retter, Perseus, sein: diesen Schluß zogen schon Fritzsche, Ar. Thesm. 502; Welcker, Gr. Trag. 2,660; Hartung, Eur. rest. 2,352; Wagner, Eur. Fragm. 653; Fedde, Pers. Andr. 28; Ribbeck, Röm. Trag. 170; Johne, Eur. Andr. 11; Müller, Ph 66 (1907) 61; Kuhnert, Myth. Lex. III (1902-9) 2000; Wilamowitz, Kl. Schr. V 2,98 (= 1925); Séchan, Etudes 269. Wecklein, SB München 1888,90f. und Webster, BICS 12 (1965) 32 = Tragedies 198 betrachteten dagegen den früheren Verlobten Andromedas, den bei Ovid und Apollodoros erwähnten Phineus, für den Sprecher, der nach dem mißglückten Versuch, gewaltsam die Ehe zwischen Andromeda und Perseus zu verhindern, reuig seine Verfehlung bekannt habe. Da die Phineusversion für die 'Andromeda' auszuschließen ist (s. E. Einf. b. und z. E. T III), bleiben für einen Sprecher Perseus zwei Möglichkeiten der Darlegung der Motivierung seines Handelns: 1. kann er über sein Gorgoabenteuer bzw. dessen Vorgeschichte reden, oder 2. er spricht von den Motiven für seine Bereitschaft Andromeda zu retten. Entscheidbar ist diese Alternative nicht (obwohl alle oben genannten Forscher den Bezug auf die erste Möglichkeit für gegeben betrachteten).

F 150

I. Die Stobaioshss. bieten den zweiten Vers in folgender Gestalt: ὃν μὴ τὸ θεῖον ὡς τὰ πολλὰ συνθέλει; diesen Text druckte Nauck, TGF[1] mit dem Vermerk: »locum non expedio«, TGF[2] unter Nennung von Verbesserungsvorschlägen, von denen er keinen in den Text setzen wollte: der Text ist auf jeden Fall unverständlich, er muß korrupt sein; Hense hat deshalb im Stobaiostext Cruces gesetzt. In Zweifel gezogen wurde die Richtigkeit von 1. ὡς τὰ πολλά und von 2. ὃν συνθέλει. (1) ὡς τὰ πολλά ist zuerst von Heyne (in Schaubachs Ausgabe von Eratosthenes' 'Katasterismoi', p. XXIV) in εἰς τὰ πολλά verbessert worden, was Hermann (teste Fritzsche, Ar. Thesm. 515); Welcker, Gr. Trag. 2,656; Hartung, Eur. rest. 2,356; Wagner, Eur, Fragm. 652; Seyffert, RhM 15 (1860) 618f. (in Unkenntnis von Heyne?.) als richtige Lesung akzepierten; Papabasileios, Ἀθηνᾶ 6 (1894) 74 wollte εὖ τὰ πολλὰ schreiben (zu den Vorschlägen von Grotius, Munro und Walker s. u.). Wenn ὡς τὰ πολλά Anstoß erregt, dann deshalb, weil es im Grunde überflüssig ist; daran ändert die Änderung von ὡς in εἰς oder εὖ aber nichts, so daß die Konjekturen überflüssig sind. Adverbiales ὡς τὰ πολλά (vgl. LSJ, πολύς III. a) begegnet bei Euripides auch Ion 239, adverbiales τὰ πολλά Ba. 486; F 38. 167,2. 220,3. 1073,4; an ὡς τὰ πολλά ist m. E. nichts auszusetzen. (2) ὃν συνθέλει muß falsch sein: ist ὅν richtig, ist ein transitives Prädikat zu ergänzen; ist συνθέλει richtig, muß ὅν durch eine andere Nebensatzkonjunktion ersetzt werden; möglicherweise ist beides falsch. An Verbesserungen wurden vorgeschlagen: a. ὃν μὴ τὸ θεῖον ὡς τὸ τέλος ἀπολλύει (Grotius, Dicta poet. 439: daran stört 1. daß für adverbiales τέλος die Wendung ὡς τὸ τέλος nicht belegt werden kann, 2. daß συνθέλει als Verschreibung von ἀπολλύει wenig glaubhaft ist); b. οὗ μὴ - συντελεῖ (Heath, bei Musgrave, Eur. Fragm. 422: Heath hielt συντελεῖ wahrscheinlich für die Überlieferung; συντελεῖν ist in tragischer Sprache nicht belegt; οὗ verstehe ich nicht); c. Heyne (und Porson, Adv. 274, wohl in Unkenntnis von Heyne) schlug vor, ὅν durch ὧι zu ersetzen: ist paläographisch und grammatisch naheliegend, macht aber keinen guten Sinn ('Kein Mensch ist gut dran, dem nicht ein Gott es zubilligt': das kann συνθέλειν aber nicht heißen; Heyne ging zwar von συντελεῖ aus, was den Sinn aber nicht besser macht; dennoch haben Seyffert, aaO. 618 und Paley, PCPS 1 [1882] 37 ὧι gebilligt); d. ὧι μὴ τὸ θεῖον εἰς τὰ πολλὰ συνθέληι (Hermann, aaO.: Hermann hat richtig gesehen, daß im Nebensatz eine Bedingung für das im Hauptsatz Ausgesagte enthalten ist; was gegen ὧι spricht s. z. c.); e. ὧι μὴ - συντέληι (Welcker, l. c.: eine merkwürdige Kombination von Heynes und Hermanns Vorschlägen); f. ὃν μὴ - νουθετεῖ (Enger, Adnotationes 8; diese Konjektur macht einen guten Sinn, ist aber paläographisch schlecht); g. das Gleiche gilt für Heimsoeths ὃν μὴ - ἐπωφελεῖ (Krit. Stud. 46); h. »ὧιν μὴ - συνθέληι fortasse scribendum«: Fedde, Pers. Andr. 31 A. 21 i. πολλ' αὐξεῖν θέλει (Munro, JPh 10 [1882] 234) macht einen guten Sinn; j. Hense im Apparat: ὃν μὴ - συστελεῖ; k. Nauck, Index XV vermutete »προυσελεῖ« ? (non intellego); l. ὧι μὴ - εὖ τὰ πολλὰ συντελεῖ (Papabasileios, l. c.: s. z. b. und c.); m. Blaydes, Adv. 97 erwog paläographisch wenig wahrscheinlich ὧι - συντρέχει oder συμμαχεῖ; n. ὧν ζῆν τὸ θεῖον, ἔστ' ἀπόλλυσιν, θέλει (Walker, Eur. Fragm. 6f.: ein meisterhaftes Buchstabenpuzzle: aber ist das Griechisch?.); o. das Nächstliegende scheint mir, in ὃν die Konjunktion eines Bedingungssatzes zu vermuten, und ἂν - συνθέλῃι zu schreiben (was schon Blaydes, l. c. erwogen hatte; ἐὰν c. coni. praes. nach einem gnomischen Aorist im Hauptsatz: KG 2,476 A. 4).

II. 1 (1) οὐκ ἔστιν ὅστις ist eine bei Euripides häufig anzutreffende Periphrase für οὐδείς oder οὔτις: Alc. 783. 848; Hcld. 972. 977; Hec. 864; Supp. 412; Tr. 381f. 1051; Ion 369. 1530; F 238. 661; der periphrastische Ausdruck ist sowohl emphatisch als auch verallgemeinernd und eignet sich so besonders für sentenziöse Aussagen (beispielshalber sei genannt der emphatische Beginn der euripideischen 'Stheneboia', F 661,1: οὐκ ἔστιν ὅστις πάντ' ἀνὴρ εὐδαιμονεῖ: so Bellerophontes über den König Proitos von Tiryns, dessen Frau die Titelheldin der Tragödie ist). (2) εὐτυχής ist, wer eine gute τύχη hat, also εὖ τετύχηκεν (s. de Heer, μάκαρ κτλ.75f.); εὐτυχὴς ἔφυ bedeutet aber nicht, daß jemand φύσει εὐτυχία besitzen könne, sondern daß jemandes φύσις momentan εὐτυχής ist (so Alc. 685f., Pheres zu seinem Sohn Admetos: σαυτῶι γὰρ εἴτε δυστυχὴς εἴτ' εὐτυχὴς ' ἔφυς· ἃ δ' ἡμῶν χρῆν σε τυγχάνειν ἔχεις). 2 (1) Neutrales τὸ θεῖον schreibt Euripides häufig statt eines personalen ὁ θεός, ὁ δαίμων: Supp. 159; IT 911; Or. 267. 420; IA 394a; F 62. 491,5. 584. Dieser Wortgebrauch kam der gnomologischen Rezeption der Verse natürlich entgegen. (2) Das Kompositum συνθέλειν begegnet in der Tragödie nur S. F 489; OC 1344; E. HF 832; Tr. 62; nach Wilamowitz z. HF 832 wurde »die präposition noch ganz als selbständiges adverb« empfunden. Hier ist συνθέλῃι also so zu fassen: 'wenn nicht ein Gott ... zugleich es will'. (3) Spätestens seit Archilochos (fr. 130 West) ist die Abhängigkeit von menschlichem Glück und Unglück von der unberechenbaren Laune der Götter explizites Thema der Literatur; von den zahlreichen Beispielen seien nur wenige prägnante Euripideszitate herausgegriffen: F 153; 'Meleagros' F 536: φεῦ, τὰ τῶν εὐδαιμονούντων ὡς τάχιστα στρέφει θεός; 'Oidipus' F 554: πολλάς γ' · ὁ δαίμων τοῦ βίου μεταστάσεις ' ἔδωκεν ἡμῖν μεταβολάς τε τῆς τύχης; F 1073: οὐ χρή ποτ' ὀρθαῖς ἐν τύχαις βεβηκότα ' ἕξειν τὸν αὐτὸν δαίμον' εἰς ἀεὶ δοκεῖν· ' ὁ γὰρ θεός πως, εἰ θεόν σφε χρὴ καλεῖν, ' κάμνει ξυνὼν τὰ πολλὰ τοῖς αὐτοῖς ἀεί.

III. Der allgemeine, sentenziöse Charakter dieser Verse macht eine Entscheidung über ihren ursprünglichen Ort in der Tragödie unmöglich (Fritzsche, Ar. Thesm. 515 verzichtet deshalb auf eine Lokalisierung). Die Vielzahl der bislang in Vorschlag gebrachten Einordnungsmöglichkeiten belegt dies hinreichend: a. als Sprecher wurden in Anspruch genommen 1. der Chor (Fritzsche; Welcker, Gr. Trag. 2,656; Wagner, Eur. Fragm. 652; Ribbeck, Röm. Trag. 174); 2. Kepheus (Hartung, Eur. rest. 2,356; Robert, Arch. Ztg. 36 [1878] 19); 3. ein Bote (Fedde, Pers. Andr. 31; Johne, Eur. Andr. 16; Wecklein, SB München 1888,98); 4. Perseus (Webster, BICS 12 [1965] 32 = Tragedies 198). b. 1. In den Teil der Tragödie vor der Tötung des Ketos setzten das Fragment Welcker, Wagner (unmittelbar nach dem Erosgebet F 136), Webster (im Rahmen von Perseus' Bericht seiner Abenteuer); 2. nach der Ketos-Tötung plazierten das Fragment Hartung (Kepheus weist die Einmischung des Phineus zurück), Fedde (Abschluß des Botenberichts von der Ketos-Tötung), Ribbeck (der Chor besingt das tragische Ende des Kepheus), Robert (Auseinandersetzung um die Hochzeit zwischen Perseus und Kepheus), Johne; Wecklein (Botenbericht vom Anschlag des Phineus auf die Festgesellschaft).

F 151

I. (1) a. Unter der Kapitelüberschrift 'Dike ist von Gott eingesetzt als Aufseherin über die Taten der Menschen auf der Erde und als Bestraferin derjenigen, die sich verfehlen' überliefert Stobaios zwei Verse aus der euripideischen 'Andromache': 'Dike, heißt es, ist die Tochter des Zeus und wohnt nahe an der Bestrafung der Menschen'. Im hss. überlieferten Text der 'Andromache' fehlen diese beiden Verse, weshalb Musgrave, Eur. Fragm. 422 die Herkunft dieser Verse aus der 'Andromeda' des Euripides postulierte. b. Nahezu gleichlautend wie V. 1 ist auch der erste Vers des 'Antiope'-Fragments 222 (= fr. XL Kambitsis): τὴν τοι Δίκην λέγουσι παῖδ' εἶναι Χρόνου, ' δείκνυσι δ' ἡμῶν ὅστις ἐστὶ μὴ κακός. Eine Verwechslung oder Verschreibung des Lemmas ist wenig wahrscheinlich, so daß Wesener, Repetitio versuum 38f. Recht haben dürfte, der die Ähnlichkeit beider Verse nicht auf überlieferungsgeschichtliche Umstände zurückführte, sondern beide Verse für (unbewußte) Dubletten erklärte (wobei dann die Priorität der Verwendung des Verses der 'Andromeda' zukommt). c. Da eine Verschreibung von 'Andromeda' zu 'Andromache' häufiger begegnet, ist die Zuweisung der Verse zur 'Andromeda' durch Musgrave gut begründet und sind die Verse unter die 'Andromeda'-Fragmente aufzunehmen. (Mette, Lustrum 12 [1967] 45 = Lustrum 23/4 [1981/2] 48 rechnet die Verse dagegen als F 157 bzw. F 158 unter die Überreste einer sonst nirgendwo bezeugten Ἀνδρομάχη II; s. auch z. E. F 144). (2) Im Wiener Stobaioscodex (s. z. E. F 130. 131. 133 usw.) ist ein gnomologisches Florilegium enthalten, das unter den Namen des Grammatikers Orion von Theben in Ägypten gestellt ist, der in Alexandreia Lehrer des Neuplatonikers Proklos (412-485) war, später in Konstantinopel und Kaisareia wirkte; von der der Kaiserin Eudokia (Augusta 423-443) gewidmeten συναγωγὴ γνώμων bietet uns der Wiener Codex einen Auszug, der acht inhaltlich geordnete Kapitel umfaßt, dem als neuntes ein nur mit Εὐριπίδου überschriebenes Kapitel folgt, das nicht inhaltlich geordnet ist und über keine Angabe der Stücktitel verfügt; als sechzehntes von zweiundzwanzig Euripideszitaten begegnen die beiden auch von Stobaios gebotenen Verse. Dieses unter den Namen des Orion gestellte kurze Euripidesflorilegium (zu Dichterflorilegia s. z. E. F 130. 131. 133 usw.; zu Euripides: Funke, JbAC 8/9 [1965/6] 244 m. Lit.) erweist sich durch Überschneidungen mit den vorausgehenden Kapiteln und durch das Fehlen der Stücktitel als nicht von Orion stammend (so schon Schneidewin, Coniect. crit. 37), sondern dürfte anonym überliefert sein und erst von einem späteren Abschreiber des Stobaios und des Orionauszugs hinzugefügt worden sein.

II. (1) In V. 1 bieten die Stobaioshss. Διός, das Euripidesflorilegium χρόνου (wie 'Antiope' F 222,1). Schneidewin, aaO. 96 plädierte für die Aufnahme von χρόνου statt Διός in den Text des 'Andromeda'-Fragments, wogegen die Herausgeber der Euripidesfragmente zu Recht Διός beibehielten: 1. Διός macht einen befriedigenden Sinn; 2. der Text des Florilegiums ist metrisch korrupt, könnte also auch weniger zuverlässig überliefert sein; 3. die Lesart χρόνου läßt sich, überliefert ohne Stücktitel, leicht als durch Kontamination mit F 222,1 entstanden erklären. (2) a. Im zweiten Vers überliefern die Stobaioshss. τιμωρίας, das Florilegium ἁμαρτίας. Nauck nahm ἁμαρτίας in den Text auf, indem er im Gegensatz zu V. 1 in V. 2 der Lesung des Florilegiums vertraute. Zweifel am hs. überlieferten Text des Stobaios hatte schon Musgrave, Eur. Fragm. 422, der τῶν βροτῶν τιμωρίας zu lesen vorschlug im Sinne von: 'Dike soll eine Tochter des Zeus sein und Strafen (τιμωρίας als Akk. Pl.) sollen nahe bei den Menschen wohnen'. Unter Aufnahme von Musgrave's τῶν βροτῶν wollte Fritzsche, Ar. Thesm. 511 eher τιμωρίαν als τιμωρίας oder besser gleich τιμάορον lesen: 'Dike soll ... nahe bei den Menschen wohnen als Rächerin'. Schneidewin, aaO. 97 erklärte das von Musgrave Vorgeschlagene für »per se incredibilia et vana« und schlug vor, unter Aufnahme von χρόνου in V. 1, in V. 2 das ἁμαρτίας des Florilegiums zu lesen. Zuerst Wagner, Eur. Fragm. 654 und dann Nauck, TGF[1] schrieben in V. 2 Schneidewin folgend ἁμαρτίας. b. Der Stobaiostext ist in der Tat fragwürdig: da Formulierungen mit ἐγγύς in der Regel weniger die Nähe als vielmehr die unmittelbare Präsenz der Gottheit aussagen (s. u.), bringt sich Dike in der Strafe selbst zur Geltung; diese Auffassung von Dike als der Stifterin von Recht und Gesetz, die jeweils dann, wenn Menschen Strafe erleiden, zur Wirkung kommt, ist tautologisch. Es empfiehlt sich deshalb, ἁμαρτίας für den richtigen Text zu halten (Blaydes, Adv. 98 plädierte für ἁμαρτίας, aaO. 310 entschied er sich wieder für τιμωρίας).

III. 1 (1) τοι hat generell die Funktion, »to establish ... a close rapport between the mind of the speaker and the mind of another person« (Denniston, GP 537), ist mithin eine konfirmative Partikel, die vorwiegend im Dialog gebraucht wird (vgl. Denniston, GP 539f.; KG 2,149ff.), wenn eine sprechende Person einer anderen nachdrücklich die Wahrheit der eigenen Behauptung versichern will. Die Stellung der Partikel zwischen Artikel und Substantiv ist nicht unüblich (s. Denniston, GP 548; Kambitsis z. F 222 [= fr. XL, p. 93]). (2) Der Sprecher beruft sich mit λέγουσι auf die genealogische Tradition von der Zeuskindschaft der Dike, die für uns seit Hesiod literarisch greifbar ist (wenn sie überhaupt nicht erst von Hesiod instauriert wurde): Th. 901f.: (Ζεὺς) ἠγάγετο λιπαρὴν Θέμιν, ἣ τέκεν Ὥρας, ' Εὐνομίην τε Δίκην τε καὶ Εἰρήνην τεθαλυῖαν; Op. 256: ἡ δέ τε παρθένος ἐστὶ Δίκη, Διὸς ἐκγεγαυῖα. Die Vorstellung von der Zeuskindschaft der Dike findet sich auch artikuliert von Aischylos: Th. 662: Ἐτ.: ... εἰ δ' ἡ Διὸς παῖς παρθένος Δίκη παρῆν ' ἔργοις ἐκείνου καὶ φρέσιν κτλ.; Ch. 949: Χορ.: ... ἔθιγε δ' ἐν μάχαι χερὸς ἐτήτυμος ' Διὸς κόρα, Δίκαν δέ νιν προσαγορεύομεν ' βροτοὶ τυχόντες καλῶς (zur Pseudetymologie dieser Verse: δίκα = Δι[ὸς] κ[όρ]α s. Garvie z. St.), und wird, nach Matthiessen, H 96 (1968) 702 A. 1, unausgesprochen vorausgesetzt auch von Solon, kann also als traditionell gelten. Ein Reflex dieser

Vorstellung ist dann sicher auch die Anrufung der Δίκη Ζηνός in E. Med. 764. 2 (1) Zur Verwendung von ἐγγύς zur Bezeichnung der Präsenz von Gottheiten vergleicht Harder z. 'Archelaos' F 255 (p. 256) Hes. Op. 248ff. (ὦ βασιλῆς, ὑμεῖς δὲ καταφράζεσθε καὶ αὐτοὶ ' τήνδε δίκην· ἐγγὺς γὰρ ἐν ἀνθρώποισιν ἐόντες ' ἀθάνατοι φράζονται κτλ.), die Adespota tragica TrGF II F 485 (οὐχ εὕδει Διὸς ὀφθαλμός, ἐγγὺς δ' ἐστὶ καίπερ ὢν πρόσω) und F 496 (μὴ μουσοποίει πρὸς τὸ νηπιώτερον· ' πόρρω γὰρ ἑστὼς ὁ θεὸς ἐγγύθεν κλύει). Speziell die, wenn auch unsichtbare, Präsenz der Dike sagt Euripides auch im 'Archelaos'-Fragment F 255 (δοκεῖς τὰ τῶν θεῶν ξυνετὰ νικήσειν ποτὲ ' καὶ τὴν Δίκην που μακρ' ἀπωικίσθαι βροτῶν· ἡ δὲ ἐγγύς ἐστιν κτλ.) und in 'Melanippe' F 506 (. . . ἀλλ' ἡ Δίκη ' ἐνταῦθα ποὔστιν ἐγγύς, εἰ βούλεσθ' ὁρᾶν) aus. (2) Mit diesen Versen weist der Sprecher sein Gegenüber eindringlich auf die von Zeus gesetzte, durch Dike garantierte Rechtsordnung hin, deren Verletzung notwendig für den Täter Strafe zur Folge hat. Der Sprecher will offenbar mit diesem Hinweis auf die Allpräsenz der Dike sein Gegenüber von einer geplanten widerrechtlichen Handlung abhalten oder auf die Konsequenzen einer schon beendeten Tat hinweisen.

IV. (1) Der sentenziöse Charakter der Verse vereitelt es m. E., daß diese Trimeter in einen bestimmten inhaltlichen Zusammenhang gesetzt zu werden vermögen. An Einordnungen wurden dennoch vertreten: a. Perseus erinnere mahnend Kepheus, der ihm die Hand der Tochter verweigerte, an die himmlische Gerechtigkeit, die das Unrecht sühnen werde (so Fritzsche, Ar. Thesm. 510; Welcker, Gr. Trag. 2,662; Wagner, Eur. Fragm. 654; Fedde, Pers. Andr. 33; Ribbeck, Röm. Trag. 173; Robert, Arch. Ztg. 36 [1878] 19); b. Perseus soll die ihn bedrängenden Feinde, die ihm nach dem Leben trachteten, auf die Folgen ihrer Feindseligkeit aufmerksam gemacht haben, indem er ihnen mit dem Medusenhaupt drohte (Bothe, Eur. Fragm. 57); c. ein Bote beschrieb den durch das Medusenhaupt bewirkten Tod der Gäste des von Phineus gestörten Hochzeitsmahls und hätte mit diesen Versen seinen Bericht sentenziös geschlossen (Wecklein, SB München 1888,98); d. der Chor kommentierte die Auseinandersetzung um die Heirat (Petersen, JHS 24 [1904] 101). (2) Vorgeschlagen wurden nur Plazierungen des Fragments in den Teil der Tragödie nach der Tötung des Ketos, dabei ist der Hinweis auf Dike im Teil vor der Tötung des Ketos gleichfalls vorstellbar (wenn z. B. jemand Perseus auf die möglichen Konsequenzen der Tötung des Ketos hingewiesen hätte: in den

Augen der die Aussetzung Andromedas anordnenden Gottheit ist die Tötung des Ketos sicher ein strafwürdiges Verbrechen).

F 152

I. In den Stobaioshss. fehlen vor den Eklogen 2-5 die Lemmata; statt dessen sind sie gesammelt nach dem zweiten Vers der dritten Ekloge nachgetragen: Euripides 'Andromeda', Bakchylides, Menander, Hesiod 'Theogonie'. Die Zuweisung der drei lyrischen Verse der zweiten Ekloge an die euripideische 'Andromeda' ist damit sicher.

II. Außer der Unordnung in den Lemmata bieten die Hss. ebenfalls einen korrupten Text des Euripideszitats; im zweiten Vers muß zumindest der Nominativ μοῖρα (P) bzw. μοίρα (F) falsch sein, in V. 3 kann στρέφεις (FP) nicht richtig sein, und das überlieferte ἄλλους ἄλλως ist idiomatisch zumindest auffällig. (1) a. Versuche, den Nominativ μοίρα zu halten (so Fritzsche, Ar. Thesm. 497, der μοῖρά σου konjizierte; Wagner, Eur. Fragm. 648, der den Text für nicht »intolerabilis« erklärte; Ellis, JPh 4 [1872] 255: μοῖρ' ἀεί; Blaydes, Adv. 98: μοῖρ' ἐστίν), sind kaum verständlich: 'Siehst du nicht die Gottheit, wie/wo/wohin das/dein Geschick hindurchkommt?.'. b. Grotius, Dicta poet. 131 hatte μοῖρα in μοίρας verbessert, was von Matthiae, Eur. Fragm. 52; Bothe, Eur. Fragm. 56; Johne, Eur. Andr. 16; Nauck, TGF^2 übernommen wurde; ein Genitiv μοίρας läßt sich von ὅπηι in der Tat nach dem Muster ποῦ γῆς (so Matthiae; vgl. KG 1,340f.) abhängigmachen. c. Musgrave, Eur. Fragm. 421 hat die überlieferte Buchstabenfolge als μοιρίδι' ἐξέγρεται interpretiert, was einen guten Sinn ergibt ('Siehst du nicht, wie die Gottheit Schicksalhaftes erregt?'), aber nur schwerlich mit dem lexikalischen Befund (μοιρίδιος nur bei Sophokles, und nur adjektivisch, nicht substantiviert: S. Ant. 951; OC 228) in Einklang zu bringen ist. d. διεξέρχεται wollten transitiv fassen und μοῖραν lesen Meineke, Stob. Ecl. 1,43. 2, XXIX; Herwerden, Exerc. crit. 34: μοῖραν δὴ, übernommen von Ribbeck, Röm. Trag. 174; Blaydes, Adv. 310: μοῖραν εὖ. e. Diese Emendationsvorschläge zeigen, daß nicht nur μοῖρα falsch sein muß, sondern ebenfalls διεξέρχεται: es ist nämlich zu fragen, welche Tätigkeit einer Gottheit bezüglich des Schicksals mit διεξέρχεσθαι ausgedrückt werden kann (derselbe Einwand betrifft auch Hermanns, teste Fritzsche, l. c., Vermutung μοιρίδιον ἐξέρχεται). Ich finde keine Verbesserung für diesen Vers. (2) Die Verbesserung στρέφει statt des in V. 3 überlieferten στρέφεις durch Barnes (teste Matthiae, l. c.) kann nicht strittig sein, da als Subjekt der Tätigkeit des στρέφειν kein Du, sondern nur ein Gott/das Schicksal gedacht werden kann (zu στρέφειν als »favourite word of Euripides to express sudden changes in men's or god's management of affairs« s. Collard z. Supp. 412–3). (3) Für das überlieferte ἄλλους ἄλλως wurden als Verbesserung vorgeschlagen: ἄλλον ἄλλοσ': Fritzsche, Hermann; ἄλλοτ' ἄλλως: Meineke; ἄλλοτ' ἄλλοσ': Herwerden; ἄλλοσ' ἄλλως: Ellis, JPh 4 (1872) 255; ἄλλοτ' ἄλλους: Blaydes, Adv. 310. Nauck druckte (unter falscher Berufung auf Fritzsche und Hermann) ἄλλους ἄλλοσ', was der idiomatisch beste Text ist; überlegenswert ist auch Herwerdens idiomatisch gute Konjektur ἄλλοτ' ἄλλοσ', die paläographisch der Lesung Naucks jedoch unterlegen ist. (4) Für die Zweifel am Ausdruck εἰς ἁμέραν, die Musgrave zur Konjektur ὁσαμέραι und Wecklein, SB München 1921,100 zur Konjektur ἐς τιμωρίαν bewegten, besteht kein Grund (sein Unverständnis artikulierte Blaydes, Adv. 98 und 310). E. Ba. 1008 : Χορ.: ... ὦ, νάιειν ἐπὶ τὰ καλὰ βίον, ἦμαρ ἐς νύκτα τ' εὐ- ' αγοῦντ' εὐσεβεῖν κτλ. sichert auch für εἰς ἁμέραν die Möglichkeit seiner Verwendung im Sinne von 'Tag für Tag' (zu εἰς zur Angabe der zeitlichen Ausdehnung s. KG 1,480).

III. Da der Text korrupt ist, ist eine exakte Analyse des Metrums unmöglich. Es ist aber offenbar, daß die Verse aus Iamben oder 'iambic units' bestehen, vermutlich alternierend mit Dochmien. Rein iambisch ohne Dochmien interpretierte die Verse Hommel, Euripides u. d. Tod 136, ebenso Mette, Lustrum 12 (1967) 52 = Lustrum 23/4 (1981/2) 55; reine Dochmien suchten dagegen Fritzsche; Hartung; Herwerden; Blaydes herzustellen. - Offenbar liegt den Versen ein Metrum ähnlich dem der Fragmente 117–120 zugrunde; vermutlich kommentiert der Chor mit diesen Worten in großer Emotionalität ein Geschehen auf der Bühne.

IV. 1 Mit der Bezeichnug der in der μοῖρα zur Wirkung kommenden Gottheit als τὸ δαιμόνιον wird deren Identität im Unklaren gelassen: aus Unkenntnis ('irgendein Gott ...') oder um die Aussage ins Allgemeine (und allgemein gültige) zu rücken (s. auch z. E. F 150). In ähnlicher Weise bezeichnet der Chor die Gottheit in Ph. 352 und Ba. 894 (s. Dodds z. St.). In der neutralen Bezeichnung kommt sicher auch ein Moment der religiösen Ehrfurcht zur Geltung, die den Sänger der Verse die Gottheit gleichsam nur aus der Distanz als 'das Göttliche' apostrophieren läßt. 2 Die Verderbnis des Textes macht es hier unmöglich zu rekonstruieren, in welchem Verhältnis zueinander hier τὸ δαιμόνιον und die μοῖρα zu denken sind: vielleicht bringt auch hier die Gottheit konkret das überindividuelle Schicksal zur Geltung (vgl. Kannicht z. Hel. 210-5; Hommel, Euripides u. d. Tod 136 m. A. 39). 3 Die paronomastische Verwendung von ἄλλος mit einem aus ἄλλος gebildeten Ortsadverb (ἄλλοτε, ἄλλοσε) findet sich bei Euripides häufig: Alc. 191; HF 972; Hel. 128; Or. 1127. 1448. 1451. 1458; Ba. 222. Daneben verwendet Euripides auch die Paronomasie ἄλλοτε ἄλλοσε: Med. 1191; Supp. 413; Tr. 1205; an den letzten beiden Stellen drückt Euripides mit dieser Paronomasie ebenfalls den Schicksalswechsel aus. Für Zitate aus Euripides zum Thema Schicksalswechsel sei auf die Dissertation von Jutta Krause, ΑΛΛΟΤΕ ΑΛΛΟΣ 224ff. verwiesen (z. F 152 ebda. 278f.).

V. Als Herkunftsort des Fragments wurden folgende Teile des Dramas in Anspruch genommen: a. der Chor tröstete mit diesen Worten die ihr tödliches Schicksal beklagende Andromeda: Matthiae, Eur. Fragm. 52; Fritzsche, Ar. Thesm. 497; Wagner, Eur. Fragm. 648; b. während der hinterszenischen Tötung des Ketos durch Perseus, soll der Chor vom raschen Wechsel des Schicksals gesungen haben: Welkker, Gr. Trag. 2,656; Bothe, Eur. Fragm. 56; Müller, Ph 66 (1907) 61; c. der Chor soll mit diesen Worten auf den Bericht eines Boten vom heimtückischen Anschlag des Phineus auf die Hochzeitsgesellschaft reagiert haben: Hartung, Eur. rest. 2,359; Johne, Eur. Andr. 16; Wecklein, SB München 1888,98; d. in die Exodos des Chores plazierte diese Verse Fedde, Pers. Andr. 34; e. der Chor soll nach der Vorstellung von Petersen, JHS 24 (1904) 101 die Auseinandersetzung zwischen Perseus und Kepheus um die Hochzeit kommentieren. - Sieht man von der Phineusversion ab sind alle Vorschläge sachlich gleich plausibel. Ist die metrische Nähe des Fragments zu den Fragmenten 117-120 tatsächlich gegeben, wäre die im Vorschlag a. vorausgesetzte Zugehörigkeit dieser Verse zur als Amoibaion gestalteten Parodos am ehesten wahrscheinlich.

F 153

I. (1) Inhalt der von Stobaios im Kapitel über den raschen Schicksalwechsel (wo auch F 150 überliefert ist) zitierten Anapäste aus der euripideischen 'Andromeda' ist die auf eine konkrete Situation bezogene Artikulation des Wechsels im Wohlergehen eines Menschen: in den ersten beiden Versen wird festgestellt, daß ein Mann, dem es gut ging, seiner einstmals glänzenden Stellung verlustig ging; die beiden folgenden Verse deuten dieses Schicksal als im Einklang stehend mit dem Gesetz, daß die Tyche sich 'nach dem Wehen des Windes' zu richten pflegt. Soviel der in den Anapästen ausgedrückte Gedanke klar ist, so unklar ist im Einzelnen der sprachliche Ausdruck dieses Gedankens. Schwierigkeiten bereiten a. die ὁ μὲν - τὸ δὲ Konstruktion, b. ἀποκρύπτειν, c. ἐκείνων. (2) a. Überliefert ist τὸ δ', wofür Valckenaer (teste Matthiae, Eur. Fragm. 55 in seinem Handexemplar der Barnesiana) τὸν δ' zu schreiben vorschlug (Musgrave, Eur. Fragm. 422 deutete die Überlieferung als τόδ'); Jacobs, Animadv. 204 wollte lieber ὁ μὲν - ἦν ποτ'. ἀπέκρυψε δέ schreiben, in der offensichtlich richtigen Vermutung, daß sich an den ὁ μὲν - Satz logisch richtig nicht ein τὸ δ' - Satz (oder τὸν δ') anschließen läßt, der eine Aussage über dieselbe Person macht. b. Statt des überlieferten ἀπέκρυψεν in V. 1 schlug Schmidt, Krit. Stud. 2,444, unter Verwendung von Valckenaers τὸν δ', ἔρριψεν vor, Herwerden, RhM 58 (1903) 144 τὸν δ' ἤρειφεν oder ἐκάλυψεν. Sachlich und paläographisch sind alle drei Konjekturen unbefriedigend. c. Das in V. 2 überlieferte ἐκείνων ist an sich unproblematisch. Da jedoch ein syntaktischer Bezug für den Genitiv ἐκείνων - λαμπρῶν fehlt, hatte schon Grotius, Dicta Poet. 555 ἐκ κείνων gelesen; Fritzsche, Ar. Thesm. 495 und Bothe, Eur. Fragm. 56 wollten durch eine veränderte Interpunktion dem Sinn aufhelfen, indem sie nach θεός einen Neueinsatz mit ὡς (Fritzsche) bzw. ᾗ (Bothe) konjizierten; plausibler ist dagegen der Vorschlag von Conington, Remarks 337, statt ἐκείνων ἐκκλίνων zu lesen; Schmidt, Krit. Stud. 2,444 vermutete ἐκ κτεάνων. - Ich finde keine plausible Erklärung für diesen Text, weshalb ich es vorziehe, auf meine Aporie mit Cruces hinzuweisen. (3) In V. 3 überliefert der Codex Vindobonensis (S) τύχα, die Codices Escorialensis und Parisinus (M und A) dagegen τύχη. Eine Entscheidung ist dann möglich, wenn das Metrum eindeutig als lyrische oder rezitierte Anapäste zu identifizieren ist: es handelt sich um sieben regelmäßig durch Metrondihärese voneinander abgesetzte anapästische Metra; Anzeichen für Periodenende (Hiat, brevis in longo, Paroimikos) fehlen; ebenso fehlt aber auch die für lyrische Anapäste charakteristische Häufung von dorisch vokalisierbaren Worten, so daß man, gegen die älteren Editoren, die Verse eher einem anapästischen Rezitativ zuweisen wird und infolgedessen τύχη schreiben muß.

II. 1 ὄλβιος bezeichnet bei Euripides zumeist einen Menschen in einer durch Herkunft oder Reichtum begründeten Stellung von hohem Prestige (s. de Heer, μακαρ κτλ. 70). In ähnlicher Weise ist auch τὰ λαμπρά in V. 2 zu verstehen: die Stellung des ὄλβιος ist eine vor anderen Menschen hervorragende; bei Euripides heißt z. B. die ἀλκή des Herakles λαμπρός, HF 805f.: Χορ.: ... λαμπρὰν δ' ἔδειξ' ὁ χρόνος ' τὰν Ἡρακλέος ἀλκάν. - Die Erwähnung eines ὄλβιος kann sich entweder beziehen auf ein vom Sprecher angeführtes exemplum, oder auf eine dramatis persona und ihr Geschick. Trifft das zweite zu, wird am ehesten der König der Aithiopen, Kepheus, als ὄλβιος bezeichnet werden können: der Sprecher der Verse sähe dann am Schicksal des Kepheus exemplarisch die Wechselhaftigkeit der Tyche demonstriert. 3 νεύει heißt nicht »decline, fall away« (LSJ, νεύω II), sondern ist nur in der Bedeutung 'sich neigen' zu belegen. Krause, ΑΛΛΟΤΕ ΑΛΛΟΣ 278 betrachtete die Ausdrucksweise als metaphorisch: das Schicksal neige sich wie ein Baum (problematisch an dieser Theorie ist, daß νεύειν nicht für die Bewegung von Pflanzen zu belegen ist). Bei Euripides heißt νεύειν gewöhnlich 'sich neigen' im Sinne von 'gutheißen': Alc. 978; Hec. 545; El. 839. νεύει τύχη kann so problemlos aufgefaßt werden; was νεύει βιοτός aber bedeuten soll, ist unklar (das zweifache νεύει ist eine Anapher; ist statt βιοτός βιοτόν zu emendieren?).

III. Folgende Vorschläge zur Einordnung der Anapäste in den Gang der Handlung der 'Andromeda' wurden unterbreitet: a. die Anapäste wurden vom Chor gesprochen im Kontext der umfangreichen Klagen der ausgesetzten Titelheldin, um sie zu trösten: Fritzsche, Ar. Thesm. 495; b. der Chor kommentierte mit diesen Worten das Desaster des Kepheus am Ende des Dramas: Welcker, Gr. Trag. 2,664; Wagner, Eur. Fragm. 655; Fedde, Pers. Andr. 34; Ribbeck, Röm. Trag. 174; Johne, Eur. Andr. 17; Wecklein, SB München 1888,98; Schmid, Gesch. Gr. Lit. 3,519; c. der Chor kommentierte die Verhandlungen um den Preis für die Rettung Andromedas: Bothe, Eur. Fragm. 56; d. der Chor rezitierte diese Anapäste, während Perseus Andromeda vom Felsen löste, um die Gerette »de commutata fortuna« zu beglückwünschen: Hartung, Eur. rest. 2,356; e. in der Auseinandersetzung um die Hochzeit nahm der Chor Stellung: Petersen, JHS 24 (1904) 101; f. während der hinterszenischen Tötung des Ketos artikulierte der Chor die plötzliche Wendung des Schicksals: Müller, Ph 66 (1907) 61. - Es ist evident, daß es in einer Tragödie schon allein der Gattungskonvention nach genug Momente gibt, wo die Artikulierung des Wechsels des Schicksal, je nach dem, wie der Wind weht, am Platz sein kann. In der 'Andromeda' hat es aber nicht nur eine Peripetie gegeben, sondern mehrere; im Grunde ist jede theoretisch als Hintergrund dieser Verse denkbar. Mit Ausnahme der Theorie vom finalen Desaster des Kepheus, Vorschlag b., der mit dem Zeugnis von T III zu kollidieren scheint, daß die dramatis persona Kepheus an den Himmel versetzt wurde, haben deshalb alle Vorschläge grundsätzlich für möglich zu gelten. Trifft unsere Vermutung zu, daß Kepheus als einziger im traditionellen Sinn als ὄλβιος gelten kann, bleiben immer noch mehrere Möglichkeiten der Einordnung, weil sich der Schicksalswechsel im Leben des Kepheus ja sowohl auf die Vorgänge vor, als auch bei, als auch nach der Aussetzung Andromedas beziehen kann. Ich halte deshalb keine Einordnung für vertretbar.

F 154

I. Die beiden von Stobaios im Kapitel 'Das Begräbnis' aus der euripideischen 'Andromeda' zitierten Verse müssen (obgleich metrisch untadelig; zur Doppelkürze in V. 1 s. z. F 124) korrupt sein. (1) Unstrittig ist, daß in V. 1 das überlieferte γῆν in γῆς zu ändern ist, da κατά c. acc. zur Angabe einer räumlichen Ausdehnung gebraucht wird, hier also fehl am Platz ist (s. KG 1,475ff). Weiter ist zu vermuten, daß am Versende σου falsch ist: als Possessivum müßte es in einer ungewöhnlichen Sperrung zu τὸ κατὰ γῆς stehen, als Personalpronomen kann es nicht von τιμῶσι abhängig sein; als Verbesserungen wurden deshalb vorgeschlagen τοῦ (Bothe, Eur. Fragm. 58), ἴσως (Herwerden, Exerc. crit. 35), τοι (Schmidt, Krit. Stud. 2,445). Problematisch ist auch das Subjekt des Satzes τὸ ζῆν ἀφέντες: wer ist damit gemeint, und was machen diese Leute?. Grotius, Dicta poet. 505 las ἀφέντος, während Enger, Adnotationes 8f. τὸ ζῆν durch ψυχήν, Tukker, ClR 15 (1901) 351 durch τὸ ζῶν, Walker, Eur. Fragm. 7 durch ζωήν zu ersetzen vorschlugen; Diels, DLZ 10 (1889) 1081 schlug τοῦ ζῆν ἀφέντος vor: keine dieser Konjekturen erklärt, was der oder diejenigen eigentlich tun, die 'ihr Leben fahren gelassen haben'. Da die Korruption mithin den ganzen Vers zu betreffen scheint (τιμῶσι emendierten Enger und Papabasileios, Ἀθηνᾶ 6 [1894] 74f. zu τίσουσι) haben folgerichtig Herwerden und Schmidt weitreichendere Verbesserungsvorschläge gemacht: Herwerden wollte τὸ ζῆν ἀφέντα σε κατὰ γῆς τιμῶσ' ἴσως schreiben, Schmidt τὸ σῶμ' ἅπαντες τὸ κατὰ γῆν τιμῶσι τοι. Sachlich und paläographisch befriedigend ist allenfalls Herwerdens Herstellung. Bedeuten muß ἀφεὶς τὸ ζῆν 'das Leben vernachlässigen' (Hinweis Kannicht, der auf S. OC 1537 verweist): es wird also ein Widerspruch konstatiert zwischen Vernachlässigung im Leben/des Lebens und Fürsorge im Tod. (2) In V. 2 überliefern am Versende die Hss. εὐτυχεῖ κρέων; Fritzsche, Ar. Thesm. 516 und Hartung, Eur. rest. 1,428 wiesen das Fragment deshalb der 'Antigone' des Euripides zu, Valckenaer, teste Matthiae, Eur. Fragm. 56, dem 'Alkmaion'. Musgrave, Eur. Fragm. 422 verbesserte statt dessen εὐτυχεῖν χρεών. Gegen Wecklein, SB München 1888,98, der die Zuweisung an die 'Antigone' vertrat, ist mit Nauck die Verschreibung von χρεών in κρέων erheblich plausibler als die Verwechslung oder Verschreibung des Lemmas Antigone zu Andromeda. - Sonst bedarf V. 2 keiner Änderung (Gaisford, Stob. 3,489 las ὅπου für ὅταν, Walker, l. c. wollte ὅπ' οὐ γὰρ εἶτ' οὐ δεῖ κρεῶν, Schmidt εὖ τίειν χρέων). (3) Die von Musgrave vorgeschlagene und von allen Editoren (mit Ausnahme von Nauck in TGF[1]) übernommene Verteilung der beiden Verse auf zwei Sprecher ist sicher möglich, aber nicht zwingend: der Sprecher kann ja auch selbst einen Einwand gegen das in V. 1 Gesagte, mit γε eingeleitet, erheben. Da der Inhalt von V. 1 völlig unklar ist, wird man besser auf diese Festlegung der Personenverteilung verzichten.

II. Die Einordnung der Verse in das Stückganze ist völlig aporetisch: zwar ist der Inhalt des Fragments so weit bestimmbar, daß es abgelehnt wird, Toten zukommen zu lassen, was Lebenden gebührt; wo solch ein Gedanke in der 'Andromeda' ausgesprochen war, ist nicht feststellbar.

F 147

I. (1) a. Immanuel Bekker veröffentlichte 1814 im ersten Band seiner Anecdota Graeca als sechstes 'Lexicon Seguerianum' den Anfang eines unter dem Titel συναγωγὴ λέξεων χρησίμων stehenden byzantinischen Wörterbuches, in welchem unter dem Lemma ἄγορος καὶ ἄγοροι erklärt wird: 'Euripides in der Andromeda: die im Haus um Mahl und Tisch. Er meint: Aithiopen'. Dieses Lexikon wurde 1828 erneut ediert von Ludwig Bachmann, der das Lexikon vollständig in seinen Anecdota Graeca publizierte, so daß es seit dem auch als' Bachmannsches Lexikon' (seltener 'sechstes Bekkersches Lexikon') bezeichnet wird. b. Dieses Lexikon überliefert ein Pariser cod. Coisl. 345

aus dem X. Jhdt., im dem mehrere byzantinische Lexika vereinigt sind; die συναγωγή steht auf foll. 64 v bis 149 (so Bachmann, Anecd. Gr. 1, VI). Ein älterer Pariser cod. Coisl. 347 (IX. Jhdt.) enthält ebenfalls ein unter dem Titel συναγωγή λέξεων χρησίμων stehendes Lexikon, das in einigen Teilen mit dem Bachmannschen Lexikon identisch, vermutlich also als 'Urfassung' dieser συναγωγή anzusprechen ist (ediert ist von dieser kürzeren συναγωγή bislang nur der Buchstabe A: K. Boysen, Universitätsprogramm Marburg 1891/2, wieder abgedruckt in: Lexica Graeca Minora 12-38), das aber unsere ἄγορος καὶ ἄγοροι-Glosse nicht enthält. Um zu ermitteln, wie das Euripideszitat in das Bachmannsche Lexikon gekommen ist, muß das Verhältnis der beiden Coisliniani näher bestimmt werden (was uns gleichzeitig auch mitten in die Erforschung der griechischen Lexikographie hineinführt). c. Nach den verdienstvollen Arbeiten von Wentzel und Reitzenstein (deren jeweiligen Anteil referiert übersichtlich Cohn, Lexikogr. 593; Adler, RE IV A [1931] 686ff.) läßt sich folgende Geschichte des Lexikons der συναγωγή schreiben (vgl. auch Erbse, Unters. att. Lex. 22f.; Theodoridis, Photios 1,LXXII): ursprünglich liegt dieser Sammlung von Glossen ein Wörterbuch zugrunde, das unter den Namen des Kirchenvaters Kyrillos von Alexandreia (gest. 444: Altaner, Patrologie 253-7) gestellt wurde und wohl tatsächlich im 5. nchr. Jhdt. in Alexandreia entstanden ist (so Reitzenstein, RhM 43 [1888] 458); dieses Kyrillglossar (das bis heute ungedruckt ist), das selbst schon eine Kompilation »ein(es) alte(n) rhetorische(n) Lexicon(s)« (Reitzenstein, l. c.) mit Homer-, Euripides-, Bibelglossaren darstellt, wurde vor dem 9. Jhdt. zur συναγωγή λέξεων χρησίμων erweitert, von der uns im cod. Coisl. 347 die älteste Fassung erhalten ist (mit den Siglen von Erbse, aaO. 22 wird die συναγωγή mit Σ, Coisl. 347 mit Σ^a bezeichnet); Σ lag dann in einer erweiterten Form (Erbse, aaO. 23: Σ') den erneut erweiterten Wörterbüchern zugrunde, die der Patriarch Photios (Σ^b) und der Lexikograph der Suda (Σ") in ihren Lexika verarbeitet haben; unser Bachmannsches Lexikon (Ba) repräsentiert eine überarbeitete und erweiterte Fassung der auch von Photios benutzten Σ-Rezension Σ^b. Stemmatisch läßt sich dies so darstellen:

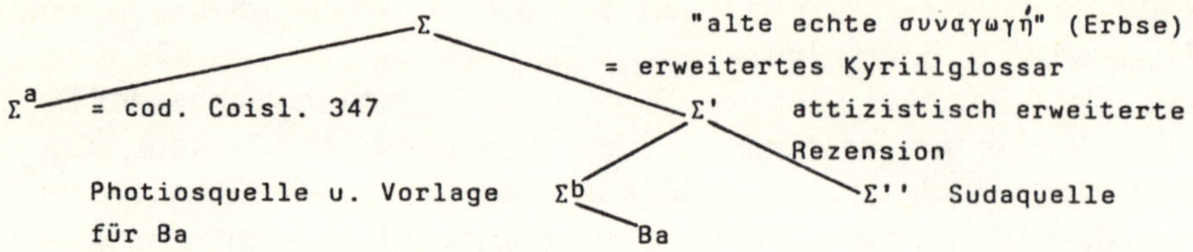

Unsere Glosse ἄγορος καὶ ἄγοροι fehlt, wie schon festgestellt, in Σ^a, fehlt aber auch im Photioslexikon und in der Suda, gehört damit zur jüngsten Bearbeitungsschicht von Σ; über die Art der Bearbeitung läßt sich nur feststellen, daß der Redaktor von Ba wohl erneut ein attizistisches Lexikon in Σ^b eingearbeitet hat; die Quelle für das Euripideszitat bleibt so im Dunkeln. (2) a. Bekker und Bachmann edierten die Glosse so, daß der Satz οἱ - τράπεζαν als Zitat aus Euripides' 'Andromeda' erscheint. Seit der Publikation dieser Glosse wurde aber mit Verwunderung vermerkt, daß dieser als Beispiel für die Verwendung von ἄγορος oder ἄγοροι in der euripideischen 'Andromeda' zitierte Satz weder ἄγορος noch ἄγοροι enthält, der Satz also in irgendeiner Weise »mutilus et corruptus« (Nauck in TGF^1 und TGF^2) sein muß. b. Dem Problem, daß ἄγορος/ἄγοροι in οἱ - τράπεζαν nicht vorkommt, wurde versucht, konjektural beizukommen; den umfassendsten Vorschlag (und bis heute auch den besten) unterbreitete schon Fritzsche, Ar. Thesm. 514: zuerst postulierte er, daß nicht, wie Bekker und Bachmann getan hatten, der Punkt nach τράπεζαν zu setzen ist, sondern nach Αἰθίοπες, da σημαίνει notwendig den Akkusativ erfordert, Αἰθίοπες also nicht zu σημαίνει gezogen werden kann; als zweites nahm er den Ausfall von ἐν ἀγόροις zwischen τράπεζαν und Αἰθίοπες an, so daß zu lesen wäre: Εὐριπίδης Ἀνδρομέδαι οἱ κατ' οἶκον ἀμφὶ δαῖτα καὶ τράπεζαν ⟨ἐν ἀγόροις⟩' Αἰθίοπες. σημαίνει ⟨δὲ τὴν ἀγοράν⟩; Fritzsches Konjektur ergibt damit einen ganzen trochäischen Tetrameter und den tolerablen Beginn eines zweiten. - Im Unterschied zu Fritzsche nahmen andere Konkekturalkritiker an Αἰθίοπες σημαίνει keinen Anstoß und versuchten nur, ἄγορος oder ἄγοροι auf irgendeine Weise in den Text zu setzen; metrisch weniger befriedigend sind die Vorschläge von Bothe, Eur. Fragm. 57 (οἱ - ' τράπεζαν ἄγοροι) und Hartung, Eur. rest. 2,359 (ἄγοροι κατ' οἶκον κτλ.); Düntzer, Ph 5 (1850) 186 wollte οἱ κατ' ἄγορον - τράπεζαν ἥμενοι schreiben (τράπ. ἥμενοι konjizierte schon, teste Fritzsche, l. c., Gottfried Hermann); Cobet, Mn N. S. 5

(1877) 253 (wieder in Coll. crit. 213) konjizierte unter Hinweis auf Hdt. 3,17,2. 18,1 (τράπεζα τοῦ ἡλίου) οἱ - τραπέζαν ἡλίου, was Nauck, TGF², guthieß (aber οἱ - τράπεζαν im Text beibehielt, im Apparat aber vermerkte: »scripserim οἱ κατ' ἄγορον - τράπεζαν ⟨Ἡλίου⟩«). c. Problematisch an dem von Bekker und Bachmann gebotenen Text ist also 1. Αἰθίοπες σημαίνει und 2. das Fehlen von ἄγορος/ἄγοροι. Beiden Problemen wird nur Fritzsches Vorschlag gerecht; aus diesem Grund sind die anderen Konjekturen zurückzuweisen. d. Vielleicht ist die Lösung aber nicht konjektural zu gewinnen, sondern durch Interpretation. Matthiae, Eur. Fragm. 58 hatte vermutet, daß in der Lexikonglosse von Euripides »nihil nisi vox ἄγοροι« stamme; diese Vermutung ist von Fritzsche als ein »mirabile somnium« abqualifiziert und von niemandem mehr in Betracht gezogen worden. Dennoch könnte in dieser Annahme die Lösung liegen: ἄγορος/ἄγοροι kommt deshalb nicht in οἱ - τράπεζαν vor, weil οἱ - τράπεζαν kein Euripideszitat, sondern die Glossierung dessen darstellt, was in Euripides' 'Andromeda' mit ἄγοροι gemeint sei. Zugegebenermaßen bleibt die Verbindung von σημαίνει mit dem Nominativ auffällig, ist aber vielleicht bei einem Redaktor des 10. Jhdts. eher tolerabel als die Annahme, daß der Redaktor gerade den Begriff im Zitat ausgelassen habe, unter welchem die Glosse lemmatisiert war. (3) a. Ungeachtet der definitiven Entscheidung über die ganze Glosse, ist für die Textpräsentation festzuhalten, daß das Lemma ἄγορος/ἄγοροι im Text des Euripidesfragments zu erscheinen hat: ἄγορος oder ἄγοροι müssen in der 'Andromeda' vorgekommen sein. b. Aus der Glosse ergibt sich, daß das pluralische ἄγοροι bei Euripides stand, weil die Αἰθίοπες genannt sind. c. Im Gegensatz zu Nauck, der οἱ - τράπεζαν in den Text setzte, ist also ἄγοροι als Euripidesfragment aufzunehmen; ob οἱ - τράπεζαν Fragment oder Glossierung ist, ist nicht entscheidbar. d. Die Hesychglosse: ἄγορος· ἄθροισμα, στρατὸς ἢ καὶ δημηγόρος (α 733 [1,28 Latte]), die Schmidt hierher gezogen hatte, bezieht sich eher auf die Verwendung von ἄγορος bei Euripides An. 1037; HF 412; El. 723; IT 1096 (zu vgl. sind Denniston z. El. 723; Stevens z. An. 1037; Bond z. HF 412).

II. (1) Unabhängig von der Entscheidung über diese Glosse läßt sich ihr auf jeden Fall entnehmen, daß in der 'Andromeda' die Aithiopen zum Zweck des Mahlhaltens 'versammelt' waren oder so bezeichnet wurden. (2) a. Unter Verwendung der ovidischen Schilderung vom Hochzeitsmahl nach der Tötung des Ketos durch Perseus

(Met. 4,764ff.) haben die meisten Forscher die Erwähnung von δαίς und τράπεζα auf einen Bericht vom Hochzeitsmahl gedeutet, welches, wie bei Ovid, Met. 5,1ff., der verschmähte Verlobte Phineus zu stören beginnt: so Fritzsche, Ar. Thesm. 514; Hartung, Eur. rest. 2,359; Fedde, Pers. Andr. 33; Johne, Eur. Andr. 16; Wecklein, SB München 1888,90; Petersen, JHS 24 (1904) 100; Kuhnert, Myth. Lex. III (1902-9) 2000. b. An eine andere Mahlsituation nach der Tötung des Ketos dachten Welcker, Gr. Trag. 2,665; Wagner, Eur. Fragm. 655; Webster, BICS 12 (1965) 31 = Tragedies 196. (3) Es ist methodisch äußerst problematisch von der ovidischen Schilderung auf die euripideische 'Andromeda' zurückzuschließen (s. Einl. III); insbesondere das Rechnen mit dem Auftreten der Person des Phineus scheint gegen das aus den Rezensionen des eratosthenischen Sternbuchs zu erschließende Handlungsschema zu verstoßen. In welchem Zusammenhang die Aithiopen als 'versammelt' bezeichnet wurden, halte ich für unmöglich zu eruieren: es sind zahlreiche Momente vorstellbar, an welchen sich eine entsprechende Aussage festmachen ließe (z. B. nach dem Muster: 'als die Aithiopen versammelt ..., geschah dies und das').

F 148

I. (1) In drei Dialogen (Phlb. 66 d 4; Chrm. 167 a 9; R. 9,583 b 2f.) verwendet der platonische Sokrates die sprichwörtliche Redewendung τὸ τρίτον τῶι σωτῆρι, mit welcher er einen abschließenden Gesichtspunkt seiner Argumentation einleitet (wiederzugeben mit dt. 'zu guter letzt' oder engl. 'last not least'; vgl. Σ T Pl. Chrm. 167 a [p. 116 Greene]: παροιμία ... ἐπὶ τῶν τελείως τι πραττόντων). Die Scholien erklären diese kolloquiale Ausdrucksweise mit dem symposiastischen Usus, jeweils einen Krater den olympischen Göttern, einen den Heroen, und den dritten dem Zeus Soter zu weihen (s. Höfer, Myth. Lex. IV [1909-15] 1263f.; Dornseiff, RE III A [1927] 1212; von der Mühll, Ausgew. kl. Schr. 488 [= 1957]). Nach den Scholien zum 'Philebos' und zu Politeia IX soll diese dritte Trankspende an Zeus Soter in Euripides' 'Andromeda' und in den verlorenen 'Tagenistai' des Aristophanes auch als τέλειος, als 'letzte', 'abschließende' bezeichnet worden sein. (2) Ohne die Erwähnung von Euripides und Aristophanes bieten für die Redewendung τὸ τρίτον τῶι σωτῆρι oder die Sache des τρίτου κρατῆρος ungefähr die gleiche Erklärung das Onomastikon des Pollux (2. Jhdt. n. Chr.), die attizistischen Lexika des 2. Jhdts.

n. Chr. des Ailios Dionysios und Pausanias (verarbeitet im Lexikon des Photios und in der Suda), das Lexikon des Hesychios (5./6. Jhdt.), das Scholion zu Pindars sechster Isthmie. Damit erweist sich als Urheber dieser Glosse der augusteische Lexikograph Didymos Chalkenteros, auf dessen umfassender Sammeltätigkeit, über mehr oder weniger andere Lexika vermittelt, alle diese Glossensammlungen aufruhen (Didymos als Quelle der Pindarscholien: Gudemann, RE II A [1921] 649). Damit ist sicher, daß auch die Nennung von Euripides und Aristophanes auf die Erklärung des Didymos zurückgeht, aber über andere Ausschreiber des Didymos an die Platonscholien vermittelt wurde (Gudemann, aaO. 690 dachte an die λέξεις Πλάτωνος des Harpokration aus der 2. H. d. 2. Jhdts. n. Chr.).

II. (1) Die Bezugnahme auf die dritte Position der rituellen Trankspende an Zeus Soter begegnet in der Tragödie häufig (s. Pearson z. S. F 425); die drei Libationen des Symposions reflektieren A. 'Epigonoi' F 55: λοιβὰς Διὸς μὲν πρῶτον ὡραίου γάμου ' Ἥρας τε ... τὴν δευτέραν γε κρᾶσιν ἥρωσιν νέμω '... τρίτον Διὸς σωτῆρος εὐκταίαν λίβα, Ag. 245f. (Iphigenie bei den Symposia ihres Vaters Agamemnon): Χορ.: ἁγνᾶι δ' ἀταύρωτος αὐδᾶι πατρὸς ' φίλου τριτόσπονδον εὔποτμον παιῶνα φίλως ἐτίμα; auch in S. 'Nauplios καταπλέων' F 425: Ζεῦ παυσίλυπε (π..σι- B, πανσι- D: Kalliergis) καὶ Διὸς σωτηρίου ' σπονδὴ τρίτου κρατῆρος. In Ag. 1386f. überträgt Klytaimestra die Vorstellung vom dritten Weinopfer an Zeus Soter auf ihren dritten Hieb, mit welchem sie Agamemnon dem Zeus Soter als Blutopfer darbringt: ... καὶ πεπτωκότι, τρίτην (sc. πλήγην Ἀγαμέμνονι) ἐπενδίδωμι, τοῦ κατὰ χθονὸς ' Διὸς (Ἅιδου codd.: Enger) νεκρῶν σωτῆρος εὐκταίαν χάριν: »Zeus Soter and his third libation play a recurring part in the trilogy« (Garvie z. Ch. 1), nämlich Ch. 244f. 577. 1073; Eu. 759f. In den aischyleischen 'Hiketides' schließlich ist die dritte Position des Zeus Soter bei der Libation auf eine Götterinvokation übertragen, Supp. 214ff.: Χορ.: ... ὕπατοί τε θεοί καὶ βαρυτίμους ' χθόνιοι θήκας κατέχοντες, ' καὶ Ζεὺς σωτὴρ τρίτος ... (Friis Johansen-Whittle z. St.: »this passage alludes to the ritual without working out the image of libation«). (2) Der Zeus Soter der dritten Spende kann auch Zeus Teleios heißen (Athen. 1,28 16 B; Pollux 6,15: Διὸς σωτῆρος τελείου; vgl. Burkert, Gr. Religion 122), der 'Vollender'; dieser Zeus genoß in verschiedenen Orten Kult (s. Höfer, Myth. Lex. V [1916-24] 255), dürfte aber erst später mit der τελεία oder τρίτη σπονδή in Verbindung gebracht worden sein (gegen Höfer, aaO. 257; Mette, Lustrum 12 [1967] 56 = Lustrum 23/4 [1981/2] 59: die Spende an Zeus, nicht Zeus selbst hießen bei Aristophanes und Euripides τέλειος). Die Verbindung der drei Trankopfer 1. an die olympischen Gottheiten, 2. an die Heroen, d. h. die Toten, und 3. an Zeus Soter im Symposion geht sicherlich auf Libationen an jeweils nur eine der Empfängergruppen zurück, d. h. auf Götter- und Totenopfer und auf ein Opfer an den Rettergott; die Zahl von drei Libationen wird sich sowohl praktischen Gesichtspunkten (ein Opfer zum Beginn, während und am Ende des Trinkens) wie der besonderen Hochschätzung der Dreizahl verdanken (vgl. Arist. Cael. 1,1,268 a 10ff.). (3) Aus dem Zeugnis der Platonscholien ergibt sich, daß in der 'Andromeda' die Spende an Zeus Soter erwähnt war und als τέλειος bezeichnet wurde. Die Erwähnungen von Zeus Soter und/oder der ihm geweihten dritten Trankspende bei Aischylos belegen, daß eine Bezugnahme auf die dritte Spende nicht notwendig auf einen symposiastischen Hintergrund innerhalb des Dramas gedeutet werden kann. Damit scheinen folgende Möglichkeiten denkbar, in welchem Zusammenhang die dritte Spende τέλειος hieß: 1. in einem Sprichwort, oder 2. in irgendeinem kultischen Zusammenhang, oder 3. in der Erwähnung einer Mahlsituation.

III. Die Mehrdeutigkeit der Verwendung von τέλειος hat die meisten Forscher davon abgehalten, einen Vorschlag zur Lokalisierung dieses Fragments in der 'Andromeda' zu machen. Die Vorschläge, die gemacht wurden, betreffen a. das »convivium nuptiale« (Fritzsche, Ar. Thesm. 513): Fritzsche; Hartung, Eur. rest. 2,359; Wagner, Eur. Fragm. 656; Wecklein, SB München 1888,98 stellten sich vor, daß in einem Botenbericht von dem Hochzeitsmahl die Rede war, in dessen Verlauf der dritte Krater dem Zeus Soter gespendet worden sein soll; dieses Mahl sei von Andromedas früherem Verlobten gestört worden, um gemäß der ovidischen Fassung der Andromedasage die Ehe zwischen Perseus und Andromeda zu vereiteln; b. eine Weihung des dritten Krater an Perseus den Retter: Welcker, Gr. Trag. 2,665 (ebenso Wagner im Kontext des Hochzeitsmahls); c. eine Dankspende an Zeus Soter anläßlich der Rettung vor dem Ketos durch Perseus: Petersen JHS 24 (1904) 100 = Att. Trag. 609; Müller, Ph 66 (1907) 62. a. Da die Annahme der Erwähnung des Vollzugs der Hochzeit sehr unwahrscheinlich ist, und überdies die Gestalt des Phineus durch das Zeugnis der Rezensionen des eratosthenischen Sternbuchs aus der 'Andromeda' auszuschließen ist (s. Einl. II. 2 und z. E. T III) hat der Vorschlag wenig Plausibilität; gegen b. ist einzuwenden, daß es fraglich ist, ob eine Zeusspende auch dem Perseus gespendet werden konnte. Der dritte Vorschlag c. hat am meisten für sich: wenn der in F 146 erwähnte Wein als Opfergabe gedacht ist, wäre eine Erwähnung von einem mit Wein dem Zeus Soter dargebrachten Dankopfer in dem Botenbericht, der von der Tötung des Ketos berichtete, möglich. (Nach vollbrachter Tat opfert ebenfalls der ovidische Perseus, Met. 4,753ff.: Dis tribus ille focos totidem de caespite ponit, ' laevum Mercurio, dextrum tibi bellica virgo, ' ara Iovis media est: mactatur vacca Minervae, ' alipedi vitulus, taurus tibi, ' summe deorum.)

F 155

I. (1) Der Grammatiker Hesychios von Alexandreia (wohl 6. Jhdt. n. Chr.: Latte, Hesych. Lex. VII-VIII) bezeugt, daß Euripides in der 'Andromeda' das Wort ἀγρεύματα ('das, was auf der Jagd erbeutet wird') im Sinne von σκῦλα ('Beutestücke') verwendet hat. Diese Information verdankt Hesychios, wie alle Tragödienzitate, nach eigenen Angaben (in seiner Praefatio an Eulogius: 1,1 Latte) dem Lexikon des kaiserzeitlichen Lexikographen Diogenianos (2. Jhdt. n. Chr.: Latte, aaO. X. XLII-IV), der die großen lexikographischen Kompilationen der frühen Kaiserzeit (Didymos, Pamphilos) ausgeschrieben hat und so alexandrinische Gelehrsamkeit tradiert. (2) a. Ohne Nennung von Autor und Stücktitel enthält die Notiz, daß ἀγρεύματα wie σκῦλα verwendet werden kann, auch das sogenannte Bachmannsche (oder sechste Bekkersche) Lexikon, die erweiterte συναγωγὴ λέξεων χρησίμων (s. z. E. F 147), mit der Zusatzinformation, daß Solon τὰ ἐπὶ τῆς ἀγροικίας κτήματα als ἀγρεύματα bezeichnet habe (fr. 130 Ruschenbusch; ἀγρεύματα also nicht von ἀγρεύω gebildet, sondern von ἀγρός; Ruschenbusch, Solon 121 vermutete die Herkunft dieses Fragments aus Solons Gedichten, nicht aus den Gesetzen, wie Latte, Hesych. 1,30 angibt). In der συναγωγή wurde offenbar die aus dem Kyrillglossar stammende Solonnotiz um die Hesychglosse erweitert. b. Ebenfalls ohne Nennung des Euripides verzeichnet das aus dem 12. Jhdt. stammende Etymologicum Magnum (Et. magnum auctum bei Lasserre-Livadaras) die Verwendungsmöglichkeit von ἀγρεύματα im Sinne von σκῦλα. Diese Glosse vereinigt sowohl die aus Diogenian stammende Hesychglosse α 768 mit der aus dem Kyrillglossar stammenden Hesychglosse α766 (1,29 Latte: ἄγρευμα· εὕρημα τὸ εἰλημμένον) mit der Solonnotiz der συναγωγή, und hat, da uns die Quellen in früheren Verarbeitungsstufen noch greifbar sind, in vorliegendem Fall keine Bedeutung.

II. (1) Die Verwendung von ἄγρευμα im Sinn von σκῦλον ist in der Tat in der Tragödie singulär; bei Aischylos heißt ἄγρευμα das Jagdinstrument, mit dem man Beute macht (Th. 607; Ag. 1048; Ch. 998; Eu. 460): »laqueus, rete« (Italie-Radt 3), während Euripides mit ἄγρευμα das Blumenpflücken des kleinen Opheltes in der 'Hypsipyle' (F 754: p. 34f. Bond), und die Jagdbeute der Agaue in den 'Bakchai' (Ba. 1241), nämlich den Kopf ihres Sohnes Pentheus, bezeichnet. (2) In welcher Weise dieser Begriff in der 'Andromeda' Verwendung fand, ist nicht sicher zu bestimmen. Man kann vermuten, daß das Gorgoneion vielleicht so bezeichnet wurde; oder Körperteile des Ketos, die an Stelle der erbeuteten Rüstung eines Gegners von Perseus seinen Göttern geopfert wurden?

F 155a

I. (1) Als Beispiele für das aus ἀμβλύς ('stumpf, dumpf') und dem Stamm οπ- gebildete Adjektiv ἀμβλωπός führt das Lexikon des Patriarchen Photios drei Zitate aus dem Werk des Euripides an und weist summarisch darauf hin, daß ἀμβλωπός auch von Sophokles, dem Tragiker Ion von Chios und dem Dichter der παλαιὰ κωμωιδία, Platon von Athen, gebraucht wurde. In der 'Andromeda' soll Euripides' 'stumpfsichtiger Blick' (Seeck, Eur. 65 übersetzt 'Stumpfsichtigkeit' als ob ἀμβλυωπία dastünde) gesagt haben. (2) Pollux erwähnt in seinem Onomastikon, daß Euripides ἀμβλυωπός verwendet habe. Da ἀμβλυωπός weder im hs. überlieferten Oeuvre vorkommt, noch in den Fragmenten begegnet, ist die Schlußfolgerung von Bruno Snell sicher richtig, daß uns die Photiosglosse das Material für die summarische Behauptung des Pollux bietet, die Polluxnotiz also (trotz ἀμβλυωπός statt ἀμβλωπός) der Sache nach mit der Photiosglosse identisch ist. Evident ist, daß Photios' Information auf anderen Quellen beruht und nicht von Pollux abhängt.

II. (1) Photios' Liste läßt sich ergänzen um A. Eu. 955 (Athena über die Erinyen: an): τοῖς δ' αὖ δακρύων βίον ἀμβλυωπόν παρέχουσαι; und Rh. 737: ἀμβλῶπες αὐγαί (Simplex also ἀμβλώψ, wie im von Photios zitierten 'Thyestes'-Fragment). Nach LSJ ist ἀμβλυωπός sonst vorwiegend prosaisch (Arist. Fr. 588 Rose; Hp. Morb. Sacr. 13). (2) Nach dem gleichen Muster wie ἀμβλωπός ist das bedeutungsgleiche ἀμβλυδέρκης gebildet, das einzig für den Tragiker Nikomachos, TrGF I 127 F 1 bezeugt ist (durch Photios α 1166 [1,122 Theodoridis]).

F 156

I. Hesychios bezeugt für die euripideische 'Andromeda' das Vorkommen von ἀμείβεται ('er/sie setzt sich an die Stelle von jemand anderem') im Sinn von παραιτεῖται ('er/sie bittet'). Photios übernahm diese Glosse unter Weglassung des Stücktitels in sein Lexikon, während der Kompilator des Etymologicum Magnum die Glosse unter Weglassung jeglicher Herkunftsangabe in seine ἀμείβειν-Glosse einarbeitete. Die Abhängigkeit des Photios und des Etymologikums von Hesychios ist sicher; fraglich ist nur, ob sie unmittelbar oder mittelbar von Hesychios abhängen.

II. Die Erklärung, daß ἀμείβεται in Euripides' 'Andromeda' im Sinn von παραιτεῖται gebraucht wurde, erweckt Erstaunen, insofern ἀμείβεσθαι und παραιτεῖσθαι in keiner Hinsicht den Anschein erwecken, als Synonyma füreinander benutzt werden zu können. Aus diesem Grund hat schon Kuster (teste Matthiae, Eur. Fragm. 58 und Fritzsche, Ar. Thesm. 505) περαιοῦται schreiben wollen ('er/sie setzt über'), während Bothe, Eur. Fragm. 59 weniger plausibel παραθεῖται ('er/sie läuft über') vermutet hat. Blaydes, Adv. 98 schlug versuchsweise die Änderung von ἀμείβεται in ἀναίνεται vor ('er/sie verleugnet'). Gegen alle drei Emendationsvorschläge steht aber das einhellige Zeugnis der drei Lexika (insbesondere Blaydes' Annahme der Korruption des Lemmas wird durch die Lemmata der drei Zeugen widerlegt); da uns der Kontext des Wortes in der 'Andromeda' nicht greifbar ist, ist es uns auch nicht möglich, gegen das Zeugnis der Lexika die Annahme für falsch zu halten, daß in dieser Tragödie ἀμείβεται wie παραιτεῖται gebraucht war.

III. Fritzsche, Ar. Thesm. 505 versuchte als den ursprünglichen Ort dieses Ausdrucks die Szene wahrscheinlich zu machen, in welcher nach seiner Annahme der frühere Verlobte der Andromeda den Vater Kepheus dafür gewann, das dem Perseus gegebene Versprechen zurückzunehmen; er übersetzt ἀμείβεται infolgedessen mit »recusat«; παραιτεῖται läßt sich in der Tat so übersetzen (s. LSJ, παραιτέομαι II. 2); ob aber ἀμείβεται so gefaßt werden kann, ist mir fraglich. – Zweifelhaft ist ebenfalls die Übersetzung von Seeck, Eur. 65, der ἀμείβεται (nach LSJ, ἀμείβω B I. 3) mit 'er/sie vergilt' wiedergibt, da die Erklärung der Lexika völlig unterschlagen ist. - Der Übersetzung ist die Grundbedeutung von ἀμείβεται, 'er/sie tut etwas für sich im Austausch für etwas anderes', zugrundezulegen; dieses Verhalten des ἀμείβεσθαι war wohl erklärt aus der Kenntnis der dramatischen Situation, in der ἀμείβεται gestanden hatte; d. h., παραιτεῖται will nicht die Bedeutung von ἀμείβεται angeben, sondern den Inhalt des ἀμείβεσθαι innerhalb des Tragödienkontextes bestimmen; die Person, die für sich etwas anderes eintauscht, tut dies in der Form der Bitte. Vielleicht liegt in diesem Wort ein Reflex der Abmachung zwischen Perseus und Andromeda (Andromedas Eltern?) vor bezüglich der Ehe des Perseus mit Andromeda als Gegengabe für die Rettung der Heroine.

Anhang

Für Euripides' 'Andromeda' in Anspruch genommene Bruchstücke und Zitate

I. (1) Unter ausdrücklicher Nennung des Autors Euripides und des Stücktitels 'Andromeda' überliefert Stobaios im Kapitel, in dem er die negativen Seiten des Eros thematisch macht, drei Trimeter: 'Eine gewaltige Liebesbegierde haben wir; doch greif' aus diesen Worten nur die besten Aspekte heraus; denn Eros ist (auch) unglaubwürdig und nimmt gern Wohnung gerade im Sinn der Schlechtesten' (anders übersetzt Seeck, Eur. 67: »Eros ist voller Gefahren. Aus meinen Worten wähle das beste aus: daß Eros unzuverlässig ist und daß er im schlechtesten Teil des Verstandes zu wohnen pflegt«.). Diesem Zitat geht bei Stobaios unter dem Lemma Εὐριπίδου der anderweitig als aus der 'Andromeda' des Euripides stammend bezeugte Vers F 136,1 voraus, was Fritzsche, Lucian. 1,1,26 zu der scharfsinnigen Vermutung veranlaßte, daß die Lemmata in den Stobaioshss. vertauscht worden seien: das Lemma 'Euripides Andromeda' gehöre zu Stob. 4,20,43, während Stob. 4,20,44 nur mit 'Euripides' überschrieben sei. Prinzipiell kann die Möglichkeit, daß Stobaios F 136,1 nur mit 'Euripides' überschrieben, das nachfolgende Zitat aber mit 'Euripides Andromeda' gekennzeichnet hatte, nicht ausgeschlossen werden; da eine solche Verwechslung der Lemmata in den Stobaioshss. nicht selten anzutreffen ist, scheint Fritzsche mit seiner Vermutung das Richtige zu treffen, so daß das Fragment mit Nauck den fragmenta ex incertis fabulis zuzuweisen ist. (Naucks Entscheidung hielten für falsch Webster, BICS 12 [1965] 30. 33 = Tragedies 196; Mette, Lustrum 12 [1967] 54 = Lustrum 23/4 [1981/2] 56; Stössl, Eur. Trag. 2,490; Seeck, Eur. 66f.).

(2) Das von Immanuel Bekker im ersten Band seiner Anecdota Graeca publizierte antiattizistische Lexikon behauptet, das Adjektiv αἰσχροκερδής ('gierig nach eigenem Vorteil') sei von Euripides in der 'Andromeda' verwendet worden. Als erster hat Wagner, Eur. Fragm. 656 gesehen, daß Euripides dieses Wort in der 'Andromache' gebraucht hat (in Andromaches Schmährede auf die Bewohner von Sparta: τί δ' οὐκ ἐν ὑμῖν ἐστιν; οὐ πλεῖστοι φόνοι; οὐκ αἰσχροκερδεῖς; κτλ.: E. An. 450f.) und die Vermutung ausgesprochen, daß der Lexikograph Andromeda mit Andromache verwechselt habe. Diese Vermutung ist sehr plausibel, weil Andromeda und Andromache häufiger miteinander verwechselt werden. Nauck hat deshalb zu Recht die αἰσχροκερδής-Glosse nicht mehr unter die Fragmente der 'Andromeda' aufgenommen.

II. Zusätzlich zu den auch von Nauck (bzw. dann Snell) berücksichtigten Versen der Andromedaparodie in den aristophanischen 'Thesmophoriazusai', die nicht durch Scholiennotiz als aus der euripideischen Tragödie stammend gekennzeichnet sind (dies sind: F **114a, **123, **125a, **127, **128, **139), wurden eine Reihe von weiteren Versen der 'Thesmophoriazusai' für die 'Andromeda' in Anspruch genommen:

(3) Die Verse, mit denen das Echo Andromeda/den Verwandten begrüßt, wurden von Fritzsche, Ar. Thesm. 448; Wagner, Eur. Fragm. 650 und Mette, Lustrum 12 (1967) 49 = Lustrum 23/4 (1981/2) 51 für die Anrede an Andromeda durch Perseus (so Fritzsche, Wagner) bzw. das Echo (Mette) gehalten (Lange, Quaestiones 13: »fortasse tragica est salutatio v. 1056«). Rau, Paratragodia 80 wies mit Recht darauf hin, daß diese Worte zwar »typisch tragisch« seien (er vergleicht E. Ion 1324: Ἴων: χαῖρ', ὦ φίλη μοι μῆτερ, οὐ τεκοῦσά περ), aber keiner bestimmten Vorlage bedürften, mithin nicht notwendig aus der 'Andromeda' stammen müssen.

(4) Der Hinweis des Euripides/Perseus an den Skythen, daß nicht ein 'alter Lustgreis' (V. 1111), sondern die Tochter des Kepheus, Andromeda, da gefesselt stünde, wurde laut Fritzsche, Ar. Thesm. 483 schon von einem »amicus« für die 'Andromeda' in Anspruch genommen und erneut von Hartung, Eur. rest. 2,351 für euripideisch gehalten. Dagegen betrachteten Matthiae, Eur. Fragm. 48 und Fritzsche

diese Formulierung als aristophanisch; Rau, Paratragodia 87 attestierte dieser Ausdruckweise zu Recht tragischen Ton; zu vergleichen sind etwa E. Alc. 478: παῖς Φέρητος; Hipp. 534: Ἔρως ὁ Διὸς παῖς; An. 21: παῖς Ἀχιλλέως; Ba. 1f.: Διὸς παῖς ... Διόνυσος. 507: Πενθεύς, Ἀγαύης παῖς; diese Worte können auf jeden Fall als tragisch stilisierte Vorstellung einer dramatis persona gelten, ohne daß Herkunft aus der 'Andromeda' erweisbar wäre. Daß Aristophanes stilsicher in der Tragödie gängige Ausdrucksweisen parodisch einsetzt, läßt sich gerade in diesem Fall an der Helenaparodie der 'Thesmophoriazusai' demonstrieren: Thesm. 897 versucht der Verwandte mit der Formulierung αὕτη Θεονόη Πρωτέως die ihn bewachende Alte in das Spiel einzubeziehen: diese Formulierung klingt zwar tragisch, stammt aber nachweisbar nicht aus der 'Helena' des Euripides.

(5) Um zu erreichen, daß er sich dem Verwandten nähern darf um seine Fesseln zu lösen, behauptet Euripides/Perseus, daß ihn eine unbezwingbare Liebe zu der Gefesselten ergriffen habe. Diese Verse hat zuerst Barnes (teste Matthiae, Eur. Fragm. 48) für Worte des euripideischen Perseus gehalten, was sich dann auch Musgrave, Eur. Fragm. 423; Matthiae; Fritzsche, Ar. Thesm. 486; Welcker, Gr. Trag. 2,651; Hartung, Eur. rest. 2,351; Wagner, Eur. Fragm. 649f.; Leeuwen, Ar. Thesm. 141 zu eigen gemacht haben, obwohl schon Fritzsche und erneut Wagner die Verletzung der lex Porsoniana in V. 1117 erkannt und moniert hatten (die sie allerdings konjektural beseitigen wollten). Rau, Paratragodia 87 erklärte die Verse richtig für »à la Euripides improvisiert«. Die Bezeichnung von Liebe als einer νόσος begegnet sowohl bei Euripides (Rau verglich E. ' Ino, F 400: ὦ θνητὰ πράγματ', ὦ γυναικεῖαι φρένες ' ὅσον νόσημα τὴν Κύπριν κεκτήμεθα; es wären weiter zu nennen Hipp. 766; 'Kretes' F 82,12 Austin; Ion 1524), ist aber nicht spezifisch euripideisch: »love as a disease is a characteristic Greek idea« (Easterling z. S. Tr. 445-7, die auf Barrett z. Hipp. 476-7 hinweist; von Sophokles erwähnt sie F 149. 680; vgl. Pearson z. d. Stellen). Die Möglichkeit der Herkunft dieser Formulierung von Euripides ist deshalb nicht besonders wahrscheinlich.

(6) Das Ansinnen des Euripides/Perseus an den Skythen wird konkreter; V. 1121f. fragt er: 'Warum läßt du mich nicht ihre Fesseln lösen, Skythe, und aufs Lager sinken und aufs eheliche Bett?'. Der zweite Vers erinnert an ähnliche Formulierugen des Euripides mit εἰς εὐνὴν πεσεῖν: Hec. 927: Χορ.: ... πέσοιμ' ἐς εὐνάν; 'Stheneboia' F 661,9 (p. 44 Arnim, p. 128 Page): Βελλ.: ... κρυφαῖον εὐνῆς εἰς ὁμιλίαν πεσεῖν, bzw. γαμήλιον λέχος: Med. 1026f.: γαμηλίους ' εὐνάς;

Or. 1050: γαμηλίου λέχους, was schon Barnes (teste Matthiae, Eur. Fragm. 48) und Porson z. E. Hec. 1010 dazu bewog, diesen Vers der 'Andromeda' zuzuweisen. Von Matthiae; Fritzsche, Ar. Thesm. 488; Welcker, Gr. Trag. 2,651; Hartung, Eur. rest. 2,351; Wagner, Eur. Fragm. 650; Fedde, Pers. Andr. 33 (allerdings unter Vorbehalt: »similia dixisse videtur Perseus«); Blaydes, Ar. Thesm. 249; Leeuwen, Ar. Thesm. 142 wurde dies Zuweisung übernommen. Tragische Herkunft des Verses nahmen Nauck (der den Vers unter den fragmenta ex incertis fabulis plazierte); Rogers, Ar. Thesm. 121; Gronewald, RhM 131 (1988) 189f. an, während Rau, Paratragodia 88 sowohl die tragische Stilisierung als auch die Möglichkeit der Herkunft aus der 'Andromeda' bejaht, die Entscheidung aber offen läßt. Die genannten Beispiele lassen sowohl tragisches Zitat wie parodische tragische Stilisierung möglich erscheinen, so daß dem Schweigen des Scholiasten ein noch größeres Gewicht beikommt: ich halte die Herkunft dieses Verses aus der Tragödie nicht nur für nicht beweisbar, sondern auch für unwahrscheinlich, so daß auch Gronewalds weitergehende Vermutung der Herkunft dieses Verses aus der euripideischen 'Stheneboia' (und zwar aus dem Prolog) zurückgewiesen werden muß.

(7) Nachdem Euripides' Andromedamechanema gescheitert ist, geht er mit den Vv. 1129-32 ab, um ein andersgeartetes Mittel zur Anwendung zu bringen. Der Verwandte ruft dem abgehenden Euripides/Perseus, immer noch in der Rolle der Andromeda, verzweifelt nach: 'Perseus, behalte im Gedächtnis, daß du mich Arme hier zurückläßt'; für die 'Andromeda' reklamierten diesen Vers Welcker, Gr. Trag. 2,656; Bothe, Eur. Fragm. 52 und Fedde, Pers. Andr. 30: s. z. E. F 139. Gemäß unserer z. E. F 114. 115. 117. 118 usw. dargelegten Überzeugung, daß nicht als tragisch erwiesen werden kann, was nach dem Willen des komischen Dichters tragisch klingen soll, wird eine Aufnahme dieser 'Thesmophoriazusai'-Verse unter die Fragmente der 'Andromeda' abgelehnt (hierin mit Nauck übereinstimmend); die im Einzelfall aufzeigbare euripideische Stilisierung ist m. E. häufiger sogar eher ein Indiz gegen die tragische Authentizität der entsprechenden Verse, weil das imitatorische, parodische, poetische Talent des Aristophanes nicht hoch genug veranschlagt werden kann.

III. Die Zuweisung weiterer für Euripides bezeugter Fragmente zur 'Andromeda' hat in den meisten Fällen keine weitergehende Begründung als den subjektiven Eindruck des Gelehrten, der die entsprechenen Verse für die 'Andromeda' passend fand.

(8) Welcker, Gr. Trag. 2,655 brachte mit dem Erosgebet F 136 das im gleichen Kontext bei Athenaios zitierte anapästische Fragment in Verbindung, das er als dem »Perseus ganz angemessen« empfand. Weder Metrum noch Inhalt sprechen für diese Zuweisung.

(9) Das Lexikon des Photios zitiert für den Ausdruck 'wasserloses Gefilde' Verse des τραγικός (als Bezeichnung für Euripides geläufig: s. z. E. F 114): 'der Herr, der wasserloses Gefilde bewohnt (das überlieferte οἰκηκώς verbesserte Wilamowitz, Kl. Schr. IV,541), der widdergleiche Ammon, verkündet folgendes.' Unter Verweis auf das in die letzten Jahre der Schaffenszeit des Euripides zu datierende Metrum dieser eineinhalb Trimeter und unter stillschweigendem Bezug auf den apollodorischen Bericht, daß das Ammonorakel die Aussetzung Andromedas befohlen habe (Apollod. Bib. 2,4,3), wies Zielinski, Tragodumenon 237 dieses Fragment der 'Andromeda' zu. Wäre Gewißheit darüber zu gewinnen, ob das Ammonorakel auch für die Euripidestragödie vorausgesetzt werden darf, würde man bedenkenlos Zielinskis Zuweisung folgen und diese Verse unter die 'Andromeda'-Fragmente aufnehmen dürfen.

(10) Für die Inanspruchnahme des Fragments 977: 'Schweigen ist die Antwort des Weisen' für die euripideische 'Andromeda' durch Welcker, Gr. Trag. 2,659 und Bothe, Eur. Fragm. 55 war ausschlaggebend, daß F 977 als Antwort auf F 126 verstanden wurde. Gehört F 126 in den Kontext des ersten Zusammentreffens des Perseus mit Andromeda, und ist dieses nach dem Muster von Ovid, Met. 4,681 (primo silet illa ...) verlaufen, ist dieser Bezug hinfällig (zur Unsicherheit dieser Annahme s. z. E. F 126)

(11) Valckenaer, Diatribe 49 hielt den von Plutarch zitierten Vers 'der Gorgotöter, der durch Zeus' gottdurchwalteten Aither fliegt' für eine Beschreibung des Perseus der euripideischen 'Andromeda', was Matthiae, Eur. Fragm. 45; Welcker, Gr. Trag. 2,656; Hartung, Eur. rest. 2,354 plausibel fanden. Daß mit diesem Vers Perseus gemeint sei, hielten Fritzsche, Ar. Thesm. 515 und Wagner, Eur. Fragm. 652 für sicher, bezweifelten aber die Herkunft des Verses aus der 'Andromeda'. In der Tat spricht die Charakterisierung des Perseus mehr für einen Kontext, in welchem Perseus erinnernd/mahnend erwähnt wurde als für eine Beschreibung der dramatis persona Perseus.

(12) Hartung, Eur. rest. 2,358 vermutete, daß der von Stobaios für Euripides bezeugte Vers, 'ein Segen ist es für eine Frau, wenn sie einen liebenden Gatten hat' aus der 'Andromeda' stamme. Einen ähnlichen Gedanken drückt auch F 137 aus; dieser Trimeter paßt sicherlich nicht nur in eine Euripidestragödie.

(13) Unter Heranziehung von Ennius VIII: filiis propter te obiecta sum innocens Nerei postulierte Hartung, Eur. rest. 2,358 für die euripideische 'Andromeda' eine Szene, in welcher Andromeda ihrer Mutter bittere Vorwürfe machte; in diesen Kontext setzte er ein ohne Stücktitel bei Stobaios überliefertes Euripidesfragment: 'Aber wisse, ich werde immer dieses Gesetz befolgen, daß ich dir, Mutter, die schuldige Liebe zuteil werden lasse, weil es so Recht ist und weil du mich geboren hast. Am meisten von allen Menschen aber liebe ich den Vater: diese Grenze ziehe ich, sei du deshalb nicht neidisch; denn jener hat mich gezeugt, und kein Mann würde sagen, von welcher Frau er geboren wurde, sondern wessen Vaters Sohn er sei.' Diese Zuweisung ist unhaltbar: in diesen Versen spricht offensichtlich ein Mann (von anderen Ungereimtheiten zu schweigen; diese Verse wurden auch einer der beiden 'Phoinix'-Tragödien zugewiesen).

(14) Die Stobaioshss. bieten im Kapitel 'Lob der Kühnheit' vier Verse aus der euripideischen 'Andromache', von denen aber nur zwei (An. 764f.) auch in unseren 'Andromache'-Hss. stehen. Die restlichen zwei Verse wurden deshalb von Gaisford, Stob. 2,370 von den beiden 'Andromache'-Versen abgetrennt. Hense, Stob. 4,333 vermutete, daß diese Verse aus der euripideischen 'Andromeda' stammten und durch eine flüchtige Kompilation beider Lemmata an die 'Andromache'-Verse angehängt wurden. Henses Annahme ist nicht unmöglich, doch liegt die Vermutung näher, daß einfach das Lemma ausgefallen ist; darüber hinaus weist nichts in diesem Fragment auf eine mögliche Herkunft aus der 'Andromeda' hin; deshalb war die Entscheidung von Kannicht-Snell richtig, diese beiden Verse unter die fragmenta tragica adespota aufzunehmen.

(15) Mette, Lustrum 23/4 (1981/2) 54 hat unter die Fragmente der euripideischen 'Andromeda' ein Zitat in einem auf Papyrus überlieferten anonymen metrischen Traktat aufgenommen, in welchem eine Menschengruppe in lyrischen Iamben sich gegenseitig auffordert, näher zu kommen und sich über die Person einer jungen Frau erstaunt zeigt. Mette hielt es für möglich, daß diese Iamben aus der Parodos der 'Andromeda' stammen könnten. Das Metrum spräche nicht gegen diese Annahme, doch bestand der Chor aus Andromeda vertrauten jungen Frauen, die kaum derartiges Erstaunen artikulieren könnten. Da überdies nicht nur die euripideische Urheberschaft, sondern überhaupt die tragische Herkunft dieser Verse unsicher ist, hat diese Vermutung wenig für sich.

Dritter Teil: Die Römischen 'Andromeda'-Tragödien

A. Fragmente

Einführung

1.) Die Andromedasage ist von griechischen Dramatikern des 5. und 3. vchr. Jhdts. insgesamt viermal (soweit wir darüber wissen) in einer Tragödie gleichen Namens auf die Bühne gebracht worden; danach haben drei Dichter des republikanischen Rom sich des gleichen Sujets angenommen und jeweils eine 'Andromeda'-Tragödie gedichtet.

Das die Reste der republikanischen Tragödie insgesamt betreffende Charakteristikum ist ihre hoffnungslose Disparatheit und das nahezu gänzliche Fehlen von literaturgeschichtlichen Zeugnissen zu ihrer früheren Gestalt (vgl. Cancik, Rep. Trag. 308f.); für die 'Andromeda'-Tragödien des Livius Andronikos, Q. Ennius und L. Accius gilt dieses Charakteristikum in gleicher Weise: die Zitate aus diesen Andromedadichtungen stammen ausnahmslos aus den Werken römischer Grammatiker, deren Interesse an der republikanischen Tragödie vorwiegend deren sprachlichen Besonderheiten galten (s. Cancik, aaO. 311f.). Entsprechend wenig aussagekräftig ist die Bezeugung der Fragmente; die Wiedergewinnung eines möglichen Kontextes dieser Zitate hat infolgedessen ganz auf dem Inhalt der Zitate selbst zu beruhen.

2.) Über Inhalt und Struktur der römischen 'Andromeda'-Tragödien wissen wir aus sekundären Zeugnissen nichts; eine ungefähre Vorstellung von ihrer Gestalt ist nur von den griechischen 'Andromeda'-Tragödien her möglich, von deren Aussehen wir, zumindest im Fall der 'Andromeda' des Euripides, recht gut Bescheid wissen (s. o., E. Einf.)

Es läßt sich daraus grundsätzlich schließen, daß auch Andronikos, Ennius, Accius die Aussetzung der Königstochter Andromeda und ihre Rettung durch Perseus behandelt haben; als dramatis personae werden Andromeda, Perseus und wohl die Eltern Andromedas aufgetreten sein, entweder um ihre Tochter auszusetzen oder sie dem Perseus zur Frau zu versprechen; die Tötung des Ketos ist sicher im Rahmen der Dramenhandlung erfolgt, ein entsprechender Botenbericht darf also ebenfalls angenommen werden.

Da die Reste der drei römischen 'Andromeda'-Tragödien unterschiedlich umfangreich sind und dadurch auch unterschiedlich aussagekräftig, soll im Folgenden für jede der drei Tragödien ein kurzes Resümee geboten werden.

3.) Livius Andronikos: das einzige Fragment (und einzige Zeugnis ihrer Existenz) der ältesten der römischen 'Andromeda'-Tragödien bezieht sich mit großer Wahrscheinlichkeit auf die von Poseidon geschickte Flut, die das ganze Land des Kepheus unter Wasser setzte; soweit es sich auf Grund der Erwähnung der Flut entscheiden läßt, dürfte sich die 'Andromeda' des Livius eher an der Tragödie des Euripides als an der des Sophokles orientiert haben.

4.) Q. Ennius: für Ennius ist es sicher, daß er den Beginn der euripideischen 'Andromeda' kannte und in seiner eigenen Tragödie verwertete; denn Ennius I ist deutlich unter dem Eindruck von E. F 114 formuliert; damit läßt sich für Ennius' Tragödie eine Szene erschließen, in welcher Andromeda in ihrer Not, an den Felsen gefesselt, die Nacht apostrophierte. Des weiteren ist sicher, daß in Ennius' 'Andromeda', ebenfalls wie im Drama des Euripides, Andromeda mit der traditionellen Verehelichungsformel Perseus als Frau angeboten oder angetraut wurde, bzw. Andromeda sich selbst Perseus als Gattin anbot. Unter den acht Fragmenten der 'Andromeda' des Ennius sind einige Verse enthalten, die aus einer Schilderung der Tötung des Ketos durch Perseus stammen müssen (Ennius III. V. VI. VII); ein weiteres Fragment geht vielleicht auf die Beseitigung des Gorgohauptes (Ennius IV); Ennius VIII thematisiert Andromedas Unschuld an dem Schicksal, für welches die Eltern die Verantwortung tragen.

Mit Euripides' 'Andromeda' lassen sich immerhin drei der Enniusfragmente in Verbindung bringen: 1. Ennius I ist die Umsetzung von E. F 114; 2. Ennius II reflektiert den Vorgang, daß Andromeda Perseus versprochen wird bzw. sich selbst verspricht, wie E. F 132; 3. in Ennius VIII artikuliert Andromeda als Vorwurf an ihre Eltern ihre eigene Schuldlosigkeit, während in E. F 120 der Chor Andromedas Vater der Herzlosigkeit beschuldigt, weil er die unschuldige Tochter für sich sterben läßt; vielleicht ist dieser Vorwurf in Ennius VIII mit der die 'Andromeda' des Euripides betreffenden Notiz der vom eratosthenischen Sternbuch abhängigen Texte in Verbindung zu bringen, daß Andromeda gegen den Willen der Eltern Perseus nach Argos folgte: Andromeda würde mit Ennius VIII ihre Entscheidung gegen die Eltern mit deren eigenem Fehlverhalten ihr gegenüber begründen.

Auf jeden Fall ist für Ennius die Kenntnis und Benutzung der 'Andromeda' des Euripides sicher.

Ennius VII bezeugt ebenfalls einen Handlungsbestandteil, der für die 'Andromeda' des Sophokles überliefert ist: die Aussetzung Andromedas erfolgte deshalb, weil sich Kassiepeia hochmütig gegenüber den Nereiden ihrer eigenen Schönheit gebrüstet hatte. Diesen Umstand geben auch Ovid und Apollodor als Ursache für die Verwüstung des Landes und der Aussetzung Andromedas an (s. o., Einl. III).

Der Gang der Handlung von Ennius' Andromeda' könnte also folgender gewesen sein: Andromeda steht zu Beginn des Dramas schon gefesselt am Felsen und klagt ihr Leid der Nacht; dem zufällig vorbeikommenden Perseus verspricht sie die Ehe, wenn er sie vor der tödlichen Bedrohung rette; Perseus bekämpft hinterszenisch das Ketos, ein Bote berichtet den Hergang und glücklichen Ausgang des Kampfes; Perseus verbirgt das tödliche Gorgohaupt, bevor er Andromeda vom Felsen löst; Andromedas Eltern verweigern ihre Einwilligung zum Hochzeitsversprechen Andromedas, die dagegen ihrer Mutter vorwirft, ihretwegen überhaupt nur vom Tod bedroht gewesen zu sein.

5.) L. Accius: in den 15 Fragmenten der 'Andromeda' des Accius greifen wir als erstes sichere Hinweise auf im Drama präsente dramatis personae: 1. in Accius VII ist eine mulier angesprochen, die sehr wahrscheinlich mit Andromedas Mutter Cassiope identisch ist; 2. Accius XI wird von einem der beiden Eltern Andromedas gesprochen; 3. Accius XII ist an den König Cepheus gerichtet; 4. Accius XIII spricht Andromeda zu Perseus. Als dramatis personae sind also Cassiope, Cepheus, Andromeda und Perseus sicher.

Vier Bruchstücke thematisieren die Notwendigkeit von Hilfe (Accius III), die Unfähigkeit des Sprechers, Hilfe zu bringen (Accius IV), das Zögern einer dramatis persona zu helfen (Accius VI) und schließlich Andromedas Bekenntnis, von Perseus die rettende Hilfe erfahren zu haben (Accius XIII); zwei weitere Fragmente haben weibliches oder weibisches Verhalten (Accius V) und eine Mahnung an eine Frau, sich im Unglück in Gleichmut zu fassen (Accius VII), zum Inhalt: wir greifen in diesen sechs Fragmenten also eine ausweglos scheinende Situation, in welcher Hilfe dringend benötigt, von dramatis personae nicht geleistet werden kann bzw. willentlich versagt wird, bis Perseus dann die erhoffte Hilfe bringt; die ausweglos scheinende Situation kann sowohl die der Aussetzung Andromedas vorausgehende Verwüstung des Landes oder der drohende Verlust Andromedas an das Ketos sein. Der Hinweis auf die Erziehung Andromedas (Accius XI) und die Thematisierung irgendeiner Knechtschaft (Accius XV) paßt ebenfalls in den Rahmen einer großangelegten Exposition der aktuellen Bedrohung und des Versuches, Hilfe in dieser Situation zu finden. In Accius VIII wird Andromedas Aussetzung benannt, in Accius IX ist von einem unbestatteten Toten, in Accius X von einem mit verwesenden Knochen bedeckten heiligen Bezirk die Rede: vielleicht betreffen alle drei Bruchstücke die näheren Umstände der Aussetzung Andromedas (vgl. aber auch z. Accius X). Im Fragment Accius XII versichert eine dramatis persona den Cepheus seiner Dankbarkeit, in Accius II ist die Rede von dichtem Niederschlag: vielleicht beziehen sich diese Fragmente auf die durch Überflutungen und heftige Regenfälle verursachten Verwüstungen des Landes, welche Cepheus durch seine Bereitschaft, seine Tochter zu opfern, zu beenden verspricht, wofür ihm die betroffenen Menschen den entsprechenden Dank wissen werden. Schließlich enthält Accius I eine Zeitangabe, während es in Accius XIV um das Anheimgeben an den Tod geht.

Damit können wir als zweitem Schritt versuchen, einen ungefähren Gang der Tragödienhandlung zu rekonstruieren (wobei die Fragmente naturgemäß mehrere Deutungen zulassen, s. den Kommentar passim; hier wird jedoch größerer Wert darauf gelegt, die Möglichkeit einer kohärenten Deutung aufzuzeigen und nicht die evidente Disparatheit zu betonen). Das Drama begann vielleicht, bevor Andromeda dem Ketos ausgesetzt wurde (während bei Euripides sicher, bei Ennius vielleicht, das Drama mit den Klagen Andromedas am Felsen eröffnet wurde): das Land ist infolge von Poseidons Zorn von Verwüstungen betroffen, für die Abhilfe gesucht wird (Accius II. III); die Bewohner des Landes verlangen von Cepheus Andromeda dem Ketos auszusetzen; Cepheus erklärt sich für unfähig, diese Hilfe zu bringen (Accius IV. VI, vielleicht auch XI); auf die Vorhaltungen der Bewohner, daß Cepheus sie alle dem Tod anheimgebe (Accius XIV, vielleicht IX), willigt er endlich ein, seine Tochter dem Tod auszuliefern, auch gegen den Widerstand der zürnenden Mutter Cassiope (Accius VII; Zurückweisung ihrer Vorwürfe durch Accius V?.); die Bewohner erklären sich Cepheus zu großem Dank verpflichtet (Accius XII). Andromeda wird dem Ketos ausgesetzt (Accius VIII), Perseus kommt, erfährt ihr Los, tötet das Ketos, befreit Andromeda, die erklärt, mit ihm gehen zu wollen, weil er sie vom Tode gerettet habe (Accius XIII).

Sollte diese Rekonstruktion einen Bezug zum Andromedadrama des Accius haben, wäre evident, daß Accius' Tragödie sich nicht an der 'Andromeda' des Euripides, sondern eher an der des Sophokles orientierte und eine sehr eigenständige Bearbeitung des Andromedastoffes darstellte. (Dagegen kam Ambrassat, Accii fabulae 24f. zum Schluß, daß Accius' 'Andromeda' deutlich auf die des Euripides verweise.)

Livii Andronici Andromedae fragmentum
(18 R[ibbeck], 18 W[armington], 18 Kl[otz])

confluges ubi conventu campum totum inumigant. metr.: t^7

Nonius 1, p. 62,15 M(ercier) = 1,86 L(indsay): confluges, loca in quae rivi diversi confluant. Livius Andromeda: »confluges - inumigant«.

---

confluge LB^A | conventum codd.: corr. Iunius.

Q. Ennii Andromeda

I (95/6 R, 112/3 V[ahlen], 117/8 W, 95/6 Kl, 96/7 J[ocelyn])

Andr.:

quae cava caeli metr.: an |
2 signitenentibus conficis bigis an | an |

II (97 R, 120 V, 126 W, 97 Kl, 112 J)

liberum quaesendum causa familiae matrem tuae metr.: t^7

III (100 R, 115 V, 120 W, 100 Kl, 113 J)

scrupeo investita saxo, atque ostreis squamae scabrent. metr.: t^7

I: Varro Ling. Lat. 5,19: Omnino ego magis puto a chao choum cavum (chouum F, choum rell. codd.: cho‹um ca›vum Goetz-Schoell) et hinc caelum, quoniam, ut dixi, »hoc circum supraque quod complexu continet terram« (Pacuvius, 'Chryses' 86/7 R, 107/8 W), cavum caelum. Itaque dicit Andromeda (androma F: Scaliger) nocti: »quae - bigis«.

II: Festus, p. 346,19 Th(ewrewk) = 312,7 L(indsay): Quaeso, ut significat idem quod rogo, ita quaesere ponitur ab antiquis pro quaerere, ut est apud Ennium lib. II (128 Skutsch, 146/7 W) ... et in Cresphonte (120 R, 129 V, 136 W, 120 Kl, 132 J) ... et in Andromeda (Andromedoa F: corr. edd.): »liberum - tuae«.

III: Festus, p. 494,10 Th = 448,19 L: saxa et difficili[. . . . .]ri insuetae, aut [. . . . .]lere. Ennius in An[. . . . .]tita saxo atque {h}ost[. . . . .]. || Nonius 2, p. 169,25 M = 1,249 L: Scabres pro scabra es (scapres pro scabres codd.: corr. Quicherat). Ennius Andromeda: »scrupeo - scabrent«.

I 1 noctique F: Scaliger || II quae sc̄dm (i. e. secundum) F || III quam excrabrent codd.: Mercier.

IV (102/3 R, 117 V, 119 W, 102 Kl, 114 J)

circum sese urvat ad pedes †a terra quadringentos caput† — metr.: i^6?

V (101 R, 114 V, 119 W, 101 Kl, 115 J)

corpus contemplatur unde corporaret vulnere — metr.: t^7

VI (104 R, 116 V, 122 W, 103 Kl, 116 J)

. . . rursus prorsus reciprocat fluctus feram — metr.: i^6 aut t^7

IV: Festus, p. 570,29 Th = 514,22 L: Urvat Ennius in Andromeda significat circumdat, ab eo sulco, qui fit in urbe condenda urvo aratri, quae fit forma simillima uncini curvatione buris et dentis, cui praefigitur vomer. Ait autem: »circum - caput«.

V: Nonius 1, p. 20,18 M = 1,30 L: Corporare est interficere et quasi corpus solum sine anima relinquere. Ennius Andromeda: »corpus - vulnere«. Accius Stasiastis vel Tropaeo Liberi (604 R, 610 W, 604 Kl, 604 A): »corporare abs tergo es ausus«.

VI: Nonius 2, p. 165,11 M = 1,242 L: Reciproca ⟨ . . . ⟩ . . . . Ennius Andromeda: »rursus - feram«. | Nonius 4, p. 384, 32 M = 2,614 L: Rursus retro. Vergilius in Georg. lib. III (138) . . . Varro Andabatis (Sat. Men. fr. 28) . . . Ennius Andromeda: »rursus - feram«.

VI riscus Non. 2 B^A | fructus Non. 2 codd.

VII (105/6 R, 118/9 V, 123/4 W, 105/6 Kl, 117/8 J)

metr.:

alia fluctus differt dissupat t^7

2 visceratim membra; maria salsa spumant sanguine. t^7

VIII (98 R, 122 V, 128 W, 98 Kl, 119 J)

Andr.:? metr.:

- ⏑ ⏑ - ⏓ filiis propter te obiecta sum innocens t^7?

2 Nerei ... t^7?

VII: Nonius 2, p. 183,18 M = 1,269 L: Visceratim. Ennius Andromeda: »alia - sanguine«.

VIII: Priscian. Inst. 7,10 (GL 2,293,5 Hertz): Inveniuntur tamen quaedam pauca feminini generis, quae ex masculinis transfigurantur non habentibus neutra, quae et animalium sunt demonstrativa, naturaliter divisum genus habentia, quae differentiae causa ablativo singulari 'bus' assumantia faciunt dativum et ablativum pluralem, quod nulla alia habet declinatio in 'bus' terminans supra dictos casus, ut 'a' longam in eis paenultimam habeat, ut 'his natabus', 'filiabus'... M. Cato in Originibus (fr. VII,6 Chassignet = VII,6 Jordan = 94 Peter) ... et 'filiis' tamen in eodem genere dictum est. Ennius in Andromeda: »filiis - Nerei«. Id est {natis tamen (tamen omm. GLK) pro natabus. Id est} (natis - id est omm. DB) Nereidibus (Nerei filiabus GLK, Nerei natabus RHeidelb.).

L. Accii Andromeda

I (100 R, 62 W, 100 Kl, 568 Fr[anchella], 100 [D'] A[nto])

quot luna circos annuo in cursu institit metr.: i^6

II (101 R, 63 W, 101 Kl, 569 Fr, 101 A)

cum ninxerint caelestium molem mihi metr.: i^6

III (102 R, 64 W, 102 Kl, 570 Fr, 102 A)

≍ nisi quod tua facultas nobis tulat opem metr.: i^6

I: Nonius 1, p. 20,23 M = 1,30 L: Circus dicitur omnis ambitus vel goerus: cuius diminutivum est circulus. Accius Andromeda: »quot - institit«.

II: Priscian. Inst. 10,11 (GL 2,504,4 Hertz): ... sicut et quae in 'quo' finiuntur, rationem sequuntur in 'co' desinentium: dicimus igitur ... 'ninguo' quoque 'ninxi', unde et 'nix' ... Vergilius in III Georgicon (367) ... Accius in Andromeda (in Andr. om. G): »cum - mihi«.

III: Macr. Diff. soc. fragm. Paris. VI (GL 5,606,37 Hertz): De tempore perfecto... fero tuli et tollo tuli, sustulo sustuli, adtulo adtuli: Accius vero in Andromeda etiam ex eo quod est tulo quasi a themate 'tulat' declinat, »nisi - opem«.

I quod codd.: Lipsius | circulos codd.: Mercier || II ninxerit D || III operam cod.: Bothe.

IV (103/4 R, 65 W, 103 Kl, 571 Fr, 103/4 A)

metr.:
nec qui te adiutem invenio. hortari pudet, non prodesse id piget. i^8

V (105/6 R, 78 W, 105 Kl, 572 Fr, 105 A)

muliebre ingenium, prolubium, occasio ⏓ – ⏑ – metr.: t^7

VI (107/8 R, 66/7 W, 107/8 Kl, 573 Fr, 107/8 A)

⏓ – ⏑ – ⏓ | namque ut dicam te metu metr.: i^6
2 aut segnitate adductum dubitare haut meum est. i^6

VII (109/10 R, 68/9 W, 109/10 Kl, 574/5 Fr, 109/10 A)

metr.:
multi iniquo, mulier, animo sibi mala auxere in malis t^7
2 quibus natura prava magis quam fors aut fortuna obfuit. t^7

IV: Nonius 5, p. 423,27 M = 3,685 L: Pudet et piget. hoc distat; pudet enim verecundiae est, pigere paenitentiae. Plautus in Pseudolo (281) ... idem Trinummo (345)... Accius Neoptolemo (471 R, 474 W, 471 Kl, 471 A) ... idem Andromeda (anpromedane codd.: corr. Lipsius): »nec - piget«.

V: Nonius 1, p. 64,5 M = 1,89 L: Prolubium (proluvium codd.: corr. Lipsius) est ... (lacunam agnovit Lipsius) ... Accius Andromeda: »muliebre - occasio«.

VI: Nonius 2, p. 174,22 M = 1,256 L: Segnitas pro segnitia. Accius Aeneadis aut Decio (praetext. 7 R, 8 W) ... idem Andromeda: »aut - est«.

VII: Nonius 5, p. 425,6 M = 3,687 L: Fors et Fortuna hoc distant. fors est casus temporalis; Fortuna dea ipsa est. Accius in Astyanacte (179-82 R, 139-42 W, 179-82 Kl) ... idem Andromeda: »multi - obfuit«.

IV quiete codd.: Iunius | inveni hortari A^A | id pudet codd.: corr. ed. Ald. || V proluvium codd.: Lipsius || VI aut dubitare B^A, addubitare rell. codd.: adductum dub. Bücheler || VII 1 inquo codd.: corr. Iunius | ausere, hau- codd.: Gulielmus.

VIII (111 R, 71 W, 111 Kl, 576 Fr, 111 A)

misera obvalla saxo senio paedore alguque et fame metr.: t^7

IX (112 R, 72 W, 112 Kl, 577 Fr, 112 A)

qui neque terraest datus nec cineris causa umquam evasit vapos metr.: t^7

X (113 R, 70 W, 113 Kl, 578 Fr, 113 A)

inmani tabe templum obvallatum ossibus metr.: i^6

XI (114 R, 74 W, 114 Kl, 580 Fr, 114 A)

alui educavi: id facite gratum ut sit seni. metr.: i^6

VIII: Nonius 2, p. 72,8 M = 1,100 L: Algu pro algore. Accius Andromeda: »misera - fame«.

IX: Nonius 8, p. 487,6 M = 3,782 L: Vapor et vapos et timor et timos et labor et labos ita sunt ut color et colos. Lucretius lib. VI (952) ... Naevius Lycurgo (40 R, 40 W, 40 Kl) ... Accius in Andromeda: »qui - vapos«.

X: Nonius 4, p. 323,8 M = 2,506 L: Inmane significat ingens. Vergilius lib. VI (Aen. 6,19) ... Inmane, foedum. Accius Andromeda (automedia codd.: edd.): »inmani - ossibus«. Inmane rursus minime bonum {et} (om. A^A), nocens. Accius Medea (411 R, 400 W, 411 Kl).

XI: Nonius 5, p. 422,8 M = 3,682 L: Alere et educare hoc distant: alere est victu temporali sustentare, educare autem ad satietatem perpetuam educere. Plautus in Menaechmis (98) ... Accius Andromeda: »alui - seni«.

X immanitate habet codd.: Mercier.

XII (115 R, 73 W, 115 Kl, 579 Fr, 115 A)

quod beneficium haut sterili in segete, rex, te obsesse intelleges metr.: t^7

XIII (116 R, 76 W, 116 Kl, 581 Fr, 116 A)

Andr.:
donec tu auxilium, Perseu, tetulisti mihi metr.: i^6

XIV (117 R, 75 W, 117 Kl, 582 Fr, 117 A)

nosque ut seorsum dividos leto offeras metr.: i^6

XV (118 R, 77 W, 118 Kl, 583 Fr, 118 A)

nam postquam parvos vos oppressit famulitas metr.: i^6

XII: Nonius 4, p. 395,11 M = 2,634 L: Segetem ... etiam ipsam terram dicimus. Vergilius Georgicon lib. IV (129) ... et in Aen. lib. III (142) ... Plautus Aulularia (45) ... Accius Oenomao (493-6 R, 509-12 W, 493-6 Kl) ... idem in (in omm. L^1B^A) Andromeda: »quod - intelleges«.

XIII: Nonius 2, p. 178,14 M = 1,261 L: Tetulit, tulit. Accius Andromeda: »donec - mihi«.

XIV: Nonius 2, p. 95,24 M = 1,135 L: Dividos (Devidos L: rell. codd.), id est separatos. Accius Andromeda: »nosque - offeres«.

XV: Nonius 2, p. 109,24 M = 1,156 L: Famulitas est servitus. Accius Andromeda: »nam - familitas«.

XII obesse intellegis codd.: Gulielmus (obs-), Fruterius (-es) || XIII Perse Leo || XIV divides F^3L^1 | offeres codd.: Scriverius || XV familitas codd.: edd..

Livius Andronikos' 'Andromeda'

I. (1) Unsere Kenntnis von einer 'Andromeda'-Tragödie des Archegeten lateinischer Dichtung in Rom, Livius Andronikos (der ja erst griechische Schauspiele in Rom heimisch gemacht hat: Cic. Brut. 18,72: Epochenjahr 240 v. Chr.), verdanken wir einzig dem Werk des Nonius Marcellus, der einen Vers aus der 'Andromeda' des Livius zitiert und uns damit das einzige Fragment dieser Tragödie liefert. Nonius Marcellus ist uns nur aus dem Titel seines Werkes, einer Enzyklopädie in 20 Büchern mit dem hs. überlieferten Namen Compendiosa doctrina, bekannt; er stammte aus Thubursicu in Numidien und hat sein Werk nach Aulus Gellius und vor Priscian verfaßt (s. Lindsay, Nonius 1,XIII), vermutlich also im 4. Jhdt. n. Chr. Neben Festus (z. diesem s. z. Ennius II) ist Nonius die wichtigste Quelle für Fragmente der verlorenen lateinischen republikanischen Tragödien.
(2) Das Werk des Nonius ist uns in einer ganzen Reihe von ma. Hss. überliefert, die sich in drei Hs. familien einteilen lassen: 1. zur ersten Familie zählen für die ersten vier Bücher die Codices Voss. Lat. fol. 73 (L) und Laurent. XLVIII,1 (F), beide aus dem IX. Jhdt. und damit die beiden ältesten Noniushss.; die Bücher V bis XX fehlen in F, dafür treten für diese Bücher zu L der Harleianus 2719 (H; IX./X. Jhdt.), der Parisinus lat. 7667 (P; X. Jhdt.) und der Escorialensis M III 14 (E; X. Jhdt.) hinzu; 2. die zweite Familie ist allein durch den Wolfenbütteler Codex Gudeanus 96 (G; X. Jhdt.) repräsentiert (dessen Archetyp, von Lindsay B^A bezeichnet, auch dem Korrektor in L vorgelegen hat); 3. die meisten Hss. sind der dritten Familie zuzuordnen, die wiederum in zwei Klassen zerfällt, die Lindsay von mit C^A und D^A bezeichneten Archetypen abhängig erkannte (die vier von C^A und die drei von D^A abhängigen Hss. listet Lindsay, Nonius 1, XXII bzw. XXIV auf; ein Stemma bietet Lindsay auf pp. XXXf.).

II. (1) Der Voss. lat. und der Archetyp der zweiten Hss. familie B^A bieten confluge, was Bücheler, Kl. Schr. 1,637 (= 1868) in Übereinstimmung mit dem im Mittellatein anzutreffenden Verlust des Diphtongs (e caudata statt ae und oe: vgl. Langosch, Lat. MA 53) als ursprüngliches conflugae gedeutet hat; dagegen hat ein Korrektor im Laurentianus confluges hergestellt, welche Lesart von Düntzer, Livii Andr. Fragm. 42 verteidigt und von allen Herausgebern (Bothe, Scenici Lat. 5,9; Ribbeck, TRF^1,2; Müller, Liv. Andr. rell. 6; Ribbeck, TRF^3,3; Warmington, ROL 2,9; Lenchantin, Livius Andr. 33; Klotz, TF 25; Ribbeck, TRF^2,3 folgte Bücheler und druckte unter Herstellung von *cubi conflugae) übernommen worden ist. Bücheler argumentierte für conflugae unter Hinweis auf der Bildung nach verwandte Sachbezeichnungen wie conlegae, convenae, convivae, adseculae; Bergk, Kl. philol. Schr. 1,348 (= 1874) hat dagegen auf die Bildung frux, frugis aus fruor (< *frugu̯or) hingewiesen, dem parallel aus confluo (< *fluguo, so KH 198, bzw. flūgō, so Walde-Hofmann 1,301) das Substantiv confluges gebildet sei (vgl. auch Müller, Liv. Andr. rell. 43); diese Herleitung ist in der Tat eher plausibel und confluges einem conflugae, das überdies einen Hiat bewirkt, vorzuziehen. (2) Die Hss. schreiben einheitlich conventum; da ein weiterer Akkusativ neben campum in diesem Vers keinen Sinn macht, ein conventum neben campum totum jedoch plausibel als Verschreibung erklärlich ist, ist die Korrektur von Junius conventu angebracht.

III. (1) In der römischen republikanischen Tragödie sind, wie in der zeitgenössischen Komödie des Plautus und Terenz, die Metra der gesprochenen Partien (d. h. die Sprechverse: diverbia) der iambische Senar (i^6) und der trochäische Septenar (t^7); unser Vers aus der 'Andromeda' des Livius ist ein trochäischer Septenar (eigentlich ein katalektischer trochäischer Octonar). (2) Im griech. Drama des 5. Jhdts. pflegt der trochäische Tetrameter (also das griechische Vorbild für den lateinischen trochäischen Septenar) ein »gesteigerte(s) dramatische(s) Tempo« (Kannicht, Gn 45 [1973] 117) zu signalisieren (vgl. Snell, Gr. Metrik 23; instruktiv für die Verwendung des tro tetr ist der Wechsel vom Trimeter zu Tetrameter E. HF 854f.). Für die republikanische Tragödie Roms dagegen sind wir für die Verwendungsweise des Septenars nur auf Vermutungen angewiesen; Drexler, Röm. Metrik 30 bezweifelt für Plautus und Terenz die Geltung eines Unterschieds zwischen Iamben und Trochäen, wie er im griechischen Drama evident ist, während Blänsdorf, Plautus 203 für den trochäischen Septenar eine andere Verwendung als für den iambischen Senar im Werk des Plautus beobachtete; legt man den Befund von Blänsdorf zugrunde, kann für die verlorene republikanische Tragödie aus der Verwendungsweise der diverbia in der zeitgenössischen Komödie der Schluß gezogen werden, daß Senar und Septenar vielleicht in unterschiedlicher Weise zum Einsatz kamen; unser Vers stammt unter dieser Voraussetzung dann eher aus einer Dialogpartie, als aus einem Monolog (Prolog, Botenbericht).

IV. (1) Das ἅπαξ λεγόμενον confluges (vgl. ThLL 4,242,63) wird von Nonius glossiert als 'Orte, wo Flüsse zusammenkommen'; vielleicht ist confluges dann bedeutungsgleich mit confluens (die lateinische Urform des deutschen Stadtnamens Koblenz) und wäre mit 'Zusammenfluß' zu übersetzen (so OLD, confluges). Der Vers selbst spricht allerdings gegen diese Bedeutung; denn die confluges, die 'das ganze Gefilde unter Wasser setzen', können eigentlich nur aus mehreren Bächen, Quellen zusammengeflossene Flüsse, Ströme sein, also 'zusammengeflossene Wassermassen'. (2) Das Verbum inumigo ist wie confluges ein hapax legomenon (s. ThLL 7. 2,245,57) und offensichtlich aus umeo bzw. umor und ago gebildet: es bedeutet demnach 'naß machen'. Der Sache nach ist also von einer Überschwemmung die Rede; denn der ganze campus, der von den confluges naß gemacht wird, muß doch als ursprünglich trockenes Land angesehen werden. (3) Im Kontext einer 'Andromeda'-Tragödie läßt die Erwähnung einer Überschwemmung, die das ganze Land unter Wasser setzt, an den von Apollodoros bezeugten Umstand denken, daß Poseidon, erzürnt darüber, daß Kassiepeia sich gegenüber den Nereiden ihrer Schönheit gerühmt hatte, αὐταῖς (sc. ταῖς Νηρηίσιν) συνοργισθεὶς πλήμμυράν τε ἐπὶ τὴν χώραν ἔπεμψε καὶ κῆτος (Apollod. Bibl. 2,4,3). Diese Verbindung haben schon Welcker, Gr. Trag. 1,351; Düntzer, Livii Andr. Fragm. 41; Bücheler, Kl. Schr. 1,637 (= 1868); Ribbeck, Röm. Trag. 32; Müller, Liv. Andr. rell. 43 und Warmington, ROL 2,9 hergestellt. (4) Dagegen hielten Hartung, Eur. rest. 2,346 und Fedde, Pers. Andr. 9 den Septenar für eine Beschreibung der Örtlichkeit, an welcher die dramatische Handlung lokalisiert war, nämlich ein Meeresgestade, an welches die Meerwasser spülen; dieser Bezug scheint jedoch die Bedeutung von confluges außer Acht zu lassen und den in conventu steckenden Hinweis auf eine Überschwemmung nicht zu beachten. (5) Wenn der trochäische Septenar das Metrum des Dialogs war (s. o.), ist Düntzers Vermutung, daß der Vers aus einem von Andromeda gesprochenen Prolog stamme, in welchem sie die Vorgeschichte und Umstände ihrer Aussetzung berichtete, nicht richtig. Vorstellbar wäre dann eine dialogische Exposition der Handlung durch eine dramatis persona im Gespräch mit einer anderen, die vielleicht als Fremder ins Land kam (exempli gratia: Andromeda oder Kepheus erklären dem ankommenden Perseus die Situation, die er antrifft). Aber eine Bezugnahme auf die Überschwemmung, deren Beseitigung die Aussetzung Andromedas gilt, ist auch in anderen Kontexten denkbar. (6) Da sowohl Sophokles als auch Euripides

'Andromeda'-Tragödien geschrieben haben, wurden die Werke beider attischen Tragiker als Vorbilder der 'Andromeda'-Tragödie des Livius Andronikos in Anspruch genommen. Die anderen für Livius bezeugten Dramentitel lassen ebenfalls den Anschluß an jeden der beiden griechischen Vorbilder möglich erscheinen (auf Sophokles verweisen Dramentitel wie 'Aiax Mastigophorus', 'Hermiona', 'Tereus', auf Euripides 'Danae', 'Ino' und vielleicht 'Antiopa'). Wenn die Rezensionen des eratosthenischen Sternbuchs (s. z. E. T III) den Inhalt der sophokleischen 'Andromeda' einigermaßen vollständig wiedergeben (s. S.T I), dann war bei Sophokles nur davon die Rede, daß Poseidon das Ketos schickte, um das Land zu verwüsten; von einer Flut oder Überschwemmung ist in diesen Texten nicht die Rede. Damit könnte für diesen einzelnen Zug gesichert werden, daß Livius darin nicht dem Sophokles, sondern einer anderen Tradition gefolgt ist, die sich auch im apollodorischen Bericht niedergeschlagen hat. Es liegt nahe, als Urheber dieser πλήμμυρα-Tradition an Euripides zu denken. Während Fedde mit seinem Postulat der Abhängigkeit des Livius von Sophokles damit Unrecht haben dürfte, liegen Ribbeck (unter der falschen Voraussetzung, daß die sophokleische 'Andromeda' ein Satyrspiel gewesen sei und so nicht als Vorlage einer römischen Tragödie taugte); Leo, Gesch. Röm. Lit. 70; Sanford, ClJ 18 (1922/3) 278 mit ihrer Überzeugung von der Abhängigkeit des Livius von Euripides wahrscheinlich eher richtig; einschränkend ist aber darauf hinzuweisen, daß wir über die Handlungsvoraussetzungen der 'Andromeda' des Euripides nichts wissen, die Zurückführung der πλήμμυρα-Tradition auf Euripides nur einen postulatorischen Charakter hat.

Q. Ennius, 'Andromeda'

Ennius I

I. (1) Im fünften Buch seines antiquarisch ausgerichteten Werkes De lingua Latina (verfaßt 45/44 v. Chr. und Cicero gewidmet; von den ursprünglich 25 Büchern sind uns nur noch die sechs Bücher V-X im Codex Laurentianus LI,10 [F; XI. Jhdt.] erhalten geblieben) handelt M. Terentius Varro über die Etymologie von caelum und behauptet, daß caelum über cavus und choum von chaos herzuleiten sei, also 'leerer Raum' bedeute (Collart z. St.: »cette filiation étymologique est naturellement une fantaisie«). Um diese etymologische Herleitung zu belegen zitiert Varro jeweils ohne Nennung von Stücktitel und Autor Verse aus dem 'Chryses' des Pacuvius ('Schau das an, was ringsum und oben die Erde fest umfangen hält'; t[7]) und Anapäste, die eine dramatis persona Andromeda (so nach Scaliger; nach Pomponius Laetus [Pomponio Leto, 1428-97: s. Pfeiffer, Gesch. kl. Philol. 2, 72f.]: Andromache) an die Nacht richtet: '... die du die Höhlung des Himmels mit sternenbesetztem Wagen hinter dich bringst ...'. Weitere Beispiele folgen: 1. Anapäste aus der 'Iphigenia' des Ennius (177f. R, 215f. V, 222f. W, 177f. Kl, 188f. J; Varros Auskunft, daß diese Verse von Agamemnon gesprochen werden in Verbindung mit der Nennung des Autornamens Ennius durch Festus, p. 504,9 Th = 454,37 L machen auf dem Hintergrund von E. IA 6ff. die Herkunft dieser Verse aus diesem Drama sicher), ohne Nennung von Autor und Stücktitel; 2. ein dramatisches Versfragment unbekannter Herkunft, das von Varro und Cic. De orat. 3,162 als von Ennius stammend bezeugt wird (374 R, 381 V, 387 W, 374 Kl, 319 J). (2) Obwohl die Anapäste quae cava caeli signitenentibus conficis bigis ohne Nennung des Autors zitiert sind, spricht für die Verfasserschaft des Ennius 1. die Zitierung von dramatischen Enniusversen nach dem Zitat der Anapäste; 2. die Tatsache, daß für Ennius eine 'Andromeda' (auch eine 'Andromacha': dies Voraussetzung für Pomponius' Korrektur von androma) belegt ist; 3. die Ausdrucksweise cava caeli, die sich in der lateinischen Literatur nur für Ennius belegt findet. Ennius' Urheberschaft der Anapäste kann also als sicher gelten. (3) Für die Zuweisung zu einem bestimmten Enniusdrama ist die richtige Deutung des hs. überlieferten †androma† ausschlaggebend; Pomponius Laetus hat andromaca hergestellt, was für sich genommen eine plausible Möglichkeit darstellt; Joseph Justus Scaliger dagegen hat in Kennnis der Anrufung der Nacht durch die euripideische Andromeda (E. F 114 = Ar. Thesm. 1065-9) andromeda hergestellt, was, mit Ausnahme von Bothe, Scen. Lat. 5,36 und Jocelyn, Tragedies of Ennius 90. 254f. von allen Herausgebern akzeptiert wurde (zu vergleichen auch Haupt, Opusc. 3, 318 [= 1866]; Bücheler, Kl. Schr. 1,638 [= 1868]; Mette, Lustrum 9 [1964] 75; Traina, Maia 16 [1964] 167; Timpanaro, Gn 40 [1968] 671). In der Tat ist die Übereinstimmung (bei allen Unterschieden, s. u.) zwischen den Ennius- und den Euripidesversen so groß, daß eigentlich kein Zweifel an der Inanspruchnahme des Fragments für die 'Andromeda' des Ennius mehr erlaubt ist.

II. Die drei anapästischen Metra sind jeweils durch Metrondihärese voneinander abgesetzt; da keine Katalexe (also kein Paroemiacus), kein Hiat, keine syllaba brevis in elemento longo zu registrieren ist, gibt es auch kein Indiz für Periodenende.

III. 1 Ennius drückt die Vorstellung von der Wölbung des Himmels, cava caeli, in der 'Iphigenia' (s. o.) durch die Metapher vom Schild aus: in altisono, caeli clipeo etc. Ein anderes, keiner bestimmten Gattung zuweisbares Enniusfragment (Annales 6 V, ex incert. scriptis 6 W, 365f. J) verwendet das Bild von einem Kessel: quaeque in corpore cava (causa F: Bergk) caeruleo caeli cortina receptat (caelo orta nare ceptat F: Turnebus). Das im gleichen Kontext wie die 'Andromeda'- Anapäste von Varro zitierte Enniusfragment (s. o.) spricht von caeli ingentes fornices (weitere Beispiele bei Jocelyn z. St.). Die gleiche Vorstellung steckt auch in Bezeichnungen des Himmels als caverna (vgl. OLD, caverna 4a: Varro, Men. 270; Cic. Arat. 252; cons. fr. 2,5; Lucr. 4,391; 6,252). 2 (1) Die Vokabel signitenens ist ein hapax legomenon (vgl. OLD, signitenens) und dürfte mit dem später gebräuchlichen signifer bedeutungsgleich sein. Träger der signa, der Himmelszeichen, d. h. der Sterne und Sternbilder, sind die bigae, die hier metonym das Gefährt bezeichnen, auf dem die Nacht unterwegs ist (so richtig, Röser, Ennius 31f. gegen Haupt, Opusc. 3,318 [= 1866]). Bei Euripides ist dagegen nicht das Gefährt der Nacht sternenbesetzt, sondern der vom Gefährt befahrene Weg (ἀστεροειδέα νῶτα). (2) conficio bezeichnet den Abschluß einer räumlichen Bewegung (s. OLD, conficio 10); die Nacht ist auf ihrem Weg über die Wölbung des Himmels schon am Ende angelangt (zu vgl.: Verg. Georg. 2,541f, Schluß des Buches: sed nos immensum spatiis confecimus aequor, ' et iam tempus equum fumantia solvere colla; Stat. Ach. 1,456). Wenn Ennius den Anfang der euripideischen 'Andromeda' in diesen Anapästen nachdichtet, begann die Handlung der ennianischen Tragödie später am Tag als die euripideische (s. z. E. F 114). (3) Für die Frage der möglichen Abhängigkeit des Ennius von der 'Andromeda'-Tragödie des Euripides ist Ennius I die einzige Entscheidungsinstanz. Deshalb ist E. F 114 mit Ennius I zu vergleichen: Übereinstimmungen zwischen beiden Fragmenten bestehen a. hinsichtlich des Metrums; b. beidesmal spricht Andromeda die Nacht an; c. die Nacht fährt auf einem Wagen. Unterschiedlich sind a. die Lokalisierung der Sterne (Ennius: cava caeli; Euripides ἀστεροειδέα νῶτα); b. der Weg, den die Nacht befährt (Ennius: cava caeli; Euripides: νῶτα αἰθέρος); c. der Zeitpunkt, zu welchem Andromeda die Nacht anredet (Ennius: conficis; Euripides: διώκεις ... διφρεύουσ'). Jocelyn, Tragedies of Ennius 254 begründete seine Aufnahme der Anapäste unter die 'Andromacha'-Fragmente damit, daß die »alleged similarity« zwischen E. F 114 und den lateinischen Anapästen »not so very close« sei. Daran ist richtig, daß Ennius F 114 nicht Wort für Wort übersetzt hat; aber er hat es ganz offensichtlich umgesetzt: die wichtigen Charakteristika sind identisch, die Abweichungen betreffen nur Marginalien (vgl. Timpanaro, Gn 40 [1968] 671). – Man darf daraus folgern, daß Ennius die euripideische 'Andromeda' gekannt hat, als er seine 'Andromeda'-Tragödie schrieb; aber er hat das Euripidesdrama nicht schlechthin übersetzt, sondern er hat seine Vorlage selbstständig bearbeitet (vgl. Schanz-Hosius, Röm. Lit. 1,89; Herzog-Hauser, Comm. Vindob. 1 [1935] 47-55; dies. Latomus 2 [1938] 225-32). (4) Die Nähe von Ennius I zu E. F 114 darf andererseits nicht als Rechtfertigung verwendet werden für eine Einbeziehung von Fragmenten der 'Andromeda' des Ennius in die Rekonstruktion der 'Andromeda' des Euripides; denn methodisch gerechtfertigt ist nur der umgekehrte Weg: vom älteren Stück her nach Parallelen im jüngeren zu suchen, nicht aber Elemente des verlorenen jüngeren Stücks zu Relikten des verlorenen älteren zu hypostasieren; die Nähe von Ennius I zu E. F 114 beinhaltet nämlich in gleicher Weise auch eine durch die Umsetzung entstandene Distanz, die eine Verwendung der Enniusfragmente für die Euripidestragödie methodisch bedenklich erscheinen läßt (gegen Welcker, Gr. Trag. 2,644f.; Hartung, Eur. rest. 2,344ff. passim; Fedde, Pers. Andr. 15; Johne, Eur. Andr. 9). (5) Es sind gleichfalls Zweifel erlaubt, ob man bedenkenlos Züge der euripideischen Tragödie auf die 'Andromeda' des Ennius übertragen darf (wie es Ribbeck, Röm. Trag. 163ff. passim getan hat); es muß auch mit der Möglichkeit gerechnet werden, daß sich Ennius durch die uns ebenfalls verlorenen Tragödien des Sophokles oder Lykophron oder Livius Andronikos in Einzelzügen hat inspirieren lassen. Sicher scheint nur, daß bei Ennius wie bei Euripides Andromeda in ihrer Not die Nacht anruft (auch am Stückanfang, an den Felsen gefesselt?).

Ennius II

I. (1) Der vermutlich aus dem gallischen Narbo stammende Grammatiker Sextus Pompeius Festus ist neben Nonius Marcellus (s. z. Liv. Andr.) die Hauptquelle für Bruchstücke der verlorenen republikanischen Tragödienproduktion Roms. Wie Festus angibt, stellt sein Werk De significatu verborum die Verkürzung auf 20 Bücher des gleichnamigen Opus des M. Verrius Flaccus dar (zur Person des Verrius Flaccus s. Suet. gramm. 17); Verrius Flaccus' Lebenszeit fällt in den Beginn des Prinzipats (gestorben ist er, laut Sueton, unter Tiberius), so daß das Werk des Festus wohl in der 2. H. d. 2. Jhdts. n. Chr. entstanden ist (benutzt ist noch Martial [506,20 L]; Festus ist benutzt von Porphyrio [Charisius bei Keil, GL 1,220,28]). Erhalten ist uns Festus' De significatu verborum einzig im verstümmelten Codex Farnesinus (Neapolitanus IV A 3; XI. Jhdt.; zum Schicksal dieser Hs. s. Helm, RE XXI [1952] 2317f.); die Lücken der Hs. werden (unzulänglich) durch die Epitome geschlossen, die der langobardische Dichter und Historiograph (historia Langobardorum, historia Romana) Paulus Diaconus, vermutlich auf Geheiß des Kaisers Karl d. Gr. verfaßt hat (zumindest hat Paulus die Epitome Karl gewidmet; Paulus befand sich in den Jahren 782-786 am Hof Karls; vielleicht ist die Epitome in dieser Zeit entstanden; s. Manitius, Lat. MA 1,258; zur Epitome Festi ebda. 264-6). (2) Festus zitiert den Septenar aus der 'Andromeda' des Ennius zum Beweis der Verwendung von quaesere statt quaerere im alten Latein. Paulus verkürzte die ganze Sequenz auf die wenigen Worte: Quaeso significat id quod rogo. Quaesere tamen Ennius pro quaerere posuit (Festus p. 313,3 L).

II. (1) Im 'Cresphontes' (120 R, 129 V, 136 W, 120 Kl, 132 J) verwendet Ennius ebenfalls die Formel liberum quaesendum causa; Merope äussert: ducit me uxorem liberorum sibi quaesendum gratia. Beidesmal handelt es sich vermutlich um eine zeitgenössische Verehelichungsformel, die Ennius' Formulierung angeregt hat (Jocelyn z. St. verweist zutreffend auf Plaut. Capt. 889; Macr. Sat. 1,16,18 [Varro]; Suet. Iul. 52; Gell. 4,3,2; 17,21,44). Zu zweifeln ist, ob, wie Jocelyn z. St. vermutet hat, eine »parallel phraseology might have existed in Ennius' original«, d. h. bei Euripides; die von Jocelyn zitierten griechischen Belegstellen weisen zwar den Ehezweck, nämlich aus der Sicht des Mannes echtbürtige Kinder zu erlangen, ebenfalls für die griechische Gesellschaft nach, belegen aber nicht, daß eine dem Lateinischen vergleichbare Formel im Griechischen existiert haben könnte. (2) liberum quaesendum ist eine archaische Form des Genitivs Plural, die von Ennius' Zeitgenossen nicht mehr verwendet wurde (nur Plaut. Most. 120). Offenbar suchte Ennius dieser Formel durch gesuchten Archaismus einen besonders hieratischen Ton zu geben. (3) familiae matrem tuae ist wie liberum quaesendum causa im Horizont römischer Rechtspraxis zu interpretieren: die Frau, die hier

Mutter der Familie der angeredeten dramatis persona werden soll, soll in die Rechtsstellung einer mater familias eintreten, deren Kinder als echtbürtige Nachkommen des Vaters gelten dürfen (im Unterschied zu den Kindern der meretrix). Mit dem Begriff mater familias scheint keine bestimmte Weise der Gewaltausübung über die Frau verbunden zu sein (d. h. sie kann offenbar entweder gewaltfrei oder der manus des Ehegatten oder des pater familias unterworfen sein; s. Kunkel, RE XIV [1930] 2183f.). Eine grundlegende Unterscheidung zwischen matrona und mater familias trifft Gell. 18,6,8 (zitiert von Jocelyn z. St). (4) Bothe, Scen. Lat. 5,37; Ribbeck, Röm. Trag. 168; Vahlen, Ennii poes. rell. 136; Warmington, ROL 1,258; Mette, Lustrum 9 (1964) 75; Traina, Maia 16 (1964) 139 hielten Ennius II für eine Umsetzung von F 132 der euripideischen 'Andromeda' (vorsichtig äusserte sich Fedde, Pers. Andr. 29: »cum . . . E. F 132 Ennii fr.2 . . . fortasse consentiat«): Andromeda gibt sich selbst im Fall ihrer Rettung ganz ihrem Retter Perseus anheim: ἄγου δέ μ', ὦ ξεῖν', εἴτε πρόσπολον θέλεις ' εἴτ' ἄλοχον εἴτε δμωΐδ'. Gemeinsam ist beiden Fragmenten die Aussage, daß eine Frau Gattin einer angeredeten dramatis persona werden soll. Für die euripideische 'Andromeda' ist sicher, daß Andromeda selbst sich ihrem Retter verspricht; aber eben nicht nur als eheliche Gattin, sondern ganz so, wie es dem Retter beliebt. Im Enniusfragment dagegen ist in formelhafter Rechtssprache ausschließlich von Eheschliessung die Rede; wer davon redet, ist ungewiß. Ich halte den Zusammenhang von Ennius II und E. F 132 nicht für gegeben.

III. (1) Als sicher darf gelten, daß im Kontext einer 'Andromeda'-Tragödie die Frau, die mater familias der angeredeten dramatis persona werden soll, eigentlich nur Andromeda sein kann. Angeredet ist infolgedessen höchstwahrscheinlich Perseus (theoretisch möglich ist auch die Anrede an den von Ovid, Apollodoros, Hyginus erwähnten früheren Verlobten Andromedas). (2) Das läßt folgende Handlungskonstruktionen zu: a. der Vater Cepheus verspricht seine Tochter Andromeda dem Perseus für den Fall ihrer Rettung zur Frau: so vorgeschlagen von Hartung, Eur. rest. 2,353; Bücheler, Kl. Schr. 1,638 (= 1868); Müller, Enni carm. rell. 237; Jocelyn, Tragedies of Ennius 263. b. Andromeda selbst bietet sich Perseus mit dieser feierlichen Formel als Ehegattin an: Welcker, Gr. Trag. 2,661; Vahlen, Ennii poes. rell. 136; Warmington, ROL 1,259; Argenio, Ennio 59. c. Die Eheschließung wird mit dieser Formel auf der Bühne vollzogen; als Sprecher wären Andromeda oder Cepheus vorstellbar. Eine Entscheidung zwischen diesen Vorschlägen ist nicht möglich.

Ennius III

I. (1) Die Noniushss. bieten einhellig am Ende des Septenars quam excrabrent; excrabro ist sonst nicht belegt (ThLL 5. 2,1283,29); existent ist ein Nomen crabro, ein »nomen insecti« (ThLL 4,1096,74; »hornet« OLD, crabro), das in den Hss. häufig zu scrabro, scrabo, scabro verschrieben ist (s. ThLL 4,1096,60-2); ganz offensichtlich liegt in den Noniushss. im Enniuszitat die umgekehrte Verschreibung vor; der unter dem selben Lemma von Nonius überlieferte Pacuviussenar: squales scabresque inculta vastitudine (314 R,338 W) sichert auch für das Enniuszitat das Vorkommen der Form scabrent (Pacuvius 314 R, 338 W ist mit scabres auch überliefert bei Festus p. 568,3 Th = 510,21 L; Nonius 2, p. 152,25 M = 1,223 L; p. 185,2 M = 1,271 L; 4, p. 242,5 M = 2,364 L; das macht Quicherats Verbesserung des Lemmas scapres in scabres sicher; vgl. Solmsen, Beiträge 200f.) (2) Merciers Herstellung von squamae scabrent ist eine plausible Deutung der Überlieferung.

II. (1) investire begegnet außer in unserem Enniusfragment nur noch in einem Maecenaszitat bei Sen. ep. 114,5 (focum mater aut uxor investiunt: sc. mit Kränzen; Bedeutung also 'schmücken') und in Ps. Sen. Herc. Oet. 381 (Deianira: ut laeta silvas forma vernantes habet, ' quas nemore nudo primus investit tepor); das Simplex vestire ist ungleich häufiger. Die Bedeutung des Kompositums ist aber mit der Bedeutung des Simplex identisch. - investita wurde von Mette, Lustrum 9 (1964) 75 auf Andromeda bezogen; zu Unrecht: 1. paßt dieser Bezug schlecht in einen Kontext, in welchem ostrea erwähnt sind (und nach Merciers Herstellung auch squamae); 2. kann investire nicht heißen 'gefesselt an einen schroffen Felsen'; Bücheler, Kl. Schr. 1,638 (= 1868) und Ribbeck, Röm. Trag. 168 haben deshalb wohl recht, zu investita terga zu supplieren. (2) scrupeus ist ein ausschließlich poetisches Adjektiv, das zum Nomen scrupus, 'scharfer Stein, Fels' gebildet ist; in tragischer Literatur hat es auch Pacuvius (309 R,310 W): scrupea saxea Bacchi ' templa prope aggreditur ' und Sen. Ag. 558: est humilis unda, scrupeis mendax vadis etc. . Ein scrupeum (oder auch scruposum) saxum ist aber sicherlich nicht nur ein 'felsiger Stein' oder 'steiniger Fels', sondern meint Felsen mit rauher

Oberfläche. Der Singular ist hier wohl als συνεκδοχή per numeros aufzufassen (s. Lausberg, Elem. lit. Rhet. § 201; ders. Hdb. lit. Rhet. § 573,3), d. h. es handelt sich pluralisch um scharfkantige Felssteine. (3) scabrere ist in lateinischer Literatur sonst nicht belegt (s. OLD, scabreo; OLD betrachtet scabres, Pacuvius 314 R,338 W nicht als eine Verbform, sondern, gegen die Erklärung von Nonius, als ein Nomen; scabres, -is wäre auch ein hapax legomenon; vielleicht ist deshalb mit Nonius und gegen OLD Pacuvius scabres als weiterer Beleg für das Verbum scabrere zu betrachten). Auffällig ist die Alliteration der Wortanfänge scrupeo . . . squamae scabrent. (4) Die Erwähnung von ostrea und squamae sind der entscheidende Hinweis, diesen Septenar für eine Beschreibung des Ketos zu halten. Bücheler hat treffend auf die ovidische Beschreibung des Ketos im Kontext der Andromedaerzählung verwiesen, Ov. Met. 4,725: quaque patet, nunc terga cavis super obsita conchis etc.

III. (1) Die Beschreibung des Ketos wurde von den meisten Forschern in den Kontext der Schilderung des Kampfes des Perseus mit dem Meerungeheuer gesetzt; so von Welcker, Gr. Trag. 2,657; Hartung, Eur. rest. 2,354; Fedde, Pers. Andr. 31; Bücheler, Kl. Schr. 1,638 (= 1868); Ribbeck, Röm. Trag. 168; Müller, Enni carm. rell. 237; Argenio, Ennio 58; Jocelyn, Tragedies of Ennius 264; wahrscheinlich meint dies auch Warmington, ROL 1,257, der vermerkt: »possibly this line describes the beast when turned to stone by Perseus« (es kann allerdings für keine der 'Andromeda'-Tragödien gesagt werden, wie Perseus das Ketos zur Strecke bringt). Falsch ist auf jeden Fall die Ansicht von Mette, Lustrum 6 (1964) 75, daß das Fragment »auf die Fesselung der Andromeda an den Felsen« gehe (s. o.). (2) Unter Rücksicht auf die zu beobachtende Verwendung des trochäischen Septenars in Dialog- und des iambischen Senars in monologischen Partien durch Plautus könnte die Annahme eines Botenberichts in trochäischen Septenaren, in welcher eine solche Beschreibung des Ketos enthalten war, bezweifelt werden; andererseits muß Ennius V, ebenfalls ein trochäischer Septenar, aus der Schilderung der Tötung des Ketos durch Perseus stammen (s. z. St.). Vielleicht lehnte sich Ennius mehr an die euripideische Praxis an, durch den Einsatz von Trochäen eine Steigerung des dramatischen Tempos zu signalisieren, die in diesem Fall durch die dramatischen Vorgänge der Kampfhandlung begründet war. Damit hätte die Einordnung in einen Botenbericht von der Tötung des Ketos durch Perseus die größte Probabilität.

(Theoretisch läßt sich eine Beschreibung des Ketos auch andernorts denken: Jocelyn z. St. vermutete: »it must come ... from Andromeda's account of events leading to her enchainment«. Wenn Ennius I, wie E. F 114, die anapästischen Eröffnungsverse des Stückes darstellen, dürfte eine, wie bei Euripides, lyrische Exposition aber wahrscheinlicher sein als eine trochäische; auszuschließen ist die von Jocelyn skizzierte Möglichkeit aber nicht.)

Ennius IV

I. (1) Der von der Festushs. gebotene Text des Zitats aus der 'Andromeda' des Ennius ist 1. unverständlich, und 2. metrisch unmöglich; der Text muß also korrupt sein. Schwierig ist allerdings zu bestimmen, worin die Verderbnis besteht. (2) Für falsch hielten das überlieferte quadringentos sowohl Johannes Gerhard Vossius (1577-1649) als auch Claudius Salmasius (1588-1653); Vossius rekonstruierte als Fehler die Mißinterpretation der Buchstabenfolge occ ... als cocc oder cccc als Zahlzeichen für die Zahl Vierhundert; Vossius postulierte deshalb als ursprünglichen Text die Verbform occulit. Salmasius übernahm offenbar Vossius' Hypothese, indem er occultans konjizierte (weitere Vorschläge in dieser Richtung zitiert Bothe, Scen. Lat. 5,37). Vossius' occulit wurde von Bothe; Welcker, Gr. Trag. 2,657; Hartung, Eur. rest. 2,354; Fedde, Pers. Andr. 31; Bücheler, Kl. Schr. 1,638 (= 1868); Ribbeck, $TRF^1$24, TRF^2 28, Röm. Trag. 169, TRF^3 31; Müller, Enni carm. rell. 237 übernommen. Die genannten Herausgeber schrieben statt des überlieferten a terra den Nominativ terra: circum sese urvat ad pedes terra occulit caput. Diese Herstellung hat den Vorteil, nicht nur einen verständlichen Text, sondern auch als Metrum einen tadellosen iambischen Senar zu ergeben. (3) Trotzdem kehrten Vahlen, Enn. poes. rell. 137; Warmington, ROL 1,257; Argenio, Ennio 58; Klotz, TF 59; Jocelyn, Tragedies of Ennius 94 wieder zur Überlieferung quadringentos zurück (Klotz und Jocelyn aber nur deshalb, weil sie den Text für nicht geheilt ansahen).; sie betrachteten den Vers als eine Beschreibung des Ketos, das 'von der Erde bis zum Haupt vierhundert Fuß' groß sei. Gegen diese Annahme spricht a. die auffällige Sperrung ad - caput, b. das Metrum. (4) Es ist unmöglich, beim von der Hs. gebotenen Text zu bleiben; metrisch und inhaltlich tolerabel ist circum-pedes (Bothe verdächtigte auch ad pedes und schrieb adpetens terram), während a - caput korrupt zu sein scheint. Man kann nur die Verderbnis des Textes konstatieren.

II. (1) urvat ist in lateinischer Literatur nur von Festus für Ennius und in den Digesten (50,16,239,6) für den Juristen Sextus Pomponius bezeugt und soll, nach Festus und Pomponius, bedeuten: 'mit dem Pflug eine Grenzfurche ziehen'; d. h. das Verbum urvo wird in Verbindung gebracht mit dem Nomen urvum, das die 'Krümmung des Pfluges' bezeichnet (Walde-Hofmann 843 dagegen leiten urvo von *urvus ab, das sie in der Glosse urus [sic] circuitus civitatis [CGlL IV 196,3; Codex Vaticanus 3321, VII. /VIII. Jhdt.] entdeckt zu haben glaubten). Für die 'Andromeda' des Ennius bedeutet dies, daß irgendjemand 'rings um sich pflügt'; die Erklärung des Festus, urvat sei gleichbedeutend mit circumdat, ist offenbar aus dem Enniustext gewonnen, damit nicht weiterführend, während die etymologische Verknüpfung von urvo mit urvum viel für sich hat. (2) ad pedes gibt offensichtlich den Ort an, an welchem die Bewegung des urvare ausgeführt wird (s. OLD, ad C 13); zu übersetzen ist dann: 'er furcht rings um sich zu seinen Füßen'. (3) Wenn der Text bis ad pedes und ebenfalls caput am Ende richtig ist, liegt die Vermutung nahe, als Subjekt des Satzes Perseus anzunehmen, der das Medusenhaupt vor den Augen der Menschen in der Erde verbirgt; so suchten Bücheler, Kl. Schr. 1,638 (= 1868) und Ribbeck, Röm. Trag. 169 unter Hinweis auf Ov. Met. 4,741ff. dieses Fragment zu erklären. Welcker, Gr. Trag. 2,657; Hartung, Eur. rest. 2,354; Fedde, Pers. Andr. 31; Müller, Enni carm. rell. 237; Warmington, ROL 1,257; Mette, Lustrum 9 (1964) 75 betrachteten dagegen diesen Satz als eine Beschreibung des Verhaltens des Ketos während des Kampfes; Vahlen, Enn. poes. rell. 137 und Argenio, Ennio 58 wollten diesen Satz auf den toten Leib des Ungeheuers beziehen. Vahlen und Argenio lassen jedoch die Bedeutung von urvat gänzlich außer Acht, während der Bezug auf das Ketos im Rahmen einer Beschreibung des Kampfes dann denkbar ist, wenn man mit Welcker, Hartung, Fedde, Müller den von Vossius hergestellten Text zugrundelegt; Warmington's Versuch, den Satz so, wie er überliefert ist, zu übersetzen (»ploughs the head around itself a line well high four hundred feet from earth«) scheitert dagegen am Metrum.- Jocelyn z. St. stellte resigniert zu diesem Fragment fest: »I have found no plausible explanation of this fragment«. Ich halte dagegen den möglichen Bezug auf das Verbergen des Medusenhauptes durch Perseus für, trotz der Korruption des Textes, keine unplausible Erklärung des Fragments.

Ennius V

I. (1) Theodor Bergk, Kl. philol. Schr. 1,356 (= 1874) hielt corporaret für einen Lesefehler des Nonius, der, wie es oft geschehe, ein T als ein C verlesen habe; sowohl im bei Nonius zitierten Acciusfragment (604 R, 610 W, 604 Kl, 604 A) wie im Enniusseptenar sei eine Form von torporare, 'lähmen' zu lesen. Hinter diesem Postulat Bergks steckt die Überzeugung, daß corporare, das als Verb zu corpus gebildet ist, niemals 'töten' heißen könne. (2) Bergk hat sicher Recht, corporare auffällig zu finden; auffällig war es aber ebenfalls schon dem Nonius, der es aus diesem Grund glossiert hat. Es erscheint wenig wahrscheinlich, daß Nonius der gleiche Lesefehler zweimal unterlaufen sein könnte; es ist deshalb corporaret beizubehalten.

II. (1) corporare ist offenbar von Ennius neu gebildet; von Ennius hat es wohl Accius übernommen. Die Formulierung ist evident gesucht: die Verknüpfung des Substantivs corpus mit dem Verbum corporaret funktioniert so, daß jeweils unterschiedliche Aspekte des Wortes corpus zum Tragen kommen: einmal der lebendige 'Leib', zum anderen der 'Kadaver'; im Deutschen ist dieses Wortspiel nicht adäquat wiederzugeben ('den Leib entleiben'). Im Hintergrund dieses Spiels mit dem Wort corpus steht vielleicht die Ambivalenz des griechischen Wortes σῶμα, das bei Homer nur den Leichnam, später jeglichen belebten Körper bezeichnet. (2) contemplor oder contemplo (ohne erkennbaren Bedeutungsunterschied) begegnet häufiger in lateinischer tragischer Literatur: Naevius 3 R, 3 W, 3 Kl; Ennius 244 R, 257f. V, 294f. W, 242-4 Kl, 239f. J; Accius 557 R, 558 W, 557 Kl, 557 A; ebenfalls Ennius sat. 3f. und sehr oft bei Plautus (die Belege bei ThLL 4,650,36-45). Vermutlich ist es hier von Ennius der Alliteration wegen verwendet (cor-, con-, cor-).

III. (1) Dieses Fragment geht zweifelsohne auf die Tötung des Ketos durch Perseus; darin sind sich alle Forscher einig; es berichtet jemand, wohl ein Bote, daß Perseus 'genau den Leib betrachtete, wo er (das Ketos) mit einer Wunde entleiben könnte'. (2) Für Euripides' 'Andromeda' ist es sicher, daß ein Bote in einer iambischen Rhesis von der Tötung des Ketos durch Perseus berichtete (s. z. E. F 145). In der 'Andromeda' des Ennius müßte dieser Bericht in trochäischen Septenaren (in größerer Erregung?) abgestattet worden sein.

Ennius VI

I. (1) Zweifel am überlieferten feram hatten sowohl Bergk, RhM 3 (1835) 70 als auch erneut Jocelyn, Tragedies of Ennius 265: Bergk konjizierte fera, Jocelyn setzte feram in cruces. Bergks Konjektur macht das Untier, d. h. das Ketos, zum Subjekt der Hin- und Herbewegung der Meeresfluten: »tanto enim illa impetu advehebatur, ut maris undas funditus conturbaret« (Bergk verwies auf Ov. Met. 4,687. 705; Val. Fl. Arg. 2,498); Jocelyn hielt feram für falsch, weil »only part of the beast would be carried back and forth by the tidal current«, nicht aber, im Licht von Ennius VII, die ganze Leiche des Ketos. (2) Ribbeck, Röm. Trag. 168f. deutete Bergks Konjektur auf das Gebaren des Ketos, das sich nähere, »scheinbar Wasserfluten abwechselnd einschlürfend und ausstoßend wie der Walfisch«; dieser Bezug von reciprocare ist lexikalisch nicht gedeckt, Ribbecks Einfall deshalb zu verwerfen. (Wenn Jocelyn z. St. bemerkt, »Bergk' s fera is ludicrous« hat er Recht, wenn er Ribbecks Deutung von Bergks Konjektur im Blick hat; an sich ist fera, anders gedeutet, durchaus tolerabel.) (3) Da das überlieferte feram sachlich wie metrisch keine Probleme bereitet, ist gegen Bergk an ihm festzuhalten (insbesondere auch im Licht von reciprocare, das nicht gleichbedeutend mit funditus conturbare ist); Jocelyn's Einwand gegen feram ist ebenfalls nicht stichhaltig, da 1. reciprocare nicht die Möglichkeit der Eigenbewegung des Ketos ausschließt, aus dem Vers also nicht zwingend hervorgeht, daß das Ketos schon tot vorzustellen ist; 2. für den Fall, daß die Leiche des Ketos gemeint ist, dennoch nicht notwendig das tote Ketos schon als visceratim (s. Ennius VII), 'stückchenweise', im Wasser schwimmend vorzustellen ist (der Bezug von Ennius VII auf das tote Ketos ist im Übrigen auch nicht sicher, s. z. St.).

II. (1) rursus prorsus ist eine stehende Wendung, die auch bei Ter. Hec. 315 und in der Varrosatire 'Andabatae' fr. 28 gebraucht ist; sie bedeutet nur »backward and forward« (OLD, rursus 1c). (2) reciprocare drückt häufig die Hin- und Herbewegung von Wassermassen aus (so Liv. 28,6,10; Pomp. Mela 3,2; Curt. 9,9,20; Plin. NH 2,219; Flor. ep. 1,24 [2,8,9] u. ö.), insbesondere das »tidal movement« (Jocelyn z. St.); das Fragment spricht also davon, daß 'die Fluten das Untier hin- und wieder zurückbewegen'. (3) Der Vers wurde von Welkker, Gr. Trag. 2,657; Hartung, Eur. rest. 2,354; Fedde, Pers. Andr. 31; Ribbeck, Röm. Trag. 168f. m. A. 191; Müller, Enni carm. rell. 237; Warmington, ROL 1,259 in den Kontext der Schilderung des Kampfes des Perseus mit dem Ketos gesetzt. Bücheler, Kl. Schr. 1,638 (= 1868) hielt den Vers für einen Bestandteil der Beschreibung der Küste, an welcher Andromeda angefesselt dem Ketos ausgesetzt ist; Vahlen, Enn. poes. rell. 136 und Argenio, Ennio 58 bezogen den Vers auf das tote Ketos, das in den Fluten treibt. Mette, Lustrum 9 (1964) 75 schließlich dachte, daß der Vers die Flutwelle beschriebe, die das Land heimsuche. Sieht man von Mettes Deutung ab, läßt sich dieser Vers in jedem der vorgeschlagenen Kontexte vorstellen.

Ennius VII

I. Bergk, RhM 3 (1835) 71 konjizierte statt des überlieferten salsa salso; also statt salsa maria salso sanguine, weil »salsum ... sanguinem appellat recens profusum«; Bergk verwies auf Ennius' 'Cresphontes' 127 R, 132 V, 135 W, 127 Kl, 139 J: mihi licuit neque miserae lavere lacrimae salsum sanguinem; damit ist Bergks Konjektur aber nicht zu rechtfertigen, weil es sich bei diesem salsum sanguinem um eine ἐναλλαγή handelt; es ist deshalb bei der Überlieferung zu bleiben.

II. (1) Das Hendiadyoin bei dissipare ist offenbar sehr beliebt: s. Jocelyn z. St. Eine Bedeutungsdifferenz zwischen differre und dissipare gibt es nicht. (2) visceratim ist ein hapax legomenon, das von Ennius zu viscus gebildet wurde, das »alles unter der Haut liegende Fleischige« (Walde-Hofmann 2,802) bezeichnet. Die Wortbildung erfolgte nach einem auch sonst zu beobachtenden Muster (s. KH 1013f.); Ennius hat ein in gleicher Weise gebildetes Adverb guttatim, 'tropfenweise' (das auch Plaut. Merc. 205; Apul. Met. 3,3; 11,9 belegt ist) im Fragment 172 R, 206 V, 213 W, 172 Kl, 175 J: vide hunc meae in quem lacrumae guttatim cadunt. (Jocelyn, Tragedies of Ennius 266: »guttatim and articulatim are the only exactly parallel formulations in tragedy«; articulatim im fr. inc. trag. 167 R, 7 W, 167 Kl und im plautinischen 'Epidicus' 488). Die Bedeutung von visceratim ist also 'stückchenweise'. (3) spumant sanguine wurde aus Ennius von Vergil übernommen (Aen. 6, 87; 9,456; vgl. Norden z. Aen. 6,87) und klingt ebenfalls noch bei Silius Italicus an: atque una spumabant aequora dextra (zu supplieren: von Blut). Sonst läßt sich eine so drastische metaphorische Ausdrucksweise nicht belegen. (4) Jocelyn z. St. deutet alia als »reliqua«; wahrscheinlich liegt eher eine elliptische Ausdrucksweise vor, d. h. gedanklich ist ein zweites alia zu ergänzen; das Hendiadyoin wäre somit auch durch die Ellipse von alia provoziert, insofern die rhetorische Verdoppelung des Begriffs des Zerteilens es möglich macht, ein alia 'einzusparen'. Zu übersetzen ist also: 'hierhin und dorhin verteilt die Flut stückchenweise die Gliedmaßen, das salzige Meer schäumt von Blut'.

III. (1) Es besteht eine große Wahrscheinlichkeit, daß diese Septenare das Schicksal des Ketos beschrieben, nachdem es von Perseus getötet und offenbar auch zerstückelt worden ist; übereinstimmend setzten Welcker, Gr. Trag. 2,657; Hartung, Eur. rest. 2,355; Fedde, Pers. Andr. 31; Ribbeck, Röm. Trag. 169; Müller, Enni carm. rell. 237; Warmington, ROL 1,259; Argenio, Ennio 58; Mette, Lustrum 9 (1964) 75; Jocelyn, Tragedies of Ennius 266 die Verse in den Kontext der Schilderung von der Tötung des Ketos durch Perseus. Welcker, Hartung, Fedde, Ribbeck, Müller, Jocelyn postulierten den Auftritt eines Boten, der die hinterszenischen Ereignisse präsentierte; Argenio allerdings meinte, daß das Fragment »dipinge la lotta di Perseo che piomba dall' alto sul mare«; dagegen spricht, daß fluctus das Subjekt des Satzes ist, damit ein differre dissupare nicht auf Perseus bezogen werden kann.
(2) Es besteht jedoch auch die Möglichkeit, diese Verse auf ein dem Poseidon zur Besänftigung dargebrachtes blutiges Tieropfer zu beziehen, über welches vielleicht in gleicher Weise gesprochen werden könnte.

Ennius VIII

I. (1) Der »letzte große lat. Grammatiker« (Schmidt, KP IV 1141), nach Helm, RE XXII (1954) 2328 sogar der »bedeutendste unter den erhaltenen römischen Grammatikern« (eine andere Einschätzung bei Jeep, Ph 21 [1908] 51), Priscianus von Caesarea in Mauretanien, ist durch sein Gedicht auf den oströmischen Kaiser Anastasios (491-518; das Gedicht wurde um 512 verfaßt) in seiner Wirksamkeit auf das Ende des 5., den Anfang des 6. Jhdts. datierbar. Aus Cassiodor, Orthogr. p. 2318 P (GL 7,207,13 Keil) wissen wir, daß Priscianus nostro tempore Constantinopoli doctor fuit, d. h. als Grammatikprofessor in Byzanz wirkte (von Cassiodor wurde dieser Satz ungefähr 560 geschrieben, da nach Orthogr. p. 2278 P [GL 7,144,15 Keil] die Abfassung der Schrift in Cassiodors 93. Lebensjahr erfolgte). Das Werk des Priscianus ist in zahlreichen Hss. überliefert (Hertz, GL 2, XIIf.: »totiens per omne medium aevum descriptus est, ut nulla fere 'bibliotheca' eo aut olim caruerit aut nunc careat. Pro certo equidem affirmarem, in universis Europae librariis institutionum grammaticarum ad mille codices servari«); sie gehen alle nur mittelbar auf einen Archetypus zurück, den nach dem Subskript in einigen Hss. der Prischianschüler Theodoros Dionysios in den Jahren 526/7 geschrieben hat. Für die Bücher VII und X (im Buch X ist Accius II überliefert) sind folgende Hss. die wichtigsten: 1. dem Archetypus am nächsten stehen die Hss. Parisin. 7496 (R) und der Bambergensis M. IV 12 (B), beide aus dem IX. Jhdt.; zur gleichen Rezension sind auch die aus dem X. Jhdt. stammenden Codices Bernensis cod. 109 (D) und Halberstadiensis M 59 (H) zu rechnen; 2. aus der selben Vorlage stammen unabhängig voneinander der Lugdunensis Lat. 67 fol. 55 (L), Caroliruhensis 223 (K) und der Sangallensis 904 (G), alle drei ebenfalls im IX. Jhdt. geschrieben. (2) Priscianus zitiert als Beispiele für filiis statt dem klassischen filiabus aus den 'Origines' des Cato Censorius und aus der 'Andromeda' des Ennius; hier liegt also ebenfalls wie an anderen Stellen des Werkes des Priscianus ein Nest von altlateinischen Zitaten vor, die Jeep, Ph 68 (1909) 16ff. als Indiz wertete, daß Priscianus diese Autoren nicht selbst ausgehoben, sondern schon als Beispielreihen in seiner Quelle vorgefunden hat; als Quelle für Priscianus kann das verlorene Werk des Flavius Caper gelten (2. Jhdt. n. Chr.); Jeep, Ph 71 (1912) 491 hat nachgewiesen, daß Caper seinerseits wieder nicht diese Beipielreihen ausgehoben haben könne, sondern daß er auf den Bemühungen um die republikanische Literatur des M. Valerius Probus (zu Valerius Probus aus Berytos s. Suet. gramm. 24) fußt. Damit dürfte das Zitat aus Ennius' 'Andromeda' auf einen Grammatiker des 1. nchr. Jhdts. zurückgehen.

II. (1) Bücheler, Kl. Schr. 1,638 (= 1868) konjizierte a filiis etc., um einen iambischen Senar herzustellen; mit Bergk, Kl. philol. Schr. 1,356 (= 1874) vermißt man bei dieser »Änderung die Folgerichtigkeit des Gedankens«: denn Andromeda wurde sicherlich nicht a filiis Nerei dem Ketos ausgesetzt, sondern allenfalls von ihren Eltern wegen der Nereustöchter (verfehlt deshalb die Aufnahme von a filiis in den Text durch Ribbeck, TRF[2] 27; Röm. Trag. 172; TRF[3] 31). (2) Theodor Bergk selbst war die Sperrung von filiis - Nerei anstößig, die er durch Herstellung von Nereidibus zu heilen suchte; da eine Sperrung von Nomen und dazugehörigem Genitivobjekt dieser Art nicht als eine besonders »ungewöhnliche Wortstellung« einzustufen ist, die Konjektur Nereidibus filiis vom Sinn her funktionslos macht/ ist auch Bergks Emendation als überflüssig zurückzuweisen (zur Möglichkeit eines solchen Hyperbaton s. Menge, Synt. Stil. 361; vgl. Lausberg, El. lit. Rhet. § 331).

III. Das Fragment hat trochäischen Duktus, ist jedoch in der überlieferten Weise nicht als ein Vers vorstellbar; deshalb ist hier damit gerechnet, daß eine trochäische Dipodie (d. h. ein Metron) vor filiis zu supplieren und Nerei als der Anfang eines zweiten Septenars zu betrachten ist.

IV. (1) filiis wird, wie Priscianus richtig bemerkt, in klassischer Zeit nie von Töchtern gesagt, sondern es wird stets zur Unterscheidung von dem männlichen Substantiv filius filiabus verwendet (ebenso deabus; s. KH 419); aber: »filiabus occurs nowhere in republican drama« (Jocelyn z. St.) und offenbar auch nur selten in anderer altlateinischer Literatur.- Der Dativ filiis ist hier als ein dativus commodi anzusprechen: im Interesse der Nereiden wird Andromeda ausgesetzt, um für das Vergehen der Mutter zu büßen (Vahlen, Enn. poes. rell. 138 deutete filiis Nerei als »in gratiam Nereidum, d. N. zu liebe«). Es kann auf keinen Fall die Rede davon sein, daß Andromeda 'den Nereiden ausgesetzt' sei (Argenio, Ennio 59, in der Annahme, daß Ennius prägnant statt des Ketos die Verursacherinnen der Sendung des Ketos eingesetzt habe; Mette, Lustrum 9 [1964] 75 paraphrasiert: Andromeda apostrophiere Kassiepeia, »um derentwillen sie den Töchtern des Nereus geopfert sei«; Jocelyn z. St. sieht »no clear distinction . . . between the Nereids, their wrath, and the monster sent to avenge them«). (2) obiecta sagt Andromeda von sich ohne Nennung der Person oder Sache, der sie 'ausgesetzt' ist: obicere ist also absolut gebraucht im Sinne von »expose to danger (OLD, obicio 6b). (3) Daß Andromeda die Sprecherin dieser Verse ist, kann als sicher gelten. Darüber hinaus belegt dieses Fragment für die 'Andromeda' des Ennius, daß die bei Apollod. Bibl. 2,4,3 erwähnte Auseinandersetzung um die Schönheit zwischen den Nereiden und Andromedas Mutter Kassiepeia auch in der Enniustragödie den Grund für die Aussetzung der Heroine darstellte; für die 'Andromeda'-Tragödie des Sophokles ist dies ebenfalls bezeugt (S. T I), während uns für die vermutliche Vorlage des Ennius, die 'Andromeda' des Euripides, keine Zeugnisse vorliegen bezüglich der Motivation der Tragödienhandlung. (4) Die Erwähnung der filiae Nerei läßt es so gut wie ausgeschlossen erscheinen, daß eine andere Person als Cassiope von Andromeda angeredet wird (bei Euripides soll Andromeda πατρὸς ὑπερθανεῖν: E. F 120,2; rein theoretisch könnte Andromeda ja auch propter Cepheum ausgesetzt sein). Neben den dramatis personae Perseus und Andromeda (und einem Boten, der den Hergang des Kampfes schilderte) sichert uns dieses Fragment auch die dramatis persona Cassiope. (5) Unabhängig von der Entscheidung über die Einordnung des Fragments in den Kontext der 'Andromeda' des Ennius (s. u.) gewinnen wir aus diesem Fragment auch den Hinweis, daß bei Ennius die Titelheldin der Tragödie Grund und Gelegenheit hatte, ihrer Mutter ärgerlich vorzuhalten, daß sie gänzlich schuldlos die Verfehlung der Mutter büßen müsse.

V. (1) Welcker, Gr. Trag. 2,661 dachte sich diese Worte von Andromeda an ihren Vater Cepheus gerichtet, um ihn zur Zustimmung zur Hochzeit mit Perseus zu bewegen; Hartung, Eur. rest. 2,358 läßt diese Worte Andromeda an ihre Eltern richten, um ihre Entscheidung für Perseus zu begründen; den gleichen Kontext hielten Ribbeck, Röm. Trag. 172; Müller, Enni carm. rell. 237; Argenio, Ennio 59 für gegeben, betrachteten aber Cassiope als Adressatin dieser Worte; Mette, Lustrum 9 (1964) 75 vermerkt nur, daß die Mutter angeredet sei; Webster, BICS 12 (1965) 29 = Tragedies 193 schließlich plazierte das Fragment in den Prolog und nahm an, daß Ennius die euripideischen Prologanapäste (E. F 114. 115) in iambische Octonare umgesetzt habe; eine spätere Szene zwischen Andromeda und Cassiope hielt er immerhin für »a real possibility«. (2) In diesen Worten ist zweierlei manifest: 1. propter te hat nur dann Sinn, wenn die angeredete Person szenisch präsent ist; 2. der Hinweis auf die Unschuld der Sprecherin, die propter te tödlicher Gefahr ausgesetzt ist, gehört in einen argumentativen, nicht in einen narrativen Zusammenhang. Damit haben die Vorschläge, die die szenisch präsente Cassiope im Rahmen einer Auseinandersetzung von Andromeda für angesprochen halten, eine große Probabilität, während Websters Annahme auf jeden Fall verfehlt ist; gegen Websters These spricht überdies, daß Ennius die Anapäste von E. F 114 nachweislich wieder in Anapäste umgesetzt hat. Ich halte eine Streitszene zwischen Andromeda und ihren Eltern um die Hochzeit mit Perseus nach dem Muster der für Euripides' 'Andromeda' zu erschließenden Szene für sehr wahrscheinlich.

L. Accius, 'Andromeda'

Accius I

I. (1) Die Noniushss. bieten einhellig im Acciuszitat den Akk. des Diminutivums zu circus, circulos; da circulos den iambischen Duktus (Cancik, Rep. Trag. 341 zitiert den Vers zu Recht als Muster eines i^6) des Verses stört, wurde zuerst von Osann, Cic. rep. 379, dann von Bücheler, Kl. Schr. 1,640 (= 1868) ein synkopiertes circlos konjiziert; Mercier dagegen stellte circos her (circlos schrieb Ribbeck, TRF^2 148 und TRF^3 172; circos: Bothe, Scen. Lat. 5,172; Ribbeck, TRF^1 125; Bergk, Kl. philol. Schr. 1,364 [= 1874]; Ambrassat, Accii fabulae 5; Warmington, ROL 2,346; Mette, Lustrum 9 [1964] 134; Franchella, Accii trag. fragm. 411; Resta Barile, Accio 14; D' Anto, Accio 80; de Rosalia 28; Klotz, TF 207 behielt circulos bei). (2) Für circlos spricht: 1. die Umlaufbahn des Mondes, der Sonne, der Sterne heißt in den meisten Fällen im Lateinischen circulus (s. ThLL 3,1110,6-52); 2. hs. überliefert ist synkopiertes circlos Verg. Georg. 3,166, wo die Synkope metrisch zwingend ist (vgl. Thomas z. St.). Gegen circlos und für Merciers Herstellung circos spricht, daß das Lemma bei Nonius circus heißt, mithin das Zitat wegen des Wortes circus ausgehoben wurde und notwendig im Text gestanden haben muß. Die Verschreibung ist aus der Erwähnung des Diminutivums leicht erklärlich; circus ist im Übrigen auch im Sinne von »orbit« (OLD, circus 1b) belegt (s. ThLL 3,1184,18-24). Gegen Bücheler, Ribbeck und die Wörterbücher (ThLL 3,1110,9; OLD, circulus 3 d) ist deshalb mit Mercier circos zu schreiben.

II. (1) circus verwendet Cicero mehrfach zur Bezeichnung von Gestirnbahnen; zuerst Arat. 266-8 (hic totus medius circo disiungitur, ille ' pectoribus validis atque alvo possidet orbem. ' hunc octo in partis divisum noscere circum, ' si potes, invenies ...); dann rep. 6,15. 16 (15: ... sidera et stellas ..., quae ... circos suosque orbesque conficiunt celeritate mirabili; 16: erat autem is splendidissimo candore inter flammas circus elucens); nat. deor. 2,16,44 (über die Bewegung der Gestirne nach Aristoteles: ... propterea quod eorum motus in orbem circumque ferretur). (2) cursus zur Bezeichnung der »journey of a heavenly body around its orbit« (OLD, cursus 5b) hat Accius auch im 'Brutus', Vv. 28. 37 und ist im Lateinischen ganz geläufig (s. ThLL 4,1534,3-25). Hier ist cursus eigentümlich unpräzise gebraucht, da von einem annuus cursus des Mondes (im Gegensatz zur Sonne) streng genommen nicht gesprochen werden kann; Accius hat aber die Bewegung als Ganze im Blick, die der Mond Jahr für Jahr am Himmel vollzieht; ganz parallel ist die Ausdrucksweise bei Catull. carm. 34,17ff. (äol.: 3x glyc, dann pher): Tu cursu, dea (sc. Luna, V. 16) menstruo, metiens iter annuum ' rustica agricolae bonis ' tecta frugibus exples. (3) insistere circos ist gesagt wie iter oder viam insistere (in dramatischer Literatur belegt für Plaut. Capt. 794; Cist. 679 [iter]; Epid. 416; Mil. 793; Ter. Eun. 294; Pacuvius 50 R, 52 W, 50 Kl [viam]): 'auf einer Kreisbahn wandeln'. (4) Der Vers ist somit als poetische Umschreibung von 'wieviele Monate?' anzusprechen: '... wieviele Kreisbahnen der Mond auf seiner alljährlichen Himmelsreise wandelte'. Das Tempus institit deutet auf einen narrativen Kontext hin, in welchem mit diesem Vers der Zeitpunkt einer vergangenen Handlung, eines vergangenen Geschehens erfragt wurde. (5) Weniger plausibel ist es deshalb, aus dem Vers zu schließen, daß das »Untier allmonatlich seine Beute forderte« (Ribbeck, Röm. Trag. 561; ebenso Franchella, Accii trag. fragm. 417: »un mostro viene cambiato ogni mese«), etwa, »certo tempore, fortasse novilunio« (Müller, Acc. fab. disp. 13); oder auch »aliquid singulis mensibus fieri« (Ambrassat, Accii fabulae 6); denn die Zeitangabe betrifft eine unbekannte Zahl von Monaten (quot, oder rhetorisch erfragt: so viele schon!), die seit einem Geschehen schon vergangen sind (oder dem Sprecher scheinen, schon vergangen zu sein): 'monatlich' ist wohl nicht gemeint.

III. (1) Für die Einordnung des Fragments in den Kontext einer Andromedatragödie lassen sich verschiedene Möglichkeiten dafür denken, daß eine dramatis persona in dieser Weise den Zeitpunkt einer Handlung zu bestimmen versucht: a. Hartung, Eur. rest. 2,352 bezog den Vers auf eine Schilderung der Erlebnisse des Perseus im Rahmen eines Gesprächs zwischen Andromedas Vater Cepheus und dem zur Rettung Andromedas entschlossenen Helden; b. Ribbeck, Röm. Trag. 561; Müller, Acc. fab. disp. 13; Warmington, ROL 2,347; Franchella, Accii trag. fragm. 417 plazierten das Fragment in die Exposition des Stücks, in welcher von den Opfern, die das Ketos schon gefordert habe, die Rede gewesen sei; ohne nähere Angabe plaziert Mette, Lustrum 9 (1964) 134 das Fragment ebenfalls an den Stückanfang; c. D' Anto, Accio 236 dachte an Andromeda, die »precisa forse il tempo che è stata es posita al mostro«. (2) Möglich sind alle drei Vorschläge: a. Perseus hätte gut in diesem Vers die Dauer seiner abenteuerlichen Reise zu den Gorgonen angeben können; b. ungeachtet der Annahmen von Ribbeck, Müller, Franchella (s. o.) könnte in diesem Vers die Angabe stecken, wie lange schon das Land unter der Rache Neptuns (Flut oder Ketos) zu leiden habe; c. D' Antos Vorschlag überzeugt nur insofern nicht ganz, als in keiner mythographischen Quelle von einer monatelangen Exponierung Andromedas am Felsen die Rede ist; möglich wäre aber, im Horizont der Klage Andromedas am Beginn der Euripidestragödie, E. F 114, daß Andromeda ihr Ausgesetztsein schon monatelang zu dauern dünkt, obwohl es, in der Realität, gerade ein paar Stunden sind. (3) Andere Möglichkeiten sind ebenfalls denkbar: es kann sich der Vers auf die Dauer der Königsherrschaft des Cepheus beziehen, auf die langen Jahre der Erziehung Andromedas, auf das vorgerückte Alter eines Sprechers usf.. Insofern hat Ambrassat, Accii fabulae 6 Recht: »certa huius fragmenti explicatio inveniri non potest«.

Accius II

I. (1) Mit Ausnahme der Priscianhs. D (s. z. Ennius VIII) bieten alle Hss. den Plural ninxerint, während D den Singular ninxerit hat; in Unkenntnis des zu ergänzenden Subjekts ist es unmöglich, eine sichere Entscheidung zu treffen. Die meisten Herausgeber entschieden sich mit der Hss.-Majorität für den Plural, einzig D' Anto schrieb ninxerit, in der Annahme, daß Neptun oder Juppiter als Subjekt zu betrachten sei (Accio 236f.; die Deutung auf Juppiter geht auf einen Vorschlag zurück, den Ribbeck, Röm. Trag. 562 gemacht hatte). Mit gleichem Recht sind jedoch auch nubes, dei o. dgl. als Subjekt denkbar, so daß man mit der Mehrheit der Hss. den Plural schreiben wird (ninxerint kann auch als lectio difficilior gelten; ninxerit wäre auch unpersönlich deutbar, da ninguit sehr häufig unpersönlich konstruiert ist, s. u.). (2) Anstoß erregte auch der Akkusativ molem; gewöhnlich sind »verbi indicanti fenomeni atmosferici« (D' Anto, Accio 237) mit Ablativ konstruiert; Grotius emendierte (laut Vossius, teste Bothe, Scen. lat. 5,171) deshalb zu molimine (Müller, Acc. fab. disp. 14 schrieb molimina und beseitigte so den Anstoß gerade nicht), was eine plausible Konjektur darstellt; ich zögere, Grotius zu folgen, da der gemeinte Sachverhalt im Ganzen unklar ist.

II. (1) Ein persönlich konstruiertes ningo ist auch (in metaphorischer Verwendung) bei Lucr. 2,627f. belegt: ... ninguntque rosarum, floribus umbrantes matrem comitumque catervam. Unpersönliches ningit haben Verg. Georg. 3,367 und Germanicus fr. IV 141; möglich sind für unser Acciusfragment also prinzipiell beide Verwendungsweisen von ningo, was eine Entscheidung über den Text schwierig macht (s. o.). (2) caelestis kann alles heißen, was räumlich oder sachlich mit dem Himmel in Verbindung steht, insbesondere 1. die Gestirne, 2. metereologische Phänomene, 3. die Götter; d. h. hier ist möglich, a. zu caelestium ein Substantiv zu ergänzen und an eine 'Masse himmlischen Schnees/Regens' zu denken, b. caelestium als Substantiv zu fassen als Metonymie für 'die Götter'. Im Horizont von ningo liegt die erste Möglichkeit näher. (3) moles als schwerlastende 'Masse' von Schnee hat auch Verg. Georg. 3,370: ... cervi, torpent mole nova et summis vix cornibus exstant; Aen. 1,134 und 5,790 bezeichnet Vergil mit moles die vom Sturm aufgewühlten Wassermassen des Meeres; moles hat im Kontext von ningo also die Bedeutung von ungeheurer Menge in Bezug auf Schnee- oder Wassermassen. Vielleicht ist zu caelestium imbrium zu ergänzen und der Vers auf die von Neptun geschickte Flutwelle im Verein mit heftigen Regenschauern (wo der Regen so dicht fällt, daß dies mit ningo bezeichnet werden kann) zu beziehen; Subjekt des Satzes könnten dann nubes oder nubila sein (nubes/nubila ' cum ninxerint caelestium mihi ' ... imbrium).

III. (1) Das Fragment hat ganz unterschiedliche Deutungen erfahren: a. Welcker, Gr. Trag. 2,661 deutete den Vers auf Andromedas Bekenntnis zu einer Ehe mit Perseus, denn »lieber als ihn aufgeben, (wolle) sie ... Regen und den Massen himmlischen Schnees ausgesetzt verschmachten«; b. Hartung, Eur. rest. 2,349 dachte sich den Vers als Bestandteil einer Klage der Mutter Andromedas Cassiope: »imbris instar molem malorum a diis immissam esse«. c. In den Kontext einer Erzählung von der Überflutung des Landes durch Neptun plazierten das Fragment Ribbeck, Röm. Trag. 561f.; Warmington, ROL 2,347; Resta Barile, Accio 15 (sie übersetzt: »dal cielo cadde un gran massa d' acque«); D' Anto, Accio 236 (und zumindest auf die Flut bezog es Müller, Acc. fab. disp. 14; Mette, Lustrum 9 [1964] 134 scheint an einen ähnlichen Kontext zu denken). d. Ambrassat, Accii fabulae 6 beharrte gegen Ribbeck darauf, daß »ad nullam certam rem referri potest«; dennoch vermutete er, daß der Vers »Andromedae tribuendus esse, quae ad saxum alligata queritur quod nive vexatur« (aaO. 7). (2) Da die Vorschläge von Welcker und Hartung nicht mit dem Text in Einklang zu bringen sind, sind sie abzulehnen; die Vorschläge c. und d. scheinen dagegen in gleicher Weise möglich. Vielleicht gehörte der Vers jedoch in den Kontext der Erzählung der Erlebnisse des Perseus, der u. U. ähnliche Erfahrungen bei seiner abenteuerlichen Reise zu den Gorgonen gemacht hat. Eine sichere Deutung läßt das Fragment nicht zu.

Accius III

I. (1) Von der grammatischen Schrift De differentiis et societatibus Graeci Latinique verbi des Verfassers der Saturnalia, Macrobius, sind uns nur Auszüge erhalten; der iambische Senar aus der 'Andromeda' des Accius: 'es sei denn, daß deine Fähigkeit uns Hilfe bringt' ist in einem Auszug über den Unterschied der Perfektbildung im Griechischen und Lateinischen zitiert, der im Parisinus 7186 (XI. Jhdt.; von Hertz als Excerptum Parisinum bezeichnet) überliefert ist (die entsprechende Partie fehlt in den Excerpta Bobiensia: s. GL 5,633 Hertz). (2) Zur von Macrobius behandelten Sache des präsentischen Gebrauchs des als Perfekt zu fero geläufigen Stammes tulo, tuli ist zu vergleichen: Diomedes, Art. Gramm. 1, p. 376 Putsch (GL 1,380,15 Keil: De his quae ex se non habent perfecta sed ex proximis): quamquam et id perfectum quod est attuli ex alio verbo proficisci reperimus apud veteres, ex eo quod est attollo, ut Novius (Naevius cod.: Bothe) in 'Tabellaria' (CRF^3 325): dotem ad nos nullam attulas. Denselben Sachverhalt behandeln Diomedes, Art. Gramm. 1, p. 369 Putsch (GL 2,372,4 Keil); Priscian. Inst. 8,59 (GL 2,419,7 Keil); 10,34 (GL 2,526,14 Keil).

II. (1) Der Parisinus überliefert am Versende operam; diese Lesart ist metrisch unpassend; Bothe, Scen. Lat. 5,172 konjizierte opem; Kießling schlug opem peribimus oder periimus vor, während Ribbeck opem peream schrieb. Bothes opem ist ohne Zweifel schlagend (D'Anto, Accio 102 dagegen zog es vor, operam beizubehalten und exempli gratia perdidi zu ergänzen; das ergibt inhaltlichen Nonsens); dagegen sind sowohl Kießlings als auch Ribbecks Konjekturen, obwohl nicht unwahrscheinlich nicht als notwendige, allerhöchstens als exempli gratia gemeinte Ergänzungen anzusprechen. (2) Am überlieferten quod nahm Bothe ebenfalls Anstoß und schrieb quid, weil er als Sinn des Verses erwartete: 'ich/wir gehe(n) zugrunde, wenn nicht etwa deine Fähigkeit uns Hilfe bringt', in der Annahme also, daß der

Vers zu einer expektatorischen Aussage gehört. Bothes quid befriedigt nicht; es wäre dann höchstens quam zu schreiben; davon abgesehen besteht kein Grund, nicht einen konstatierenden Aussagekontext für möglich zu halten in dem Sinne: 'mich frißt das Ketos auf der Stelle, es sei denn, daß deine Fähigkeit mir jetzt die Hilfe bringt'. Es ist also quod beizubehalten (gegen Ribbeck, der seit TRF^2 149 nisi quid drukken ließ, was die anderen Herausgeber übernommen haben).

III. (1) opem ferre oder dare ist seit Plautus belegt (Cist. 671: nisi quid mi opis di dant, disperii, neque unde auxilium expetam habeo; Ter. Andr. 473: Iuno Lucina, fer opem, serva me, obsecro; Turpilius, 'Leucadia' fr. XII, 3 [120 Rychlewska]: te, Apollo sancte, fer opem, teque omnipotens Neptune invoco ...); es ist also durchaus gerechtfertigt, für Accius diese Wendung als bekannt vorauszusetzen. (2) facultas ist ein zum altlateinischen facul gebildetes abstraktes Denominativum, das, der Bildung entsprechend, die Fähigkeit bezeichnet, etwas 'leicht zu machen' (vgl. KH 974): die von dem Sprecher angeredete dramatis persona hat also eine spezifische Kompetenz, die Notlage des Sprechers zu beseitigen. Der Sprecher befindet sich demnach in einer Situation, in welcher er ohne fremde Hilfe nicht zurecht kommt: im Kontext einer 'Andromeda'-Tragödie kann diese Situation 1. die Überflutung bzw. Zerstörung des Landes sein, die durch Andromedas Aussetzung abgewendet werden soll, oder 2. die Aussetzung Andromedas selbst.

IV. Da offenbar also der Sprecher eine andere dramatis persona auffordert, entweder 1. die Verwüstung des Landes zu beenden, oder 2. Andromeda vor dem Tod zu retten, ist die Identität des Sprechers nicht exakt bestimmbar; als Sprecher sind möglich: 1. ein Vertreter der von der Verwüstung des Landes betroffenen Bevölkerung, oder Kepheus; angesprochen könnte dann entweder Kepheus sein, oder Perseus (an den Bruder von Kepheus, Phineus, dachten Hartung, Eur. rest. 2,349; Ribbeck, Röm. Trag. 562; Ambrassat, Accii fabulae 7; Petersen, JHS 24 [1904] 110; ob dieser allerdings als dramatis persona auftrat, ist völlig ungewiß; in nicht näher bestimmter Weise teilten Mette, Lustrum 9 [1964] 135 und Franchella, Accii trag. fragm. 417 den Vers einem Gespräch zwischen Kepheus und Phineus zu); 2. Andromeda oder ihr Vater Kepheus, die Perseus um die Rettung Andromedas bitten (Welcker, Gr. Trag. 2,653 dachte an Andromeda; Ambrassat, Accii fabulae 8 bemerkte richtig: »eodem ... iure cogitari potest Persea aut Cephea admoneri his verbis ut Andromedae auxilium ferant. Utrum Andromeda ipsa loquatur an alia tragoediae persona nescimus«). Entscheiden lassen sich diese Alternativen nicht.

Accius IV

I. (1) Die Noniushss. schreiben am Versanfang einheitlich quiete; dies ist eindeutig falsch, so daß Iunius (A. de Jongh) in seiner Noniusausgabe (Antwerpen 1565) qui te verbessert hat. Ribbeck schrieb archaisierend für qui TRF[2] 149 und TRF[3] 172f. quei (so auch Warmington, ROL 2,348); diese Form ist jedoch nicht belegt (queis für quibus ist belegt) und im Übrigen auch als Verschreibung nicht plausibler; es ist deshalb qui zu schreiben. (2) Bergk, RhM 3 (1835) 79 schlug vor, statt des überlieferten adiutem adiuter zu schreiben, was Welcker, Gr. Trag. 2,653; Hartung, Eur. rest. 2,350; Ribbeck, TRF[1] 125 übernahmen; die Verbesserung leuchtet jedoch überhaupt nicht ein, weshalb Ribbeck auch in TRF[2] 149 und TRF[3] 172 wieder zur Überlieferung zurückgekehrt ist. (3) Dem Perfekt inveni der älteren Noniushss. ist das präsentische invenio der jüngeren Noniushss. vorzuziehen, wenn auch ohne den Kontext keine sichere Entscheidung möglich ist. (4) Daß der von den Hss. gebotene Text . . . hortari pudet, non prodesse id pudet im Lichte des Noniuslemmas pudet - piget falsch sein muß, ist evident (Mette schrieb nichtsdestotrotz hortari pudet . . . id pudet). Während die editio Aldina id piget verbesserte, was Bothe, Scen. Lat. 5,172 übernahm, schrieben Ribbeck TRF[1] 125, TRF[2] 149; Bücheler, Kl. Schr. 1,639 (= 1868); Warmington; Klotz, TF 207; Resta Barile, Accio 16; D' Anto, Accio 81 hortari piget . . . id pudet; Ribbeck, TRF[3] 172f. kehrte (mit Müller, Accii fab. disp. 15) zur Verbesserung der Aldina zurück (worin ihm Ambrassat, Accii fabulae 9; Franchella, Accii trag. fragm. 412 folgten), die sich aus der Glossierung des Nonius auch nahelegt: es ist also hortari pudet . . . id piget zu schreiben.

II. Bothe erklärte das Zitat für »manifesti cretici«, während Bücheler Trochäen herstellen wollte; die Deutung dieses Verses als Iamben scheint dagegen eher nahezuliegen: Klotz und Franchella bezeichneten den Vers als iambischen Octonar, doch lassen sich ohne Schwierigkeiten mit Mette und D' Anto auch eineinhalb Senare herstellen.

III. (1) qui kann als relative oder interrogative Partikel verwendet werden; hier, nach non invenio, leitet es den indirekten Fragesatz qui te adiutem ein: 'ich weiß nicht wie . . .' (s. OLD qui[2] 3). non invenio mit folgender indirekter Frage ist vorwiegend prosaisch (z. B. Cic. Quinct. 12,41: neque praeterea quid possis dicere invenio; Sen. Apoc.10,2: ... quid dicam, patres conscripti, non invenio): »I am at a loss to know, I cannot imagine« (OLD, invenio 6d). (2) hortari meint hier 'jemanden zu einer Handlung antreiben' (s. OLD, hortor 1): offenbar ist an eine Handlung zu denken, die der angesprochenen dramatis persona die Hilfe bringt, die der Sprecher nicht zu leisten in der Lage zu sein behauptet. Die angesprochene dramatis persona befindet sich demnach in einer Notsituation, in welcher sie auf die Hilfe von Seiten Dritter angewiesen ist. (3) Die Nebeneinanderstellung von pigere und pudere ist so häufig, daß daraus für Nonius die Notwendigkeit resultiert, die Differenz beider Ausdrücke zu definieren (z. B. inc. fr. trag. 21 R = Enn. trag. 66 W; Plaut. Trin. 345; Cic. Brut. 188; Dom. 11,29; Sall. Hist. 1,77,14), d. h. auf ihrer Verschiedenheit zu beharren. Das Acciusfragment vermag diese Differenz gut zu illustrieren: in der hilflosen Lage, in welcher sich die angesprochene dramatis persona befindet, hat der Sprecher nur zwei Möglichkeiten, Hilfe zu bringen: a. jemanden zu finden, der Hilfe bringen kann, oder b. selbst hilfreich einzugreifen; zu beiden Möglichkeiten aber erklärt er sich nicht in der Lage zu sein, da er sich schäme, jemand anderen zur Rettung aufzufordern, andererseits selbst, zu seinem Verdruß, nichts zur Rettung beitragen könne. piget und pudet sind von Accius hier zwar grammatisch parallelisiert, sind inhaltlich einander aber nicht korrelat. (4) Evident ist, daß von einer Notlage der angesprochenen dramatis persona die Rede ist, der der Sprecher zum eigenen Verdruß hilflos gegenübersteht. Gemeint kann mit dieser Notlage nur die Verwüstung des Landes sein oder der drohende Tod Andromedas. Entsprechend unterschiedliche Sprecher kommen in Frage: bezieht sich die Ausweglosigkeit der Situation auf die Verwüstungen des Landes, so könnte Andromeda diese Worte an den Vater, die Mutter richten; ist dagegen die Aussetzung Andromedas gemeint, ist sicher Andromeda angeredet; als Sprecher kommen dann der Vater, die Mutter in Frage.

IV. (1) Die Mehrheit der Forscher war der Meinung, daß Cepheus' Bruder Phineus mit diesem Vers die Aufforderung des Cepheus zurückwies, Andromeda vor dem Tod zu retten (so Bothe; Hartung; Bücheler; Ribbeck, Röm. Trag. 562; Müller; Warmington; Mette; Franchella; D' Anto); dieser Vorschlag scheitert m. E. daran, daß der Sprecher nicht eine Weigerung artikuliert, eine Handlung zu vollziehen, zu welcher er theoretisch befähigt wäre, sondern daß er sich trotz dem Willen zu helfen für nicht der Hilfe fähig erklärt (ein Vorkommen des Phineus ist durch nichts zu erweisen). (2) Welcker legte den Vers dem Chor in den Mund, im Kontext der Werbung des Perseus um Andromeda: unter der Voraussetzung, daß Accius den Chor benutzt hat, eine plausible Einordnungsmöglichkeit des Verses. (3) Ambrassat vermutete, daß es »Cephei patris verba esse ... dolentis, quod filiam adiuvare nequit«: wie oben gezeigt, eine probable Vermutung.

Accius V

I. Die Noniushss. überliefern proluvium; da von 'Überschwemmung', oder übertragen von 'Verschwendung' im Zusammenhang mit muliebre ingenium kaum die Rede sein dürfte, ist Lipsius' Korrektur prolubium zu akzeptieren.

II. Bothe, Scen. lat. 5,171 deutete die Worte als Reste eines iambischen Senars, was jedoch die Annahme von nicht synkopierten prolubium erforderlich macht; die Annahme eines trochäischen Septenars liegt deshalb näher. Mette, Lustrum 9 (1964) 134 deutet den Vers ebenfalls als t^7, nimmt aber den Ausfall eines Wortes zwischen prolubium und occasio, nicht erst am Versschluß nach occasio, an. Ich halte die Lücke am Versschluß für wahrscheinlicher.

III. (1) muliebre ingenium kann sowohl den 'weiblichen Charakter einer Frau als auch den 'weibischen Charakter' eines Mannes bezeichnen (vgl. inc. trag. fragm. 210 R, 33 W: vos enim iuvenes animum geritis muliebrem, illa virgo viri; Sall. Hist. fr. I 55,15: ... neque quisquam extremam necessitatem nihil ausus nisi muliebri ingenio exspectat): damit bietet der Vers keinen sicheren Hinweis auf die Charakterisierung einer Frau durch diese Worte (s. u.). (2) prolubium ist zu prolibet gebildet und ist in dramatischer Literatur mehrfach verwendet; so im 'Colax' des Naevius (31 R, 32 W): et volo et vereor et facere in prolubio est; Ter. Ad. 985; inc. trag. fragm. 226 R, 146 W: prolubium est petere amicitiam et fidem; prolubium bezeichnet also die Neigung eines Menschen zu dem, was ihm gefällt, »inclination, desire« (OLD, prolubium). (3) Die drei Worte stehen sicherlich in einem argumentativen Zusammenhang und bezeichnen wahrscheinlich die Motive für die Handlung(en) einer Person: 'weibliche (weibische) Natur, Neigung, Gelegenheit' (bestimmen ihn/sie dazu). Es lassen sich verschiedene Situationen denken, in welchen die Motive einer Person so angegeben worden sein könnten.

IV (1) Die am häufigsten vertretene Deutung dieses Verses bezog die Worte auf die »Cassiopeae levitas« (Bothe, l. c.), die sich ihrer Schönheit vor den Nereiden gerühmt hatte (so auch Hartung, Eur. rest. 2,349; Bücheler, Kl. Schr. 1,639 [= 1868]; Ribbeck, Röm. Trag. 562f.: Müller, Accii fab. disp. 13; Mette, Lustrum 9 [1964] 135); diese Forscher legten die Worte dann entweder dem erzürnten, seine Frau tadelnden Cepheus in den Mund (Bothe, Müller), oder der reuigen Cassiope selbst (Hartung), oder Phineus (Bücheler). (2) Welcker, Gr. Trag. 2, 661 hielt diese Worte für Ermahnungen des Cepheus an seine Tochter, nicht gegen den Willen der Eltern dem Fremden als Frau zu folgen. (3) Ambrassat, Accii fabulae 9 und Warmington, ROL 2,353 erklärten das Fragment für nicht deutbar (vgl. auch D' Anto, Accio 237), während Franchella, Accii trag. fragm. 417 darin einfach die »natura femminile« charakterisiert sah. (4) a. An dem Vorschlag, daß das Fragment »ad Cassiopeiae culpam spectare« (Müller, l. c.) befriedigt nicht, daß occasio dabei nicht zu erklären ist: welche 'Gelegenheit' soll erklärend/entschuldigend dafür sein, daß Cassiope sich ihrer Schönheit rühmte? (vgl. Ambrassat, l. c.: »quid vero significat illud 'occasio' difficile est dictu«). b. Welckers Idee ist vom Text her gut begründet und ist auch grundsätzlich bei unserem Wissen von der 'Andromeda' des Accius als nicht unmöglich einzustufen. Dagegen ist Franchellas Definition des Minimalkonsenses nicht richtig: wie gezeigt, kann auch ein weibischer Charakter gemeint sein. c. Alternativ zu den oben referierten Deutungen sei folgender Kontext vorgeschlagen: die drei Begriffe würden auch gut zu den Motiven des Polydektes passen, sich Perseus vom Hals zu schaffen, um Perseus' Mutter Danae sich nähern zu können (vgl. Apollod. Bibl. 2,4,2: βασιλεύων δὲ τῆς Σερίφου Πολυδέκτης ... Δανάης ἐρασθεὶς καὶ ἠνδρωμένου Περσέως μὴ δυνάμενος αὐτῆι συνελθεῖν, συνεκάλει τοὺς φίλους, μεθ' ὧν καὶ Περσέα κτλ.): Perseus würde in einer Erzählung seiner Abenteuer so begründet haben, wie er von Polydektes dazu gebracht wurde, das Haupt der Gorgo zu erkämpfen. Daß in einem 'Andromeda'-Drama auch die Gründe für Perseus' Ankunft in Andromedas Heimatland zur Sprache kamen, ist nicht generell auszuschließen (und für Euripides' 'Andromeda' ebenfalls vermutet worden: s. z. E. F 133. 134. 149).

Accius VI

I. (1) Die Noniushss. überliefern in V. 2 entweder addubitare oder aut dubitare; beide Lesarten ergeben keinen vollständigen i^6; der Text mit addubitare ('es liegt nicht mir ob, zu sagen, daß du entweder aus Furcht oder aus Trägheit schwankst') ist vom Sinn her befriedigend, (addubitare schrieben Scriverius, teste Bothe, Scen. lat. 5,171; Hartung, Eur. rest. 2,350; Ribbeck, TRF^1 126; Ambrassat, Accii fabulae 9; Franchella, Accii trag. fragm. 413); 2. aut dubitare ist dagegen inhaltlich weniger überzeugend. (2) Unter der Voraussetzung, einen vollständigen Senar herstellen zu wollen, wurde konjiziert: a. nam quid dicam, metu ' segnitate ted addubitare (Bothe, l. c.); adire und adductum dubitare (lt. Ribbeck adductum dub. auch Onions) Bücheler, Kl. Schr. 1,639 (= 1868); tardum dubitare nach Ribbeck, TRF^2 150 ebenfalls Bücheler; Ribbeck schrieb TRF^2 150 und TRF^3 173 adiuvere dubitare; Bergk, Kl. philol. Schr. 1,339 (= 1874) wies die Form iuvere anstatt iuvare zurück; d. Baehrens, Jbb. f. cl. Philol. 105 (1872) 622 konjizierte aut segnitate dubia vitare; e. timidum dubitare schrieb Müller, Accii fab. disp. 15 und schon Nonius 255; f. Warmington, ROL 2,348 kombinierte Ribbecks Konjektur mit der Überlieferung zu adiuvere addubitare. (3) Inhaltlich und paläographisch sind Büchelers tardum dub., Baehrens dubia vitare und Warmingtons adiuvere addubitare weniger gut; man wird der konjekturalen Einfügung eines weiteren Infinitivs (adire, adiuvere) aus stilistischen Gründen andere Lösungen vorziehen; dem guten timidum von Müller ist Büchelers/Onions' adductum aus paläographischen Gründen überlegen; eine Verschreibung von einem (wahrscheinlich abgekürzten) adductum zu addubitare ist leicht erklärlich, somit dürfte Büchelers Konjektur Accius' Text am nächsten kommen (adductum übernahm auch D' Anto, Accio 81; von den anderen modernen Herausgebern entschied sich Klotz, TF 208 für Büchelers adire, Resta Barile, Accio 16 für Warmingtons hybrides adiuvere addubitare).

II. (1) segnitas begegnet außer an den beiden von Nonius erwähnten Acciusstellen ('Aeneadae' fab. praetext. 7 R, 8 W, 7 A: et nunc - quo eorum segnitas? ardet focus; und 'Andromeda') nur noch in Ciceros De orat. 1,41,185 (et quoniam de impudentia dixi, castigemus etiam segnitatem hominum atque inertiam). Ungleich häufiger ist das ebenfalls zum Adjektiv segnis gebildete Substantiv segnities oder segnitia (in dramatischer Literatur bei Plaut. Asin. 254; Trin. 796; Ter. Andr. 206); ein Bedeutungsunterschied existiert aber nicht: 'Säumigkeit, Trägheit'. (2) dubitare ist hier, wie in den 'Epigoni' und dem 'Eurysaces' des Accius, absolut im Sinne von 'zögern' gebraucht (294f. R, 282f. W, 294f. Kl, 294f. A): fateor; sed cur proferre haec pigrum aut huius dubitem, capiti?; (359f. R, 353f. W, 359f. Kl, 359f. A): re dubia, haut dubitarit vitam offerre nec capiti pepercerit. (3) Dem die eigene Subjektivität des Sprechers betonenden Sprachgestus entspricht auch die Verwendung von haud statt non, insofern haud »etwas nicht schlechtweg (objektiv) (verneint), sondern nach der Ansicht des Redenden (subjektiv) und zwar auf nachdrückliche Weise« (KS 1,814): der Sprecher legt besonderen Nachdruck darauf, daß er die Motive des/der Angesprochenen nicht zu ergründen vorhabe. (4) meum est ist seit Plaut. Pers. 46 mit ut c. coni. belegt; daneben gibt es auch die Konstruktion c. inf. (vgl. Ter. Haut. 549): s. KS 2,244.

III. (1) Die Deutungs- und Einordnungsvorschläge für dieses Fragment müssen von dem vom Sprecher konstatierten dubitare der angesprochenen dramatis persona als einzigem Anhaltspunkt ausgehen; dies führte zu folgenden Vorschlägen: a. Cepheus klagte seinen Bruder Phineus an, aus Furcht oder Trägheit die Rettung seiner Verlobten Andromeda zu verweigern: so Bothe, Scen. Lat. 5,171; Hartung, Eur. rest. 2,350; Ribbeck, Röm. Trag. 562; Warmington, ROL 2,349; Mette, Lustrum 9 (1964) 135; Franchella, Accii trag. fragm. 413; Resta Barile, Accio 156; D' Anto, Accio 238f.; b. Cassiope klagte Phineus der Feigheit an: Bücheler, Kl. Schr. 1,639 (= 1868); c. Perseus bezichtigte, nachdem er sich zur Rettung Andromedas entschlossen hatte, den Phineus, seinen Rivalen um die Hand Andromedas, der Feigheit: Müller, Accii fab. disp. 15; Petersen, JHS 24 (1904) 110; d. Cepheus bekräftigte mit diesen Worten seine Erwartung, daß Perseus Andromeda retten werde: Ambrassat, Accii fabulae 9f. (2) Die Vorschläge a. bis c. sind mit Ambrassat deshalb in Zweifel zu ziehen, weil »an Phineus partes aliquas egerit in 'Andromeda' Acciana incertum est« (l. c.); abgesehen davon fällt es schwer, in diesem Fragment vorrangig einen anklagenden Sinn herauszulesen, wie die Vorschläge a. und b. es tun. Deshalb trägt Müllers Vorschlag immerhin besser der (auch von D' Anto gemachten) Beobachtung Rechnung, daß die beiden Verse »con molto tatto« (D' Anto, Accio 238) formuliert sind. (3) Dennoch sei hier eine andere Einordnung vorgeschlagen: die Verse könnten in der Situation vor der Aussetzung Andromedas gesprochen sein, wo jemand Cepheus gegenüber erklärt, nicht die Ursachen für sein

Zögern, durch die Aussetzung der Tochter das Land zu retten, ergründen zu wollen; vielleicht sprach Andromeda selbst zu ihrem Vater und bot sich freiwillig an, für das Land ihr Leben einzusetzen? - Grundsätzlich sind jedoch auch andere Situationen denkbar, wo in einem Dialog entsprechende Äußerungen gemacht werden konnten.

Accius VII

I. Die Noniushss. überliefern in V. 1 in quo - ausere (bzw. hausere); da in quo metrisch unmöglich und ausere bzw. hausere inhaltlich kaum richtig sein dürfte, sind die Konjekturen von de Jongh (in seiner Noniusausgabe von 1565: iniquo) und Wilhelm (in seinen Versimilia 1,6, Antwerpen 1582, teste Ribbeck, TRF[1] 126: auxere) unausweichlich.

II. 1 (1) iniquus ist derjenige, »qui aequum non servat« (de Rosalia 82), der also in malis nicht 'gleichmütig' bleibt, sondern sich grämt. (2) Die angeredete mulier kann nach Lage der Dinge a. Andromeda, b. ihre Mutter Cassiope sein (möglicherweise gab es auch eine weitere weibliche dramatis persona; eine »nutrix« brachte Ambrassat, Accii fabulae 12 in Vorschlag, aber als Sprecherin dieser Verse). Bezieht sich mulier auf Andromeda, ist ihre Lage in malis die Aussetzung, die sie durch ihren Gram verschlimmere; da jedoch Andromeda der Tod droht, wären solche an sie gerichteten Worte zynisch und deplaziert (welches malum könnte in ihren malis schlimmer sein als der Tod?). Man wird deshalb an Cassiope als Adressatin dieser Worte denken dürfen, die die mala, die in der Schuld an der Aussetzung der Tochter bestehen, durch ihr Verhalten (Schmerz, Gram . . .) für sich selbst verschlimmert. Damit gewinnen wir ein wichtiges Indiz für das Auftreten einer dramatis persona Cassiope in der 'Andromeda' des Accius. (3) aliqua re mala augere ist auch bei Vell. 2,28,1 (videbantur finita belli civilis mala, cum Sullae crudelitate aucta sunt: über die sullanischen Proskriptionen) und Ps. Sen. Herc. Oet. 566 (Nutrix: . . . precibus augebo malum); Sen. cons. ad Marciam 3,4 (quae . . . amentia est poenas a se infelicitatis exigere et mala sua manu augere!) verwendet, während bei Livius 7,4,7 ebenfalls ein Polyptoton mit malus und augere begegnet: at hercule L. Manilium malum malo augere filii et tarditatem ingenti insuper premere . . . (4) in malis meint wie in Accius' 'Alphesiboea' 73 R, 35 W, 73 Kl, 73 A (etsi est in malis 'depositus animus, quae scibo exinde audiet) singularisch einen momentanen

Zustand des Leidens, der sich von mehreren Übeln herleitet. 2 (1) Die prava natura äußert sich in diesem Fall darin, daß die Angesprochene ihr Schicksal nicht aequo animo trägt; pravus 'verschroben, verkehrt' ist schon bei Plaut. Bacch. 413 (Lydus: ... nunc propter te tuamque pravus factus est fiduciam Pistoclerus) auf Menschen angewandt. (2) Seit Plautus ist die phraseologische Verknüpfung von fors und dem aus fors gebildeten fortuna im Sinn von 'gutes Glück, glücklicher Zufall' belegt (Plaut. Bacch. 916; Miles 287; Ter. Eun. 568; Cic. div. 2,7,18); Accius dagegen verwendet fors fortuna hier und im 'Astyanax' (182 R, 142 W, 182 Kl, 182 A: itera, in ' quibus partibus, namque audire volo, si est quem exopto, et quo captus modo, Fortunane an forte repertus) nicht phraseologisch, sondern wörtlich als einander entgegengesetzte Begriffe: 'Zufall oder Göttin Schicksal'.

III. (1) Für die Einordnung dieser beiden Verse in Accius' 'Andromeda'-Tragödie sind ganz unterschiedliche Vorschläge gemacht worden: a. Welcker, Gr. Trag. 2,661 betrachtete Andromeda als die angesprochene mulier, die von ihrem Vater Cepheus mit diesen Worten vor der Ehe mit Perseus gewarnt werde; b. Hartung, Eur. rest. 2,349 und Mette, Lustrum 9 (1964) 134 dachten sich ebenfalls Cepheus als Sprecher, der sich aber an seine Gattin Cassiope wende; c. Ribbeck, Röm. Trag. 562 erwog als Sprecher Phineus, der sich mahnend an Cassiope wende, hielt jedoch auch einen anderen Sprecher für denkbar, während Müller, Accii fab. disp. 15 für Phineus plädierte; d. Ambrassat, Accii fabulae 11f. hielt Cepheus oder Perseus für mögliche Sprecher, ließ jedoch die Möglichkeit offen, daß die Worte »a nutrice aliqua Cassiopeiam consolante« (aaO: 12) gesprochen sein könnten; e. Warmington, ROL 2,349 legte sich weder auf einen Sprecher fest, noch entschied er sich als Adressatin zwischen Andromeda und Cassiope; f. Andromeda betrachtete Franchella, Accii trag. fragm. 417 für die angesprochene mulier; g. Resta Barile, Accio 16 und D' Anto, Accio 238 legten sich nur hinsichtlich der angesprochenen Person fest, die sie mit Cassiope identifizierten. (2) Daß die angesprochene Frau Andromeda ist, ist, wie oben gezeigt, wenig wahrscheinlich, die entsprechenden Vorschläge sind deshalb abzulehnen; skeptisch ist andererseits auch die Inanspruchnahme eines Sprechers Phineus zu beurteilen. Es bleibt so nur die Alternative, Perseus oder Cepheus als Sprecher der Verse anzunehmen: da die mala aber wohl das Unglück bezeichnen, das das Haus des Cepheus mit dem drohenden Tod Andromedas betroffen hat, ist es eher plausibel in diesem zum Gleichmut mahnenden Sprecher einen emotional weniger beteiligten Außenstehenden als den ebenfalls betroffenen Cepheus als Sprecher zu betrachten (Franchella dachte auch an den Chor), d. h. Perseus.

Accius VIII

I. (1) Das in den Hss. überlieferte senio beanstandete Ribbeck aus inhaltlichen Gründen, weil bezogen auf Andromeda schlechterdings nicht von senium die Rede sein könne; er konjizierte deshalb sento: 'am rauhen Felsen'. Mit Klotz, TF 208; Mette, Lustrum 9 (1964) 135; Resta Barile, Accio 16; D'Anto, Accio 81 ist Ribbecks Verbesserung zurückzuweisen und senio beizubehalten, weil senium nicht nur 'Alter' bedeuten kann, sondern auch 'Überdruß', 'Ekel', 'Haß'; zu vergleichen ist die Verwendung von senium bei Accius selbst: im 'Amphitryon' 90 R, 48 W, 90 Kl, 90 A kann senium 'Alter' heißen, muß es aber nicht: quin meum senium cum dolore tuo coniungam et comparem; in der 'Epinausimache' dagegen bedeutet senium auf jeden Fall 'Trauer', 316 R, 304 W, 316 Kl, 316 A: mors amici subigit, quod mi est senium multo acerrimum (vgl. auch Plaut. Stich. 19: Pamphila: ... haec mi dividiae et senio sunt; Truc. 466: Phronesium: ... id illi morbo, id illi seniost, ea illi miseriae miseriast; Nonius 1, p. 1,1 M = 1,3 L: senium est taedium et odium; dictum a senectute, quod senes omnibus odio sint et taedio). (2) Statt des überlieferten obvalla wollten Del Rio (Syntagma tragoediae Latinae, Lutetia Parisiorum 1619, teste Bothe, Scen. Lat. 5,171); Müller, Accii fab. disp. 14; Franchella, Accii trag. fragm. 414; de Rosalia 115 obvallata schreiben, Bothe, l. c. obvallas, weil ein Adjektiv obvallus sonst nicht belegt ist. Da von der Wortbildung her eine rückläufige Ableitung zu obvallare, obvallatus nicht ausgeschlossen ist, kann die Überlieferung obvalla beibehalten werden (s. ThLL 9.2,309,20-3).

II. (1) Es besteht kein Zweifel, daß misera die an den Felsen gefesselte Andromeda bezeichnet; bei Euripides heißt Andromeda τλήμων E. F 115, πολυπονωτάτη τῶν βροτῶν E. F 120, bei Aristophanes, Thesm. 1107 παναθλία, bei Sophokles ἡ δυστυχὴς ἀθῷος ἐκκρεμαμένη. (2) paedor ist eine vorwiegend poetische Vokabel (Lucr. 6,1269; Sen. Ag. 991; Lucan. 2,73; Stat. Theb. 4,616) zur Bezeichnung von 'Unrat', 'Schmutz'; bei Seneca, Lucan, Statius wird eine besonders abstoßende Form von Gefangenschaft durch paedor gekennzeichnet, bei Lukrez starren die an der Pest sterbenden Athener vor paedor.

Inwieweit das Schicksal Andromedas Grund bietet, von paedor zu sprechen, ist kryptisch; vielleicht ist an die Leichen zu denken, die Accius IX und X erwähnt sind, deren Überreste Andromeda, 'die Arme, umgeben vom Felsen, von Elend, Schmutz, Schmerz, Hunger' peinigen? (3) *algus findet sich (außer Plaut. Vid. fr. 2) nur im Ablativ gebraucht; die Junktur alguque fame hat schon Plaut. Most. 193 (vgl. auch Vid. fr. 2: Nicodemus: . . . inopiam, luctum, maerorem, paupertatem, algum, famem), dann auch Lukrez (3,732: [animae] neque enim, sine corpore cum sunt, ' sollicitae, volitant morbis alguque fameque) und später zweimal Paulinus von Nola (carm. 24,304; carm. append. 2,15). (4) Für den überlieferten Text senio spricht auch die rhetorische Einkleidung des Verses: Accius stellt fünf syntaktisch gleichgeordnete Substantive nebeneinander in der Figur der koordinierenden Häufung (s. Lausberg, El. lit. Rhet. § 294), wobei er dem Trikolon unverbundener Glieder saxo senio paedore ein Dikolon von durch Konjunktionen verbundenen Gliedern folgen läßt. D' Anto, Accio 238 hielt diesen »cumulo dei sostantivi« für einen speziell pacuvianischen Reflex; daß dieses Stilmittel jedoch auch schon von Plautus verwendet wurde, belegt das oben zitierte Vidulariafragment.

III. (1) Der Vers beschreibt die Situation der an den Felsen gefesselten, dem Ketos zum Fraß ausgesetzten Andromeda: darin sind sich alle Forscher einig (mit Ausnahme von Welcker, s. u.; Müller, Accii fab. disp. 14; Ambrassat, Accii fabulae 12f.; Mette, Lustrum 9 [1964] 135; D' Anto, l. c. konstatieren nur diesen Sachverhalt); die meisten Gelehrten lassen Andromeda selbst ihre bedauernswerte Lage mit diesen Worten beklagen bzw. beschreiben: so Hartung, Eur. rest. 2,347; Bücheler, Kl. Schr. 1,639 (= 1868); Ribbeck, Röm. Trag. 563; Warmington, ROL 2,351; Franchella, Accii trag. fragm. 414. Welcker, Gr. Trag. 2,661f. plazierte das Fragment in den Zusammenhang der Auseinandersetzung Andromedas mit ihrem Vater Cepheus wegen der Ehe mit Perseus, und dachte, daß sich Andromeda mit diesen Worten zu ihrer Entscheidung für Perseus bekannte: »lieber als ihn aufgeben will sie, im Kerkertum eingeschlossen, von Alter und Elend, von Frost und Hunger« geplagt ausharren.
(2) Welckers Vorschlag ist nicht gänzlich abwegig, operiert aber, wie schon zu Accius II gezeigt, mit sehr ungenauen Paraphrasen des Inhalts der Fragmente; die Wiedergabe des saxum mit »Kerkerturm« halte ich für falsch, und deshalb ist Welckers Vorschlag zu verwerfen. Den Bezug von saxum auf die an den Felsen gefesselte Heroine halte

ich dagegen für zwingend; mit Ambrassat, aaO. 12 ist aber festzuhalten, daß kein Sprecher definitiv festgelegt werden kann (denkbar sind der Chor, Perseus, Andromeda).

Accius IX

I. (1) Quint. Inst. 1,4,13 weist zu Recht auf den archaischen Charakter von vapos hin; vapor ist erst seit Cicero belegt; Lucr. 6,952 erweist sich als bewußter Archaismus (permanat odor frigusque vaposque, ignis . . .); außer für Accius und Lukrez ist die Form vapos nicht zu belegen. (2) Der Vers umschreibt kunstvoll (D' Anto, Accio 239 machte im Text »tre coppie di allitterazioni« aus) den simplen Umstand, daß eine männliche Person (qui) unbestattet ist (oder: cumulus mortuorum; oder: cetus?).

II. Auf welche Person und auf welche Situation dieser trochäische Septenar zu beziehen ist, ist ganz unklar. Doch existieren immerhin zwei Typen von plausiblen Vorschlägen, diesen Vers in der 'Andromeda' des Accius sinnvoll zu plazieren: a. Welcker, Gr. Trag. 2,657 und Hartung, Eur. rest. 2,355 setzten dieses Fragment in den Zusammenhang der Schilderung des Kampfes des Perseus mit dem Meerungeheuer; qui - evasit vapos wäre nach Meinung von Welcker und Hartung offenbar das Ketos, welches, von Perseus erschlagen, nun tot und unbestattet am Strand liegt; b. Ribbeck, Röm. Trag. 563; Müller, Accii fab. disp. 14; Ambrassat, Accii fabulae 13; Warmington, ROL 2,351 nahmen an, daß dem Ketos schon vor der Aussetzung Andromedas andere Menschen zum Opfer gebracht worden waren, deren Reste nun unbestattet den Ort umgaben, an welchem Andromeda dem Ketos ausgesetzt wurde. Ambrassat hielt Perseus, Warmington Andromeda für die sprechende dramatis persona.- Mette, Lustrum 9 (1964) 135 bezog diesen Septenar »auf Andromeda«, ohne nähere Angabe, wie dies zu verstehen ist; Franchella, Accii trag. fragm. 417 meinte, Andromeda beschreibe »il vapore che la terra esalava«: beide Deutungen sind kaum richtig.

Accius X

I. Wegen der Lesart automedia der Noniushss. hat Bothe, Scen. Lat. 5 diesen Vers bei den Fragmenten der 'Andromeda' des Accius nicht berücksichtigt; da ein auch nur von Ferne ähnlicher Stücktitel für

Accius nicht bezeugt ist, ist die Korrektur zu Andromeda sicher richtig (vgl. Stahlberg, Comm. Attii vita 19f.).

II. (1) Schon Mercier hat richtig gesehen, daß der von den Hss. am Zitatanfang gebotene Text immanitate habet falsch sein muß: 1. ist die Lesung inhaltlich Unsinn, 2. metrisch unpassend, 3. lautet das Lemma bei Nonius inmane, so daß im Zitat inmane begegnen muß. (2) Diesen Feststellungen trägt Merciers Emendation inmani tabe Rechnung, die einen metrisch wie inhaltlich befriedigenden Text herstellt und so als sichere Herstellung des Acciustextes gelten darf.

III. (1) templum heißt in der Grundbedeutung jedes abgetrennte Stück Land, welches einer besonderen Nutzung dienstbar gemacht wird; also kann es jeglichen geweihten Ort, nach Nonius 6, p. 464,12 M = 3,743 L sogar ein sepulcrum bezeichnen (hergeleitet von Verg. Aen. 4,457). Welche Bedeutung hier anzunehmen ist, ist unsicher: im Zusammenhang mit Opfern für eine Gottheit kann genauso von Fäulnis, Verwesung und Knochenhaufen die Rede sein wie zur Kennzeichnung eines Bestattungsortes. (2) obvallo ist in klassischer lateinischer Literatur nur für Accius und Cicero belegt (s. ThLL 9. 2,309,6ff.); das templum ist also 'ringsum dicht umlagert von Knochen'. D' Anto, Accio 239 faßt dagegen die Vokabel obvallo als in »sua piena accezione etymologica« gebraucht auf, was heißen soll: 'der Begräbnisort ist voll von Haufen von Knochen'. D' Anto vernachlässigt die Präposition ob in obvallo; das schließt m. E. die Reduzierung von obvallo auf den etymologischen Gehalt von vallum aus. (3) Durch das Fehlen eines Prädikats ist es schwierig, den syntaktischen Bezug von inmani tabe zu templum - ossibus exakt zu beschreiben.

IV. (1) Die Deutungen und Einordnungsvorschläge des Fragments bewegten sich im selben Rahmen wie die von Fragment IX: a. Welkker, Gr. Trag. 2,657 und Hartung, Eur. rest. 2,355 plazierten den Vers in den Kontext der Schilderung des Kampfes mit dem Ketos; unklar bleibt allerdings, auf welchen Vorgang, welche Situation der Vers gemünzt sein soll; b. Ribbeck, Röm. Trag. 563; Müller, Accii fab. disp. 14; Petersen, JHS 24 (1904) 110; Ambrassat, Accii fabulae 14; D' Anto, Accio 239 betrachteten den Vers als eine Beschreibung des Ortes, an welchem Andromeda dem Ketos ausgesetzt ist; die Knochen und die Verwesung rührten von früheren Opfern des Ketos her. (2) Welckers und Hartungs Vorschlag ist so unpräzise, daß ein Urteil nicht möglich ist. Gegen die Auffassung der Mehrzahl der Forscher ist geltend zu machen, 1. daß templum in dieser Weise kaum auf den Aussetzungsort Andromedas bezogen werden kann, es sei denn, daß der Ort in anderer Weise sakral genutzt wurde (man könnte an einen dem Neptun heiligen Ort denken; Ribbeck meinte, daß templum einfach »abgegrenzter Bezirk« bedeuten müsse, während D'Anto den Begriff templum durch das Vorhandensein von Leichen hinreichend gerechtfertigt betrachtete), 2. daß es merkwürdig ist, daß von den früheren Opfern des Ketos noch verwesende Überreste daliegen sollen, wo doch Andromeda zumindest dem Ketos zum Fraß (nicht nur zur Tötung) ausgesetzt ist (s. E. F 121). Es sei deshalb eine andere Lösung vorgeschlagen: wenn templum als abgegrenzter heiliger Bezirk einer Gottheit aufzufassen ist, kann auch an den Ort des Ammonorakels gedacht werden, welches in Apollodoros' Nacherzählung der Andromedageschichte begegnet: Ἄμμωνος δὲ χρήσαντος τὴν ἀπαλλαγὴν τῆς συμφορᾶς, ἐὰν ἡ Κασσιέπειας θυγατὴρ Ἀνδρομέδα προτέθηι τῶι κήτει βορά (Apollod. Bibl.2,3,4). Vielleicht hat ein Bote berichtet, daß er das Heiligtum angetroffen habe, erfüllt 'von ungeheurer Verwesung, dicht umlagert von Knochen'? Diese Kadaver wiederum könnten sowohl von den dem Ammon dargebrachten Opfern als auch von den das Orakel in der Wüste aufsuchenden Menschen stammen, die das Orakelheiligtum umsonst, zu spät erst besucht hatten oder von dort den Heimweg nicht fanden (zum schwierigen Weg zum Ammonorakel in der Oase Siwa in der libyschen Wüste sind zu vgl. Curt. 4,7,1ff.; Plut. Alex. 26,20).

Accius XI

I. (1) Nonius' Versuch, alere und educare in ihrer Bedeutung als different zu definieren, hat seinen Grund in der häufiger anzutreffenden Verknüpfung beider Begriffe (vgl. ThLL 1,1708,53: alere »saepius iungitur cum educare/erudire sim.«): so Plaut. Rud. 741 (Daemones: immo Athenis natus altusque educatusque Atticis), Cic. parad. 25; Liv. 30,28,4. Nonius hebt in seiner Definition zu Recht darauf ab, daß alere mit den biotischen Bedürfnissen von Menschen zu tun hat, während educare allgemein das Großziehen von Menschen meine, wozu neben der Versorgung mit Nahrung noch Anderes vonnöten ist. Objekt des alere und educare ist mit größerer Probabilität Andromeda: jemand, der an ihrer Erziehung beteiligt war, sagt demnach: 'Genährt habe ich sie und großgezogen: laßt dies mir altem Menschen (auch jetzt noch) angenehm sein'. (2) facite ist hier verwendet wie »tam quam 'efficio ut'« (de Rosalia 59). Die Formulierung erinnert an die seit Ter. Eun. 723 nachweisbare Phrase alicui gratum facere, 'sich jemanden zu Dank verpflichten'. (3) senex ist eine Selbstcharakterisierung des Sprechers, die aber nur Rückschlüsse auf sein Alter, nicht auf sein Geschlecht zulassen. Als ältere dramatis personae kennen wir Andromedas Vater Cepheus (s. Accius XII) und ihre Mutter Cassiope (s. Accius VII), die beide von sich behaupten können, Andromeda sowohl genährt als auch erzogen zu haben (Müller, Accii fab. disp.15 brachte die Person einer »nutrix« ins Gespräch: das ist prinzipiell nicht ausgeschlossen; vgl. auch z. Accius VII). Von einem der beiden wird vermutlich dieser Senar gesprochen. (4) Die Aufforderung von Cepheus/Cassiope richtet sich an eine Mehrzahl von Personen, die in der Lage sind, etwas zu tun, daß den Ernährern Andromedas das Großziehen der Tochter Grund zur Dankbarkeit ist; es ist zu vermuten, daß die Rettung Andromedas damit gemeint ist, und damit wäre auf jeden Fall Perseus einer der Angesprochenen; welche und ob überhaupt noch weitere Personen angesprochen sind, läßt sich nicht sagen.

II. (1) a. Die meisten Forscher schlugen eine Einordnung des Fragments in einen Kontext vor, der für die 'Andromeda' des Euripides bezeugt ist: nach der Tötung des Ketos will Perseus Andromeda mit sich fortführen, wogegen die Eltern Andromedas Einspruch erheben; nach der Meinung von Welcker, Gr. Trag. 2,661; Hartung, Eur. rest. 2,357; Ribbeck, Röm. Trag. 563; Petersen, JHS 24 (1904) 111; Ambrassat, Accii fabulae 17; Warmington, ROL 2,353; Mette, Lustrum 9 (1964) 135 sprach Cepheus diese Worte zu Perseus (und Andromeda), um von ihm oder beiden zu erwirken, daß Andromeda nicht die Eltern verlasse (zum Stoff s. z. E. T III). b. Müller, Accii fab. disp. 15 wollte den Vers auf zwei Personen verteilen: dem alui educavi von Andromedas Amme soll Perseus antworten: id facito ut gratum sit seni; Perseus soll mit diesen Worten die Aufgabe der Rettung von Andromeda übernommen haben. c. Franchella, Accii trag. fragm. 417 und D' Anto, Accio 239 betrachteten Cepheus als Sprecher, der von Perseus die Rettung seiner Tochter erbat. (2) Außer Müllers Annahme eines Sprecherwechsels in diesem Vers und der damit verbundenden Textänderung (facito für facite) sind alle drei Möglichkeiten als Kontext des Verses gut denkbar; allerdings erscheint mir ein Bezug auf die Rettung Andromedas eher wahrscheinlich als auf die Ablehnung der Hochzeit.

Accius XII

I. (1) Das von den Hss. gebotene obesse macht keinen Sinn; die Verbesserung von Jan Wilhelm obsesse ist deshalb zwingend (wenn auch die kontrahierte Form für obsevisse sonst nicht begegnet, wie D' Anto, Accio 240 anmerkt). (2) Als ebenso sicher darf Fruitiers Verbesserung des überlieferten intellegis in intelleges gelten, da der inhaltliche Duktus das Futur eher erfordert als ein Präsens (Bothe, Scen. Lat. 5,172 teilt die Konjektur obsesse Fruitiers zu; dessen Verisimilia sind 1602/6 in J. Gruytères Lampas erschienen, so daß die Präferenz sicher Wilhelm zukommt, dessen Verisimilia schon 1582 veröffentlicht wurden).

II. (1) Was mit beneficium gemeint sein kann, ist unklar; zwar meinen die meisten Forscher, in beneficium das Versprechen des Cepheus zu fassen, Andromeda Perseus zur Gattin zu geben, wenn dieser Andromeda gerettet habe (oder nach der Rettung Cepheus' Entscheidung, Andromeda mit Perseus ziehen zu lassen). Da die Rettung Andromedas und damit erst die Möglichkeit zu ihrer Verheiratung Ergebnis der Anstrengung des Perseus ist, macht es m. E. Schwierigkeiten, einen solchen Akt als beneficium, d. h. 'Vergünstigung' aus königlicher Vollmacht zu betrachten. Vielleicht meint beneficium aber auch die Bereitschaft des Cepheus, seine Tochter dem Wohl des Landes zu opfern? (2) Der übertragene Gebrauch von seges ist seit Plautus zu belegen; der Vergleichspunkt der Metapher betrifft hier die besondere Fruchtbarkeit (Litotes: haut sterili), d. h. Dankbarkeit der sprechenden Person, die Empfänger des beneficium ist. (3) obsero ist ebenfalls schon bei Plautus übertragen gebraucht: Epid. 557: Philippa: tun is es ' qui per voluptatem tuam in me aerumnam opsevisti gravem?; Men. 1012: Messenio: ... hisce ego iam sementem in ore faciam pugnosque opseram. (4) In Euripides' 'Andromeda' ist Kepheus König der Aithiopen (s. E.T III); rex wird deshalb auf jeden Fall auf Cepheus zu beziehen sein, besitzen wir sonst auch kein Zeugnis über den Schauplatz der Handlung der 'Andromeda' des Accius. Der Sprecher muß eine in einer gewissen Distanz zu Cepheus stehende dramatis persona sein, zumindest kein Familienangehöriger; die Anrede rex würde also zu Perseus passen, oder einem Verteter der Bewohner des Landes, oder dem Chor.

III. (1) Als typisch für die Einordnungsvorschläge der Mehrzahl der Forscher kann die Aussage von D' Anto, Accio 240 gelten: »forse è Perseo, che risponde cosi a Cefeo dopo la promessa di poter sposare

Andromeda« (vgl. Bothe, Scen. Lat. 5 ' 172; Welcker, Gr. Trag. 2,662; Hartung, Eur. rest. 2,358; Ribbeck, Röm. Trag. 563; Müller, Accii fab. disp. 15; Petersen, JHS 24 [1904] 110f.; Ambrassat, Accii fabulae 14; Mette, Lustrum 9 [1964] 135). (2) Außer der Anrede rex steckt in diesem Vers jedoch kein spezifischer Hinweis auf eine mögliche inhaltliche Verankerung dieses Fragments in einer 'Andromeda'-Tragödie. Bothe, Scen. Lat. 5,172 erwog gleichfalls, »ut ita Phineus victus vitam precetur a Perseo« und machte auf eine weitere Möglichkeit der Deutung des beneficium aufmerksam; gegen den Vorschlag ist jedoch einzuwenden, daß Perseus kaum als rex tituliert werden konnte, und die dramatis persona Phineus nichts weniger denn sicher ist. Vielleicht drückten die Bewohner des Landes in diesem Vers Cepheus ihre Dankbarkeit aus dafür, daß er sich bereit zeigte, zur Beendigung der Verwüstungen durch das Ketos seine Tochter dem Tod anheimzugeben? (Unverständlich ist die Deutung von Franchella, Accii trag. fragm. 417: »Perseo a Cefeo: elogia le virtute di Andromeda«.)

Accius XIII

I. Friedrich Leo hielt es für »vix credibile ... Accium ... scripsisse 'donec tu auxilium Perseu tetulisti mihi', sed Perse« (Ausgew. kl. Schr. 1,211 [= 1910]); Valerius Flaccus verwendete 6,605, worauf Leo ebenfalls hinwies, den lateinischen Vokativ Perse; die Verwendung des griechischen Vokativs Perseu ist hier jedoch durch das Metrum gedeckt.

II. (1) tetulisti ist die reduplizierte archaische Form des Perfekts tuli, welche für Ennius, Caecilius, Plautus, Terenz, Lukrez, Catull belegt ist (s. ThLL 6. 1,528,23-37). Das Perfekt sichert die Einordnung des Fragments in einen Teil des Dramas nach der Tötung des Ketos durch Perseus: denn auxilium ist sicher auf die Rettung Andromedas zu beziehen. Als Sprecherin kommt damit in erster Linie Andromeda selbst in Frage, die sich dankbar als von Perseus gerettet bekennt (allerdings weist D' Anto, Accio 240 auch auf die theoretische Möglichkeit hin, daß Cepheus Perseus in dieser Weise anredet; man würde in diesem Fall aber eher nobis erwarten). (2) Wir greifen in diesem Vers offensichtlich den Teil eines Dialogs zwischen Perseus und Andromeda nach der Tötung des Ketos. donec läßt darauf schließen, daß Andromedas Aussage nicht nur ihrer Dankbarkeit gegenüber Perseus Ausdruck verlieh, sondern noch einmal auch ihrer Leiden durch die

Aussetzung gedachte: 'ich war von meinen Eltern ausgesetzt, dem Tod preisgegeben, schon verloren, bis du, Perseus, mir Hilfe gebracht hast'. Vielleicht gab das Verhalten der Eltern nach der Rettung der Tochter Andromeda Anlaß, auf die alles entscheidende Tat des Perseus noch einmal nachdrücklich hinzuweisen.

III. Alle Gelehrten betrachteten einhellig Andromeda als Sprecherin dieses Senars, die ihren Eltern vor Augen zu führen bestrebt ist, daß sie allen Grund habe, auch gegen den Willen der Eltern Perseus als Gattin zu folgen; nach dem Muster der euripideischen Tragödie wird auch für die 'Andromeda' des Accius infolgedessen angenommen, daß die Verheiratung von Perseus und Andromeda nicht ohne den Widerspruch der Eltern zustandekam.

Accius XIV

I. (1) Da seorsum bei Plautus und Terenz immer zweisilbig gemessen wird (Plautus schrieb in der Regel sorsum, allerdings bieten manche Hss. auch seorsum; Ter. Ad. 971 ist die Messung seorsum sicher) postulierte Ribbeck seit TRF² hier statt des überlieferten seorsum die Lesung sevorsum, da das Metrum des Acciusverses eine dreisilbige Messung notwendig macht. Bücheler (bei Ribbeck, TRF² 151; TRF³ 174) konjizierte aus dem gleichen Grund uni seorsum für ut seorsum. Schon Theodor Bergk wandte dagegen ein (Kl. philol. Schr. 1,339 [= 1874]), daß sevorsum nirgends belegt ist und andererseits eine dreisilbige Messung von seorsum gleichfalls möglich ist (Bergk verwies auf Lucr. 3,551; Lukrez verwendet seorsum/seorsus zweisilbig 4,492. 494f., dreisilbig 3,500. 551). Es ist also durchaus möglich, dreisilbiges seorsum beizubehalten. (2) Schrijver druckte in seine Collectanea veterum tragicorum (Lugduni Batavorum 1620; so Ribbeck, TRF¹ 127) nicht das überlieferte Futur offeres, sondern den Konjunktiv offeras; zwar ist ut mit Indikativ Futur hier auch vorstellbar, doch macht ut mit Konjunktiv auf jeden Fall den besseren Sinn, weshalb es in den Text zu setzen ist (gegen die älteren Editionen, die ausnahmslos offeres beibehielten).

II. (1) leto offerre haben, jeweils unter Hinzufügung von caput, auch Lukrez (3,1041: sponte sua leto caput obvius optulit ipse, nämlich Demokrit) und Seneca (Med. 435: Iason: ... si vellem fidem ' praestare meritis coniugis, leto fuit ' caput offerendum). Häufiger ist die Phrase aliquem leto dare (seit Ennius belegt: ThLL 7.2,1189,40-57);

leto mittere schrieb Accius in der Tragödie 'Nyctegresia' (Stoff der homerischen Dolonie bzw. des 'Rhesos'), 491 R, 492 W, 491 Kl, 491 A: tunc quod superest socium mittis leto? an lucti paenitet? - Die Phrase leto offerre ist der Formulierung μεθῆκεν Ἅιδαι, E. F 120,2 vergleichbar. (2) Es ist unmöglich zu bestimmen, welche Person, getrennt von einer oder mehreren Anderen hier fürchtet, dem Tod ausgesetzt zu werden; ebenso wenig läßt sich sagen, wer als Adressat gedacht werden muß, der über die Macht und den Willen verfügt, andere zu töten.

III. (1) Diese Schwierigkeit hat zu sehr unterschiedlichen Deutungen des Fragments geführt (wenn nicht überhaupt vor einer Lösung resigniert wurde): a. Welcker, Gr. Trag. 1,661 bezog diesen Vers auf die Auseinandersetzung Andromedas mit ihren Eltern wegen der von ihr angestrebten Ehe mit Perseus; Andromeda würde, verweigerten die Eltern die Hochzeit die »Trennung von Perseus der Tod sein«; ähnlich dachten auch Hartung, Eur. rest. 2,358; Ambrassat, Accii fabulae 18 unter Zurückweisung von Ribbecks und Müllers Vorschlag (s. u.); Warmington, ROL 2,353 und Mette, Lustrum 9 (1964) 135 scheinen an den gleichen Zusammenhang zu denken: »Perseus und Andromeda cannot live without each other« (Warmington). b. Ribbeck, Röm. Trag. 564 dachte sich diese Worte von Perseus gesprochen: Cepheus würde mit einer Verweigerung der Hochzeit Andromeda und Perseus in den Tod treiben; c. Müller, Accii fab. disp. 14 rekonstruierte eine Szene des Dramas, in welchem die von der Zerstörung des Landes betroffenen Aithiopen bei Cepheus vorstellig wurden und ihm vor Augen führten, daß er sie alle einzeln dem Tod durch das Ketos ausliefere, wenn er nicht das Opfer seiner Tochter brächte. d. D' Anto, Accio 240 nahm eine gewalttätige Auseinandersetzung am Ende des Dramas an, bei welcher Perseus das Gorgonenhaupt einsetzte; nach ihm bitten die Eltern Andromedas »Perseo di non esporti contemporaneamente alla morte, ma separamente«. (2) Gegen Ambrassat halte ich eine sichere Entscheidung zwischen diesen Vorschlägen nicht für möglich (allenfalls D' Antos Vorschlag verdient zurückgewiesen zu werden).

Accius XV

I. (1) Müller, Nonius 1,153 und Accii fab. disp. 14 konjizierte statt des von den Hss. überlieferten parvos per nos, weil »verba videntur esse Cephei ad Aithiopas promittentis se filiam monstro marino, cui tributum pendere essent coacti, iam ad finiendas miserias oblaturum«; um diese Deutung zu vertreten, bedarf es allerdings dieser Änderung nicht. (2) Die Noniushss. schreiben im Lemma famulitas, in den zitierten Fragmenten der 'Atalanta' des Pacuvius (53 R, 71 W) und der 'Andromeda' jedoch familitas. Weitere Beispiele für familitas/famulitas gibt es nicht (außer Laevius, FPL frg. 22,5 [p. 74 Büchner], der famultas schrieb). Da familitas/famulitas zum altlateinischen famul gebildet ist (später famulus), ist gegen die Noniushss. und auch gegen die Noniusherausgeber Müller und Lindsay auch in den Zitaten famulitas zu lesen.

II. (1) parvus kann bedeuten: a. gering an Größe, b. gering an Alter, c. gering an Einfluß; da der Vers davon spricht, daß die als parvi Gekennzeichneten durch famulitas unterdrückt sind, liegt es nahe, hier die letzte Bedeutungsmöglichkeit von parvus als gegeben anzunehmen (dagegen glossiert de Rosalia 120 parvus als »filius, nondum adulescens«). (2) famulitas ist sowohl als Voraussetzung als auch als Ergebnis des opprimere denkbar: die Angeredeten sind famuli, weil sie jemand unter Druck setzt, oder sie werden unterdrückt, weil sie famuli sind. - Damit gibt es auch verschiedene Möglichkeiten, diesen Vers zu deuten: a. die Bestrafung des Poseidon durch die Sendung von Flut/Ketos ist sicherlich als eine Form von Unterdrückung zu betrachten, die die Betroffenen dem Willen Poseidons untertan machen soll; vos würde dann alle von Poseidons Rache Betroffenen bezeichnen können, sicherte aber gleichzeitig Perseus als den wahrscheinlichen Sprecher dieses Verses; b. ist die famulitas als das Abhängigkeitsverhältnis der Bewohner des Landes von ihrem König zu deuten, wären mit parvos vos eben diese Menschen gemeint, denen die Verwüstungen durch Flut/Ketos zusätzliche Belastungen auferlegen würden; als Sprecher käme dann (neben Perseus?) die Angehörigen der königlichen Familie in Frage.

III. (1) Ribbeck, Röm. Trag. 564; Warmington, ROL 2,353 und D' Anto, Accio 240 meinten, daß jeder Einordnungsversuch dieses Fragments vergeblich sei; dabei ist die Unsicherheit hinsichtlich dieses Fragments nicht größer als die der meisten Fragmente der 'Andromeda' des Accius. Sicherlich falsch sind folgende Deutungen: Welkker, Gr. Trag. 2,660 und Hartung, Eur. rest. 2,353 bezogen famulitas auf das Abhängigkeitsverhältnis des Perseus vom König von Seriphos, Polydektes, der Perseus zu seinem Gorgonenabenteuer provoziert hatte. Ebenfalls abwegig ist der Vorschlag von Franchella, Accii trag.

fragm. 417: »Perseo a Andromeda: ricorda, forse, che egli da molto pensava a liberare lei ei fratelli« (was für fratelli?). (2) Andere Vorschläge sind dagegen diskutierenswert: a. Müller, ll. cc. wollte in diesem Vers einen Reflex der anfänglichen Auseinandersetzung zwischen Cepheus und den Bewohnern des Landes erkennen um die Abwendung des von Poseidon bewirkten Unheils durch die Opferung Andromedas. b. Ambrassat, Accii fabulae 19f. betrachtete Perseus als Sprecher, der »virginis parentes vituperat, quod filiam promissam ei denegant«; dazu ist zu bemerken, daß es schwer fällt, die Eltern Andromedas nach der Rettung der Tochter noch in einem Zustand der famulitas zu betrachten. c. Mette, Lustrum 9 (1964) 135 ließ den Vers Perseus »an den seine Hilfe versagenden Chor« richten. - Probabel sind m. E. die Vorschläge von Müller und Mette, die einen befriedigenden Kontext für diesen Vers supplieren.

Verzeichnis der mit Kurztitel zitierten Literatur

Griechische Autoren sind nach dem Abkürzungsschlüssel von LSJ zitiert (Ausnahme: Ilias und Odyssee werden mit Hom. und römischen Ziffern für Ilias-, arabischen für Odysseebücher abgekürzt); für lateinische Autoren sind die Abkürzungen des Lexikons der Alten Welt, Zürich/Stuttgart 1965 verwendet. Die Kurztitel der zitierten Literatur sind in der Regel so gewählt, daß eine Identifikation des entsprechenden Werkes auch ohne die Benutzung dieses Verzeichnisses möglich ist; Zeitschriftenaufsätze sind grundsätzlich ohne die Angabe des Titels zitiert, sind in diesem Verzeichnis aber im Einzelnen nachgewiesen. Nur mit der Nennung des Autors sind einschlägige Lexika und Glossarien bezeichnet. Für die verwendeten Abkürzungen sei auf das Abkürzungsverzeichnis verwiesen.

A. Ausgaben

Aufgeführt sind hier nur die Editionen, deren Herausgeber namentlich erwähnt sind; die benutzten Textausgaben sind nicht im Einzelnen nachgewiesen: benutzt wurden jeweils die neuesten kritischen Editionen unter Heranziehung älterer; das Zustandekommen des hier gelesenen Textes ergibt sich jeweils aus der Textpräsentation.

Ammonius, De differentia adfinium vocabulorum. Accedunt opuscula nondum edita, Eranius Philo de differentia significationis et alii ... Vulgavit L. C. Valckenaer. Nova editio correctior et appendice ... aucta, Lipsiae 1822 (primus editus Lugduni Batavorum 1739)

Ammonii qui dicitur liber de adfinium vocabulorum differentia. Edidit K. Nickau, Lipsiae 1966

Commentariorum in Aratum reliquiae. Collegit, recensuit, prolegomenis indicibusque instruxit E. Maass, Berolini 1898

Aristophanis Thesmophoriazusae. Recensuit A. v. Velsen, Lipsiae 1883

Aristophanis comoediae undecim cum scholiis. Codex Ravennas 137,4,A phototypice editus. Praefatus est J. van Leeuwen, Lugduni Batavorum 1904

Eratosthenis Catasterismorum Reliquiae. Recensuit C. Robert. Accedunt prolegomena et epimetra tria, Berolini 1878

Etymologicum magnum genuinum, Symeonis Etymologicum una cum magna grammatica, Etymologicum magnum auctum synoptice ediderunt F. Lasserre - N. Livadaras. Vol. primum ... Roma 1976

Euripidis tragoediae et epistolae ex editione I. Barnesii nunc recusae. Accedunt fragmenta ex recensione S. Musgrave, 2 voll., Lipsiae 1768-79

Euripidis tragoediae et fragmenta. Recensuit ... A. Matthiae. Tomus nonus: Fragmenta, Lipsiae 1829

Fragmenta Euripidis iterum edidit, perditorum tragicorum omnium nunc primum collegit F. G. Wagner ..., Parisiis 1844

Euripidis fabularum fragmenta recensuit et annotatione instruxit F. H. Bothe, Lipsiae 1844

Sexti Pompei Festi De verborum significatu quae supersunt cum Pauli Epitome. Thewrekianis copiis usus edidit W. M. Lindsay, Lipsiae 1913

Hesiodi Carmina. Accedit Homeri et Hesiodi certamen. Recensuit A. Rzach, Lipsiae 1902

Hesychii Alexandrini Lexicon. Post I. Albertum recensuit M. Schmidt, 4 voll., Ienae 1858-64

Hesychii Alexandrini Lexicon. Recensuit et emendavit K. Latte, 2 voll., Hauniae 1953-66

Lexica Graeca Minora selegit K. Latte, disposuit et praefatus est H. Erbse, Hildesheim 1965

Livi Andronici Fragmenta. Collegit M. Lenchantin de Gubernatis (Corpus scriptorum Latinorum Paravianum, N. 63), Augusta Taurinorum 1937

Manilius, Astronomica. Translated by G. P. Goold, London/Cambridge, Mass. 1977

Manilius, Astronomica. Edidit G. P. Goold, Leipzig 1985

Moeridis Atticistae Lexicon Atticum cum ... notis. Secundum ordinem manuscriptorum restituit, emendavit annotationibus illustravit J. Pierson, ... Lipsiae 1831

Noni Marcelli Compendiosa doctrina. Emendavit et adnotavit L. Mueller, 2 voll., Lipsiae 1888

Noni Marcelli De compendiosa doctrina libros XX Onionsanis copiis usus edidit W. M. Lindsay, 3 voll., Lipsiae 1903

Phrynichos, Die Ekloge. Hg. von E. Fischer (Sammlung griechischer und lateinischer Grammatiker 1), Berlin/New York 1974

Poetae Scenici Latinorum. Volumen quintum: Poetarum Latii Scenicorum fragmenta, recensuit F. H. Bothe. Vol. prius: Fragmenta tragicorum, Lipsiae 1834

The Scholia on the Aves of Aristophanes ... Collected and edited by J. W. White, Boston/London 1914

Scholia Aristophanica, being such comments adscript to the text of Aristophanes as has been preserved in the Codex Ravennas. Arranged, emended and translated by W. G. Rutherford, 3 voll., London/New York 1896

Ioannis Stobaei sententiae ex thesauris Graecorum delectis ... digestae, a C. Gesnero ... in Latinum sermonem traductae ... Tertia editio ..., Tiguri 1559

Dicta poetarum quae apud Io. Stobaeum exstant, emendata et Latino carmine reddita ab H. Grotio, ... Parisiis 1623

Joanni Stobaei Florilegium ... emendavit et supplevit Th. Gaisford, 4 voll., Oxonii 1822

Ioannis Stobaei Florilegium. Recognovit A. Meineke, 4 voll., Lipsiae 1855-7

Ioannis Stobaei Anthologium recensuerunt C. Wachsmuth et O. Hense, 5 voll., Berolini 1884-1923

Suidae Lexicon. Edidit A. Adler, 5 voll., Lipsiae 1928-38 (Ndr. Stuttgardiae 1971)

Tiberii De figuris Demosthenicis libellus cum deperditorum operum fragmentis. Edidit G. Ballaira (Bibliotheca Athena 7), Romae 1968

Zenobii Athoi proverbia ... edidit W. Bühler ... Gottingae I 1987 IV 1982

B. Kommentare

Q. Franchella, Lucii Accii tragoediarum fragmenta (Università di Bologna ... Studi pubblicati dall' Istituto di Filologia Classica XXIV), Bologna 1968

Lucio Accio, Frammenti dalle tragedie e dalle preteste. Introduzione, testo Latino e traduzione a cura di A. Resta Barile, Bologna 1969

L. Accio, I Frammenti delle Tragedie. A cura di V. D' Anto, Lecce 1980

Achilleus Tatios, Leukippe und Kleitophon. Eingeleitet, übersetzt und erläutert von K. Plepelitis (Bibliothek der griech. Literatur 11), Stuttgart 1980

Achilleus Tatios, Leucippe and Clitophon. A Commentary. By E. Vilborg (Studia Graeca et Latina Gothoborgensia XV), Göteborg 1962

Aeschylus Agamemnon. Edited with a commentary by E. Fraenkel, 3 voll., Oxford 1950

Aeschylus Agamemnon. Edited by the late J. D. Denniston and D. Page, Oxford 1957

Aeschylus Choephori. With a introduction and commentary by A. F. Garvie, Oxford 1986

Aischylos' Perser. Erster Teil: Einleitung, Text, kritischer Apparat. Zweiter Teil: Kommentar, von P. Groeneboom, Göttingen 1960

Aeschylus Prometheus Bound. Edited by M. Griffith, Cambridge 1983

Aeschylus Septem contra Thebas. Edited with introduction and commentary by G. O. Hutchinson, Oxford 1985

Aeschylus The Suppliants. Edited by H. Friis Johansen and E. W. Whittle, 3 voll., Kopenhagen 1980

Alcman The Parthenion, by D. L. Page, Oxford 1951

Alcmane. Fragmenta edidit, veterum testimonia collegit C. Calame (Lyricorum Graecorum quae exstant 6), Romae 1983

Anthologia Graeca. Griechisch-Deutsch ed. H. Beckby, 4 Bde., München ^{2}1966

The Greek Anthology. The Garland of Philip and some contemporary epigrams. Edited by A. S. F. Gow and D. L. Page, 2 voll., Cambridge 1968

Aratos Phainomena. Sternbilder und Wetterzeichen. Griechisch-Deutsch ed. M. Erren, . . . München 1971

Die Acharner des Aristophanes. Griechisch und Deutsch mit kritischen und erklärenden Anmerkungen und einem Anhang über die dramatischen Parodien bei den attischen Komikern, von W. Ribbeck, Leipzig 1864

Aristophanis Acharnenses. Cum prolegomenis et commentariis edidit J. van Leeuwen, Lugduni Batavorum 1901

The Acharnians of Aristophanes. With introduction, English prose translation, critical notes and commentary . . . by W. J. M. Starkie, London 1909 (Ndr. Amsterdam 1968)

Aristophanes Ecclesiazusae. Edited with introduction and commentary by R. G. Ussher, Oxford 1973

Aristophanes Lysistrate. Erklärt von U. von Wilamowitz-Moellendorff, Berlin 1927

Aristophanis Ranae. Emendavit et interpretatus est F. V. Fritzsche, Turici 1845

Aristophanes The Frogs. Edited with introduction, revised text, commentary and index by W. B. Stanford, London/New York 1958

Aristophanis Ranae. Cum prolegomenis et commentariis edidit J. van Leeuwen, Lugduni Batavorum 1896

Ausgewählte Komödien des Aristophanes. Erklärt von Th. Kock. Drittes Bändchen: Die Frösche. Vierte Auflage, Berlin 1898

Aristophanis Thesmophoriazusae. Emendavit et interpretatus est F. V. Fritzsche, Lipsiae 1838

Aristophanis comoediae cum scholiis. Ex recensione R. Enger. Tomus I, pars II: Thesmophoriazusae, Bonnae 1844

Aristophanis comoediae. Annotatione critica, commentario exegetico et scholiis Graecis instruxit F. H. M. Blaydes. Pars I: Thesmophoriazusae, Halis Saxonum 1880

The Thesmphoriazusae of Aristophanes ... The Greek text revised with a free translation into English verse, introduction and commentary by B. B. Rogers ..., London 1904 (Repr. 1920)

Aristophanis Thesmophoriazusae cum prolegomenis et commentariis edidit J. van Leeuwen, Lugduni Batavorum 1904

The Rhetoric of Aristotle with a commentary by E. M. Cope. Revised and edited by J. E. Sandys, 3 voll., Cambridge 1877 (Ndr. Hildesheim/New York 1970)

Die Schule des Aristoteles. Texte und Kommentare, hg. von F. Wehrli, Basel 1944-59

M. Tulli Ciceronis De natura deorum. Edited by A. St. Pease, 2 voll., Cambridge, Mass. 1955-8

M. Tulli Ciceronis De re publica librorum fragmenta. Recensuit et adnotatione critica instruxit F. Osann, Gottingae 1847

Q. Enni carminum reliquiae. Accedunt Cn. Naevi belli Poenici quae supersunt. Emendavit er adnotavit L. Müller, Petropoli 1884

Ennianae Poesis Reliquiae. Iteratis curis recensuit I. Vahlen, Lipsiae 1928

Ennio. I frammenti. Testo e traduzione a cura di R. Argenio, Roma 1951

The Tragedies of Ennius. The fragments edited with an introduction and commentary by H. D. Jocelyn, Cambridge 1967

Eubulus The Fragments. Edited with a commentary by R. L. Hunter, Cambridge 1983

Die Fragmente des Eudoxos von Knidos. Hg., übersetzt und kommentiert von F. Lasserre (Texte und Kommentare 4), Berlin 1966

Euripidis Alcestis cum delectis adnotationibus potissimum I. H. Monkii. Accedunt emendationes G. Hermanni, Lipsiae 1824

Euripides Alcestis. Edited with introduction and commentary by A. M. Dale, Oxford 1954
Euripides Andromache. Edited with introduction and commentary by P. T. Stevens, Oxford 1971
L' Antiope d' Euripide. Edition commentée des fragments par J. Kambitsis, Athènes 1972
Euripides Bacchae. Edited with introduction and commentary by E. R. Dodds. Second edition, Oxford 1960
Euripides Cyclops. With introduction and commentary by R. Seaford, Oxford 1984
Euripides Electra. Edited with introduction and commentary by J. D. Denniston, Oxford 1939
Euripides Helena. Hg. und erklärt von R. Kannicht, 2 Bde., Heidelberg 1969
U. v. Wilamowitz-Moellendorff, Euripides Herakles, 3 Bde., Darmstadt 1959 (Ndr. 1979–84)
Euripides Heracles. With introduction and commentary by G. W. Bond, Oxford 1981
Euripides Heraclidae ex recensione P. Elmsley, qui annotationes suas et aliorum selectas adiecit. Editio auctior indicibusque instructa, Lipsiae 1821 (primum edita Oxonii 1813)
Euripidis tragoedia Hippolytus. Quam ... adnotationibus instruxit L. C. Valckenaer, Lugduni Batavorum 1822
Euripides Hippolytos. Griechisch und Deutsch von U. v. Wilamowitz-Moellendorff, Berlin 1891
Euripides Hippolytos. Edited with introduction and commentary by W. S. Barrett, Oxford 1964
Euripides Hypsipyle. Edited by G. W. Bond, Oxford 1963
Euripides Hypsipyle. Text and annotation based on a reexamination of the papyri, by W. E. H. Cockle (Testi e commenti 7), Roma 1987
Euripides' Kresphontes und Archelaos. Introduction, text and commentary by A. Harder (Mn Suppl. 87), Leiden 1985
Euripidis Medea in usum studiosae iuventutis. Recensuit et illustravit P. Elmsley. Accedunt G. Hermanni adnotationes, Lipsiae 1822
Euripides Medea. The text edited with introduction and commentary by D. Page. Reprinted with corrections, Oxford 1952
Euripidis Orestes. Introduzione, testo critico, commento e appendice metrica a cura di V. Di Benedetto (Biblioteca di studi superiori), Firenze 1965

Euripides Orestes. With introduction and commentary by C. W. Willink, Oxford 1986

Euripides Phaethon. Edited with prolegomena and commentary by J. Diggle, Cambridge 1970

Euripidis Supplices et Iphigenia in Aulide et in Tauris cum annotationibus Marklandi . . . et aliorum, 2 voll., Lipsiae 1822

Euripides Supplices. Edited with introduction and commentary by C. Collard, 2 voll., Groningen 1975

Euripides Troades. Edited with introduction and commentary by K. H. Lee, London 1976

H. van Looy, Zes verloren tragedies van Euripides. Ἀλκμέων ὁ διὰ Ψωφίδος, Ἀλκμέων ὁ διὰ Κορίνθου, Φρίξος A, Φρίξος B, Μελανίππη ἡ σοφή, Μελανίππη ἡ δεσμῶτις. Studie met kritische uitgave en vertaling der fragmenten (Verhandelingen van de koninklijke Vlaamse Academie voor Wetenschappen, Letteren en schone Kunsten van Belgie. Klasse der Letteren, Jaargang XXV Nr. 51), Brussel 1964

R. C. Blockley, The Fragmentary Classicising Historians of the Later Roman Empire. Eunapius, Olympiodorus, Priscus and Malchus (ARCA. Classical and Medieval Texts, Papers and Monographs 6.10), 2 voll., Liverpool 1981-3

H. Jacobson, The 'Exagoge' of Ezekiel, Cambridge 1983

Herodas The Mimus and Fragments. With notes by W. Headlam, edited by A. D. Knox, Cambridge 1922

Herodas Mimiambi. Edited with introduction, commentary and appendices by I. C. Cunningham, Oxford 1971

Herodotos. Erklärt von H. Stein, Berlin I ^{6}1901 II ^{5}1902 (Ndrr. 1962)

Hesiodi Catalogi sive Ehoearum Fragmenta. Collegit, disposuit, critica commentatione instruxit A. Traversa (Collana di studi Greci XXI), Napoli 1951

Hesiodi Scutum. Introduzione, testo critico e commento con traduzione e indice a cura di C. F. Russo (Biblioteca di studi superiori IX), Firenze 1950

Hesiod Theogony. Edited with prolegomena and commentary by M. L. West, Oxford 1966

Hesiod Works and Days. Edited with prolegomena and commentary by M. L. West, Oxford 1978

The Homeric Hymns. Edited by T. W. Allen, W. R. Halliday and E. E. Sikes. Second Edition, Oxford 1936 (Ndr. Amsterdam 1963)

Inni Omerici a cura di F. Cassola (Scrittori Greci e Latini), 1975
C. O. Brink, Horace on Poetry. 3 voll., Cambridge 1963-82
Thirteen Satires of Juvenal. With a commentary by J. E. B. Mayor. Second edition enlarged, 2 voll., London/ Cambridge 1872-8
Konon. Text und Quellenuntersuchung. Von U. Hoefer, Greifswald 1890
H. Duentzer, Livii Andronici fragmenta collecta et inlustrata. Accedunt Homericorum carminum a veteribus poetis Latinis versibus expressorum reliquiae, Diss. Berolini 1835
Livii Andronici et Cn. Naevi fabularum reliquiae. Emendavit et annotavit L. Mueller, Berolini 1885
Lukian, Wie man Geschichte schreiben soll. Griechisch und Deutsch. Hg., übersetzt und erläutert von H. Homeyer, München 1965
Machon The Fragments. Edited with an introduction and commentary by A. S. F. Gow, Cambridge 1965
Macrobii Ambrosii Theodosii opera quae supersunt ... Emendavit, prolegomena, apparatum criticum, adnotationes ... indicesque adiecit L. Ianus, 2 voll., Quedlinburgi/Lipsiae 1848-52
I Saturnali di Macrobio Teodosio. A cura di N. Marinone (Classici Latini 20), Torino 1967
P. Ovidius Naso, Metamorphosen. Kommentar von F. Bömer, 7 Bde., Heidelberg 1969-86
Philogelos. Der Lachfreund, von Hierokles und Philagrios. Griechisch-Deutsch mit Einleitungen und Kommentar hg. von A. Thierfelder, München 1968
Philostratos. Die Bilder. Griechisch-Deutsch nach Vorarbeiten von E. Kalinka hg., übersetzt und erläutert von O. Schoenberger, München 1968
Platons Apologie des Sokrates. Mit einer Einführung, textkritischem Apparat und Kommentar hg. von F. J. Weber, Paderborn ^{4}1986
Plato Symposium. Edited by Sir K. Dover, Cambridge 1980
C. Plinii Secundi Naturalis Historiae libri XXXVII. Lat.-Dt.. Hrsg. u. übersetzt von R. König in Zusammenarbeit mit G. Winkler, Buch 1, München 1973
Plutarch's Moralia XV, Fragments. Edited and translated by F. H. Sandbach, London/Cambridge, Mass. 1969
Senecas Hercules Furens. A critical text with introduction and commentary by J. G. Fitch (Cornell Studies in Classical Philology XLV), Ithaca/London 1987

Socraticorum Reliquiae. Collegit, disposuit, apparatibus notisque instruxit G. Giannantoni, 4. voll., Roma 1983-5

ΣΟΛΩΝΟΣ ΝΟΜΟΙ. Die Fragmente des solonischen Geschichtswerks mit einer Text- und Überlieferungsgeschichte von E. Ruschenbusch (Historia Einzelschriften 9), Wiesbaden 1966

Sophocles The Plays and Fragments. With critical notes, commentary and translation in English prose by R. C. Jebb, 7 voll., Cambridge 1893-1907

The Plays of Sophocles by J. C. Kamerbeek. Commentaries, 6 voll., Leiden 1957-84

The Fragments of Sophocles. Edited ... by A. C. Pearson, 3 voll., Cambridge 1917

R. Carden, The Papyrus Fragments of Sophocles. An edition with prolegomena and commentary ... (Texte und Kommentare 7), Berlin/New York 1974

Sophocles Trachiniae. Edited by P. E. Easterling, Cambridge 1982

Theognis. Le Premier Livre. Edité avec un commentaire, B. A. van Groningen (Verhandelingen der koniklijke Nederlandse Akademie van Wetenschapen, Afd. Letterkunde, Nieuwe reeks, deel LXXII, No. 1), Amsterdam 1966

Theophrast Charaktere, hg. und erklärt von P. Steinmetz, 2 Bde., München 1960

Varron De lingua Latina livre V. Texte établi, traduit et annoté par J. Collart (Publ. de la Faculté des lettres de l' Université de Strasbourg, Fasc. 122), Paris 1954

P. Vergili Maronis opera ... edidit et aliorum et sua adnotatione illustravit ... A. Forbiger. Editio quarta, 3 voll., Lipsiae 1872-5

P. Vergili Maronis Aeneidos liber primus. With a commentary by R. G. Austin, Oxford 1971

E. Norden, Vergilius, Aeneis Buch VI, Darmstadt ^{8}1984

Vergil Georgics. Edited by R. F. Thomas, 2 voll., Cambridge 1988

Ciris. A poem attributed to Vergil. Edited with an introduction and commentary by R. O. A. M. Lyne, Cambridge 1978

H. Frisch, The Constitution of the Athenians. A philological-historical analysis of Pseudo-Xenofon's treatise De re publica Atheniensium (Classica et Mediaevalia. Dissertationes II), Kopenhagen 1962 (Ndr. New York 1976)

C. Lexika

J. T. Allen - G. Italie, A Concordance to Euripides, Berkeley/Los Angeles/London 1954

Supplement to the Concordance by C. Collard, Groningen 1971

P. Chantraine, Dictionnaire étymologique de la langue Grecque. Histoire des mots, Paris 1968

Lexicon Sophocleum adhibitis veterum interpretum explicationibus grammaticorum notationibus recentiorum doctorum commentariis composuit F. Ellendt. Editio altera emendata. Curavit H. Genthe, Berolini 1872

H. Frisk, Griechisches etymologisches Wörterbuch, 3 Bde., Heidelberg 1960-72

D. H. Holmes, Index Lysiacus, Bonnae 1895

Index Aeschyleus composuit G. Italie. Editio altera correcta et aucta. Curavit S. L. Radt, Leiden 1964

A. Nauck, Tragicae Dictionis Index, Petropolis/Lipsiae 1892

J. E. Powell, A Lexicon to Herodotus, Cambridge 1938

Lexicon Accianum. Conscripsit A. de Rosalia (Alpha - Omega, Reihe A,LII), Hildesheim/Zürich/New York 1982

W. J. Slater, Lexicon to Pindar, Berlin 1969

O. J. Todd, Index Aristophaneus, Cantabrigiae 1932

A. Walde - J. B. Hofmann, Lateinisches etymologisches Wörterbuch, 3 Bde., Heidelberg 1938-65

D. Grammatik, Metrik, Stilistik

Griechische Grammatik von E. Bornemann, unter Mitwirkung von E. Risch, Frankfurt/Berlin/München ²1978

W. Breitenbach, Untersuchungen zur Sprache der euripideischen Lyrik (Tübinger Beiträge zur Altertumswissenschaft 20), Stuttgart 1934

Sophokles, erklärt von F. Schneidewin und A. Nauck. 8. Bändchen: Anhang, zusammengestellt von E. Bruhn, Berlin 1899

A. M. Dale, The Lyric Metres of Greek Drama. Second Edition, Cambridge 1968

J. D. Denniston, The Greek Particles. Second Edition, Oxford 1954

J. Descroix, Le trimètre iambique des iambographes a la comédie nouvelle (Thèse, présentée à la Facultè des Lettres de l' Université de Paris), Macon 1931

H. Drexler, Einführung in die römische Metrik, Darmstadt ^{4}1987
E. Fraenkel, Griechische Denominativa in ihrer geschichtlichen Entwicklung und Verbreitung, Göttingen 1906
E. Fraenkel, Geschichte der griechischen Nomina agentis auf -τηρ, -τωρ, -της (-τ-) (Unters. z. indogerm. Sprach- u. Kultwiss. 1), 2 Bde., Straßburg 1910-2
E. Fraenkel, Zur griechischen Wortbildung, Gl 32 (1953) 16-33
J. W. Halporn - M. Ostwald, Lateinische Metrik. Zweite Auflage, Göttingen 1980
R. Kannicht, Rez. Korzeniewski, Gr. Metrik, Gn 45 (1973) 113-34
D. Korzeniewski, Griechische Metrik, Darmstadt 1968
H. Menge, Repetitorium der lateinischen Syntax und Stilistik. Bearbeitet von A. Thierfelder, Darmstadt ^{17}1979
G. Meyer, Die stilistische Verwendung der Nominalkomposition im Griechischen. Ein Beitrag zur Geschichte der ΔΙΠΛΑ ΟΝΟΜΑΤΑ (Ph Suppl. 16, 3), Leipzig 1923
H. Lausberg, Handbuch der literarischen Rhetorik. Eine Grundlegung der Literaturwissenschaft, München 1960
H. Lausberg, Elemente der literarischen Rhetorik, München ^{6}1979
O. Lautensach, Die Aoriste bei den attischen Tragikern und Komikern (Forschungen z. griech. u. lat. Grammatik 1), Göttingen 1911
T. Mommsen, Beiträge zu der Lehre von den griechischen Präpositionen, Berlin 1895
C. Prato, I canti di Aristofane. Analisi, commento, scoli metrici, Roma 1962
E. Risch, Wortbildung der homerischen Sprache. Zweite, völlig überarbeitete Auflage, Berlin/New York 1974
O. Schroeder, Aristophanis Cantica, Lipsiae 1909
E. Schwyzer, Griechische Grammatik auf der Grundlage von K. Brugmanns Griechischer Grammatik (Hdb. d. Altwiss. II 1), 3 Bde., München 1939-50
B. Snell, Griechische Metrik. Vierte, neubearbeitete Auflage, Göttingen 1982
F. Solmsen, Beiträge zur griechischen Wortforschung. Erster Teil, Straßburg 1909
F. Viger, De praecipuis Graecae dictionis idiotismis liber. Cum animadversionibus H. Hoogeneeni, I. C. Zennii et G. Hermanni hic illic recognitis. Editio quarta auctior et emendatior, Lipsiae 1834
J. Wackernagel, Vorlesungen über die Syntax mit besonderer Berücksichtigung von Griechisch, Lateinisch und Deutsch. Erste Reihe, Basel ^{2}1926, Zweite Reihe, Basel ^{2}1928

M. L. West, Tragica I, BICS 24 (1977) 89-94
M. L. West, Greek Metre, Oxford 1982
U. v. Wilamowitz-Moellendorff, Griechische Verskunst, Berlin 1921 (Ndr. Darmstadt 1975)
J. W. White, The Verse of Greek Comedy, London 1912

E. Übersetzungen

Aristophanes, Sämtliche Komödien. Hg. und mit Einleitungen und einem Nachwort versehen von H.-J. Newiger. Neubearbeitung der Übersetzung von L. Seeger ... und Anmerkungen von H.-J. Newiger und P. Rau, München 1976
Aristophanes, Sämtliche Komödien. Übertragen von L. Seeger. Einleitung zur Geschichte und zum Nachleben der griechischen Komödie ... von O. Weinreich, Zürich/Stuttgart 1968
Euripides, Tragödien und Fragmente. Übersetzt von H. von Arnim und F. Stössl. Hg. und eingeleitet von F. Stössl, Zürich/ Stuttgart II 1968
Euripides, Werke in drei Bänden. Aus dem Griechischen übertragen von D. Ebener, Berlin/Weimar 1979
Euripides, Sämtliche Tragödien und Fragmente. Griechisch-Deutsch, Band VI: Fragmente, Der Kyklop, Rhesos. Fragmente übersetzt von G. A. Seeck ... Hg. von G. A. Seeck, München 1981
Griechische Tragödien übersetzt von U. v. Wilamowitz-Moellendorff, Berlin I ^{6}1911 II ^{6}1910 III ^{3}1910

F. Monographien und Aufsätze

A. Aarne - S. Thompson, The Types of Folktale. A Classification and Bibliography. A. Aarnes Verzeichnis der Märchentypen (FF Communications No. 3) Translated and Enlarged by S. Thompson. Second Revision (FF Communications No. 189), Helsinki 1961
M. v. Albrecht - E. Zinn (Hgg.), Ovid, Darmstadt 1968
K. Alpers, Theognostos περὶ ὀρθογραφίας. Überlieferung, Quellen und Text der Kanones 1-84, Diss. Hamburg 1964
B. Altaner - A. Stuiber, Patrologie. Leben, Schriften und Lehre der Kirchenväter, Freiburg/Basel/Wien ^{8}1978

B. Ambrassat, De Accii fabulis quae inscribuntur Andromeda, Telephus, Astyanax, Meleager, Diss. Königsberg 1914

H. v. Arnim, De prologorum Euripideorum arte et interpolatione, Diss. Greifswald 1882

R. Asmus, Quaestiones epictetae, Diss. Freiburg/Brsg. 1888

W. H. van de Sande Bakhuyzen, De Parodia in comoediis Aristophanis, Traiecti ad Rhenum 1877

S. A. Barlow, The Imagery of Euripides. A study in the dramatic use of pictorial language, London 1971

W. Barner, Die Monodie, in: Jens (Hg.), Bauformen 277-320

J. Barns, A New Gnomologium: With Some Remarks on Gnomic Anthologies II, ClQ 44 (1951) 1-19

V. Bartoletti, Frammenti di un florilegio gnomologico in un papiro fiorentino, Atti dell' XI Congresso Internazionale di Papirologia Milano 2-8 Settembre 1965, Milano 1966, 1-14

H.-G. Beck, Kirche und theologische Literatur im Byzantinischen Reich (Hdb. d. Altwiss. XII 2, 1), München 1959

H.-G. Beck, Geschichte der byzantinischen Volksliteratur (Hdb. d. Altwiss. XII 2,3), München 1971

Th. Bergk, Griechische Literaturgeschichte, 4 Bde., Berlin 1872-87

Th. Bergk, Kleine philologische Schriften. Hg. von R. Peppmüller, 2 Bde., Halle a. d. Saale 1884-6

Th. Bergk, De aliquot fragmentis Tragicorum Latinorum, RhM 3 (1835) 70-88

H. Berve, Das Alexanderreich auf prosopographischer Grundlage, 2 Bde., München 1926

E. Bethe, Der Berliner Andromedakrater, JDAI 11 (1896) 292-300

E. Bethe, Das Alter der griechischen Sternbilder, RhM 55 (1900) 414-434

M. Bieber, Die Denkmäler zum Theaterwesen im Altertum, Berlin/Leipzig 1920

M. Bieber, The History of the Greek and Roman Theatre, Princeton ²1961

J. Blänsdorf, Plautus, in: Lefèvre (Hg.), Röm. Drama 135-222

H. M. Blaydes, Adversaria in Tragicorum Graecorum Fragmenta, Halis Saxonum 1894

H. D. Blume, Einführung in das antike Theaterwesen, Darmstadt ²1984

H. Bolkestein, Wohltätigkeit und Armenpflege im vorchristlichen Altertum. Ein Beitrag zum Problem 'Moral und Gesellschaft', Utrecht 1939 (Ndr. Groningen 1967)

J. Bompaire, Lucien Ecrivain. Imitation et Création, Paris 1958

F. Brommer, Gefäßformen bei Homer, H 77 (1942) 356-73

H. Le Bourdellès, L' Aratus latinus. Etude sur la culture et la langue latines dans le Nord de la France au VIIIe siècle, Lille 1985

N. Brockmeyer, Antike Sklaverei, Darmstadt 1979

F. Buecheler, Kleine Schriften, 3 Bde., Leipzig/Berlin 1915-30

W. Burkert, Zum altgriechischen Mitleidsbegriff, Diss. Erlangen 1955

W. Burkert, Griechische Religion der archaischen und klassischen Epoche (Die Religionen der Menschheit, Bd. 15), Stuttgart/Berlin/Köln/Mainz 1977

W. Burkert, Mythisches Denken. Versuch einer Definition an Hand des griechischen Befundes, in: Poser (Hg.), Philosophie und Mythos 16-39

E. W. Bushala, Recent Critical Work in the Fragments of Euripides, Diss. Ohio State University 1953

A. Cameron, The Date and Identity of Macrobius, JRS 56 (1966) 25-38

H. Cancik, Die republikanische Tragödie, in: Lefèvre (Hg.), Röm. Drama 308-47

I. Casaubonus, De satyrica Graecorum poesi et Romanorum satura libri II, Lugduni Batavorum 1699

L. Casson, Ships and Seamanship in the Ancient World, Princeton, New Jersey 1971

E. B. Ceadel, Resolved Feet in the Tragedies of Euripides and the Chronology of the Plays, ClQ 35 (1941) 66-89

W. P. Clark, Iliad IX 336 and the Meaning of ἄλοχος in Homer, ClPh 35 (1940) 188-90

C. G. Cobet, Novae lectiones quibus continentur observationes criticae in scriptores Graecos, Lugduni Batavorum 1858

C. G. Cobet, Collectanea critica, quibus continentur observationes criticae in scriptores Graecos, Lugduni Batavorum 1878

L. Cohn, Anhang über griechische Lexikographie, in: K. Brugmann, Griechische Grammatik. Dritte Auflage (Hdb. d. Altwiss. II 1), München 1900

C. Collard, Athenaeus, the Epitome, Eusthatius and Quotations from Tragedy, RFIC 97 (1969) 157-79

W. Collmann, De nonnullis locis euripideis et sophocleis, Wandsbek 1885

J. Conington, Remarks on Some of the Greek Tragic Fragments, JClSP 1 (1854) 224-32

F. della Corte, Otto papiri letterari editi e inediti del museo Berlinese, RFIC 64 (1936) 385-409

V. Coulon, Aristophanes, Thesmophoriazusen 1015-1055, RhM 100 (1957) 186-98

A. M. Dale, Collected Papers, Cambridge 1969

P. Decharme, Euripide et l' esprit de son théatre, Paris 1893

L. Deubner, Paian, NJb 43 (1919) 385-406

L. Deubner, Attische Feste, Berlin 1932

H. Diels, Rez. Tragicorum Graecorum Fragmenta rec. A. Nauck, ed. secunda, DLZ 10 (1889) 1079-81

J. Diggle, Studies on the Text of Euripides, Oxford 1981

J. Dingel, Das Requisit in der griechischen Tragödie, Diss. Tübingen 1967

P. P. Dobree, Adversaria. Editio in Germania prima ..., 5 voll., Berolini 1874 (primus editus a Schofield Cantabrigiae 1831)

K. J. Dover, Greek Popular Morality in the Time of Plato and Aristotle, Oxford 1974

H. Düntzer, Coniecturae in Euripides et aliorum tragicorum fragmenta, Ph 5 (1850) 185-92. 275. 378-81

R. Ellis, On the Fragments of Sophocles and Euripides, JPh 4 (1872) 251-71

A. Elter, De Gnomologicorum Graecorum historia atque origine. Natalicia regis august. Guilelmi II..., Bonnae 1893-6

A. Elter, Gnomica homoeomata. Natalicia regis august. Guilelmi II..., Bonnae 1900-4

R. Engelmann, Archäologische Studien zu den Tragikern, Berlin 1900

R. Engelmann, Andromeda, JDAI 19 (1904) 143-51

R. Enger, Beiträge zur Kritik und Erklärung der Thesmophoriazusen des Aristophanes und der Scholien zu diesem Stücke, RhM 2 (1843) 224-48

R. Enger, Adnotationes ad Tragicorum Graecorum Fragmenta. Achtzehnter Jahresbericht des königlichen katholischen Gymnasiums zu Ostrowo, Ostrau 1863

H. Erbse, Untersuchungen zu den attizistischen Lexika (Abh. d. Dt. Akademie der Wissenschaften z. Berlin, Philos. -histor. Klasse, Jg. 1949 Nr. 2), Berlin 1950

W. Erdmann, Die Ehe im alten Griechenland (Münchener Beiträge zur Papyrusforschung und antiken Rechtsgeschichte, H. 20), München 1934

M. Erren, Die Phainomena des Aratos von Soloi. Untersuchungen zum Sach- und Sinnverständnis (H Einzelschriften 19), Wiesbaden 1967

F. Fedde, De Perseo et Andromeda, Diss. Berlin 1860

E. Fischer, Amor und Eros. Eine Untersuchung des Wortfeldes 'Liebe' im Lateinischen und Griechischen, Hildesheim 1973

H. Fränkel, Die homerischen Gleichnisse, Göttingen 1921. Ndr. mit einem Nachwort und einem Literaturverzeichnis hg. v. E. Heitsch, Göttingen 1977

K. v. Fritz, Die Griechische Geschichtsschreibung. Band 1. Von den Anfängen bis Thukydides, 2 Bde., Berlin 1967

M. Fuhrmann, Mythos als Wiederholung in der griechischen Tragödie und im Drama des 20. Jhdts., in: Fuhrmann (Hg.), Poetik u. Hermeneutik IV 121-43

M. Fuhrmann (Hg.), Terror und Spiel. Probleme der Mythenrezeption (Poetik und Hermeneutik IV), München 1971

M. Fuhrmann, Die antike Rhetorik (Artemis Einführungen 10), München/ Zürich 1984

H. Funke, Euripides (Nachtrag zum RAC), JbAC 8/9 (1965/6) 233-79

K. Gaiser, Für und wider die Ehe. Antike Stimmen zu einer offenen Frage zusammengestellt und übersetzt von K. G. (Dialog mit der Antike Bd. 1), München 1974

P. Geissler, Chronologie der altattischen Komödie (Philologische Untersuchungen 30), Berlin 1925

P. Girard, La Trilogie chez Euripide, REG 17 (1904) 140-95

P. Ghiron-Bistagne, Recherches sur les Acteurs dans la Grèce Antique, Paris 1976

Th. Gomperz, Hellenika. Eine Auswahl philologischer und philosophiegeschichtlicher kleiner Schriften, 2 Bde., Leipzig 1912

F. Graf, Griechische Mythologie (Artemis Einführungen Bd. 16), München/Zürich 1985

L. di Gregorio, Lettura diretta e utilizzazione di fonti intermedie nelle citazioni plutarchee dei tre grandi tragici. II Euripide, Aevum 54 (1980) 46-79

M. Greindl, ΚΛΕΟΣ ΚΥΔΟΣ ΕΥΧΟΣ ΤΙΜΗ ΦΑΤΙΣ ΔΟΞΑ. Eine bedeutungsgeschichtliche Untersuchung des epischen und lyrischen Sprachgebrauchs, Diss. München 1938

M. Greindl, Zum Ruhmes- und Ehrbegriff bei den Vorsokratikern, RhM 89 (1940) 216-28

M. Greschat (Hg.), Gestalten der Kirchengeschichte. Band 2, Alte Kirche II, Stuttgart/Berlin/Köln/Mainz 1984

M. Gronewald, Euripides Fr. 889 N^2 ein Vers aus der 'Stheneboia'?. RhM 131 (1988) 189-90

W. Görler, ΜΕΝΑΝΔΡΟΥ ΓΝΩΜΑΙ, Diss. Berlin 1963

O. Gueraud - P. Jouguet, Un livre d' ecolier du IIIe siècle avant J.-C. (Publications de la Société Royale Egyptienne de Papyrologie. Textes et Documents) Le Caire 1938

E. Gürkoff, Die Katasterismen des Eratosthenes, Diss. Würzburg 1931

D. Gutas, Greek Wisdom Literature in Arabic Translation. A Study of the Graeco-Arabic Gnomologia (American Oriental Series 60), New Haven 1975

W. K. C. Guthrie, A History of Greek Philosophy, 6 voll., Cambridge 1962-81

G. Haag, Praemissa expositione eius consilii quod Aristophanes in Thesmophoriazusis secutus est de locis quibusdam eiusdem fabulae deque Andromeda euripidia agitur, XV. Programm des Stadtgymnasiums zu Stettin, Stettin 1884

R. Häussler (Hg.), Nachträge zu A. Otto, Sprichwörter, Darmstadt 1968

H. Hansen, Aristophanes Thesmophoriazusae: Theme, Structure and Production, Ph 120 (1976) 165-85

A. R. W. Harrison, The Law of Athens. I The Familiy and Property. II Procedure, Oxford 1969-71

P. W. Harsh, A Handbook of Classical Drama, Stanford 1944

J. A. Hartung, Euripides restitutus sive scriptorum Euripidis ingeniique censura, 2 voll., Hamburg 1843-4

J. A. Hartung, Rez. 1. Poetarum tragicorum fragmenta ed. G. W. Wagner; 2. Euripidis fabularum fragmenta ed. F. H. Bothe, ZfA 3 (1845) 1029-40

M. W. Haslam, The Authenticity of Euripides, Phoenissae 1-2 and Sophocles, Electra 1, GRBS 16 (1975) 149-74

M. Haupt, Opuscula, 3 voll., Lipsiae 1875-6

W. Headlam, Critical Notes, ClR 13 (1899) 3-8

M. Heath, Political Comedy in Aristophanes (Hypomnemata H. 87), Göttingen 1987

C. de Heer, ΜΑΚΑΡ - ΕΥΔΑΙΜΩΝ - ΟΛΒΙΟΣ - ΕΥΤΥΧΗΣ. A study of the semantic field denoting happiness in ancient Greek to the end of the 5th century b. C., Amsterdam 1969

F. Heimsoeth, Kritische Studien zu den griechischen Tragikern, Bonn 1865

F. Heinimann, Nomos und Physis. Herkunft und Bedeutung einer Antithese im griechischen Denken des 5. Jhdts., Basel 1945 (Ndr. Darmstadt [4]1980)

R. Helm, Lucian und Menipp, Leipzig 1906

J. Hemelrijk, ΠΕΝΙΑ en ΠΛΟΥΤΟΣ, Diss. Utrecht 1925

J. Henderson, The Maculate Muse. Obscene Language in Attic Comedy, New Haven/London 1975

G. Hermann, Rez. Aristophanis Thesmophoriazusae, emendavit et interpretatus est F. V. Fritzsche, ZfA 5 (1838) 670-94

H. v. Herwerden, Exercitationes criticae in poeticis et prosaicis quibusdam Atticorum monumentis, Hagae Comitum 1862

H. v. Herwerden, Augusto Nauckio Henricus van Herwerden S. D. Q. P.: De locis nonnullis tragicorum epistola ad Nauckium, Mn N.S. 17 (1889) 242-74

H. v. Herwerden, Ad Tragicos, Mn N.S. 20 (1892) 430-48

H. v. Herwerden, Novae observationes ad tragicorum Graecorum fragmenta, RhM 58 (1903) 144

U. Hetzner, Andromeda und Tarpeia (Beiträge z. klass. Philologie 8), Meisenheim a. Glan 1963

C. G. Heyne, Epistola, cum animadversionibus in Eratosthenem. In: Eratosthenis Catasterismi cum interpretatione Latina et commentario curavit I. C. Schaubach, Gottingae 1795

R. Hirzel, Themis, Dike und Verwandtes. Ein Beitrag zur Geschichte der Rechtsidee bei den Griechen, Leipzig 1907

H. Hoffmann, Chronologie der attischen Tragödie, Diss. Hamburg 1951

H. Hommel, Euripides und der Tod, in: Schwinge (Hg.), Euripides 124-52

J. Hooker, Homeric φίλος, Gl 65 (1987) 44-65

N. C. Hourmouziades, Production and Imagination in Euripides, Athen 1965

E. Howald, Ethik des Altertums, München/Berlin 1927

H. Hunger, Die hochsprachliche profane Literatur der Byzantiner (Hdb. d. Altwiss. XII 5), 2 Bde., München 1978

F. Jacobs, Animadversiones in Euripides Tragoedias. Accedunt Emendationes in Stobaeum. Epistola critica ad Nicolaum Schow . . ., Gothae 1790

F. Jacobs, Exercitationes criticae in scriptores veteres, Lipsiae 1796

F. Jacoby, Some Athenian Epigrams from the Persian War, Hesperia 14 (1945) 157-211

L. Jeep, Priscianus. Beiträge zur Überlieferungsgeschichte der Römischen Literatur, Ph 67 (1908) 12-51; 68 (1909) 1-51; 71 (1912) 491-517

W. Jens (Hg.), Die Bauformen der griechischen Tragödie (Beihefte zu Poetica 6), München 1971

W. Jobst, Die Höhle im griechischen Theater des 5. und 4. Jhdts. v. Chr., SB Wien 1970

E. Johne, Die Andromeda des Euripides. Eilfter Jahresbericht des k. k. Staats-Obergymnasiums zu Landskron in Böhmen, Landskron 1883

U. Kästner, Bezeichnungen für Sklaven, in: Welskopf (Hg.), Soz. Typenbegriffe 3 (1981) 282-318

M. Kaimio, The Chorus of Greek Drama within the Light of the Person and Number Used (Societas Scientiarum Fennica, Commentationes Humanarum Litterarum 46/1970), Helsinki/Helsingfors 1970

V. Kalousek, K zlomkům Euripidovy Andromedy, Listy Filologické 14 (1887) 215-23

R. Kannicht, Untersuchungen zu Form und Funktion des Amoibaions in der attischen Tragödie, Diss. (ms.) Heidelberg 1957

B. Keil, Analecta Isocratea, Pragae/Lipsiae 1885

G. A. Keller, Eratosthenes und die alexandrinische Sterndichtung, Diss. Zürich 1946

G. S. Kirk - J. E. Raven - M. Scholfield, The Presocratic Philosophers. A critical history with a selection of texts. Second Edition, Cambridge 1983

G. S. Kirk, Griechische Mythen. Ihre Bedeutung und Funktion, Reinbek b. Hamburg 1987 (Dt. Erstveröffentl. Berlin 1980)

G. Knaack, Zu Prokopios ep. 96, Ph 62 (1903) 320

W. Kraus, Ovidius Naso, in: Albrecht/Zinn (Hgg.), Ovid 67-166

J. Krause, ΑΛΛΟΤΕ ΑΛΛΟΣ. Untersuchungen zum Motiv des Schicksalwechsels in der griechischen Dichtung bis Euripides, München (Diss.) 1976

K. Krumbacher, Geschichte der Byzantinischen Literatur von Justinian bis zum Ende des oströmischen Reiches (527-1453) (Hdb. d. Altwiss. IX 1), München ²1897

M. Landfester, Das griechische Nomen 'philos' und seine Ableitungen (Spudasmata 11), Hildesheim 1966

W. Lange, Quaestiones in Aristophanis Thesmophoriazusas, Diss. Göttingen 1891

V. Langholf, Die Gebete bei Euripides und die zeitliche Folge der Tragödien (Hypomnemata 32), Göttingen 1971

K. Langosch, Lateinisches Mittelalter. Einleitung in Sprache und Literatur, Darmstadt [5]1988

K. Latte, Kleine Schriften zu Religion, Recht, Literatur und Sprache der Griechen und Römer. Hg. v. O. Gigon, W. Buchwald, W. Kunkel, München 1968

E. Lefevre (Hg.), Das römische Drama (Grundriß der Literaturgeschichten nach Gattungen), Darmstadt 1978

F. Leo, Geschichte der römischen Literatur. Erster Band. Die archaische Literatur, Berlin 1913 (Ndr. Darmstadt 1967; im Anhang: Die römische Poesie in der sullanischen Zeit)

F. Leo, Ausgewählte kleine Schriften. Hg. und eingeleitet von E. Fraenkel. Erster Band: Zur römischen Literatur des Zeitalters der Republik, Roma 1960

A. Lesky, Thalatta. Der Weg der Griechen zum Meer, Wien 1947 (Ndr. New York 1973)

A. Lesky, Gesammelte Schriften. Aufsätze und Reden zu antiker und deutscher Dichtung und Kultur. Hg. von W. Kraus, Bern/München 1966

A. Lesky, Die tragische Dichtung der Hellenen (Studienhefte zur Altertumswissenschaft 2), Göttingen [3]1972

H. Lloyd-Jones, Rez. The Oxyrhynchus Papyri XXVII, Gn 35 (1963) 433-55

A. A. Long, Diogenes Laertius, Life of Arcesilaus, Elenchos 7 (1986) 429-49

W. Ludwig - D. Pingree, Rez. M. Erren, Die Phainomena des Aratos von Soloi . . ., Gn 43 (1971) 346-54

P. Maas, Kleine Schriften. Hg. von W. Buchwald, München 1973

E. Maass, Analecta Eratosthenica (Philol. Unters. 6), Berlin 1883

E. Maass, Aratea (Philol. Unters. 12), Berlin 1892

D. M. Macdowell, Hybris in Athens, GR 23 (1976) 14-31

M. Manitius, Geschichte der lateinischen Literatur des Mittelalters (Hdb. d. Altwiss. IX 2), 3 Bde., München 1911-31

J. M. Marijoan, La 'Andromeda' de Sófocles. Intentos de reconstrucción, BIEH II 2 (1968) 65-7

J. Martin, Histoire du texte des Phénomènes d' Aratos (Etudes et commentaires XXII), Paris 1956

K. Matthiessen, Zur Theonoeszene der euripideischen 'Helena', H 96 (1968) 685-704

G. A. Megas, Die Sage von Danaos und den Danaiden, H 68 (1933) 415-28

R. Meiggs - D. Lewis, A Selection of Greek Historical Inscriptions to the End of the Fifth Century b. C., Oxford 1969

A. Meineke, Marginalien, ZfA 1 (1843) 183-90. 289-96

A. Meineke, Marginalien, ZfA 3 (1845) 1062-9

S. Mekler, Kritische Beiträge zu Euripides und Sophokles. Programm d. akad. Gymnasiums Wien 1879

E. Mensching, Zur Produktivität der alten Komödie, MH 21 (1964) 15-49

R. Merkelbach, Rez. Hesiodi Catalogi sive Ehoearum Fragmenta, coll. etc. A. Traversa, Gn 27 (1955) 4-6

R. Merkelbach, Die Hesiodfragmente auf Papyrus, APF 16 (1958) 26-81

H. J. Mette, Der verlorene Aischylos, Berlin 1963

H. J. Mette, Die römische Tragödie und die Neufunde zur griechischen Tragödie (insbes. f. d. J. 1945-1964), Lustrum 9 (1964)

H. J. Mette, Euripides. Erster Hauptteil: Die Bruchstücke, Lustrum 12 (1967)

H. J. Mette, Urkunden dramatischer Aufführungen in Griechenland (Texte und Kommentare 8), Berlin/New York 1977

H. J. Mette, Euripides, Bruchstücke (insbes. f. d. J. 1968-1981), Lustrum 23/4 (1981/2)

H. J. Mette, Zwei Akademiker heute: Krantor und Arkesilaos, Lustrum 26 (1984) 7-94

H. W. van der Mey, Ad Theophrasti Characteres, in: Sylloge commentationum quam viro clarissimo Constantino Conto obtulerant philologi Batavi, Lugduni Batavorum 1893, 71-3

W. Meyer, Die urbinatische Sammlung von Spruchversen des Menander, Euripides und anderer, Abhandlung München 15,2 (1880) 399-449

W. Mitsdörffer, Das Mnesilochoslied in Aristophanes' Thesmophoriazusen, Ph 98 (1954) 59-93

R. Moorton, Euripides' 'Andromeda' in Aristophanes' 'Frogs', AJPh 108 (1987) 434-6

J.-M. Moret, L' Ilioupersis dans la céramique italiote. Les mythes et leur expression figurée au IVe siecle, 2 tom., Institut Suisse de Rome, Genf 1975 (Diss. Genf 1975)
K. Mras, Ariston von Keos (in einem zweiten Bruchstück von Plutarchs Στρωματεῖς), WSt 68 (1955) 88-98
P. von der Mühll, Ausgewählte kleine Schriften. Hg. von B. Wyss (Schweizerische Beiträge zur Altertumswissenschaft 12), Basel 1976
B. A. Müller, De Asclepiade Myrleano, Diss. Leipzig 1903
C. W. Müller, Zur Datierung des sophokleischen Ödipus, Abhandlung Mainz Nr. 5 1984, Wiesbaden 1984
D. Müller, Handwerk und Sprache (Beiträge zur klass. Philologie 51), Meisenheim a. Glan 1974
E. Müller, Die Andromeda des Euripides, Ph 66 (1907) 48-66
L. Müller, De Accii fabulis disputatio, Berolini 1890
R. Müller, Zu ΗΡΩΔΙΑΝΟΥ ΠΕΡΙ ΣΧΗΜΑΤΩΝ, H 39 (1904) 444-60
C. Mueller-Goldingen, Untersuchungen zu den Phönissen des Euripides (Palingenesia XXII), Stuttgart 1985
H. A. J. Munro, On the Fragments of Euripides, JPh 10 (1882) 233-52
R. Muth, 'Hymenaios' und 'Epithalamion', WSt 67 (1954) 5-45
A. Nauck, De Tragicorum Graecorum Fragmentis observationes criticae. Commentatio e programmate Gymnasii Regii Ioachimici Berolinensis separatim edita et indice aucta, Berolini 1855
W. Nestle, Die Struktur des Eingangs in der attischen Tragödie (Tübinger Beiträge zur Altertumswiss. 10), Stuttgart 1930
H.-J. Newiger (Hg.), Aristophanes und die alte Komödie, Darmstadt 1975
M. P. Nilsson, Geschichte der griechischen Religion (Hdb. d. Altwiss. V 2), 2 Bde., München 1961-7
E. Norden, Agnostos Theos. Untersuchungen zur Formengeschichte religiöser Rede, Darmstadt ^{6}1974
A. Otto, Die Sprichwörter und sprichwörtlichen Redensarten der Römer, Leipzig 1890 (Ndr. Hildesheim 1962)
R. A. Pack, The Greek and Latin Literary Texts from Greco-Roman Egypt. Second Revised and Enlarged Edition, Ann Arbor 1965
F. A. Paley, On Mr. Munro' s Emendations of Euripides, PCPS 1 (1882) 37-9
V. Palmieri, 'Eranius' Philo, De differentia significationis. La Tradizione manoscritta di 'Eranio' Filone, RHT 11 (1981) 47-80
U. E. Paoli, Studi di Diritto Attico (Pubblicazioni della R. Universitá degli Studi di Firenze. Facolta di Lettere e di Filosofia, N.S. vol. IX), Firenze 1930

P. de Paolis, Macrobio 1934-1984, Lustrum 28/29 (1986/7) 107-249

G. A. Papabasileios, Κριτικαὶ παρατηρήσεις εἰς τὰ ἀποσπάσματα τῶν τραγικῶν, Ἀθηνᾶ 6 (1894)

H. W. Parke, Athenische Feste. Übersetzt und bearbeitet v. G. Hornbostel (Kulturgeschichte der antiken Welt Bd. 38), Mainz 1987

E. Petersen, Andromeda, JHS 24 (1904) 99-112

E. Petersen, Die attische Tragödie als Bild- und Bühnenkunst, Bonn 1915

R. Pfeiffer, Geschichte der klassischen Philologie. Von den Anfängen bis zum Ende des Hellenismus, München ^{2}1978

R. Pfeiffer, Die klassische Philologie von Petrarca bis Mommsen, München 1982

E. Pfiffner, Die Götteranrufungen in den Werken der drei Tragiker Aischylos, Sophokles, Euripides, in den Komödien des Aristophanes und in den Dialogen Platons und Xenophons, Diss. Freiburg i. d. Schweiz, Einsiedeln 1931

K. M. Phillips, Perseus and Andromeda, AJA 72 (1968) 1-23 (mit Abb.: Plates 1-20)

A. Pickard-Cambridge, The Dramatic Festivals of Athens. Second Edition, revised by J. Gould and D. M. Lewis, Oxford 1988 (Reissued with supplements and corrections)

A. Pickard-Cambridge, The Theatre of Dionysos in Athens, Oxford 1946

M. Pohlenz, Die Griechische Tragödie, 2 Bde., Göttingen ^{2}1954

M. Pohlenz, Die Stoa. Geschichte einer geistigen Bewegung, 2 Bde., Göttingen I ^{6}1984, II ^{4}1972

H. Poser (Hg.), Philosophie und Mythos. Ein Kolloquium, Berlin/New York 1979

K. Praechter, Zu Kleanthes fr. 91 P. 527 v. A., Ph 67 (1908) 154-8

R. Pretagostini, Dizione e canto nei dimetri anapestici di Aristofane, SCO 25 (1976) 183-212

P. Pucci, Aristofane ed Euripide: ricerche metriche e stilistiche, MAL 8,10,5 (1961) 279-423

P. Rau, Paratragodia. Untersuchung einer komischen Form des Aristophanes (Zetemata 45), München 1967

P. Rau, Das Tragödienspiel in den 'Thesmophoriazusen', in: Newiger (Hg.), Aristophanes 339-56

A. Rehm, Mythographische Untersuchungen über griechische Sternsagen. Programm K. Wilhelms-Gymnasium München, München 1896 (zgl. Diss.)

A. Rehm, Zu Hipparch und Eratosthenes, H 34 (1899) 251-79

A. Rehm, Eratosthenis Catasterismorum Fragmenta Vaticana. Praemissum est de Catasterismorum recensionibus commentariolum. Programm des k. humanistischen Gymnasiums Ansbach, Ansbach 1899

R. Reitzenstein, Die Überarbeitung des Lexicons des Hesychios, RhM 43 (1888) 443-60

R. Reitzenstein, Geschichte der griechischen Etymologika. Ein Beitrag zur Geschichte der Philologie in Alexandreia und Byzanz, Leipzig 1897

O. Ribbeck, Die römische Tragödie im Zeitalter der Republik, Leipzig 1875

C. Riedel, Alliteration bei den drei großen Tragikern, Diss. Erlangen 1900

G. M. Rispoli, Per l' Andromeda di Sofocle, RAAN 47 (1972) 187-210

W. Ritchie, The Authenticity of the 'Rhesus' of Euripides, Cambridge 1964

C. Robert, Maskengruppen. Wandgemälde in Pompeji, Arch. Ztg. 36 (1878) 13-24

C. Robert, Der Wagen der Nacht, H 19 (1884) 467-9

C. Robert, Die griechische Heldensage. Erstes Buch, Landschaftliche Sagen, Berlin 1920

A. Roemer, Philologie und Afterphilologie im griechischen Altertum. I Die Parodien und die Lehren der Alexandriner über dieselben, Ph 67 (1908) 240-78

W. Röser, Ennius, Euripides und Homer, Diss. Freiburg i. Brsg. 1939

W. Rösler, Polis und Tragödie. Funktionsgeschichtliche Betrachtungen zu einer antiken Literaturgattung (Konstanzer Universitätsreden 138), Konstanz 1980

P. Rossi, Sirènes antiques. Poésie, Philosophie, Iconographie, Bulletin Budé 29 (1970) 463-81

V. Saladino, Nuovi vasi apuli con temi euripidei (Alcesti, Crisfonto, Andromeda), Prometheus 5 (1979) 97-116

E. M. Sanford, The Tragedies of Livius Andronicus, ClJ 18 (1922/3) 274-85

W. Schadewaldt, Monolog und Selbstgespräch. Untersuchungen zur Formgeschichte der griechischen Tragödie (Neue philol. Untersuchungen 2), Berlin 1926 (Zweite Auflage Berlin/Zürich/Dublin 1966)

M. Schanz - C. Hosius, Geschichte der römischen Literatur bis zum Gesetzgebungswerk des Kaisers Justinian (Hdb. d. Altwiss. VIII), 2 Tle., München 1927-35

K. Schauenburg, Perseus in der Kunst des Altertums (Antiquitas R. 3, Bd. 1), Bonn 1960

K. Schauenburg, Andromeda I, LIMC I (1981) 774-90

M. Scheller, Griech. γνήσιος, altind. jatya- und Verwandtes, in: Sprachgeschichte und Wortbedeutung. FS A. Debrunner, Bern 1954, 399-407

H. Schenkl, Die epiktetischen Fragmente. Eine Untersuchung zur Überlieferungsgeschichte der griechischen Florilegien, SB Wien 115, 1887, 443-546

W. Schmid, Untersuchungen zum gefesselten Prometheus (Tübinger Beiträge zur Altertumswissenschaft 9), Stuttgart 1929

W. Schmid, Geschichte der griechischen Literatur. Erster Teil: Die klassische Periode der griechischen Literatur (Hdb. d. Altwiss. VII 1), 5 Bde., München 1929-48

W. Schmid - O. Stählin, Geschichte der griechischen Literatur. Zweiter Teil: Die nachklassische Periode der griechischen Literatur (Hdb. d. Altwiss. VII 2), 2 Bde., München 1920-4

F. W. Schmidt, Kritische Studien zu den griechischen Dramatikern, 2 Bde., Berlin 1886-7

F. W. Schmidt, Kritische Nachlese zum Texte griechischer Dichter. Wiss. Beilage z. d. Jahresberichten über das Gymnasium Carolinum zu Neustrelitz, Neustrelitz 1892

H. W. Schmidt, Die Struktur des Eingangs, in: Jens (Hg.), Bauformen 1-46

M. Schmidt, Rez. Moret, L' Ilioupersis dans la Ceramique Italiote, Gn 52 (1980) 751-6O

F. W. Schneidewin, Coniectanea critica. Insunt Orionis Thebanis Antholognomici tituli VIII. Nunc primum ex codice bibliothecae Palatinae Vindobonensis editi, Gottingae 1839

H. Schönewolf, Der jungattische Dithyrambos. Wesen, Wirkung, Gegenwirkung, Diss. Gießen 1938

F. Schramm, Tragicorum Graecorum hellenisticae, quae dicitur, aetatis fragmenta (praeter Ezechielem) eorumque de vita atque poesi testimonia collecta et illustrata, Diss. Münster 1929

W. Schütz, ΑΣΘΕΝΕΙΑ ΦΥΣΕΩΣ, Diss. Heidelberg 1964

R. Schulz, De Mythographi Vaticani primi fontibus, Diss. Halle 1905

E. R. Schwinge (Hg.), Euripides, Darmstadt 1968
J. A. Scott, Sigmatism in Greek Dramatic Poetry, AJPh 29 (1908) 69-77
L. Séchan, Etudes sur la Tragédie Grecque, Paris 1926
M. Seyffert, Zu den Fragmenten der griechischen Tragiker von A. Nauck, RhM 15 (1860) 614-23
G. M. Sifakis, Studies in the History of Hellenistic Drama (University of London Classical Studies IV), London 1967
E. Simon, Das antike Theater (Heidelberger Texte - Didaktische Reihe 5), Freiburg/Würzburg ^{2}1981
E. Simon - J. Bazant, Echo, LIMC III (1986) 680-3
B. Snell, Szenen aus griechischen Dramen, Berlin 1971
B. Snell, Der Weg zum Denken und zur Wahrheit (Hypomnemata 57), Göttingen 1978
D. A. Slater, Towards a Text of the Metamorphoses of Ovid, Oxford 1927
A. Söder, Quellenuntersuchung zum 1. Buch der Apollodorischen Bibliothek, Diss. Würzburg 1939
K. Stahlberg, Commentationis de L. Attii vita et scriptis particula, Diss. Halle 1844
K.-H. Stanzel, Dicta Platonica. Die unter Platons Namen überlieferten Aussprüche. Diss. Würzburg, Darmstadt 1987
G. Steinkopf. Untersuchungen zur Geschichte des Ruhmes bei den Griechen. Diss. Halle/Wittenberg 1937
P. T. Stevens. Colloquial Expressions in Euripides (H Einzelschriften 38), Wiesbaden 1976
P. Sticotti, Zu griechischen Hochzeitsgebräuchen, FS O. Benndorf zu seinem 60. Geburtstage . . ., Wien 1898, 181-9
V. M. Strocka, Die Wandmalerei der Hanghäuser in Ephesos (Forschungen in Ephesos VIII/1), Wien 1977
O. Taplin, The Stagecraft of Aeschylus. The dramatic use of exits and entrances in Greek Tragedy, Oxford 1977
A. Tessier, Ricognizioni al testo dell' 'Andromeda' euripidea (fr. 122 N^2 = 171a M), AAPat 86 III (1973/4) 139-54
A. Tessier, Euripide, Andromeda Fr. 118 N^2, BIFG I (1974) 128-35
S. Timpanaro, Rez. H. D. Jocelyn, The Tragedies of Ennius, Gn 40 (1968) 666-71
S. Thompson, Motif-Index of Folk-Literature. A Classification of Narrative Elements in Folktales, Ballads, Myths, Fables, Mediveal Romances, Exempla, Fabliaux, Jest-Books and Local Legends, 6 voll., Kopenhagen 1955-8

O. J. Todd, Sense and Sound in Classical Poetry, ClQ 36 (1942) 29-39

C. Torr, Ancient Ships, Cambridge 1894

A. Traina, Pathos ed ethos nelle traduzioni tragiche di Ennio, Maia 16 (1964) 112-42

A. D. Trendall - T. B. L. Webster, Illustrations of Greek Drama, London 1971

A. Trendelenburg, Anfora rappresentante Perseo ed Andromeda, AICA 44 (1872) 108-130

T. G. Tucker, On the Fragments of Euripides, ClR 15 (1901) 350-2

T. G. Tucker, Further Adversaria upon the Fragments of Euripides, ClR 18 (1904) 194-8

K. Tümpel, Die Aithiopenländer des Andromedamythos. Studien zur rhodischen Kolonisation, Jbb. f. cl. Philol. Suppl. XVI, Leipzig 1888, 127-220

E. Türk, Macrobius und die Quellen seiner Saturnalien. Eine Untersuchung über die Bildungsbestrebungen im Symmachuskreis, Diss. Freiburg i. Brsg. 1961

F. Überweg, Grundriß der Geschichte der Philosophie. Begründet von F. Ü. Die Philosophie der Antike, Bd. 3, Ältere Akademie - Aristoteles - Peripatos, hg. v. H. Flashar, Basel/ Stuttgart 1983

J. Vogel, Scenen euripideischer Tragödien in griechischen Vasengemälden. Archäologische Beiträge zur Geschichte des griechischen Dramas, Leipzig 1886

W. Vollgraff, Observations sur le texte d' Athenée a propos d' une edition récente, REG 53 (1940) 172-96

C. Wachsmuth, Studien zu den griechischen Florilegien, Berlin 1882

R. J. Walker, Euripidean Fragments, London 1920

T. B. L. Webster, The Andromeda of Euripides, BICS 12 (1965) 29-33

T. B. L. Webster, The Tragedies of Euripides, London 1967

N. Wecklein, Über fragmentarisch erhaltene Tragödien des Euripides, SB München 1888, 87-98

N. Wecklein, Zwei Bemerkungen über textkritische Methode, Ph 63 (1904) 154-5

N. Wecklein, Textkritische Studien zu den griechischen Tragikern, SB München 1921

F. Wehrli, ΛΑΘΕ ΒΙΩΣΑΣ. Studien zur ältesten Ethik bei den Griechen, Leipzig/Berlin 1931

H. Weil, Tragédies Grecques et Vases Peintes (Rez. Engelmann, Arch. Stud.), JdS 1900, 505-19

F. G. Welcker, Die griechischen Tragödien nach dem epischen Cyclus geordnet, 3 Bde., Bonn 1839-41

E. Ch. Welskopf (Hg.), Soziale Typenbegriffe im alten Griechenland und ihr Fortleben in den Sprachen der Welt, 7 Bde., Berlin 1981-5

P. Wesener, De repetitione versuum in fabulis euripideis, Diss. Bonn 1866

M. L. West, The Hesiodic Catalogue of Women. Its Nature, Structure and Origins, Oxford 1985

U. v. Wilamowitz-Moellendorff, Antigonos von Karystos (Philologische Untersuchungen 4), Berlin 1881

U. v. Wilamowitz-Moellendorff, Aristoteles und Athen, 2 Bde., Berlin 1893

U. v. Wilamowitz-Moellendorff, Der Glaube der Hellenen, 2 Bde., Darmstadt ^{2}1959 (Ndr. 1976)

U. v. Wilamowitz-Moellendorff, Aischylos Interpretationen, Berlin 1914

U. v. Wilamowitz-Moellendorff, Kleine Schriften. Hg. v. den Akademien zu Berlin und Göttingen, 5 Bde., Berlin 1935-72

C. W. Willink, Sleep after labour in Euripides' 'Heracles', ClQ 38 (1988) 86-97

W. Windisch, De Perseo eiusque familia inter astra collocatis, Diss. Leipzig 1902

G. Wissowa, De Macrobii Saturnaliorum fontibus capita tria, Diss. Vratislaviae 1880

P. Wülfing - v. Martitz, Ἱερός bei Homer und in der älteren griechischen Literatur, Gl 38 (1960) 272-307; Gl 39 (1961) 24-43

K. Zacher, Kritisch-grammatische Parerga zu Aristophanes, Ph Supp. 7 (1899) 437-530

K. Ziegler, Das Spiegelmotiv im Gorgomythos, Arch. f. Relwiss. 24 (1926) 1-18

Th. Zielinski, Tragodumenon libri tres, Krakau 1925

B. Zimmermann, Untersuchungen zur Form und dramatischen Technik der Aristophanischen Komödien, 3 Bde. (Beiträge zur klass. Philologie 154. 166. 178), Königstein i. Ts. bzw. Frankfurt a. M. 1984-7

Indices

Index Graecus

Index Latinus